国外电子与电气工程技术丛书

现代电子通信
系统方法

杰夫瑞 S. 比斯利（Jeffrey S. Beasley）

[美] 乔纳森 D. 海默（Jonathan D. Hymer）　著

加里 M. 米勒（Gary M. Miller）

裴昌幸 韩宝彬 易运晖 赵楠 孟云亮 陈娜　译

U0209465

Electronic
Communications
A Systems Approach

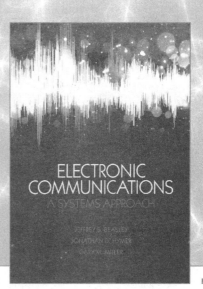

ELECTRONIC
COMMUNICATIONS
A SYSTEMS APPROACH

JEFFREY S. BEASLEY
JONATHAN D. HYMER
GARY M. MILLER

机械工业出版社
China Machine Press

图书在版编目（CIP）数据

现代电子通信：系统方法 /（美）杰夫瑞 S. 比斯利（Jeffrey S. Beasley）等著；裴昌幸等译 . —北京：机械工业出版社，2016.11
（国外电子与电气工程技术丛书）
书名原文：Electronic Communications：A Systems Approach

ISBN 978-7-111-55209-3

I. 现… II. ①杰… ②裴… III. 通信技术 – 高等学校 – 教材 IV. TN91

中国版本图书馆 CIP 数据核字（2016）第 254953 号

本书版权登记号：图字：01-2013-9379

本书用系统的方法对无线通信、有线通信、模拟通信技术和数字通信技术做了全面的阐述，并涵盖了正弦波、电抗和共振等电子技术相关知识。对新一代无线系统的实现技术（包括 3G 和 4G）进行了详细介绍，其中有限脉冲响应滤波器和数字信号处理、复指数和解析信号、DSP 调制 / 解调、扩频技术等是其他通信技术教材没有的内容。本书可作为高等工科院校电子信息工程、通信工程专业的本科生教材。

出版发行：机械工业出版社（北京市西城区百万庄大街 22 号　邮政编码：100037）
责任编辑：谢晓芳　王　颖　　　　　　　责任校对：殷　虹
印　　刷：北京诚信伟业印刷有限公司
版　　次：2017 年 1 月第 1 版第 1 次印刷
开　　本：185mm×260mm　1/16
印　　张：31.25
书　　号：ISBN 978-7-111-55209-3
定　　价：109.00 元

凡购本书，如有缺页、倒页、脱页，由本社发行部调换
客服热线：(010) 88378991　88361066
购书热线：(010) 68326294　88379649　68995259
投稿热线：(010) 88379604
读者信箱：hzjsj@hzbook.com

版权所有·侵权必究
封底无防伪标均为盗版
本书法律顾问：北京大成律师事务所　韩光 / 邹晓东

出版者的话

文艺复兴以来，源远流长的科学精神和逐步形成的学术规范，使西方国家在自然科学的各个领域取得了垄断性的优势；也正是这样的传统，使美国在信息技术发展的六十多年间名家辈出、独领风骚。在商业化的进程中，美国的产业界与教育界越来越紧密地结合，信息学科中的许多泰山北斗同时身处科研和教学的最前线，由此而产生的经典科学著作，不仅擘划了研究的范畴，还揭示了学术的源变，既遵循学术规范，又自有学者个性，其价值并不会因年月的流逝而减退。

近年，在全球信息化大潮的推动下，我国的信息产业发展迅猛，对专业人才的需求日益迫切。这对我国教育界和出版界都既是机遇，也是挑战；而专业教材的建设在教育战略上显得举足轻重。在我国信息技术发展时间较短的现状下，美国等发达国家在其信息科学发展的几十年间积淀和发展的经典教材仍有许多值得借鉴之处。因此，引进一批国外优秀教材将对我国教育事业的发展起到积极的推动作用，也是与世界接轨、建设真正的世界一流大学的必由之路。

机械工业出版社华章公司较早意识到"出版要为教育服务"。自 1998 年开始，我们就将工作重点放在了遴选、移译国外优秀教材上。经过多年的不懈努力，我们与 Pearson、McGraw-Hill、Elsevier、John Wiley & Sons、CRC、Springer 等世界著名出版公司建立了良好的合作关系，从他们现有的数百种教材中甄选出 Alan V. Oppenheim Thomas L. Floyd、Charles K. Alexander、Behzad Razavi、John G. Proakis、Stephen Brown、Allan R. Hambley、Albert Malvino、Peter Wilson、H. Vincent Poor、Hassan K. Khalil、Gene F. Franklin、Rex Miller 等大师名家的经典教材，以"国外电子与电气技术丛书"和"国外工业控制与智能制造丛书"为系列出版，供读者学习、研究及珍藏。这些书籍在读者中树立了良好的口碑，并被许多高校采用为正式教材和参考书籍。其影印版"经典原版书库"作为姊妹篇也越来越多被实施双语教学的学校所采用。

权威的作者、经典的教材、一流的译者、严格的审校、精细的编辑，这些因素使我们的图书有了质量的保证。随着电气与电子信息学科建设的不断完善和教材改革的逐渐深化，教育界对国外电气与电子信息教材的需求和应用都将步入一个新的阶段，我们的目标是尽善尽美，而反馈的意见正是我们达到这一终极目标的重要帮助。华章公司欢迎老师和读者对我们的工作提出建议或给予指正，我们的联系方法如下：

华章网站：www.hzbook.com
电子邮件：hzjsj@hzbook.com
联系电话：(010) 88379604
联系地址：北京市西城区百万庄南街 1 号
邮政编码：100037

华章科技图书出版中心

译者序

本书由新墨西哥州立大学 Jeffrey S. Beasley（杰夫瑞 S. 比斯利）、摩圣安东尼奥学院 Jonathan D. Hymer（乔纳森 D. 海默）、Gary M. Miller（加里 M. 米勒）编著。读者对象是电子信息、无线通信、通信系统维护和电信初学者等。也可作为高等院校无线电技术、通信、电子工程等专业的教材。

本书着重强调物理概念，虽然数学分析仅用到代数和三角的知识，但足以满足学生对基本概念和关键技术问题的理解。考虑到内容的完整性和系统性在有关章节对傅里叶级数和复指数等内容进行了必要讨论。

本书共分为 16 章。涵盖的内容主要包括：调制、通信电路、发射机、接收机、数字通信技术、数字调制与解调、电话网、无线通信系统、计算机通信与互联网、传输线、波的传播、天线技术、波导、雷达，以及光纤通信系统等。每章末尾都附有习题和思考题，非常便于实验和自学。

本书内容丰富，理论联系实际，适用面广。与同类书籍或教材相比，在数字信号处理（DSP）和软件无线电（SDR）方面的内容尤为全面、突出和实用。本书不仅反映了当今的技术水平，也预见了未来通信与信息技术的发展。

裴昌幸教授负责统稿和审校，并翻译了前言、第 1 章、附录、缩略语以及词汇表，韩宝彬高工翻译了第 4、5、6、11、14、15、16 章，易运晖副教授翻译了第 12、13 章，赵楠副教授翻译了第 2、3 章，孟云亮博士翻译了第 7、8 章，陈娜博士翻译了第 9、10 章。另外，西安电子科技大学通信工程学院无线通信和网络测量团队的教师和研究生也对本书的翻译整理做出了贡献，对于他们的辛勤劳动和无私奉献在此表示衷心感谢。

由于译者水平有限，加之时间紧迫，翻译中难免会有不确切和错误之处，恳请专家和读者提出宝贵意见。

电子通信领域作为该行业业务领域最大和原创应用最多的领域，正在发生根本性转变。在大规模集成方面，由于计算机的革命和进步，传统上由分立元件所构建的模拟电路功能模块，现在基本上被执行数字信号处理操作的集成电路取代。在系统发生全面变化的情况下，促使人们必须采取一种新的方法来研究，进而出现了许多与传统的强调分立电路不同的新课题。本书的主要目的是通过介绍功能模块如何协同工作完成其预定任务，促进对通信系统的深入了解。

尽管转向以数字方式实现系统，但其基本概念、约束条件和已有的通信技术在 20 世纪确定的主题仍保持不变。本书全面介绍各种形式通信技术，并特别强调似乎孤立的概念中突出相互关系的主题因素。为此，特别在前几章安排了框架描述，给出拓展基础概念和重要主题的总体概念框架。例如，所有通信系统可以借助极为重要的特性描述，如：带宽、功率谱密度以及对系统工作产生影响的因素（例如噪声）。当从特征和约束的双重视角观察系统时，读者可以着手建立最初看起来毫无联系的概念之间的关系。结论是，即使是最先进的、高度集成的系统也是由子系统经过完善思路实现的，只有熟悉模拟背景知识才能有好的思路。出于这一原因，前几章基本上对调制技术和模拟电路进行讨论，即使从模拟到数字领域的转换也加快了进度。对模拟电路中基本概念的深入理解，为在数字领域的工作搭建了理解概念的平台。有了这样的基础，从模拟到数字概念的过渡要比初次接触数字电路相对容易。

特色与读者

本书适合作为电子通信、无线通信、通信维护或电信专业的教材。数学分析一直维持在代数和三角的水平，但是足以增强对关键的基本概念的理解。傅里叶级数和复指数表示的内容参见第 1 章和第 8 章。

有几章中的许多插图以及章后的习题改编自杰夫端·比斯利和加里·米勒的《现代电子通信》。那些现在在其第 9 版中出现的经典内容，已经成为该领域的标准。正因为如此，它为这本书的系统级方法提供了良好的基础。目前，整个通信系统均为单个集成电路，而不是由多级的许多集成电路和分立元件所组成。过去的五年，广泛采用数字信号处理（DSP）和软件无线电已成为趋势。相对于同类的教科书或《现代电子通信》以前的版本，本书在数字信号处理和软件无线电这两个主题方面覆盖面更为广泛。最近五年，许多技术都更接近于实验室的新颖产品，而不是主流消费产品。总之，本文采取自上而下的观点，而不是一种侧重于由分立元件电路构建出发的"自下而上"的理念。

本书涉及的主题包括：调制、通信电路、发射机、接收机、数字通信技术、数字调制与解调、电话网、无线通信系统（短程和广域无线通信）、传输线、波的传播、天线、波导和雷达，以及光纤系统。本书旨在为读者提供一个完整的知识结构，特别是在基础章节，让读者可以把许多事实和概念统一成一个整体。通过把不成文的概念明确地联系在一起，希望能帮助读者从概念层面拓展认识和加深理解,而不是要求他们依靠大量看似无关的事实死记硬背。

其他主要特点如下。

- 回顾了某些基本电子学概念。由于课时的限制或差异,可能会导致学生修完基本电子学及电路课程后很长一段时间才学习通信课程。考虑到这些实际情况,本书已经扩大了最初讲授的"电子基础和设备"(或者"电路")教程中一些概念的覆盖面,包括正弦波、电抗和谐振的性质以及放大类型,供教师选讲。

- 包含的主题和章末的习题与思考题都是专门针对准备美国联邦通信委员会(FCC)的通用无线电话操作员证书(GROL)考试的内容。在通信行业 FCC GROL 含金量很高;许多公司用它筛选应聘者,在某些行业(特别是航空电子设备行业)必须具有GROL。

- 扩大了数字通信和 DSP 的覆盖范围。本书涵盖最新一代无线系统应用技术的原理,包括第三代和第四代(3G 和 4G)无线数据网。另外,在后续章节已大幅扩充和增加的内容有:数字调制、DSP、有限冲击响应滤波器、扩频实现方式、正交频分复用和多输入多输出(MIMO)组态。

- 讨论了其他通信教科书中尚未发现的主题。在其他教科书中要么简单介绍或根本没有出现的内容,在此做了讲解或大幅扩充:SINAD(接收机灵敏度)测试,静噪系统设计,DSP 调制/解调、扩频技术,无线网络(包括 802.11n、蓝牙和ZigBee),增强型数字蜂窝语音网(GSM 和 CDMA),2W 集群无线系统,软件无线电和认知无线电,腔体滤波器/双工器/合路器,阻抗匹配和网络分析(包括 S 参数),麦克斯韦方程以及链路预算和路径损耗计算。

- 介绍了频率分析的概念和复指数。增加了一节讨论基于 DSP 实现的数字调制解调器(现在已成为主流实现技术)背后的某些数学概念。

每门课程都有其核心概念、约束和挑战。电子通信也不例外,本书化繁为简,其中涵盖了大量科研成果和技术。

补充材料

与本书配套的实验教材(ISBN:0-13-301066-X)。

- 测试题库(计算机测试题库):这个电子学测试题库可以用于开发定制的测验、测试和考试。

- 在线 PowerPoint 演示文稿。

- 在线教师资源手册。

为了在线访问补充材料,教师需要申请讲师访问代码。访问 www. pearsonhighered. com/irc 网址⊖,在那里你可以注册一个教师登录代码。注册后 48 小时内,你将接收到一封确认 e-mail 和一个登录代码。一旦接收到你的代码,就可以登录并下载你想要使用的材料。

⊖ 关于本书教辅资源,用书教师可向培生教育出版集团北京代表处申请,电话:010-57355169/57355171,电子邮件:service. cn@pearson. com。——编辑注

温馨提醒

多年来,我一直教授通信电子学。我注意到,许多学生在接触这门课程时感到有些胆怯,也许是因为这门课程过于偏重数学,有些深奥。我也注意到,很多学生并不是绝对地把他们在学校中学习这门课程作为唯一手段,他们在课余时间还在学习这门课程。因而,对电子的乐趣不仅在于动手实践,还因为它提供了修补和实验的机会。有机会用我的双手去工作,去探索,去尝试,是最初吸引我把电子作为一个职业和研究领域的动力。为此,我鼓励你们必须在课余时间抓住各种机会从事与电子通信系统有关的探索。也有许多精心设计的无线广播和通信套件,如 Elenco、TenTec 和 Elecraft 厂商的套件,它们不仅允许你探索这门课程描述的基本通信概念,还将使你们体验到用自己的双手在第一时间打开它所创造的快感。另外,业余无线电爱好者在世界各地往往采用无线电和自己设计的天线,体验与他人通信的乐趣。在美国的业余无线电运营商全国性组织是美国无线电中继联赛(ARRL),它位于康涅狄格州纽因顿市,还可访问互联网 www.arrl.org 查找。ARRL 出版物为读者提供了介绍通信系统设计和操作的丰富内容。我也鼓励学生使用本教科书探索课堂之外的领域,正是这种个人鼓励使本书与众不同。

致谢

我要再次感谢杰夫瑞·比斯利(Jeff Beasley)和加里·米勒(Gary Miller)(《现代电子通信》的作者)把其文稿的整理工作委托给我。关于其第 3 版我接受过训练,有一天我会成为 MEC(现代电子通信)系列图书的作者之一,这给了我很多惊喜。我感到受宠若惊,只希望能够保持其卓越的风格。我还要感谢我的同事史蒂夫·豪尔沙尼(Steve Harsany),他认真地审查了章末的习题与思考题,以及在编写附录 A 中所做出的贡献;还有以前的学生斯科特·库(Scott Cook)可贵的协助研究。肯·米勒(Ken Miller)、乔·丹尼(Joe Denny)、萨拉·道姆(Sarah Daum)、布雷克杰马(Jemma Blake)和摩圣安东尼奥学院的全体同事,也通过审查书稿提供了宝贵的意见,对此我也深表感谢。当然,任何错误都由我一个人承担。最后,感谢我的导师 Clarence E. 先生——"皮特"·戴维斯,他多年来真正教会我知道什么是无线电! 也是他帮我获得了今天的成果! 谢谢您。

——Jonathan D. Hymer

摩圣安东尼奥学院

加利福尼亚州核桃市

目 录

通信基本概念

1.1 概述

控制电子能量实现远距离通信不仅是技术进步的一个里程碑，也是成就人类文明的一大变革。今天电子技术的基本应用继续充满活力和激动人心，因为它仍然使整个社会处在通信革命之中，它正在不断地从完全模拟技术向数字系统转型。数字技术发展的关键是满足未来便携设备高速信息传输日益增长的需求。最新一代的智能手机和其他无线设备的需求，以及高清晰电视的广泛应用与激增，只不过是永无休止发展中的数字技术的最近的两个侧面。

本书对无线和有线、模拟和数字通信系统方面进行了全面论述。与其他学科类似，通信系统的学习是通过基本原理和反复加深这些概念来掌握的。这些基本原理出现在本教材的前三章，但这些基本原理的证明全部在后面的章节进行。进而，所有电子通信系统（无论模拟或数字）所涉及的重要特性都可能就在前面章节分析，如：功率分布和带宽以及限制它们工作的基本约束条件——噪声。这些共性和约束条件在第 1 章讨论。

1.1.1 通信系统与调制

任何通信系统的功能就是将信息从一点传输到另一点。所有系统由三部分组成：发射机、接收机和信道，信道也称为信息传输链路。信道通常是无线的，无论是地表大气层或自由空间（真空）都能行成收发之间的通路；或者信道也可由物理传播媒介形成，例如铜线、传输线、波导或光纤。正如我们很快就可以看到的，信道特性很大程度上决定着系统的最大信息容量。

无线电台或电视台，其发射机使用电波把节目传输到广域分散的接收机中，这就是我们熟知的最好例证。与此同时，其他通信系统还可以使用有线和无线链路，例如：蜂窝电话与其基站采用无线链路通信，但此接口仅仅是由许多基站、交换机和监控设施所组成的庞大的基础设施的一部分。基站与运营的移动交换中心（涉及内部路由和外部运营网络设备）之间的链路可以采用有线或无线的。分属于不同无线和有线运营商的交换中心共同形成的全球电话系统，最大可能是采用光缆互联，其次有可能采用铜线或卫星互联。其他熟悉的例子还有很多：例如卫星电视和无线电服务信息是无线电通过外层空间和大气层到达地面接收机进行传输的；宽带因特网其所以能将信息传到用户中，是因为它是通过由铜线、同轴电缆或有些地区所采用的光纤链路组成的网络来实现传输的。不管它们是简单还是复杂，所有系统均可认为由发射机、链路和接收机这些基本部件组成。

通信领域的基础是"调制"技术。调制是将相对于表示信息的低频电压（例如，声音、图像或数据）在发射载波的高频信号上存留印迹的过程。载波其名称所意味的是它要将运载信息从发射机经由信道到达接收机。后面称为消息（intelligence）的低频信息以保留其原有意义的方式被载波承载，但它占用的频带远高于调制之前的频带。接收消息后要恢复，即从高频载波中分离出来，这一过程称作解调或检测。

在这里，你可能会想到："信息传输为什么要通过调制/解调这个过程？为什么不直接发送信息？"举个例子，当我们要使用无线电波发送语音消息到周围的接收者时，我们能使用传声器把这个消息由声学振动变换成电信号，再把这些电信号作用到发射天线吗？虽然理论上是可能的，但用这样低的频率直接发送信号会出现两个实际问题：首先无法分享；其次是所需天线的尺寸很大。人声音的频率范围是 $20\text{Hz} \sim 3\text{kHz}$，如果在一个给定地理区域的多点，以无线电波直接发送这些频率，则由于发射波之间的干扰，它们全部都将不能正常工作。另外，要高效传输如此低频率的无线信号，所要求的天线将需要达到数百甚至数千英尺（1ft＝0.305m）——这是不切实际的，这个道理我们在第14章就会明白。

解决上述问题的办法是调制，其中将高频载波用作传输低频消息的发送中介，通过所谓的频分复用过程，给定区域内每个发射机单独分配一个载波频率，通信信道（在这种情况下也称无线频带）被分配给多个发射机同步使用，从而允许一个通信介质同时接入多个不同用户。同样重要的是，调制信号使用的频率可提高到足以允许采用合理的天线长度。在通信研究中经常遇到的概念肯定是"调制"，正是由于这个原因，第2章和第3章对于这一重要课题将进行深入分析。

载波的特性。由于载波通常是正弦波，因而波形特点是有序的。回顾基础的交流电理论，正弦波看上去具有图1-1所示形状。例如，由电子振荡器或电枢在磁场中旋转的发电机产生的一个周期波，可以用向量$\overline{OB}$来表示，其长度表示导体内产生的电压峰值，在机械发电机的例子中，该值表示导体切割磁场中的磁力线产生的电压值。如果假设向量$\overline{OB}$起始位置位于图中OA处，我们发现，连续增加角θ，向量$\overline{OB}$就沿着OA形成的圆周逆时针移动，旋转的速度或速率直接决定着旋转的频率：旋转的速度越快，形成的波形频率越高。

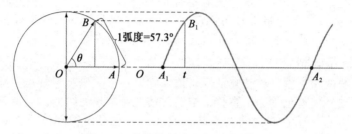

图1-1   由旋转向量所表示的正弦波

为什么将这一波形称为正弦波呢？回看图1-1，我们在OA的水平延长线上t点处画一条与从A点沿圆周移动到B点距离相同的水平线，从B点延伸水平线到t上面的B_1点，我们发现B_1t点与从半径端点B引到所定义的OA线具有相同的高度。换言之，从B到OA画一条垂线，就形成一个斜边为OB的直角三角形，其垂线长度就等于B_1t，线段B_1t就表示到达B点的旋转向量所产生的瞬时电压的幅度。正因为这个原因，角度θ的正弦是θ所对的直角三角形的边长与其斜边之比。如果我们定义OB为任意的一个单位长度，那么垂线B_1t的值即为t点的瞬时电压，也即θ角正弦所定义的值。正弦波交变电压的瞬时值用通过OB线段沿圆周逆时针旋转到达线段OA每点创建的垂线表示，而对应垂线到达时间用横轴A_1到A_2的长度表示，旋转向量绕行一周的每个旅程就表示交变电压的一个完整周期。

如果图1-1中向量$\overline{OB}$沿弧线从A到B的距离等于OB长度，则对应的角度θ就等于一个角度测量单位，叫作1弧度。按照这一定义，弧度就是角度所对应的弧长等于半径的弧，近似等于57.3°。因为圆的周长等于其半径的2π倍，所以绕圆一周便为2π弧度（量值π定义为圆的周长与它的直径的比）。所以，如果向量$\overline{OB}$旋转一周，它通过的角度就是2π弧度。交变电压的频率等于每秒钟发生的周期数。换句话说，也就是向量$\overline{OB}$绕圆周每秒钟旋转的次数。所以，向量每秒钟绕过的弧度数将是频率的2π倍。该量称为角频率或角速度，常用希腊字母ω表示。

因而

$$\omega = 2\pi f$$

角速度的单位通常为rad/s或者(°)/s，图1-1中从O点到t点表示时间刻度。

当应用于某个电量（如电压）时，角速度就被指定为所考虑的那个电量（电压）的时间变化率。换一种说法，电量(如电压或电流)总体变化的 ω 表示循环频率 f 的 2π 倍或每秒完成的循环次数。角速度和循环频率是明显相关的：角速度越高，则频率越高。角速度的概念非常有用，因为许多电现象(特别是容性和感性电抗)都涉及变化速率，所以它们的表达式中总包含一个 π 项。另外，通过变化速率项中的表现波形，我们可以援引一些三角原理来描述单一的或合成的正弦波的行为。由于调制的本质是正弦波组合的分析，表示合成三角关系的功能是非常有用的。

根据以上分析，任何正弦波都可以用下面的表达式表示：

$$v = V_{\mathrm{P}}\sin(\omega t + \phi) \tag{1-1}$$

其中：v——瞬时值；V_{P}——峰值；ω——角速度 $=2\pi f$；ϕ——相角。

循环频率包含在 ω 项中，但对于相角 ϕ 可能还不熟悉。相角表示正弦波超前或滞后任意开始时刻 $t=0$ 的瞬时弧度数。在第 3 章我们将会看到，频率和相角是相互关联的：瞬时频率变化将引起相角变化，反之亦然。

如果表达式(1-1)代表载波，载波受到调制，它的一个或多个特性参数必然发生改变。对于振幅调制(AM)，其振幅项 V_{P} 发生改变；对于频率调制(FM)，频率项(包含在 ω 项中)发生改变；若相角 ϕ 发生改变，则产生相位调制(PM)。由于频率和相位之间存在特定关系，后两种调制形式常统称为角度调制。在任何时候应该牢记一个事实：振幅、频率和相位是正弦载波仅能改变的特征参数。在任何系统中，调制的本质是：无论出现多么复杂的情况，最终只能改变这三个参数中的一个或多个。

虽然调制肯定不是无线系统独有的，但这个概念最熟悉的应用是 AM 和 FM 无线电广播。无线电波的发现促进了物理科学电学的诞生，而电子学作为物理科学领域的一个学科，很多核心思想大部分都出自于那些最初开发用于无线电通信的应用。无线系统将是本教材许多章节的重点内容，不仅因其在历史上的重要性，也因为早期无线系统中首次研制的许多电路经修改后的形式至今还用于其他电子学领域。

1.1.2 电磁波频谱

无线系统发射与接收之间究竟存在着什么？回忆学过的电的基础知识，电和磁是交织在一起的，一个影响着另一个。磁场围绕移动着的电荷(即电流)；同样，每当磁场和导体间发生相对运动时，电路中就会产生电流。电场和磁场二者无论是通过电压、电位变化还是通过电流流通而相互产生的，在普通导体以及“自由空间”(即真空)中，电场和磁场将互相垂直，并以相互垂直方向行进，此能量形式称为电磁能。对于不变化的即直流电流和电压，电场和磁场二者的大小是常数，所以在自由空间中不再相互产生。然而对于交变电流，电场和磁场具有产生电压和电流的特性，一个正弦源以电(电压)和磁(电流)场的工作频率产生，其形状为正弦的且相互垂直。

电磁能表现为电荷在导体中运动，但对于交流情况该能量也存在导体的范围之外，事实上，传播远离其源。采用适当的传感器，把能量从一种形式变换成另一形式，在导体中流动的交流电就会变为超出导体的物理局限而存在的连续波(该波是不依赖物质的能量转换的机械波)。正如导体中那样，在自由空间电磁波的存在恰恰就是存在电场和磁场。电压电位定义的电场和加速电荷所产生电场都会产生电流，电流反过来又会产生垂直于电场的磁场，移动磁场又会由此创建另一电场，以此类推。这样，由运动电场和磁场所产生的电磁波就从其产生点通过空间传播到它的目的地。在无线系统中发射机和接收机间的传输是通过天线实现的。发射机产生的电流供给其天线并被转变成电磁能。而在目的地端，运动的电磁场触碰到接收天线导体，便在接收机输入天线内产生电流。

电磁能存在于从直流(0Hz)直到可见光甚至更高频率电磁波内。的确，光是电磁波。由于电磁波频谱是由信号占据的所有频率范围内正弦成分组成的，许多我们熟悉的领域和服务都沿用电磁波频谱。音频，转化为人耳可以听到的声波形式，其频率范围从 20Hz 到大约 20kHz。50kHz 及以上的频率范围是无线电波频率，在这个频段，电磁能可以产生并由合理长度的天线辐射。调幅广播，其频率范围从 540kHz 到 1.7MHz；调频广播的波段分配在 88～108MHz，20MHz 的频段。蜂窝电话依据载波和地理特征所使用的频率范围在 800MHz 或 1.8～2.1GHz 内。家庭微波烤箱的微波频率为 2.4GHz，正如个人电脑的无线网络。其他家庭无线设备，其中一些无绳电话和较新的最佳本地网工作频率为 5.8GHz，这些频率都处在波长很短的微波范围，所需要的专门技术将在后续章节介绍。

　　这些说法在通信系统中可以按载波频率进行分类。表 1-1 给出了常用于无线服务的电磁波频谱的一部分名称。需要说明的是，电磁波频谱还可以扩展到超出表中所表示的更高频率。在表中处在特高频以上的频段也叫做毫米波段，这对于物理学家和天文学家是特别感兴趣的。频率更高的光谱范围，包括红外线，可见光和紫外线，非常高的频率就是 X 射线、γ(伽马)射线和宇宙射线。

表 1-1　无线电频谱

频　　　率	名　　称	缩　　写
30～300Hz	极低频	ELF
300～3000Hz	音频	VF
3～30kHz	甚低频	VLF
30～300kHz	低频	LF
300kHz～3MHz	中频	MF
3～30MHz	高频	HF
30～300MHz	甚高频	VHF
300MHz～3GHz	超高频	UHF
3～30GHz	极高频	SHF
30～300GHz	特高频	EHF

1.1.3　通信系统

　　图 1-2 以方框图形式表示了一个简单的通信系统。调制级具有两个输入——载波和

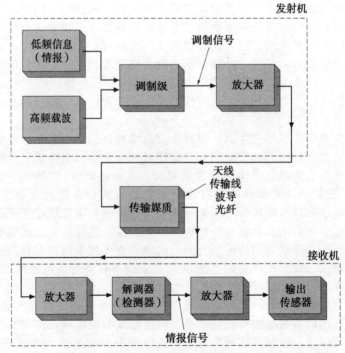

图 1-2　通信系统框图

信息信号，二者合起来产生调制信号，这个信号随后被放大，在大功率无线系统中它通常要放大成千上万倍，随后才传输。已调信号的传输可以是无线方式或物理媒质的，如：铜线、同轴线或光纤。接收单元提取传输来的信号并重新放大，以补偿因为传输而引起的衰耗。被放大的信号随之作用于解调器（常称为检测器），这样信息就从高频载波中被提取出来。解调出的信息被馈送到放大器，使之提高到能激励扬声器或任何其他输出传感器。

从最基本的到最复杂的所有通信系统，基本上都要受到两个因素限制：带宽和噪声。因为这个原因，我们将投入相当大的篇幅研究这些重要问题，这是告知和统一通信技术的发展主题。同时，这些问题也是由最基本到最复杂的所有通信系统的首要主题之一。可使用一个多世纪以来形成通信工程基石的一些原理，特别在前三章，将用很多篇幅来研究这些主题，因为它们揭示了涵盖后续各章的系统级要讨论的问题。下面，我们必须讨论分贝这个单位，因为它适用于所有的通信系统问题的研究。

1.2　通信工作中的分贝概念

任何通信系统所定义的特性都会遇到很宽范围的功率电平。例如，广播电台发射机可能提供数万瓦特功率的信号到天线，但在其覆盖范围的接收机天线得到的信号功率却在皮瓦数量级（10^{-12} W）内。一个简单的收发信机（由发射机和接收机组成，如移动双向无线电台）所具有的功率从接收机的飞瓦（10^{-15} W）数量级到发射机输出的千瓦（10^3 W）数量级或更高。在接收机一侧，信号电压处于毫伏（10^{-3} V）或微伏（10^{-6} V）电平数量级，考虑到差别这样大的变化范围值通常的测量单位都是难以表示的。但功率和电压很宽的变化范围在通信系统分析中经常遇到，因而涉及同时计算非常大和非常小的电量数值。正是这个原因，我们所采用的测量单位不仅要考虑测量范围的扩展，而且要使得计算所涉及非常大或非常小量的乘法和除法更容易处理。当其中功率、电压、电流的量值以比值的对数形式表示时，这一测量就变得相当容易。

术语分贝（dB）是我们熟悉的声音强度的单位。在声学中，分贝表示声压水平相关比率，0dB 的环境认为是绝对沉默的，从 140～160dB 范围表示声压处在喷气发动机附近。该术语是从贝尔这一单位导出的，为了纪念亚历山大·格雷厄姆·贝尔（Alexander Graham Bell）而命名。电话和声音电平之间的历史关系是不意外的，电话工程师们以及早期在人耳朵上实现的设备觉察不到音量的线性变化。电话系统所配置的放大器和信号处理设备，必须在长距离范围能够保持人声音的自然度。研究人员发现，人类感知量的增加可更准确地模拟成一个指数关系，其中功率只有增加 10 倍而不是倍增，音量或响度方可感到明显倍增。分贝（1/10 贝尔）原来定义在声学或电系统中用于表示较小感知的声强变化。

分贝这一符号绝不是仅仅用来表示最终转化为声波形式的声级或其他信号，该术语多用于差别较大的两个感兴趣数量的比较。虽然分贝来源于功率比，但也用来表示电压比和电流比。基于分贝的计算被广泛用于噪声分析、音频系统、微波系统增益计算、卫星系统链路预算分析、天线功率增益、光预算计算以及其他通信系统测量。表示比值的有增益和衰减。当参考绝对电平时，分贝这一单位可以与那些代表绝对功率、电压或电流的电平同时使用。

我们将会看到，由分贝定义的以及很多派生而来的对数的特性及其效用，由于这些特性可能是读者不熟悉的，所以我们将首先详细介绍这些特性。

1.2.1　对数

简单地说，对数就是指数。你们必须非常熟悉"10 的幂次"的表示法，其中数字 10 本身自乘一次或多次后，产生一个每次增加 10 的一个因子的操作过程（你可能也听说过数量级这个术语，当正确使用于科学的语境时，这种表达是指 10 的幂次的关系）。上标数称为指数，表示 10 的倍数出现在这个表达式中的数目。这样，$10 \times 10 = 100$，就可表示成

$10^2=100$，因为数字 10 被它本身自乘了一次产生的结果就是 100。同样的 $10×10×10=$ 1000，表示成指数形式是 $10^3=1000$ 等等。作为一种表达，在表达式 $10^2=100$ 中，上标 2 称为指数，10 称为基数，结果 100 称为得数；指数 2 也可称为以基数 10 为底的 100 的对数。这样的表示还可写为 $\log_{10}100=2$，并读作"以 10 为底 100 的对数等于 2"。更一般的说法，一个数对于给定底的对数（log）就是基数上标的那个数"幂"。任何一个数都可以表示为一个基数的对数，在分贝表示中总是选用底数为 10 即常用对数。对于常用对数底数可不给予明确表示，这样上面的表达式将简写为 lg100＝2，并称作"100 的对数等于 2"。按照指数 2 同样的推理，表达式 $10^3=1000$ 可表示为 lg1000＝3。100 和 1000 之间任何数的常用对数，即对于 100～1000 之间的任何数以 10 为底的幂将处在 2～3 之间。换言之，100～1000 之间的一个数的对数将是 2 再加上一些小数部分，其整数部分叫做特征数，小数部分叫做尾数；这两个值过去已被列在便于使用的对数表中，而现在很容易用科学计算器计算，常用对数在科学计算器上用"log"键表示。它是与自然对数有区别的，自然对数的底数以 e 表示，其值等于 2.71828…，自然对数在科学计算器上用"ln"键表示，是函数 e^x 的指数。这些术语描述了一些自然现象，包括电容器的充电和放电速率，以及电感周围的磁场的扩展与收缩速率，自然对数不应用于分贝计算。

非常大和非常小的数字变换成指数形式，便可使用指数的两个非常有用的特性，叫作乘法法则和除法法则，以便发挥作用。乘法法则说明以指数形式表示的两个数相乘，其结果是乘数相乘，指数相加，即

$$(A×10^n)(B×10^m)=(AB)×10^{n+m}$$

在上面的表达式中，注意答案中 n 与 m 相加。如果这些数被变换成它们等价的指数形式，就不必进行非常大数的乘法。同样，指数形式的大数除法按照除法法则，有

$$(A×10^n)/(B×10^m)=(A/B)×10^{n-m}$$

上述除法法则对于大数或小数相除简化为其指数的简单减法。这些特性虽然是非常有用的，但当所有的计算都必须完成时，笔和纸仍是不可缺少的。

由于对数是基于指数的，它所遵循的有关指数法则也适用于对数，有关的对数法则可综合如下：

$$\lg(ab)=\lg a+\lg b \qquad \text{（法则 1）}$$
$$\lg(a/b)=\lg a-\lg b \qquad \text{（法则 2）}$$

且有

$$\lg a^b=b\lg a \qquad \text{（法则 3）}$$

因此，使用对数能够完成原来我们所说的以一种更方便的形式比较两个非常大或非常小的数字。另外的优点是上述法则的扩展：因为以分贝为单位的量表示的是功率、电压或电流的比，这些分贝数就可以简单地相加减。那些非常大和非常小的数的乘法和除法就简化为它们分贝表达式中的对数相加或相减。

对数的反转是反对数，对于给定底数的一个数的反对数（antilog）就是简单地按照底数提升到该数。例如（假设是常用对数的反），antilg2＝10^2 或 100，对数或反对数很容易用计算器求得。与上述计算相同，反对数确定的表示是 10^x，而有的计算器可能有一个 INV 键提供反对数函数，计算时要与 log 键配对使用。

1.2.2   以分贝表示功率比

电子学中，分贝最基本的定义是功率比的对数，即

$$\{P\}_{dB}=10\lg(P_2/P_1) \qquad (1-2)$$

也就是说，式（1-2）说明 1dB 为 $10\lg(P_2/P_1)$ 为 1 时的功率级。按照惯例，表达式分子中的 P_2 应处在较高的功率电平，这样所得结果为正数。该惯例约定之时，考虑到对数表的制作是比较容易的，对于计算器普及的今天，本约定不再是绝对必要的。但是请注意，如果较小的功率值出现在分子中，结果将得到一个负的分贝值，表示功率衰减（负增

益）。重要的是，在任何情况下，所呈现的结果表示一个损耗时，负号必须保留。⊖

例 1-1 设某放大器输入功率为 0.5W，而输出功率分别是 (a) 1W；(b) 2W；(c) 5W 时，计算该放大器的增益？

解： 在这种情况下，功率增益由式(1-2)可求得

(a) ${P}_{\mathrm{dB}} = 10\lg(1\mathrm{W}/0.5\mathrm{W}) = 3.01\mathrm{dB} \approx 3\mathrm{dB}$

(b) ${P}_{\mathrm{dB}} = 10\lg(2\mathrm{W}/0.5\mathrm{W}) = 6.02\mathrm{dB} \approx 6\mathrm{dB}$

(c) ${P}_{\mathrm{dB}} = 10\lg(5\mathrm{W}/0.5\mathrm{W}) = 10\mathrm{dB}$

1.2.3 以分贝表示电压或电流比

虽然分贝正确的看作是一个功率比，只要输入和输出阻抗都考虑到，电压和电流也可以表示为分贝关系。因为 $P = V^2/R$，可以代入按如下功率关系计算分贝数（因为仅阻抗的实数部分电阻是有意义的，与 Z 比较，R 被经常使用）：

$$\{P\}_{\mathrm{dB}} = 10\lg(P_2/P_1) = 10\lg\left[\frac{\dfrac{V_2^2}{R_2}}{\dfrac{V_1^2}{R_1}}\right]$$

整理分子与分母，我们得：

$$\{P\}_{\mathrm{dB}} = 10\lg\frac{V_2^2 R_1}{V_1^2 R_2}$$

为了清楚起见，上述表达式可以重写为

$$\{P\}_{\mathrm{dB}} = 10\lg\left[\left(\frac{V_2}{V_1}\right)^2 \frac{R_1}{R_2}\right]$$

由对数法则 1，可得

$$\{P\}_{\mathrm{dB}} = 10\lg\left(\frac{V_2}{V_1}\right)^2 + 10\lg\frac{R_1}{R_2}$$

由对数法则 3，去掉平方项，得

$$\{P\}_{\mathrm{dB}} = 20\lg\frac{V_2}{V_1} + 10\lg\frac{R_1}{R_2}$$

因为 $10\lg\dfrac{R_1}{R_2}$ 等于 $20\lg\dfrac{\sqrt{R_1}}{\sqrt{R_2}}$（平方根相当于底数变为 1/2 功率），上述表达式还可进一步化简：

$$\{P\}_{\mathrm{dB}} = 20\lg\frac{V_2}{V_1} + 20\lg\frac{\sqrt{R_1}}{\sqrt{R_2}}$$

通过合并，最后化简成

$$\{P\}_{\mathrm{dB}} = 20\lg\frac{V_2}{V_1}\frac{\sqrt{R_1}}{\sqrt{R_2}} \tag{1-3}$$

例 1-2 某放大器输入阻抗 Z_{in} 为 500Ω，输出阻抗 Z_{out} 为 4.5kΩ，如果 100mV 输入信号产生了 350V 输出，求以分贝表示的该放大器的增益？

解： 分贝增益可直接用式(1-3)计算：

⊖ 细心的读者可能会注意到前缀"deci-"意味着 1/10，和式(1-2)的定义之间存在着明显的矛盾。在贝尔比率中，最初定义为 $\log(P_2/P_1)$ 乘以 10，而不是用 10 去除。这首先要将出现的贝尔乘以 0.1 转换为分贝。另一个问题是范围：使用不加修饰的贝尔比会导致由 0.00000001～100000000 一系列非常大的数字范围，仅仅能表示 -8～$+8$ 贝尔的范围。取以 10 为底的对数比将给予 -80～$+80$ 的范围，术语 deci 就与每个数字整体变化 1/10 的效果相同，并允许将更小的变化，表示为合理大小的数字。

$$\{P\}_{dB} = 20\lg \frac{350 \sqrt{500}}{0.1 \sqrt{4500}} = 20\lg 1\ 167 dB = 61 dB$$

这个结果可以用来决定放大器输出和输入功率，并使用分贝的功率表达式(1-2)得：

$$P_{out} = \frac{V_{out}^2}{Z_{out}} = \frac{350^2}{4500} W = 27.22 W$$

$$P_{in} = \frac{V_{in}^2}{Z_{in}} = \frac{0.1^2}{500} W = 20\mu W$$

然后，由以上计算结果还可计算以 dB 表示的增益为

$$10\lg \frac{27.22 W}{20 \times 10^{-6} W} = 61 dB$$

与式(1-3)计算结果相同。

例 1-2 表明，输入和输出阻抗必须计入进行计算，因为电压和电流是受阻抗变化影响的。

其产生原因是：如果电路输出阻抗增加，电压降增加(因为 $V = IR$)，但电路中的总功率保持不变，即电压增益并不会在其自身产生功率增益。如果阻抗变化不计入计算，则分贝公式中未经修正的电压形式将错误地表明功率将增加，在例 1-2 中，未经校正的阻抗差异将会导致计算结果为 70.8dB 电压增益。然而，功率是独立于阻抗的。阻抗变化引起电压和电流变化，但功率保持不变。换言之，在 P_1 与 P_2 功率比的分贝表达式中其电压与电阻项中的电阻项比消去了。

利用 $P = I^2 R$ 可以将电流表示成分贝形式。同样，有

$$\{P\}_{dB} = 10\lg \frac{I_2^2 R_2}{I_1^2 R_1}$$

可化简成

$$\{P\}_{dB} = 20\lg \frac{I_2}{I_1} + 10\lg \frac{R_2}{R_1}$$

或

$$\{P\}_{dB} = 20\lg \frac{I_2 \sqrt{R_2}}{I_1 \sqrt{R_1}} \tag{1-4}$$

一种简单情况是 $R_1 = R_2$ (即输入、输出电阻相等)时，电压和电流关系式可简化为

$$\{P\}_{dB} = 20\lg \frac{V_2}{V_1} \tag{1-5}$$

且

$$\{P\}_{dB} = 20\lg \frac{I_2}{I_1} \tag{1-6}$$

通常，为了获得最大功率传输，假设输入和输出阻抗是相等的。在这种情况下，经修正所得的式(1-5)和式(1-6)就可以使用了。

1.2.4 参考电平

本来，分贝就不是表示绝对值，分贝所表示的是功率、电压或电流的比值。因此，放大器在不知道输入功率情况下，即使给出了分贝增益，人们还是不能确定它的输出功率。比如说，"23分贝放大器"如果不知道它的输入功率，其输出功率就不得而知。然而，为方便起见，人们常常确定一个 0 分贝的参考功率或电压电平，并且所有其他量均相对于该参考予以表示。(0dB 是多少？请记住：0dB 是 $10\lg 10^0$，10^0 等于 1，1 的对数等于 0)。在音频和无线电系统中最常用到的参考功率值是 1mW(1W 的千分之一，或 0.001W)。分贝以 1mW 为参考可表示为 dBm(其中 m 表示毫瓦)，即 0dBm＝1mW。对于音频应用，包括无线电话网络，0dBm 表示在 600Ω 系统阻抗两端得到 1mW 功率；而对于无线系统，同

样 0dBm 却表示在 50Ω 阻抗两端得到 1mW 功率。虽然 dBm 这一术语是标准的，但阻抗可能没有明确规定，常常需要依据场景（声音、图像或无线系统）来推测。虽然，1mW 用作参考，看起来是一个较小的数值，但它对于接收机来说还是一个相当大的功率值，后续章节我们将会看到这一点。

分贝表示的相对性与通过隐含或明确给出参考电平（如 1mW）并以分贝表示的绝对功率电平之间可能发生混乱，特别是非正式使用中，错误地将 dB 用于 dBm 环境。临时可以使用一些原始的方法：大多数沿用具有"dB"刻度的电压-欧姆表（VOMs），如图 1-3 所示。

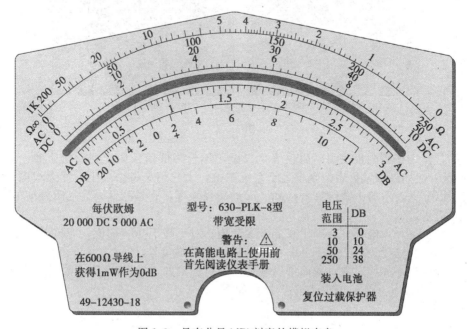

图 1-3　具有分贝（dB）刻度的模拟表盘

这种形式的仪表已使用许多年，一代技术人员通过这类仪表培训，并在其整个职业生涯中使用它们。也许用户已经习惯于分贝刻度表测量绝对值这一思维，其实是不对的。仔细观察图中仪表就会发现，0dB 是参考于 600Ω 系统阻抗得到的。通过等式 $P=\dfrac{V^2}{R}$ 可求解电压，可解得在 600Ω 系统阻抗上 1mW 的平方根（rms）近似为 0.775V 交流（AC）电压。表盘上的 0dB 值应该理解为 0dBm，因为该线上面的交流电压刻度为 0.775V。相反，无线电频率（rf）毫伏表大多数喜欢以 50Ω 作为参考，所以它的 0dB 点与音频工作校准 VOM 是不同的。注意：这些 dBm 的每一个值都对应着一个不同的电压。所以，以 dB 为刻度的表校准于读数"0dB"（实为 dBm）端接 600Ω，如果用在 50Ω 系统将不能正确读取数值。视频系统采用的设备，比如有线电视系统，大多数是以 75Ω 校准的，所以它的 0dB 点与音频和无线电频率仪表都不同。有些新型数字万用表（DMM），如图 1-4 所示，具有 dBm 测量功能，它通过调整阻抗来保证不同系统设备的准确测量。再次强调，要记住的重要一点是：在现代实践中，只有那些采用明确的或隐含的参考的分贝测量，才可以表示绝对值，所有其他测试仅能表示增益或衰减。

然而，dBm 在无线通信工作中是最常遇到的参考值，其他参考值也在广泛使用。其中包括：dBμV 和 dBmV，其 0dB 分别参考 1μV 和 1mV，通常在视频系统和有线电视中使用；dBV（1V 为参考）、dBW（1W 为参考）、dBk（1kW 为参考）用于广播；dBc 表示以系统载波为参考的电平（常用于干扰研究，以表示期望信号与不期望信号之比）。

另外，dBμ 参考有时会用到，且在此背景下是很重要的。在无线电工程场景，μ 意味

(a) DMM采用dBm刻度　　　　　(b) 可调阻抗功能

图　1-4

着"卸载"，其中振幅测量使用高阻仪表，以至于不会降低信号幅度到原始值的一半（即电压降低 6dB），如果测量仪表的阻抗等于系统阻抗，上述情况将会发生。在无线电工程中，dB_μ 表示以分贝表示的 1 微伏每米（$1\mu V/m$）的场强强度，它是测量天线上所感应的接收信号的电压电平。

在所有情况下，电平可能高于或低于参考值。对于高于 0dB 的值，应该是但不总是前面加正号，以免混淆；对于低于 0dB 的值，前面必须加负号。

采用指定电平和反对数，我们可以确定精确值。例如，指定 27dBm 的微瓦发射（27dB 大于 0dB），具有 0.5W 的输出功率，计算如下：

$$\{P_{\text{out}}\}_{\text{dB}} = 10\lg \frac{P_2}{0.001\text{W}}$$

$$27\text{dBm} = 10\lg \frac{P_2}{0.001\text{W}}$$

$$2.7\text{dBm} = \lg \frac{P_2}{0.001\text{W}}$$

为了消除上式右边的对数（lg），对等式左边取反对数（antilg），常用对数的反对数表示为10^x。所以，在下一步中反对数表示为$10^{2.7}$，等于 501.2。

$$10^{2.7} = \frac{P_2}{0.001\text{W}}$$

$$501.2 = \frac{P_2}{0.001\text{W}}$$

$$501.2 \times 0.001\text{W} = P_2$$

则　　　　　　　　　　　　$$P_2 = 0.5\text{W}$$

1.2.5　用分贝近似计算

式（1-2）、式（1-5）和式（1-6）总可以用于精确的计算，然而在实际中很少需要极高的精确度。分贝的真正效用，就在于它能提供快速近似计算。通信技术人员或工程师们通过记忆极少数的关系与简单的方法，就不仅可以迅速估计系统增益和损耗，而且能迅速将以 dBm 为单位的量转换成以 W 为单位的电平值，反之亦然。

观察例 1-1 所得结果，我们发现：功率增加 10dB，不是功率加倍，而是功率增加 10倍。功率增加 1 倍对应着增加 3dB。同样地，功率减半对应减少 3dB。功率增加 1dB 大约对应 25% 的增加量。因此，只要记住一些常用值，不采用笔和纸计算，或计算器计算，我们也可以很容易的估计出以分贝表示的功率或电压的变化。正如所给的 27dBm 微波发射机举例中，若已知+30dBm 我们可以得到：30dB 的功率应该超过 1mW，是 10^3 个 1mW，即 1W；发射机输出 27dBm，比 1W 对应的 30dB 低 3dB，表示功率降低了一半，因此功率输出为 0.5W。另外，还可以用另一方法计算，功率输出还可能由大于 0dBm 的多个 10dB 组成，从上述对 3dB 和 1dB 认知得到：第一个 10dB，从 0~10dBm，功率从 1mW 增加到 10mW；第二个 10dB，功率又增加 10 倍，到达 100mW，或 20dBm；增加一个 3dB，功率增加到原来的 2 倍，到达 200mW；再一个 3dB，功率到达 400mW，或+26dBm；最后增加 1dB，即增加量为 400mW 的 25%；400mW 的 25% 是 100mW，因此 27dBm 是 500mW，或 0.5W。通过大量实践，通信技术人员就可以精通基于分贝读数确定功率输出的方法。

表 1-2 给出了值得记忆的几个分贝对照关系。特别要注意 10、20、30dB 等等的功率与 10 的幂相对应关系。即 10dB 功率增加相应于 10^1（就是 lg10，所以是 10 倍），20dB 相应于 10^2（即 lg100，所以是 100 倍），30dB 相应于 10^3（即 lg1 000，所以是 1 000 倍）。功率减小遵循相同的模式：3dB 相当于功率降低一半；-10dB 相当功率降低到 1/10，或 10^{-1}；-20dB 相当功率降低到 1/100 或 10^{-2}（就是 $1/10^2$），等等。类似的结论适用于电压和电流，但由于功率量纲是电压或电流的平方关系，电压（或电流）加倍等于增加 6dB，且电压或电流增加 10 倍相当于增加到 20dB。

表 1-2 常用分贝关系表

变化量/dB	功率	电压
+1	1.25×	
+3	2×	1.414×
+6	4×	2×
+10	10×	
+20	100×	10×
+30	1 000×	
+40	10 000×	100×
-3	0.5×	0.707×
-6	0.25×	0.5×
-10	0.1×	
-20	0.01×	0.1×
-30	0.001×	
-40	0.000 1×	0.01×

例 1-3 你突然发现在那些拥有计算器的国家里，"log"按键被损坏，由于电池用尽（它是一个非常穷的国家，没有更换电池的条件）你的计算器不能做任何工作。但你知道有关分贝的关系，这个国家的无线电发射机的输出功率如果你知道是 46dB，输入功率是 1mW。不用纸和笔计算（不能用计算器，计算尺，或对数表），请确定它的输出功率是多少？

解： 因为 1mW 电平等于 0dBm，所以我们可以确定增益为 46dB 的放大器输出为+46dBm。这一输出可以拆分成多个 10dB 和 3dB 增加量。前 4 个 10dB 增加量，从 0 增加到 40dBm，代表功率增加 4 个连续 10 的因数，所以 40dBm 就等于 10W。第一次从+40 增加到+43dBm，功率从 10W 增加到 20W，第二次 3dB，再加倍，得到 40W。

注意，在例 1-3 中拆分的分贝处理步骤是累加的，这是指数在工作中产生的规则。还需注意，绝对功率（40W）可能只是因为被指定了输入功率。而当给定增益时，可以作出的唯一有效的表示是，输出是输入的 40 000 倍（即分贝增益等于 40 000 的常用对数的 10 倍），无法表示出绝对功率。

1.2.6 各级增益和衰减

对多级组合设备计算增益（或衰减）时，分贝关系特别有用。例如，一个超外差无线电接收机（更详细的研究在第 6 章），如果输入功率（或在此情况下，输入电压和阻抗）和各级增益已知，就可以很容易地求得输出功率。

例 1-4 一个 $8\mu V$ 信号作用于接收机 50Ω 输入端，接收机各级增益如下（所有值单位均为 dB）：

RF 放大器增益为　　　　　　　　　　　8dB

混频器增益为　　　　　　　　　　　　3dB

第一中频放大器增益为	24dB
第二中频放大器增益为	26dB
第三中频放大器增益为	26dB
检波器增益为	−2dB
音频放大器增益为	34dB

分别计算以 dBm 表示的输入功率，以及驱动扬声器的功率（即音频放大器输出功率）？

解： 因为给定的是输入信号电压和输入阻抗，首先必须变换为等效功率，即

$$P = \frac{V^2}{R} = \frac{(8\mu V)^2}{50\Omega} = 1.28 \times 10^{-12} W$$

由于输入功率已知，就容易变换为 dBm（记住分贝功率表达式的分母是 1mW）：

$$\{P\}_{dBm} = 10\lg\frac{P}{1mW} = 10\lg\frac{1.28 \times 10^{-12}}{1 \times 10^{-3}} = -89dBm$$

有了以 dBm 表示的输入功率，与各级增益或衰减相加就可以简单地求出输出功率的瓦特数：

$$-89dBm + 8dB + 3dB + 24dB + 26dB + 26dB - 2dB + 34dB = +30dBm$$

从表 1-2 给出的近似值，可知 +30dBm 比 1mW 大 30dB，或增加了 1000 倍，所以驱动扬声器的功率是 0.001W × 1000 = 1W。

例 1-4 也采用了细小的但重要的一点：注意输入电平是参照了一个特定值（以 dBm 表示），各级增益是不需要知道的。当表示相对于基准的两个值进行比较时，将得到以 dB 表示的增益或损耗，而不是相对于该参考的 dB 数。换言之，该参考被消去了。

例 1-5 放大器输入的功率测得为 −47dBm，输出功率测得为 −24dBm，求增益是多少？增益正确的表示是 dB 还是 dBm？

解： 增益可简单地用输出减去输入，即 −24dBm − (−47dBm) = 23dB。输出和输入简单的差表示两个功率之间的比，而不是关于固定电平的比（在这种情况下为 1mW），所以增益正确的表示是 dB。

1.3　信息与带宽

如前所述，所有通信系统遇到的两个基本限制之一就包含带宽。定义为有用信号所占最高和最低频率之差。换言之，带宽定义为电路或系统工作所涉及的频率范围。例如，电话电路中的语音所占据的频率范围在 300Hz ~ 3kHz 之间，所以话音频率的带宽为 2.7kHz。在第 1.1 节中，我们已知了电信号处在电磁波频谱中，所以从另一种角度来看待带宽的通信环境，是把它定义为通信信道中信号所占据的频率的跨度。即带宽描述了从发射到接收传输信号的整个频率范围所占据的电磁波频谱的那一部分。

第 1.1 节还指出，信息传输成为现实是调制的结果。带宽与信息传输是密切相关的：带宽越宽，从源到目的地可传输的信息量就越大。1928 年，贝尔实验室的哈特利（R. Hartley）确立了这两个量之间的关系。表示成一个等式，即哈特利定律：

信息 ∝ 带宽 × 传输时间

以文字表示的哈特利定律说明，信息传输量正比于所用带宽和传输时间的乘积。因此，如果给定了在规定的时间内要发送的信息量，那么信道就必须提供足够的带宽使信息能够不失真地传输。哈特利定律可以说是通信系统中信息传输研究的基本关系之一。在电通信中提供最有效频带利用是信息论科学受关注的部分。虽然超出了我们的意愿，步入这一高深的理论研究领域进行详细的探讨，但却使问题变得一目了然：因为信息传输关注调制，哈特利定律合乎逻辑的结果是，调制信号比未调制信号必然占据较宽的带宽。第 2、3 章以较大篇幅分析所关注的调制信号占据带宽的预测。

　　此时你可能想知道为什么带宽如此重要。在很多情况下，带宽就等于金钱。在 1.1 节中讨论频分复用时指出已调信息信号所占用的频带宽度大于未调制信号带宽，还建立了所提供给每个用户被分配在该频段内的独占使用频率范围内不同用户可以共享的频段。该说法意味着，某些实体在积极竞争用户之间的频率分配，以减少它们之间的潜在干扰。实际上，这样的活动在无线电系统中正在进行。美国和其他国家的政府 20 世纪初期几十年就认为，无线电频谱是稀缺和宝贵的公共资源。仅如此多的频带在利用，而没有新的频带创建，这样的无线电频谱只能对有用的人使用，其用途就要受到调节，从而使频率可以高效地在许多相互竞争的用户之间分配，以减少潜在的有害干扰。1934 年，美国国会通过了这个通信法案，以法律形式确立了当今美国联邦通信委员会（FCC）赋予它权力，建立和执行使用无线电发射和其他射频能量产生的有关法规。FCC 规则具有法律效力，并适用于所有非联邦的无线电频谱的使用。另一个联邦机构——国家电信和信息管理局，通过联邦政府规定使用无线电频谱的用户，包括各军兵种。其他国家也有执行同等功能的机构。例如，加拿大的工业和科学通信分公司，以及加拿大和墨西哥分别设立的超过无线电通信管辖范围的交通和通信部。由于无线电波可传播很远的距离，电信监管就成了一个国际问题，所以由联合国主持下的机构——国际电信联盟，负责协调各民族之间的频谱事务。

　　因为频谱分配的调节功能，且由于频谱的稀缺，必然就会出现以下几个问题：如何做出分配的决定？监管机构怎么决定谁获得哪些频谱？在美国，频谱分配史上无论是作为政治进程的一部分，或者通过协商决定，内部都涉及利益相互竞争的对抗性听证会，在许多方面极类似于法院中的审判。这些听证会的预期成果是辨别频谱的最佳利用，以及确定稀缺公共资源的最佳托管方法，但这一过程既麻烦又低效。今天，涉及私营部门用户频谱分配决策理论下的经济理由是，自由市场定价机制足以确定稀缺资源的最佳利用。自 1994年以来，联邦通信委员会已有权在私人当事方之间进行定期拍卖频谱块的许可证，无论在国家或定义的地理区域内，允许他们使用相应的带宽。有时拍卖涉及重新分配频谱，一组用户离开，再授予其他用户。2009 年，从模拟到数字电视广播，全国范围内的变迁很能说明问题。作为电视广播电台放弃自己模拟通道的牌照，且所放弃的这些频率，许多是在频谱中非常理想的 VHF 段和 UHF 段部分，由联邦政府进行回收，随后拍卖给出价最高者。结果把营业收入中 200 亿美元调入美国国债，自 1994 年成立以来，拍卖机制获得超过 600 亿美元的收入。

　　分配机制是否具有相同的经济或政治的底线：因为频率是稀缺的，所以带宽是有价值的，特别是在电磁波频谱的射频部分，保护及有效地使用带宽是非常重要的。无线电频率的竞争非常激烈，几乎所有高达 30GHz 的频率都全部分配了，而无线电频谱的任何再利用往往来自于现有的用户。占据无线电频段的任何实体，无论从收益最大化或提供机会给其他用户考虑，最终都必须最有效地利用这些频率。对于私营部门的用户，如无线运营商，频谱利用效率就等于收入。最终，许可带宽是在一个特定的地理区域内，任何一个运营商可以容纳的限制最大呼叫次数，短信，或下载的因子。运营商也含蓄地承认哈特利法则，他们限制下载速度，因为高的数据传输率必然意味着高的带宽。由于电磁波频谱是我们最宝贵的自然资源之一，监管机构和其他相关机构要花很大的力气来确保频谱相互竞争的利益之间的公平分配。通信工程学科最终关心的是有限频谱的最佳利用，本文论述了许多与之相关技术的发展，特别是，讨论了通过最小化传输带宽来提高频谱效率的分析。

1.3.1　解析频谱

　　为了在下面的章节中更全面地进行讨论，调制过程中必然会涉及除载波和信息外的附加频率的产生。这些附加频率处于载波频率的上下两边，并表现为哈特利法则的物理表征，即调制结果所产生的位于频谱上的所有频率，定义为已调信号的带宽。根据载波的振幅和频率特性，载波通常为正弦波，而调制信号通常不是正弦波，因此，在确定已调信号总体带宽特性中，调制信号起着很大的作用。因此，为了拓展对占用带宽的理解，就必须有解决（识别）所有已调信号主要频率分量和幅度特性的手段，这样我们所使用的是称为傅里叶（Fourier）分析的数学工具。

1822 年，法国数学家让·巴蒂斯特·约瑟夫·傅里叶（Jean Baptiste Joseph Fourier），推导了一个把任意周期波形展开成基频整数倍的正弦或余弦波的级数的方法。如图 1-1 所示，余弦波与画在坐标轴上的正弦波具有同样的外形，但余弦波相位移了 90°。因此，在 $t=0$ 的同一时刻，正弦波幅度为 0V，而余弦波却具有最大振幅。虽然傅里叶的想法最先应用热传导领域中，但他的想法也可应用在电子通信系统中遇到的复杂波形信号的研究。要理解这些信号受带宽的影响，就必然要考虑到它们分解所得的各个频率分量。用于时变信号分析的傅里叶级数可表示为

$$f(t) = A_0 + A_1 \sin(\omega t) + A_2 \sin(2\omega t) + A_3 \sin(3\omega t) + \cdots + A_n \sin(n\omega t) +$$
$$B_1 \cos(\omega t) + B_2 \cos(2\omega t) + B_3 \cos(3\omega t) + \cdots + B_n \cos(n\omega t) \tag{1-7}$$

其中：$f(t)$——任意的时间函数，如电压 $v(t)$ 或者电流 $i(t)$；A_n 和 B_n——实系数（既可以为正，可又为负或为 0）；ω——基波角频率。

具有谐波成分的波形可能需要大量方程式(1-7)中所示的项，来充分地描述它们幅度、频率和相位之间的关系。潜在的含义是，要使最复杂的信号被识别，其各个正弦波和余弦波的频率与它们的相位关系必须保持正确。所述傅里叶变换的本质是，任何信号都可以用数学方法分解成组成它的频率和振幅，并且这些频率和振幅具有一定的相互关系。

式(1-7)所表示的傅里叶级数由三部分组成：直流（DC）项、正弦项的级数和余弦项的级数。直流项 A_0，是波形在一个完整周期内的平均值，直流项可以为零（在水平轴以上面积和其以下面积相等时发生），也可以为正的或负的平均值。如果 A_0 为正，说明波形在水平轴以上的面积大于其在水平轴以下的面积；反之，A_0 出现负值。正弦级数的第一项和余弦级数的第一项表示该波形中的最小频率，这个第一项频率称为所表示的波形的基波频率，且在任何傅里叶级数表示中必须存在。基波后面的正弦项和余弦项称为谐波，因为在所表示的级数中他们是第一项频率的整数倍。所以 2 倍于基波频率的是二次谐波，3 倍于基波频率的是三次谐波，以此类推。正弦项和余弦项的数目不是固定的，一个具有无限带宽的理想系统，将具有无穷多个正弦项或余弦项，每项都是与基波相关的谐波。正弦项或余弦项的任一项或全部都可以为零，且不受它们的幅度限制。然而，基波之后的将是由其产生的谐波项。谐波的存在极大地影响到传输信号对带宽的要求，为了使所传输信号不产生严重失真，通信信道就必须有足够的带宽，以通过所有有用的频率成分而不造成过度衰减。

表 1-3 表示了几种周期波形的傅里叶展开。在通信研究中特别令人感兴趣的是方波的傅里叶级数，由于脉冲波形接近方波或矩形波，经常作为调制结果或调制信号本身出现。表 1-3 表示了方波的傅里叶级数是由正弦波的总和乘以常数 $\dfrac{4V}{\pi}$ 而得到的。正弦波总和为

$$\sin(\omega t) + \frac{1}{3}\sin(3\omega t) + \frac{1}{5}\sin(5\omega t) + \cdots$$

其中：$\sin(\omega t)$ 的频率被认作基波的角频率（也称作 $\omega = 2\pi f$）；

$\dfrac{1}{3}\sin(3\omega t)$ 和 $\dfrac{1}{5}\sin(5\omega t)$——三次谐波和五次谐波。

这一过程一直继续到接近系统带宽。$\dfrac{1}{3}$ 和 $\dfrac{1}{5}$ 简要地说明了谐波频率的递增而使其振幅的递减。

表 1-3　几种周期波形的傅里叶展开，$f = 1/T$，$2\pi f = \omega$

(a) $\quad v = \dfrac{2V}{\pi}\left(\sin(\omega t) + \dfrac{1}{2}\sin(2\omega t) + \dfrac{1}{3}\sin(3\omega t) + \dfrac{1}{4}\sin(4\omega t) + \cdots\right)$

(b) $\quad v = \dfrac{2V}{\pi}\left(\sin(\omega t) - \dfrac{1}{2}\sin(2\omega t) + \dfrac{1}{3}\sin(3\omega t) - \dfrac{1}{4}\sin(4\omega t) + \cdots\right)$

(c) $\quad v = \dfrac{4V}{\pi}\left(\sin(\omega t) + \dfrac{1}{3}\sin(3\omega t) + \dfrac{1}{5}\sin(5\omega t) + \cdots\right)$

(d) $\quad v = V\dfrac{\tau}{T} + 2V\dfrac{\tau}{T}\left[\dfrac{\sin(\pi(\tau/T))}{\pi\tau T}\cos(\omega t) + \dfrac{\sin(2\pi(\tau/T))}{2\pi(\tau/T)}\cos(2\omega t) + \dfrac{\sin(3\pi(\tau/T))}{3\pi(\tau/T)}\cos(3\omega t) + \cdots\right]$

(e) $\quad v = \dfrac{8V}{\pi^2}\left[\cos(\omega t) + \dfrac{1}{3^2}\cos(3\omega t) + \dfrac{1}{5^2}\cos(5\omega t) + \cdots\right]$

(f) $\quad v = \dfrac{2V}{\pi}\left[1 + \dfrac{2\cos(2\omega t)}{3} - \dfrac{2\cos(4\omega t)}{15} + \cdots + (-1)^{n/2}\dfrac{2\cos(n\omega t)}{n^2 - 1}\cdots\right]$　（n 为偶数）

　　上述分析可得出一个显而易见的结论：方波是由其基波和它的奇次谐波组成的，且谐波越多就越接近理想方波（其他波形由基波和正弦波与余弦波的偶次和奇次谐波中的任一个或二者共同组成）。图 1-5 表示方波的结构可以看成是基波与由基波产生的相关谐波组成的。图 1-5(a) 表示基波频率；图 1-5(b) 表示一次谐波和三次谐波之和；图 1-5(c) 表示一次谐波、三次谐波和五次谐波之和，虽然有些失真，但图 1-5(c) 所示的信号已开始接近方波；用更多奇次谐波相加，所得波形可迅速地逼近理想方波。图 1-5(d) 和图 1-5(e) 分别表示十三次和五十一次奇次谐波相加所获得的信号。由图 1-5 及分析可知，带宽和保留谐波成分之间要进行权衡。即如果方波通过通信信道发射并保留其外形，那么信道带宽就必须足够宽，不仅能通过基波而且要通过它的谐波。限制带宽必然意味着限制或滤除谐波。滤波越厉害，图 1-5(e) 所示的方波就越接近图 1-5(a) 所示的正弦波。我们将会看到，方波（任何边沿陡峭或类似方波的波形）通过任何带宽受限的中继，不失真传输通常是不可取的，甚至是不可能的，且滤波技术必须保留"平滑"的方波边沿，同时保留足够的谐波含量，以保留其中所载的信息。

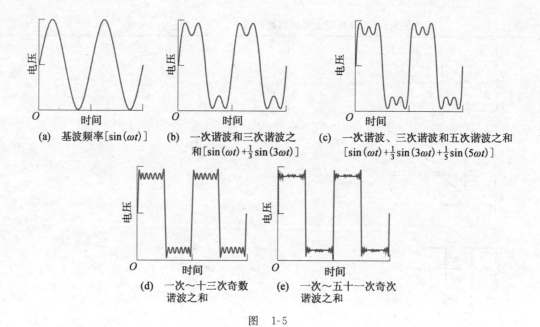

(a) 基波频率$[\sin(\omega t)]$

(b) 一次谐波和三次谐波之和$[\sin(\omega t)+\frac{1}{3}\sin(3\omega t)]$

(c) 一次谐波、三次谐波和五次谐波之和$[\sin(\omega t)+\frac{1}{3}\sin(3\omega t)+\frac{1}{5}\sin(5\omega t)]$

(d) 一次~十三次奇数谐波之和

(e) 一次~五十一次奇次谐波之和

图   1-5

1.3.2 时-频-域响应

傅里叶分析表明，波形可以从两个角度观察。在时间域，波形幅度，即所考虑量的瞬时幅值（通常为电压）被表示为时间的函数，通过示波器可显示出熟悉的图形。由示波器显示很容易确定正弦波的频率是其周期的倒数，且傅里叶分析证实仅有一个频率存在。然而对于信号，正如由多个频率组成的方波，时域表示方法会产生不完整的图形，仅与基波频率相关联的周期可以直接由示波器显示确定，而其他的频率和幅度分量在显示时被视图有效地隐藏了。要观察信号的其他频率成分就必须采用频率域的方法。此时欲观察的幅度变为了频率的函数而不是时间的函数。傅里叶分析本质上适合时域信号在频域上分析，反之亦然。

如前所述，示波器在时域显示波形，而频谱分析仪可以将信号展现在频域上，在通信工作中二者缺一不可。频谱分析仪适合于研究信号频率与幅度属性的全面特性，具有对无用干扰的识别与消除功能。该装置实际上是一个可提供频率域幅度信息的自动频率选择电压表，通常以可视化方式显示 dBm 值。每个频率分量的振幅被显示在以 dB 为单位的纵坐标上，用于表示用户所选参考电平的 dBm 值，此值通常出现在显示器水平线上方。在纵轴上有八大格，每一格对应着幅度的减少，可供用户选择，通常设置为每格为 10dB。

如图 1-6 所示，在垂直方向上以上方水平线为参考，每个方格相应于信号幅度衰减 10dB。显示幅度以 dB 为单位，频谱分析仪压缩信号跨度满 8 格能够达到 80dB 幅值，直至合理的显示效果。与幅度相关的垂直和水平轴是用户可选择的。通过选择每格的频率跨度和中心频率，用户就可以确定要显示的信号范围，以及放大或缩小需要测试和比较的信号幅度特性，这可根据被测信号调整频率间隔或测试信号的谐波来确定。

1.3.3 快速傅里叶变换

从时域到频域的变换可以近似地用快速傅里叶变换（FFT）进行，这一频谱分析的算法用软件实现相当容易。FFT 实际上非常适合于用计算机来实现，因为它需要大量计算相关的全傅里叶级数，但通过消除冗余，可减少到一个更易于管理的数目上。另外，当一个模拟信号数字化，即创建一系列的多位数字字后，每一个字都以特定的时间间隔表示原始信号的振幅特性，所产生数据的绝对量作为处理任务的结果，可使后续信号处理操作计算效率尽可能高。虽然在模拟域也应用，但由 FFT 计算得到的经济性发现，在数字信号的频谱分析中 FFT 特别有用，这是因为它们的脉冲性，可显示类似于方波的谐波和频谱特性。

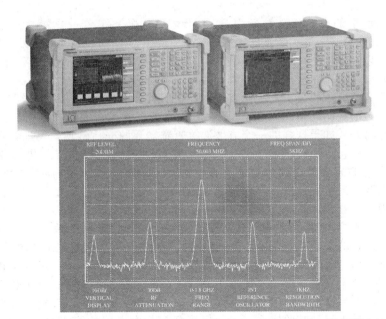

图 1-6　频谱分析仪及显示波形（TEKtronix 版权所有，经许可转载。保留所有权利）

　　许多数学软件包都具有 FFT 功能，作为现代数字采样示波器，如泰克 TDS340，具有 "FFT math" 软件的示波器，当它进行 FFT 操作时，内置软件可有效地进行频谱分析。有了这个功能，我们就可以证实前面所说的有关方波的基波和谐波频率的特性，同时还可以测试由于限制信道带宽所引起的失真情况。

　　图 1-7 表示的是安装有 FFT 软件的示波器显示的 1kHz 方波的时域和频域波形。具有陡峭边沿的重复方波展示在图 1-7 上方，时基设置为 $500\mu s/div$（微秒/格），所以上面描绘的是时域波形。水平刻度 2.5kHz/div 对应的 FFT 表示在下方，可看出 FFT 所揭示的频

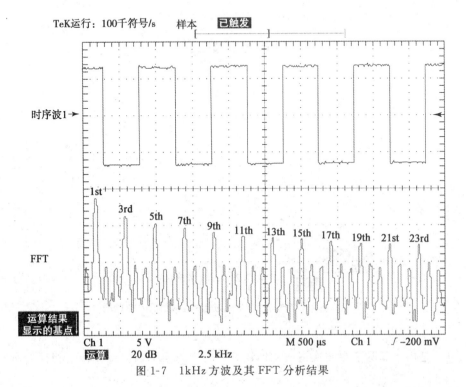

图 1-7　1kHz 方波及其 FFT 分析结果

率成分。正如预期的那样，基波频率是 1kHz，第二个频率分量显然是三次谐波的频率 3kHz（它是基波的第一个奇次谐波），随后是其他的各个奇次谐波频率，且每个都比前一个频率分量的幅度低。这是表 1-3 的等式(c)所计算的实际结果，表示的为图 1-7 所示频域波形。

可见，方波是由正弦波的基波与幅度递减的各奇次谐波组成的。

如果把图 1-7 所示的显示范围向右扩展，我们就会看到后续的奇次谐波，这时，所要考虑的是方波边沿陡峭的情况。在 FFT 中出现的高频分量说明，高次谐波的贡献越多形成的方波波形越好。如果这样的一个方波通过带宽受限的介质传输，例如，具有上限频率为 3kHz 的语音级电话线路传输，将会产生什么结果呢？哈特利定律告诉我们将发生失真，并可以用它的高次谐波效应见证失真，这点可在图 1-8 所示的时-频域响应中说明。信道的带宽限制效果可以用图 1-8(a)所示的低通滤波器模拟。当 1kHz 方波加到该滤波器时，结果出现严重衰减，且滤波器输出的波形与在时域呈现的方波没有多少相似之处，原信号的某些特征丢失了（特别是方波边沿失去陡峭）。波形的 FFT 说明高次谐波值严重衰减，意味着通过带宽受限系统后（信息）细节的丢失。但如果为进行适当的信号或数据表示，信道中频率信息丢失成为必然，丢失信息可能无法收回情况下，这种失真的数据仍经常在通信应用中使用。对于模拟系统，丢失信息将导致噪声和失真；对于数字系统，信息丢失将导致误比特率增加，这反过来又可以防止从该数字信息重新转换为模拟形式时，要具有足够的完整性以保护其原来含义。实际上任何带宽有限的信道在失真出现的情况下，后续信号处理可用于重新产生用户最终所要求的信号。

图 1-8 所示的信号说明了滤波器的效用。许多信号的带宽，理论上是无穷大，但这些信号要通过任何带宽受限信道，特别是无线信道，因此这是不切实际的。滤波过程之所以

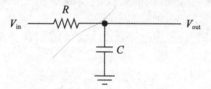

(a) 用低通滤波器模拟受限的通信信道带宽

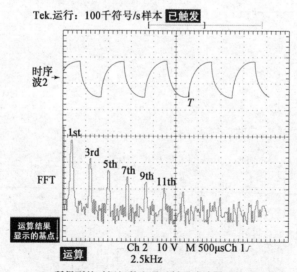

(b) 所得到的时间级数和通过低通滤波器后的FFT波形

图 1-8

产生失真，是由于滤除了更高次谐波、创建了不均匀的频率响应或非线性相移，所有这些

都会影响时域表征。傅里叶分析提供了时域和频域之间相互变换的方法,其效用在于,以非常实际的项表现对信号通过的影响,并用组成通信系统的许多级来进行处理。简言之,傅里叶分析更有用的恰恰是用数学方程表示波形。用式(1-7)所表示的正弦波或余弦波是物理上实际的和可衡量的,正如前面的示例演示的那样。

1.4　噪声

如果贯穿通信系统研究的两个基本问题之一是带宽这一概念,则另一就是噪声。电子噪声可以定义为,在接收机输出端最终出现的所不希望的电压或电流。噪声是宽带的,它是由全部频率的信号和随机发生的幅度所组成的。噪声不仅仅是由其内部所有的电子设备所致,也可由外部的源和信道引入。对于 AM 或 FM 无线扬声器,噪声表现为静态的,只呈现出一个附加的杂音。对于电视观众,噪声将破坏所接收的数字信号,若噪声很严重,图像会模糊和不连续。然而噪声出现表明,对它的来源和作用的认识,是通信基础研究的一个关键要素,因为噪声是一个最终决定通信事业成败的不可避免的因素,所以一个系统在有噪声存在时仍能表现出良好的性能,是它基本设计策略成功的最终体现。

噪声信号在起始点通常是很小的,一般在毫伏数量级。那么,为什么它们会创造这么多的麻烦?答案是,因为接收机输入端所需信号电平与噪声电平几乎相当。通信接收机是一个非常灵敏的设备,它可将非常小的输入信号尽可能地放大到能驱动扬声器的电平。如果图 1-2 所示的方框图用来表示标准 FM 无线接收机,第一级放大器方框,即无线接收机“前端”,必须放大从天线获得的通常小于 $10\mu V$ 的信号。所以,即使一个很小的、所不希望的信号(噪声)作用,就完全可以毁掉接收。即使发射机可能具有数千瓦的输出功率,由于发射和接收天线之间存在发射功率与距离平方成反比的衰减关系,所接收信号将严重衰减。如果接收与发射天线之间的距离加倍,其功率将按 2 的平方或 4 倍因子衰减,距离增加到 3 倍,功率将按 3 的平方或 9 倍因子衰减,等等。功率与距离平方成反比这一关系,使发射机与接收机之间信号衰减,可达到 120dB 甚至会更大,与干扰信号幅度处于同一数量级的、所希望的信号就可能变得不清晰,由于接收机本身还会产生附加噪声,这种情况将变得更加糟糕。

在所接收的无线电信号中,依据来源,噪声可以分为两种主要类型:传输中由通信系统外部的源所产生的外部噪声,以及接收机自身或通信系统内的其他设备所产生的内部噪声。在通信系统学习中,噪声的这两种重要影响不可能被过分强调。

1.4.1　外部噪声

外部噪声可按照源进行分类:人为噪声,它是由电磁器具在通信系统附近工作所致,大气噪声和空间噪声,它是由地表大气层或太空自然现象所致。每个源的频率特性及振幅决定着通信系统所面临的全局性的总噪声贡献。

人为噪声　外部噪声最讨厌的形式通常是各种人为的噪声,它通常由火花产生机制引起,如发动机点火系统,荧光灯和电动机中的换向器等引起。火花产生的电磁辐射在大气中以发射天线辐射有用信号到接收天线同样的方式进行发射。如果人为噪声处于所传输无线电信号附近又在其频段内,这两个信号将“叠加”在一起,这显然是一个不希望的现象。人为噪声随机产生的频率高达 500MHz。

另一个常见的人为噪声源是由电力线供给能量的大多数电子系统。在上下文中所描述的接收机直流(DC)电源输出的交流(AC)纹波可归类为该噪声,因为它是无用的电信号,故应将其对接收机的影响降到最小。加之交流电力线包含着由大电感负载(如电动机)交换开关引起的电压浪涌(那肯定是不理智的在靠近升降机处操作敏感的电气设备!)。人为噪声在人烟稀少地区是最弱的,这就解释了为什么极敏感的通信设备(如卫星跟踪站)均设在沙漠地区的道理。

大气噪声　大气噪声是由地表大气层自然发生的扰动产生的,闪电是最突出的噪声源。大气噪声的频率成分分布在整个无线电频谱范围内,但其强度与频率是负相关的关系。所以，大气噪声在低频中是最麻烦的，且表现为标准的 AM 无线电接收机能听到的天电干扰。风暴距离接收机越近，所产生的大气噪声的幅度就越大，但遥远的干扰产生的噪声附加效应也不能忽视。在晚上听一个遥远的 AM 电台时，此累积噪声效果往往是最明显的。在频率超过 20MHz 后，大气噪声影响就不是很大了。

空间噪声　外部噪声的第三种形式是空间噪声。它来自外太空，由太阳和其他星球之间产生并均匀分布。源于太阳的噪声称为太阳能噪声。太阳能噪声是周期性的，大约每 11 年出现一次噪声峰值。

所有其他星球产生的空间噪声，它们的集体贡献称为宇宙噪声。这些星球距离地球比地球甚至太阳更远，每个星体对总宇宙噪声产生的贡献很小，但无数星体所产生噪声的合成可能是很显著的。空间噪声的频率范围为 8MHz~1.5GHz(1.5×10^9 Hz)，8MHz 以下的能量被地球表面电离层中存在的足够量游离的自由离子和电子所吸收，这个区域从大约 60mile(1 英里，1mile＝1609.3m)到几百英里范围，不会对波行程有明显作用，这些内容将在第 13 章讨论。

1.4.2　内部噪声

接收机内部元件和电路本身会产生内部噪声，从接收天线还将进入外部噪声，因而受影响最大的是接收有用信号电平处于最小的第一级放大器，相对于有用信号所注入的噪声信号是比较大的。图 1-9 以图示形式说明了接收机第一级和第二级噪声的相对效应。特别要注意，第二级以后各级所贡献的噪声相对于第一级贡献的噪声可以忽略不计。特别是第一级放大器和第二级放大器之间引入的噪声，对所期望信号来说，没有明显增加，甚至与引入第一级放大器的噪声具有相同的幅度。正因为这个原因，接收机第一级放大器必须仔细设计，以便具有低的噪声特性，其后各级设计中对噪声的考虑就不那么重要了，这是由于所期望信号变得越来越大。

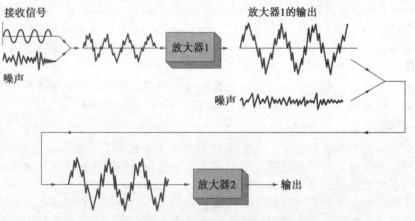

图 1-9　接收机第一级和第二级的噪声效应

热噪声　电子电路产生的噪声有两种形式：第一种是由导体中的自由电子和振动离子之间的热相互作用产生的。发生在大于热力学温度零度的所有温度的这些振动，使电子以随机速率到达电阻器的两端，而这又会导致加于电阻器的随机电位差(电压)的产生。换言之，电阻以及目前所有电子器件的阻抗通常都会产生噪声电压，甚至在没有外部电压源情况下也会产生噪声电压。1928 年，贝尔实验室的 J. B. 约翰逊(J. B. Johnson)透彻地研究了这种形式的噪声，所以常称为约翰逊噪声。约翰逊发现此现象取决于温度，并与带宽直接相关。由于它取决于温度，所以约翰逊噪声也称为热噪声。它的频率成分扩展至整个可用频谱范围。这又导致了第三个术语：白噪声(从光学角度看，白光包含所有频率或色光)。约翰逊噪声、热噪声和白噪声这几个术语可相互变通适用。约翰逊论证了这个噪声所产生的功率是

$$P_n = kT\Delta f \tag{1-8}$$

其中：k——玻耳兹曼（Boltzmann）常数＝1.38×10^{-23}J/K；T——以热力学温度表示的电阻温度（K）；Δf——系统带宽。

式(1-8)揭示了一个极为重要的概念：白噪声与温度和带宽成正比。所以接收机的带宽应保持在足够接收所要求的信息而不引入附加噪声的范围内。噪声与带宽的关系如下：噪声是一个具有随机瞬时振幅的交流电压，它具有预测方均根⊖值(rms)以及随机电压峰值相应的频率。允许进入测量的频率越多（即更大的带宽），则噪声电压越大，这就意味着在电阻两端所测得的方均根噪声电压是所包含频率的带宽的函数。

由于 $P=E^2/R$，式(1-8)可重新写为取决于电阻产生的噪声电压(e_n)的关系。假设噪声源具有最大功率传输，如图1-10所示，噪声电压被负载和噪声产生的电阻平分：

$$P_n = (e_n/2)^2/R = kT\Delta f$$

所以

$$\frac{e_n^2}{4} = kT\Delta fR$$

$$e_n = \sqrt{4kT\Delta fR} \tag{1-9}$$

其中：e_n——方均根噪声电压；R——噪声产生电阻。

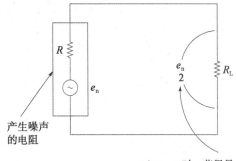

当$R=R_L$时，获得最大噪声功率电压值

图 1-10　电阻噪声发生器

热噪声的瞬时值是无法预测的，但它的峰值通常为式(1-9)给出的方均根值的1/10。热噪声与所有非电阻器件，包括电容和电感内部电阻直接相关，且是较小的一个组成部分。式(1-9)所预测的方均根噪声电压适用于铜线线绕电阻，而所有其他形式的电阻则呈现出稍高于它的噪声电压。由于等值的不同电阻呈现着不同的噪声电平，所以我们给出低噪声电阻这一术语，你可能已经听说过这个词，但之前没有理解它。标准的碳膜电阻器是最便宜的，但不幸的是，它们恰恰也是噪声最大的。金属膜电阻的价格和噪声性能具有较好折中，可用于各种要求高的低噪声设计。然而，最终的噪声性能（即产生低噪声）好的是最昂贵的、体积最大的电阻：线绕电阻。尽管有这些变化，式(1-9)仍用作所有电阻器的近似计算。

例 1-6　求：1MΩ 电阻，在室温 17℃，带宽 1MHz 情况下，所产生的噪声电压？

解：我们知道，$4kT$ 在室温 17℃时是 1.6×10^{-20}J。

$$\begin{aligned}
e_n &= \sqrt{4kT\Delta fR}\\
&= [1.6\times10^{-20}\times1\times10^6\times1\times10^6]^{1/2}\\
&= (1.6\times10^{-8})^{1/2}\\
&= 126\mu V
\end{aligned}$$

上述例子说明，具有 1MΩ 输入电阻的器件，在 1MHz 带宽内产生 126μV 的方均根噪声电压，在同样条件下，50Ω 电阻将产生大约 0.9μV 噪声电压。该例子说明，在低噪声电路中采用低阻抗是可行的。

例 1-7　工作在 4MHz 带宽的放大器，具有 100Ω 源电阻，在环境温度 27℃时电压增益为 200，若输入信号方均根值为 5μV，求：输出信号（期望值和噪声）？假设外部噪声可以被忽略。

解：首先将单位℃变为单位 K，加 273℃即可，所以 $T=27℃+273℃=300$K。所以

⊖　根据国家标准中定义式 $x_q = \left[\dfrac{1}{n}(x_1^2+x_2^2+\cdots x_n^2)\right]^{\frac{1}{2}}$ 中的计算顺序：先平方，再平均，最后求平方根。建议 root mean square(rms)译为"方均根"。——编辑注

$$e_n = \sqrt{4kT\Delta fR}$$

$$= \sqrt{4 \times 1.38 \times 10^{-23}\text{J/K} \times 300\text{K} \times 4\text{MHz} \times 100\Omega} = 2.57\mu\text{V}$$

随后用电压增益 200 乘以输入信号 e_s（$5\mu\text{V}$）和噪声信号，我们就求得输出由 1mV 方均根输出信号和 0.514mV 方均根噪声所组成。这种情况很有可能是不能接受的，因为有用信息很可能无法辨识。

晶体管噪声　例 1-7 的分析没有考虑到由放大器中的晶体管所产生的噪声（其他噪声）。在所有半导体电流中载流子的离散粒子特性会引起散粒噪声。所以这样命名，是因为通过扬声器可以听到，它听起来像铅粒撒落在金属表面的声音一样。在双极形结型晶体管中，散粒噪声是由电流通过发射结和集电结时产生的。甚至在直流情况下，电流中的载流子并不是以稳定和持续的方式流动，因为其中所通过的载荷载流子运动是随机的，其运行距离是变化的。散粒噪声和热噪声是叠加的，不存在用于计算完整晶体管散粒噪声的有效计算公式，其值必须通过经验确定。用户可参照制造商专门用于说明散粒噪声特性的数据表。散粒噪声似乎与直流电流是相对独立的，实际上除金属-氧化物半导体场效应晶体管外，通常散粒噪声随直流偏置电流的增加而成比例增加。

频率噪声效应　器件噪声的两种表现形式出现在相反的极端频率上。低频效应称作过剩噪声，它发生在 1kHz 以下。过剩噪声通常由半导体表面缺陷引发，与频率成反比、与温度和直流电流成正比。过剩噪声通常也称为闪烁噪声、粉红噪声或 $1/f$ 噪声，在双极性管和场效应管中都存在。

在高频，从高频截止频率附近开始，器件噪声迅速增加。当载流子通过 PN 结的渡越时间与信号周期（在高频的周期）可以比拟时，某些载流子可能返回源或反向发射，此效应称为渡越时间噪声。这些高频和低频效应在接收机设计中相对来说是不重要的，因为临界参数各级（前端的）通常会在 1kHz 以上和器件高频截止频率以下频率范围运作良好。然而，在某些仪器和生物医学应用中遇到的低电平、低频放大器中低频效应却是重要的。

半导体器件（和电子管）整体的噪声强度与频率的关系曲线具有浴缸的形状，如图 1-11 所示。在低频，过剩噪声占优势；在中频，散粒噪声为主导；再往上，被高频效应所替换。当然，电子管现在很少会使用，而幸运的是，它们的替代品半导体具有更好的噪声特性。然而，半导体不是没有噪声的，它们拥有产生热噪声的内部电阻，并附加有散粒噪声，正如图 1-11 所示。在制造商数据表中提供了其噪声特性，包括散粒噪声和热噪声。到达器件的高频截止频率 f_{hc} 时，高频效应增强，噪声迅速增加。

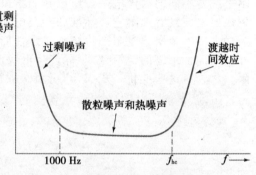

图 1-11　器件的噪声与频率曲线

1.5　噪声的指标和计算

1.5.1　信噪比

迄今为止，我们尚未处理各种不同类型的噪声，也未给出如何处理噪声的具体方法。最基本的关系是信号与噪声比（S/N 比），这是考虑信号功率与噪声功率的相关措施，常常简单地写为 S/N，在任一点该比率的数学表示式为

$$\frac{S}{N} = \frac{\text{信号功率}}{\text{噪声功率}} = \frac{P_S}{P_N} \tag{1-10}$$

这一比率常常以分贝形式表示为

$$\frac{S}{N} = 10\lg \frac{P_S}{P_N} \tag{1-11}$$

例如，在例 1-7 中放大器输出方均根值是 1mV，噪声方均根是 0.514mV，那么$\left(切记\ P = \dfrac{V^2}{R}\right)$

$$\frac{S}{N} = \frac{1^2/R}{0.514^2/R} = 3.79 \quad 或 \quad 10\lg 3.79 = 5.78\text{dB}$$

1.5.2 噪声系数

信噪比 S/N 说明了特定点噪声含义，但不能用于说明特定器件(如晶体管的各个部分或放大器的各级)引入信号通道有多少附加噪声。噪声系数(NF)是专门用于说明器件噪声大小的，定义为

$$NF = 10\lg \frac{S_i/N_i}{S_o/N_o} = 10\lg NR \tag{1-12}$$

式中：$\dfrac{S_i}{N_i}$——器件输入端的信号功率与噪声功率比；$\dfrac{S_o}{N_o}$——输出端的信号功率与噪声功率比；NR——噪声比，$NR = \dfrac{S_i/N_i}{S_o/N_o}$。

如果所考虑器件是理想的(即它不引入附加噪声)，那么 $\dfrac{S_i}{N_i}$ 和 $\dfrac{S_o}{N_o}$ 将是相等的，其 NR 就等于 1，$NF = 10\lg 1 = 10 \times 0\text{dB} = 0\text{dB}$。实际中这一结果是不可能得到的。

例 1-8 测得晶体管放大器输入功率比 S_i/N_i 为 10，而测得输出功率比 S_o/N_o 为 5，求解如下：

(a) 计算其 NR？

(b) 计算其 NF？

(c) 用(b)问的结果证明式(1-12)数学式可重写为

$$NF = 10\lg \frac{S_i}{N_i} - 10\lg \frac{S_o}{N_o}$$

解：(a) $NR = \dfrac{S_i/N_i}{S_o/N_o} = 10 \div 5 = 2$

(b) $NF = 10\lg \dfrac{S_i/N_i}{S_o/N_o} = 10\lg NR = 10\lg(10 \div 5) = 10\lg 2 = 3\text{dB}$

(c) $10\lg \dfrac{S_i}{N_i} = 10\lg 10 = 10 \times 1\text{dB} = 10\text{dB}$

$10\lg \dfrac{S_o}{N_o} = 10\lg 5 = 10 \times 0.7\text{dB} = 7\text{dB}$

二者之差 10dB－7dB＝3dB 与(b)问中计算结果相同，命题得证。

式(1-8)是特指晶体管的 NF。然而，对于低噪声要求，NF 低于 1dB 器件的价格是可以接受的。图 1-12 所示的为制造商提供的 2N4957 晶体管的 NF 与频率的特性，可以看出，曲线在中频范围是平坦的(NF≃2.2dB)，在低频范围(过剩噪声)，斜率为－3dB/每倍频程，在高频范围(度越时间噪声)，斜率为 6dB/每倍频程。倍频程是频率范围，指较高频率是较低频率的 2 倍。

低噪声器件供应商通常提供晶体管的重要曲线，以展示在许多条件变化的情况下器件的噪声特性。所提供的 2N4957 晶体管许多曲线表示在图 1-13 中。它表示 2N4957 晶体管工作在 105MHz 时，源电阻和集电极直流电流之间的关系。当直流集电极偏置电流约为 0.7mA，源电阻为 350 Ω 时，工作在 105MHz 条件下噪声性能是最优的，因为在此条件下 NF 仅 1.8dB，是最低的。

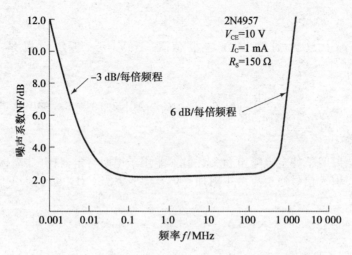

图 1-12　2N4957 晶体管噪声系数与频率的关系曲线
（选自半导体 SCILLC 手册，许可使用，保留所有权利）

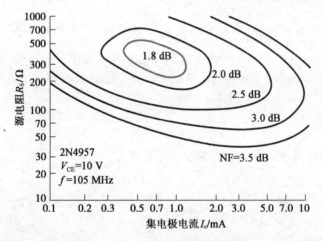

图 1-13　2N4957 晶体管噪声轮廓线
（选自半导体 SCILLC 手册，许可使用，保留所有权利）

目前低噪声晶体管的 NF 非常低。砷化钾（GaAs）场效应晶体管（FET），室温设计在 4GHz 下工作，前沿水平 NF 约为 0.5dB；工作在 144MHz 下的放大器，其 NF 只有 0.3dB；在低噪声放大器（LNA）设计中，最终利用低温冷却回路（使用液态氦实现），在微波频段直至大约 10GHz 的频率下，噪声系数低至大约 0.2dB 都是可能的。

1.5.3　电抗噪声效应

理论上，电抗元件是系统中不引起噪声的部分，因为理想电感和电容不含电阻。事实上，这一理想情况是不可能的。幸好电容和电感内部电阻产生的噪声效应与半导体和其他电阻的噪声效应比较可以忽略不计。

然而，由于电抗电路限制频率响应，反过来又对噪声特性产生显著效果。前面讨论中假定理想带宽具有矩形的响应。事实上，RC、LC 和 RLC 所产生的通带不是矩形的，其斜率是逐渐变化的，所具有的带宽被定义为半功率点对应频率的函数，所以有效噪声带宽（Δf_{eq}）用于具有电抗电路的噪声计算，其定义为

$$\Delta f_{eq} = \frac{\pi}{2}\text{BW} \tag{1-13}$$

其中：BW——RC、LC 和 RLC 电路的 3dB 带宽。

实际上，噪声带宽大于 3dB 带宽是不奇怪的，因为仍有显著噪声超越其 3dB 截止频率通过系统。

1.5.4　级联放大器的噪声计算

先前指出，系统的第一级对噪声影响占主导地位，现在我们进行定量分析。弗里斯 (Friiss) 公式可被用于推导多级系统的总噪声系数：

$$\mathrm{NR} = \mathrm{NR}_1 + \frac{\mathrm{NR}_2 - 1}{P_{G_1}} + \cdots + \frac{\mathrm{NR}_n - 1}{P_{G_1} \times P_{G_2} \times \cdots \times P_{G(n-1)}} \tag{1-14}$$

其中：NR——n 级的总噪声比；P_G——功率增益比。

例 1-9　一个三级放大系统，输入端接有 LC 调谐电路，工作在 22℃ 时，3dB 带宽为 200kHz。其第一级功率增益为 14dB，噪声系数 NF 为 3dB；第二级和第三级分别具有 20dB 功率增益，NF 均为 8dB。输出负载为 300Ω，输入噪声由 10kΩ 电阻产生。求：

（a）假设放大器是理想无噪声的，分别计算这一系统输入端、输出端的噪声电压和噪声功率？

（b）系统的总噪声系数？

（c）实际的输出噪声电压和功率？

解：（a）有效噪声带宽为

$$\Delta f_{\mathrm{eq}} = \frac{\pi}{2} \mathrm{BW} = \frac{\pi}{2} \times 200\mathrm{kHz} = 3.14 \times 10^5 \mathrm{Hz}$$

由于输入端噪声功率为

$$P_{\mathrm{nin}} = kT\Delta f = 1.38 \times 10^{-23} \mathrm{J/K} \times (273 + 22)\mathrm{K} \times 3.14 \times 10^5 \mathrm{Hz} = 1.28 \times 10^{-15} \mathrm{W}$$

且

$$e_{\mathrm{nin}} = \sqrt{4kT\Delta fR} = \sqrt{4 \times 1.28 \times 10^{-15} \times 10 \times 10^3} \mathrm{V} = 7.15 \mu\mathrm{V}$$

总功率增益为

$$14\mathrm{dB} + 20\mathrm{dB} + 20\mathrm{dB} = 54\mathrm{dB}$$

因为

$$54\mathrm{dB} = 10\lg P_{\mathrm{G}}$$

所以

$$P_{\mathrm{G}} = 2.51 \times 10^5$$

假设放大器完美无噪声，则

$$P_{\mathrm{nout}} = P_{\mathrm{nin}} \times P_{\mathrm{G}} = 1.28 \times 10^{-15} \mathrm{W} \times 2.51 \times 10^5 = 3.22 \times 10^{-10} \mathrm{W}$$

由于输出用于驱动 300Ω 负载，且 $P = \dfrac{V^2}{R}$，因而

$$3.22 \times 10^{-10} \mathrm{W} = \frac{(e_{\mathrm{nout}})^2}{300}$$

$$e_{\mathrm{nout}} = 0.311\mathrm{mV}$$

注意：如果不考虑每级放大器引入噪声，其噪声电压约为微伏到毫伏数量级。

（b）回忆弗里斯公式，其中比值和分贝都不能用，那么：

$$P_{\mathrm{G}_1} = \mathrm{antilg}\frac{14}{10} = 25.1$$

$$P_{\mathrm{G}_2} = P_{\mathrm{G}_3} = \mathrm{antilg}\frac{20}{10} = 100$$

$$\mathrm{NF}_1 = 3\mathrm{dB}, \quad \mathrm{NR}_1 = 2$$

$$\mathrm{NF}_2 = \mathrm{NF}_3 = 8\mathrm{dB}, \quad \mathrm{NR}_2 = \mathrm{NR}_3 = 6.31$$

$$NR = NR_1 + \frac{NR_2 - 1}{P_{G_1}} + \cdots + \frac{NR_n - 1}{P_{G_1} P_{G_2} \cdots P_{G_{(n-1)}}} = 2 + \frac{6.31 - 1}{25.1} + \frac{6.31 - 1}{25.1 \times 100}$$

$$= 2 + 0.21 + 0.002 = 2.212$$

这样，总的噪声比(2.212)变换成总噪声系数为

$$10 \lg 2.212 = 3.45 \text{dB}$$

即

$$NF = 3.45 \text{dB}$$

(c)

$$NR = \frac{S_i / N_i}{S_o / N_o}$$

$$P_G = \frac{S_o}{S_i} = 2.51 \times 10^5$$

所以

$$NR = \frac{N_o}{N_i \times 2.51 \times 10^5}$$

$$2.212 = \frac{N_o}{1.28 \times 10^{-15} \text{W} \times 2.51 \times 10^5}$$

$$N_o = 7.11 \times 10^{-10} \text{W}$$

因为 $P = \dfrac{V^2}{R}$，对于给定的输出噪声电压，有

$$7.11 \times 10^{-10} \text{W} = \frac{e_n^2}{300 \Omega}$$

求得

$$e_n = 0.462 \text{mV}$$

注意：实际的噪声电压(0.462mV)比不考虑放大器各级噪声时噪声电压(0.311mV)大50%左右。

1.5.5　等效噪声温度

表示噪声的另一种方式是等效噪声温度的概念。这一概念与实际工作温度无关，而是表示在实际器件(如放大器)或系统(如接收机、传输线和天线)输出端所产生的噪声的均值，用产生噪声的电阻加到所考虑的、具有相同增益的、无噪声(理论上是完美的)放大器或系统的输入来表示。因为噪声直接与温度成比例，所以单个电阻所产生的等效噪声总量的温度，就变成实际接收机输出端所测的所有源产生的噪声总量的替代品。等效噪声温度的概念，习惯上适合用于处理包含具有微波接收机(1GHz 及以上频率)和相关天线系统的噪声计算，尤其是空间通信系统，也适合于使用分贝关系式(1-2)计算接收机噪声功率，因为微波天线和其耦合网络的等效噪声温度(T_{eq})是简单累加的。

接收机的 T_{eq} 与它的噪声比 NR 的关系为

$$T_{eq} = T_0 (NR - 1) \tag{1-15}$$

式中：$T_0 = 290 \text{K}$——参考热力学温度。因为微波天线和接收机制造商通常会提供设备的 T_{eq} 信息，所以使用噪声温度是较为方便的。另外，对于低噪声电平，噪声温度所表示的变化范围大于 NF，使差别容易比较。例如，1dB 的 NF 相当于 75K 的 T_{eq}，1.6dB 的 NF 相当于 129K 的，使用式(1-15)可以验证这些比较结果，但要记住第一步需要变 NF 为 NR。切记噪声温度并非实际温度，但因它方便计算而被使用。

例 1-10　卫星接收系统包含一个蝶形天线($T_{eq} = 35$K)、一个耦合网络($T_{eq} = 40$K)与微波接收机($T_{eq} = 52$K 以其输入为参考)，问接收机输入频率范围超过 1MHz 时的噪声功率是多少？求接收机的噪声系数 NF？

解：

$$P_n = kT \Delta f = 1.38 \times 10^{-23} \text{J/K} \times (35 + 40 + 52) \text{K} \times 1 \text{MHz} = 1.75 \times 10^{-15} \text{W}$$

$$T_{eq} = T_0(NR - 1)$$
$$52K = 290K(NR - 1)$$
$$NR = \frac{52}{290} + 1 = 1.18$$

所以，NF=10lg1.18dB=0.716dB

1.5.6　等效噪声电阻

制造商有时用虚构的等效电阻 R_{eq} 项表示器件产生的噪声，该等效电阻产生的噪声与器件由 $\sqrt{4kT\Delta fR}$ 预测的噪声具有相同数量级。该器件(或完整的放大器)在随后的噪声计算中可假设为无噪的。噪声分析中的最新动向是不再使用等效噪声电阻，而转向使用噪声系数或噪声温度。

1.6　故障排除

因为电子通信设备复杂度增加，要求工程师必须具备较好的通信电路及其概念基础。为进行有效地故障维修，还必须能够快速隔离故障部件，并修复有缺陷的电路。识别电路可能发生故障的方式，是迅速修复电路的关键因素。

学完本节后应该能够具备如下能力。

- 解释一般的故障排除技术；
- 识别电路故障的主要形式；
- 列出四种故障排除方法。

1.6.1　一般的故障排除方法

故障排除要求回答如下问题：什么原因导致这种情况发生？为什么电压会降低或升高？如果这个电阻是开路或短路，它将会对所使用电路的工作有什么影响？每个问题都要求进行测量并完成测试。有缺陷的部件被隔离时，测量得到的结果相比正常操作情况相差甚远或测试失败，正确提出问题的能力是成为一名排除难题能手的前提。显然，在处理中对电路或系统了解得越多，就可以越快地解决问题。

故障排除开始，首先做容易做的事情：

- 确保本机插上电源并打开；
- 检查保险丝；
- 检查所有连接是否接通；
- 问自己，是否忘记了什么。

故障排除所需的基本测试设备包括：

- 一个能够读取工作频段的数字万用表(DMM)；
- 一个宽带示波器，最好是双踪的；
- 信号产生器，一个音频和一个射频(RF)，射频产生器应具备内部调制功能；
- 探头和线夹的导线集合。

更进一步地测试仪器应包括获得频谱的频谱分析仪和用于数字测试的逻辑分析仪。学会使用测试设备，分析它的功能和权限，以及如何使用它将会更快地排除故障。

连接到电路上的测试设备可以在该电路上操作，但要观察产生任何可能的影响，不能让测量设备改变所测量的结果。例如，示波器测试连线可能有几百皮法(pF)的电容，若该连线跨接到一个振荡器的输出中，则振荡器的频率就会改变到任意一个与测量无关的频点。如果该设备你是用于排除危险电压，则不能马上工作，而应在接入设备之前关掉所有电源开关。保留该设备附带的所有手册，这样的手册通常包含有故障排除工作程序，以便在尝试其他方法前进行核实。

保持清晰，更新关于设备修改的所有记录。

用一个好的部件更换一个可疑部件——这是一个好的、最常用的故障排除技术。

测试点通常要连接到电子设备上，手册提供了便于连接到电路进行调整或测试的途径。它们有多种类型，通过插孔或插槽进行短路，用粗短的导线与 PCB（印制电路板）连接。测试手册将以图解方式，给出每个测试点的位置和描述（有时说明）条件或信号应该在哪里发现，较好的手册给我们说明了正确的测试设备。

制订一个实施计划或策略，您将解决一个问题（正如您可能开车的问题）。

排除故障时使用您所有的感官：

- 望——变色或烧焦的部件可表明过热；
- 闻——有些部件，特别是变压器，过热时会散发出特有的气味；
- 感——发现发热部件、松动部件及时断开连接；
- 听——听到噼啪的声音，表明有组件将要发生故障。

1.6.2 电子电路故障原因

电子电路故障有多种产生途径，下面介绍可能遇到的主要故障类型。

（1）完全停滞   完全停滞意味着这一设备完全瘫痪，而设备与某些电路仍可运行并没有完全失效。通常这一失效形式是因为主要电路中的开路所致。熔断（开路）保险丝、功率电阻开路、有缺陷的电源引线，以及电源中质量差的可调电阻等均可能引起完全瘫痪。这种瘫痪是最容易修复的故障问题。

（2）间歇性故障   间歇性故障的特点是，电路间断地工作。电路工作一段时间，然后停止工作，即这一时段工作，而下一时段不工作，所以保持电路处于故障状态可能相当困难。松动的电线和组件、焊接不良以及温度敏感元件的效应都可能导致一套通信设备产生间歇工作的情况。间歇性故障通常是最难以修复的故障，因为只有当设备故障出现时方可以进行排除。

（3）系统性能变差   这是指正常的设备在特定的使用条件下表现出较差的系统性能。比如，规定可输出 4W 功率的发射机仅仅只输出 2W 功率，则这一发射机表现出性能较差。由于组件日趋恶化（组件值变化）、失于调整以及功率器件老化，使用一段时间设备的性能会自发降低，因此对于关键的通信系统需要进行定期性能检测。商用无线电发射机就要求对其性能定期进行检测。

（4）人为导致故障   人为导致故障通常来自设备滥用。未授权进行设备改装；在没有监督的情况下，一个没有经验的技术人员，可能试图维修，也可能损坏设备。通过适当的设备保养能消除人为故障。维修应由有经验的技术人员进行或监督完成。

1.6.3 故障排除方法

有经验的技术人员首先应制定好排除故障的方法，在一台设备上寻找一个故障时，应遵循一定的操作步骤。在通信设备中遵循着流行而广泛使用的四步排除故障的技术。

（1）以症状为线索找到故障级   在电子设备中，这种技术涉及特定故障的电路功能。例如，要修理一条白色横线出现在 TV 屏幕上的故障，维修人员会将这种症状与垂直输出部分相关联。故障排除将从 TV 这部分开始，在您具备的故障排除经验中首先将这一症状与特定的电路功能相联系。

（2）信号跟踪和信号注入   信号注入是在电路输入端加入一个输入信号，在该电路的输出端观察测试信号或在扬声器端监听声音（见图 1-14）。该测试信号通常是被音频调制的射频信号。如果测试信号在本级输出是好的，那么将测试点移动到下一级重复进行。信号跟踪如图 1-15 所呈现的，实际上是检查来自每一级的正常输出信号，示波器用于对各级进行检查，其他测试设备可用于检测输出信号的存在。信号跟踪是用来监控某级是否存在输出预期信号用的，如果该级预期信号存在，则进入下一级检测。在输出信号缺失点之前便是发生故障的一级。

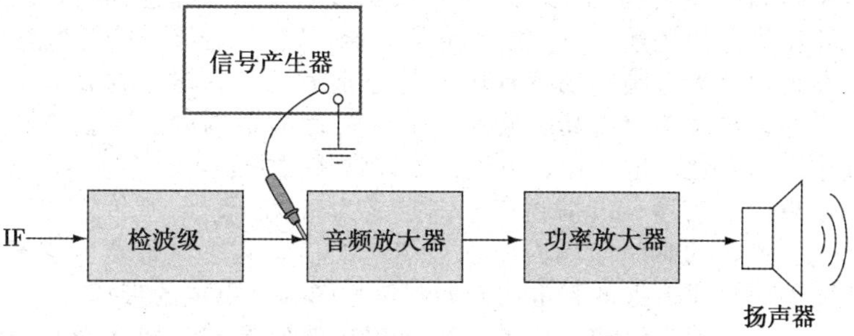

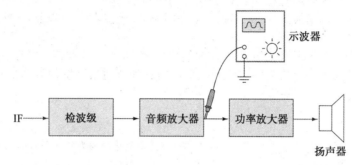

图 1-14 注入信号示意图

图 1-15 跟踪信号示意图

（3）电压和电阻测量 电压和电阻是相对于机箱接地进行测量的。使用数字万用表对电路中特定点进行测量，并与其设备维修手册中数值进行比较。服务手册提供了设备的电压和电阻检查值或打印在原理图上的正确值。一旦故障被精确定位到设备的某个特定级，电压和电阻的检查即告完成，并隔离有缺陷的部件。切记，电阻测量完成后，应关闭电路的电源。

（4）替代 另一个电子电路故障维修中常用方法是，用一个好的元器件替换所怀疑的元器件。在这里需要提醒的是：良好的组件可能在替换过程中损坏，不要造成胡乱替代故障部分的习惯，当将故障缩小到某个特定组件时，替代法效果最好。

总结

本文中反复出现的主题是数量相对较少的、用于统一电子通信系统研究的基本概念，其中最主要的是调制、带宽和噪声的概念。第 1 章规定了这些概念涵盖的广泛形式，而后续章节将研究这些概念是如何体现在实际系统中的，以及权衡利弊的实施方法。其中最主要的几点归结如下。

- 调制是任何通信系统的中心环节，其中低频信息或消息信号改变高频正弦载波的一个或多个参数。用于不同频率的调制载波是允许复用的，其中，当载波被调制时，允许频带由多个用户使用，以实现无线系统共享，但使用的天线长度必须合理。
- 最常用的载波是正弦波，它可以通过改变振幅、频率或相位三个参数中的一个或几个实现调制。因此，即使涉及振幅、频率或相位调制具有某些变化的最先进的通信系统，也可以通过改变参数进行调制。
- 基本上，所有的通信系统都由三部分组成：发射机、接收机和通信信道。信道可以是物理介质（例如，铜线、同轴线、波导、光纤），也可以是发射机和接收机天线间的无线链路，在这种情况下，信道可以是地球大气层或自由空间，换句话说，是真空。

- 通过自由空间传播的是由电场和磁场交替变化的电磁能，电场和磁场彼此垂直，并沿二者垂直方向传播。电磁波频谱从 0Hz(直流) 到与可见光相关的频率。
- 在通信系统中超大范围的功率和电压是经常遇到的，对于这种大范围的功率和电压，要求标记系统能够将其压缩到一个可管理的范围内。这就是分贝表示法的优点，其中的功率比、电压比、电流比均以常用对数表示。
- 由通信信道内的信号所占据频率范围定义为带宽，它与所传输的信息与发射时间成比例。在给定的时间间隔内要求被传送的信息越多，带宽就越宽，因为已调信号所传输的信息所占据的频带比未调制信号的频带更宽的带宽。
- 带宽等于金钱。因为无线电频谱是稀缺的自然资源，其用途受到限制，且频谱用户必须有效地利用频谱。
- 信号可以在频域和时域中进行分析。傅里叶分析可以使一个信号从时域变换到频域，或从频域变换到时域。示波器是时域测试仪器，而频谱分析仪是频域测试仪器。
- 在有噪声的情况下研究通信系统的能力才有意义，因为噪声的振幅与接收信号的具有相同数量级。噪声的识别和噪声源的管理对通信系统的设计是极其重要的。

习题与思考题

1.1 节

1. 调制的定义。

2. 什么是载频？

3. 请说明通信发射使用调制的两个理由。

4. 给出高频载波通过低频消息信号可被改变的三个参数。

5. 请问在下述各频段中所包含的频率范围各是多少：MF(中频)、HF(高频)、VHF(甚高频)、UHF(超高频)、SHF(极高频)？

1.2 节

6. 在卫星接收机输入端测量得的到达信号电平为 $0.4\mu V$，用 $dB\mu V$ 表示该电压值，假设系统阻抗为 50Ω。$(-7.95dB\mu V)$

7. 微波发射机通常需要 8dBm 的音频电平满足驱动输入，如果测得 10dBm 的电平，那么实际的电压电平是多少？假设为 600Ω 系统。(2.45V)

8. 如果一个阻抗匹配的放大器具有的功率增益 $\left(\dfrac{P_{out}}{P_{in}}\right)$ 为 15，那么其电压增益 $\left(\dfrac{V_{out}}{V_{in}}\right)$ 是多少？(3.87)

9. 将下面的功率值变换为 dBm 值：
   (a) $P=1W$ (30dBm)；
   (b) $P=0.001W$ (0dBm)；
   (c) $P=0.0001W$ (−10dBm)；
   (d) $P=25\mu W$ (−16dBm)。

10. 音频放大器输出功率被确定是 38dBm，将此值变换为：(a)W；(b)dBW。(6.3W；8dBW)

11. 阻抗为 600Ω 传声器输出电平为 −70dBm，请计算该 −70dBm 电平所对应的等效电压。(0.245mV)

12. 请将 $50\mu V$ 变换为与之等效的 $dB\mu V$。$(34dB\mu V)$

13. 在 600Ω 负载端测得 2.15V(rms)信号，请将所测值变换为与之等效的 dBm 值。(8.86dBm (600))

14. 在 50Ω 负载端测得 2.15V(rms)信号，请将所测值变换为与之等效的 dBm(50) 值。(19.66dBm (50))

1.3 节

15. 信息论的定义？

16. 什么是哈特利定律？请说明它的含义。

17. 什么是谐波？

18. 360kHz 的七次谐波是多少？(2520kHz)

19. 为什么传输 2kHz 方波要求要用频带宽宽度要大于 2kHz 的正弦波？

20. 分别画出 2kHz 方波的频域和时域波形图。时域波形对照标准示波器显示的描绘，频域波形由频谱分析仪提供。

21. 解释傅里叶分析功能。

22. 2kHz 方波通过具有 0~10kHz 频率响应的滤波器，观察其输出信号，并说明产生失真的原因？

23. 表 1-3(e) 所示三角波，其峰峰值幅度为 2V，$f=1kHz$。写出包含前五次谐波的 $v(t)$ 的表达式。绘图说明考虑谐波情况下，该波通过截止频率为 6kHz 低通滤波器后的响应。

24. 图 1-16 所示的为 DSO 获得的 FFT 波形。
    (a) 求其采样频率是多少？
    (b) FFT 表示的频率是多少？

25. 图 1-17 所示的是由 DSO 获得的波形。
    (a) 求三次和五次谐波频率是多少？
    (b) 通过输入 12.5kHz 方波到 DSO 创建 FFT，说明 12.5kHz 处于 FFT 频谱的位置？

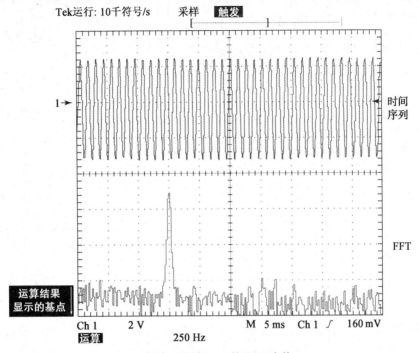

图 1-16 习题 1-24 的 FFT 变换

1.4 节

26. 定义电子噪声，并说明噪声为什么会对通信接收机造成麻烦？

27. 说明内部噪声与外部噪声的差别。

28. 列举并简单说明几个典型的外部噪声。

29. 请给出约翰逊噪声的另外两个名称，并计算 1MΩ 电阻在 27℃，1MHz 频率范围的输出噪声电压。（128.7μV）

30. 电阻所产生的噪声被电压增益为 75dB、带宽为 100kHz 的无噪声放大器放大，用微伏表在输出端读得 240μV（rms）电压。假设工作在 37℃，请计算该电阻的电阻值；如果带宽截止于 25kHz，求输出表的预期度数。

31. 解释低噪声电阻这一术语。

32. 求习题 29 中电阻的噪声电流，当温度增加时这个噪声电流如何变化？（129pA）

33. 噪声谱密度由式 $e_n^2/\Delta f = 4kTR$ 计算。求室温下，20kΩ 电阻产生了 20μV（rms）的噪声电压，求系统的噪声带宽 Δf？（1.25MHz）

1.5 节

34. 接收机输出 4V 信号电压和 0.48V 噪声电压，计算二者之比及以分贝表示的 S/N。（69.44，18.42dB）

35. 习题 34 中的接收机其输入端具有 110 的 S/N，计算该接收机的噪声系数（NF）和噪声比（NR）。（1.998dB，1.584）

36. NF＝6dB 的放大器，其输入信噪比 S_i/N_i 为 25dB，分别计算以 dB 和比值为单位的输出信噪比 S_o/N_o 值？（19dB，79.4）

37. 三级放大器输入级噪声比 NR＝5，功率增益 $P_G＝50$，第二级和第三级的 NR＝10，$P_G＝1000$，计算系统总的 NF 值？（7.143dB）

38. 两级放大器，其输入接有 LC 电路，在 27℃ 时具有 150kHz 的 3dB 带宽，第一级的 $P_G＝8dB$，NF＝2.4dB，第二级 $P_G＝40dB$，NF＝6.5dB，输出驱动 300Ω 负载，在测试这一系统时 100kΩ 电阻的噪声作用于它的输入端。计算其输入、输出噪声电压、功率和系统的噪声系数。（19.8μV，0.206mV，9.75 × 10^{-16} W，1.4×10^{-10} W，3.6dB）

39. 微波天线（$T_{eq}＝25K$）通过网络（$T_{eq}＝30K$）与参考输出为 $T_{eq}＝60K$ 微波接收机相连，计算输入为 2MHz 带宽时的噪声功率；确定该接收机的 NF。（3.17×10^{-15}W，0.817dB）

1.6 节

40. 列举并简单说明四种基本的故障排除技术。

41. 说明故障排除计划中早期阶段使用取代法的缺点。

42. 说明为什么测量电阻时要关闭电源开关？

43. 描述电路故障的主要形式。

44. 描述在什么情况下使用信号注入法更合适。

附加题

45. 在通信系统中您不能保证性能完美，举两个基本的限制条件解释一下？

46. 您所使用的放大器室温下具有 200kHz 的带宽和 100 倍的电压增益，外部噪声可以忽略不计，将 1mV 信号加于该放大器输入端。如果该放大器具有 5dB 的 NF，以及 2kΩ 电阻产生的输入噪声，请预测其输出噪声电压？（458μV）

47. 噪声电阻和等效噪声温度具有什么样的等效关系？请说明二者的相同点与不同点。

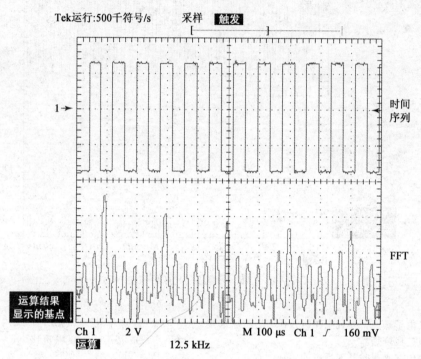

图 1-17　习题 1-25 的 FFT

第 2 章

振 幅 调 制

2.1 振幅调制概述

第 1 章阐述了通信系统中调制的重要性。调制将信息信号与载波相结合起来，通常信息信号的瞬时峰值电压会持续变化，并且其占用的频率范围相对较低，而载波是振幅不变的高频正弦波。在振幅调制中，载波频率也是持续不变的。在一些特定条件下，结合两种(或更多)不同频率的信号会引起它们之间相互作用，从而产生额外频率，额外频率与相结合的频率间服从一定的数学关系，这种相互作用叫做混频。而本章将学习的这种类型的调制，本质上是混频的一种特例。混频得到的某些频率，与载波一起形成调制信号。调制信号保存信息的低频特性，占据载波的高频区域。高频调制信号可采用合理尺寸的天线通过无线传播，并且有效频谱可通过合理分配与其他用户共享。已调波形的电压和频率特性可确保在接收端恢复原始信息，这个过程即为检测与解调，该内容将在第 6 章展开学习。

第 1 章中已经定义了正弦载波的三个特性，即振幅、频率及相位特性，它们都可被调制来传输信息。之前也提到，信息信号通常定义为消息，关于消息的术语还包括调制信号、声音信号以及调制波。振幅调制(AM)通过改变已调载波的瞬时峰值电压(振幅)传输信息，是最早被提出的，也是最直接的调制方式，本章的重点即介绍 AM。

AM 简单易实现，整个过程包括，在发送端信号产生及接收端信号检测，而这也是 AM 系统演示首次完成后，一直被广泛使用了整整一个世纪的主要原因。AM 包括许多形式，原则上每种形式均以传输的已调信号而定。最基本的形式称作双边带全载波振幅调制，它以全功率整体传输已调信号，被用于广播和航空(飞机与塔台间)无线通信中。单边带是双边带的修订形式，它广泛应用于军事领域、海军和民用无线通信频段以及无人机的无线数据业务。其他一些 AM 的形式中，载波被部分或完全去除，但边带存在，这类 AM 主要应用于立体声广播、模拟录像机，以及模拟彩色电视的信号传输处理中。或许在现代通信系统的学习中，最重要的是要认识到许多被用来译码和恢复数字数据的技术，都直接源自那些为模拟调幅和单边带信号的产生和检测技术。模拟领域的本质最可靠的理解是，模拟理论与技术为数字领域中等价功能的概念性理解提供了平台。在此基础上，模拟到数字的概念性跳跃所带给初学者的困惑将大大减小。

2.2 双边带振幅调制

以线性方式合并两正弦波，即对其进行简单的代数相加，如图 2-1 所示。该函数的电路实现如图 2-1(a)所示，两不同频率的信号合并至一个线性器件上，例如电阻。线性器件的意思是，通过其的电流是电压的线性函数。欧姆(Ohm)定律证实电阻满足这样的线性关系：通过器件的电流增加正比于电压。这种线性合并的结果如图 2-1(d)所示，可以看出它并不适合调幅波形的传输。如果采用此方式传输调幅波形，接收天线只能检测到载波信号，因为低频消息成分无法以无线波的方式高效传输。

另外，在调制过程中，输入频率间一定会产生一种特殊的叠加，当载波和消息在非线性器件中合并时，这种叠加就会发生。非线性器件或电路中，电流的改变与其电压不遵循正比关系。传统的硅二极管就是一个例子，其非线性特性如图 2-2 所示。其他元器件(例

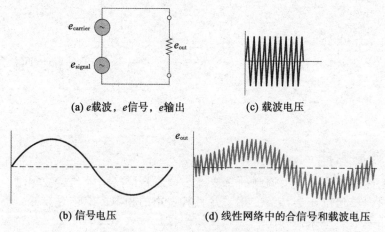

(a) e载波，e信号，e输出   (c) 载波电压

(b) 信号电压   (d) 线性网络中的合信号和载波电压

图 2-1 两个正弦波的线性叠加

如场效应晶体管）同样具有非线性特性。其所产生的实际效果是为了使载波和消息信号相乘而不是相加。由此，高频载波和低频信号之间会产生一种令人满意的干预。由于带有变化振幅调解信号的定幅载波的瞬间增加和减少，已调波形承载着有用的信息。

AM（振幅调制）波形

    当正弦波消息信号的振幅和频率改变时，时域内的已调 AM 波形如图 2-3 所示。图 2-3(a) 所示的 AM 波形是载波频率的一个信号，这个载波频率的振幅随着消息的改变速率变化而改变。当消息振幅达到一个最大的正值时，AM 波形随之拥有最大的振幅。当消息频率在最大的负值时，AM 波形拥有最小的振幅。在图 2-3(b) 中，消息频率保持不变，但是其振幅增加了。所产生的 AM 波形通过产生一个更大的最大值和更小的最小值来做出反应。在图 2-3(c) 中，当消息振幅被减弱，其频率上升时，所产生的 AM 波形幅值降低了，且在这些极端数值间转换的速率使消息频率的数值增加。

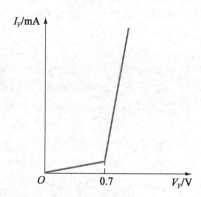

图 2-2 电压的非线性特点曲线与硅二极管的电流 AM 波形

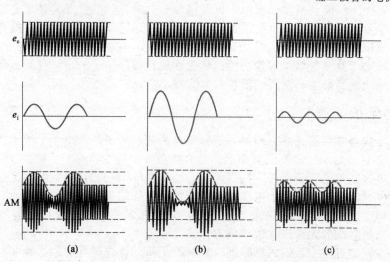

图 2-3 变化消息信号（e_i）条件下的 AM 波形调制系数

当已调载波单个周期的上、下形态被联系到一起时（除了上、下形态相差 180° 相位时），所呈现的波形就代表了消息的频率和振幅。然而，已调调幅信号波形不包括低频部分，也就是说，它不包含任何消息频率的内容。换句话说，低频消息信号已经被搬移至高频载波频率的范围。

调制系数

图 2-3 给出了由消息振幅改变所引起的已调调幅波形瞬时振幅的变换情况。消息的最大振幅存在极限值吗？答案是：是的，图 2-3 所示的近距离检验给出了答案。调制信号的振幅持续增加可能会导致过度调制。图 2-4 给出了时间域上的过度调制情况。我们必须避免过度调制的发生，事实上，过度调制会破坏系统安全性。因此，为了确保图 2-4 所示的情况不会发生，拥有一种可以量化调制数量的手段非常重要。一种叫做调制系数或者调制因数的品质因数，可以用来量化消息改变载波电压的程度。调制系数用字母 m 代表，并定义为用消息振幅除以载波振幅，即

图 2-4　过度调制

$$m = \frac{E_i}{E_c} \qquad (2-1)$$

其中：E_i——消息电压；E_c——载波电压。

在 AM 系统中，调制系数通常以百分数的形式表示，即

$$\%m = \frac{E_i}{E_c} \times 100\% \qquad (2-2)$$

其中：$\%m$——调制百分比。

当使用一个正弦波作为调制载波时，决定调制百分比的两种最常用的方法如图 2-5 所示。注意，当消息信号为 0 时，载波是未调制的，并且载波有一个峰值振幅（标记为 E_c）。当消息到达它的第一个峰值（点 w）时，调制振幅信号到达一个峰值（标记为 E_i，E_i 从 E_c 增加而来）。因此式(2-2)给出了调制百分比。

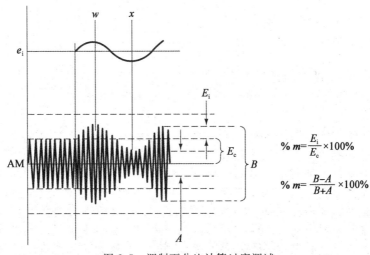

$$\%m = \frac{E_i}{E_c} \times 100\%$$

$$\%m = \frac{B-A}{B+A} \times 100\%$$

图 2-5　调制百分比计算过度调试

使用调制振幅波形（点 w）的最大数值（峰峰值）可以获得相同的结果。上述最大数值用 B 表示，最小数值点 x（峰峰值）用 A 表示，得出下面的公式：

$$\%m = \frac{B-A}{B+A} \times 100\% \qquad (2-3)$$

这个方法通常在图形表示方案中(示波器)使用更加便捷。

过度调制

如果消息振幅的增加使 AM 波形的最小值 A 降到 0，那么调制百分比将变成 $\%m=(B-A)/(B+A)\times100\%=(B-0)/(B+0)\times100\%=100\%$。调制有一个最大的允许值。在这种情况下，载波在 0 和未调制值的 2 倍间波动。如图 2-4 所示，消息振幅的任何进一步增加将会导致过度调制，在这种情况下，已调制载波将会比其未调制值的 2 倍还多，但在一定时间段内将会降为 0。这种由"间隙"产生的失真就定义为**边带干扰**，从而导致在正常分配范围外的频率被传输。傅里叶分析(第 1 章)指出，如果被创造为已调制信号的锐边趋向于 0(见图 2-4 箭头所示)，这种情况会导致高频成分的出现，并被加入到最初的消息。正如之前说的，方形波包含了基本的频率和这个频率的奇数谐波。总的来说，任何有锐边的信号都会有谐波，谐波在这个案例中属于不需要的高频成分，这种高频成分会使一调制信号的带宽增加并超出允许的最大值。这种情况是不被接受的，因为它会导致对其他站的一些干扰，并导致接收器接收到一个大而不连贯的声音。因为这个原因，AM 发射器利用限制电路来避免过度调制。

例 2-1 计算下表中各场景的 $\%m$，未调制载波为峰峰值(p—p)80V。

	最大载波(V_{pp})	最小载波(V_{pp})
(a)	100	60
(b)	125	35
(c)	160	0
(d)	180	0
(e)	135	35

解：

(a) $\%m=\dfrac{B-A}{B+A}\times100\%=\dfrac{100-60}{100+60}\times100\%=25\%$

(b) $\%m=\dfrac{125-35}{125+35}\times100\%=56.25\%$

(c) $\%m=\dfrac{160-0}{160+0}\times100\%=100\%$

(d) 这种情况为过度调制，因为已调制载波振幅超过了多余未调制数值的 2 倍。

(e) 在载波振幅中，振幅增加大于减少，就是一个失真的振幅调制波。

AM 和频率范围内的混合

当两个不同频率的信号作用到一个非线性装置时，一种名为混频的现象会发生。这种现象会产生额外的频率，在这些额外的频率中，新的频率信号寄存于应用信号频率的代数加减中。混频是一种非常有效的转化过程，它使一定频率范围内的信号可以上下移动直至一个需求的范围。这个需求通常产生于通信系统，所以，混频电路(有时候叫做其他名字，但是拥有基本相同的功能)在发射机和接收机中都会遇到。调制是按照一种需要的方式混合的，但记住，混合并不总是被需要的。当很多信号和装置或者非线性回路出现时，混合可以随时发生。不需要的混合有时候就叫做互调失真，产生的额外频率叫做互调失真频率。互调失真是系统设计员需要着重考虑的事宜，我们将在下面的章节中深入学习。

发射机调制器回路耦合了载波和与之频率相差很远的消息信号。调制器输出的信号由于存在失真就需要从中选择有用信号。在 AM 中，由混频所造成的额外的频率加减会被快速证明含有消息信息。正如哈特利定律所说，已调制信号必然有比载波或者消息更宽的带宽，因为消息中含有信息。回顾第 1 章所说，所有通信系统都可以依据它们的带宽要求来分析。在振幅调制中，我们必须在频率域中检验已调制信号，以此来分析。

一个非线性装置混合两个正弦波能产生下面的频率成分：

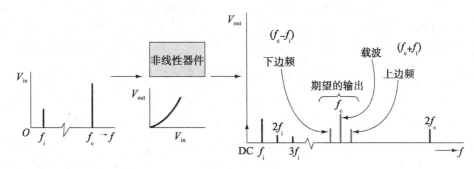

图 2-6 非线性混频

- 1 个 DC 电平；
- 两个原始频率中每一个的频率成分；
- 两个原始频率的和频与差频；
- 两个原始频率的谐波。

图 2-6 所示的是用两个正弦波（标记为 f_c 和 f_i，分别代表载波和消息）的混合，形象地展示了这个过程。如果除了载波周边的成分，其他成分都被移动了（可能是用一个带通过滤器），那么剩下的频率组成了已调制的振幅调制波形。它们的频率分别为：

- 下边频是载波频率和消息频率的差（$f_c - f_i$）；
- 载波频率（f_c）；
- 上边频是载波频率和消息频率的和（$f_c + f_i$）。

上面第一条帮助解释为什么载波和消息的频率会被大范围分开。如果 f_c 和 f_i 紧密联系在一起，那么由调制所产生的下边频（差）会落入被消息占领的基带频率范围内。这种不需要的混合形式叫做混淆现象或者折叠失真，必须避免混淆现象，因为与需要的频率相似的不需要的频率很难被识别出来，并在产生后难以去除，例如，在基带中产生的频率差。设计时，混淆现象需要严肃考虑，并且当模拟信号要转换成数字形式时，转换的过程想做的是一种混合的形式，而混淆现象则必须被避免，这个将在下面的章节中进行学习。

傅里叶分析证明了在频率范围内，已调制信号由其频谱成分组成。但是，通过辨别正弦波载波（e_c）和消息信号（e_i）的瞬间值可以更容易地获得一个相似的结果，e_c 和 e_i 可以从第 1 章中介绍的正弦波的一般表述中推导出来。公式如下：

$$e_c = E_c \sin(\omega_c t) \tag{2-4}$$

其中：e_c——载波的瞬时值；E_c——未调制载波的最大峰值；$\omega = 2\pi f$（f 是载波频率）；t——时间上的一个特定的点。

相同的，如果消息（调制中）信号是一个纯正弦波，那么它可以表示为

$$e_i = E_i \sin(\omega_i t) \tag{2-5}$$

其中：e_i——消息的瞬时值；E_i——消息的振幅峰值。

一个已调的振幅调制波形的振幅可以表示为振幅峰值载波（E_c）和消息信号（e_i）相加的和。因此，振幅 E 可以表示为 $E = E_c + e_i$，但是 $e_i = E_i \sin(\omega_i t)$，所以，$E = E_c + E_i \sin(\omega_i t)$。重新排列式（2-1）得到 $E_i = mE_c$，所以，

$$E = E_c + mE_c \sin(\omega_i t) = E_c(1 + m\sin(\omega_i t))$$

振幅调制波的瞬间值是刚才得到的振幅 E 与 $\sin(\omega_c t)$ 的乘积，因此，

$$e = E\sin\omega_c t = E_c(1 + m\sin(\omega_i t))\sin(\omega_c t) \tag{2-6}$$

注意，振幅调制波(e)是两个正弦波的乘积。这个结果证明了要获得振幅调制，就必须用数学上可实现相乘的电路来产生有用信号。

这个乘积可以用三角恒等式来展开，即

$$\sin x \sin y = 0.5\cos(x-y) - 0.5\cos(x+y) \tag{2-7}$$

其中：x——载波频率(ω_c)；y——消息频率(ω_i)。

载波和消息正弦波的乘积会产生两个频率的和与差。如果把式(2-7)改写为 $\sin x \sin y = \frac{1}{2}[\cos(x-y) - \cos(x+y)]$，那么载波和正弦波的乘积为

$$e = \overbrace{E_c \sin \omega_c t}^{(1)} \sin(\omega_c t) + \overbrace{\frac{mE_c}{2}\cos(\omega_c - \omega_i)t}^{(2)} - \overbrace{\frac{mE_c}{2}\cos(\omega_c + \omega_i)t}^{(3)} \tag{2-8}$$

上述等式证明了 AM 波包含了之前例举的三个术语：①载波；②$f_c + f_i$上边带；③$f_c - f_i$下边带。举例，假如一个 1MHz 的载波被一个 5kHz 的消息信号调制，那么 AM 波将包含下列成分：

1MHz＋5kHz＝1 005 000Hz(上边频)

1MHz＝1 000 000Hz(载波频率)

1MHz－5kHz＝995 000Hz(下边频)

图 2-7 展示了一个 AM 信号的时间与频域的波形图。特别注意频域的波形图展示了调制信号频率相当的数值(在这个例子中为 5kHz)把边频与载波分开。这个已调信号的带宽等于上边频减去下边频(在这个例子中为 10kHz)，由此证明振幅调制发送所需的带宽是消息频率最高值的 2 倍。式(2-8)同时证明了载波频率不随调制系数改变而改变，但是边频的瞬时振幅随着调制系数改变。特别是，上边频和下边频的瞬时振幅都是 $mE_c/2$。因为信息的变化由振幅的改动来代表，上面的分析的结论展示了信息是由边频而不是载波附带的。最后，式(2-8)说明了混合总能产生两个边频，分别在载波频率的上下，并且边频是多余的，也就是说，两个边频中所得附带的信息是相同的。

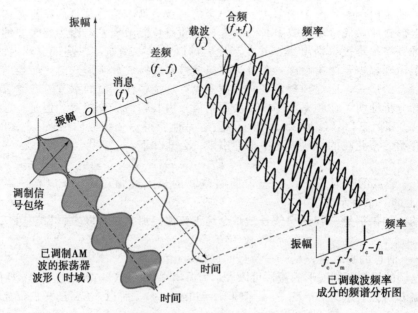

图 2-7　时域和频域的 AM

到目前为止我们展示了用一个纯正弦波调制载波的现象。但是，在大多数系统中，消息是一种含有很多频率成分的复杂波形。比如说，声音包含了大约从 200Hz 到 3kHz 的成

分，并且人的声音具有不稳定的形状。如果 200Hz 到 3kHz 的声音信号用于调制载波，那么会产生两个边频，分别在载波频率的上下。载波上面的频率带叫做上边带，载波下面的频率叫做下边带。图 2-8 展示了被 200Hz 到 3kHz 范围的频率带调制的 1MHz 的载波。

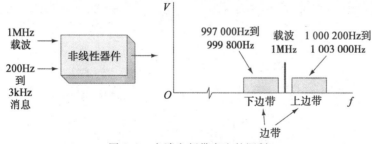

图 2-8　由消息频带产生的调制

上边带从 1 000 200Hz 到 1 003 000Hz 范围，下边带从 997 000 到 999 800Hz 范围。已调制信号的带宽仍然是消息信号的最高值的两倍，在这个例子中带宽为 6kHz。

例 2-2 一个 1.4MHz 的载波被一个拥有 20Hz 到 10kHz 频率成分的音乐信号所调制。计算上边带和下边带的频率范围。

解： 上边带频率等于载波频率和消息频率的和。因此上边带频率将会包括从 1 400 000Hz + 20Hz＝1 400 020Hz 到 1 400 000Hz+10 000Hz ＝ 1 410 000Hz 的频率。下边带频率将会包含从 1 400 000Hz−10 000Hz ＝ 1 390 000Hz 到 1 400 000Hz−20Hz＝1 399 980Hz 的频率。结果如图 2-9 所示，图中附上振幅调制器输出的频谱。

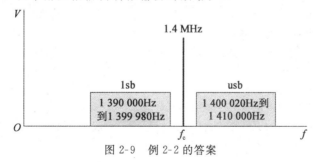

图 2-9　例 2-2 的答案

时域内的振幅调制

上述振幅区域的分析，证明了已调制的振幅调制信号会产生边频或者边带，分别在载波的两边。图 2-10 展示了时域内的已调制振幅调制信号。图 2-10 所示的消息包络线分别是连接振幅调制波形上、下每个 RF 峰值到下一个峰值而得来的。这些包络线组成了调制包络线，并且作为原始消息信号的复制。为了便于理解，包络线画在图中，但它们实际上不是波形的组成部分，并且不会以图 2-10 所示的波形形式出现。另外，包络线的顶端和底端不是上边频和下边频。记住，示波器显示的是一种时域的展示，而要观察边频，则需要一个频域的显示器，比如，光谱分析器。频域展示是由载波的非线性结合而得来的，这个载波带有两个低振幅信号，而这两个低振幅信号位于距离载波频率上、下相等距离的频率中。振幅调制波形的振幅增减是由变频的频率差所导致的，因而载波频率可以变化，有增加，也可减少，这个变化取决于瞬间阶段关系。

图 2-10(d) 所示的振幅调制波形，没有成比例显示相对频率。比如，如果 f_c 与包络线频率(也就是 f_i)的比例是 1MHz 比 5kHz，那么对于每一个包络线变化的周期，波动的 RF 会显示载波的 200 个周期。要在波形图中展示上述信息是不可能的，并且这个例子中的示波器显示产生了一个轮廓分明的包络线，但是这个包络线含有太多 RF 的变化，以至

于它们表现得很模糊（见图 2-10(e)）。

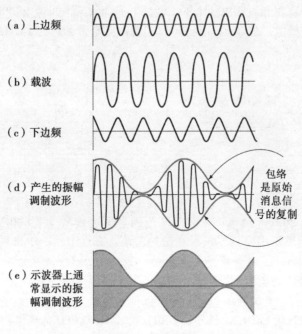

（a）上边频

（b）载波

（c）下边频

（d）产生的振幅
　　调制波形

包络
是原始
消息信
号的复制

（e）示波器上通
　　常显示的振
　　幅调制波形

图 2-10　振幅调制波形中的载波和边频

振幅调制的相量表示

　　用一个相量表示对帮助理解一个振幅调制信号的产生很有用。简单来说，让我们想像一个带有 100% 调制系数（$m=1$）的单正弦波所调制的载波。正如我们知道的，它会产生上边频和下边频。但是尽管只有一个频率会出现，通常这些边频被看作是边带，我们默认这个惯例。因此振幅调制信号包含了载波，上边带和下边带。其中上边带是在载波振幅一半的位置，这个载波振幅具有的频率是载波频率与调制信号频率之和，下边带所在的位置是载波频率与调制频率之差的载波振幅的一半。图 2-11 展示了如何通过混合这三个正弦波形成振幅调制信号。

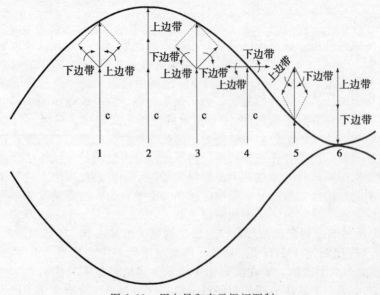

图 2-11　用向量和表示振幅调制

(1)载波相量代表了其正弦波的峰值。上边带和下边带在100%调制的载波振幅的一半位置。

(2)一个相量以一个稳定速率旋转会产生一个正弦波,一个向量完整地旋转与一个360°的正弦波周期相对应。向量旋转速率叫做角速度(ω)并与正弦波频率相关($\omega=2\pi f$)。

(3)边带相量的角速度由调制信号的角速度来决定,其与载波相比,太小了。即,边带相量与载波只有轻微不同,因为调制信号相比于载波非常低。可以把上边带想像为总是比载波略大,而下边带相比于载波,轻微地降低了角速度。

(4)如果以载波相量作为参考值(相对于边带是静止的),参考图 2-11 所示。把上边带相量视为相对于"静止的"载波相量逆时针旋转,下边带相量视为顺时针旋转。

(5)图 2-11 所示振幅调制波形的瞬时振幅是我们讨论的相量的向量和。在振幅调制信号的峰值(点 2),载波和边带朝一个方向,因此得到载波+上边带+下边带的和,或者载波振幅的 2 倍,因为每个边带都是载波振幅的一半。

(6)在点 1,载波被加上上边带和下边带的向量和,得到一个与点 3 的值相等的瞬间值。但是需要注意的是,上边带相量和下边带相量在点 1 和 3 互换。

(7)在点 4,因为边带相互抵消了,所以三个相量的向量和等于载波。在点 6,边带相结合等于载波的负值,结果产生了振幅为 0 的振幅调制信号,这个振幅调制信号理论上发生在 100%调制。

相量相加的概念可帮助理解如何结合一个载波和边带去形成振幅调制波形。这个概念还对分析其他通信概念有帮助。

载波和边带中的功率分布

在由一个调制系数为100%的纯正弦波调制载波中,上边带振幅和下边带振幅是载波振幅的一半,即

$$E_{SF} = \frac{mE_c}{2} \tag{2-9}$$

其中:E_{SF}——边带振幅;m——调制系数;E_c——载波振幅。

在振幅调制传输中,虽然边带的振幅和频率总是改变,但载波振幅和频率总是保持稳定。因为载波保持不变,所以它不带有信息。但是,因为载波的振幅通常最少是每个边带振幅的 2 倍(当 $m=100\%$),因此它具有最大的功率,而边带携带信息。

例 2-3 假设载波输出是 1kW,计算最大的边带功率,并计算最大的总传输功率。

解: 因为 $E_{SF} = \frac{mE_c}{2}$,很明显,最大的边带功率发生在 $m=1$ 或者 100%时。每个边带振幅都是载波振幅的 1/2。因为功率与电压的平方成正比,每个边带具有 1/4 的载波功率((1/4)×1kW=250W)。因此,总的边带功率=250W×2=500W,总的传输功率是 1kW +500W=1.5kW。

高调制百分比的重要性

在确认过度调制是否发生的时候,使用尽量高的百分比调制很重要。边带包含了信息并且在 100%调制时含有最大的功率。举例说,如果例 2-3 中使用 50%调制,那么边带振幅是载波振幅的 1/4。因为功率与 E 平方成正比,我们得到载波功率的 1/16((1/4)²)。因此,总的边带功率是(1/16)×1kW×2×125W。所以实际的传输的消息只有 100%调制发送的 500W 边带功率的 1/4。表 2-1 总结了这个结果。尽管总的传输功率仅仅从 1.5kW 降到 1.125kW,在 50%调制时的有效传输只占在 100%调制时的 1/4。因为这些顾虑,大多数振幅调制发射器尝试维持在 90%到 95%的调制,从而可达到较高效率和避免过度调试的折中。

表 2-1 50%调制与 100%调制的有效传输

调制系数 m	载波/kW	一条边带的功率/W	边带总功率/W	总的传输功率，P_t/kW
1.0	1	250	500	1.5
0.5	1	62.5	125	1.125

在很多振幅调制计算中一个很有价值的关系是：

$$P_t = P_c \left(1 + \frac{m^2}{2}\right)$$ (2-10)

其中：P_t——总的传输功率(边带和载波)；P_c——载波功率；m——调制系数。

式(2-10)可以用电流代替功率。这是一个有用的关系，因为电流是发射器的输出到天线中最容易测量的参数。有

$$I_t = I_c \sqrt{1 + \frac{m^2}{2}}$$ (2-11)

其中：I_t——总的传输电流；I_c——载波电流；m——调制系数。

式(2-11)还可以用 E 代替 I($E_t = E_c \sqrt{1 + m^2/2}$)。

例 2-4 一个 500W 的载波其调制系数为 90%。计算总的传输功率。

解：

$$P_t = P_c \left(1 + \frac{m^2}{2}\right)$$

$$P_t = 500\text{W} \left(1 + \frac{0.9^2}{2}\right) = 702.5\text{W}$$

例 2-5 一个振幅调制广播站在其最大运转时可以容纳 95%调制的 50kW 的总输出。它传输的功率中有多少是消息(边带)？

解：

$$P_t = P_c \left(1 + \frac{m^2}{2}\right)$$

$$50\text{kW} = P_c \left(1 + \frac{0.95^2}{2}\right)$$

$$P_c = \frac{50\text{kW}}{1 + (0.95^2/2)} = 34.5\text{kW}$$

因此，总的消息信号功率是

$$P_i = P_t - P_c = 50\text{kW} - 34.5\text{kW} = 15.5\text{kW}$$

例 2-6 一个未调制振幅调制发射器的天线电流是 12A，调制后其电流增加到 13A。计算%m。

解：

$$I_t = I_c \sqrt{1 + \frac{m^2}{2}}$$

$$13\text{A} = 12\text{A} \sqrt{1 + \frac{m^2}{2}}$$

$$1 + \frac{m^2}{2} = \left(\frac{13}{12}\right)^2$$

$$m^2 = 2\left[\left(\frac{13}{12}\right)^2 - 1\right] = 0.34$$

$$m = 0.59$$

$$\%m = 0.59 \times 100\% = 59\%$$

例 2-7 一个消息信号被一个效率为 70％的放大器放大，然后这个信号与一个 10kW 的载波合并产生振幅调制信号。如果在 100％调制时操作，到达消息放大器的直流输入功率是多少？

解： 根据上述理论，放大器的效率是交流输出功率与直流输入功率的比值。完全调制一个 10kW 的载波需要 5kW 的消息。因此，用一个 70％效率的放大器提供 5kW 的边带（消息）功率需要一个 $\dfrac{5kW}{0.70} = 7.14kW$ 的直流输入。

如果一个载波被多个正弦波调制，那么有效的调制系数是

$$m_{\text{eff}} = \sqrt{m_1^2 + m_2^2 + m_3^2 + \cdots} \tag{2-12}$$

总的有效调制系数不能超过 1，否则会导致失真（伴随一个正弦波）。符号 m_{eff} 可以被用在之前所有带有 m 的推导等式中。

例 2-8 一个带有 10kW 载波的发射器在使用一个正弦波调制时能传输 11.2kW 消息。计算调制系数。如果载波同时被另一个 50％调制的正弦波调制，计算总的传输功率。

解：

$$P_t = P_c \left(1 + \frac{m^2}{2}\right)$$

$$11.2kW = 10kW \left(1 + \frac{m^2}{2}\right)$$

$$m = 0.49$$

$$m_{\text{eff}} = \sqrt{m_1^2 + m_2^2} = \sqrt{0.49^2 + 0.5^2} = 0.7$$

$$P_t = P_c \left(1 + \frac{m^2}{2}\right) = 10kW \left(1 + \frac{0.7^2}{2}\right) = 12.45kW$$

振幅调制知识点总结

大部分关于时域和频域内的振幅调制载波的分析我们都已经学习了。其中最重要的知识点如下。

(1)已调振幅调制信号的总功率高于载波单独的功率。100％调制时可以达到最大功率。在每个案例中，载波都包含了大多数的功率。

(2)载波中不带有信息因为载波的振幅是恒定的。

(3)所有信息都被包含在改变振幅的边带中。

(4)已调制振幅调制波形是载波和消息的乘积，也是混合的一种特殊情况。

(5)混合（因而调制）是当非线性装置带有信号时形成的。

(6)边带是多余的，相互如同镜像，每个边带包含的信息是相同的。

(7)已调制波形的带宽总是最高调制频率的 2 倍。

(8)调制系数不能超过 1（或 100％），但是最佳状况是，尽量维持在 100％调制，因为边带中的功率（与之对应的调制信号携带信息的容量）在最高调制百分比时最大。

当我们对比带有频率和相量调制的振幅调制的显著特点时，这些特点会非常有用。另外，这些特点强调了振幅调制的弊端，下面我们会在改良形式中学习。

2.3 载波抑制和单边带振幅调制

混合所产生的调制信号是振幅调制的最基本形式，这个信号是由全功率载波和两个边带组成的，因此，这个信号称作双边带全载波（DSBFC）振幅调制信号。这种形式用在 AM 广播电台中，也用在例如飞机与指挥塔台之间的交流，这些需要简单的接收调谐的应用中。DSBFC 信号的产生相对直接，我们会在第 4 章与第 5 章中学习实用的调制电路。DSBFC AM 的最大优点就是，发送与接收的简单化。但是这个技术也有它的缺点，这个

缺点在刚才的总结中也说明了：AM 的原始形式代表了使用功率和带宽的低效性。

回忆之前内容，在 100% 调制时，每个边带的功率是载波功率的 25%，总的功率是载波和边带的功率之和。因为有两个边带，所以在 100% 调制时的总功率是载波功率的 150%。换句话说，三分之二的总调制功率存在于载波中。但是，之前也说过，载波不随着振幅的变化而变化。带有变化振幅调制信号的瞬间恒定振幅载波的相量加减导致了瞬间已调制信号振幅的改变，这些改变体现在时间范围中，并且在频率范围中被证实（见图 2-8）。变化的 AM 信号使边带振幅随之变化。因此，振幅调制器输出包含的所有信息都包含在边带内，在 DSBFC 振幅调制系统中，这是维持一个高的平均需求调制百分比的主要原因。

如果载波自身和内部不包含信息，那么就产生了一个问题：能在没有载波的情况下发送一个或者两个包含信息的边带吗？可能与直觉相反，但是答案是可以的，因为载波不需要携带信息或者任何其他东西去穿过频道。载波在调制器中最重要的工作是转换信号。调制器中携带的混合产生了频率（边带）的和与差，频率和差导致了消息的基带频率被转换为边带的声频范围，一旦发生这种情况，消息在不与载波连接时也适合通过一个通信频道传输。在转化完成后，载波也就完成了它的功能。把载波从传输信号中消除，可以节约很多功率，事实上，最多可以节约天线使用总功率的三分之二。在没有载波情况下所产生边带的电路叫做平衡调制器，它的输出叫做 DSBSC（双边带抑制载波）信号。DSBSC 信号的诞生是单边带（SSB）信号发展的第一步。

回忆之前章节所提到的，DSBFC 信号占据了最高调制频率的带宽的 2 倍。也就是说，一个 5kHz 的调制信号会产生一个 10kHz 带宽的已调制信号。但是，边带是重复的：两个边带包含了相同的信息。减少一个边带可以减少带宽一半，并且不会造成信息的丢失。带有载波和去除一条边带的已调制信号的输送产生了一个 SSB 信号。尽管这种振幅调制的特殊形式比 DSBFC 难产生和难解调，但它被广泛应用在射频频谱的拥挤的高频部分（1.8MHz 到 30MHz）。因为高频谱的传播特点，它是需要的。数千英里的通信变得可行，因而高频带应用于短波广播，军事机构，无线电业余爱好者，以及其他需要长距离通信能力但是不需要基础设施支持（比如卫星或者中继站）的领域。

关于 DSBFC 振幅调制系统的一个之前没有讨论的方面是对噪声的敏感度。回忆第 1 章说的，除了带宽的需求以外，通信系统可以从它的噪声中的表现来分析。噪声通常表现为，在已调制信号振幅中出现杂乱的变化。换句话说，噪声通常是一种振幅调制信号。事实上，振幅调制发展的主要原因之一是，寻找一种免疫于噪声的通信技巧，我们将在第 3 章中进一步学习。式（1-8）展示了噪声的另一个特点：噪声与带宽成正比。通过减少一半带宽，我们可以同时减少接收器端噪声的一半。

功率的测量

一个传统的 DSBFC 振幅调制发射器的总功率输出等于载波功率加上边带功率。传统的振幅调制发射器由载波功率输出评估。想像一个带有 4W 载波功率并且 100% 调制的低功率振幅调制系统，每个边带带有 1W 功率，所以在 100% 调制时，总的功率为 6W（4W+1W+1W），但是振幅调制发射器在 4W（载波功率）被评估。把这个系统转化成 SSB 只需要一条 1W 的边带被传输。当然，这个情况假设了一个正弦波消息信号。SSB 系统最常用在不产生正弦曲线波形的声音通信中。

一个没有调制的 SSB 发射器的输出功率应该是多少？因为一个 SSB 发射器的输出只包含了一条边带，并且边带振幅（以及从而产生的功率）随着调制变化而改变，没有调制时的功率输出为 0W。在一个振幅变动调制信号中，输出功率也会改变，这使得定义一个 SSB 发射器的输出功率变得困难。传统的双边带振幅调制发射器是由恒定的载波功率（载波不随功率的变化而变化，即使在没有调制的情况下也会出现）来评估的，与之不同，SSB 发射器和广义的线性功率扩大器是由峰包功率（PEP）来评估的。可以用峰包电压乘以

0.707，把所得值的平方除以负载电阻来计算 PEP。举例说，一个最大电压为 150V(p-p) 的 SSB 信号通向一根 50Ω 的天线，从而导致了一个 $(150/2 \times 0.707)^2 \div 50\Omega = 56.2W$ 的 PEP 值。150V 的 p-p 正弦波也可以被评估为相同的功率值，但是它们是有区别的。在 SSB 声音传输中 150V 的 p-p 只会偶尔发生，但是对于正弦波的峰值，每个周期都会发生。不管发射器发出何种波形，无论是一系列的低平均功率(可能是 5W，PEP 为 56.2W)的短阻力，还是能产生 56.2W 平均功率的正弦波，这些计算都是有效的。一个带有正常声音信号的 SSB 发射器产生一个只有其 PEP 评估值的四分之一到三分之一的平均功率。大部分的发射器不能传输与其峰值功率容量相等的平均功率输出，因为它们的功率供给和/或者输出级成分是低平均功率(声音控制)而设计的，并且不能在高功率下持续运行。因为 SSB 发射器通常被评估为"不能在最大 PEP 的情况下持续运行"(这也是在正弦曲线测试音持续时会发生的情况)，在维护环境中这点需要着重考虑。事实上实用的 SSB 发射器常常被评估为测试应用在这种情况下，一个正弦曲线测试音可以用作一个最大时间区间(大约 30s)的消息输入，在下一次使用之前，需要有一个长时间的区间休息(约 3min)。这个区间休息预防了成分在传输器中的过热并给了他们冷却时间。

SSB 的优点

SSB 系统最重要的好处是更有效的使用可用的频谱。传输一个传统的 AM 信号所需的带宽含有两个相同的 SSB 传输。因此，这种通信对于已经非常拥挤的高频率频谱传输的场合是非常适合的。

这个系统的第二个好处是它不怎么受制于选择性减少的影响。在传统的 AM 传输的传播中，如果上边带频率撞击到电离层并被以一个不同于载波和下边带频率的相位角折射回去，接收器会产生失真。在极端糟糕的情况下，信号可能会被完全删除。两条边带应该与载波完全同向，因此当边带穿过一个非线性装置(二极管探测器)时，边带与载波之间的差别是相同的，而这个差别就是消息并且如果两条边带之间有相位差，那么消息在振幅调制系统中会失真。

SSB 的第三个好处是，由于不需传输载波和一条边带从而可达到节省功率的效果。产生的低功率的需求和质量的减小在移动通信系统中是非常重要的。

SSB 系统的节能和减噪的好处可以用分贝的概念量化，通过比较一个含有信息的边带的功率和一个全载波双边带振幅调制传输所产生的全部功率，因为功率大小是电压的平方，100%调制时的峰值功率是没有调制时的 4 倍，所以在 100%调制时的全载波双边带振幅调制的峰值振幅是载波的峰值振幅的 2 倍。比如，如果一个 AM 广播电台有一个 50kW (美国允许的最大功率)的载波功率，100%调制时的峰值功率将会是 200kW。并且在 100%调制时，每个边带的最大功率将是载波功率的 25%，在这个例子中为 12.5kW。相反的，一个 SSB 发射器只需要产生一个 12.5kW 的最大功率，这个功率正是与一条边带相当的功率。比较两个案例并且转化成分贝的形式，有

$$10\lg\left(\frac{200}{12.5}\right) = 12\text{dB}$$

这个结果说明为了获得大体相同的效率，一个全载波双边带 AM 系统必须比 SSB 多传输 10dB 到 12dB。并且，如上所述，与 AM 相比，因为 SSB 所需的边带被减半，所以 SSB 系统有减噪优势。考虑到 SSB 的选择性要求的提升，减噪以及节省功率的特点，它与双边带振幅调制相比拥有一个 10dB 到 12dB 的优势。因为有很多变量都可以影响到功率的节约，所以这个问题上存在着一些争议，并且上述分析仅限于在 100%调制时的峰值功率。在略低的调制百分比时，分贝优势不会那么明显。但是上述情况足以说明一个 10W 的 SSB 传输最起码与一个 100W 的 AM 传输相等(10dB 的区别)。

边带传输的种类

既然 SSB 有那么多的优点，你可能会疑惑，为什么双边带振幅调制还被广泛引用。这

有两个主要原因。其一，不管在需传输边带的产生中，还是在接收器处消息的复原中，SSB 系统都比传统的 AM 系统要复杂。我们会在第 5 章和第 6 章中更完整地学习这些问题。第二个原因与载波自身的功能有关。尽管不需要载波从通道中传输信息，但是它在混合中还是需要载波的。发射器和接受器中都会产生混合。在发射器中，混合以产生频率的和与差来形成边带。在接收器中，为了还原消息，接收信号必须与一个和载波的频率相同的信号混合，原因会在第 6 章中详细解释。简单来说，尽管通道中不需要载波，但是在系统发射和接收端载波都是不可缺少的。因此，如果载波不被传输，接收器必须重新产生载波，这个载波必须与被用来产生边带的载波拥有完全一样的频率和波段，只有这样，消息才能正确复原。因为载波重新嵌入的需求，SSB 接收器比传统的 AM 接收器更难解调，这是因为在 AM 中，发射的载波与边带一块被接收。

解调相对比较困难是 SSB 系统的第二个主要缺点。为克服该缺点，载波可能会被压制，但不会被完全消除，因此接下来的解调就变得相对容易些，否则一条边带可能不会被完全消除，从而使得构建发射器电路变得容易。使用这种系统主要取决于设计师面临的限制(带宽限制，使用简便性)和终端用户要求，还将取决于意向的应用。边带传输的主要种类如下。

(1)在标准的单边带(或者简单的 SSB)系统中，载波和边带中的一条在发射器中完全被消除；只有一条边带被传输。这种配置在业余无线电操作员中非常流行。这个系统最大的好处是，带有最小传输功率的最大传输信号，带宽效率高，能消除载波干扰。最大的缺点是，系统的复杂性和解调的相对难度高。

(2)另一个叫做单边带抑制载波(SSBSC)的系统，能消除一条边带并抑制(不完全消除)载波。抑制载波可以在接收处用作参考并在某些情况下用作消息承受边带的解调。抑制载波有时候叫做一个导引载波。这个系统保持接收信号的精确并使载波干扰最小。

(3)在军事通信中通常应用的系统叫做双边带抑制载波，或者独立载波传输。这个系统包含了两个包含不同消息的独立边带的传输，这个传输把载波抑制在一个水平下。

(4)残余的边带用作模拟电视视频传输。在这里，不需要的边带的残留和载波与一条完整的边带被包含在其中。

(5)一个更加专业的系统叫做振幅压扩单边带(ACSSB)。它实际上是一种 SSBSC，因为它通常包含一个导引载波。在 ACSSB 中，消息信号的振幅在发射器中被压缩并在接收器中被扩张。ACSSB 主要被业余无线电爱好者使用，但同时还在空对地的电话系统中被使用(包括已不复存在的美国空中电话公司)。

总结

AM 是由混合产生的，当两个或者更多的信号相乘而不是相加时，混合会产生额外的频率成分。相乘发生在一个非线性装置或电路中，而和是当一个线性装置中的信号相加时产生的。调制所需要的是具有不同频率的信号混合产生所需要的频率。一个 AM 发射机的调制电路上所带有的信号是低频率(或边带)的消息信号和高频率的正弦波载波。调制的结果是宽波段的信号，信号在载波的两边各占据一定范围的频率，边频产生于载波和消息频率的代数加减。因此，已调制信号的带宽大于基带的带宽并且直接与最高调制信号频率有关。

通过分析时域和频域内的已调制信号可以获得有用的信息。在时域内，已调制信号因为调制而改变振幅。已调制载波的正负峰值形成调制包络线，调制包络线展示了消息的振幅和频率特点。已调制信号的形状是由恒定振幅载波和变化振幅的边频的瞬间相量相加得来的。边频的功率加上载波功率得到一个比载波功率高的已调制信号。在频域内，已调制信号单个成分的频率和振幅变得非常明显，他们具有的最重要的特点总结如下。

(1)已调制 AM 信号的总功率高于载波单独的功率。功率在 100% 调制时最大。在每个案例中，载波中含有大部分的功率。

（2）载波中不含有信息，因为它的振幅是恒定的。

（3）所有信息都包含在变化振幅的边带中。

（4）已调制 AM 波形是载波和消息的乘积，也是混合的一种特殊形式。

（5）混合（因此调制）产生于将信号附加于一个非线性装置上时。

（6）边带是重复的，互成镜像，并且边带中所包含的信息是相同的。

（7）已调制波形的带宽总是最高调制频率的 2 倍。

（8）调制系数不能超过 1（或者 100% 调制），但是尽量维持趋近于 100% 的调制是最理想的，因为边带中（因此已调制信号的携带信息容量）的功率在高调制百分比时最大。

其他形式的 AM 包含了抑制或者完全消除载波和边带中的一条的调制。单边带系统的好处是，它使得传输功率更有效率并且减小传输信号所需要的带宽。但是它的缺点是，结构更加复杂，并且单边带接收机比调幅波难解调。SSB 系统广泛应用于模拟和数字领域，并且在模拟领域产生的解调 SSB 信号技术，目前在数字系统已得到广泛应用。我们将在第 10 章中详细讨论。

习题与思考题

2.2 节

1. 一个 1500kHz 的载波被 2kHz 的消息信号在一个非线性器件中调制。列出所有产生的频率成分。

2. 如果一个 1500kHz 的无线电波被一个 2kHz 的正弦音频调制，已调制信号（实际的振幅调制信号）中包含了什么频率？

3. 如果一个载波被振幅调制，是什么产生了边带频率？

4. 什么决定了一个振幅调制发射机的发射带宽？

5. 解释一个带宽和一个边频的区别。

6. 在图 2-11 中，点 6 处的相量能推导出关于调制信号的什么信息？

7. 解释相量代表可以如何描述一个振幅调制信号的形成。

8. 在图 2-11 中的点 1，2，3 和点 4，5，6 的中间位置，给振幅调制信号构建相量图。

9. 画一个在正弦曲线波 50% 调制时的载波包络线图。在图上指出决定调制百分比的范围。

10. 过度调制可能导致什么结果？

11. 一个未调制载波是 300V（p-p）。当最大 p-p 值分别达到 400，500，600V（33.3%，66.7%，100%）时，计算 %m。

12. 如图 2-5 所示，如果 $A = 60V$，$B = 200V$，计算 %m（53.85%）

13. 计算问题 12 中的 E_c 和 E_m。（$E_c = 65V$(pk)，$E_m = 35V$(pk)）

14. 已知一个振幅调制波形的振幅可以表示为载波峰振幅和消息信号的和，推导出一个证明载波和边频存在的振幅调制信号的表达式。

15. 一个 100V 的载波被一个 1kHz 的正弦波调制。当 $m = 0.75$（37.5）时，计算边频振幅。

16. 为了使 $m = 0.7$，一个 1MHz，40V 的载波被一个 5kHz 的消息信号调制。这个振幅调制信号加载到一个 50Ω 的天向上。计算天线上每个光谱分量的功率。（$P_c = 16W$，$P_{usb} = 1.96W$）

17. 如果问题 15 中的总传输功率是 500W，计算载波和边带功率。（390W，100W）

18. 未调制时，一个振幅调制发射器的交流方均根天线电流为 6.2A，调制后，电流增加到 6.7A。计算 %m。（57.9%）

19. 为什么需要一个高调制百分比？

20. 在 100% 调制时，计算边带的功率占平均输出功率的百分比？（33.3%）

21. AM 发射机的载波是 1kW，载波被三个相同幅度的不同正弦波调制。如果 $m_{eff} = 0.8$，计算各自的 m 值和总发射功率。（0.462，1.32kW）

22. 一个 50V(rms) 载波被表 1-3(c) 所示的方波调制。如果只考虑前四个谐波，且 $V = 20V$，计算 m_{eff}。（0.77）

2.3 节

23. 一个 1000W 的 AM 传输是全调制的。如果是作为 SSB 信号传输，计算发射功率。

24. 一 SSB 传输驱动 121V 峰值到 50Ω 天线。计算 PEP。（146W）

25. 解释 rms 和 PEP 标识的区别。

26. 给出 ACSSB、SSB、SSBSC 和 ISB 传输的详细区别。

27. 列出并解释 SSB 相比传统 AM 传输的优点。有没有缺点？

28. 一种称为双边带抑制载波（DSBSC）的边带技术和常规 AM 传输、双边带全载波（DSBFC）相似。利用你的 SSBSC 的知识，解释 DSBSC 相比常规 AM 的优点。

附加题

29. 低频消息信号和高频载波信号的线性组合是否能有效的作为射频传输？为什么或为什么不？

30. 分析一个 AM 波形。上包络线和下包络线的有什么特征？

31. 27MHz 的 AM 发射机将 10W 载波功率加载到 50Ω 负载上。它由 2kHz 正弦波调制，调制度在 20% 和 90% 之间。试确定：

    (a) AM 信号中的频率分量

    (b) AM 信号在 20% 和 90% 调制时的最大和最小波形电压。（25.3 到 37.9V 峰值，3.14 到 60.1V 峰值）

    (c) 20% 和 90% 调制时的边带信号电压和功率。（2.24V，0.1W，10.06V，2.025W）

    (d) 20% 和 90% 调制时的负载电流。（0.451A，0.530A）

32. 比较示波器和频谱分析仪的显示。

33. 如果从 AM 信号中去除载波和一个边带，传输是否可用？为什么或为什么不？

34. 解释单边带、抑制载波（SSBSC）发射中包含的原理。相比全载波和边带发射的带宽和需求的功率是什么？

35. 如果要求使用 DSB 信号来提供 SSB，$\cos(\omega_i t)$、$\cos(\omega_c t)$。能做到吗？提供你的判断的数学证明。

36. 如果在紧急情况下，要用 AM 接收机来接收一个 SSB 广播，需要怎么修改接收机？

第3章

角 度 调 制

3.1 角度调制概述

如前所述，调制是指改变下列一个或多个变量：振幅、频率或与消息的瞬时值相等的一个正弦波载波的相位。描述振幅已调载波的带宽和功率分布特点相对直接，即带宽是最高消息频率的2倍，调制增加的总传输功率应为带宽产生的功率加上载波的功率。振幅调制的另一个重要特点同样也是它的最大缺点：振幅调制接收器对于不期望的振幅变化的反应与被期望的振幅变化的反应是完全一样的。换句话说，接收器固有的易受外部电流噪声的影响，这个噪声可能来自于累积到故障机器设备的任何东西。自19世纪20年代起，振幅调制变成面向大量观众的广播新闻和娱乐的方法后，这个缺点也变得更加明显。对于一种无噪声的，高度精确的振幅调制替代方法的需求，激发了研究者发明了一种新的传输方法，以此使一个调制信号可以带来瞬间载波频率(而不是它的振幅)变化，从而与它的参考值区分。爱德华·H. 阿姆斯特朗(Edwin H. Amjuly)在1939年(当时商业广播存在超过10年并被完善)第一次实际提出了振幅调制的替代方法，他在1936年证明了第一个可用的频率调制(FM)系统，1939年7月，他在新泽西的阿尔卑斯开始了第一个定时播放的FM广播。

除了面向大众播放高精确度的广播节目是FM电台的第一个也可能是最显著的应用外，模拟FM还用在双向通信中，比如紧急服务，商业急件，和模拟电视的声音信息传输。相位调制(PM)是与FM非常相近的调制方式，PM导致载波的瞬间相位角与它的参考值相差一个与调制信号振幅成正比的数值。PM广泛应用于数字通信，并且可以用来直接产生FM。FM和PM是相关的：一个载波的相位角的变化会产生一个瞬间频率的改变，一个载波频率的改变将会不可逆转地造成一个相位角的改变。因此FM和PM都是角度调制的一种形式，角度调制的角定义为电流度数的瞬间数值，从而使高频载波相比于预先设定的参考值增加或者延迟。

如同第2章分析AM一样，分析FM和PM的功率分布和带宽给我们提供了一种鉴别每种调制方法利弊的有用的框架。比较和对比这些方面被证明是有效的，我们即将看到，FM和PM潜在的拥有抑制噪声和高精确度的巨大优势，但是这些优势被带宽的精确度所抵消，因为所有的通信系统最终都会被带宽的可用性和噪声环境下的表现所限制，一个概念上的对于实际系统如何在这些临界环境下运作的理解，将会被证明在模拟和数字领域的系统行为分析中是没有价值的。

与振幅调制一样，角度调制的两种形式都需要把低频消息信号与高频载波相乘，所得的结果在载波上下产生了一对对边带，这些边带从而定义了调制信号所占据的带宽。但是，不同于振幅调制，已调制角度载波持续地在一个参考频率或者与调制信号相同的相位上下切换，这个载波自身可能包含了一系列的频率。结果是任何形式的角度调制(包含了一个纯(单频)正弦波)都产生一个在载波上下的边频的理论上无限的数值，从而推导出一个无限的带宽。但是，FM或者PM系统总的传输功率不是像AM中那样相加，而是在载波和边频中分布着的，所以总的来说，边频振幅随着其远离载波而减少，在某些节点边频的振幅变得不重要。正是因为这个原因，实际的FM和PM系统可以认为拥有一个有限的带宽。定义所占的带宽(尽管比AM复杂)大多决定于鉴别哪个边频有足够的功率因而变得较为重要。这个关系在频域内形成了 FM 分析的核心。在着手细致分析已调制角度系统的带宽和功率分布特点之前，让我们先看一个基础的振荡器电路是如何建立一个简单的已调制频率传输器的。利用这个电路，我们可以看到消息的两个最重要的特点是如何被保存在已调载波中的。

3.2　时域频率调制

简单的 FM 发生器

用图 3-1 展示的系统来获得一个对 FM 直观的理解。这实际上是一个非常简单，但是非常有指导意义的 FM 发射系统。它包含了一个 *LC* 储能电路，这个电路是振荡器的一部分，它在共振频率处产生一个正弦波输出，其输出是由储能元件感应器和电容器决定的。这个 *LC* 储能电路的电容部分不是一个常规的电容器而是一个电容式传声器。这种传声器通常称为电容传声器，事实上是一个可变电容器。当没有声波抵达它的金属板时，电容传声器展现一个恒定的电容输出。回顾电路基础，电容的一部分取决于电容器金属板之间的距离。当声波抵达传声器时，产生的压强变化导致电容器金属板向里向外交替移动，因而导致电容从它的中心值交替增加与减小。电容改变的速率等于声波撞击传声器的频率，并且电容改变的数值与声波的振幅成正比。

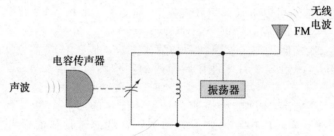

图 3-1　电容式传声器 FM 发生器

因为这个电容值对振荡器的频率有直接的影响，由系统的输出频率可以得出下面两个重要的结论。

（1）撞击的声波的频率决定了频率改变的速率。

（2）撞击的声波的振幅决定了频率改变的数值，或者偏离未调制振荡器所产生的频率偏差。

频偏的概念

由电容传声器产生的 FM 信号的关系式可以表示为

$$f_{out} = f_c + ke_i \tag{3-1}$$

其中：f_{out}——瞬间输出频率；f_c——输出载波频率；k——频偏系数（kHz/V）；e_i——调制（消息）输入。

式（3-1）说明输出载波频率（f_c）是由振幅和调制信号（e_i）的频率决定的，同样还取决于在一个特定的输入级别所产生的频率偏差。k 称为频偏系数，单位是 kHz/V。它定义了对于一个给定的输入电压大小，载波频率将改变的数量。频偏系数取决于系统设计。举例说，对于每 1V 的峰值输出电压，一个系统可能产生一个 10kHz 的频率偏移，而另一个系统可能产生一个 1kHz 的频率偏移。频偏系数具有系统针对性，但它必须是线性的。比如说，如果 $k=1kHz/10mV$，那么一个 20mV 正峰电压的调制信号输入将会产生一个 2kHz 的频率偏移（增加）。一个拥有 20mV 的负峰电压的调制信号输入将会导致一个 $-2kHz$ 频率偏移（减少）。假设这个 ±20mV 级别是从正弦曲线得来的（正弦曲线包含了一个正峰值和一个负峰值，所以在这个例子中峰峰值的电压是 40mV），那么总的偏差是 4kHz，其中 2kHz 在载波之上，2kHz 在载波之下。载波频率上下偏离原载波频率的速率决定于调制信号的频率。采用与上面定义的频偏系数相等的值，如果一个峰值为±20mV，频率为500Hz的输入信号作用在传声器上，那么载波频率会以500Hz的速率偏移±2kHz。±符号读作"加或减"，并且传统上用作表示偏差的值。注意在这个例子中，尽管总的频率偏差是4kHz，载波频率在两边偏移相等数值的对称性，说明了实际上频率偏差是由载波上下转换的数值表示的，并且这个数值是总和的一半，因此这个例子中的偏差是±2kHz。对称性很重要，因为一个在载波两边不偏移相同距离的系统会产生一个失真（非线性）的输出。知道载波两边的偏移对决定调制信号的已占有带宽是非常重要的，原因即将揭晓。

例 3-1 一个在400Hz频率时具有25mV正负峰值的正弦信号作用到一个电容式传声器FM发生器上。如果这个电容式传声器FM发生器的频偏系数是750Hz/10mV，计算

(a) 频率偏移。

(b) 载波被偏移的速率。

解：(a) 正频率偏移 $=25\text{mV}\times\dfrac{750\text{Hz}}{10\text{mV}}=1875\text{Hz}=1.875\text{kHz}$

负频率偏移 $=-25\text{mV}\times\dfrac{750\text{Hz}}{10\text{mV}}=-1875\text{Hz}=-1.875\text{kHz}$

总的偏移是3.75kHz，但是对于给定的输入信号，它可以写成±1.875kHz

(b) 输入频率（f_i）是400Hz；因此，由式（3-1）推导，有

$$f_{\text{out}}=f_c+ke_i$$

载波将以400Hz的速率偏移±1.875kHz。

时域表示

第2章关于AM的讨论说明了，通过分析在时间域和频率域内的已调载波可以获得有价值的信息。这点对于FM是一样的；事实上，我们将会看到，一个已调制FM信号的深度图像需要我们着重讨论频域分析与使用频谱解析。但是，因为时域表示可能在直觉上更加熟悉，让我们先检验已调制频率载波如何在这个情境下出现的。图3-2(a)展示了一个低频正弦波（假设1kHz，因为这个频率广泛应用在通信测试中），这个低频正弦波将代表消息（当然，一个实际的包含声音或音乐的消息信号含有使整个音频拥有20Hz到20kHz带宽的频率范围，但是考虑到消息包含了一个单频正弦曲线，可大大简化分析）。图3-2(b)所示的代表了调制前后的高频载波。直到时间 T_1，图3-2(b)所示波形的频率和振幅都是

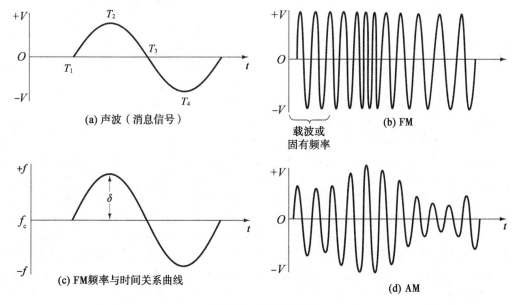

(a) 声波（消息信号）

(b) FM

载波或
固有频率

(c) FM频率与时间关系曲线

(d) AM

图 3-2　FM 时域表示

恒定的。到时间 T_1 的频率与载波（f_c）或者 FM 系统中的静止频率相对应。用一个熟悉的例子，FM 广播电台中的 f_c 是在电台刻度上的位置（比如，101.1MHz 或者 106.5MHz），代表了电台传输器在未调制时的载波频率。载波振幅永远不会改变，但是它的频率只有在未调制时会停留在 f_c 上。在 T_1 时，图 3-2(a) 所示的声波开始正弦增加，并且在 T_2 时到达一个最大正值。在这个区间，振荡器的频率也增加，增加的速率由正弦波调制信号的斜率决定。载波振荡器在声波在 T_2 点拥有一个最大振幅时，它拥有最大的频率。在时域内，图 3-2(b) 展示了载波波形，载波频率的增加由表现出被压缩的单个载波循环表示（图中相互紧挨，每个循环的周期变短，因此频率增加）。从时间 T_2 至 T_4，声波从它的最大正峰值达到最大负峰值。因此，振荡器的频率从一个在静止值之上的最大频率转换到静止频率之下的最大频率。在时间 T_4，已调制波形与其铺张开的单个循环一同出现，代表了一个更长的周期和一个更低的频率。这个分析可以证明两个非常重要的结论。第一个是，载波的振幅从不改变，但是只有在未调制时或者调制信号为 0 时，它的频率等于 f_c。换句话说，载波频率在未调制时一直在改变。第二，调制导致了载波频率上下偏离其静止频率或者中间频率，这个偏离保留了消息的振幅和频率特点。

两个主要概念

如前所述，振荡器的频率从 f_c 增加或减少的数值叫做频率偏移 δ。图 3-2(c) 中这个偏移是时间的函数。注意，图 3-2(c) 所示的是一个频率与时间的关系，而不是通常的电压与时间的关系。理想中它被表示为原始消息信号的正弦波复制。它展示了振荡器输出实际上是一个 FM 波形。回忆 FM 被定义为一个正弦载波，这个正弦载波的频率随着消息波的瞬时值正比例改变，并且改变的速率等于消息频率。

为了比较，图 3-2(d) 给出了从图 3-2(a) 中的消息信号得来的 AM 波。这个可以帮助我们区分 AM 和 FM 信号。在 AM 的情况下，载波的振幅随着消息幅值变化而改变（由其边带改变）。而对于 FM，载波的频率随着消息频率变化而改变。

在恒定振幅的情况下，如果撞击传声器的声波消息的频率从 1kHz 倍频到 2kHz，FM 输出会在中间频率上下偏移的速率会从 1kHz 增加到 2kHz。因为消息振幅没有改变，在 f_c 上下的频率偏移（δ）的数值将保持不变。相反的，如果 1kHz 的消息频率保持不变，但是其振幅加倍，那么在 f_c 上下偏移的速率将会维持在 1kHz，但是频率偏移的数值将会被加倍。

直接 FM 和间接 FM

电容式传声器 FM 发生器系统（和总体的 LC 振荡器）很少用在现实的电台频率传输中，因为它的缺点之一就是不稳定；它的重要性来自于它提供了一个对于 FM 基础的简单理解。但是这种系统是我们所知的直接 FM 的一个好的例子。在一个直接 FM 传输器中，调制信号直接加载到载波振荡器决定频率的部件上（在这个案例中，振荡储能电路的电容），因为调制直接导致了振荡器频率的改变。一个直接 FM 传输器的调制功能被有效地包含在振荡器中。直接 FM 广泛应用在现代传输设备中，尤其是双工移动无线电，但是它比简单的电容传声器的例子具有更复杂的形式。

直接 FM 系统的缺点，是维持传输器的频率稳定的挑战，尤其是克服宽的频率偏移。在广播中会遇到很宽的频率偏移，其中抑制噪声和提高精度是重要的设计考虑。回忆第 1 章中所说，电台发射机的运用受到严格的管理。在很多情况下，发射机使用之前须有适当监管权威机构（在美国是联邦通信委员会）颁发的证书，在几乎所有的情况下，设备自身必须经过一系列法规测试，在设备可以合法销售或者进口前，必须获得监管部门的许可。对于电台发射机，规定的技术标准是，载波频率稳定性。比如，在美国，联邦通信委员会要求在双工电台应用（比如公众安全人员使用的对讲机）中，FM 发射机要维持一个 0.0005% 的频率稳定性。这个特征说明了对于每 1MHz 的额定频率，载波变化必须保持在 5Hz 以内，比如，一个在 100MHz 运行的发射机必须控制在 500Hz 以内。每当振荡器会直接被外部电流所影响时，维持这种高频率稳定性是对设计的一个挑战。并且维持这种稳定性对于只采用 LC 的振荡器来说是不现实的。

对于 FM 的主要发明人爱德华·阿姆斯特朗来说，这个设计挑战并不是损失。他意识到 FM 可以通过给一个调制过程间接地加入消息来产生，这个调制过程与振荡器分开，并被安置在振荡器后面。间接 FM 导致载波的瞬间相位角随着调制信号变化而变化，并且间接 FM 是相位调制的一个有效的例子。3.4 节将展示一个正弦波的相位角的变化会改变它的瞬间频率的例子，所以频率和相位调制（因而直接 FM 和间接 FM）本质上是硬币的两面。间接 FM 系统广泛应用于"宽带"FM 系统，比如广播。相对的"窄带"FM 应用于双工电台。间接 FM 系统的好处是，可以维持振荡器的稳定性，同时在一个宽频率范围产生现行偏离，如 3.5 节将展示的。前文的第二个考虑是解释在广播应用中 FM vs AM 的精确性优势的重要因素。相位调制还能直接产生，并且广泛应用在数字通信系统中。

不管何时，当你陷入 FM 基础理论的困境时，会议电容式传声器 FM 发生器都会对你有帮助。记住：

(1)消息振幅决定载波频率偏离的数值。

(2)消息频率(f_i)决定载波频率偏离的速率。

例 3-2 一个 FM 信号有一个 100MHz 的中心频率，但是以 100 次/s 的速率在 100.001MHz 与 99.999MHz 之间摆动。计算：

(a) 消息频率 f_i。

(b) 消息振幅。

(c) 如果频率偏移在 100.02Hz 到 99.998MHz 中改变，消息振幅会发生什么。

解：

(a) 因为 FM 信号改变频率的速率是 100Hz，$f_i = 100Hz$。

(b) 没有办法可以决定消息信号实际的振幅。每一个 FM 系统都有一个不同的在消息振幅和它导致的偏离数值之间的比例性常数。

(c) 现在频率偏离被双倍翻倍，也就是说，消息振幅被双倍翻倍，不管它原来的值是多少。

3.3 频域 FM

正如第 2 章中 AM 的案例，我们对于 FM 的分析，主要着重在决定已调载波的带宽要求。带宽取决于在已调制信号中功率的位置是如何决定的。我们看到在时域内，调制是如何导致载波频率变化的：如图 3-2 或者一个示波器所示，单个载波循环随着载波频率变化应对调制增加和减少，而交替压缩与扩张。但是除此之外，时域表示不能展示更多的信息。决定已调制信号的频率成分和占有带宽需要利用频域分析。

一个已调制频率信号的瞬间电压为

$$e = A \sin(\omega_c t + m_f \sin(\omega_i t)) \tag{3-2}$$

其中：e——瞬时电压；A——原始载波的峰值；ω_c——载波角速度（$2\pi f_c$）；ω_i——调制（消息）信号角速度（$2\pi f_i$）。

上述等式中的 m_f 被定义为 FM 的调制系数，并且测量了载波被消息改变的范围。它被定义为最大频偏与消息频率的比，也就是

$$m_f = \frac{\delta}{f_i} \tag{3-3}$$

其中：δ——消息信号（偏移）所导致的载波向上或向下产生的最大频率偏移，所以假如偏移为 ±3kHz，因而在式(3-3)中 $\delta = 3kHz$（而不是 6kHz）；f_i——消息（调制）信号的频率。

正如即将展示的，计算已调载波的已占有带宽的第一步是计算调制系数。式(3-3)同样指出两个关于 FM 调制系数的有趣信息，这个 FM 调制系数部分或者完全与第 2 章介绍

的 AM 类似但无可比性。前者是一个复杂的调制信号，比如声音或者音乐的两个（AM 是一个因素）参数变化导致了 FM 调制系数持续改变。对于 FM，调制信号频率和它的振幅都影响调制系数。频率影响比率的分母，而 f_i 的幅度改变影响瞬时频偏，因而影响分子。尽管 AM 调制系数也随着复杂的调制信号的出现而瞬间改变，但其实是调制深度的一种测量方式；也就是说，调制系数展示了当调制信号瞬间从在载波中分离时所产生的深度。在 AM 中，只有瞬间调制信号的振幅（而不是频率）影响调制系数。由第二个变化可看出 AM 和 FM 调制系数的根本区别。除非过度调制（在常规系统中是不允许的），AM 调制系数永远不能超过 1，而 FM 调制系数则可以并且经常超过 1。

带宽的计算：贝塞尔函数

式(3-2)展示了 FM（与 AM 一样）涉及载波和消息频率相乘。从而产生了混频，所以预测额外的频率成分会被产生是合乎逻辑的。事实上这是正确的，并且额外的成分在载波两边以频率和或频率差的形式出现，与 AM 类似。但是这个等式比它形式上要复杂，因为它包含了正弦函数的正弦。计算已调制频率信号的频率成分需要使用称为贝塞尔（Bessel）函数的高阶数学工具。贝塞尔函数的推导超出了本书内容范围，这里给出 FM 表达式的贝塞尔函数式为

$$
\begin{aligned}
f_c(t) = {} & J_0(m_f)\cos(\omega_c t) - J_1(m_f)\left[\cos((\omega_c - \omega_i)t) - \cos((\omega_c + \omega_i)t)\right] \\
& + J_2(m_f)\left[\cos((\omega_c - 2\omega_i)t) + \cos((\omega_c + 2\omega_i)t)\right] \\
& - J_3(m_f)\left[\cos((\omega_c - 3\omega_i)t) + \cos((\omega_c + 3\omega_i)t)\right] \\
& + \cdots
\end{aligned} \tag{3-4}
$$

其中：$f_c(t)$——FM 频率成分；$J_0(m_f)\cos(\omega_c t)$——载波成分；$J_1(m_f)[\cos((\omega_c - \omega_i)t) - \cos((\omega_c + \omega_i)t)]$——载波上下位于 $\pm f_i$ 的第一组边频；$J_2(m_f)[\cos((\omega_c - 2\omega_i)t) + \cos((\omega_c + 2\omega_i)t)]$——载波上下位于 $\pm 2f_i$ 的第二组边频；以此类推。

下列等式可以用来求解边频成分 J_n 的振幅：

$$
J_n(m_f) = \left(\frac{m_f}{2}\right)^n \left[\frac{1}{n!} - \frac{(m_f/2)^2}{1!(n+1)!} + \frac{(m_f/2)^4}{2!(n+2)!} - \frac{(m_f/2)^6}{3!(n+3)!} + \cdots\right] \tag{3-5}
$$

式(3-4)和式(3-5)是为了证明两点：一是计算振幅是一个非常单调的过程，并且完全决定于调制系数 m_f。注意括号内的每个部分都要与系数 $\left(\frac{m_f}{2}\right)^n$ 相乘。任何调制系数的改变都会改变结果。第二个结论从式(3-3)和式(3-4)得到，这些等式说明，如果载波的角速度（等式(3-3)中的 ω_c）因为另一个周期波（ω_i）的循环振幅的改变被持续改变，那么已调制波的频率 f_c 被多次重复以至于具有无数个数值。换句话说，上述表述预测了无限个边频成分会被产生。即使一个单频正弦波用作调制信号，这个结果也会发生。边频会出现在载波两边，并且是消息频率 f_i 的倍数。总的来说，边频将会随距离载波越远，振幅减小越多。

这个结果说明了，FM 和 PM 系统产生的已调制信号占据了无限的带宽。理论上如此，但在现实中，已调制 FM 信号都将常常比 AM 相对应部分占据一个更宽的带宽。对 AM 来说，因为载波频率保持不变，由混频导致的相乘的过程只产生了两个重要的边带，分别是恒定振幅载波的频率和变化振幅调制信号频率的和与差。因此，AM 带宽总是等于调制信号的最高频率的 2 倍，无论它的振幅是多少。那么，限制 AM 带宽纯粹是限制调制信号的最高频率的函数。但是对于 FM 和 PM，载波的角速度，以及它的频率和相位都以调制而持续改变。因此，载波通过无数个频率或者相位值产生了无数个和与差。在第一次检验的基础上，FM 和 PM 系统在任何比如电台的有限带宽的媒介中都会成为通信不现实的形式。但是，式(3-5)证明了单个频率成分（载波和边带）的振幅决定于调制系数；因此，这些成分中的功率也决定于 m_f。进一步说，总功率被分散在载波和边带中，所以这个结论是合理的：远离载波的边带具有相对低的振幅（以及功率），因而是不重要的。事实还证

明并最终解释了角度调制在一个有限带宽的情境下是实用的。它还证明一个 FM 信号的带宽决定于调制系数，因而决定于调制信号的频率和允许的载波偏移。

那么，为了计算已调制信号的带宽，我们必须确定功率在载波和边带中是如何分布的，而这个因素决定于鉴别重要边带的对数。这是一个贝塞尔函数方案，尽管贝塞尔函数很难解，但是事实上也没有必要解。将式(3-5)的贝塞尔系数表示为标准的电压，它通常以表格形式给出，并且是常规的工程参考。表 3-1 给出了一些调制系数的解决方案。图 3-3 所示的是根据表 3-1 中的贝塞尔函数数据所画的图，它展示了相对振幅形成曲线，这个曲线是一阶贝塞尔函数的大体形式。贝塞尔表格展示了主要边频的数量，每组边频的相对振幅和载波的相对振幅。振幅的标准数值形式为 $\frac{V_2}{V_1}$，也就是没有调制的载波振幅的参考值。比例中 V_1 表示未调制载波参考电压，V_2 表示在考虑调制的情况下光谱成分(也就是载波或者边带)的电压。带有负符号的数值代表转换 $180°$ 的信号。如果未调制载波拥有一个 1V 的振幅，那么载波的实际电压和在任何调制系数 m_f 下的边带都能从表中直接读出。对于任何不是 1V 的未调制载波振幅，调制下的频率成分的实际电压由表中频率成分和调制系数对应的小数与未调制载波的电压相乘。简而言之，贝塞尔表格是表示为小数形式的百分比。

当调制信号 f_i 是一个在固定的单频时的正弦波的情况下，表 3-1 展示了对于一些调制系数的载波的振幅(J_0)和每个边频的振幅(J_1 到 J_{15})。如果 f_i 是 1kHz，m_f 由单位为 kHz 的偏移决定，并且 m_f 将等于 0。比如，一个数值为 $±3$kHz 偏移 δ 产生一个数值为 3.0 的 m_f 和一个 1kHz 的调制信号(这是在测试应用中使用 1kHz 频率用作调制信号频率的原因之一)。记住只会有一个载波但是边频总是成对出现的，分别在载波的上下。

表 3-1　贝塞尔函数中得到的频率调制边频，行：n 或序号；列：载波

$\times$ (m_f)	(CARRIER)J_0	J_1	J_2	J_3	J_4	J_5	J_6	J_7	J_8	J_9	J_{10}	J_{11}	J_{12}	J_{13}	J_{14}	J_{15}	J_{16}
0.00	1.00	—	—	—	—	—	—	—	—	—	—	—	—	—	—	—	—
0.25	0.98	0.12	—	—	—	—	—	—	—	—	—	—	—	—	—	—	—
0.5	0.94	0.24	0.03	—	—	—	—	—	—	—	—	—	—	—	—	—	—
1.0	0.77	0.44	0.11	0.02	—	—	—	—	—	—	—	—	—	—	—	—	—
1.5	0.51	0.56	0.23	0.06	0.01	—	—	—	—	—	—	—	—	—	—	—	—
1.75	0.37	0.58	0.29	0.09	0.02	—	—	—	—	—	—	—	—	—	—	—	—
2.0	0.22	0.58	0.35	0.13	0.03	—	—	—	—	—	—	—	—	—	—	—	—
2.4	0.00	0.52	0.43	0.20	0.06	0.02	—	—	—	—	—	—	—	—	—	—	—
2.5	−0.05	0.50	0.45	0.22	0.07	0.02	—	—	—	—	—	—	—	—	—	—	—
3.0	−0.26	0.34	0.49	0.31	0.13	0.04	0.01	—	—	—	—	—	—	—	—	—	—
4.0	−0.40	−0.07	0.36	0.43	0.28	0.13	0.05	0.02	—	—	—	—	—	—	—	—	—
5.0	−0.18	−0.33	0.05	0.36	0.39	0.26	0.13	0.05	0.02	—	—	—	—	—	—	—	—
5.5	0.00	−0.34	−0.12	0.26	0.40	0.32	0.19	0.09	0.03	0.01	—	—	—	—	—	—	—
6.0	0.15	−0.28	−0.24	0.11	0.36	0.36	0.25	0.13	0.06	0.02	—	—	—	—	—	—	—
7.0	0.30	0.00	−0.30	−0.17	0.16	0.35	0.34	0.23	0.13	0.06	0.02	—	—	—	—	—	—
8.0	0.17	0.23	−0.11	−0.29	−0.10	0.19	0.34	0.32	0.22	0.13	0.06	0.03	—	—	—	—	—
8.65	0.00	0.27	0.06	−0.24	−0.23	0.03	0.27	0.34	0.28	0.18	0.10	0.05	0.02	0.01	—	—	—
9.0	−0.09	0.24	0.14	−0.18	−0.27	−0.06	0.20	0.33	0.30	0.21	0.12	0.06	0.03	—	—	—	—
10.0	−0.25	0.04	0.25	0.06	−0.22	−0.23	−0.01	0.22	0.31	0.29	0.20	0.12	0.06	0.03	0.01	—	—
12.0	0.05	−0.22	−0.08	0.20	0.18	−0.07	−0.24	−0.17	0.05	0.23	0.30	0.27	0.20	0.12	0.07	0.03	0.01
15.0	−0.01	0.21	0.04	−0.19	−0.12	0.13	0.21	0.03	−0.17	−0.22	−0.09	0.10	0.24	0.28	0.25	0.18	0.12

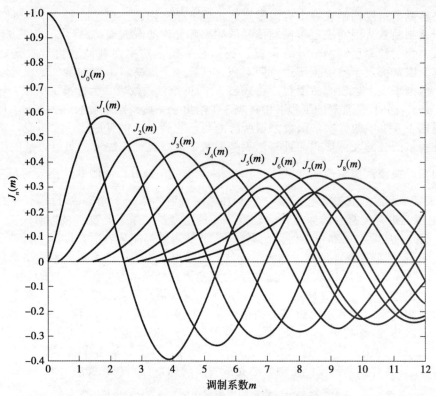

图 3-3 载波的归一化振幅和调制系数的函数关系
产生的曲线是第一类贝塞尔函数曲线

在一个频域表示中，例如图 3-4 所示，第一组边频(J_1)放置在载波的任意一边，距离等于调制信号频率 f_i。每个高阶边频(J_2 和往上)放置在最近的数值相同的距离。因此，信号的总已占有带宽是载波任何一边的边频范围的 2 倍，也就是载波任何一边最高阶边频的频率差。

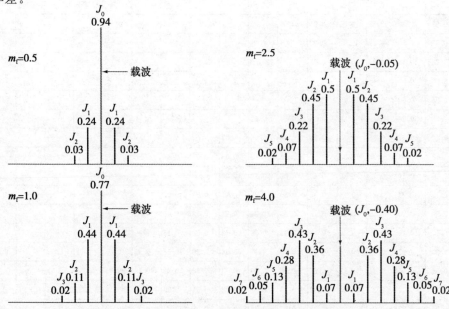

图 3-4 FM 的频谱
调制频率为常数，而频偏改变

例 3-3 计算传输一个 $f_i = 10\text{kHz}$，最大偏离 $\delta = 20\text{kHz}$ 的 FM 信号所需的带宽。

解：

$$m_f = \frac{\delta}{f_i} = \frac{20\text{kHz}}{10\text{kHz}} = 2$$

当 $m_f = 2$ 时，表格 3-1 中可以得到下列重要的成分：

$$J_0, J_1, J_2, J_3, J_4$$

这就是说除了载波，J_1 会出现在载波周围的 $\pm 10\text{kHz}$ 内，J_2 在 $\pm 20\text{kHz}$ 内，J_3 在 $\pm 30\text{kHz}$ 内，J_4 在 $\pm 40\text{kHz}$ 内。因此，所需的总的带宽是 $2 \times 40\text{kHz} = 80\text{kHz}$。

例 3-4 将 f_i 改变成 5kHz，重复例 3-3。

解：

$$m_f = \frac{\delta}{f_i} = \frac{20\text{kHz}}{5\text{kHz}} = 4$$

在表 3-1 中，$m_f = 4$ 说明了最高边频成分是 J_7。因为 J_7 将会在载波周围的 $\pm 7 \times 5\text{kHz}$ 内，所需的带宽是 $2 \times 35\text{kHz} = 70\text{kHz}$。

例 3-3 和例 3-4 给出了一个 FM 分析的可能的混淆点。频偏和带宽是相关的但是不同的。它们相关是因为偏移部分决定了调制系数，从而决定了主要的边带组。然而，带宽是由边带组而不是偏移频率计算得来的。注意，在例 3-3 中，最大偏移是 $\pm 20\text{kHz}$，而带宽是 80kHz。偏移不是带宽但是对带宽的数值有影响。

正如之前指出的，FM 产生了无数个边带，但并不是所有的都重要。这产生了问题：一条重要的边带是什么？总的来说，如果一条边带或者边频的归一化的振幅是 1%（0.01）或者比未调制载波大，那么它就被视作重要的。表 3-1 展示了 1% 或者高于 1% 的振幅。尽管这个定义有些武断，一个振幅减少到 1%，代表了电压减少 40dB，或者功率减少到原始功率的 1/10 000。如果表中出现一个数字输入，那么与输入相关的边频对于决定已占有带宽是重要的。并且，正如刚刚说的，随着调制系数的上升，重要边带组（表中输入所对应的）的数量也会增加。这个陈述证实了例 3-3 和例 3-4 中的结果：高的调制系数产生更宽的带宽信号。

前面还提到贝塞尔表实际上是一个百分比的表。在任何调制系数下，载波或边带的振幅都决定于表中所示的合适的小数（也就是包含 m_f 的横行与考虑成分的纵列的交集处）与未调制载波的振幅的乘积。如果没有调制（$m_f = 0$），载波（J_0）是唯一出现的频率并且其振幅为 1.0 或 100%。但是，随着载波被调制，能量转换到边带中。如果 $m_f = 0.25$，载波的振幅降到完全振幅的 98%（0.98），并且距离载波 $\pm f_i$ 的第一个边频（J_1）为了展示载波任意一边（而不是一对）的边频的振幅而被调整。换句话说，将表中输入除以 2 去计算每个边频振幅是没有必要的。调制时，载波振幅减小并且能量在边频中出现。为了更高的 m_f 值，更多的边带组出现，并且总的来说，载波振幅随着更多的能量转移到边带而减小。对于一些有相对振幅的调制系数，图 3-4 展示了调制信号的典型频谱。

调频频谱分析

尽管贝塞尔表通过归一化的振幅展示了载波和边频的关系，但是用分贝的术语表达这些关系（特别是作为在全载波振幅之下的分贝的减少），在实际中可能是最有用的，因为它与频谱分析的尺度测量相匹配。表中每个输入都可以被转换为分贝的形式，即

$$\{P\}_{\text{dB}} = 20\log(V_2/V_1)$$

对于一个给定的调制系数，每个贝塞尔表的输入都代表着相对应载波（J_0）或者边带（J_1 或更高次）信号成分的比例 V_2/V_1。举例说，在调制系数为 1.0 时，载波功率是 $\{P\}_{\text{dB}} = 20\lg 0.77 = -2.27\text{dB}$。

因此，对于一个 0dBm 的参考等级，载波会展示 -2.27dBm 的功率。对于其他参考等

级，展示的功率会比参考值低 2.27dB。如果表 3-1 中的每个输入都经过这个程序，结果如图 3-5 所示。

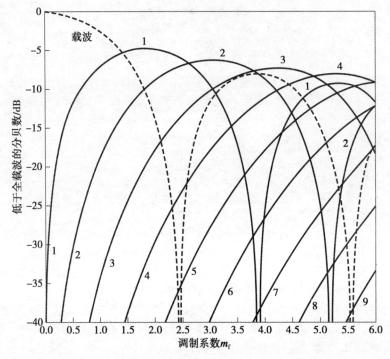

图 3-5　未调制载波振幅以下用分贝表示的 FM 载波和边带振幅与调制系数的函数

利用频谱分析仪来决定调制系数也是可行的。例 3-5 给出了这个过程。

例 3-5 从图 3-6 所示结果中，计算：

（a）调制信号频率 f_i。

（b）显示波形的调制系数。

解：（a）频谱分析仪显示输出频率范围为 10kHz。因此，每个主要的分支都代表一个 1kHz 的频率范围。因为每个边频的振幅落在一个主要的分支线上，边频之间的频率分离是 1kHz。因此，调制信号是一个 1kHz 的单频正弦波。

（b）通过转化以 dBm 为单位的振幅为它们相对应的电压比例可以找到调制系数。求解步骤如下。

（1）确定参考值，参考值是分析仪显示器上最高的水平线。因此，所有观察到的振幅都表示为从参考值的分贝数减少（负数）。图中的参考值是 0dBm。

（2）确定每个分支的以分贝为单位的竖直刻度因素。分析仪显示器上的这组数值展示了从每个竖直方向的主要分支减少的振幅的分贝的数量。竖直刻度因素被显示为 10dB/div。

（3）确定在每个频率成分中（J_0 到 J_4）以 dBm 为单位的振幅。在图 3-6 中，载波的振幅是 -8.6dBm，第一个边频 J_1 的振幅是 -4.73dBm，第二个边频 J_2 的振幅是 -10.75dBm，J_3 的振幅是 -21dBm。

（4）确定步骤（1）中的显示器上从参考值减少的每个频率成分的分贝的数量。因为参考值被确定为 0dBm，每个分贝减少值如下。

$$J_0: 0\text{dBm} - 8.6\text{dBm} = -8.6\text{dB}$$

$$J_1: 0\text{dBm} - 4.73\text{dBm} = -4.73\text{dB}$$

$$J_2: 0\text{dBm} - 10.75\text{dBm} = -10.75\text{dB}$$

$$J_3: 0\text{dBm} - 21\text{dBm} = -21\text{dB}$$

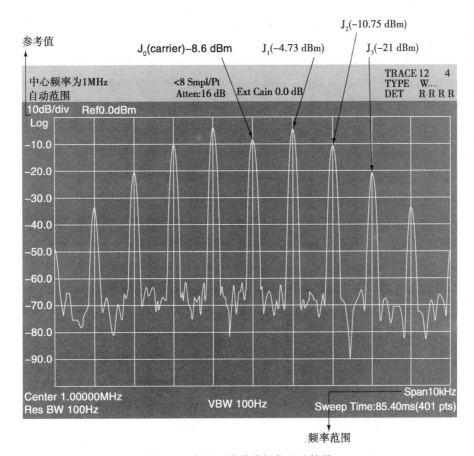

图 3-6 例 3-5 中谱分析仪显示结果

(5) 将步骤 (4) 中的每个分贝值转换为一个电压比例。表示为电压比值的分贝的形式在第 1 章中给出为

$$\{V\}_{dB} = 20\lg(V_2/V_1)$$

将分贝转化为比值, 我们首先将步骤 (4) 中计算出的分贝值除以 20, 然后将结果进行反对数运算。第 1 章中提到反对数表示为 10^x, 所以可表示为

$$J_0 : 10^{(-8.6/20)} = 0.372$$
$$J_1 : 10^{(-4.73/20)} = 0.582$$
$$J_2 : 10^{(-10.75/20)} = 0.290$$
$$J_3 : 10^{(-21/20)} = 0.089$$

表 3-1 所示的检验展示了从 J_0 到 J_3 的小数与数值为 1.75 的调制系数相关。

功率分布

贝塞尔表可以用来确定载波和边带的功率分布。由于功率是电压的平方 $(P = V^2/R)$ 因此, 对于任何系统阻抗, 任何频率成分的功率都可以用发射机输出功率与表中展示的电压平方的比例相乘来计算。虽然只有一个载波, 但是边带是成对出现的, 所以边带计算的功率必须被加倍, 并加到载波上来产生总功率。例 3-6 给出了这个计算过程。

例 3-6 对于一个 10kW 的 FM 发射机, 计算当 $m_f = 0.25$ 时载波和边频的相对总功率。

解: 当 $m_f = 0.25$ 时, 载波等于它的未调制振幅乘以 0.98, 唯一的重要边带是 J_1, J_1 有 0.12 的相对振幅 (从表 3-1 得出)。因此, 因为功率与电压的平方成正比, 载波功率是 $(0.98)^2 \times 10kW = 9.604W$

每个边带的功率为$(0.12)^2 \times 10\text{kW} = 144\text{W}$

总功率为

$$9604\text{W} + 144\text{W} + 144\text{W} = 9.892\text{kW} \approx 10\text{kW}$$

例 3-6 的结果是可以预测的。在 FM 中，传输波形的振幅从不改变，只有频率改变。因此，不管调制系数为多少，总的传输功率必然保持恒定。因此必须看到不管边频中有何种能量，它都是从载波中获取的。调制过程中没有额外的能量加入。FM 的载波不像 AM 中那样是多余的，因为在 FM 中，载波的振幅决定于消息信号。

卡森法则近似法

尽管贝塞尔表提供了带宽最准确的测量，并且贝塞尔表在确定载波和边带的功率分布时有用，但是一个名为卡森（Carson）法则的近似法常常用来预测一个 FM 信号的带宽，即

$$\text{BW} = 2(\delta_{max} + f_{i(max)}) \tag{3-6}$$

这个近似法包括总功率的 98%，也就是说，2% 的功率是在预测带宽外的边带中。把带宽限制在式(3-6)预测的值时会得到意料中的高精确度结果。卡森法则预测了一个 $2(20\text{kHz} + 10\text{kHz}) = 60\text{kHz}$ 的带宽，而例 3-3 中的参考值 80kHz。在例 3-4 中，$\text{BW} = 2(20\text{kHz} + 5\text{kHz}) = 50\text{kHz}$，而参考值为 70kHz。我们应该记住 70kHz 的预测中不包含所有产生的边带。

例 3-7 一个 AM 信号 $2000\sin(2\pi \times 10^8 t + 2\sin(\pi \times 10^4 t))$ 被加载在一个 50Ω 的天线上。计算：

(a) 载波频率。

(b) 传输功率。

(c) m_f。

(d) f_i。

(e) 边带（用两种方法）。

(f) 表 3-1 中预测的最大和最小边带的功率。

解：(a) 通过检测 FM 等式，$f_c = (2\pi \times 10^8)/(2\pi)\text{Hz} = 10^8\text{Hz} = 100\text{MHz}$

(b) 峰电压是 2000V。因此 $P = \dfrac{(2000\text{V}/\sqrt{2})^2}{50\Omega} = 40\text{kW}$

(c) 通过检验 FM 等式，我们得到

$$m_f = 2$$

(d) 消息频率 f_i 是从 $\pi 10^4 t$ 中推导来的(式(3-2))，因此

$$f_i = \frac{\pi \times 10^4}{2\pi}\text{Hz} = 5\text{kHz}$$

(e)

$$m_f = \frac{\delta}{f_i}$$

$$2 = \frac{\delta}{5\text{kHz}}$$

$$\delta = 10\text{kHz}$$

表 3-1 中，$m_f = 2$，J_4 是重要边带($4 \times 5\text{kHz} = 20\text{kHz}$)。因此，$\text{BW} = 2 \times 20\text{kHz} = 40\text{kHz}$。用卡森法则得

$$\text{BW} = 2[\delta_{max} + f_{i(max)}] = 2 \times (10\text{kHz} + 5\text{kHz}) = 30\text{kHz}$$

(f) 表 3-1 中，当 0.58 乘以未调制载波振幅时，J_1 是最大边带。

对于距离载波 $\pm 5\text{kHz}$ 的两条边带 $P = \dfrac{(0.58 \times 2000\text{V}/\sqrt{2})^2}{50\Omega} = 13.5\text{kW}$ 或者 $2 \times 13.5\text{kW} = 27\text{kW}$。最小的边带 J_4 是 0.03 乘以载波或者 $(0.03 \times 2000\text{V}/\sqrt{2})^2/(50\Omega) = 36\text{W}$。

0 载波振幅

在保持调制频率恒定时，图 3-4 展示了不同调试等级的 FM 频率光谱。所有成分的相对振幅都从表 3-1 得到。注意表中在 $m_f = 2$ 和 $m_f = 2.5$ 之间，载波从一个正值变为负值。负号单纯地表示一个倒相，但是，当 $m_f = 2.4$ 时，载波成分的振幅为 0，所有的能量都在边频内。这个现象还发生在 $m_f = 5.5$，8.65，10 与 12 之间和 12 与 15 之间时。

0 载波条件称为载波零位，并且给出了一个确定 FM 调制器所产生的偏移的便捷途径。一个载波在某一已知频率被一个正弦波调制。在观察一个频谱分析仪所产生的 FM 时，调制信号的振幅被改变。在某些节点当载波振幅趋近于 0 时，调制信号 m_f 是由边带的数量决定的。如果四个或者五个边带同时出现在 0 载波的两边，你可以假设 $m_f = 2.4$。偏移 δ 等于 $2.4f_i$。调制信号的振幅可以被增加，下一个载波零位应该在 $m_f = 5.5$ 时。因为载波偏移应该与调制信号的振幅直接呈正比例，调制线性的检测因此变得可能。

宽带和窄带 FM

FM 的一个可能最广为人知的原始应用是广播。FM 广播允许一个真实的高精确度的调制信号达到 15kHz 并且在噪声下比 AM 具有更好的效果。一个常规的，双边带 AM 广播传输最大 15kHz 的消息频率会占据一个 30kHz 的带宽。相同的 FM 传输则需要一个 200kHz 的带宽。宽带 FM 传输在相同最大消息频率的情况下被定义为需要比 AM 传输更多的带宽。显然如果考虑到分配给一个 FM 电台的带宽可以供应给很多个标准的 AM 电台，实际上给每个 FM 广播电台分配 200kHz 是非常大的。这帮助解释了为什么 FM 广播（100MHz 范围）比 AM（10MHz 范围）传输占据更高的频率带。

图 3-7 展示了 FCC（联邦通信委员会）规定的 FM 电台的分布情况。载波周围允许的最大偏离是 ±75kHz，并在载波上下有 25kHz 的保护频带。载波需要维持一个 ±2kHz 的稳定性。回忆之前说的无数边频是在频率调制过程中产生的，但是边频振幅随着距离载波越来越远而减小。在 FM 广播中，重要的边频距离载波最多达到 ±75kHz，并且保护频带（以及规定在一定地理范围内电台之间的距离的法规）确保周围的频道干扰不是问题。

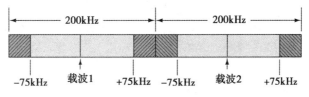

图 3-7　两个相邻的商业 FM 电台的带宽分布

公共安全机构（比如公安局，消防局，军事机构，飞机，出租车，天气预报，私人产业网络等）所使用的通信系统也运用频率调制。这些系统由专业移动无线电（SMR）条例来管理，并且它们的主要目的是双向语音通信而不是娱乐。你可能见过售卖的用于私人或者小企业的不昂贵的对讲机。严格卖给私人（非企业用途）的低功率机器不需要隶属于家庭无线电服务（FRS）的使用执照，然而一些高功率的机器主要用于商业用途的需要联邦通信委员会（FCC）的执照，它由通用移动无线电服务（GMRS）机构管理。但是另一个 FM 双向无线电的应用是在业余无线电服务中，无线电爱好者使用设备纯粹为了个人娱乐，并且常常自己设计或者自己制造。这些都称为窄带 FM（NBFM）系统，但这个定义不完全与 NBFM 的正式定义一致。严格来说，NBFM 系统所占据的带宽不大于相应的 AM 传输的带宽（也就是说，带有相同消息频率的 AM 传输）。因为一个 AM 信号的带宽可以定义为它的单边带的频率，刚刚给出的严格定义的 NBFM 信号也会只产生一个重要边带组。贝塞尔表（表 3-1）的检验展示了当 $m_f = 0.5$ 时，经过一个 0.25 的调制系数，这个结果一定会发生。第二组边带是未调制振幅几乎可以忽略的 3%。正式来说，一个 NBFM 系统是一个调制系数小于 1.57($\pi/2$)的系统。在上述实际系统中，最大允许的调制信号频率 f_i 是 3kHz(人的声音所占据的频谱的上限)，最大允许的频率偏移为 ±5kHz(或者对于 FRS 来说 ±3kHz)。1.67 的调制系数(唯独不能导致 FRS)严格来说不是 NBFM，但是因为根据系统所分配的 1030kHz 之间的带宽比分配给宽带应用(比如广播，通信主导的应用例如 SMR，GMRS)的带宽要小很多，对应的业余无线电应用在实际中被视为窄带传输，尽管它们的特点与书中的 NBFM 的定义完全符合。

调制百分比和偏移比

在 AM 中，调制系数和调制百分比在数量相等的情况下被证明是相关测量方式：他们都给出一个容易的数学方式来计算多少消息振幅从载波振幅中瞬间加减。调制百分越高则振幅越大，接收输出处的声音也就越大。在 FM 中，调制系数在一定程度上是响度的一种测量方式，只要该数值在频偏 δ 范围内，但是调制系数还受最大消息频率影响。因此，如果像定义 AM 一样，我们用调制系数来定义 FM 调制百分比，我们会发现，实际的在 100％时的调制系数会随消息频率成反比变化。这个结果与 AM 的结果形成对比，其中全调制或者 100％调制说明了不管消息频率是多少，调制系数都为 1。

因此，FM 的调制百分比不像 AM 那样直接从调制系数中获取。反而 FM 调制百分比描述了法律法规允许的最大频偏，它也依然是由频偏得到的证明的响度的表达方式。因此，对于 FM 广播来说，100％调制被定义在 ±75kHz 内。对于窄带 FM，100％调制(大多数情况下)在 ±5kHz 范围。至于 AM，100％调制绝对不能超过，因为超过所规定的多余的重要边带组会产生额外的带宽，并且会导致对其他通信服务的不被允许的干扰，一旦超过，常常会导致法律的处罚。广播电台用调制监听器来确保不超过 100％调制，而将瞬间偏离控制器装在窄带应用中的传输器上，用来确保调制限制在任何情况下都不会超过。

再回忆在 FM 中，调制系数在一个复杂调制信号，比如声音或音乐出现的情况下会持续改变。另一种描述调制系数所捕获的现象(但是，是常数，不变的形式)是用他们的最大值来定义的。这种定义叫做偏移比(DR)。偏移比是最大频率偏移除以最大输入频率，即

$$DR = \frac{最大可能频率偏移}{最大输入频率} = \frac{f_{dev(max)}}{f_{i(max)}} \tag{3-7}$$

偏移比常常用在电视和 FM 广播中。举例说，FM 广播电台允许一个 ±75kHz 的最大载波频率 $f_{dev(max)}$ 和一个 15kHz 的最大音频输入频率 $f_{i(max)}$。因此，对于 FM 广播电台，偏移比(DR)是

$$DR(FM 广播电台) = 75kHz/15kHz = 5$$

对于美国的模拟广播电视，音频载波最大频率偏移 $f_{dev(max)}$ 是 ±25kHz，最大音频输入频率 $f_{i(max)}$ 是 15kHz。因此，对于电视广播，偏移比是

$$DR(NTSC 电视) = 25kHz/15kHz = 1.67$$

偏移比用起来是很方便的，它允许不同 FM 系统在没有恒定变量遇到调制系数时进行比较。进一步说，偏移比提供了方便辨别 FM 为宽带，还是窄带的方法。偏移比大于或等于 1(DR≥1)的系统就可认作宽带系统，而偏移比小于 1(DR<1)的为窄带 FM 系统。

例 3-8 (a) 计算商业 FM 的最大调制系数所允许的范围，FM 有 30Hz 到 15kHz 的调制频率。

(b) 对于一个允许最大偏移 1kHz 和 100Hz 到 2kHz 的调制频率的窄带系统，重复上一问题。

(c) 计算问题(b)中的偏移比。

解：(a) FM 广播的最大偏离是 75kHz，有

$$m_f = \frac{\delta}{f_i} = \frac{75kHz}{30Hz} = 2500$$

对于 $f_i = 15kHz$，有

$$m_f = \frac{75\text{kHz}}{15\text{kHz}} = 5$$

(b)
$$m_f = \frac{\delta}{f_i} = \frac{1\text{kHz}}{100\text{Hz}} = 10$$

对于 $f_i = 2\text{kHz}$，有

$$m_f = \frac{1\text{kHz}}{2\text{kHz}} = 0.5$$

(c)
$$\text{DR} = \frac{f_{\text{dev(max)}}}{f_{\text{i(max)}}} = \frac{1\text{kHz}}{2\text{kHz}} = 0.5$$

3.4 相位调制

正如前述，FM 和 PM 属于角度调制，并且它们并不相关，因为调制信号改变载波的角速度。事实上，两种形式非常相似，所以相同的接收机可以用来解调其中任意一个。当振荡器级受调制时，PM 可以用来间接地产生 FM。相反地，直接 PM 可以实现间接 FM。角度调制的两种形式尽管是相关的，却不完全相同，这个部分将描述他们之间的一个重大区别。

PM 发生在当调制信号导致瞬时载波相位（而不是其频率）远离其参考（未调制）值时。换句话说，以弧度为单位的载波相位角要么是比他的参考值大，要么是小，大与小的数值与调制信号的振幅成正比。一个正弦波作为循环旋转的相量的概念在这非常有用，因为相量的转换可以表示为相量角速度改变的速率。回忆角速度是相量绕圈旋转的速度，并且它定义了波的周期频率，因为它表示正弦波产生的速度。一个完整地 2π 或者 $360°$ 的旋转是一个周期。PM 的本质是相位旋转产生的每个周期对于调制信号的反应是以压缩或者扩张交替出现的，尽管每秒产生的周期数（频率）不随着调制变化而改变。换句话说，相量随着调制信号的变化而加速或减速。

为了形象化理解这个概念，让我们考虑一个常规的圆形挂钟，这个钟表面有刻度表示秒，以及一根长秒针。对于这个例子，一个 60s 完整地旋转代表一个周期 T。秒针以每秒一刻度的恒定速度走过每个刻度的概念与未调制载波的恒定角速度是类似的。现在请问：若时钟的秒针由于一些外界因素被加速或减速，运行一圈仍然会花 60s 吗？换句话说，如果一圈仍然需要 60s，秒针走过每个刻度的速率会比每秒一刻度的速度加快或减慢？答案是肯定的，但是如果秒针之前就被加速，那么它之后就会被减速（在旋转一圈之前）或者周期会小于 60s，这暗示了频率的增加。但是，如果一个周期保持 60s，那么用钟面上的刻度的数量可以推导出频率。这里周期虽然是恒定的，但其瞬时频率在周期内是改变的，可由指针经过每个刻度的速度的增加或减小来表示。因此，尽管当频率保持不变时，每个周期可以被加速或减速。这个概念就是 PM 的本质。

你可能会把相移想像成一个波比参考波早或迟的电角度。但是在这种情况下是比较未调制载波而不是比较一个电路中不同部位的波。刚刚说的相量旋转描述是另一种方法，如图 3-8 所示。

这种情况下的参考波是未调制载波。在调制的情况下，载波会比参考波早或迟一定的电角度。图 3-8(a) 展示了时域内的已调制相位信号，图 3-8(b) 展示了已调制频率的载波。在拥有已调制相位信号的情况下和给定周期 T 内（可以多于一个周期），相量对于未调制值的电角度的数值与调制信号的振幅成正比。这叫做相位偏离，并且在图 3-8(a) 中用 $\Delta\theta$ 表示，一个正走向的调制信号导致了相量往一个方向移动（向左平移），而一个负走向的调制信号会导致相量往另一个方向移动（在途中落后的）。但是注意在周期的循环数量（也就是频率）之后，调制波和未调制波都回到了它们的未调制原始值。与图 3-8(b) 所示结果的比较说明了时域内的已调制频率信号的变化，在这儿，调制信号的确改变了周期，因此改变了频率和相位。如果这些改变是持续的，那么波就不会是一个单频率的。也就是说，它与

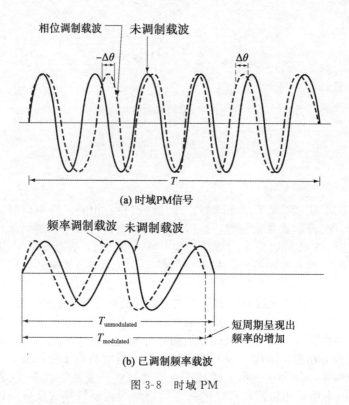

(a) 时域PM信号

(b) 已调制频率载波

图 3-8　时域 PM

未调制波形相比，会在时域内表现出压缩或者扩张。

图 3-9 展示了一个被同一个低频正弦波频率调制和相位调制的载波。首先注意两个信号的相似之处。经过一个 90°的相位移动，它们在时域内表现得完全一样。准确地说，PM 信号比 FM 信号早 90°。仔细的检验此图可以发现 FM 载波的最大频率偏移发生在调制信号的正负峰值，而 PM 载波最大相位移动发生在调制信号的两级从负到正或者从正到负时。在 0 交叉点正弦波调制信号的斜率线几乎为竖直的，因此输出振幅的最大速率改变发生在这些点。因此，在 PM 中，载波频偏(的弧度)的数量与消息振幅改变的速率成正比，而在 FM 中，频偏(每秒的弧度)直接与消息振幅的大小成正比。

图 3-9 所示的 FM 和 PM 之间的相位移动可能对于读者来说是一个可预测的结果，与微积分的语言相似。正如刚刚说的，PM 信号的载波频偏的数量直接与消息振幅改变的速率成正比。在微积分中，速率的改变涉及导函数，并且一个正弦波的导数是一个余弦波。因此，如果消息是一个正弦波，那么 PM 载波就如同被一个余弦波调制信号 FM。回忆第 1 章，在时域内。余弦波和正弦波有相同的形状，但是余弦波早 90°，这就是为什么图中的 PM 载波与它的已调制频率对应物相比向左平移。PM 与 FM 相似，除了在调制信号中的倒数关系证明它为一个相量移动调制载波。这个结果不仅给 FM 和 PM 之间唯一一个真实的不同提供了线索，还透露了如何将它们相互转化。

除了相位移动之外，频率调制和相位调制相同吗？不完全相同，但是它们很相似，接收机很难辨别出二者的不同。两种调制的实质不同可通过增加调制信号频率时载波表现出来的变化来表达，这一点增加调制信号振幅不同。图 3-10 概括了两种形式的角度调制的不同。

如前所述，在 FM 中消息振幅决定载波周围偏移的数值，但是消息频率仅决定载波在它的中心频率上下波动的速率，而不是偏离的数值。重复刚才说的：在 FM 中调制信号的频率不影响偏移。但是，在 PM 中，调制信号的频率影响偏移。事实上，消息振幅和频率都影响偏移，因为这二者的数量都会影响振幅改变的速率，PM 载波对调制信号做出反

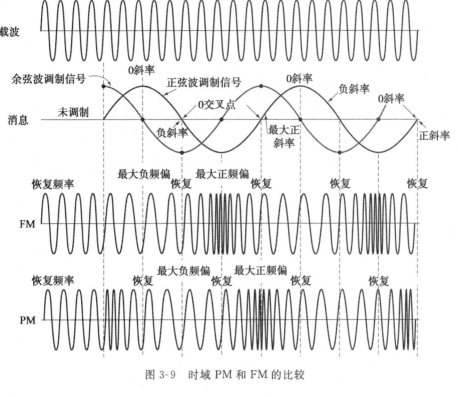

图 3-9 时域 PM 和 FM 的比较

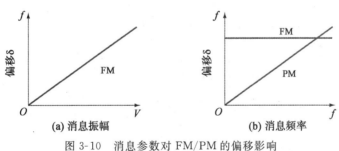

图 3-10 消息参数对 FM/PM 的偏移影响

应。在 PM 中，如果调制信号（消息）的频率增加，因而周期变短，那么正弦波更快从一个峰波动到另一个峰，因此增加了改变的速率。另外，一个消息振幅的增加说明了调制信号对于一个更大的电压有一个更大的斜率。因此，调制信号的振幅还对改变的速率有影响。

　　通过修正更高信号频率的偏离增加效果，一个 PM 信号可以被做得很像 FM。如果把一个滤波器安放在一个发射机的调制电路之前来削减更高频率的调制信号，如图 3-11 所示，效果是完全抵消更高频率偏移（因为更大地改变速率），这个偏移是在更高频率下通过减小相同数值的振幅，从而使相量移动产生瞬间频率偏移而产生的。换句话说，低通滤波器（也叫预失真器）是一个频率修正网络，或者 $1/f$ 滤波器，这导致 PM 信号的调至调制系数与频率调制信号的调制系数表现完全相同。

　　如果图 3-9 所示的相位已调载波是由一个余弦波消息信号产生的，并且如果余弦波是正弦波的倒数，那么解释如果使 PM 信号看上去像 FM 信号的另一种方法是，问需要何种数学运算来将消息余弦波转换回消息正弦波，因此也就将 PM 转换为 FM。从数学的角度来说，正弦波是余弦波积分，并且图 3-11 显示的低通过滤器称为一个积分电路。因此，积分电路的相加可有效地将 PM 转换为 FM。尽管出现在调制器输出的频率修正信号是直接由 PM 所产生的，但它叫做间接 FM，因为振荡器的频率不是被直接调制的。

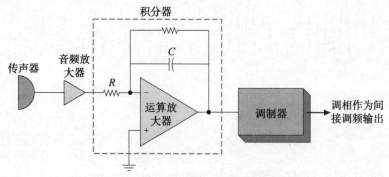

图 3-11 转换 PM 为 FM 的积分电路的相加

让我们暂时用时钟的类比来分析角速度，并且借用微积分的术语，我们可以得到一个频率和相位之间关系。回忆之前的时钟讨论中，我们定义周期为秒针的一个完整的旋转，定义频率为秒针旋转所经过的刻度。我们也可以简单地将周期定义为一个更长周期比如1h 所完成的圈数（比如 60）。那么，每个周期就定义为秒针的一个完整的旋转，并且如果秒针以一个恒定速度旋转（恒定角速度），那么每个周期会花整整 1min。但是之间得到的结论依然是正确的：虽然秒针会加速或减速，从而使每个周期花费多于或少于 1min，并且即使角速度在一个旋转内持续改变，但是只要秒针在 1h 结束时完成它的第 60 个旋转，那么它总的周期依然是 1h。但是，明显的，每个循环的周期会因为一些循环多于或少于1min 而改变。因为周期和频率是互为倒数的，每个循环的频率也会改变。诚然，刚刚描述的时钟表现的方式不一定非常有用，但是目的是，周期和频率的概念对上文的定义很重要。在电子学中，一个传输器的载波频率定义为它每秒产生的循环数量，正如我们所说的时钟，每秒的循环数可以保持不变，即使每个循环所相关的周期被改变。

时钟的例子也说明了，如果秒针加速或减速，它经过刻度的速率就会相应增加或减少。秒针经过刻度的速率随着秒针的加减速而改变。"改变速率"是我们之间遇到过的术语：它是微积分的导数。如果我们的秒针的角速度被持续增加（反之也成立），并且如果在时间范围内速度没有被减小，那么明显地，频率（用每秒，每小时或者任意定义的时间周期的循环数测量）也会改变（换句话说，在时钟例子中，如果秒针在少于 1h 的时间里走完了 60 个旋转，那么频率会增加）。因此，秒针角速度的改变速率对于频率有影响。秒针与旋转相量是类似的，并且因为相量移动证明它们自己为改变的相量角速度，那么角速度的改变速率明显影响了频率。这个关系证明了频率是相量的微积分导数。

3.5 噪声抑制

FM 相比于 AM 最大的优势是 FM 具有良好的噪声抑制能力。你可能意识到静态噪声很少出现在 FM 上，尽管它在 AM 接收时很常见。你可能会猜到这个优势的原因。在一个接受信号上加上噪声会导致振幅的变化。因为 AM 的振幅变化包括消息，任何去除噪声的尝试都会适得其反地影响接收信号。但是，在 FM 中，消息不是由振幅的改变携带的，而是由频率的改变携带的。传输过程中所附带的外部噪声可被一个限幅电路和/或通过使用对于振幅的改变不敏感的检测器电路去除。第 6 章提供了关于这些 FM 接收电路更详细的信息。

图 3-12(a)展示了一个 FM 限幅电路去除噪声的实例，而图 3-12(b)中，在一个 AM系统里噪声直接穿过，并通向扬声器。FM 的优势是很明显的；事实上，你可能会觉得限幅器去除了所有噪声的影响。尽管完全消除噪声是不可能的，但是它依然导致了一个不需要的相移，这个相移也产生了一个瞬时频率的偏移。这个频率偏移不能被消除。因此，说FM 对噪声完全不敏感是不准确的，只是 FM 中的噪声与 AM 中的噪声具有不同的特点而已。

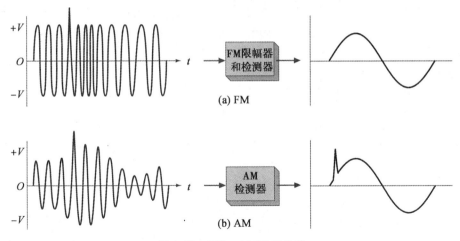

图 3-12　FM、AM 噪声比较

噪声信号频率将会离需要的 FM 信号频率很近，因为调谐接收机电路是有选择地接收频率的。换句话说，如果你将一个 FM 电台调谐在 96MHz，那么接收机的选择性只给在 96MHz 周边的频率提供空间。因此，影响接收的噪声必须也在 96MHz 周围，因为所有其他的频率都会被大大衰减。加入所需要的信号和噪声信号的效果将会给出一个相位角的信号，这个相位角不同于所需要 FM 信号的相位角。因此，尽管噪声信号被从振幅中去掉，它将产生 PM，PM 间接地导致了不需要的 FM。PM 所导致的 FM 的频率偏移为

$$\delta = \phi \times f_i \qquad (3\text{-}8)$$

其中：δ——频率偏移；ϕ——相位移（弧度）；f_i——消息信号的频率。

FM 噪声分析

噪声信号所产生相位移导致了式(3-8)中预测的频率偏移。考虑图 3-13 所示的场景。这里的噪声信号是所需信号振幅的一半，提供了一个 2:1 的电压 S/N 比。这在 AM 中是不能接受的，但是下面的分析会证明对于 FM 来说并不是坏事。

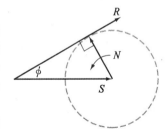

图 3-13　噪声造成的相位偏移(ϕ)

因为噪声(N)和所需要的信号(S)在不同的频率(但是在相同的频率范围，如接收机的调谐电路所指示的)，噪声被显示为一个以信号 S 为参考的旋转的向量。合力(R)的相量移动在 R 和 N 互为直角时最大。在这个最坏的情况下，有

$$\phi = \arcsin \frac{N}{S} = \arcsin \frac{1}{2} = 30°$$

或者 30°/(57.3(°)/rad)＝0.52rad，或者大约 0.5rad。

如果消息信号是已知的，那么这个严重的噪声情况所导致的频偏(δ)可以用式(3-8)来计算。给出 $\delta = \phi \times f_i$，最坏的频偏情况发生在最大消息频率时。假设噪声消息的一个最大频率为 15kHz，这个严重的噪声信号所产生的最坏情况 δ 是

$$\delta = \phi \times f_i = 0.5 \times 15\text{kHz} = 7.5\text{kHz}$$

在标准的 FM 广播中，最大调制频率是 15kHz，允许的最大频偏是在载波上下 75kHz。因此，75kHz 的频偏对应一个对于最大调制信号振幅和接收器输出端的全部的音量。$S/N=2$ 的情况所导致的 7.5kHz 的最坏情况的频偏输出是

$$\frac{7.5\text{kHz}}{75\text{kHz}} = \frac{1}{10}$$

因此，2:1 的 S/N 比值导致了一个 10:1 的输出 S/N 比值。这个结果对于接收器的内部

噪声，是可忽略的。因此，FM 展示了很强的消除噪声影响的能力。在 AM 中，一个 2：1 的输入 S/N 比值也会导致相同的输出比值。因此，FM 拥有一个 AM 不可能具有的内在的减弱噪声的能力。

例 3-9 计算一个 FM 广播节目的最坏情况的 S/N 输出，这个节目有一个 5kHz 的最大消息频率。输入 S/N 是 2。

解：输入 $S/N=2$，说明最坏情况的频偏大约是 1/2rad（见之前段落）。因此

$$\delta = \phi \times f_i = 0.5 \times 5\text{kHz} = 2.5\text{kHz}$$

因为 FM 广播的全部音量对应一个 75kHz 的频偏，这个 2.5kHz 的最坏情况的噪声频偏说明输出 S/N 是

$$\frac{75\text{kHz}}{2.5\text{kHz}} = 30$$

例 3-9 展示了 FM 的内在消除噪声的能力在最大消息（调制）频率被减弱时增加。这个能力也可以通过增加允许的最大频偏（标准的为 75kHz）来提升。但是允许的最大频偏的增加说明了每个电台增加带宽是有必要的。事实上，很多用做通信环节的 FM 系统都以减小带宽（窄带 FM 系统）来运行。运行一个 ±5kHz 的最大频偏对它们来说是很正常的。这些系统的内在减噪可通过降低所允许的 δ 来减少，但在某种程度上最大频偏降噪功能是受限的，在语音传输中通常使用 3kHz 作为最大调制频率。

例 3-10 计算一个窄带 FM 接收器的最坏情况输出 S/N，其中 $\delta_{max}=10\text{kHz}$，最大的消息频率为 3kHz。$S/N$ 输入为 3：1。

解：噪声导致的最坏情况的相量移动（ϕ）发生在 $\phi=\arcsin(N/S)$。

$$\phi = \arcsin\frac{1}{3} = 19.5° = 0.34\text{rad}$$

并且

$$\delta = \phi \times f_i = 0.34 \times 3\text{kHz} \approx 1\text{kHz}$$

S/N 输出为

$$\frac{10\text{kHz}}{1\text{kHz}} = 10$$

因此在输出处，S/N 输入比值将从 3 变为 10 或者更高。

捕获效应

FM 内在的减小不需要信号（之前频段中提到的噪声）的能力对于不需要的电台（与被需要电台具有相同或相似频率）信号的接收也适用。这叫做捕获效应。你可能注意到有些时候，当你在移动的汽车交通工具内听一个 FM 电台时，你原来在听的电台会突然被一个带有相同频率的广播所替换。你可能也会发现接收机会突然在两个台之间切换。这是因为两个电台在你开车时都在发出一个变化的信号。捕获效应使接收器通过压制较弱的信号来锁定较强的信号，但当两个信号相当时，它来回切换。但是如果两个信号不相近，FM 的内部压制噪声的举动可以有效地阻止不被需要（较弱的）的电台。较弱的电台被抑制与前面讨论抑制噪声的举动一样。FM 接收器常常有一个 1dB 的捕获比，这表示抑制一个 1dB（或更多）较弱的电台被实现。在 AM 中，同时收听两个不同的广播并不是不常见的，但这个很少发生在 FM 中。

捕获效应也可以从图 3-14 所示曲线中体会到。注意在解调 SSB 和 AM 前后的 S/N 是线性的。假设使用无噪声解调方法，SSB（和 DSB）在探测器的输入和输出处有相同的 S/N。AM 的退化会发生，因为太多的信号功率在重复的载波中被浪费。当 m_f 大于 1 时，FM 系统现实一个实际的 S/N 的提升，如例 3-12 和图 3-13 所示。举例说，假设在图 3-14 中 $m_f=5$。解调前 S/N 是 20dB，解调后 S/N 大约是 38dB，这是一个很大的提升，但一个很严重的弊端也很明显。尽管增加最大偏离可以提高 S/N 比值，这个提升的代价是带

宽的增加。

图 3-14 让我们通过转折点(临界值)来进一步了解捕获效应。注意 S/N 在解调后的快速降低发生在当噪声逼近所需信号相同等级时。当一个人在大城市开车时,这个临界值的情况是值得注意的。常常听到的杂乱的噪声是当 FM 信号从不同的结构中反射时产生的。因为总的接收到的信号的加减,信号强度大范围波动。这个效应可以导致输出完全失效,并在一个快速的速率下继续,这个速率等于解调在临界值往返移动前的 S/N 值。

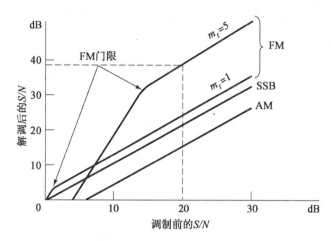

图 3-14　基本调制方法的 S/N

预加重概念

FM 抑制噪声的能力随着消息频率的变高而减小。这个结果是不幸的,因为较高的消息频率比较低的消息频率有更低的振幅。因此,人耳可能将一个高音提琴的音符感知为与一个低音鼓的打击声一样的声音级别,这个高音提琴的音符可能只有代表鼓的低频信号振幅的一半。在 FM 中,振幅的一半表示频偏的一半,因此也是减噪能力的一半。为了中和这个效应,几乎所有的 FM 传输时都要对较高的频率成分通过人为增加其幅度进行提升。这个过程被叫做预加重。

从定义来看,预加重包括在调制前音频信号的较高频率的相对强度的增加。因此,较高频率消息成分和噪声之间的关系被改变。当噪声维持不变时,被需要的信号强度增加。

但是一个潜在的劣势是,高频音调与低频音调在接收器处的自然平衡可能被破坏。然而一个在接收处的预加重电路可以通过减小高频声音的幅度来修正这个缺点,这个幅度等于预加重电路增加声音的值,通过这种方式重新获得原始音调的平衡。另外,预加重网络对高频信号和高频噪声都有作用,因此,提升的 S/N 比值不会改变。那么,预加重网络的主要功能是防止传输信号的高频成分被噪声减弱,而噪声会对较高的消息频率有更多的影响。

预加重网络通常安置在探测器和扩音器中间。这确保了声音频率在放大前,回到它们原始的相对值。如图 3-15 所示,预加重特性曲线在 500Hz 频率内都保持水平。从 500Hz 到 15000Hz 有一个 17dB 的急剧增加。在这些频率内所产生的增加对于维持 S/N 在一个高声音频率是有必要的。去加重网络与预加重网络的频率特性相对应。高频特性随着预加重网络的增加而成比例减少。去加重电路的特性曲线与预加重电路的特性曲线互为镜像。图 3-15 展示了美国标准 FM 广播中的预加重和去加重曲线的特性。

如图 3-15 所示,用 RC 时间常数 $75\mu s(\tau)$ 预测的在 2120Hz 来产生 3dB 的点。

$$f = \frac{1}{2\pi RC} = \frac{1}{2\pi \times 75\mu s} = 2120Hz$$

图 3-16(a)展示的是一个典型的预加重电路。音频电压的阻抗主要来自于 C 和 R_1 的

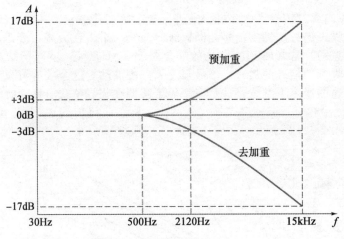

图 3-15 加重曲线($\tau = 75\mu s$)

并联电路，因为 R_2 的作用与 C 或 R_1 比起来较小。因为电容的电抗与频率成反比，音频频率的增加导致 C 的电抗减小。这个 X_c 的减小比起与之并联的 R 来说更有利于高频信号通过。因此，随着音频的增加，信号电压也增加。这就导致了一个较高频率将较大的电压加于 R_2（扬声器的输入），因此导致更大的输出。

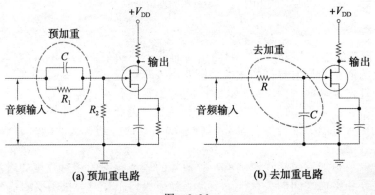

(a) 预加重电路　　　　　　　　　　(b) 去加重电路

图　3-16

图 3-16(b)所示的是一个典型的去加重网络。注意 R 和 C 对于晶体管基极的物理位置。随着音频信号频率的增加，电容器 C 的容抗减小。R 分压后提供了一个加于 C 的较小的电压。附加到基极与地的音频电压减小；因此，预加重电路的反作用就完成了。为了得到预加重前和去加重之后完全一样的信号，两个电路的时间常数必须相等。

总结

角度调制是通过一个消息信号与一个高频载波相乘所得到的，与 AM 一样。但是，与 AM 相比，已调载波呈现出以下特点。

- 已调制信号的总功率与未调制载波的总功率保持相同。事实上，功率从载波传递到边频中。
- 理论上说，即使是一个单频调制信号，也会产生无数个边频组。在频率范围内，每个边频成分会出现在与他最邻近的一定间距处。这个间距等于调制信号的频率的数值。结果指出 FM 信号有无限带宽。
- 边频的振幅随着它们远离载波而逐渐变小；因此，为了确定已占据带宽，需要确定载波和每个边带组的功率。

- 重要边带的确定决定于调制系数，调制系数是频偏和调制信号频率的比例。
- FM 系统的调制系数持续改变；它可以超过 1 并且常常超过 1。
- FM 系统的调制百分比是频偏的函数。100% 调制被定义为法定允许的最大频偏。
- FM 和 PM 是不相关的，但它们都是角度调制的表现形式，并且频率可以被表示为相位对时间的导数，PM 可以用来间接地产生频率已调信号。

频率已调制信号相比于它们相对的 AM 成分有一个内在的减噪性能。FM 接收机对振幅的改变是不敏感的。另外，FM 接收器能够提升接收信号的 S/N 比值。提升的程度与频偏直接相关。宽带 FM 系统能够抑制大部分的噪声，但是在接收机输出的 S/N 的比值所提升的程度直接与频偏相关，因而也与带宽相关。因此，提升 S/N 比值是建立在增加带宽的基础上。窄带 FM 系统占据较少的带宽但是对接收机输出的 S/N 比不会提升。

习题与思考题

3.1 节

1. 定义角度调制并列举他的子范畴。

2. FM 和 PM 的区别是什么？

3. 与 AM 系统相比，FM 通信系统的优点有哪些？

4. 为什么在标准的 AM 广播带中 FM 是不需要的？

5. FM 相比于 AM 和 SSB 有哪些好处？

3.2 节

6. 解释如何简易地使用一个电容传声器来产生 FM。

7. 定义偏移常数。

8. 一个在 1kHz 频率的 50mV 的正弦曲线被附加到一个电容式传声器 FM 发生器上。如果发电机的偏移常数是 500Hz/20mV，计算：
   (a) 总的频率偏移（±1.25kHz）。
   (b) 载波频率偏移的速率（1kHz）。

9. 解释消息信号如何调制载波。

10. 在一个 FM 传输其中，输出以每秒 1000 次的速度在 90.001MHz 与 89.999MHz 中改变。消息信号的振幅是 3V。计算载波频率和消息信号频率。如果输出偏移在 90.0015MHz 和 89.9985MHz 中间改变，计算消息信号的振幅（90MHz，1kHz，4.5V）。

11. 是什么决定了 FM 广播传输器的频率改变速率？

12. 不用 3.3 节的知识，根据图 3-1，写出表达 FM 发生器输出频率 f 的等式。提示：如果没有输入进入传声器，那么 $f = f_c$，其中 f_c 是振荡器的输出频率。

3.3 节

13. 定义 FM 系统的调制系数 (m_f)。

14. 一个音调的什么特点决定了一个 FM 广播传输器的调制百分比？

15. 解释在 FM 中随着 m_f 从 0 到 15，载波会发生什么变化？

16. 当最大频偏 (δ) 为 15kHz，$f_i = 3$kHz 时，计算一个 FM 系统的带宽（用表 3-1）。当 $f_i = 2.5$ 和 5kHz 时，重复计算。

17. 解释 FM 广播的防护频带的目的。一个 FM 广播频道有多宽？

18. 一个 FM 广播电台在 100% 调制时的频偏如何定义？

19. 关于 FM 广播的术语中间频率是什么意思？

20. 关于 FM 广播电台的术语频偏是什么意思？

21. 在 60% 调制时，一个 FM 广播传输器的频偏是多少？（±45kHz）

22. 一个 FM 广播发射机被一个 5kHz 的测试单音进行 40% 调制。当调制百分比被双倍翻倍时，发射机的频偏是多少？

23. 一个 FM 广播传输器被一个 7kHz 的测试音调进行 50% 调制。当测试音调的频率变为 5kHz 并且调制百分比为改变时，传输器的频偏是多少？

24. 如果一个 FM 广播传输在未调制时的输出电流是 8.5A，那么当 90% 调制时输出电流是多少？

25. 一个传输器向一个 75Ω 的天线发送一个 $v = 1000\sin(10^9 t + 4\sin(10^4 t))$ 的信号。计算载波频率、信号频率、功率、调制系数、偏移和带宽（159MHz，1.59kHz，6.67kW，4，6.37kHz，~16kHz）。

26. 如果例 3-6 中的结果 9.892kW 是完全正确的，计算边带 J_2 和更高边带总的总功率（171W）。

27. 计算一个 FM 系统的频偏比，这个系统的最大可能频偏是 5kHz，最大输入频率是 3kHz。这是一个窄带 FM 还是宽带 FM？（1.67 宽带）

3.5 节

28. 哪种电台接收机对于静止参考物没有反应？

29. 在一个 FM 电台接收机中限幅器的作用是什么？

30. 在一个 FM 系统中，解释为什么限幅器不能消除所有的噪声影响。

31. 计算一个有限的噪声所产生的频偏的数量，这个噪声还在 = 5kHz 时导致了一个不需要的 35° 相位移动。（3.05kHz）

32. 在一个 FM 广播系统中，输入 $S/N=4$。如果接收机的内部噪声忽略不计计算最坏情况的输出 S/N。(19.8：1)

33. 解释为什么窄带 FM 系统比宽带系统具有较差的噪声性能。

34. 解释 FM 中的捕获效应，用它和 FM 的内部降噪性能之间的关系来解释。

35. 为什么是窄带 FM 而不是宽带 FM 被用在电台通信系统中？

36. 在 FM 广播发射机中预加重的作用是什么？FM 接收机中的去加重的作用是什么？画一个获取预加重的电路图。

37. 讨论下列频率调制系统的问题：
    (a) 边带的产生。
    (b) 边带数量和调制频率之间的关系。
    (c) 边带数量和调制电压的振幅之间的关系。
    (d) 调制百分比和边带数量之间的关系。
    (e) 调制系数或者频偏比和边带数量之间的关系。
    (f) 边带间隔和调制频率之间的关系。
    (g) 边带数量和发射带宽之间的关系。
    (h) 计算发射带宽的准则。
    (i) 预加重的原因。

附加题

38. 当一个消息信号频率调制一个载波时，分析它的振幅和频率的特点。

39. 比较 PM 与 FM 的调制系数的不同。若给出这个不同，你能否改变一个调制信号使它通过相量调至一个载波来产生 FM？并说明为什么。

40. 最大频偏是否能直接决定一个 FM 系统的带宽？如果不能，解释带宽和频偏之间具有什么样的关系。

41. 一个 FM 发射机有 1kW 的功率，当 $m_f=2$ 时，分析功率在载波和其他重要边带中的分布。用贝塞尔函数来验证这些功率的和为 1kW。

42. 如果一个 FM 广播电台过度调制(偏移超过 $\pm 75kHz$)，为什么会关系到 FCC？

第4章

通信电路

尽管在一定程度上有所简化,图 1-2 所示的仍然可代表一个实际的发射机和接收机。后续章节将会在细节上进一步讨论实际系统的总体架构,但后续章节中建立的电路一般可以归结为以下几点:除了有限的几个特例外,模拟领域的通信电路大部分由放大器、振荡器和频率选择单元(如滤波器和调谐电路)组成。本章讨论的是这些电路的基本特征。这些基本特征的复习对于后续通信电路的分析很有价值。通信系统还包括混频电路,如平衡调制器、乘积检波器,当然还有锁相环和频率合成器。本章同样也会涉及这些必需的组成模块。另外,由于混频原理对学习通信系统非常重要,本章也会详细剖析它的细节。

4.1 放大器

放大器使用一个或者多个有源器件(晶体管或真空管)来提高施加到其输入端的电信号的电压或电流的幅度。在电路基础里面讲过,双极型晶体管是一个电流放大器件。当处于线性工作模式时,晶体管集电极电路中的电流等于基极电流乘以放大系数或电流增益,该系数定义为集电极电流和基极电流的比值,并用 β 表示。β 的值与所用的不同偏置有关,它或许是一个重要的设计参数。通常,当晶体管处于线性工作模式时,要使用分压器,因为晶体管的稳态工作点与 β 无关。由于 β 变化很大,所以这种考虑很重要;器件和器件(即使是来自同一个厂商的同一个型号的器件)之间的参数不尽相同,而且参数还是工作温度的函数。因此,一个设计良好的放大器不能靠常数 β 来定义其静态或稳态工作条件。

场效应晶体管(FET)一样可以,也经常用做放大器;然而由于 FET 是压控器件,FET 有关的放大器系数(根据 BJT 的 β 得出)称为跨导。跨导用 g_m 表示,定义为输出电流变化量和输入电压变化量之间的比值,单位是 S(西门子)。正如我们将会看到的,FET 有很多重要的优点,这使得 FET 成为通信应用中用做放大器和混频器的理想选择。

工作在射频的放大器的设计要点使得它们完全不同于音频放大器的设计。有些射频放大器在很窄的频带上工作,而其他的可能要求一个宽的带宽。另外,人们主要关心的是器件布局和杂散电感与电容。最后,射频放大器可能会要求产生非常高的输出功率,如果不是几千瓦,可能就是几百瓦,这就使得人们必须进行特殊的设计来适应大功率的工作条件。在接下来的两章中,这些措施将会更详细地加以讨论。然而,所有的放大器都要考虑其线性特性和效率。考虑这些因素时通常要进行折中,而不去管其所工作的频段。这些将在接下来进行讨论。

放大器分类

放大器按照电路中的有源器件在每个输入周期内的电流导通时间大小来分类。用度所表示的导通角定义为输入信号在有源器件导通时的输入信号部分。在 A 类工作模式下,绝大部分是线性放大方式,有源器件在输入周期的整个 360° 上传导电流。事实上,即使是没有输入信号,只要接通电源,有源器件就会打开。图 4-1(a)所示的是分压器偏置时的共射(CE)放大器示意图。图中偏置电阻 R_1 和 R_2 决定了器件的"静止"或稳态工作点。电阻将基极-发射极结前向偏置,并因此为电流提供了一条从发射极到集电极并流经集电极电阻 R_C 的电流通路。用这种方法,基极电路中的一个小的可变电流会产生一个变化规律相同但大得多的集电极电流,因此产生的信号是输入信号的准确再现,但却有更大的幅度。图 4-1(b)所示的负载线图表明大部分线性工作模式,那就是,一个施加到输入端的最大正和负偏移电压产生的线性输出——可以通过将静态工作点置于图中标注 Q 的线中心而得到。在直流偏置上施加一个时变（即交流）信号的本质是将 Q 点沿负载线上移或下移。

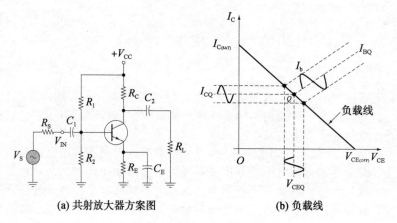

(a) 共射放大器方案图　　　　(b) 负载线

图 4-1　共射放大器方案图

　　A 类工作是线性的，但是效率不够好。对图 4-1(b)所示特性进行仔细检查，就可以知道原因。沿横轴的符号 V_{CE} 代表集电极电路电流 I_C 流经晶体管时的压降。前向偏置的改变会让 Q 点沿负载线移动。沿负载线的任意一点，晶体管的功率损耗是 V_{CE} 和 I_C 的乘积。如果晶体管工作点被偏置在 Q 点的一端或是另一端，则结果要么是相对大的 I_C 乘以低的 V_{CE}，要么是小的 I_C（晶体管完全截止，是 0）乘以一个高的 V_{CE}。无论是哪种情况，功率损耗都要小于 Q 点处于中间点时的功率：中间点处的 I_C 和 V_{CE} 值相乘得到最大功率损耗值。无法避免的结论是晶体管的大部分线性工作区同样也效率最小。尽管 A 类放大器是小信号的理想选择，因为小信号主要的目标是电压增益，但毫无疑问对功率放大是糟糕的选择。

　　改变偏置条件从而将 Q 点移动到负载线 $V_{CE} = V_{CC}$ 的一端，如图 4-2 所示，这样可以提高效率，但同时要以线性特性为代价。晶体管截止，因为施加到基极-发射极结的偏置小于 0.7V，这个值是所有硅二极管的势垒电压。晶体管处于截止状态时没有流经电流，所以集电极和发射极间的电压是开路源电压 V_{CC}。晶体管仅在输入信号施加到其基极的瞬时电压足够从而产生前向偏置时才会导通。B 类工作模式由 180°导通角定义，那就是说，有源器件在半个输入周期内导通。这种模式是非线性的，但效率在 A 类基础有所提升，因为晶体管在一个周期内的一半时间是截止（因此没有功率损耗）的。

　　将两个有源器件配置成推挽方式就可以得到线性 B 类工作模式，如图 4-3 所示。图中的晶体管 T_1 是 npn 型，而互补的 T_2 是 pnp 型晶体管，该管的电特性与 T_1 的电特性匹配，但偏置要求的极性相反。晶体管在输入信号半周期内交替导通：在输入正弦波的第一个180°，npn 晶体管 T_1 是前向偏置，因为其基极相比其发射极来说为正，而在第二个半周期，由于 pnp 晶体管 T_2 的基极相比起发射极来说为负，所以 T_2 被偏置。一个真正 B 类推挽放大器的输出波形与输入正弦波类似，但存在交越失真，如图 4-4 所示，当输入波形中的电压小于基极-发射极前向击穿电势而不管是正向还是负向，还有两个管子都没有偏置时将发生交越失真（1.3 节曾经讨论过傅里叶序列和正弦波。因为交越失真而产生的锐利边沿表示谐波分量，所以有畸变）。

　　可以通过称作 AB 类的工作模式减轻交越失真的问题，在此模式中两个晶体管处于略导通模式。换句话说，AB 类放大器的导通角比 180°略大。图 4-5 所示的电路通过使用二极管来达到所需的偏置要求，二极管的特征与配合使用的那些晶体管的特征近似匹配。结果是电流镜像，二极管中的电流和晶体管中的电流相同；晶体管中的电流增加或是减小在二极管中会有相同的变化趋势。二极管产生从阳极到阴极的 0.7V 的压降，因此都为导通每一个晶体管提供足够的偏置电压。大部分音频功率放大器是 AB 类工作模式，因为相比

A 类方案它们有足够高的效率。B 类放大器的最大理论效率是 79%，远好于 A 类能达到的 25% 的理论最大效率。

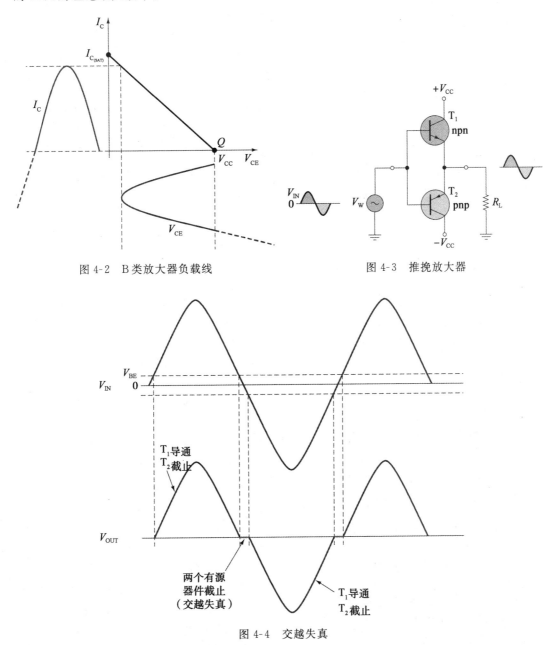

图 4-2 B 类放大器负载线

图 4-3 推挽放大器

图 4-4 交越失真

可以通过使晶体管处于"超截止"状态来进一步提高效率，也就是说，通过设置 Q 点使得导通角远小于 180°（通常，仅为 60°左右）。在工作在 C 类的放大器中，晶体管在很短的时间内偏置，在这个短时间内两个基极-发射极势垒电压和一个附加的负偏压由输入信号的振幅提供；图 4-6 所示的是一个有代表性的方案和负载线图。C 类放大器能在有源器件的输出端提供短的高能量脉冲。当脉冲被输入到并行谐振 LC 谐振电路时，由于飞轮效应将产生谐振频率的正弦波。即使输出是非线性的，C 类放大器的高效率和频率选择度使得它们在通信电路中很受欢迎，尤其是在不要求高线性的大功率应用中。C 类放大器实际效率超过 75%，而且合适它们的应用不断出现，所以在后续的章节中会进一步探讨 C 类工作模式。

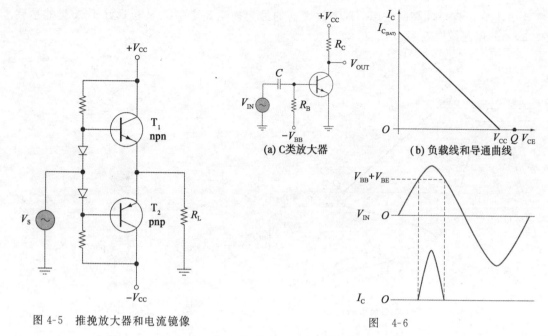

图 4-5 推挽放大器和电流镜像

图 4-6

最后，不让有源器件工作在线性区的任何区域而是在截止区和饱和区间进行切换，可以获得近乎 100% 的效率。正如前面已经得到的，器件内的最小功率耗散发生在 Q 点位于负载线任意一端时，因此一个放大器工作在极端的饱和或截止(或者在两个极端间切换)时将比工作在线性区内的器件要更有效率得多。这就是 D 类(或切换)放大器，这在一定程度上要依赖脉冲宽度调制的原理，第 7 章将会对该原理进行更全面的讨论。

4.2 振荡器

通信系统的第二个基本构成模块是振荡器。振荡器将直流能量转换为交流能量，产生一个波形。振荡器产生的波形可以是某一重复频率的任何类型波形。在通信系统内的很多地方都能发现振荡器，振荡器是发射机的第一级：发射机振荡器产生正弦波，接下来这个正弦波会被消息调制。

事实上，在通信应用中的所有振荡器都是反馈式的，这是因为反馈振荡器能够产生高度纯净的正弦波(也就是波没有谐波失真)。反馈振荡器与弛豫振荡器不同，弛豫振荡器使用 RC 定时电路产生非正弦波。相比之下，反馈振荡器和放大器非常相似，但是增加了一条路径，特定频率的能量会通过这个路径从放大器的输出端反馈回输入端，而且和输入端处的能量同相。这个再生过程维持着振荡。电路中有很多不同类型的正弦波振荡器可以使用。振荡器类型可以根据下面的标准选择：

- 要求的输出频率；
- 要求的频率稳定性；
- 如果需要，可变频率范围；
- 允许的波形失真；
- 要求的功率输出。

考虑到这些性能以及成本因素，就可以知道，对于给定的应用应该选择什么样的振荡器。

LC 振荡器

通信应用中的很多振荡器是 LC 振荡器或并联谐振电路的某些变种。图 4-7 所示电容充电到某一电势然后闭合开关结果会产生图 4-7(b)所示的波形。开关关闭后电流开始流

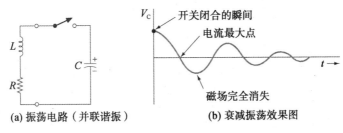

(a) 振荡电路（并联谐振） **(b) 衰减振荡效果图**

图 4-7

动，同时电容开始通过电感放电。电感会阻碍电流的变化，从而产生正弦形式的渐变的电流，电流逐渐变大并在电容完全放电时达到最大值。此时势能（也就是电压）为 0，但是由于电流最大，所以电感周围的磁场能量最大。磁场不再由电容上的电压维持，随之即开始消失，但其反电动势会在磁场消失前让电流沿着同一个方向继续流动，从而按电容最初充电时的相反极性对电容充电。人们称能量的这种重复交换为飞轮效应。随着磁场完全消失后这个过程的重复，电路的损耗（主要是线圈的直流绕组电阻）使得输出逐渐变小。由此产生的波形称为阻尼正弦波，如图 4-7(b) 所示。磁场的能量已经转换成电容的电场，反之亦然。这个过程以固有或谐振频率 f_r 不断重复，该频率可以表示成

$$f_r = \frac{1}{2\pi \sqrt{LC}} \tag{4-1}$$

对于作为振荡器使用的一个 LC 谐振电路，放大器可以补充损失的能量，从而可以提供恒定幅度的正弦波输出。在射频工作中，产生的非阻尼波形称为连续波（CW）。下面探究一下损耗能量最简单的恢复方法，并介绍振荡所要求的一般条件。

LC 振荡器基本上是反馈放大器，它利用反馈来增加或维持自激输出。这就是人们所称的正反馈，只有反馈信号和输入信号同相（增强），才会发生我们将会看到的正反馈，再生效应会让输出随着每周期的反馈信号的反馈而连续增大。然而，实际上非线性成分和电源供电受限限制了理论上的无限增益。

振荡的标准可用巴克豪森（Barkhausen）准则来描述：

(1) 环路增益必须等于 1。

(2) 环路相位偏移必须是 $n \times 360°$，其中 $n = 1, 2, 3, \cdots$。

振荡中的放大器进行自动调节满足这两个条件。直流功率的突变或电路中的噪声在谐振电路中会产生一个在谐振频率内的正弦电压，然后这个正弦电压被不断反馈回输入端并放大，直到放大器进入饱和截止工作区为止。此时，谐振的飞轮效应有效地维持着正弦输出。这个过程表明过大的增益会造成过度失真；因此，增益应该限制到刚大于或等于 1 的数量级。

哈特利振荡器

图 4-8 所示的是基本哈特利振荡器的简化形式。电感 L_1 和 L_2 是单抽头电感。通过 L_1 和 L_2 间的互感效应得到正反馈，L_1 在晶体管输出电路中而 L_2 则连接基极和发射极。通过 L_1 和 L_2 的互感耦合，集电极电路（L_1）中的放大器信号的一部分返回到基极电路。和原来的共射极（CE）电路一样，集电极和基极电压相位相差 180°。电感器的抽头连接到公共晶体管终端——发射极，由于这两个电压分别在电感器抽头的两个对端取出，所以这两个电压间会发生另外一个 180° 相位改变。因此能够满足同相反馈的要求，T_1 同时提供环路增益。振荡频率可以用下式近似给出：

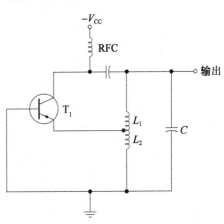

图 4-8 简化哈特利振荡器

$$f = \frac{1}{2\pi \sqrt{(L_1 + L_2)C}} \tag{4-2}$$

晶体管参数和 L_1 和 L_2 间的耦合量会轻微影响这个频率。

图 4-9 所示的是一个实际的哈特利振荡器。要让振荡器可以工作，就要在图 4-8 所示的简化哈特利振荡器上增加大量的附属电路单元。自然地，电阻 R_A 和 R_B 的作用是偏置。对于谐振频率，射频扼流圈（RFC）实际上是开路，因此允许偏置（直流）电流通过，但不会让供电电源使得交流信号短路。耦合电容 C_3 阻止直流电流在谐振电路中流动，C_2 在基极和谐振电路间提供直流隔离。C_2 和 C_3 都可以看做在振荡器频率短路的器件。

科尔皮兹振荡器

图 4-10 所示的是一个科尔皮兹（Colpitts）振荡器。它和哈特利振荡器很类似，唯一不同的是互换了谐振电路中各器件的作用。可以说，电容器现在分开了，同时电感没有抽头。电路工作的详细过程与哈特利振荡器一样，因此我们不做进一步讨论。振荡频率可由 C_2 及与谐振电路串联的 L_1 和 C_1 来近似计算：

$$f = \frac{1}{2\pi \sqrt{[C_1 C_2/(C_1 + C_2)]L_1}} \tag{4-3}$$

这两个振荡器的性能差异很小，选择何种振荡器可依据方便或经济性来考虑。将谐振电路的一个器件变成可调，它们两个都可以提供可变的振荡器输出频率。

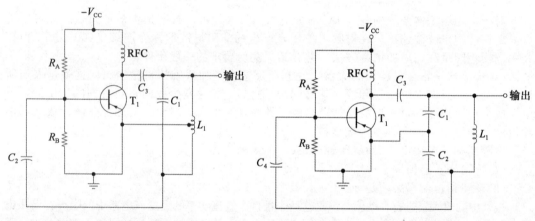

图 4-9　实际哈特利振荡器　　　　　　图 4-10　科尔皮兹振荡器

克拉普振荡器

科尔皮兹振荡器的一个变种如图 4-11 所示。克拉普（Clapp）振荡器有一个与谐振电路电感串联的电容 C_3。如果 C_1 和 C_2 的值足够大，它们会"淹没"掉晶体管的固有结电容，从而抵消晶体管因温度变化而引起的结电容变化。振荡频率是

$$f = \frac{1}{2\pi \sqrt{L_1 C_3}} \tag{4-4}$$

克拉普振荡器具有比哈特利或科尔皮兹更好的频率稳定性。然而，克拉普振荡器不具有大的可变频率范围。

本节中提到的 LC 振荡器都是最常用的振荡器。然而，它们还有很多不同的形式和变种，而且用于专用场合。

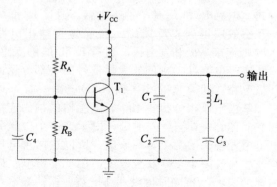

图 4-11　克拉普振荡器

晶体振荡器

当要求频率稳定性比 LC 振荡器所能提供的更高时，人们经常会使用晶体振荡器。晶体振荡器是指使用一个压电晶体作为 LC 电路的感应元件构成的振荡器。晶体(通常是石英)同样有自己的谐振频率，但是当它和外接电容耦合时会获得最佳工作特性。

图 4-12 所示的是晶体的等效电路。晶体实际上是一个和电容 C_p 并联的串联谐振电路(具有电阻损耗)。串联和并联谐振电路的谐振频率相差在 1‰ 内，因此晶体阻抗在窄的频率范围内急剧变化。这和一个极高 Q 的电路等效，而且实际上 Q 因子为 20 000 的晶体很常见；高达 10^6 的 Q 也是可能的。而高质量的 LC 谐振电路所能达到的最大 Q 值约为 1000，这显然和晶体形成了明显的对比。而由于这个原因，还由于晶体具有良好时间和温度稳定特性，晶体可以在相当宽的温度范围内将频率维持在误差为 $\pm 0.001\%$。0.001% 常说成百万分(10^{-6})之 10，这是表达这么小的百分比的一个选择。注意，$0.001\% = 0.00001 = 1/100\ 000 = 10/1\ 000\ 000 = 10 \times 10^{-6}$。在很小的温度范围内或将晶体维持在一个小的温控盒内，$\pm 0.01 \times 10^{-6}$ 的稳定度是有可能的。

将粗糙的石英"切割"成非常准确尺寸后装配成晶体。"切割"的方法本身是一种科学，并决定了固有谐振频率以及温度特性。现有的晶体频率为 15kHz 或是更高，当然，更高的频率要求最好的频率稳定性。然而，在频率高于 100MHz 时，晶体将变得非常小，从而使得处理非常困难。

前面讨论的任意一个 LC 振荡器的电感都可以用晶体代替。尤其适合晶体振荡器的电路是皮尔斯(Pierce)振荡器，如图 4-13 所示。使用 FET(场效应晶体管)是个不错的选择，因为 FET 的高阻抗导致晶体负载较轻，这样可以提供好的稳定性但 Q 却不会降低。这个电路本质上是一个科尔皮兹振荡器，只是用晶体代替了电感，而 FET 固有结电容起着分开的电容的作用。由于这些结电容通常都很小，这种振荡器仅在高频处有效。

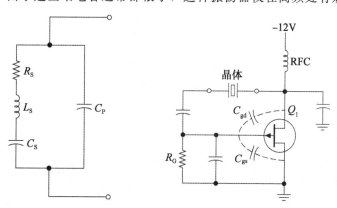

图 4-12 晶体的等效电路　　　图 4-13 皮尔斯振荡器

根据所要求的频率稳定性，晶体振荡器有不同的可用形式。图 4-13 所示的基本振荡器(经常称为 CXO)应该足以作为一个数字系统的简单时钟。增加温度补偿电路(TCXO)可以提升性能。性能的进一步提升可以通过在晶体振荡器的封装(DTCXO)中添加微处理器(数字)控制来实现的。极限性能是通过晶体温度控制盒有时也包括微处理器控制(OCXO)来实现的。将盒子维持在某个恒定的高温，很显然要求大量的功率。四种类型的通用晶体振荡器在表 4-1 中列出。

表 4-1　晶体振荡器的典型性能比较

	基本晶体振荡器 (CXO)	温度补偿 (TCXO)	数字 TCXO (DTCXO)	盒控制的 CXO (OCXO)
0~70℃ 的频率稳定性	100×10^{-6}	1×10^{-6}	0.5×10^{-6}	0.05×10^{-6}
恒定温度，1 年内的频率稳定性	1×10^{-6}	1×10^{-6}	1×10^{-6}	1×10^{-6}

4.3 频选电路

电通信系统的一个定义特征是具有选择性响应激励的能力。由于很多不同的消息信号沿着电磁波谱驻留在所有的点上，因此任何有用的通信系统必须能够识别并抽取期望信号的同时抑制其他信号。滤波器利用一个或多个感抗器件的频率依赖特性，能够从一级到下一级耦合（通过）或衰减（抑制）信号；滤波器要么呈现物理电感和电容的形式，要么表现为这种特性的电路的形式，或是它们的结构或是工作不希望看到的结果。感应这个词向我们暗示电感的动作是"做出反应"，特别是阻止流经它们的电流的变化，同样电容的反应是阻止电容在充放电时电容极板上电压的变化。因此，电抗是时变现象；也就是说，电抗是在交流电路中表现自身特性的一种效应。电抗和电阻一起阻止电路中电流的流动（阻抗，Z），但不像电阻，阻抗的幅度与频率有关。调谐电路同样也应用在通信系统中，调谐电路利用了电感和电容在特定频率谐振的特点。由于它们在通信领域中的重要性，我们将学习这些类型的电路的一些细节。

电抗

正如我们提到的，电感和电容表现出电抗特性，它们会阻止电流在交流电路中的流动，并用欧姆来量度。前面曾经讲过，交流电在一个电感（往往是金属线圈，可能缠在金属芯上，也可能没有金属芯）中流动时会产生一个磁通量，磁通量的变化率与电流的变化率成正比。根据法拉第（Faraday）电磁感应定律，我们可以得出，线圈（电感的一个定义：金属线圈具有在其上感生电压的能力）中的感生电压与磁通量的变化率成正比，因此也与电流变化率成正比。这个结论进一步可推出自感应电压公式，它表明电感两端的电压与电感大小以及电流的变化率有关，即

$$V_{ind} = L\frac{di_L}{dt}$$

上式中的"d"应该解释成"自身改变"；你可能会注意到用希腊字母 Δ 表示的变化量。根据 1.1 节我们知道，ω 在加到一个电压的量上时表示这个量随时间的变化率。从欧姆定律我们也知道，阻抗（单位是 Ω）是线圈两端上的电压和流经这个线圈的电流的比值。这点值得重复：用 Ω 表示的任意量，电抗和阻抗也包括在其中，最终可以定义为电压和电流的比值。线圈上的电压，因此还有阻抗，都和 ω 或 $2\pi f$ 比例。借用微积分工具的微分，我们可以证明电感上的峰值电压等于

$$V_p = \omega L I_p$$

由于阻抗（Z）阻止电流流动，单位 Ω，因此它可以表示成电压和电流的比值，我们有

$$Z = \frac{V_p}{I_p} = \frac{\omega L I_p}{I_p} = \omega L$$

最后，假设线圈没有电阻，这样，总的阻抗仅由电抗组成，我们可以得到电抗是

$$X_L = \omega L = 2\pi f L$$

上式明确表明感抗与电感和频率二者成正比。

与解释电感的方法类似，我们可以推出容抗的表达式。电容表示电容器在其基板上存储电荷的速率。电容器中电流流进和流出的结果是电荷被存储下来，电流与电容器极板上电压的变化率成比例，即

$$i_C = C\left(\frac{dV_C}{dt}\right)$$

由上式，我们可以得出这样的结论，电容器两端的电压变化越快，容性电流就会越大。频率随着电压变化率的增加而增加，还有因此的下降与电压流进和流出电容相反。同样利用微分过程，我们可以发现

$$I_p = \omega C V_p$$

容抗在表达式中与电流的流动相反，我们可以得到（同样忽略电阻的影响）

$$X_C = \frac{V_p}{I_p} = \frac{V_p}{\omega C V_p} = \frac{1}{\omega C} = \frac{1}{2\pi f C}$$

因此，我们可以发现容抗和频率以及电容成反比。

实际电感器和电容器

电感器（也称作扼流圈或线圈）具有一个以 H 为单位表示的电导率和最大电流率。同样地，电容器具有用 F 表示的电容率和一个最大电压率。当为射频段的应用选择线圈和电容器时，必须考虑额外的一个特征——器件的品质因数（Q）。Q 是存储在器件中的能量损耗率。

电感器在其环绕的磁场中存储能量，线圈电阻损耗（消耗）能量。电容器用存在于电极板中的电场存储能量，主要的能量损耗来自于极板间的泄漏。

对于电感器，

$$Q = \frac{电抗}{电阻} = \frac{\omega L}{R} \tag{4-5}$$

其中，R——沿着线圈分布的串联电阻。

根据电路应用场合的不同，需求线圈的 Q 也有变化。一般电感的 Q 值高达约 500。

对于电容器，

$$Q = \frac{电纳}{电导} = \frac{\omega C}{G} \tag{4-6}$$

其中，G——穿过电容器板间电解质的电导。

射频电路中使用的高质量电容器典型 Q 值为 1000。

在更高的射频频率（VHF 和以上——见表 1-1），电感器和电容器的 Q 值通常会由于一些因素影响而降低，如辐射、吸收、引线电感和安装/包装电容。偶尔人们使用 Q 的一个逆参数。这个因子称为器件散逸因子（D），它等于 $1/Q$，即 $D = 1/Q$，这个参数经常用于电容器。

谐振

谐振处于感抗和容抗（$X_L = X_C$）相等时的一种情况。考虑一下图 4-14 所示的串联 RLC 电路。在这种情况下，总阻抗 Z 可用下面的公式计算出来：

$$Z = \sqrt{R^2 + (X_L - X_C)^2}$$

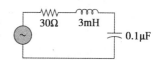

图 4-14 串联 RLC 电路

当在某个频率上 X_L 和 X_C 相等时，会发生一种有趣的现象。人们把那个频率称为谐振频率 f_r。在 f_r 处，电路阻抗等于电阻值（这可能仅仅是电感器的串联线圈电阻）。这个结果可用上式计算，可以看出来，这是因为在 $X_L = X_C$ 时，$X_L - X_C$ 等于零，所以 $Z = \sqrt{R^2 + 0^2} = \sqrt{R^2} = R$。$X_L = X_C$ 时的频率就是谐振频率。

$$X_L = X_C$$

$$2\pi f_r L = \frac{1}{2\pi f_r C}$$

$$f_r^2 = \frac{1}{4\pi^2 LC}$$

$$f_r = \frac{1}{2\pi \sqrt{LC}}$$

例 4-1 试确定图 4-14 所示电路的谐振频率。并计算 $f = 12\text{kHz}$ 时的阻抗。

解：

$$f_r = \frac{1}{2\pi \sqrt{LC}} = \frac{1}{2\pi \sqrt{3\text{mH} \times 0.1\mu\text{F}}} = 9.19\text{kHz}$$

在 12kHz 时，
$$X_L = 2\pi fL = 2\pi \times 12\text{kHz} \times 3\text{mH} = 226\Omega$$
$$X_C = \frac{1}{2\pi fC} = \frac{1}{2\pi \times 12\text{kHz} \times 0.1\mu\text{F}} = 133\Omega$$
$$Z = \sqrt{R^2 + (X_L - X_C)^2} = \sqrt{30^2 + (226 - 133)^2}\,\Omega = 97.7\Omega$$

在 12kHz 时，电路中的感抗大于容抗，因此可以说，看起来是感性。

该串联 RLC 电路的阻抗在其谐振频率处最小，并等于 R。阻抗 Z 和频率的关系曲线是弧形曲线，如图 4-15(a)所示。在低频率时，由于 X_C 很高，所以电路阻抗很大。

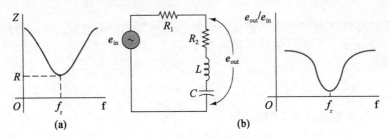

图 4-15　串联 RLC 电路结果

在高频时，由于 X_L 很大，所以 Z 也很大。谐振时 $f = f_r$，电路的 $Z = R$，值最小。这种阻抗特性具有滤波的效果，如图 4-15(b)所示。在 f_r 处，$X_L = X_C$，所以
$$e_{out} = e_{in} \times \frac{R_2}{R_1 + R_2}$$

其作用类似分压器。在所有其他的频率处，LC 组合的阻抗增加（从谐振时的 0），因此 e_{out} 增加。图 4-15(b)所示电路中的响应称为带阻，或陷波滤波器。频率的"带"被拒绝，并在输出中谐振频率 f_r 处割出一个"凹口"。

例 4-2 证明滤波器的输出随着频率的增加而增加。在频率小于谐振频率时，电路输出的计算表现出一个类似的增长，我们把它留给大家练习。带阻或陷波也称作陷阱，因为它能"诱捕"或去除 f_r 的指定范围的频率。在电视接收机中，陷阱的使用很常见，因为电视接收机必须要阻塞某些指定的频率，从而可以提高图片质量。

例 4-2 确定图 4-15(b)所示的电路频率 f_r，其中 $R_1 = 20\Omega$，$R_2 = 1\Omega$，$L = 1\text{mH}$，$C = 0.4\mu\text{F}$，$e_{in} = 50\text{mV}$。计算 f_r 和 12kHz 时的 e_{out}。

解：谐振频率是
$$f_r = \frac{1}{2\pi\sqrt{LC}} = 7.96\text{kHz}$$

谐振时
$$e_{out} = e_{in} \times \frac{R_2}{R_1 + R_2} = 50\text{mV} \times \frac{1\Omega}{1\Omega + 20\Omega} = 2.38\text{mV}$$

在 $f = 12\text{kHz}$ 时
$$X_L = 2\pi fL = 2\pi \times 12\text{kHz} \times 1\text{mH} = 75.4\Omega$$

和
$$X_C = \frac{1}{2\pi fC} = \frac{1}{2\pi \times 12\text{kHz} \times 0.4\mu\text{F}} = 33.2\Omega$$

因此，
$$Z_总 = \sqrt{(R_1 + R_2)^2 + (X_L - X_C)^2} = \sqrt{(20\Omega + 1\Omega)^2 + (75.4\Omega - 33.2\Omega)^2} = 47.1\Omega$$

和
$$Z_{out} = \sqrt{R_2^2 + (X_L - X_C)^2} = 42.2\Omega$$

$$e_{\text{out}} = 50\text{mV} \times \frac{42.2\Omega}{47.1\Omega} = 44.8\text{mV}$$

LC 带通滤波器

如果把滤波器的配置换成如图 4-16(a)所示，那么这种滤波器就变成了带通滤波器，它的响应如图 4-16(b)所示。f_{lc} 是低频截止频率，此处的输出电压是最大输出电压的 0.707，f_{hc} 是高频截止频率。人们称 f_{lc} 和 f_{hc} 之间的频率范围为滤波器带宽，通常用 BW 表示。BW 等于 $f_{\text{hc}} - f_{\text{lc}}$，在数学上可以表示成

$$\text{BW} = \frac{R}{2\pi L} \tag{4-7}$$

其中，BW——带宽(Hz)；R——总电路电阻；L——电路电感。

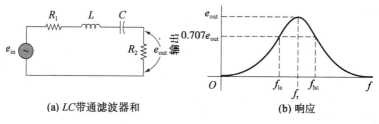

(a) LC带通滤波器和　　**(b) 响应**

图　4-16

滤波器品质因数 Q 为通带与中心频率 f_{r} 的比值，它提供了一种衡量选择性(窄)的测量方式，即有

$$Q = \frac{f_{\text{r}}}{\text{BW}} \tag{4-8}$$

前面曾经提到，品质因数 Q 同样也可以定义为

$$Q = \frac{\omega L}{R} \tag{4-9}$$

其中，ωL——谐振时的感性电抗；R——总电路电阻。

随着 Q 的增加，滤波器会具有更强的选择性，那就是说，能够得到更窄的通带(更窄的带宽)。限制人们得到最高可用 Q 值的主要因素是式(4-9)中电阻值的因素。为了得到一个大的 Q 值，电路的电阻值必须很小。很多时候，限制因素是电感器自身的绕线电阻。用来制作电感器的线圈匝数(和相关电阻)构成了这个限制要素。为了得到可能的最大 Q 值，应该使用更粗些的线(具有更小的电阻)，但制造所需的同等数值的电感则需要更高的成本和更大的物理尺寸。采用高质量的电感器来获得接近 1000 的品质因数(Q)是有可能的。

例 4-3　如图 4-16(a)所示的滤波器电路具有图 4-17 所示的响应曲线。

试计算：

（a）带宽。

（b）Q。

（c）假设 $C = 0.001\mu\text{F}$，电感值为多少？

（d）总电路电感。

解：（a）从图 4-17 所示曲线可以得到，BW 就是 f_{hc} 和 f_{lc} 间的频率范围，即

$$460\text{kHz} - 450\text{kHz} = 10\text{kHz}$$

（b）滤波器的峰值输出发生在 455kHz 时，故

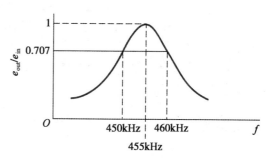

图 4-17　例 4-3 的响应曲线

$$Q = \frac{f_r}{\text{BW}} = \frac{455\text{kHz}}{10\text{kHz}} = 45.5$$

(c) 由于 f_r 和 C 已知，可以利用式(4-1)解出 L，即

$$f_r = \frac{1}{2\pi\sqrt{LC}}$$

$$455\text{kHz} = \frac{1}{2\pi\sqrt{L \times 0.001\mu\text{F}}}$$

$$L = 0.12\text{mH}$$

(d) 得到 BW 和 L 后，利用式(4-7)算出总电路电感，即

$$\text{BW} = \frac{R}{2\pi L}$$

$$10\text{kHz} = \frac{R}{2\pi \times 0.12\text{mH}}$$

$$R = 10 \times 10^3\text{Hz} \times 2\pi \times 0.12 \times 10^{-3}\text{H} = 7.52\Omega$$

LC 电路的频率响应特性受 L/C 的影响。在一个指定的频率，不同的 L 和 C 的值可以表现出谐振。高 L/C 比具有更窄带的响应，而较低 L/C 比则表现为更宽的频率响应。这种效应可以通过改变式(4-7)中的 L 来验证。

并联 LC 电路

一个并联 LC 电路及其阻抗与频率特性如图 4-18 所示。

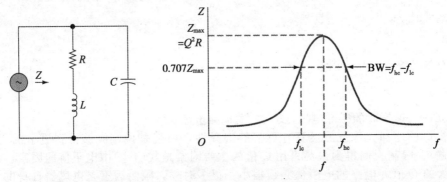

图 4-18 并联 LC 电路和响应

图中唯一的电阻是电路中电感器的绕线电阻，它和电感器串联在一起。注意，并联 LC 电路的阻抗在谐振频率 f_r 处达到最大值，在谐振频率的任意一边，阻抗降到一个较低的值。如图 4-18 所示，最大阻抗是

$$Z_{\max} = Q^2 \times R \tag{4-10}$$

在 Q 大于 10($Q > 10$)时，适用于串联 LC 电路的式(4-1)、式(4-5)、式(4-7)和式(4-8)同样适用于并联 LC 电路，这个条件通常都可以满足。

并联 LC 电路有时也称为振荡电路，这是因为能量从一个电抗元件转移到另外一个的方式和水在水槽中来回振荡的方式一样。能量存储在每个电抗元件(L 和 C)中，首先在一个中然后又释放到另外一个中。能量以一个固定的等于谐振频率的频率在这两个器件间传递，在形式上是正弦形状。

例 4-4 一个并联 LC 振荡电路中的电感为 3mH，电感器的绕线电阻为 2Ω。电容为 $0.47\mu\text{F}$。计算：

(a) f_r。

(b) Q。

(c) $Z_{\max}$。

(d) BW。

解：(a)

$$f_r = \frac{1}{2\pi\sqrt{LC}} = \frac{1}{2\pi\sqrt{3\text{mH} \times 0.47\mu\text{F}}} = 4.24\text{kHz}$$

(b)

$$Q = \frac{X_L}{R}$$

其中：

$$X_L = 2\pi fL = 2\pi \times 4.24\text{kHz} \times 3\text{mH} = 79.9\Omega$$

$$Q = \frac{79.9\Omega}{2\Omega} = 39.9$$

(c)

$$Z_{\max} = Q^2 \times R = (39.9)^2 \times 2\Omega = 3.19\text{k}\Omega$$

(d)

$$\text{BW} = \frac{R}{2\pi L} = \frac{2\Omega}{2\pi \times 3\text{mH}} = 106\text{Hz}$$

LC 滤波器的类型

现在使用的滤波器几乎是各式各样的。在频率低于 100kHz 时，RC 电路占据主导地位，这是因为用于低频的电感器笨重且昂贵。100kHz 以上时，电感器在物理上足够小，所以 LC 组合就很现实。为了达到预期的效果，滤波器经常使用多级 RC 或 LC（每一级都称为一个极点）。

两种基本类型的 LC 滤波器是恒 k 滤波器和 m 导出式滤波器。恒 k 滤波器的容抗和感抗等于一个恒定值 k。m 导出式滤波器在滤波器中使用一个调谐电路在指定频率上提供一个近似无限大的衰减。衰减率是滤波器响应曲线的陡峭度，有时也称为滚降。滚降的程度由滤波器截止频率和接近无限衰减的频率的比值——m 导出式滤波器的 m 决定。

LC 或 RC 滤波器的配置同样也决定了其响应特性，也就是它的下降率和指定频率范围内的相移特性。四种主要的电路结构如下，它们的命名是为了纪念其发明人：

（1）巴特沃斯滤波器：通带内幅度响应平坦，滚降率为−20dB/十倍频程/极点，相移随频率非线性变化。

（2）切比雪夫滤波器：具有快速滚降率（大于−20dB/十倍频程/极点），但是比巴特沃斯在通带内的起伏更大，更大的非线性相移。

（3）考尔（Cauer）（经常被叫做椭圆）滤波器：相比其他方案从通带到阻带过渡更尖锐，但两个带上都存在起伏。

（4）贝塞尔（也称汤姆森（Thomson））滤波器：具有线性相位特性（相移随频率线性增加），当输入脉冲时输出端不会产生过冲。

LC 滤波的学习和设计要具有庞大的知识，很多教科书主要讲述滤波器设计。现在还有众多的软件包用于滤波器辅助设计和分析。

高频效应

在通信中常遇到甚高频，这时引线产生的小电容和电感会引发很多问题。即使是一个电感器的绕线产生的电容也会产生问题。考虑图 4-19 所示的电感器。注意，在线圈间存在电容。这种电容称为寄生电容。在低频时，这些电容的影响可以忽略不计，但是在高频段电容不再表现为一个开路，它开始影响电路性能。电感器现在的作用像是一个复杂 RLC 电路。

简单的一段线表现出少量的电感；线越长，电感越大。在低频时，这个小电感（通常

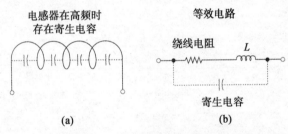

图 4-19　工作在高频的电感器

为几纳亨)看起来是短路，从而没有影响。然而，由于感抗随着频率增加而增加，这些寄生电感产生的这个无用电抗在射频时将变得非常明显。同样，线间的寄生电容在高频时也不再是开路。由于这些原因，在射频电路中缩短所有的线长很重要。表面贴器件除了焊接到印制电路板的金属末端外没有线，所以对减小与高频效应有关的问题非常有效。

刚讨论的电感器和电容器的高频效应也会导致电阻的问题。事实上，如图 4-20 所示，电阻在高频的等效电路中与电感器产生的问题是一样的。

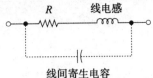

图 4-20　电阻器在高频的等效电路

晶体滤波器

由于晶体滤波器可以具有很高的 Q 值，所以晶体滤波器在通信中有很多的应用。举一个例子来说，晶体振荡器通常用在单边带系统中。由于其极高的 Q 值，晶体振荡器比最好的 LC 滤波器的频率通带要窄。还可以使用 Q 值高达约 50 000 的晶体。

晶体的等效电路和晶体夹如图 4-21(a)所示。

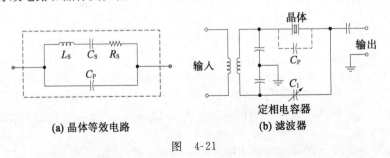

(a) 晶体等效电路　　　　　　　(b) 滤波器

图　4-21

元件 L_s、C_s 和 R_s 代表晶体本身的串联谐振电路。C_p 表示晶体夹的并联电容。晶体为它谐振的那个频率提供一个低阻抗路径，同时对于其他频率，则是高阻抗路径。然而，晶体夹电容 C_p 并联了这个晶体，从而为其他频率提供了一条通路。对于应用在带通滤波器的晶体，必须使用一些方法来抵消晶体夹的并联效应。这可以通过在电路中放置一个可变电容器(见图 4-21(b)中的 C_1)来实现。

图 4-21(b)所示的是一个简单的带通晶体滤波器。可变电容器 C_1 也称为定相电容器，它可抵消夹电容 C_p。C_1 能够调节，从而使其电容值等于 C_p 的值。从而 C_p 和 C_1 二者可通过同样的无用频率的信号。由于电路的结构，这些无用频率的信号在 C_p 和 C_1 上的电压相等，但相位相差 180°。因此，无用频率的信号被抵消并且不出现在输出端。这种抵消效应称为阻止陷波。

对于电路的工作，假设输入到图 4-21(b)所示晶体滤波器输入端的下边带的最大频率为 99.9kHz，上边带的最小频率为 100.1kHz。假设上边带是无用边带。通过选择能够在大约 99.9kHz 处提供低阻抗路径(串联谐振)晶体，下边带频率将会出现在输出端。和其他频率一样，上边带将会被晶体滤波器衰减。当把两个或多个晶体合并在单一滤波器电路中时，提高性能是有可能的。

陶瓷滤波器

　　和晶体一样，陶瓷滤波器也是利用了压电效应来工作的。然而，它们通常是由锆钛酸铅制成的。虽然陶瓷滤波器不能像晶体那样具有高的 Q 值，但它们在那方面却比 LC 滤波器要好。利用陶瓷滤波器得到高达 2 000 的 Q 是可行的。相比晶体滤波器，它们具有更低的成本、更小的尺寸而且更坚固。它们不仅用作边带滤波器还用来更换用于超外差接收机的调谐 IF 变压器。

　　图 4-22(a)所示的是陶瓷滤波器的电路符号，图 4-22(b)所示的是典型衰减响应曲线。请注意，图中标出 60dB 的带宽和 6dB 的带宽。人们把这两个带宽(8kHz/6.8kHz＝1.18)的比定义为形状因子。形状因子(60dB BW 除以 6dB BW)指出了频率选择性。其理想值表明在两个截止频率处曲线为垂直线。图 4-22(b)所示的是实际的情况，这里表现出有起伏。这种起伏称为峰谷比或波纹振幅。形状因子和波纹振幅特性也适用于下面要讨论的机械滤波器。

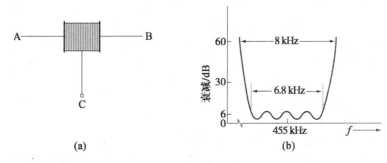

图 4-22　陶瓷滤波器和响应曲线

机械滤波器

　　自 20 世纪 50 年代，机械滤波器已经用在单边带设备中。机械滤波器的部分特点是它们优秀的阻频特性、极端的坚固性，尺寸小到能够和设备的小型化相兼容，以及一个 10 000 量级的 Q 值，这个 Q 值大约是 LC 滤波器可能达到的 50 倍。

　　机械滤波器是机械共振的一种设备；它接收电能量，转换为机械振动，然后将这个机械能重新转换为电能作为输出。图 4-23 给出的是一个典型单元的剖面图。机械滤波器由四个部分组成：(1)一个输入换能器，它将输入的电能量转换为机械振动；(2)几个金属盘，在需要的频率上机械共振；(3)几个杆，将多个金属盘连在一起；(4)一个输出换能器，将机械振动重新转化回电能量。

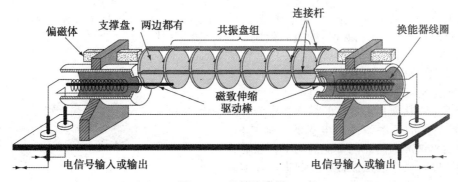

图 4-23　机械滤波器

图 4-23 所示示意图中并没有画出全部的盘。换能器线圈的保护罩已经被切除以展示线圈和磁致伸缩驱动棒。正如你所看到的，由于结构对称，所以滤波器任一端都可以用作输入。

图 4-24 所示的是机械滤波器的等效电路。机械滤波器的盘组用串联谐振电路 L_1C_1 表示，而 C_2 则代表连接棒。

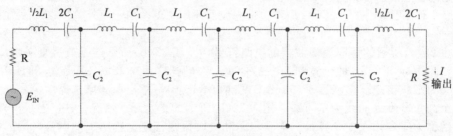

图 4-24　电子模拟机械滤波器

输入端和输出端都有电阻 R，它表示匹配机械负载。输入信号的相移由机械滤波器的 L 和 C 部分引入。对于数字应用，相移会影响到数字脉冲的质量。这会引起错误数据或错误位数增加。在模拟系统中，由于耳朵能够容忍这种失真，所以话音传输不受影响。

现在我们假设图 4-23 所示的机械滤波器的盘组已经被调谐，从而能够允许接收边带内的频率通过。滤波器的输入包含两个边带，换能器驱动棒将两个边带都施加到第一个盘。第一个盘的振动在某一个频率会比其他无用边带频率振动更大，这个频率也是它调谐到的频率（共振频率），也是我们希望接收的边带。第一个盘的机械振动被传递到第二个盘，但是较小百分比的无用边带频率也会被传递。每次振动从一个盘传递到下一个，无用边带的分量都会更小。在滤波器的末端，几乎没有剩下无用边带。期望边带频率被滤波器输出端的换能器线圈取出。

改变图 4-24 所示的等效电路的 C_2 的大小会改变滤波器的带宽。同样，调节盘间的机械连接（见图 4-23），也就是将连接棒做得大些或小一些，机械滤波器的带宽就会变化。由于带宽近似随着连接棒的横截面的面积变化而变化，所以可以通过增粗连接棒或是增加连接棒个数来增大机械滤波器的带宽。在 100Hz 到 500kHz 的区间，机械滤波器的带宽可窄到 500Hz，也可宽至 35kHz。

SAW 滤波器

刚讨论的机械滤波器的一个现代变种是表面声波（SAW）滤波器。这种滤波器在数字电视之前的高质量、模拟彩色电视机中得到广泛应用。它们也有很多其他的应用。其中之一就是用于雷达系统（第 15 章会进一步深入探讨）。由于 SAW 滤波器特性可以与目标反射的目标匹配，所以这种滤波器在雷达应用中有优势。

前面讲过，晶体依靠整个固体压电材料的效应来调整频率选择度。而 SAW 器件是依靠压电材料（如石英或铌酸锂）的表面效应，它可将沿固体表面传播的机械振动（也就是表面声波）控制在大约 3000m/s。

图 4-25 给出了构建这种表面波的过程。利用制造集成电路相同的光刻过程将交叉相间的电极图案沉淀下来，从而使得极高的精度成为可能。由于 SAW 器件的频率特性由电极的几何结构决定，所以它能提供准确的并能重复的响应。在输入一个交流信号时，一个表面波被建立起来，并朝着输出电极传播。表面波被这些电极重新转换回电信号。输入和输出电极的长度决定了传送的信号的强度。

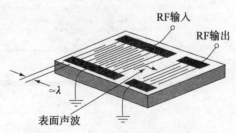

图 4-25　表面声波（SAW）滤波器

电极手指间距大约是期望的中心频率的一个波长。手指的个数和它们的结构决定了带宽、响应曲线的形状，以及相位关系。

4.4 混频和乘法电路

正如第 2 章所讨论的，幅度调制（AM）在本质上是一种混频方式。AM 发射机的调制器级通过将载波和消息信号频率相乘产生所需方式的混频；当将两个或多个信号同时输入到一个非线性器件时发生混频。频率调制和相位调制同样可以看做包含了载波和消息信号的乘法，这在第 3 章中论及。我们将会在第 6 章中看到，接收机中消息信号的恢复同样也包含了混频。事实上，超外差接收机中的混频动作发生在几个级中。发射机中的混频行为可让基带频率以边带的形式上变频到载波的频率范围，而接收机的混频则是这个过程的逆过程：将接收到的、已调信号下变频回消息信号的初始频率范围。尽管它们叫做不同的名字，但是很多混频电路如果不是功能一致的，在概念上是一样的，另外由于混频在通信应用中很盛行，所以这里进一步探讨这个概念。

在一个非线性器件中产生的混频结果可以表示成幂级数的形式，即

$$v_o = Av_i + Bv_i^2 + Cv_i^3 + \cdots \tag{4-11}$$

其中：v_o——瞬时输出电压；v_i——瞬时输入电压；A，B，C，$\cdots$——常数。

上式指出将单个频率输入到一个非线性器件会产生奇次谐波和偶次谐波，当然还有基波。随着谐波阶数的升高，幅度会逐渐降低。

两个不同的输入频率会出现交调输出。如果两个输入频率是 f_1 和 f_2，混频后会出现 $mf_1 \pm nf_2$，其中整数系数 m 和 n 表示谐波阶数。通常最重要的谐波是二阶谐波，$f_1 + f_2$ 和 $f_1 - f_2$，它们代表组成边带的幅度已调信号的和及差频率。更高阶的谐波（比如，$2f_1 \pm f_2$ 或 $f_1 \pm 2f_2$，等等）也会出现，但是比基波或者二阶谐波的幅度要低得多。

现在看一看为什么在一个非线性器件中会产生交调输出，我们考虑混频的行为发生在一个平方律器件（如 FET）中。FET 的传输特性曲线如图 4-26 所示，因为这个曲线的公式有个平方项，所以曲线呈抛物线形状。因此，它是非线性的。一般来说，一个平方律器件产生的输出是输入的平方。尽管不理想，但是一个实际的 FET 非常接近理想平方律器件的行为。将两个信号在 FET 中混频产生的输出是式（4-11）中幂级数的简化，仅由基波和平方项组成：

$$v_o = Av_i + Bv_i^2 \tag{4-12}$$

如果把两个不同频率的正弦波输入到这样的器件，输入是它们的和，即

$$v = \sin(\omega_1 t) + \sin(\omega_2 t)$$

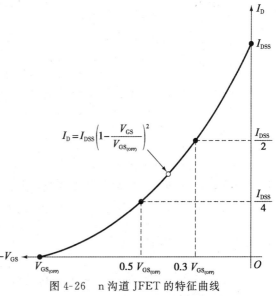

图 4-26　n 沟道 JFET 的特征曲线

输出将遵循前面给出的幂级数形式，即

$$
\begin{aligned}
v_o &= Av_i + Bv_i^2 \\
&= A(\sin(\omega_1 t) + \sin(\omega_2 t)) + B(\sin(\omega_1 t) + \sin(\omega_2 t))^2 \\
&= A\sin(\omega_1 t) + A\sin(\omega_2 t) + B\sin^2(\omega_1 t) + B\sin^2(\omega_2 t) + 2B\sin(\omega_1 t)\sin(\omega_2 t)
\end{aligned}
$$

$$\tag{4-13}$$

上面的结果给出了在输出端的频率分量。前两项是输入信号本身（乘以 A，增益因子）。第三项和第四项中有输入信号的平方，因此频率是输入频率 2 倍。通过调用下面的

三角恒等式可以看到结果：

$$\sin^2 A = \frac{1}{2} - \frac{1}{2}\cos(2A)$$

从而使式(4-13)中的第三项变成

$$\frac{B}{2} - \frac{B}{2}\cos(2\omega_1 t)$$

因此，在输出的分量中有一个信号的频率是输入信号 $\omega_1 t$ 的频率的 2 倍。同样，第四项变成

$$\frac{B}{2} - \frac{B}{2}\cos(2\omega_2 t)$$

它对输入信号 $\omega_2 t$ 产生了同样的结果。进一步检查式(4-13)的最终项，会发现这个表达式是两个正弦的乘积。因此，我们利用式(2-7)中介绍的三角恒等式：

$$\sin A \sin B = \frac{1}{2}\big[\cos(A-B) - \cos(A+B)\big]$$

展开式(4-13)中的第四项，它将具有如下形式：

$$2B\sin(\omega_1 t)\sin(\omega_2 t) = \frac{2B}{2}\big[\cos((\omega_1 - \omega_2)t) - \cos((\omega_1 + \omega_2)t)\big]$$
$$= B\big[\cos((\omega_1 - \omega_2)t) - \cos((\omega_1 + \omega_2)t)\big] \qquad (4\text{-}14)$$

因此平方律器件的输出包含了输入频率本身、输入频率的和频与差频，以及二阶谐波。AM 中使用的混频电路产生组成 AM 信号边带的和频与差频。在其他的混频应用中，不管是和频还是差频都会被用到，因此和所有其他的混频分量一样，无用的边带频率会被滤除掉。

平衡调制器

平衡调制器的作用是抑制（去除）载波，从而只剩下两个边带。这种信号也称为 DSBSC（双边带抑制载波）信号。平衡调制器是乘法器电路的特殊情况，它可以利用非线性混频完成，也可以是线性相乘的结果，在此情况下，输出是正弦波输入信号的乘积。乘法器电路是指，其输出与两个输入信号的乘积成正比的电路。理想平衡混频器是指，只输出输入频率的和与差而没有谐波分量的电路。

现在我们看一下乘法器如何用作平衡混频器，我们现在检查它的输出。输出信号的公式是

$$v_{\text{o}} = A v_{\text{i}1} v_{\text{i}2}$$

其中：v_{o}——瞬时输出电压；$v_{\text{i}1}$，$v_{\text{i}2}$——施加到乘法器输入端的瞬时电压；A——常数。

如果输入是两个不同频率的正弦波，那么

$$v_{\text{i}1} = \sin(\omega_1 t)$$
$$v_{\text{i}2} = \sin(\omega_2 t)$$

输出将会是它们的乘积：

$$v_{\text{o}} = A\sin(\omega_1 t)\sin(\omega_2 t)$$

结果是两个正弦的乘积，这正是我们前面所看到的。使用式(2-7)中的三角恒等式，我们可以把输出变成

$$v_{\text{o}} = \frac{A}{2}\big[\cos((\omega_1 - \omega_2)t) - \cos((\omega_1 + \omega_2)t)\big] \qquad (4\text{-}15)$$

这个结果和前面指出的结果的唯一区别是生成了和频与差频（也就是边带），而没有谐波。

一种非常通用的平衡调制器方案如图 4-27 所示，它也叫做环形调制器或格子调制器。考虑一个载波，瞬时电流方向如图 4-27 中箭头所示。电流流经 L_5 的两个等分点，因此它们相等，但是方向相反，所以载波在输出端被抵消。载波的另外半周也是这样，当前仅二

极管 B 和 C 导通，而不是 A 和 D。

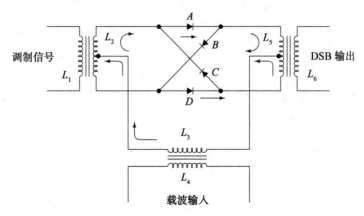

图 4-27 平衡环形调制器

现在只考虑调制信号，电流从线圈 L_2 开始，流经二极管 C 和 D 或 A 和 B，但是不通过 L_5。因此，同样没有调制信号输出。现在把两个信号同时加入，但是载波的幅度要比调制信号的幅度大得多，载波的极性决定传导。当加入调制信号时，电流会从 L_2 处流动，同时二极管 D 要比 A 传导的电流大，线圈 L_5 上的电流平衡受到扰动。这使得期望边带能够输出，同时载波被继续抑制。当使用的二极管匹配时，调制器可以有 60dB 载波抑制。它利用二极管的非线性来产生边带信号的和频与差频。

LIC 平衡调制器

前面提到的那种类型的平衡调制器必须有完美匹配的器件才能够提供好的载波抑制效果(40dB 或 50dB 抑制通常足够)。由于器件集成到同一个硅片上时才能得到优秀的器件匹配特性，所以人们希望采用线性集成电路，且这种方法不使用变压器或调谐电路。由调制信号控制放大器的发射极电流，可用差分放大器中的匹配晶体管来完成平衡调制器的功能。载波信号用于开关差分放大器的基极，从而产生混频过程，同时在集电极处的混频乘积信号不同相。由于这种器件不仅能用作平衡调制器，还可以用作幅度调制器、同步检波器、FM 检波器或倍频器，所以它是一个非常通用的器件。

乘积检波器

在第 6 章中，我们提到如果从抑制载波的信号中恢复消息(不管是 SSB 还是 DSBSC)都需要接收机能够重新产生和插入载波。用来产生 DSB 的平衡调制器也能用来恢复 SSB 信号中的消息。当这样使用平衡调制器时，它常叫做乘积检波器。这是检测 SSB 信号的最常见方法。

图 4-28 给出的是用作乘积检波器的另外一种 IC 平衡调制器。它的型号是普莱斯(Plessey)半导体 SL640C。连接到输出引脚 5 的电容器构成了低通滤波器，从而只允许音频(低)频率分量出现在输出端。这种调制器的简单使得它的使用很清晰。

4.5 锁相环和频率合成

锁相环(PLL)是一种电子反馈

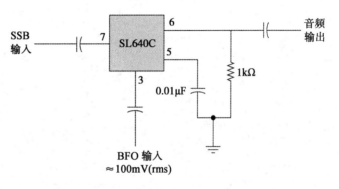

图 4-28 SL640C SSB 检波器

控制系统，它在通信中有很多应用，包括频率合成和 FM 解调。PLL 出现在 1932 年，最初它只是一种想法，集成电路技术的出现使得 PLL 的完全实现成为可能。1970 年，PLL 以单个 IC 的方式得以应用，但在此之前人们曾利用分立元件构建 PLL 系统，这种复杂性使得 PLL 在成本上不适用于绝大多数系统。

PLL 由三个功能模块和一个反馈回路组成，如图 4-29 中框图所示。三个功能模块分别是鉴相器（或相位比较器）、环路滤波器和压控振荡器（VCO）。控制电压输入到 VCO 的频率确定级，从而 VCO 会输出一个随着该控制电压的变化而变化的频率。VCO 的输出通过反馈回路输入到相位检测器作为其两路输入中的一路。鉴相器的第二路输入来自外部参考频率源（如稳定的晶体振荡器）。鉴相器比较这两个输入频率（或相位，因为相位差会产生恒定的频率差）并输出一个输出电压，也就是人们所熟知的误差电压，误差电压随着两路输入频率或相位差变化而变化。在滤波后，这个误差电压就是 VCO 的控制电压。如果 VCO 频率或相位相对于参考量有向上或是向下的偏移，到鉴相器的输入就会不相等，从而使鉴相器输出一个足够幅度和极性的误差电压来抵消偏移的影响，并让 VCO 的输出频率和参考频率相等。

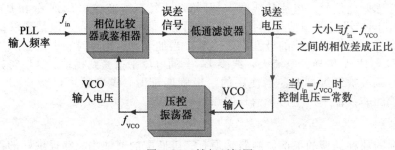

图 4-29   锁相环框图

变容二极管

VCO 必须能响应输入一个直流控制电压，从而改变频率，变容二极管可以满足这个要求，因为变容二极管在振荡器谐振电路中扮演着可变电容器的角色。可变电容依赖于一个反向偏置二极管来提供。由于电容随着反向电压大小变化而变化，所以可以利用电位器来改变调谐所需的电容。人们称这种专门制造的具有增强可变电容-反偏特性的二极管为变容二极管、变容二极体或 VVC 二极管。图 4-30 给出了这种二极管的两个通用符号和典型电容-反偏特性曲线。

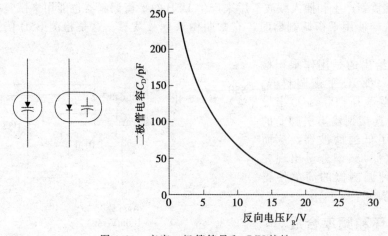

图 4-30   变容二极管符号和 C/V 特性

一个反向偏置的硅二极管的电容大小 C_d 可以近似表示成

$$C_d = \frac{C_0}{(1+2|V_R|)^{\frac{1}{2}}} \tag{4-16}$$

其中：C_0——零偏置时二极管电容；V_R——二极管反向偏置电压。

人们在确定调谐范围时，可以根据式(4-16)来精确确定反向偏置电压的大小。变容二极管也可以用来产生 FM，这将在第 5 章中介绍。

PLL 捕获和锁定

PLL 反馈环路确保 VCO 频率能一直随着参考电压变化而变化，因为 VCO 输出频率的变化量是由参考电压决定的。只要 VCO 的频率与参考电压匹配，我们就可以说，PLL 被锁定(in lock)。锁定频段决定了在锁定状态，PLL 可以随着参考信号变化而变化的最高和最低频率。如果参考频率超出了锁定范围，或者假如反馈环路断开，PLL 会失锁，而且 VCO 将工作在某个设定的频率上，人们称此设定频率为固有频率，它由 VCO 中的 RC 电路决定。固有频率通常位于锁定频段的中间位置。在捕获频段内，PLL 一工作就可以马上锁定，该频段范围不会超过而且一般小于锁定频段范围。一旦锁定，PLL 可以在比捕获频段更宽的频段内保持锁定状态。图 4-31 给出了固有频率、锁定频段和捕获频段。

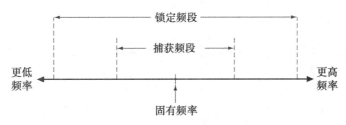

图 4-31 PLL 捕获和锁定频段比较

鉴相器产生的误差电压并不是直接等于目标电压，而是会围绕目标电压不断上下波动，直到误差电压和目标电压相等为止，此时鉴相器的两路输入频率相等。换句话来说，鉴相器产生的误差电压稍高于目标电压，然后调整输出误差电压使其稍低于目标电压；它不断以更小的幅度逐渐靠近，直到误差电压等于目标电压为止，从而 VCO 能够"跟踪"正确的频率。实际上如果让 PLL 可以在期望的频率上尽可能快地锁定，需要抑制跟踪电压引起的噪声。鉴相器和 VCO 间的环路滤波器是一个低通滤波器，它的作用是去除误差电压中的高频分量。和 PLL 的其他特性一样，捕获和锁定频段在某种程度由环路滤波器决定。锁定后的 PLL 是一种自动控制电路，电路的输出信号和参考信号相同。

例 4-5 一个 PLL 的 VCO 的固有频率是 10MHz。如果输入频率偏移 10MHz 的幅度小于 50kHz，VCO 的频率不变化。除此外，VCO 一直跟踪输入信号，但在输入信号频率在 10MHz±200kHz 范围内时，VCO 则开始固有振荡。试计算这个 PLL 的锁定和捕获频段。

解：在频率偏移固有 VCO 频率 50kHz 时开始捕获。假设同步工作，则有捕获频段为 50kHz×2＝100kHz。一旦锁定，除非频率偏移小于 200kHz，VCO 将一直跟踪输入信号，所以锁定频段为 200kHz×2＝400kHz。

频率合成

PLL 是频率合成器中的一个必需的子系统。PLL 频率合成器可以用一个稳定的单频参考源(通常是一个晶体振荡器)来产生一系列频率。在要求工作于某一频段内的现代设备中我们都可以发现合成器的应用，包括手机、所有型号的收发机、无绳电话、无线网、通信设备和测试设备。参考振荡器仅需要一个晶体就可以产生各种频率，它既可以利用键盘或是齿轮开关人工"拨入"，也可以利用软件或远程控制设备进行自动控制。一个普普通通的电视就是这种设备的例子：它革命性地采用低成本的频率合成器 IC 进行设计，而不再是用旋转拨号盘及谐振电路来进行频率选择。相反，本地振荡器的频率（接收频道）可以被远程控制频率合成器来自动改变，而且很便宜。PLL 合成器节省了人力和金钱，因为一个振荡器电路仅需要一个晶体就可以产生各种频率。频率合成器概念早在 20 世纪 30 年代就出现了，但是电路的高成本限制了它的广泛应用，直到集成电路技术的出现，因为这种技术能够让半导体供应商可以在单个廉价芯片中实现 PLL。

图 4-32 给出的是基本频率合成器。除 PLL 外，合成器还包括一个非常稳定的晶体振荡器和可编程的能够 N 次分频分频器。VCO 的输出频率是输入控制电压的函数。从本质上讲，PLL 频率合成器将输入到鉴相器的参考输入乘以一个给定的数字 N。参考一下图 4-32，我们可以注意到除以 N 计数器将对 VCO 输出频率进行分频，VCO 的输出频率是参考频率的整数倍，这个整数必须恰好适合，从而反馈到鉴相器的频率和参考频率相等。环路跟踪参考频率的任何变化均使 VCO 输出频率产生直接的改变。因此，参考频率的稳定性决定了整个合成器频率的稳定性。在一些精度要求高的应用中例如测试设备，晶体振荡器被放置于温度稳定的盒子中，或采用高精度的原子钟作为参考振荡器，可进一步获得更高的准确度和稳定度。

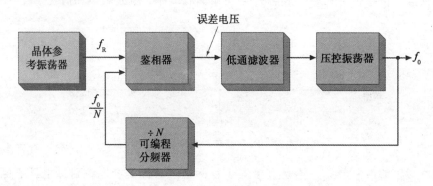

图 4-32　基本频率合成器

除以 N 计数器中的数值 N 决定了 VCO 的输出频率（即合成器输出），例如，如果参考频率是 5kHz，除以 N 计数器被设置成被 2 除，那么 VCO 输出将会是 10kHz，因为 $10\text{kHz} \div 2 = 5\text{kHz}$。必须将 5kHz 频率反馈到鉴相器来维持锁定环路。同样，如果计数器设置成被 4 除，VCO 则输出 20kHz，因为 $20\text{kHz} \div 4 = 5\text{kHz}$。合成器频率范围最终是由 VCO 的工作频率范围决定的。通常，VCO 频率维持在 $N f_R$，其中 f_R 是主振荡器的频率。

人们把刚介绍的这种原理称为间接频率合成，频率合成器以及很多子系统的设计包括 VCO、鉴相器、反馈回路中用到的各种低通滤波器和可编程分频器都是利用了这种原理设计的。尽管稳定性受鉴相器的噪声、鉴相器和 VCO 间的任意直流放大器噪声，以及通常位于鉴相器和 VCO 间的低通滤波器的特性影响，但参考输入 f_R 的稳定性直接决定了频率合成的稳定性。

图 4-32 给出的非直接频率合成器是锁相合成器的最基本形式。这种方案的主要缺点是产生的频率常常是 f_R 的整数倍。考虑一下这种情况：图 4-32 中的可编程分频器的参数 N 可以是从 1 到 10 的任意整数。如果参考频率是 100kHz，且 $N=1$，那么输出应该是 100kHz。如果 $N=2$，f_0 必须等于 200kHz 才能为鉴相器提供一个稳定的相位参考。同样，如果 $N=5$，则 $f_0=500\text{kHz}$。所选的模式和问题，现在已经很明显。一个输出为 100kHz、200kHz、300kHz 等等的合成器不是对所有的应用都适用的。输出频率间需要更小的频率间隔，获得这种输出的方法将在后面讨论。

可编程分频器

图 4-33 所示的是一个典型的可编程分频器。它由分频比为 K_1、K_2、K_3 的三级组成，它们分别由各自的输入 P_1、P_2 和 P_3 控制。

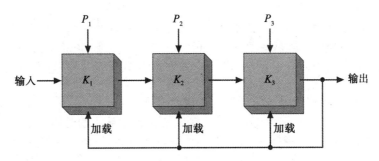

图 4-33　典型可编程分频器

当它除以 P(它可以是 n 到 K 的任意整数值)时，除了第一个周期指令输入 P_n 被加载外，每一级都将被 K_n 相除。因此图中的计数器被 $P_3 \times (K_1 K_2) + P_2 K_1 + P_1$ 除，同时当有输出脉冲时，指令输出被重新加载。计数器可以被 1 和 $(K_1 K_2 K_3 - 1)$ 间的任意整数相除。

最常用的可编程分频器可以是十进制的，也可以是除以 16 计数器。这些都已经被不同的逻辑家族支持，包括 CMOS 和 TTL。当考虑功率消耗时，人们更愿意使用 CMOS 器件。使用这种器件，可以指定的 N 大约在 3 到 9999 之间。理论上最小的计数 1 是不可能的，这是因为电路存在传播时延。使用这种计数器设计的频率合成器可以由十进制滚轮开关或最小组件数量的数字键盘来输入指令。如果要求合成器的输出频率不连续，而且步进，必须要使用自定义可编程计数器，自定义可编程器使用某些定制器件，如可编程逻辑器件(PLD)或可编程分频器 IC。

可编程分频器的最大输入频率受到所用逻辑的速度限制，特别是受加载指令计数值的时间的限制。高频数字电路的功率消耗会给低功率应用(如手机)带来困扰。当然，图 4-32 所示的简单合成器的输出频率被限制在可编程分频器的最大频率内。

有很多方法来解决频率合成器的这种限制。VCO 的输出可以与晶体振荡器的输出混频，然后将产生的差频反馈到可编程分频器中，或是 VCO 的输出乘以从可编程分频器工作区间的最低值得到要求的高输出频率。或者，将能在高频工作的固定比分频器插在 VCO 和可编程分频器之间。这些方法分别在图 4-34(a)、(b)和(c)中给出。

虽然上面讨论的这些方法都已经用在而且毫无疑问会继续用在某些应用中，但它们都有各自的问题。方法(a)最有用，因为它比其他两种有更窄的信道间隔或高的参考频

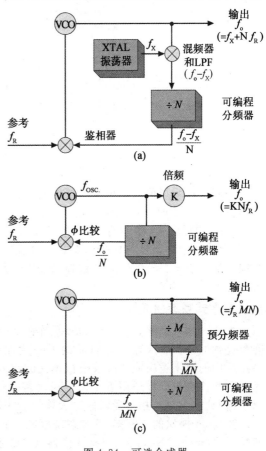

图 4-34　可选合成器

率(对应更快的锁定速度和更小的环路产生的抖动)，但它的缺点是，因为晶体振荡器和混频器都在环路中，所以晶体振荡器的噪声或混频器的噪声都会出现在合成器输出端。不过，这种技术有很多可取之处。

双模分频器

当考虑速度和功率时，上面介绍的那种类型的可编程计数器就不再实用，即便是实用相对快的射极耦合逻辑，工作频率高至 VHF 波段(30MHz 到 300MHz)或更高。然而，有一种实用双模分频器的不同技术，也就是说，在一种模式分频器除以 N，而在另外一种模式中除以 $N+1$。

图 4-35 给出的是采用双模预分频的分频器。这个系统与图 4-34(c)所示的方案类似，但在此情况下预分频除以 N 或 $N+1$ 中的一个，这由控制输入的逻辑状态决定。预分频的输出被反馈到两个标准的可编程计数器中。计数器 1 控制这个双模预分频器，分频比为 A。计数器 2 驱动着输出，分频比为 M。在工作时，$N/(N+1)$ 预分频器(见图 4-35)除以 $N+1$，直到可编程计数器 2 的计数达到 M，当两个计数器重新加载时，会给输出发送一个脉冲，然后周期再启动。整个系统的分频比是 $A(N+1)+N(M-A)$，它等于 $NM+A$。系统上只有一个限制——由于双模预分频器在计数器 1 计数到 A 前不改变模数，计数器 2 (M)中的计数必然不会小于 A。这将系统可能达到的最小计数限制为 $A(N+1)$，其中 A 是计数器 1 中计数的最大可能值。

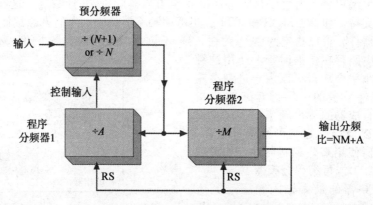

图 4-35 双模预分频的分频系统

采用这种系统可以完全克服早些时候提到的高速可编程分频的问题。÷10/11 计数器工作在高达 500MHz 的频率上，同样现在也有工作在直到 500MHz 频率的 ÷5/6、÷6/7 和 ÷8/9 计数器。同样还有一对电路允许 ÷10/11 计数器用于 25kHz 和 12.5kHz 信道 VHF 合成器中的 ÷40/41 和 ÷80/81 计数器。双模预分频不是必须除以 $N/N+1$。同样的原理也适用于 ÷$N/(N+Q)$ 计数器(其中 Q 是任意整数)，但是 ÷$N/N+1$ 却可能是最有用的。

直接数字式频率合成器

直接数字式频率合成器(DDS)系统在 20 世纪 80 年代后期在经济上变得可行。相对于前节提到的模拟合成器，它们提供了一些优势，但是直到最近它们有些复杂而且价格较高。所用的数字逻辑能够改善模拟单元的重复性和漂移问题，模拟单元通常用于测试并选择。这些优点也同样适用近年来已经代替一些标准模拟滤波器的数字滤波器。DDS(数字滤波器)的缺点是，相对受限的最大输出频率和更多的复杂性/成本因素考虑。

图 4-36 提供的是基本 DDS 系统框图。数控振荡器(NCO)包含相位累加器和只读寄存器(ROM)查表。NCO 为数/模转换器(DAC)提供修正信息来产生射频输出。

相位累加器在其输人（见图 4-36 中的 △）的基础上产生相位增加的输出波形。输入（△——相位）是一个数字字，它连同参考振荡器（f_{clk}）一起决定了输出波形的频率。相位累加器的输出起着可变频振荡器的作用，它产生一个数字谐波。信号的频率由相位 △ 决定，对于一个 N 位相位累加器有

$$f_{out} = \frac{\Delta \cdot f_{clk}}{2^N} \tag{4-17}$$

将相位累加器中的相位信息转换为幅度数据是通过存储在内存中的查找表的方式实现的。其数字输出（幅度数据）被 D/A 转换器转换为模拟信号。低通滤波器产生一个纯谱的正弦波输出。

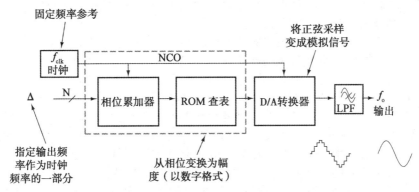

图 4-36 直接数字合成系统框图

最终输出的频率通常被限制到大约 f_{clk} 的 40%。相位累加器的大小选择由期望的频率分辨率决定，对于 N 位累加器，它等于 $f_{clk} \div 2^N$。

例 4-6 计算 DDS 工作在 $f_{clk(max)}$ 时的最大输出频率和频率分辨率。

解： 最大输出频率接近

$$f_{clk(max)} 40\% = 0.40 \times 100\text{MHz}$$
$$= 40\text{MHz}$$

频率分辨率是

$$f_{clk} \div 2^N = 100\text{MHz}/2^{32}$$
$$= 0.023\text{Hz}$$

上面的例子表明 DDS 提供了极小的频率增长量的可能性。这也是 DDS 所提供的优于前面讲的模拟合成器的一个优点。DDS 的另外一个优点是，具有移频速度快的能力。这个特点对扩系系统非常有用，第 8 章将会详加介绍。

DDS 的缺点包括最大输出频率的限制和更高的相位噪声。合成器输出中的寄生分量导致在期望频率以外的频率上存在能量。这种相位噪声存在于所有类型的振荡器和合成器中。它通常用 $\text{dB}/\sqrt{\text{HZ}}$ 表示，是相对中心频率的一个指定偏移量处的值。一个在 10kHz 偏移处的 $-90\text{dB}/\sqrt{\text{HZ}}$ 表示在 1Hz 带宽距离中心频率 10kHz 处的噪声能量比中心频率的输出低 90dB。在一个灵敏的接收机中，相位噪声会掩盖住弱信号，从而使得它无法被检测到。

总结

通过观察基本通信系统的框图可以发现应用于模拟环境中的通信电路主要由几个基本模块组成：放大器、振荡器和滤波器。另外接收机电路、检波器用于从已调载波中恢复消息信息，将在第 6 章学习。

　　放大器工作依照输入信号的导通角进行分类，即按放大器有源器件传导电流的角度来分类。大部分线性工作，A 类同样效率最低，所以在线性和效率间存在一个固有的平衡。有可能在仍然保持线性的情况下提高效率。这是推挽放大的目的，这里要使用多于一个的有源器件。通过 C 类放大器仍然能够获得更高的效率，这里有源器件仅导通于输入的一部分。有源器件输出端的谐振电路产生的谐振效应使得输出为正弦波；因此 C 类放大器具有带宽特征，通常称为调谐放大器。

　　通信应用中的很多振荡器是带有再生反馈回路以在需要频率上维持振荡的放大器。放大器和振荡器密切相关：放大级带来的增益被确定频率的谐振电路的分压产生的衰减完全抵消。LC 振荡器品种繁多，每种主要由分压器的实现方法决定。最高的频率稳定性可以通过把 LC 谐振电路替换成石英晶体做到，它起着串联 RLC 电路的作用。在其谐振频率，晶体振荡器能够在很长时间内输出稳定的频率。

　　所有的通信系统充分利用了滤波和谐振电路的形式的频率选择电路。滤波器依靠电感器和电容器的电抗特性来通过或拒绝一个频率波段。滤波器可能是低通或高通的形式，也可能是带通或是带阻（陷波）滤波器，它们的带宽由谐振电路的 Q 决定。

　　通信系统的一个重要的组成模块是混频器，它可以是一个刻意设计工作在非线性模式的放大器。实际上，可以看到任何非线性器件中都会发生混频。不管是称为调制器（发射机中）、平衡调制器、乘积检波器，还是混频器，电路的工作原理都是两个信号的非线性相乘。这样的结果会产生交调产物，比如 AM 信号的边带。另外，也会产生谐波，这些谐波可能产生人们不希望的额外的、高阶产物。线性相乘的结果也可能产生和频和差频，乘法器可以用作平衡混频器，这样没有载波，只有和频和差频。

　　最后，任何现代的，"频率捷变"通信系统要归功于锁相环，而且频率合成器源于锁相环。当环路锁定后，锁相环是一个自动控制电路，它除了不受噪声的影响外，产生的输出信号和其参考信号（输入）一致。当用作频率合成器时，锁相环能够从单频参考中产生宽波段的频率。产生参考振荡器中仅需一个晶体就能产生很多种频率，它可以设置成人工或利用软件或远程控制器件来自动控制。频率合成器概念的最新实现是直接数字合成，它把数字逻辑和信号处理技术结合在一起来在射频频段产生稳定的信号。

习题与思考题

4.2 节

1. 画出哈特利振荡器和科尔皮兹振荡器框图。简要解释它们工作原理及区别。

2. 描述克拉普振荡器比哈特利及科尔皮兹振荡器具有更好的频率稳定性的原因。

3. 列出晶体振荡器相比 LC 振荡器的主要优点。画出皮尔斯振荡器的框图。

4. 用于数字手表的晶体振荡器时基产生 $\pm 15s/$ 月的准确度。将该准确度用兆比率表示。

4.3 节

5. 解释电感器和电容器的实际构成。讨论中应包括质量和耗散。

6. 给出谐振的定义并描述其应用。

7. 某电感大小为 6mH，串联电阻 1.2kΩ，计算该电感器在 100MHz 时的 Q 值。试计算其功率耗散。$(3.14 \times 10, 0.318 \times 10^{-3})$。

8. 某电容为 0.001μF，欧电阻为 0.7MΩ。计算该电容在 100MHz 时的 Q 值。计算同一电容器的 D。$(4.39 \times 10^5, 2.27 \times 10^{-6})$

9. 将习题 7 和 8 中的电容和电感串联，计算 100MHz 处的阻抗。计算谐振频率 (f_r) 以及在该频率处的阻抗。（3.77MΩ，65kHz，1200Ω）

10. 计算图 4-16 所示的电路在 6kHz 和 4kHz 时的输出电压。绘制这些结果以及例 4-2 中的结果与频率关系图。利用例 4-2 中给出的电路值。

11. 简要画出描述 LC 带通滤波器的 e_{out}/e_{in} 和频率间的关系特征。在图中标出 f_{lc} 和 f_{hc}，并解释它们的定义。在该图中，标出滤波器的带宽（BW）并解释其定义。

12. 定义 LC 带通滤波器的品质因数（Q）。解释它和滤波器"选择性"的关系。描述滤波器 Q 的主要限制因素。

13. 某 FM 无线接收机所用 LC 带通滤波器的 $f_r =$ 10.7MHz，所需 BW 为 200kHz。计算这个滤波器的 Q。（53.5）

14. 习题 13 所述电路如图 4-18 所示。假设 $C = 0.1nF(0.1 \times 10^{-9}F)$，计算所需的电感器值以及 R 的值。（2.21μH，2.78Ω）

15. 某并行 LC 谐振电路，假设其 Q 为 60，线圈绕组电阻为 5Ω，计算谐振时的电阻阻抗。（$18k\Omega$）

16. 某并联谐振电路，假设 $L=27mH$，$C=0.68\mu F$，绕圈电阻为 4Ω。计算 f_r，Q，Z_{max}，BW，f_{lc} 和 f_{hc}。（$1175Hz$，49.8，$9.93k\Omega$，$23.6Hz$，$1163Hz$，$1187Hz$）

17. 解释恒 k 滤波器和 m 导出型滤波器中的意义。

18. 简述选择 RC 或 LC 滤波器的标准。

19. 解释射频电路中将导线长度维持为最小值的重要性。

20. 解释极点。

21. 解释巴特沃斯和切比雪夫滤波器为什么叫恒 k 滤波器

* 22. 画出石英晶体的近似等效电路

23. 晶体滤波器中晶体座电容的无用效应是什么？它们如何克服？

* 24. 广泛用在晶体振荡器（和滤波器）中的晶体材料是什么？

25. 通过查阅资料设计一个四元晶体格滤波器，并解释其工作原理。

* 26. 相对于调谐式振荡器（或滤波器），晶体控制的主要优点是什么？

27. 解释陶瓷滤波器的工作原理。滤波器形状因子的重要性是什么？

28. 给出形状因子的定义。解释其用途。

29. 某带通滤波器，波纹振幅为 3dB。解释这个规格。

30. 解释机械滤波器的工作原理和用途。

31. SSB 设备为什么不使用 SAW 滤波器？

4.4 节

32. 平衡调制器的典型输入和输出是什么？

33. 简要描述平衡环形调制器的工作原理。

34. 平衡环形调制器的四个二极管使用一个 IC 和使用四个分立二极管相比有什么优点？

35. 参考图 4-27 中的 AD30 LIC 平衡调制器的说明书，试确定 10kHz 处的信道间隔，解释如何提供 $+1$ 和 $+2$ 的增益？

36. 解释如何从平衡调制器中产生一个 SSBSC 信号。

4.5 节

37. 画出锁相环（PLL）的方框图，并简要解释其操作。

38. 列出 PLL 工作的三种可能状态并分别解释。

39. 对于某 PLL，其 VCO 自由振荡频率是 7MHz。除非输入在 7MHz 的 20kHz 以内，否则 VCO 不改变频率。在那之后，VCO 在重新开始前跟踪输入到 7MHz 的 $\pm 150kHz$。请给出 PLL 的锁定和捕获区域。（300kHz，40kHz）

40. 解释图 4-32 所示的基本频率合成器的工作原理。假设 $f_R=1MHz$、$N=61$，计算 f_0。

41. 与 4-32 所示合成器相比较，讨论图 4-34(a)、(b) 和 (c) 所示合成器的优缺点

42. 解释图 4-35 所示的合成器分频器的工作原理。相对于图 4-32 和 4-34 所示的变种，它解决了什么基本问题？

43. 在参考频率 1MHz，$A=26$，$M=28$，$N=4$ 的条件下，使用图 4-35 所示的分频器技术，计算合成器输出频率

44. 基于图 4-36 所示的框图，简要介绍 DDS 工作原理。

45. 某 DDS 系统，$f_{CLK(max)}=60MHz$，相位累加器为 28 位。当工作在 $f_{CLK(max)}$ 时，计算其近似最大输出频率和频率分辨率。（24MHz，0.223Hz）

第5章

发 射 机

通信发射机的主要功能是产生一个载波，然后调制、滤波、放大已调信号，并将信号传递到天线上。用框图表示时，不同调制方式的发射机相似之处远多于不同之处。例如，除了最简单的低功耗应用，载波产生振荡器的频率必须非常准确和稳定，以防止对工作于临近频率系统的破环性干扰。调制信号可能是模拟的或是数字的，但不管调制类型或所用信息的方式，发射机调制器中的混频结果都会产生一种输出形式，该输出完全由可用频率以外的频率分量组成。这意味着需要进行滤波，从而使已调信号有合适的频率特征来在带宽受限介质上传输。同样，功率输出范围可从用于近距离应用如无线网络的毫瓦，直到雷达或世界短波广播应用所需的成百上千瓦。因此，发射机经常会包括很多放大器，以将低级发射器的输出激励到最终的输出功率水平。最后，发射机必须将功率输送至一个天线上，天线需要一个阻抗匹配网络，以保证最大功率传输。本章纵览不同的发射机配置，以及一些调制器和其他电路的实现。

5.1 AM 发射系统

图 5-1 所示的是典型双边带、全载波 AM 发射机的框图，比如无线广播电台。图 5-1表明，根据发射机是否采用高阶或低阶调制，调制信号（消息）可加在两个位置中的任意一个。在哪里应用调制对于放大器效率（或工作类型）以及线性要求有影响，稍后会详细介绍这方面内容。在介绍调制器和调制电平前，我们首先从完整的系统角度看一下发射机。

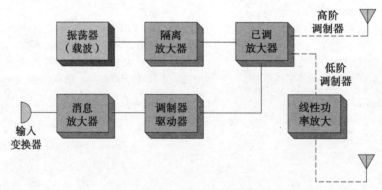

图 5-1　简单 AM 发射机框图

根据联邦通信委员（FCC）的要求，产生载波信号的振荡器必须是晶体控制的，以保持高准确度。例如，AM 广播站必须将载波准确度维持在分配频率的±20Hz 之内。紧跟着振荡器的是隔离放大器，隔离放大器为振荡器提供了一个高阻抗负载来减小由电路负载效应造成的漂移或频率偏移。它同样也提供了足够的增益，以充分驱动已调放大器。因此，隔离放大器可能是一个单管 A 类放大器，或者是隔离功能能够和多数增益级合并，这些增益级要来驱动跟随级即已调放大器。

消息放大器从输入变换器（经常是一个传声器）中接收信号，然后通过一级或多级放大提升消息幅度，也可能是功率。级数与需要产生的功率有关，反过来说，这是一个是否使用高阶或是低阶调制的函数。这些术语描述了消息和载波的混合阶段。这些选择包含了后续将讨论的一些权衡。然而对目前的讨论来说，需要引起足够注意的是，如果消息要放大到高阶调制所要求的足够高的功率电平，需要进行多级放大。驱动器有时用来描述用于产生中等等级功率的放大器，以便和末级放大器区分，末级放大器产生（通常非常高）的功率输出送到天线上。驱动器通常是一个推挽（B 类或 AB 类）放大器，用来产生瓦或者十几瓦的功率；而末级放大器产生的输出功率可能是成百上千瓦。消息放大的最后一个阶段由调制器完成，我们不久后就会看到，它本质上工作在一个非线性放大区域。非线性调制器可生成由载波和边带组成的已调 AM 信号。有时人们也把调制器叫已调放大器，它处于输出阶段，以便让发射机进行高阶调制。

调制器电路

按照第 2 章所建立的，AM 是载波和消息频率在一个非线性器件或电路中混频和合并的结果。人们称一个用来直接产生调制的发射机混频器电路为调制器。第 2 章关于调制的讨论也指出二极管具有非线性区，可以用作调制器，但是由于二极管是无源器件，不能提供增益，所以在实际发射机中它们的这个性能不常应用。如果晶体管被正确偏置，也可以工作在非线性区域并有放大作用，因此调制器采用晶体管来构成非常理想。图 5-2(a)所示的是一个典型双极型晶体管的输入/输出关系图。请注意，在电流值较高和较低时都是非线性区。在这两个极端中间的是可用作标准 A 类线性放大的线性工作区。非线性工作区的作用之一可以用来产生 AM。

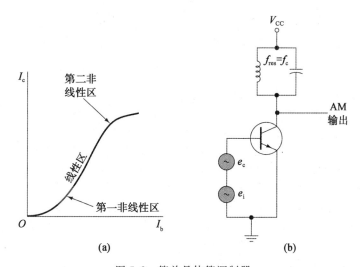

图 5-2　简单晶体管调制器

图 5-2(b)所示的是一个非常简单的晶体管调制器。和传统放大器相比，它没有固定偏置电路，因此晶体管 e_c 和 e_i 的正峰值进入图 5-2(a)所示的第一非线性工作区。为了保证良好的工作状态，需要正确地调整 e_c 和 e_i 的值。这些值必须低，以便工作在第一非线性区；为了 100％ 调制（或更低），消息功率必须是载波功率的一半（或更小）。集电极并联 LC 谐振电路的谐振频率是载波频率，它起的作用是带通滤波。因为谐振电路在谐振频率处阻抗最大，由谐振电路产生的电压对载波和边带频率最高，但在其他所有频率上谐振电路阻抗很低，从而有效去除了无用的谐波分量。回忆一下，两个频率利用非线性器件混频的结果不仅是产生了需要的 AM 分量，由式(4-11)可知，谐波和谐波边频也会同时产生。高 Q 值谐振电路的相对窄带特点使其只选择需要的 AM 分量，而滤除其他分量。

在实际中，有几种方法可以得到 AM。根据消息插入的位置来界定调制类型。例如，图 5-2(b)所示电路中，消息被连接到基极，所以是基极调制。集电极和发射极调制也在使用。在电子管调制器中（之所以提到，主要是因为现在也一定会用到一些电子管的发射机），最常见的调制方式是屏级调制，但是栅格、阴极和（五极管）抑制栅以及屏栅调制方案也被人们所采用。

平衡

尽管在新设计的小功率发射极系统中很少使用电子管，但电子管在电子通信的一些领域仍在应用，尤其是大功率发射机设备中。实际上，在有些应用中，电子管要比晶体管器件有优势，其中之一就是大功率无线电发射机，其千瓦输出功率需要工作在高频率内。尤其说来，电子管在高频发射机的末级功率放大阶段经常遇到。对于其他阶段，类似于图 5-3 所示配置的电子管调制器仍能遇见。

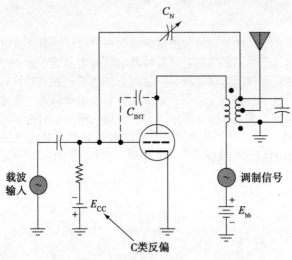

图 5-3　屏极调制 C 类放大器

注意连接屏谐振电路到栅格的可变电容器 C_N，它称为中和电容。它为信号提供了一条通路，通过电容 C_N 的信号和通过管内部电极电容（C_{INT}）从屏返回到栅格的信号相位相差 180°。调整 C_N 用来抵消内部反馈信号，以减小自激振荡的可能。屏电路中的变压器通过合理的绕线可以引入 180°的相位变化。

自激振荡是所有射频放大器（不管是线性还是 C 类）的问题，基于电子管和基于晶体管的都有。如图 5-4 所示的晶体管放大器也有一个中和电容（C_N）。自激振荡可以发生在调谐频率或是更高的频率上。如果在调谐频率发生自激振荡，那么就不能放大。更高频率的自激振荡称为寄生振荡。不管哪一情况，人们都不希望出现振荡，因为振荡会引起变形、设计放大值降低，并对其他系统造成破坏性干扰。

高电平和低电平调制

AM 发射机的另外一个常见标示是调制所处位置。图 5-3 所示的电真空管屏级调制电路和图 5-4 所示的晶体管电路都是高电平调制器。在高阶调制方案中，消息在传输天线前的最后可能点接入。与此相反，低电平调制器意味着消息是在末级输出阶段前点注入，如在末级放大器晶体管的基极或是发射极（或者电子管末级放大器的栅极）或是加到前一放大级。典型的高电平和低电平调制

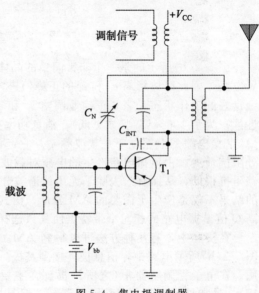

图 5-4　集电极调制器

器系统框图分别如图 5-5(a)和(b)所示。注意在高电平调制系统[见图 5-5(a)]中，大多数功率放大器用在高效的 C 类放大器中。

选择高电平或是低电平调制器很大程度上由需要的输出功率决定，毫无意外，也需要平衡部分。对于大功率的应用，如标准无线电广播，它的输出用千瓦而不是瓦来衡量，使用高电平调制是最经济的手段。回忆一下，C 类偏置(器件导通角小于 180°)可获得的最大可能效率，它实际上可提供 70%～80% 的效率。与之对应的 B 类放大器，其有效配置效率为 50%～60%。然而，不能用 C 类放大器再产生完美的 AM 信号，所以必须将大量消息功率注入到末级输出，以达到高的调制率。回顾一下，第 2 章中 100% 调制时边带总功率是载波功率的一半，以及总输出功率是二者之和。因此，对于采用高电平调制器的大功率发射机来说，调制器的电平必须要求贡献差不多有 50% 的载波功率。

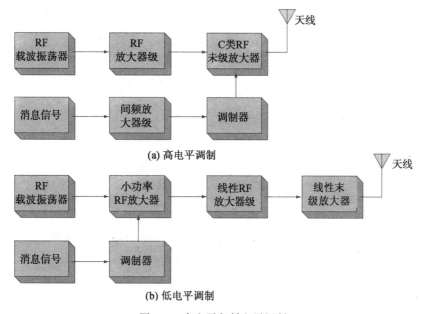

图 5-5　高电平与低电平调制

调制过程在一个非线性器件中完成，但是接下来的所有电路必须是线性的，这样才能让再生的 AM 信号没有畸变。虽然 C 类放大器不是线性的，但由于输出谐振电路表现出的飞轮效应，它能够再生(和放大)单频载波。然而，C 类放大器会使一个已调 AM 信号形变，因为谐振电路不会保持边带的变化振幅而是让其产生形变。

总的说来，高电平调制器需要更强的消息功率来进行调制，但是容许更大功率载波的有效放大。低阶方案容忍小功率的信息信号，但是所有其后输出级必须使用效率较低的线性(不是 C 类)方案。低电平系统通常为小功率发射机提供了更经济的实现方案。

晶体管高电平调制器

图 5-4 给出的是晶体管 C 类、高阶调制方案。C 类工作特性在器件开关时表现为突然的非线性，这个特性允许频率的减和加操作。正如前面在图 5-2(a)中给出的，晶体管 A 类偏置时，在高和低电平时具有非线性特点，这与 C 类的突然性产生有鲜明的对比。一般来说，在消息信号为零时，工作点的设立只允许交流输出电压半周最大值施加于集电极。电压 V_{bb} 为 T_1 提供的反向偏压，这样才能保证 T_1 仅在输入载波信号的波峰时导通。根据定义，因为 T_1 的导通每周期小于 180°，这是一个 C 类偏置。T_1 集电极的谐振电路在 f_c 时振荡，因此 C 类工作的高效率引起的飞轮效应将在这里重新构建完整的全正弦波载波。

图 5-4 所示电路中，由集电极调制器调制的消息(调制)信号直接和集电极供电电压串

联。消息信号的净效果是 T_1 在每次载波输入的波峰导通时改变谐振电路可用能量。这样产生的结果是使输出在消息波峰时达到最大值，而在消息波谷时为最小值。由于在消息为零时，电路的偏置只能提供 1/2 的最大可能载波输出，那么在理论上，载波在其 2 倍的静态值和零之间摆动的位置上才会出现消息信号。这是一个全调制（100％调制）AM 波形。然而，实际上集电极调制器不能获得 100％调制，这是因为晶体管特征曲线上的拐点变化率和消息频率相等。这限制了集电极电压变化的区间，同时前级的轻微集电极调制对于人们所需要的高调制指数来说是非常必要的。有时这在电子管式高阶调制器中不是必需的措施。

图 5-6(a)给出的是基极调制器的一个消息信号，图 5-6(b)所示的是和基极电压叠加后的结果。图 5-6(c)所示的是由此产生的和供给电压同步的集电极电流变化。图 5-6(d)给出的是流经谐振电路的电流峰值变化而引起的谐振电路飞轮效应产生的集电极电压。

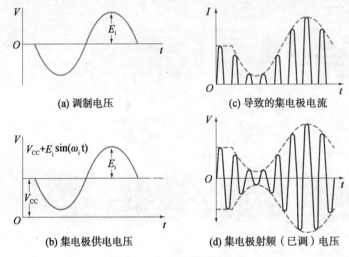

图 5-6　集电极调制器波形

5.2　AM 发射机测量

梯形图

有几种方法可用来对发射机的性能进行操作检查。一个标准示波器可以显示传输 AM 信号，从而可指示出各种可能问题。如果采用的是双踪示波器，则可将消息信号叠加到 AM 信号上，这项技术是最好不过。这种方法的改进就是人们熟知的梯形图，如图 5-7 所

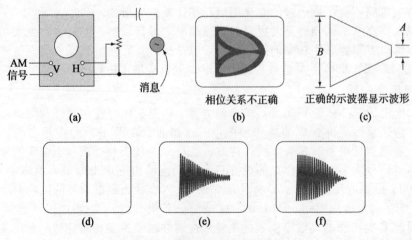

图 5-7　梯形图连接方案和波形

示。AM 信号连接到垂直输人端，消息信号则加到水平输人端，同时不要连接示波器的内部扫描。消息信号通常必须通过一个可调 RC 相移网络，如图 5-7(a)所示，以保证它和 AM 波形的调制包络同相。图 5-7(b)显示的是相位关系不正确时的波形；图 5-7(c)给出的是同相时典型 AM 信号的梯形图。将 B 和 A 的长度代人下面的公式，可以很容易的计算出调制系数，该公式在第 2 章中曾经介绍过。

$$\%m = \frac{B-A}{B+A} \times 100\%$$

图 5-7(d)所示的是 0%调制(仅有载波)的波。梯形图是一条简单的垂直线，因为没有消息信号提供水平偏转。

图 5-7(e)和(f)给出的两个梯形图显示了一些常见问题。这两种情况下的梯形边都不是直的(线性)。图(e)所示的凹曲线标志调制阶段线性特性很差，这经常是由未正确中和或是前一级的杂散耦合导致的。图(f)所示的凸曲线通常由正确偏置或是小载波信号功率(通常也被称为低激励)而引起。

仪表测量

利用一个直流安培(Ampere)表在调制级的集电极(或屏极)进行一些有意义的发射机检查是可能的。如果操作正确，这个测得的电流应该不变，因为消息信号在 0 和能获得全调制时的值之间变化。由于在调制波形的波峰期间引起的电流上升幅度应该会和波谷期间的电流下降幅度相抵消，所以电流不变。一个畸变 AM 信号经常会引起直流电流的变化。在过度调制的情况下，波峰会使电流进一步上升，但波谷时下降不会低于零，结果直流电流将会发生净增长。在调制时，这一电流下降也很常见。这个故障，人们称之为向下调制，它通常是激励不足而导致。在调制包络波峰时，电流最小，但在波谷时的电流下降接近正常。

频谱分析仪

发射机在频域的检修严重依赖于频谱分析仪，不管是确定输出的频谱特征，还是判定无用和潜在的干扰频率分量都需用到频谱分析仪。回忆第 1 章的内容，频谱分析仪将一个波的分量幅度作为频率函数而不是时间函数，可视化地显示出来。图 5-8(a)所示的图形是 1MHz 载波被 5KHz 消息信号 AM 的频域表示。因为图中只有载波和上、下频率，所以这表示工作正常。发生故障时，当然在较小程度上即使在正常情况下，发射机经常会产生假

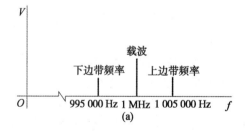

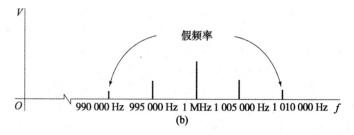

图 5-8 AM 波形的频谱分析

频率，如图 5-8(b)所示，除了三个期望频率分量外还显示有其他分量。这些假的无用分量常称为毛刺，它们的幅度通过 FCC 监管将临近信道干扰最小化而可以被严格控制。在发射机及其天线间的耦合级常被设计来减弱毛刺，但是发射机的输出级必须细心设计，以将毛刺控制在最小。频谱分析仪很显然是用来评估发射机性能的一个很方便的工具。

谐波失真测量

谐波失真很容易测量，只要将一个纯频信号源加到被测设备(DUT)即可。信号源以及频谱分析仪的谐波失真都会影响测量的质量。信号源为 DUT 提供一个信号，频谱分析仪则用来观测输出。图 5-9 给出的是典型谐波失真测量的结果。失真可以用 dB 为单位的基波和最大谐波之比的对数表示。该比值称为相对谐波失真。

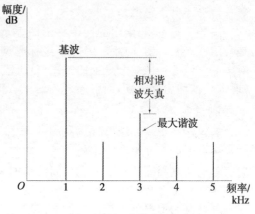

图 5-9　相对谐波失真

如果图 5-9 所示的基波幅值是 1V，3kHz 处的谐波(最大谐波)幅值是 0.05V，那么相对谐波失真是

$$20\lg \frac{1V}{0.05V} = 26dB$$

一个更具描述性失真规范的是总谐波失真(THD)。THD 考虑了所有明显的谐波分量的功率：

$$THD = \sqrt{(V_2^2 + V_3^2 + \cdots)/V_1^2} \quad (5-1)$$

其中：V_1——基波分量的方均根电压；V_2、V_3，……——谐波的方均根电压。

理论上需要计入无限的谐波数，但实际上更高阶谐波会衰减。事实上，当谐波小于最大谐波的 1/10 时，计算时不考虑这些分量也不会发生错误。

例 5-1 假设图 5-9 所示失真中，$V_1=1V$，计算 THD。

解：

$$THD = \sqrt{(V_2^2 + V_3^2 + \cdots)/V_1^2}$$
$$= \sqrt{(0.03^2 + 0.05^2 + 0.02^2 + 0.04^2)/1^2} = 0.07348 = 7.35\%$$

当有大量明显的谐波存在时，THD 的计算有些让人乏味。有些频谱分析仪包含了自动计算 THD 的功能，可用来做这些工作并能输出 THD 百分比。

特殊 RF 信号测量前的注意事项

相比时域滤波器来说，频谱分析仪的频率域测量能够更细致地观察 RF 频谱信号。但频谱分析仪的成本很高，而且还需要额外的设定时间，这些都表明还需要继续使用更标准的测试技术——主要是伏特表和示波器。不管使用什么测量方式，在测试 RF 信号时必须知道一些效应，就像你可能更熟悉的音频。这些效应是由测试设备的相对较低阻抗引起的高 Q 并行谐振电路负载和测试引线及设备输入电容导致的频率响应改变。

将一个 50Ω 信号发生器接入到一个具有千欧级 Z_p 的调谐 RF 电路，结果将大幅度地降低 Q，同时增加带宽。如果使用一个低阻抗探测器来测量 RF 阻抗，同样会产生负载效应。将电阻器、电容器或变压器和测量设备一起配合使用会减小这种负载效应。

测试引线或设备电容的结果是改变了电路的频率响应。如果你正在观察一个 10MHz 的 AM 信号，其谐振电路已经被测试电容改变为 9.8MHz，这已经引起了一个显而易见的问题。除了一些简单的衰减外，上下边带间的振幅相等关系也将被破坏，也会产生波形的畸变。可以利用低值、串联耦合电阻来降低影响，或是使用小的串联电感来消除这个问题。如果要更精确地判读，但不需要无关的负载，就需要特殊设计的谐振匹配网络。它们可以用作测量设备的附加元件或直接安装到 RF 系统中有利于测量的位置。

发射机输出功率测量

在测试发射机时，通常需要一个仿真天线。仿真天线是一个电阻负载，用来代替天线。仿真天线用来阻止可能发生的不必要的发射。仿真天线（也叫做假负载）也可以防止空载时对输出电路的破坏。图 5-10 给出的是测量和检修发射机输出功率时使用的连接框图。因为能够吸收从发射机输出的能量，所以假负载起着类似天线的作用，它可以防止能量辐射和对其他站点的干扰。它的输入阻抗必须要和发射机输出阻抗匹配（相等），通常是 50Ω。

图 5-10　检查发射机输出功率

假定我们准备检查一个额定输出功率为 250W 的小功率商用发射机（假电阻和功率表具有相同的额度）。如果输出功率超过了站点许可值，则必须调制驱动控制，使单元符合规格要求。如果输出功率达不到要求呢？我们考虑一下可能的原因。

一定要记得第 1 章的建议：先易后难。在小功率输出情况下，最容易做的事情可能是检查驱动控制：配置正确吗？假如正确，检查功率供电电压：它正确吗？观察示波器上显示的电压：在过度波动时指示良好码？纯直流或有个整流器短路或开路。

在简单的工作完成后，检查每个放大器级位于载波振荡器和末级驱动天线的放大器间的谐振。如果在调整了谐振的峰值后，输出功率仍然很低，则使用一个示波器检查每一级的输出电压，以确定它们都符合规范。信号是好的正弦型吗？如果每一级的输入信号干净、无失真，输出也没有失真，那么可能是偏置网络中使用了有问题的器件，或者可能是电子管/晶体管需要检查及/或替换。

5.3　单边带发射机

单边带（SSB）作为 AM 的一种方式在第 2 章已作了介绍，在这种方式中，载波和一个边带被抑制，仅有剩余的边带发射出去。平衡调制器的用法在第 4 章中已经介绍，它产生一个抑制载波的双边带输出。接下来，不需要的边带可以通过滤波法，也可以通过相位法抑制掉。滤波法是一种传统的方法，由于它很适合于用来抑制多频率组成的单边带，所以在模拟 SSB 系统，如业余无线电中广泛得到采用。最近几年，相位法开始流行起来。尽管相位法不像滤波法那样广泛用于模拟 SSB，但对数字调制技术来说，它很理想，数字调制技术将在第 8 章介绍，它拥有很多 SSB 信号的特征。

滤波法

图 5-11 所示的是一个单边带发射机框图，它使用一个平衡调制器来产生 DSB，并用滤波法去除其中的一个边带。为了说明其应用，使用一个单频消息信号，但是消息通常是"复合的"，它包含了一个频率段，比如，人类话音生成的消息。

因为单片滤波器在 9MHz 上的良好工作特性，所以使用一个 9MHz 的晶体频率。2kHz 的信号放大后和 9MHz 的载波（变换频率）在平衡调制器中混频。要记住平衡调制器的输出既不是载频也不是音频；输出的是频率的和与差（9MHz±2kHz）。正如图 5-11 所示的，从平衡调制器输出的两个边带被输送到滤波器中。仅有希望的边带被允许通过。在这个例子中，通过的是上边带，同时下边带被衰减，尽管下边带也能使用，很多 SSB 发射机都提供可切换边带滤波器。图中的虚线表明载波和下边带已经被滤除。

为了将输出调整到期望的发射机频率上，第一个平衡调制器的输出被滤波后会再次和一个新的变换频率混频。两个输入混频后将得到两个新边带，平衡调制器移除产生新的 3MHz 载波，并将这两个新边带输入到一个调谐线性功率放大器中。

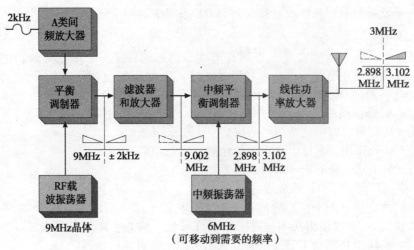

图 5-11　SSB 发射机框图

例 5-2　如图 5-11 所示的发射机系统，计算线性功率放大器所需的滤波器 Q 值。

解： 将前一级高 Q 滤波器输出的 SSB 信号输入到第二平衡滤波器后，第二平衡滤波器生成一个 DSB 信号。然而，第二平衡滤波器的频率转换意味着低质量的滤波器可以再次用来产生 SSB。这个新的 DSB 信号频率分别是 2.9MHz 和 3.1MHz。所需的滤波器 Q 是

$$Q = \frac{3\text{MHz}}{3.1\text{MHz} - 2.9\text{MHz}} = \frac{3\text{MHz}}{0.2\text{MHz}} = 15$$

调整线性功率放大器的输入和输出电路，使它们阻止一个边带通过，而让另外一个边带输出到天线用于发射。现在一个标准 LC 滤波器足够用来去除两个新边带中的一个。这两个新边带大约相距 200kHz（＝3100kHz－2900kHz），所以希望的 Q 值必须很低（参考例 5-2）。高频率振荡器频率可调，这样才能在发射频率的某一范围区间上调整发射机输出频率。由于载波和一个边带都已经被抑制掉，所有的发射功率都集中在一个单边带内。

相位法

SSB 相位法产生的依据是一个 AM 信号的上下边带的相位角符号不同。这表明，可以用滤波法利用相位差别来去除 DSB 信号中一个边带。相对滤波法来讲，相位法有下列优点。

(1)边带切换更容易。

(2)可以在需要的发射频率上直接产生 SSB，这意味着中间的平衡调制器不是必需的。

(3)由于高 Q 滤波电路不是必需的，所以更低的消息频率能够有效使用。

因为滤波法足够担当 SSB 的实现任务，同时也因为相位法直到最近才易于实现，所以不管相位法优点如何，滤波法仍广泛用于很多系统。现代通信系统的主流是数字处理技术，而正弦和余弦波形的本质特征使它们容易被这项技术采用，这使相位法迎来了春天。数字信号处理将在第 7 章和第 8 章中介绍。

考虑调制信号 $f(t)$ 是一个纯余弦波。那么平衡调制器的输出（DSB）可以写成

$$f_{\text{DSB1}}(t) = \cos(\omega_i t)\cos(\omega_c t) \tag{5-2}$$

其中：$\cos(\omega_i t)$——消息信号；$\cos(\omega_c t)$——载波。

根据三角恒等式：$\cos A \cos B = \dfrac{1}{2}[\cos(A+B) + \cos(A-B)]$，所以式(5-2)可以写成

$$f_{\text{DSB1}}(t) = \frac{1}{2}[\cos((\omega_c + \omega_i)t) + \cos((\omega_c - \omega_i)t)] \tag{5-3}$$

如果另外一个信号

$$f_{\mathrm{DSB2}}(t) = \frac{1}{2}\big[\cos((\omega_c - \omega_i)t) - \cos((\omega_c + \omega_i)t)\big] \qquad (5\text{-}4)$$

加到式(5-3)中，那么上边带可以被抵消掉，剩下的只有下边带，即

$$f_{\mathrm{DSB1}}(t) + f_{\mathrm{DSB2}}(t) = \cos((\omega_c - \omega_i)t)$$

利用三角恒等式，式(5-4)中的信号等于

$$\sin(\omega_i t)\sin(\omega_c t)$$

可以将载波和消息准确移相 90°后输入到平衡调制器来产生这个信号。别忘了正弦波和余弦波除了有 90°的相差外，是一样的。

刚讲述的这个系统的框图如图 5-12 所示。载波和消息信号直接输入到上面的那个平衡调制器中，而载波和消息信号都移相 90°后再输入到下面的平衡滤波器中。因此，将两个平衡调制器的输出在加法器合并后会输出一个 SSB，再经后续的放大后送到发射天线上。

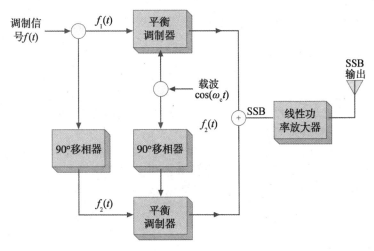

图 5-12　移相 SSB 产生器

这个系统主要的缺点是，消息信号需要 90°相移网络。因为是单频，所以载波 90°相移很容易完成，但是边带内的音频信号占据了很宽的频率范围。把整个频带内的频率进行精确 90°相移很困难，却很重要：给定的音频即使是只有 2°(也就是 88°相移)的误差也会导致大约 30dB 的无用边带抑制，而不是期望的在 90°时可获得的全抑制。

概念上，图 5-12 所示的框图在许多方面都与用于数字系统中传输数据的调制器相似，我们会在第 8 章再次介绍。实际上，它将证明相移数据显示了 DSB 载波抑制信号的很多特征，模拟域中用于载波抑制信号的很多思想也一样可用于数字领域。

5.4　FM 发射机

FM 发射机的功能框图和刚讲述的 AM 发射机的功能框图很多是一致的。FM 发射机主要由振荡器、放大器、滤波器和调制阶段电路组成。然而，根据需要如载波振荡是否是直接调制(直接 FM)或是否采用后续调制级(非直接 FM)、期望的偏移值、频率稳定性，以及需要的频率"捷变"(也就是在一个频率区间调谐的能力)度，基本框图中会有很多的变化。图 5-13 所示框图给出的是一个 FM 发射机的基本构成，下面的章节会详细介绍在实际中遇到的细节。

直接 FM 生成

第 3 章介绍的电容或传声器系统，其中的基本概念可用来直接生成 FM。回忆一下，一个直接 FM 系统就是系统中的载波振荡器频率直接被调制信号改变的。第 3 章的讨论表明，传声器的电容随着传过来的声波变化而变化。图 3-1 给出的是如果传递到传声器的声

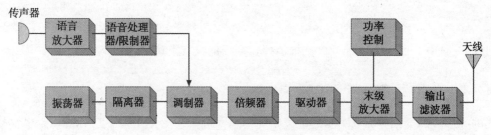

图 5-13 FM 发射机框图

音幅度增强，振荡器频率偏移增加。如果声波频率增加，振荡器上下偏移中心频率的速率也会增加。因为上面提到的问题，虽然电容式传声器振荡器对解释 FM 信号的原理很有帮助，但却不经常用于实际系统：在许可应用中它没有表现出足够的频率稳定性。它同样也不能为实际应用产生足够的偏移。然而，它表明了 FM 可以通过直接调制振荡器的固有频率来得到。

变容二极管

可以使用变容二极管来直接产生 FM。所有反偏二极管都具有这种特点，即结电容值大小变化与反偏电压的大小的变化相反。人们称之为变容二极管的二极管通过相应的结构组成增强了这个特性。图 5-14 所示的是一个变容二极管调制器的方案。没有消息信号（E_i）加入，C_1、L_1 并联电路和 D_1 的电容一起产生谐振载波频率。由于 $-V_{cc}$ 供电对于交流信号可看做是短路，所以二极管 D_1 有效地和 C_1、L_1 并联在一起。在对高频载波短路的同时，耦合电容 C_c 隔离直流电平和消息信号。在消息信号 E_i 加到变容二极管后，变容二极管的反偏电压被改变，结果引起二极管结电容与 E_i 的同步改变。正如 FM 要求的，振荡频率随之变化，从而在 T_1 的集电极得到 FM 信号。为简单起见，直流偏置和振荡器反馈回路没有在图 5-14 中画出。

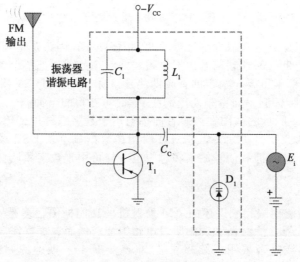

图 5-14 变容二极管调制器

调制器电路

前面的讨论表明，FM 发射机的很多组成电路是由第 4 章中提及的相同功能的模块组成的，这些模块也能在 SSB 和 AM 发射机中找到。然而，直接 FM 发射机的调制器在第 4 章没有详细讲解。尽管对于 PM 的新设计方法来说，电抗调制器是远远的落后了，但它是过去广泛采用的技术之一，而且在很多发射机中仍然在使用。在电抗调制器中，晶体管用作可变电容。该可变电容转而影响载波振荡器的谐振频率。电抗调制器很有效率且能够提供大的偏移。

图 5-15 所示的是一个典型的电抗调制器电路。该图贯穿在整个后续的讨论中。这个电路由电抗电路和主振荡器组成。电抗电路控制着主振荡器电路，使它的谐振频率根据施加的调制信号上下偏移。对于主振荡器电路来说，电抗电路表现为电容性的。在这种情况下，电抗看起来是振荡器谐振回路的一个可变电容器。

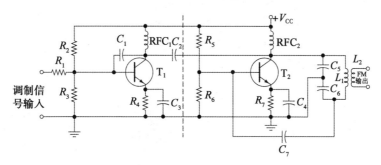

图 5-15　电抗调制器

晶体管 T_1 构成了电抗调制器电路。电阻 R_2 和 R_3 组成一个偏置 T_1 的分压网络。电阻 R_4 是用来让 T_1 热稳定的发射极反馈电阻。电容器 C_3 是一个旁路器件，它阻止交流输入信号退化。电容器 C_1 和晶体管 T_1 的电极间电容互相作用，从而产生一个直接受输入调制信号影响的可变电容性电抗。

主振荡器是一个围绕晶体管 T_2 搭建的科尔皮兹振荡器。线圈 L_1，电容器 C_5 和 C_6 组成谐振电路。电容器 C_7 提供所需的正反馈，使该电路振荡。T_1 和 T_2 是阻抗耦合的，电容器 C_2 在阻止直流电压的同时将 T_1 集电极的变化有效地耦合到晶体管 T_2 的谐振电路上。

当将一个调制信号通过电阻 R_1 施加到晶体管 T_1 的基极时，晶体管的电抗随着那个调制信号变化而变化。如果调制电压上升，T_1 的电容值下降；如果调制电压下降，T_1 的电抗则会上升。电抗上的这种变化将会影响到 T_1 集电极，也会影响到科尔皮兹振荡器的晶体管 T_2 的谐振电路。当 T_1 上的容抗上升时，主振荡器(T_2)的谐振频率会下降。与此相反的是，如果 T_1 电容性电抗下降时，主振荡器的谐振频率上升。

克罗斯比系统

除了不能产生很大的频偏外，如 FM 广播要求 $\pm75\text{kHz}$ 频偏，上面讨论的直接 FM 方法的另外一个弱点是缺乏频率稳定性。晶体振荡器没有用作基准或载波频率。FCC 严格控制着载频的稳定性，而根据迄今讲述的稳定性方法没有获得稳定性。由于晶体振荡器的高 Q 值，直接对它进行频率调制不太可能——它们的频率不能被充分偏移来提供可用的宽带 FM 系统。在一些窄带应用中，直接调制一个晶体振荡器是可能的。如果一个晶体在 5MHz 的中心频率附近可以调制到 $\pm50\text{Hz}$ 的频偏，将二者都乘以 100，会得到一个 500MHz 载波和 $\pm5\text{kHz}$ 频偏的窄带系统。绕过这个难题而实现宽带系统的一个方法是把参考晶体振荡器的频率和载频比较，然后利用一些自动频率控制(AFC)的技术校正载波偏移。

人们称利用 AFC 进行直接生成 FM 的系统为克罗斯比(Crosby)系统。图 5-16 所示的是一个 90MHz 频率用于标准广播站的克罗斯比直接 FM 发射机。请注意电抗调制器起始中心频率是 5MHz，拥有的最大频偏是 $\pm4.167\text{kHz}$。这是一个典型情况，因为电抗调制器不能提供超过 $\pm5\text{kHz}$ 的频偏同时仍能提供高线性度(也就是说，Δf 和调制电压幅度成正比)。因此，倍频器用来提供一个 $\times18$ 的乘法运算，得到 90MHz 的一个载波频率($18\times5\text{MHz}$)和 $\pm75\text{kHz}$ 的频偏($18\times4.167\text{kHz}$)。一定要注意载波和频偏同时被倍频器倍增增加。

频率倍增通常可以利用多次 $\times2$ 或 $\times3$(2 倍增或 3 倍增)得到。原理图中利用的方法是

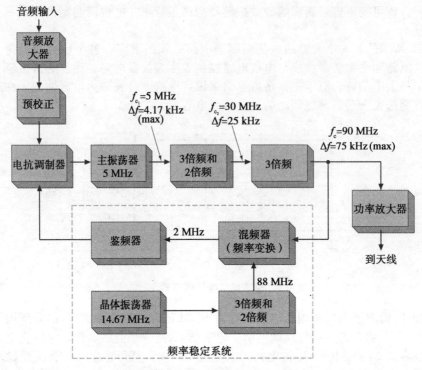

图 5-16　克罗斯比直接 FM 发射机

将 C 类放大器输出的丰富畸变谐波反馈到一个 LC 谐振电路中来得到 2 倍或 3 倍的输入频率。如图 5-17 所示，谐波是唯一的重要输出。

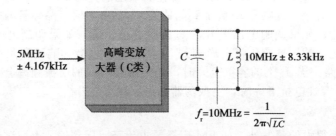

图 5-17　频率倍增（2 倍）

　　在经过图 5-16 所示的 $\times 18(3 \times 2 \times 3)$ 倍增后，FM 激励器的作用完成了。激励器经常用来指那些产生已调信号的电路。激励后的输出送至功率放大器用于传输同时送至频率稳定的系统中。频率稳定系统的作用是任何时候它的频率要从期望的 5MHz 处偏移，为电抗调制器提供一个控制电压。接下来，这个控制电压（AFC）稍稍调整主 5MHz 振荡器的电抗，让它的频率返回。

　　图 5-16 所示的混频器用 90MHz 载波和 88MHz 晶体振荡器信号作为输入。混频器的输出只有 2MHz 的差值分量，它将被输出至鉴频器。鉴频器和 VCO 的作用相反，鉴频器根据输入频率输出一个直流电平。图 5-16 所示鉴频器的输入频率如果恰好是 2MHz，它的输出将会是零，这种情况在发射机的频率刚好是 90MHz 时发生。任何载波的上下偏移都会引起鉴频器输出为正或负，并使主振荡器开始适度调整。实际上，在这种应用中鉴频器和锁相环中的相位探测器所起的作用是一样的。这种相似性不是偶然的。鉴频器的输出电压与两个输入间的频率差或相位差成比例，这点我们将会在第 6 章中进行更详细的讨论。因此，鉴别器电路是在锁相环中使用的第一种类型的电路，因为它们在那种环境中的

操作和 FM 信号解调中的操作很相似。

非直接 FM 生成

如果改变的是晶体振荡器的相位，那么就是相位调制（PM）。正如我们在 3.4 节中所证明的，改变信号的相位会间接引起信号频率的变化。利用 PM 进行晶体振荡器的调制是可能的，这将会间接产生 FM。这种非直接的 FM 生成方法通常称为阿姆斯特朗（Armstrong）类型，以它的发明人 E.H. 阿姆斯特朗命名。它能够对稳定的晶体振荡器进行调制，但却没有烦琐的 AFC 电路，它提供了类似于晶体准确度的载波准确度，这与克罗斯比系统表现出的轻微准确度退化截然相反。

一个简单的阿姆斯特朗调制器如图 5-18 所示。通过将 V_{DS} 保持在低电平，JFET（结型场效应管）被偏置于欧姆区。在那种方式下，它代表一个从漏极到源极的电阻，该电阻的阻值可以用门电压控制（调制信号）。在欧姆区，JFET 的漏源电阻起着一个类似压控电阻的作用（可变电阻）。电阻值由门电压（V_{GS}）控制。值得注意的是，调制信号首先考虑标准预校正，然后再施加到一个频率校正网络。这个校正网络是一个低通 RC 电路（一个积分器），它让音频输出幅度和它的频率成反比。这非常必要，因为在 PM 中，产生的频偏不仅和调制信号幅度成比例（正如 FM 需要的），而且和调制信号的频率也成比例（FM不需要）。因此在 PM 中，如果一个 1V、1kHz 的调制信号引起 100Hz 频偏，一个 1V、2kHz 信号将会引起 200Hz 频偏，而不是同样的 100Hz 偏移量，当然前提是那个信号施加到 $1/f$ 网络上。

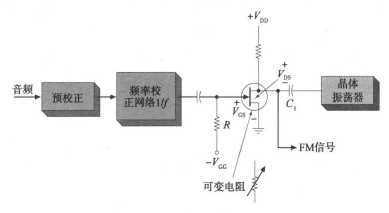

图 5-18　利用 PM 的非直接 FM（阿姆斯特朗调制器）

总的来说，图 5-18 所示的阿姆斯特朗调制器通过改变晶体振荡器输出的相位来间接产生 FM。那种相位改变是利用调整 RC 网络（C_1 和 JFET 的电阻）的相位角完成的，相位角变化和频率校正的调制信号一致。

非直接生成的 FM 不能提供大的频偏。一个典型的频偏是 1MHz 频率上偏移 50Hz（50×10^{-6}）。因此，即使有一个 ×90 的频率倍增，一个 90MHz 发射站只有 $90 \times 50\text{Hz} =$ 4.5kHz 频率偏移。这对于窄带通信 FM 来说可能足够了，但远远小于 FM 广播要求的 75kHz 频偏。图 5-19 给出的是一个完整的提供 75kHz 频偏的阿姆斯特朗 FM 系统。它使用一个平衡调制器和 90°移相器来对晶体振荡器进行 PM。倍增和混频一起使用来得到足够的频偏。图中×81 倍频（$3 \times 3 \times 3 \times 3$）将初始的 400kHz±14.47Hz 信号提高到 32.4MHz±1172Hz。载波和频偏乘上 81。将这一信号输入到混频器，混频器另外一个输入是一个晶体振荡器信号，频率为 33.81MHz；混频器输出分量为 33.81MHz−（32.4MHz±1172Hz）或 1.41MHz±1172Hz。要注意混频器输出改变的是中心频率，不会改变偏移量。混频器接下来，×64 倍增器只接收混频器差值输出分量 1.41MHz±1172Hz，并将之提高到（64×1.41MHz）±（64×1172Hz），或期望的 90.2MHz±75KHz。

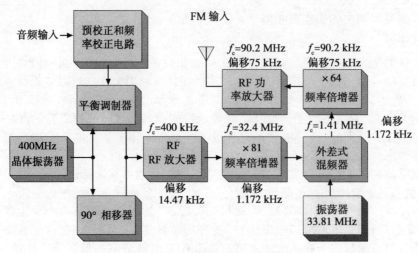

图 5-19   宽带阿姆斯特朗 FM

用来将发射机工作频率提升至指定值的电子电路称为泵浦链（pump chain）。图 5-20 给出了宽带阿姆斯特朗 FM 系统的泵浦链的框图。

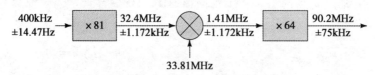

图 5-20   宽带阿姆斯特朗 FM 系统泵浦链

锁相环 FM 发射机

图 5-21 给出的框图是一个非常实用的 FM 发射机。用放大后的音频信号对一个晶体

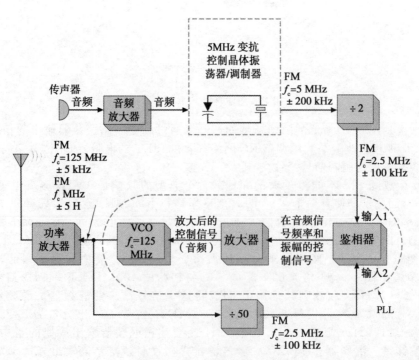

图 5-21   PLL FM 发射机框图

振荡器进行频率调制。变容二极管展现出的可变电容轻微地推动晶体频率。这种方式中可能的偏移接近±200Hz，这对于一个窄带系统来说足够了。从晶体振荡器产生的 FM 输出除以 2 后作为锁相环(PLL)系统中鉴相器的一个输入。正如图 5-21 所示的，鉴相器的另外一个输入是一样的，所以(在这种情况下)鉴相器的输出是相同的音频信号。因此，到 VCO 的输入控制信号也同样是音频信号，VCO 的输出将会是非同步值 125MHz±5kHz，它被精确设定为 2.5MHz 的 50 倍，2.5MHz 是 5MHz 的晶体频率除以 2 的结果。

从 VCO 输出的 FM 信号再经功率放大后输送至天线上。这个输出也被一个÷50 网络采样，它为鉴相器提供了另一个 FM 信号输入。PLL 系统有效地进行了所需要的×50 乘法运算，但更重要的是，它提供了发射机需要的频率稳定性。VCO 中心频率的任何偏移都会在相位探测器上产生一个输入(见图 5-21 的输入 2)，这个输入值和准确的 2.5MHz 晶体频率值略有不同。由此，鉴相器输出端发出一个误差信号，以重新将 VCO 中心频率调整回准确的 125MHz。鉴相器/VCO 这种动态过程和反馈路径是 PLL 的基础。

5.5　立体声 FM

20 世纪 50 年代立体声唱片和磁带以及有关的高保真回放设备的出现导致了立体声 FM 发射的发展，1961 年 FCC 对立体声 FM 发射授权。立体声系统产生两个分离的信号，分别来自于音乐厅的左边和右边。当在左右扬声器上播放时，听众会获得极高的空间或方向感体验。

一个立体声广播需要两个单独的 30Hz 到 15kHz 信号来调制载波，这样接收机才能够提取左右声道信息，并将它们分别放大后送到对应的扬声器。那么本质上说来，立体声广播发送的信息量是 2 倍的。哈特利(第 1 章)定律告诉我们，不管是带宽还是传输时间都会因此翻倍，但是这不切实际。通过将两个调制信号频分复用来提高可用带宽(200kHz)的更有效使用可以解决这个问题。

调制信号

FCC 认可的系统是兼容的，由于单声道 FM 接收机收到立体声广播后，它的输出必然与左右声道相加(L+R)后的总和大小相等，而立体声接收机则能够提供独立的左声道和右声道信号。如图 5-22 所示，立体声发射机有一个调制信号。可以发现，L+R 调制信号的和从 30Hz 扩展到 15kHz，这和标准 FM 广播中用来调制载波的音频信号是一样的。然而，一个对应左声道减去右声道(L-R)的信号占据了 23kHz 到 53kHz 频段。另外，这个复合立体声调制信号中包含了一个 19kHz 的导频副载波。

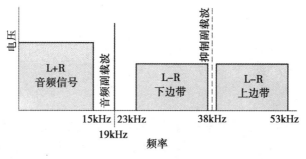

图 5-22　复合调制信号

在第 6 章讨论立体声 FM 接收机部分时，立体声调制信号这样特殊安排的原因会越来越清晰。对目前来说，只需要知道用两个不同的信号(L+R 和 L-R)来调制载波就足够了。由于这两个不同的信号利用占据两个不同的频段而实现了复用，所以这个复合信号是频分复用的一个例子。

频率域表示

图 5-23 所示的框图给出的是，复合调制信号是如何产生，并施加到 FM 调制器用于后续的发射。左右声道分别被它们各自的传声器拾取并单独预校正。接下来它们被输入到一个矩阵网络，由于该网络将其反转为右声道，假设为−R 信号，然后将 L 和 R 合并（相加），以提供一个(L＋R)信号，同样也会合并 L 和−R 来提供一个(L−R)信号。在该点，这两个输出仍然是 30Hz 到 15kHz 的音频信号。接下来，这个(L−R)信号和一个 38kHz 载波信号被输入到平衡调制器，平衡调制器的输出则是载波被抑制的双边带信号(DSB)。上下边带在距离抑制的 38kHz 载波的上和下 30Hz 到 15kHz 频段上，因此频率范围从 23kHz(38kHz−15kHz)到 53kHz(38kHz＋15kHz)。所以，(L−R)信号已经从音频搬移到更高的频率，从而和 30Hz 到 15kHz(L＋R)信号分离。(L＋R)信号被添加了一个小的时延，所以两路信号在不同的事件阶段上被输入到 FM 调制器。这一步是必需的，因为平衡调制器中的(L−R)信号会引入小的时延。图 5-23 中 19kHz 主振荡器将信号直接施加到 FM 调制器上，同样 19kHz 频率也会翻倍，变成 38kHz 以用做平衡调制器的载波输入。

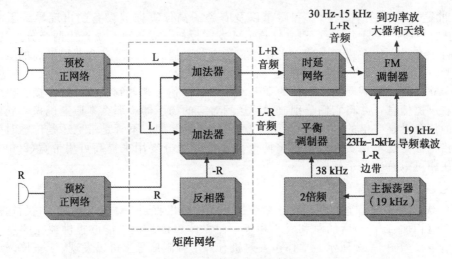

图 5-23　立体声 FM 发射机

相对于单声道广播来说，立体声 FM 易受到噪声的影响。如图 5-22 所示，(L−R)信号比(L＋R)信号弱。(L−R)信号还在更高的调制频率(23 到 53kHz)上，这二者都造成了更差的噪声性能。最终到接收机的信噪比比单声道信号小 20dB 左右。鉴于此，一些接收机配备一个单声/立体声开关，这样可以把较弱的立体声信号转换为单声道信号来增强接收到的效果。由于存在 19kHz 导频载波，一个单声道接收机收到的立体声信号仅比一个同等的单声道广播差大约 1dB(S/N)。

总结

不同调制方式的发射机组成非常相似。后续章节中介绍的不同方式的数字调制也会证明这一点。我们将会看到大部分功能已经被集成到了收发机的集成电路中。在框图级，可以看到所有类型的发射机仅由少量的必需模块构成。这包括振荡器、放大器和不同形式的滤波器，以及阻抗匹配电路。振荡器，不管是直接还是通过不同级的频率倍增，决定了载波频率。振荡器必须非常稳定，这也意味着所有情况下都采用晶体参考振荡器。

同样，调制器也是所有发射机中常见的部件。尽管根据调制类型和频率范围的不同，调制器电路看起来有差别，但其作用都是一样的：将消息承载到载波上。因此调制器起着混频的作用。在 AM 中，调制可以是高阶或者是低阶的。高阶调制发生在载波施加到天线前的最后可能点，而且允许使用高效的 C 类末级放大器。大功率应用的缺点是，调制级在全调制时能输出的功率必须是载波功率的一半。在框图中，低阶调制器在更前的阶段就引入消息。尽管引入很早，尤其是工作在小功率时，缺点是后续的放大必须是线性的，因此降低了效率。

抑制载波 AM 和 SSB 发射机使用平衡调制器来产生无载波的边带。平衡调制器是一个线性乘法器的例子。抑制不需要的载波有两种方法可以使用。传统的方法是滤波法。这里，要使用一个非常陡峭的滤波器才能在保留所需边带的同时移除另外一个边带。这种类型的滤波器具有陡峭的衰减曲线，或通带到阻带距离很短。第二种方法是相位法。由于要保证所有频率的 90°精确移相，话音段传输很难实现；尽管如此，相位法仍然很受欢迎，它事实上将是所有数字发射机实现的基础。

FM 发射机拥有 AM 和 SSB 发射机的很多特点。它们通常工作在更高的频段，而且宽带 FM 发射机必须能在宽的频偏上维持频率稳定性。FM 发射机可以是直接类型的，也可以是非直接类型的。在直接 FM 发射中，频率产生级（振荡器）被直接调制。在可能的情况下，难点是在频率稳定振荡器上维持足够宽的频偏，因此较高 Q 调谐电路必不可少。直接调制需要若干倍频级来提升频偏，当然还有频率。有很多直接调制方案。一个是电抗调制器。尽管已经远远落伍，这里仍然提供了电路来讲解其基本的概念，很多已安装的和在用的模拟 FM 发射机中仍然在使用这种方案。在 FM 广播中可见的一种类型的 FM 发射机是克罗斯比发射机。这种配置允许宽的和线性的频偏，同时有商用要求的高频率稳定性。

其他类型的 FM 发射机是各种非直接的 FM 调制的。在这种发射机中，在决定频率的振荡器之后进行调制。由于频率和相位有关联，利用调制信号改变瞬时载波相位角可以达到改变频率的目的。这种非直接 FM 系统一定要使用一个低通滤波器，该低通滤波器用作积分器以便使调制器对调制信号频率不敏感。其他类型的 FM 发射机配置，主要是那些基于锁相环的发射机，同样也有广泛的应用。

习题与思考题

5.1 节

1. 简述晶体管产生 AM 信号的两种可能方法。
2. 什么是低电平调制？
3. 什么是高电平调制？
4. 解释高电平和低电平调制的优缺点。
5. 为什么有些射频放大器必须是平衡的？
6. 解释自激振荡和寄生振荡在作用上的不同之处。
7. 给出寄生振荡的定义。
8. 自激振荡是如何发生的？
9. 画出 C 类晶体管调制器的方案并解释其工作原理。
10. C 类放大器的优点是什么？
11. 石英晶体在无线电发射机中的作用是什么？
12. 画出 AM 发射机的框图。
13. 发射机中隔离放大器级的用途是什么？
14. 画出一个简单方案图来说明发射机末级功率放大器的射频输出耦合到天线的方法。
15. 解释天线耦合器的功能。
16. 船载无线电电话发射机工作在 2738kHz。在距离发射机较远的一点，测得 2738kHz 信号的场是 147mV/m。在同一点测得的第二谐波场是 405μV/m。到最近的分贝表示的整个单元，

该谐波辐射比 2738kHz 基波向下衰减了多少？（51.2dB）

17. 上调谐过程是什么？

5.2 节

18. 画出阴极射线示波器屏幕上指示无畸变的调制百分比的梯形图。
19. 解释标准示波器上显示 AM 信号的梯形图的优点。
20. 频谱分析仪图形表明某信号幅值仅由三个分量组成：960kHz 的为 1V、962kHz 的为 0.5V、958kHz 的为 0.5V。这是什么信号？它如何产生？
21. 给出毛刺信号的定义。
22. 简要绘出用频谱分析仪测量第 2 章的问题 31 中给出的 AM 信号的显示结果，调制度在 20% 和 90%。用 dBm 标出幅度。
23. 第 1 章中图 1-6 所示的频谱分析仪的显示校准为垂直分辨率 10dB，水平分辨率 5kHz。50.0034MHz 载波被显示在 −20dBm 的底噪上。计算载波功率、频率和毛刺的功率。（2.51W，50.0149MHz，49.9919MHz，49.9804MHz，6.3mW，1mW）
24. 假天线的用途是什么？

25. 一放大器有一个 50mV 的纯正弦波输入。它的电压增益为 60。频谱分析仪显示存在 0.035V、0.027V、0.019V、0.011V 和 0.005V 的谐波分量。计算总谐波失真（THD）和相对谐波失真。（2.864%）

26. 例子 5-1 中给出了在计算 THD 时去除一个额外谐波（$V_6 = 0.01V$）。计算由于该删除而引入的错误百分比。（0.91%）

5.3 节

27. 计算图 5-11 中给出的发射机的载波频率。（它不是 3MHz）

28. 列出相位法相比滤波器法产生 SSB 的所有优点。为什么相位法不如滤波器法应用广泛？

29. 假设两个边带相距 200Hz，计算将 DSB 转换成 SSB 所需要的滤波器 Q。抑制载波（40dB）是 2.9MHz。解释为什么这个 Q 可以大幅度的衰减载波。（36, 250）

30. 一 SSB 信号的载波是 200kHz。在滤波前，上边带和下边带相隔 200Hz。计算 40dB 的抑制所需要的滤波器 Q。（2500）

31. 解释图 5-12 中移相 SSB 产生器的工作原理。为什么载波的 90°移相不是问题，而对于音频信号却是？

5.5 节

32. 画出变容二极管 FM 发生器的方案图并解释其工作原理。

33. 画出采用电抗调制器的频率调制振荡器的方案图。解释其工作原理。

34. 解释克罗斯比类型的调制器的原理。

35. 电抗调制器的良好特性如何获得？

36. 如果 FM 发射机使用了一个 2 倍频器、一个 3 倍频器和一个 4 倍频器，当振荡器的频率在 2kHz 摇摆时，载波会在什么频率摇摆？（48kHz）

37. 画出工作在 100MHz 的广播波段克罗斯比 FM 发射机的框图并在图中标出所有的频率。

38. 解释鉴相器的作用。

39. 画出从传声器输入到天线输出的阿姆斯特朗类型的 FM 广播发射机的完整框图。陈述每级的作用，并简要介绍这个发射机的整体工作原理。

40. 将 FM 信号通过混频器与通过乘法器相比，解释在偏移量上的差异。

41. 将窄带 FM 发射增加为宽带 FM 发射需要什么类型的电路？

42. 解释图 5-21 中 PLL FM 发射机的工作原理。

43. 画出从传声器输入到天线输出的立体声复用 FM 广播发射机的完整框图。陈述每级的作用，并简要介绍这个发射机的整体工作原理。

44. 解释在采用相同的带宽条件下，立体声 FM 如何有效得传输 2 倍标准 FM 广播的信息？

45. 给出频分复用的定义。

46. 描述用在图 5-23 中的 L−R 信号的调制类型。

47. 矩阵网络关系到 FM 立体声信号，请解释它的用途。

48. FM 立体声和单声道广播中的噪声性能差异是什么？如果一个 FM 立体声信号在接收机端存在噪声的问题，请解释应该怎么处理？

第6章

接收机

通信接收机从音频信号中提取消息以备后用。这些消息有多种形式。它可以是模拟的，代表声音、音乐或视频，或者它是数据的形式并要进一步在数字环境中处理。为了提取消息，接收机必须能够从到达它的天线的所有信号中选择和提取需要的信号。接收机必须提高接收到的信号的增益，通常是几百万倍。最后，接收机必须能在噪声环境中工作，这些噪声来源于通信信道和接收机自身。这些因素使接收机的设计面临着很大的挑战，我们将在本章进行更全面的讨论。同样，本章也会详细讨论解调和探测的过程。

6.1 接收机指标

接收机的两个主要特征是其灵敏度和选择性。一个接收机的灵敏度是其总增益的函数，它可以定义为驱动输出变换器(比如扬声器)到一个可以接受程度的能力。灵敏度一个更专业的定义是，产生规定的输出所需的最小输入信号，通常用一个电压表示。有时候，灵敏度用最小可识别输出来定义。通信接收机的灵敏度范围从低成本 AM 接收机的毫伏到用于更精密应用的超精细单元的毫微伏不等。本质上说来，一个接收机的灵敏度由它能提供的增益来决定，当然更重要的是由接收机噪声特性决定。一般说来，输入信号幅度必须在一定程度上高于接收机收到的噪声幅度。人们称这个输入噪声为接收机固有噪声电平。无线电中进一步提高增益不难，但将噪声维持在一个很低的水平却是一个很大的挑战。

选择性可以定义为，一个接收机能在有用信号和其他频率(不需要的无线电信号和噪声)间区分的程度。一个接收机也可以是过度选择的。例如，在商用 AM 广播中，发射信号可以包含的消息频率高达 15kHz，它随之产生的上边带和下边带扩展到载频的上 15kHz 和下 15kHz。信号总带宽为 30kHz。因此最佳接收机选择性是 30kHz，但如果选择一个 5kHz 的带宽，上下边带只能扩展到载频上下 2.5kHz。无线电输出的保真度可能无法保证，因为输出包含的消息最大仅为 2.5kHz。另一方面，过宽的带宽，比如本例中的 50kHz，将会接收到临近的无用信号和附加噪声。回忆一下，噪声和所选择的带宽成正比。

曾经提到，AM 广播可以扩展到大约 30kHz 带宽。然而，实际的情况是很多发射站和接收机采用了一个更有限的带宽。由于很多 AM 发射站是话音格式的，所以保真度的损失通常不会有危害。例如，带宽 10kHz 的接收机对于 5kHz 的音频已经足够了，这已经超出了可处理的人声音的范围。最大频率 5kHz 的音乐再生不具有高保真度，但对于日常的聆听已经足够了。

6.2 调谐射频接收机

设想一个无线电接收机的框图，可能会经过下述的逻辑思考过程。

(1)来自天线的信号通常很小，因此必需进行放大。这个放大器要具有低噪声特性，而且应被调谐到只能处理希望的载波和边带频率，以避免其他站的干扰，并使接收噪声最小化。要记住噪声和带宽成比例。

(2)在经过足够的放大后，需要一个电路提取射频中的消息。

(3)在提取消息信号后，需要进一步放大以提供足够的功率驱动扬声器。

这样的逻辑思考下来可以得出如图 6-1 所示的框图。框图由射频放大器、检波器和音频放大器组成。第一部用于 AM 广播的射频接收机采用的是这种方式，人们称它为调谐射频(TRF)接收机。这些接收机通常需要三级射频放大，每一级的前面都有一个单独的可调谐电路。你可以想像一下当听众调谐到一个新的站时所经历的挫折体验。这三个调谐电路每个都是利用各自的可变电容器来进行调节的。只有这三个调谐电路正确地调节后才能接收发射站发出的信号，因此这需要充足的时间和丰富的实践。

图 6-1　简单调谐射频接收机框图

TRF 选择性

TRF 设计的另外一个问题是，如何设计它在调谐频段内选择性的可变性。考虑一个标准 AM 广播波段接收机，占据的频段范围是 550kHz 到 1550kHz。假设其近似中心频率是1000kHz，我们可以利用第 4 章中的式(4-8)来计算出在所需带宽为 10kHz 时，要求的 Q 是 100，即

$$Q = \frac{f_r}{BW} = \frac{1000kHz}{10kHz} = 100$$

既然调谐 Q，变化到 1550kHz 时，带宽将变成 15.5kHz。因为

$$Q = \frac{f_r}{BW}$$

因此

$$BW = \frac{f_r}{Q} = \frac{1550kHz}{100} = 15.5kHz$$

接收机的带宽太大，接收到的信号会受到不断增大的噪声的影响。另一方面，相对应的问题是，在频段低端遇到的问题。在 550kHz，带宽是 5.5kHz，有

$$BW = \frac{f_r}{Q} = \frac{550kHz}{100} = 5.5kHz$$

接收保真度受到损害。最大可能信号频率是 5.5kHz/2 或 2.75kHz，而不是发射完整的 5kHz。这种选择性问题使得超外差接收机代替 TRF 设计并被普遍应用。

例 6-1 一个 TRF 接收机，采用 $10\mu H$ 的电感来设计一个单调谐电路。

(a) 要求调谐频率范围 550kHz 到 1550kHz，计算可变电容器的电容值范围。

(b) 在 1100kHz 处，得到理想 10kHz 带宽。计算所需的 Q。

(c) 计算该接收机在 550kHz 和 1550kHz 处的带宽。

解：

(a) 550kHz 时，利用第 4 章式(4-1)计算 C，即

$$f_r = \frac{1}{2\pi\sqrt{LC}}$$

$$550kHz = \frac{1}{2\pi\sqrt{10\mu H \times C}}$$

$$C = 8.37nF$$

在 1150kHz 时，有

$$1550kHz = \frac{1}{2\pi\sqrt{10\mu H \times C}}$$

$$C = 1.06nF$$

因此，需要的电容范围是 1.06nF 到 8.37nF

（b）

$$Q = \frac{f_r}{BW} = \frac{1100\text{kHz}}{10\text{kHz}} = 110$$

（c）1550kHz 时，

$$BW = \frac{f_r}{Q} = \frac{1550\text{kHz}}{110} = 14.1\text{kHz}$$

在 550kHz 时，

$$BW = \frac{550\text{kHz}}{110} = 5\text{kHz}$$

6.3　超外差接收机

超外差接收机始于 20 世纪 30 年代的早期，正是 TRF 系统中可变选择性问题直接导致了超外差接收机的发展和广泛使用。这么多年，这种基本的接收机配置仍然占据主流，用在很多类型的接收机中，这些接收机使用的调制方式涵盖各种可能。图 6-2 给出的是一个 AM 超外差接收机框图。SSB 和 FM 接收机很快也会给出，它们的布局类似。接收机第一级——RF 放大器——是否需要由接下来讨论的因素决定。下一级是混频器，它有两个输入，分别是 RF 放大器（在不使用 RF 放大器时则是天线输入）的输出和一个本地振荡器（LO）产生的等幅正弦波。要记住混频器是一个非线性器件或电路。它在接收机中的作用是将接收到的信号和一个正弦波混合，产生一组新的和频和差频。混频器的输出将是一个以差频为中心的已调信号。人们常称混频器的输出为中频（IF），它恒定，频率通常比接收到的信号频率低（LO 和 RF 频率的和也可以使用，而且有很多优点。但这种称为上变频接收机中的 IF 频率比收到的 RF 信号频率高，在某种程度上更难设计，因此较少见到。这里的关键点是 IF 和发射机中的 RF 载波频率是不同的）。即使调谐接收机，IF 仍然保持不变，所以接收机的带宽在整个调谐范围内保持恒定。恒定带宽是超外差接收机优秀的选择性的关键。另外，由于 IF 频率通常比 RF 频率低，接收信号的电压增益在 IF 频率上更容易达到。

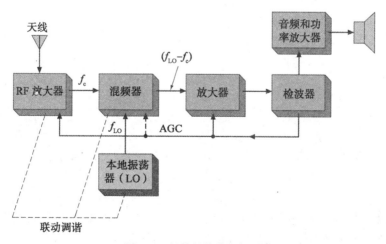

图 6-2　超外差接收机框图

从图 6-2 所示框图中可以看到，混频器的输出，即 IF，被一个或多个 IF 放大器进行放大，这提供了射频信号的放大，即总的接收机增益。再次强调，这个放大信号的频率是一个固定的频率。紧跟 IF 放大器之后是检波器，它从射频信号中提取消息，该消息信号由音频放大器放大到具有足够的功率驱动扬声器。检波器输出一个和接收到的信号强度成比例的直流信号，并将该信号反馈到 IF 放大器，有时也反馈到混频器及（或）RF 放大器。这就是自动增益控制（AGC）。接收信号变化幅度很大，AGC 的存在可以让接收机有相对稳定的输出。6-8 节将对 AGC 子系统进一步讨论。

频率变换

混频器执行频率变换任务。见图 6-3 所给出的 AM 广播接收机的配置。输入到混频器的 AM 信号是一个经 1kHz 正弦波调制的 1000kHz 载波，产生的边带频率是 999kHz 和 1001kHz。LO 输入是一个 1455kHz 的正弦波。由于是一个非线性器件，混频器将产生如下分量：

（1）初始输入分量，频率分别为：999kHz、1000kHz、1001kHz 和 1455kHz。

（2）初始输入频率相加和相减得到的分量：1455kHz ±（999kHz，1000kHz 和 1001kHz）。即输出为 2454kHz，2455kHz，2456kHz，454kHz，455kHz 和 456kHz。

（3）（1）和（2）中列出的所有频率分量的谐波和 1 个直流分量。

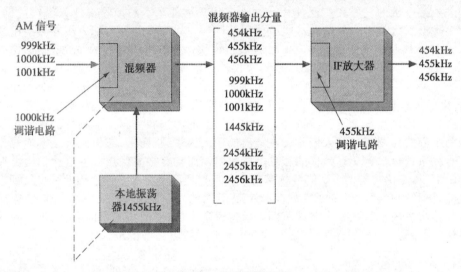

图 6-3　频率变换过程

这些结果和第 4 章中幂级数阐述的一样，同时也是任何非线性混频后的必然结果。

IF 放大器包括一个调谐电路，它只接收 455kHz 附近的分量，在本例中有 454kHz、455kHz 和 456kHz。在 AM 信号频率点 999kHz、1000kHz、1001kHz 处，混频器和原输入 AM 信号保持着相同的振幅比例，所以通过 IF 放大器的信号是原 AM 信号的副本。唯一的区别是，现在的载波频率为 455kHz。它的包络线和原 AM 信号的包络线完全一致。刚才的过程就是频率变换，它将载波从 1000kHz 搬移到 455kHz，即位于载波频率和消息信号频率间的频率点，因此称为中频放大器。由于混频器和检波器都有非线性特征，所以人们也常把混频器称为第一检波器。

调谐电路调整

现在考虑一下改变混频器前端调谐电路的谐振频率，以接收来自 1600kHz 发射站的信号。不管是谐振回路组件的电感还是电容（通常是后者），都必须降低容量来将谐振频率从 1000kHz 变为 1600kHz。如果本地振荡器调谐电路的电容同时降低，那么振荡器的频率将上升 600kHz，这时则会出现图 6-4 所示的情况。和前面接收机被调谐到 1000kHz 的情况类似，混频器输出仍然包含一个 455kHz 分量（在其他分量中）。IF 放大器中的频率选择电路阻止混频器产生所有其他频率分量。

因此，超外差工作的关键是使 LO 频率与调谐输入无线电信号的频率同步，从而使它们的频率差恒定(IF)。对于一个 455kHz 的 IF 频率，即大多数 AM 广播接收机的通用情况，这意味着 LO 应该一直比输入载波频率高 455kHz。将接收机前端调谐电路中的电容器机械连接(同轴)到公用调节轴上，如图 6-5 所示，或是利用前面讨论的锁相环原理中的频率同步技术来保证前端调谐电路的频率跟踪。注意图 6-5 所示的同轴电容器有三个独立的电容器单元。

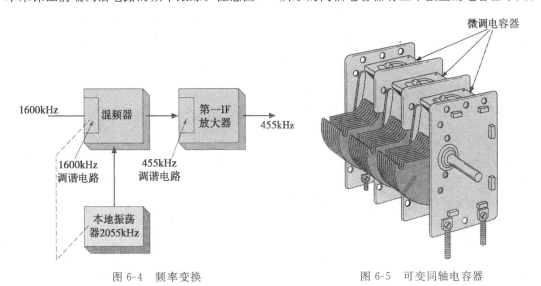

图 6-4　频率变换　　　　　　　　　　图 6-5　可变同轴电容器

镜像频率

用于调谐射频的超外差接收机的最大优势是超外差在宽的接收频段上表现出的恒定选择性。超外差接收机的主要增益由工作于固定频率上的中频放大器提供，这种配置带来的好处是使频率选择电路的设计在相对简化的同时仍具有高的效率。然而，除了明显的复杂性增加外，这种设计也有它的缺点。由混频器、振荡器联合进行的频率转换过程会使非预期的广播站信号输入到 IF 中。假设一个接收机被调谐，以接收一个 20MHz 的广播电台，所用 IF 为 1MHz。在这种情况下，LO 是 21MHz，这样混频器才能够输出一个 1MHz 的频率分量。如图 6-6 所示。如果空中同时有一个的 22MHz 广播站发出的信号在传播，这个无用信号也会输入到混频器中。即使混频器前端的调谐电路是在"选择"20MHz 的频率，但图 6-6 所示的响应曲线表明它并没有完全衰减 22MHz 广播站发出的信号。一旦这个 22MHz 信号进入混频器，我们就会遇到下面的这个问题。它和 21MHz LO 信号混频后，会产生一个 22MHz－21MHz＝1MHz 的 IF 频率。因此，我们现在得到的信号除了

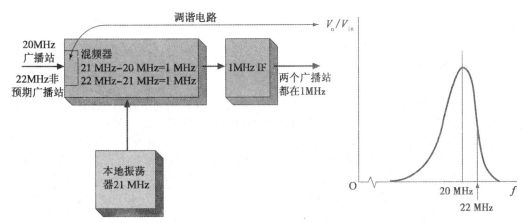

图 6-6　镜像频率图解

20MHz 广播站发出的外，还有不需要的 22MHz 广播电台信号，这两个信号对于 IF 来说都是正确的。根据信号强度不同，这个无用信号可能会干扰，甚至会完全淹没有用信号。

例 6-2 一个标准广播段接收机，使用 IF 为 455kHz，接收广播电台频率为 620kHz，计算镜像频率。

解： 首先确定 LO 的频率。LO 频率减去期望广播站的信号频率 620kHz 应该和 IF 455kHz 相等。因此

$$\text{LO} - 620\text{kHz} = 455\text{kHz}$$
$$\text{LO} = 620\text{kHz} + 455\text{kHz} = 1075\text{kHz}$$

现在确定其他频率，当和 1 075kHz 混频时，得到一个 455kHz 的输出分量，即

$$X - 1075\text{kHz} = 455\text{kHz}$$
$$X = 1075\text{kHz} + 455\text{kHz} = 1530\text{kHz}$$

最终，在此情况下的镜像频率是 1530kHz。

人们称前面讨论的无用信号频率为镜像频率。在设计超外差接收机时，如何更好地抑制镜像频率是一个重要的考虑因素。

在标准(无线 AM)广播波段，镜频抑制不是主要的问题。图 6-7 所示的能够说明这一点。在此情况下，镜像频率几乎完全被混频器输入端的调谐电路所抑制，因为 1 530kHz 远离调谐电路的中心频率 620kHz。不幸的是，很多通信接收机工作在更高频率段，很难做到图 6-7 所示的结果。在这种情况下，人们用一种称为两次变频的技术来解决镜像频率问题。

使用有输入调谐电路的 RF 放大器也有助于降低镜像频率的影响。此时，镜像频率必须通过两个调谐电路，而在镜像频率被混频前，这两个电路都已经被调谐到期望频率。相对于没有 RF 级的接收机中的单个单调谐电路，位于 RF 和混频器级输入端的这些调谐电路对镜像频率的衰减幅度要高的多。

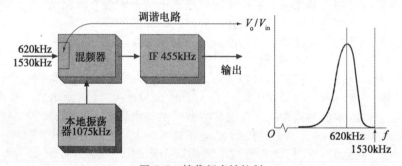

图 6-7　镜像频率被抑制

两次变频

很多通信系统设计的目的不是用于普通听众的大众传媒。有些应用可能是"关键业务"，如用于国防事业或是支持商业业务，或者系统是被设计用于生命安全应用，包括警察局和防火或是应急医疗救治。出于这些应用的重要性考虑，应用于此的通信接收机的复杂性要比仅用于接收公共广播的接收机的高。从广播接收机到通信接收机变化的一个显著地方是在混频过程。两个主要的不同是通信设备中两次变频的广泛应用和上变换的日益普及。两个改进的主要目标就是降低镜像频率。

两次变频是让 RF 信号逐步降低到第一个、相对高的 IF 频率，然后经混频再次降低到第二个、更低的、最终的 IF 频率的过程。图 6-8 所示的是典型两次变频系统的框图。值得注意的是，第一个本地振荡器是可调的，这样可以为第一个 IF 放大器提供稳定的 10MHz 频率。经这样处理后，输入到第二个的就是一个恒定的 10MHz，这样才能够保证第二个本地振荡器是一个固定频率的 11MHz 晶体振荡器。第二个混频器输出的频率差分

量(11MHz−10MHz)送到第二个 IF 放大器,它工作在 1MHz。接下来的例子说明了两次变频具有消除镜像频率问题的能力。例 6-3 表明,在这种情况下,镜像频率是期望信号频率的 2 倍(40MHz 对 20MHz),即使是 RF 和混频器级的相对宽带调谐电路也几乎能完全抑制镜像频率。另一方面,如果该接收机使用的是单次变换,直接将 RF 信号变到最终的 1MHz IF 频率,镜像频率很可能不会被完全抑制。

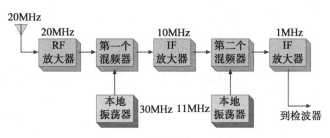

图 6-8　两次变频接收机框图

例 6-3 计算图 6-8 所示接收机的镜像频率。

解: 当和 30MHz 的第一个本地振荡器信号混频时,镜像频率能够产生第一个混频器的 10MHz 频率输出。当然,20MHz 的期望频率在和 30MHz 混频后也能输出 10MHz 分量,但是还有哪些频率还能提供 10MHz 的输出呢?稍加思考,就可以得出如果一个 40MHz 的输入信号和一个 30MHz 的本地振荡器信号混频,可以得到的输出为 40MHz−30MHz=10MHz。因此,镜像频率是 40MHz。

例 6-4 的 22MHz 镜像频率和期望的 20MHz 信号频率非常接近。RF 和混频器的电路要能够衰减 22MHz 镜频,但是在镜频的一个高电平信号几乎在 IF 级的输入端肯定会出现,而且从该时刻起无法被移除。图 6-9 所示的 RF 和混频器调谐电路响应图用于体现两次变频方案的惊人镜频滤除能力。

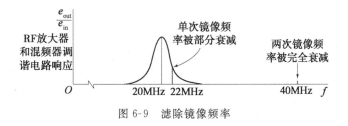

图 6-9　滤除镜像频率

例 6-4 确定图 6-10 所示接收机的镜像频率。

解: 如果一个 22MHz 的信号和 21MHz 的本地振荡器混频,那么会生成一个 1MHz 的差频分量,而期望的 20MHz 信号与 21MHz 信号混频也会产生 1MHz 差频分量。因此,镜像频率是 22MHz。

对于低频载波,例如低于 4MHz 频率的载波,镜像频率不是一个大问题。举个例子,4MHz 载波和一个 1MHz IF 的一个单次变换,意味着本地振荡器频率是 5MHz。镜像频率是 6MHz,该频率距离 4MHz 载波足够远,因此不会带来问题。在更高的频率段上,镜像频率则会引起麻烦。我们所用的通信波段已经非常拥挤,而此波段中大量的传输使问题进一步恶化。

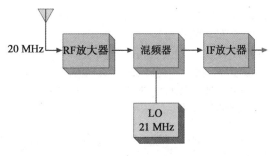

图 6-10　例 6-4 的系统

例6-5 相对于 AM 或 SSB 通信，为什么 FM 系统中镜像频率引起的问题要小的多？

解：回忆一下，FM 系统中捕获效应的概念（第 3 章）：该效应表明如果期望站和非期望站的信号同时被接收机拾取，更强信号会由于固有的对弱信号的抑制而被接收机"捕获"。因此，信号与非预期信号比为 2∶1，在输出端会变成 10∶1。这与 AM（包括 SSB 系统）系统不同，AM 系统中比值 2∶1 会一直保持到输出端。

上变频

截至目前，由于可用器件可让两次变频方案很容易的达到低 IF 频率的选择性要求，所以两次变频方案已经成为标准做法，它和更低的 IF 频率（通常是大家熟悉的 455kHz）一起为接收机提供了大多数选择性。然而，VHF 晶体滤波器（30MHz 到 120MHz）已经能够用于 IF，在复杂通信接收机里面，变频到较高的 IF 比变到 RF 频率要更普遍。举例来说，考虑接收机调谐以接收 30MHz 的站，使用 IF 频率为 40MHz，如图 6-11 所示。因为 IF 的频率要比待接收的信号频率要高，所以这表示一个上变频系统。70MHz 的本地振荡器频率和 30MHz 信号频率混频后产生期望的 40MHz 的 IF。使用一个晶体滤波器在 40MHz 上就能提供足够的选择性。

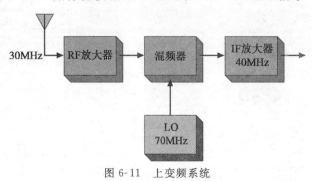

图 6-11　上变频系统

例6-6 确定图 6-11 所示系统的镜像频率。

解：如果一个 110MHz 的信号和 70MHz 的本地振荡器混频，将会得到 40MHz 的输出分量。所以镜像高频率就是 110MHz。

例 6-6 体现了上变频的优越性。110MHz 的镜频信号通过调谐到 30MHz 的 RF 放大器不大可能。上变频不需要两次变频及其所有必要的额外电路。上变频的唯一缺点是，要求 IF 滤波器的 Q 值更高，以及更优的高频响应 IF 晶体管。目前在此领域的技术发展水平让上变频在成本上具有吸引力。两次变频的其他优势还有更佳的镜像频率抑制和更窄的振荡器的调谐范围需求。用于上变频的更窄调谐范围可以通过下面的例子体现出来，而且更窄的调谐范围降低了宽可调本地振荡器的跟踪难度。

例6-7 如图 6-8 和 6-11 所示系统，假设接收机必须从 20MHz 调谐到 30MHz，试确定本地振荡器的调谐范围。

解：图 6-8 中用于接收 20MHz 信号的两次变频，本地振荡器工作在 30MHz 中。接收 30MHz 信号，假如 IF 频率同样是 10MHz，这就意味着本地振荡器工作在 40MHz 中。它的调谐范围是从 30MHz 到 40MHz 或者 40MHz/30MHz＝1.33。图 6-11 所示上变频方案要求用于 30MHz 输入的本地振荡器为 70MHz，20MHz 输入信号要求振荡器工作在 60MHz。那么它的可调比为 70MHz/60MHz，可调比仅为 1.17（非常小）。

人们常常称混频器之前的调谐电路为前置选择器。前置选择器决定了接收机的镜像频率抑制特性。假设利用品质因数 Q 的单调谐电路抑制镜像频率，那么可以计算出镜像频率的抑制量。下面的公式用于计算以分贝为单位的抑制量。如果利用多个单调谐电路抑制镜像频率，那么以分贝为单位可单独计算出每一级对镜像频率抑制量（dB），然后相加即可得到全部的抑制量：

$$镜像抑制量 = 20\lg\left[\left(\frac{f_i}{f_s} - \frac{f_s}{f_i}\right)Q\right] \tag{6-1}$$

其中：f_i——镜像频率；f_s——期望信号频率；Q——调谐电路品质因数。

例 6-8 在 AM 广播接收机的 IF 级前，有两个相同的调谐电路。这两个调谐电路的 Q 值是 60，IF 频率为 455kHz，接收机调谐准备接收 680kHz 的站。计算镜像频率抑制量。

解： 利用式(6-1)，可以计算得到每级镜像频率抑制量(dB)：

$$镜像抑制量 = 20\lg\left[\left(\frac{f_i}{f_s} - \frac{f_s}{f_i}\right)Q\right]$$

镜像频率为 680kHz＋(2×455kHz)＝1590kHz。因此，

$$20\lg\left[\left(\frac{1590kHz}{680kHz} - \frac{680kHz}{1590kHz}\right)60\right] = 20\lg114.6 = 41dB$$

所以，总抑制量为 41dB 加上 41dB，即 82dB。这对提供完美的镜像频率抑制来说已经足够了。

一个完整的 AM 接收机

目前我们已经讨论了 AM 接收机的不同部分。现在看一下一个完整的系统，因为完整的系统都是由单独、分离的个体组成的。图 6-12 给出的是一个低成本 AM 接收机的常用方案。在图 6-12 所给出的方案中，没有给出推挽音频功率放大器，它需要两个以上的晶体管。

L_1 - L_2 电感器绕在粉末铁氧体磁芯(铁氧体)上，和输入耦合级一样，它们起着天线的作用。就铁氧体磁芯环棒的小尺寸而论，它们能够完美地拾取信号，对于市区的高的电平信号来说已经足够了。然后 RF 信号输入到 T_1，它的作用是用作混频器和本地振荡器(自激)。同轴调谐电容器 C_1 调谐到期望接收的站(节 B)并调节 LO(节 D)到正确的频率。T_1 的输出中包含 IF 分量，调谐 T_1 并用 B_1 套件耦合到 T_2。T_2 的 IF 放大器经 B_2 的 IF "罐"耦合到第二 IF 级 T_3，接下来 T_3 的输出利用 B_3 耦合到检波二极管 E_2。当然，B_1，B_2 和 B_3 在标准 455kHz 中频频率上都有非常好的超外差选择性特性。检波二极管 E_2 的输出利用 C_{11} 滤波，这样经 R_{12} 音量控制电位器输入到 T_4 音量放大器的只剩下了消息包络。AGC 滤波器，C_4，让反馈控制电平回馈到 T_2 基极。

该接收机同样也说明了辅助 AGC 二极管(E_1)的用法。在正常信号状态下，被反向偏置的 E_1 对操作没有影响。在一些预定的高信号电平时，常规的 AGC 行为是使 E_1 的阴极直流电平下降到一个点，在该点 E_1 导通(前向偏置)，这样降低了 B_1 的负载，由此减少了耦合到 T_2 的信号。辅助 AGC 二极管为强信号提供额外增益控制，这样增强了接收机能够补偿的信号范围。

SSB 接收机

图 6-13 所示的框图是 SSB 接收机的典型设计图。这个接收机和前面刚讨论过的 AM 超外差接收机在很多方面都很相似；这就是它由 RF 和 IF 放大器、一个混频器、一个检波器和音频放大器组成。然而，为了得到让人满意的 SSB 接收，必须用一个附加混频器和差频振荡器(BFO)替换 AM 接收机使用的相对简单的检波方案，因为 AM 的检波方案被设计用来接收全载波、双边带传输。

例 6-9 图 6-13 所示的 SSB 接收机输出频率为 1kHz 和 3kHz。发射机使用和抑制的载波为 2MHz，使用上边带。试分析 455kHz 的中频在所有级上的正确频率。

解： RF 放大器和第一级混频器输入为

$$2000kHz＋1kHz = 2001kHz$$
$$2000kHz＋3kHz = 2003kHz$$

本地振荡器频率为
$$2000kHz＋455kHz＝2455kHz$$

第一个混频器输出：IF 放大器和第二个混频器输入(其他分量已经被调谐电路衰减)：

$$2455kHz － 2001kHz = 454kHz$$
$$2455kHz － 2003kHz = 452kHz$$

BFO：455kHz

第二个混频器输出和音频放大器：455kHz－454kHz＝1kHz

$$455kHz － 452kHz＝3kHz$$

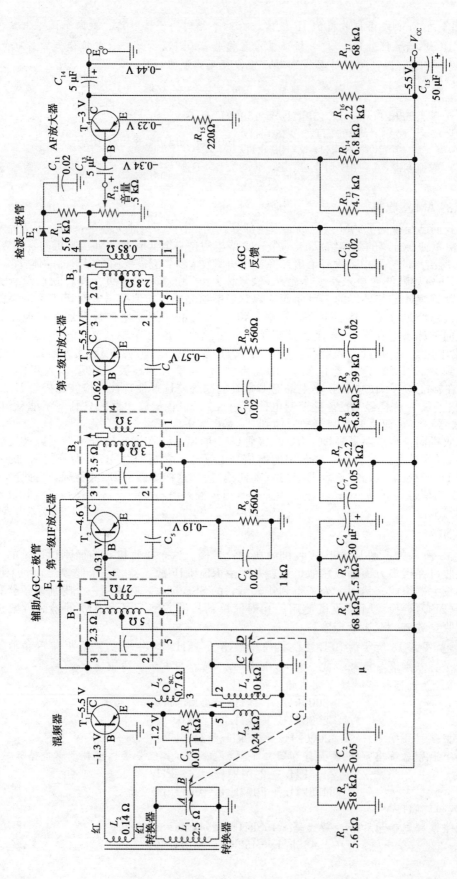

图6-12　AM广播超外差接收机方案

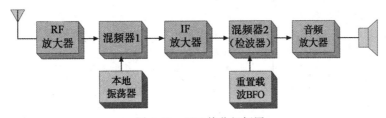

图 6-13　SSB 接收机框图

需要一个第二级混频器才能够正确解调出 SSB 信号，这是因为传输信号中待恢复的信息基于两个信号的非线性混频，即载波和消息，具体细节将在下一节讨论。回忆一下第 2 章和第 5 章：在任何抑制载波调制方案中包括 SSB，发射机的平衡调制器抑制载波。在通信信道中，并不需要载波来传播无线电射频信号；它在发射机中的作用是通过生成边带频率而将调制信号转换到载波的频率范围内。然而，为了能够正确地检测信息，在接收机的这个过程必须相反，而且这个过程要求接收机产生的载波必须和发射机中用于产生边带的载波具有相同的频率和相位，接收机产生的载波在图 6-13 中所示的第二级混频器中和接收到的边带相混合。BFO 的作用就是生成该载波。图 6-13 中绘出的 BFO 插入一个载波频率到检波器中，因此会有一个和中频相同的频率。然而在原则上来说，载波或是中频频率可以插入到接收机解调前的任一点。

天线收到的 SSB 信号经 RF 放大器放大增益后送到第一级混频器。在和 RF 输入信号混频（外差）后，本地振荡器输出即是 IF，IF 接下来被一个或多个放大器所放大。到目前为止，这个 SSB 接收机和 AM 超外差接收机完全相同。IF 输出被送到第二级混频器（检波器）。检波器输出送到音频放大器，然后送到扬声器。

FM 接收机

FM 接收机也是利用超外差原理设计的。在框图形式上，它和 AM 以及 SSB 接收机有很多的相似之处。如图 6-14 所示，唯一明显的区别是用鉴频器代替了检波器，增加了去重网络和图中虚线指出的 AGC，可能或可能不使用这个情况。

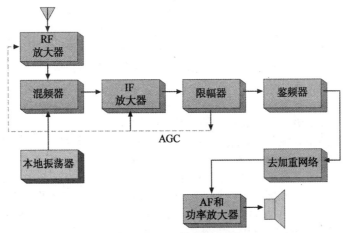

图 6-14　FM 接收机框图

鉴频器从高频载波中提取消息，所以也可以称鉴频器为检波器。然而，根据定义，一个鉴频器是这么一种设备，即设备输出的信号幅度根据频率或相位的变化而变化；因此用鉴频器来描述 FM 解调器是最合适的一个术语。为了完成 FM 检测，还要同时使用其他几种方法，这几种方法稍后会详细讨论。

紧跟着解调的是去重网络，它的作用是使恢复消息中的高频分量和低频分量的幅度关系与原始信息的一致。回忆一下前面第 3 章的内容，发射机对高频分量预加重，以便让高频分量具有更高的抗噪性。

FM 中 AGC 是可选的，这一事实可能会让人觉得奇怪。在 AM 接收机中，为了达到满意的接收效果必须要用 AGC 环节。如果没有 AGC 的话，输入信号强度差异很大，这会使收到的声音信号音量变化剧烈，这对用户来说会造成潜在的不悦的聆听体验。然而，FM 接收机使用的限幅器本质上来说就起着 AGC 的作用，我们将在稍后进行解释。很多较老式的 FM 接收机也会包含一个自动频率控制（AFC）的功能。这些电路在本地振荡器频率上提供了轻微的自动控制功能。它对 LO 频率的漂移提供了补偿，否则会引起站的失谐。由于还不知道如何制作出 100MHz 处具有足够频率稳定性的经济的 LC 振荡器，所以这是非常必要的。在新型的设计中不需要 AFC 系统。

FM 接收机和 AM 接收机中的混频器、本地振荡器和 IF 放大器基本类似，因此我们不需要再对它们进行详细阐述。然而，宽带 FM 系统的带宽需求要求它们工作在 VHF 或更高的波段，因此可能会涉及更高的频率。与 AM 的中频为 455kHz 对应，FM 的通用标准 IF 频率是 10.7MHz。关于图 6-14 所示框图中其他部分的明显不同，我们将在下一节中进行讨论。

RF 放大器　即使不使用 RF 放大器，AM 广播接收机通常也能提供让人满意的接收效果。然而，除了超过 1000MHz（1GHz）的那些频率外，不使用 RF 放大器，对 FM 接收机来说，将会使接收效果欠佳。由于其固有的噪声消除能力，FM 接收机能够处理比 AM 或是 SSB 更弱的接收信号，这即是上述问题的本质所在。AM 接收机能够允许的最小输入可能是 30μV，与之相比，FM 能够处理 1μV 或更小的信号。如果将 1μV 的信号直接输入到混频器，有源混频器级的固有高噪声系数将使信号无法识别。因此，在开始混频前，必须将接收到的信号放大到 10μV 到 20μV。当混频器上的 20μV 信号中含有 1μV 的噪声时，FM 系统能够接受，但是很显然在 1μV 的信号中混有 1μV 的噪声时，FM 系统无法处理。

在 1GHz 或更高的频率上采用 FM 和 PM 的模拟和数字系统的数量不断增多，上述的推论能够很好地解释为什么这些系统都没有使用 RF 级。在这些频率上，晶体管的噪声随着增益的降低而升高，那么会达到一个频率，在该频率点上可以把收到的 FM 信号直接输入到二极管混频器并能让频率立即下降到一个更低的频率，以用于后续放大。二极管（无源）混频器比有源混频器的噪声要小。

使用 RF 放大器的接收机也有很多优点。第一个优点是使用 RF 放大器后减弱了镜像频率问题。另外一个好处是削弱了本地振荡器后向反射效应。如果没有 RF 放大器，本地振荡器信号会很容易向后耦合到接收天线从而产生干扰。

FET RF 放大器　几乎所有用在高质量 FM 接收机中的 RF 放大器都是采用 FET 作为有源器件的。你可能会想采用 FET 的原因，是因为 FET 的输入阻抗很高，但这并不是理由。实际上，由于输入电容的原因，FET 的输入阻抗在 FM 信号的高频率处已被极大的降低。FET 在高频率处并不为其他器件提供任何的阻抗优点，然而这一事实并不阻碍 FET 的使用，因为从 RF 级处看到的天线阻抗有几百欧姆或是更小。

FET 的主要优点是，从输入端到输出端有一种平方率关系，而真空电子管是 3/2 次方的关系，双极型晶体管则具有二极管类型的指数型特征。平方率元件在输出端有一个频率等于输入频率的输出信号，当频率为输入频率 2 倍时，信号畸变更小，而提到的其他元件会产生很多畸变更为严重的分量，而且这些畸变发生在靠近期望信号的频率上。FET 在接收机中临界小信号等级上的应用，意味着非线性器件产生的畸变分量很容易被接收机调谐电路滤除，因为最近畸变分量的频率是期望信号频率的 2 倍。在一个弱信号站点紧邻一个非常强的临近信号时，这种考虑很重要。如果高电平的临近信号通过输入调谐电路时，尽管它会被最大程度的衰减，一个非平方率器件也很大可能会在期望信号频率处产生畸变分量，结果是使扬声器发出音频噪声。人们把这种形式的接收机噪声叫做交叉调制，这种噪声和互调失真类似，它的特点是两个非期望信号混频，由此产生一个非期望输出信号，而且该输出信号频率和期望信号的频率相等。FET RF 放大器的使用也极大降低了互调失真的可能性。关于互调失真的其他讨论将在 6.6 节中进行。

MOSFET RF 放大器 图 6-15 所示的是一个双栅同源 MOSFET RF 放大器。双栅器件的使用可以让 AGC 电平很方便地利用一个独立输入端来控制设备增益。相比于结型场效应晶体管(JFET)来说,金属氧化物半导体场效应晶体管(MOSFET)增加了动态范围。这就是说在确保所需的平方率输入/输出关系的前提下,MOSFET 能够容忍更宽范围的输入信号。混频器也使用了类似的配置,因为这个附加的栅极方便地为本地振荡器信号提供了一个插入点。图 6-15 所示的附表给出了工作在 100MHz 和 400MHz 中心频率处的元件值。天线输入信号通过 C_1、L_1 和 C_2 组成的耦合/调谐网络耦合进栅极 1。在漏极处得到输出信号,随后被 L_2-C_3-C_4 的组合电路耦合到下一级。紧挨着 L_2 的旁路电容 C_B 和射频扼流圈(RFC)确保信号频率不会输入到直流电源。RFC 对于信号来说相当于开路,而对直流来说则相当于短路,旁路电容作用与 RFC 的相反。这些预防措施在射频频段非常必要,因为电源阻抗在低频率和直流时很低,而对于 RF 则表现出高阻抗的特点,从而造成很大的信号功率损耗。栅极 2 到地间的旁路电容对于任一有可能到达该点的高频率信号起着短路的作用。这对于保持由 R_1 和 R_2 提供的偏压稳定非常必要。在这一电路中使用的 MFE 3007 MOSFET 在 200MHz 处提供的最小功率增益是 18dB。

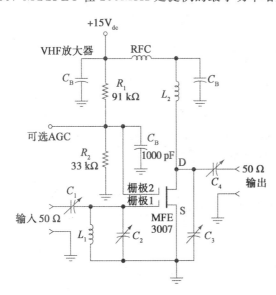

元件值	100MHz	400MHz
C_1	8.4pF	4.5pF
C_2	2.5pF	1.5pF
C_3	1.9pF	2.8pF
C_4	4.2pF	1.2pF
L_1	150nH	16nH
L_2	280nH	22nH
C_B	1000pF	250pF

VHF(甚高频)放大器
下表为不同频段所选用的元件值:

图 6-15 MOSFET RF 放大器

(图片经 SCILLCdBa ON Semiconductor 授权转载)

限幅器 限幅器是一种电路,该电路为临界值上所有的输入提供了一个恒定的输出幅度。限幅器在 FM 接收机中的作用是去除残余(不希望的)幅度调制和噪声引起的幅度改变。当信号送到扬声器时,幅度的这两种变化可能会产生不良影响。另外,限幅起着 AGC 的作用,因为从临界最小值直到一些最大值,限幅器都给检波器提供了恒定输入电平。根据定义,理想鉴频器(检波器)不会响应任何的幅度改变,因为信息由频率偏移量以及中心频率处频率前后偏移的速率来决定。

如图 6-16 给出的是一个晶体管限幅器。请注意降压电阻 R_C,它限制了集电极的直流供电电压。这提供了一

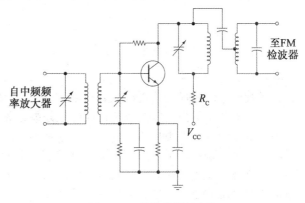

图 6-16 晶体管限幅电路

个低的直流集电极电压，这个低电压让这一级很容易工作在过载状态。这正是我们所需要的结果。一旦输入变大到造成集电极电流两端产生削波，那么表示达到临界限幅电压，限幅已经开始启动。

限幅器的输入/输出特性在图 6-17 中给出，图中示例了预期的削波现象和将限幅（削波）信号反馈至一个 LC 振荡电路的结果，该振荡电路已经调谐至信号中心频率。振荡电路的自然飞轮效应将滤除远离中心频率的所有频率，因此会产生图 6-17 所示的正弦输出信号。在有些解调电路中，限幅器的输出端也可以不需要 LC 电路。正交检波器（6-4 节）利用类方波可以产生相同的结果。

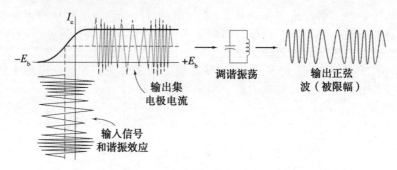

图 6-17　限幅器输入/输出和谐振效应

限幅和灵敏度　限幅器，比如，图 6-16 中所示的那个，开始限幅时要求大约 1V 的信号。因此接收信号的很多放大都要求早于限幅，这也是为什么限幅器的位置在 IF 级之后。当足够的信号到达接收机并开始限幅时，设备静噪，静噪的意思是说背景噪声消失了。FM 接收机的灵敏度定义是，产生静噪时的特定电平所需要的输入信号量，通常是 30dB。这个规范指标意味着背景噪声会从给定的输入信号电平中衰减 30dB。当输入信号在 $1.5\mu V$ 附近时，一个高质量的宽带 FM 接收机会表现出静噪。而窄带 FM 接收机，例如用在双路无线电业务的那种，在输入信号小于 $1\mu V$ 时就应该静噪了。

人们称限幅所要求的最小电压为静噪电压、门限电压或是限幅拐点电压。然后限幅器产生一个最大值的等幅输出，这个最大值决定了限幅器的限幅幅度。一旦超过这个最大值，就会导致输出衰减或是畸变。当然，一个单级限幅器可能不会提供足够的调节范围，因此这需要两个限幅或是利用 AGC 来控制 RF 和 IF 放大器来降低可能的限幅器输入幅度区间。

例 6-10　某一 FM 接收机在限幅器前的电压增益为 200 000（106dB）。限幅器静噪电压是 200mV。试计算接收机的灵敏度。

解：为了达到静噪，输入必须是

$$\frac{200\text{mV}}{200\ 000} = 1\mu V$$

因此，接收机的灵敏度是 $1\mu V$。

分立器件 FM 接收机

尽管绝大部分现代接收机的设计很大程度上依赖大规模集成电路和数字信号处理技术，然而回顾一下分立模拟器件组成的超外差接收机设计图仍然很有意义，这有助于进一步理解单独子系统模块是如何组合在一起来形成一个完整的系统的。另外，最近一些年来人们利用分立器件来实现高保真 FM 接收机的部分功能或是全部功能。如图 6-18 所示的是一个典型的较老式的 FM 接收机，该接收机包含了分立 MOSFET 射频级以及他励双极型晶体管本地振荡器的混频器级。天线输入信号通过调谐电路 L_1，C_{1A} 输入到 40822 MOSFET 射频放大器的栅极。放大器在漏极的输出通过 C_{1B}-L_2 调谐电路耦合到 40823 混频

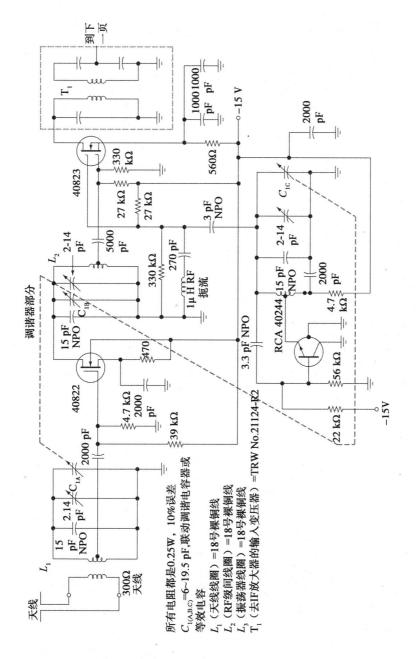

图6-18 完整的88MHz到188MHz立体声接收机

所有电阻都是0.25W，10%误差
$C_{1(A,B,C)}$ =6~19.5 pF，联动调谐电容器或等效电容
L_1（天线线圈）=18号裸铜线
L_2（RF级同线圈）=18号裸铜线
L_3（振荡器线圈）=18号裸铜线
T_1（去IF放大器的输入变压器）=TRW No.21124-R2

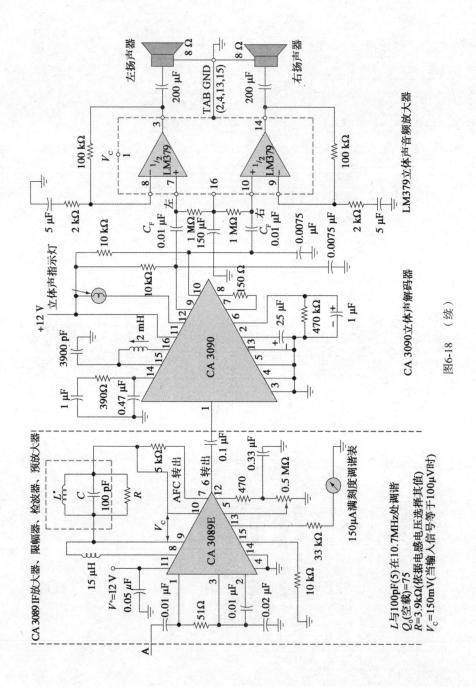

图6-18　（续）

器 MOSFET 的低的栅极。40244BJT 振荡器信号送到混频器级的高的栅极。包含 C_{1c} 的本地振荡器调谐电路使用了一个抽头电感指示哈特利振荡器配置。调谐电容器 C_1 有三个独立的联调电容器，这些独立电容器可以将射频放大器和混频器调谐电路的调谐频率从 88MHz 到 108MHz 范围内改变，同时将本地振荡器的频率在 98.7MHz 到 118.7MHz 内调整，以便在混频器的输出端产生一个 10.7MHz 的 IF 信号。混频器输出被送到一个市售 10.7MHz 双调谐电路 T_1。

和其他类型相比，MOSFET 接收机前端提供了更好的交叉调制和互调性能。高保真制造协会(IHFM)给出的该前端的灵敏度大约是 $1.75\mu V$。它定义为最小 100％已调输入信号，该信号将全部接收机的噪声和畸变降低到比输出信号低 30dB。换句话说，一个 $1.75\mu V$ 的输入信号产生 30dB 的静噪。

图 6-18 所示电路通过 T_1 的前端输出被送到集成片 CA3089 中。这块 CA3089 提供了 IF 放大器的三级功能——限幅、解调和音频预放大。它利用一个模拟正交检波器电路(6-4 节)进行解调。它同时也提供了一个信号来驱动调谐表以及一个直接控制变抗调谐器的 AFC 输出。它的音频输出中包括 30Hz 到 15kHz(L＋R)的信号、19kHz 的导频以及 23kHz 到 53kHz(L－R)信号，这些输出信号都将送到 FM 立体声解码 IC 中。

接下来，音频输出送至连调音量控制电位器(图中未画出)，然后又送到一个 LM379 双端 6W 音频放大器中。这个放大器是一个 16 脚的 IC，它包含两个独立的音频放大器，每个信道的最小输入阻抗为 2MΩ。它通常提供了一个 34dB 电压增益、在输出为 1W 时全谐波失真(THD)是 0.07％，以及 70dB 的信道隔离度。

6.4　直接变频接收机

在超外差接收机中，产生中频频率是第一次混频，接下来第二次混频时从下变频 IF 中提取消息。与之相对应，直接变频接收机使用一个单一混频器级将输入射频信号直接下变频到消息的基带频率范围。换句话说，直接变频接收机一步就完成了频率变化和解调功能，而不是两步完成这些动作。

由于混频器的差频输出就是消息而不是更高频率的 IF，所以直接变频接收机也被认为是零中频接收机。图 6-19 给出了一个典型框图。本地振荡器(LO)频率和接收信号的频率相等，在现代设计中，本地振荡器频率大部分是利用一个 PLL 频率合成器得到的。混频的结果是产生和频和差频。和频是接收信号频率的 2 倍，在无调制时差频将会是 0Hz。这就是说，没有调制，这里将没有输出。现有的 DSB 或 SSB AM，边带和 LO 混频的结果是恢复原消息信号。低通滤波器(LPF)滤除高频(和)的混频输出，这并不会影响到消息输出。

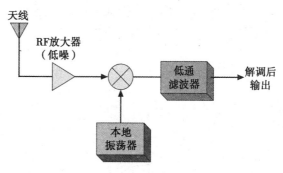

图 6-19　直接变频接收机

直接变频架构具有很多优点。一个是相对简单，这在便携和低功耗设计中是一个重要的考虑因素。直接变频接收机不需要中频滤波器，中频滤波器(通常在上变频设计中见到)通常是一个相对昂贵而且体积庞大的晶体、陶瓷或声表面波(SAW)器件。由于 LPF 只允许通过低频边带信号，所以它可用低成本的 RC 或有源滤波器来实现。直接变频架构也不需要独立解调器级，这会进一步节省成本和空间。最后，直接变频设计不存在镜频问题，这让事情进一步简化，因为不需要多级滤波和精心的调谐机制。

零 IF 架构的一个缺点是，它对本地振荡器再辐射很敏感，即 LO 输出经混频器回馈并由天线辐射。这种辐射会对紧邻的其他设备造成干扰，因此必须通过细致的设计来降低其影响。在混频器前放置一个低噪放大器(LNA)有助于减弱但不能完全消除这种无用的辐射。另一个缺点是，可能会引入意想不到的直流偏置，这会对偏置电压带来不利的影响，并使放大器级饱和，从而妨碍其正常(线性)工作。

最后，图 6-19 所给出的零 IF 接收机只能够解调 AM、DSB 或 SSB 信号。它不能识别频率或是相位的改变。为了让直接变频架构能够用于 FM、PM 或数字接收机，必须使用两个混频器和一个正交检波电路。尽管这样复杂度会比用于 AM 接收的要高，但直接变频 FM 和数字接收机应用还是很普遍的，而且事实上蜂窝电话中绝大部分都采用这种设计方案。直接变频 FM/PM 接收机将在第 8 章详细讨论。

6.5 解调和检波

检波器的作用是从更高的中频或是射频载波中恢复低频消息或基带信号，此时不再需要载波，所以它可放弃。使用的检波器件或是电路的类型由接收所采用的解调方式、是否存在载波决定，当然除其他因素外也决定于解调后消息信号的保真度。在一个 AM 接收机中，非线性混频的结果是不是就能看到检波，另外检波器电路的复杂度，由接收到的信号是否含有载波(如第 2 章中提到的 DSBFC AM)，或是接收机是否需要再生载波决定(如 SSB)。对 FM 的检测有很多种方法，但在所有的方法中 FM 检波器都要将频率或相位的变化转换为代表消息的电压。

AM 二极管检波器

收到的 AM 信号由载波、和频和差频组成，在此 AM 信号通过非线性器件后，利用混频能够检测消息信号，该混频和发射机端的混频一样，但在接收机端的混频是产生已调信号的各种频率分量组成的。AM 接收机的检波器生成的差频代表消息信号。可以在时域和频域中确认此消息信号。

能够用于检波的非线性器件可以是一个普通的硅二极管。二极管对输入信号进行整流，但这会使信号产生畸变。回忆一下，图 6-20 所示的二极管电压-电流特性曲线($V - I$曲线)，它和图 6-20 左上角所示的理想曲线非常接近。一个理想的非线性曲线对已调波形的正半周和负半周的影响是不同的。人们之所以称图 6-20(a)所示的曲线为理想曲线，是

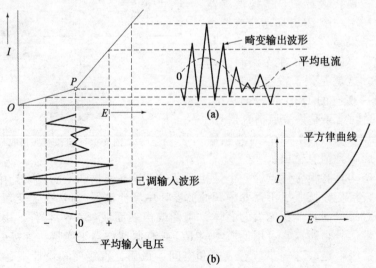

图 6-20 非线性器件用作检波器

因为它在工作点 P 两边的曲线都是线性的，因此它不会引入谐波。图 6-20 左边所示的是已调输入波形的平均电压，因为它在工作点 P 的两边对称，所以平均电压是 0V(请参阅图 2-8 所示的已调 AM 载波的时域特征。调制包络线的上下轮廓表示它们的幅度相等，但是却有相反的极性。而关于中心点对称则表明平均电压是 0)。利用二极管进行整流会使已调波形畸变，因为整流使平均电压只包含净正值部分，同时最终结果是平均电流随消息信号幅度变化而变化。

AM 检波器电路中最简单和最有效的类型之一是图 6-21(a)所示的二极管检波器电路，它具有一个近似理想的非线性电阻特性。注意图 6-21(b)所示的 $V\text{-}I$ 曲线，这是图 6-21(a)所示的二极管检波的工作曲线。响应的弯曲部分是低电流区域，它表示对于小信号检波器的输出将遵循平方律特性(可以参考第 4 章中提到的平方律器件产生的输出是输入的平方，另外那个二极管和场效应晶体管表现出这个特征)。然而在输入信号具有大的幅值时，输出本质上是线性的。因此，谐波输出受到限制。突然的非线性发生在图 6-21(b)所示的负半周。

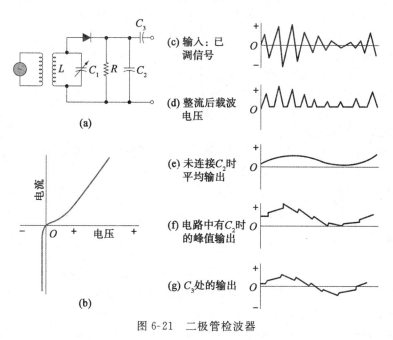

图 6-21　二极管检波器

已调载波输入到图 6-21(a)所示 LC_1 组成的调谐电路中。输入到二极管的波形形状如图 6-21(c)所示。由于二极管在正半周导通，所以该电路移除了所有的负半周，并得到图 6-21(d)所示的结果。平均输出如图 6-21(e)所示。尽管平均输入电压是零，R 上的平均输出电压一直在零以上变化。

由电容器 C_2 和电阻器 R 组成的低通滤波器滤除 RF(载波或中频)，RF 对于接收机其他部分来说，没有任何作用。通过已经导通的二极管的小电阻，电容器 C_2 快速充电到峰值电压，但由于 R 的高阻值会缓慢放电。由 R 和 C_2 的值所决定的时间常数在消息(声音)频率处相当小而在射频处很大。在电路中有 C_2 时产生的输出随峰值电压变化而变化，而峰值随已调载波变化而变化[见图 6-21(f)]。由于这个原因，人们常把它称作包络检波器电路。电容器 C_3 隔离检波器电路产生的直流分量，得到图 6-21(g)所示的交流电压波形。在通信接收机中，这个直流分量常用来提供自动音量(增益)控制。

在时域来看，我们可以发现检波器通过在其输出端产生期望的畸变来再生信号频率。当检波器的输出经过一个低通滤波器后，射频频率被抑制，从而只得到低频消息信号和直流分量。结果用虚线的平均电流表示在 6-20(a)中。

在频域中确认这个输出结果，可以得到二极管检波器的输出由多个频率分量组成。检波器输入的组成为载波 f_c、在 f_c+f_i 的上边带和在 f_c-f_i 的下边带。和在第 4 章中讨论混频时提到的原因一样，检波器会产生每一分量的和频和差频（互调），即

$$f_c+(f_c+f_i)=2f_c+f_i$$
$$f_c-(f_c+f_i)=-f_i$$
$$f_c+(f_c-f_i)=2f_c-f_i$$
$$f_c-(f_c-f_i)=f_i$$

f_i 分量是调制或消息信号。所有其他的分量都比 f_i 的频率要高，图 6-21 所示的 RC 网络的低通滤波动作的作用就是滤除那些频率。

在一些实际的检波器电路中，最接近理想曲线的是图 6-20(b)所示的平方律曲线。使用图 6-20(b)所示曲线的器件的输出，除了包含载波和和频与差频外，还有这些频率的谐波成分；尽管它们产生无用的畸变，但由于它们会在音频范围，所以可能不得不要忍受这些噪声。

二极管（包络）检波器的强大优势之一是它的简单性。实际上，20 世纪的早期制造出来的第一个矿石收音机，基本上除了二极管检波器外什么也没有。其他的优点如下：

(1)它们能够处理相对高功率的信号。输入信号的幅度没有实际极限。

(2)对于大多数 AM 应用，畸变可以接受。畸变随着幅度的升高而下降。

(3)它们效率很高。当设计正确时，可以获得 90% 的效率。

(4)它们产生一个用于自动增益控制电路的直流电压。

二极管检波器的两个缺点如下：

(1)功率会被二极管电路的调谐电路所吸收。这会降低 Q 值和调谐输入电路的选择性。

(2)二极管检波器电路没有放大功能。

抑制载波信号的检测

正如已经提到的，SSB 信号解调需要一个混频器级和一个差频振荡器。混频器起着解调器的作用，也称为第二检波器。由于缺少载波频率，所以不能用一个简单的二极管检波器来解调 SSB 信号。

抑制载波的 DSB 时域波形表明，RF 信号的正负峰值组合所构成的轮廓不再代表消息。换句话说，产生的调制包络线不再保持调制信号的形状，而在全载波 DSB、AM 中调制包络线和调制信号的形状是一致的。图 6-22(a)给出了三种不同的正弦消息信号；图 6-22(b)所示的是由此产生的相应 AM 波形；图 6-22(c)所示的是 DSB（没有载波）波形。请注意 DSB 包络线（画的目的是用于说明问题）看起来像一个 AM 波形进行全波整流的结果。同样，DSB 包络频率也是相应 AM 包络频率的 2 倍。在图 6-22(d)中，SSB 波形是一个纯正弦波。这恰好是一个正弦波调制信号的传输。这些波形频率要么是载波频率加消息频率(usb)，要么是载波频率减去消息频率(lsb)。在这种情况下，如果使用二极管检波器，那么它可能会将收到的边带整流然后产生一个恒定的直流输出电压。对于 SSB 接收机来说，如果要解调接收边带，需要在接收机端插入对应的载波。

构建 SSB 检波器的一种简单方法是，使用一个混频器级。人们把这种方式下使用的 SSB 检波器叫乘积检波器。乘积检波器在形式和功能上与发射机中的平衡调制器一样。混频器是一个非线性器件，本地振荡器输入频率必须和待接收的载波频率相等。

图 6-23 生动的展示了此种情况。假设一个 500kHz 载波频率，该载波频率由一个 1kHz 正弦波进行调制。如果发送的是上边带，那么接收机解调器在输入端是一个 501kHz 正弦波。因此，500kHz 振荡器输入会使混频器输出一个 1kHz 的分量，这正是我们需要的结果。如果 500kHz 振荡器输出偏离 500kHz，恢复消息将不会是 1kHz。

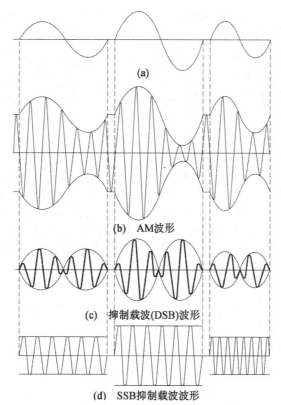

图 6-22 正弦调制信号的 AM、DSB 和 SSB 波形

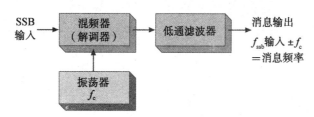

图 6-23 利用混频器作为 SSB 解调器

在 SSB 接收中，即使是差频振荡器(BFO)频率产生微小的偏移也能造成严重的后果。如果该振荡器偏移±100kHz，一个 1kHz 的消息将会被检波成 1 100kHz 或是 900kHz 的消息。话音传输要求偏移小于±100Hz，否则声音听起来就像唐老鸭或是完全无法分辨。因此，BFO 通常是一个可变频率振荡器，这样对于一些要求不苛刻的应用，接听的人可以手工调节 BFO，以得到 SSB 高质量的接收效果。

例 6-11 在某一时刻，一个 SSB 音乐传输频率组成是一个 256Hz 正弦波，及其第二、第四谐波，512Hz 和 1 024Hz。如果接收机解调器的振荡器偏移 5Hz，试确定引起的扬声器输出频率。

解：5Hz 振荡器偏移意味着检测到的声音有 5Hz 的错误，要么是向上，要么向下，这由它是 usb 还是 lsb 传输决定，当然也和振荡器的偏移方向有关。因此，输出可能是 251、507、1019Hz 或 261、517、1029Hz。扬声器的输出不再是谐波(频率准确的整数倍)，而且尽管只是稍微的偏移，这个新"音乐"也会让人耳觉得不舒服。

对于一些比较苛刻的应用或者是为了获得高质量的 SSB 音乐和数字信号接收效果，接收机必须能够在没有操作员介入的情况下再生载波。前面的讨论和例 6-11 都已经说明了原因。调谐边带接收比调谐一个常规的 AM 接收要难得多，因为始终要精确地调整 BFO 来模拟载波频率。振荡器的漂移将会使得输出信号畸变。由于这个原因，有些形式的单边带发射没有完全抑制载波，而只是将载波降低到一个较低的幅度后和有用边带一起发射出去。这个功率衰减的载波就是众所周知的导频，在收到导频后，人们用它来重新恢复消息。这个过程称为相关载波恢复，相关载波恢复广泛应用于数字通信系统，第 8 章将给出发射数据，发射数据具有 DSB 抑制载波信号的特征。

同步检波器的作用是从接收信号中恢复载波。同步检波器是一个由乘积检波器和附加电路组成的子系统，其作用是恢复原始载波，频率和相位都要一致。同步检波器利用第 4 章中讨论的锁相环的原理在接收端恢复载波。除了上面讨论的乘积检波器外，同步检波器的组成还包括一个相位检波器和压控振荡器。锁相环捕捉幅度衰减的输入载波信号，然后用该载波信号作为参考，使得接收机的振荡器锁定到发射机的载波频率。

绝大多数的 AM 检测方案是使用二极管检波器，因为 AM 中有载波和边带。由于高保真度在 AM 中不是重要的一面，二极管检波器引起的几个百分点的畸变水平或是更高，也能接受。对于更高性能需求的应用，使用同步检波器具有下面的优势。

(1)低的畸变——远低于 1%。

(2)具有跟踪快调制波形的更大能力，如应用在脉冲调制或高保真度的场合。

(3)能够提供增益，而不是像二极管检波器那样衰减。

图 6-24(a)所示的是利用 NI 公司的 Multisim 仿真软件同步 AM 检波的方案。AM 信

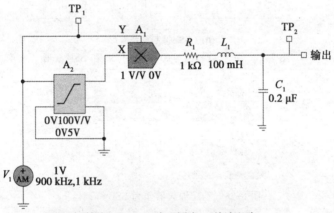

（a）利用 NI Multisim 实现同步 AM 检波电路

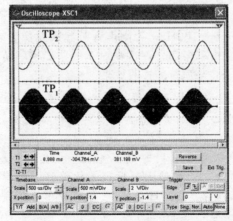

（b）6-24（a）中同步 AM 检波电路 TP$_1$ 和 TP$_2$ 处的波形

图　6-24

号输入到混频器电路(A_1)的 Y 输入端同时也输入到高增益限幅器 A_2 中。高增益限幅器用来限制幅度变化，只剩下 900kHz 的载波信号。混频器电路输出 X 和 Y 端输入的两个频率的和与差。和是 AM 载波频率的 2 倍加 1kHz 分量，而差就是消息频率(1kHz)。电阻 R_1、电感 L_1 和电容 C_1 构成了截止频率大约是 1kHz 的低通滤波器，低通滤波器用来滤除高频率分量，从而使得只有消息频率能够输出。

测试点 1(TP_1)的 AM 输入信号波形如图 6-24(b)所示。该例中是 100% 调制的 AM 波形。TP_2 处的 1kHz 恢复信号如图 6-24(b)所示。

FM 和 PM 解调

FM 消息信号调制在载波上后表现为频率的变化，FM 鉴频器(检波器)可以提取这个消息信号。检波器输出的消息信号幅度与瞬时载波频率偏移量有关，而频率则与载波频率偏移的速率相关。FM 广播鉴频器的期望输出幅度和输入频率特征间的关系如图 6-25 所示。可以注意到在频率偏移允许区域内响应为线性的。然而一定要记住，FM 检波是在 IF 放大器之后，这意味着在 FM 广播的情况中，$\pm 75\text{kHz}$ 的频移是有效的，但存在载波频率转换(通常到 10.7MHz)。

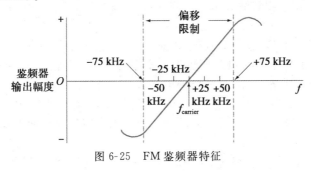

图 6-25 FM 鉴频器特征

斜率检波器

最容易理解的 FM 检波器是图 6-26 所示的斜率检波器。

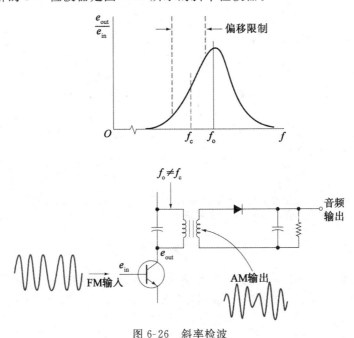

图 6-26 斜率检波

紧随 IF 放大器和限幅器的 LC 谐振电路在载波频率处失谐，从而使得 f_c 落在响应曲线的线性区的中间位置。

当 FM 信号的频率高过 f_c 时，输出幅度增加而偏移低于 f_c，产生更小的输出。从而斜率检波器将 FM 变成 AM，然后利用更简单的二极管检波器将包含在 AM 波形包络中的消息恢复出来。在特定情况下，可通过将输入到二极管检波器的谐振电路失谐而让 AM 接收机接收 FM 信号。由于谐振电路的斜率线性不是很好，所以斜率检波在 FM 接收机中应用不是很广泛，尤其是宽带 FM 大频率频移的情况。

福斯特-西利鉴频器　FM 检波的两种经典方法是福斯特-西利(Foster-Seeley)鉴频器和比例检波器。这两种检波方法曾经应用非常广泛，但 IC 采用了一些新技术使得它们的应用范围日渐缩小，但在最小电路使用中它们仍然是流行的一种方式。另外，这些电路说明，能够利用普通的无源器件将频率或相位搬移转化成电压的改变。由于在不同的通信环境中经常需要进行检测相移，而且由于相移的概念很难直观地想像出来，我们在这里讨论一下两种类型电路的工作原理。

图 6-27 所示的是典型的福斯特-西利鉴频电路。在电路中，两个谐振电路[L_1C_1 和 $(L_2+L_3)C_2$]都精确调谐到载波频率。电容 C_C，C_4 和 C_5 对载波频率是短路的。下面的分析适用于一个非调制的载波输入。

(1)由于 C_C 和 C_4 对载波频率短路，电感 L_4 上电压就是载波电压 e_1。

(2)由于变压器的作用，次级变压器上的电压 e_S 与 e_1 在相位上相差 $180°$，如图 6-28 (a)所示。由于谐振，环路 $L_2L_3C_2$ 的谐振电流和 e_S 同相。

(3)流经电感 L_2L_3 的电流 i_S 产生一个滞后 i_S $90°$ 的压降。因此把该压降的两个组成分量 e_2 和 e_3 与 i_S 相差 $90°$，如图 6-28(a)所示，但由于它们是中心抽头线圈的端电压，所以相互间相位相差 $180°$。

(4)输入到二极管 D_1，C_3 和 R_1 网络的电压 e_4 是 e_1 和 e_2 的向量和[见图 6-28(a)]。同样，电压 e_5 是 e_1 和 e_3 的向量和。e_6 和 e_4 成比例而 e_7 和 e_5 成比例。

(5)输出电压 e_8，等于 e_6 和 e_7 的和，输出为零，这是因为二极管 D_1 和 D_2 传导电流相等(因为 $e_4=e_5$)但是以相反的方向流经 R_1C_3 和 R_2C_4 网络。

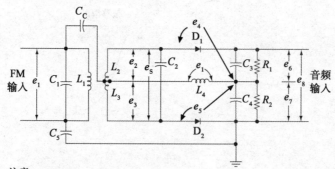

注意：
(1) L_2 和 L_3 是中心抽头绕组（变压器二次绕组），L_1 是变压器一次绕组
(2) C_C，C_4 和 C_5 在谐振频率处短路
(3) $e_S=e_2+e_3$

图 6-27　福斯特-西利鉴频器

正如预期的那样，在没有调制(零频率偏移)时鉴频器的输出为 0。接下来的讨论考虑输入信号 e_1 频率高于载波频率的某一瞬间时电路的变动。图 6-28(b)所示向量图用来说明下面的这些情况。

(1)电压 e_1 和 e_S 与原来一样，但是从 e_S 现在看过去是一个感抗，这是因为谐振电路工作在谐振频率以上。因此，环路谐振电流 i_S 滞后 e_S。

(2)电压 e_2 和 e_3 必然与 i_S 在相位上相差 90°，如图 6-28(b)所示。新的向量和 e_2+e_1 和 e_3+e_1 不再相等，因此 e_4 在 D_1 上产生的传导电流大于 D_2 的引导电流。

(3)输出 e_8 是 e_6 和 e_7 的和，由于向下流经 R_1C_3 的电流大于向上流经 R_2C_4 的电流而使得 e_8 为正值(e_4 大于 e_5)。

因此在频率大于谐振频率(f_c)时，输出是正值，而图 6-28(c)所示的向量表明在频率小于谐振频率时输出为负值。输出的幅度与频率偏移的幅度有关，而输出频率则由 FM 输入信号围绕载波或是中心值的变化快慢决定。

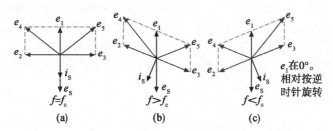

图 6-28 福斯特-西利鉴频器

比例检波器 刚讨论的福斯特-西利鉴频器对于宽带 FM 信号有良好的线性响应，但它也响应任何不希望看到的输入幅度变化。比例检波器对幅度变化不响应，因此缩小了检波前的可能限制。

如图 6-29 所示，比例检波器是设计来仅对输入信号的频率变化才做出响应的电路。输入的幅度变化不会对输出有影响。比例检波器的输入电路和前面的福斯特-西利鉴频器电路的输入电路是一样的。明显的区别是一个二极管被反转。

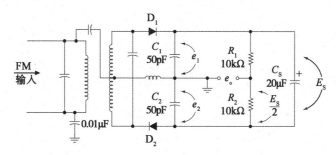

图 6-29 比例检波器

比例检波器的工作原理类似于福斯特-西利鉴频器。因此这里不再给出详细的分析。注意跨接在 R_1 - R_2 组合上的大电解电容，它维持一个等于二极管输入端峰值电压的恒定电压值。这个特点可以消除 FM 信号中的变化，因此能够进行振幅限制。输入信号振幅的突然变化将会被这个大电容抑制掉。福斯特-西利鉴频器不具备限幅功能。电压 E_S 是

$$E_S = e_1 + e_2$$

另外

$$e_o = \frac{E_S}{2} - e_2 = \frac{e_1 + e_2}{2} - e_2 = \frac{e_1 - e_2}{2}$$

当 $f_{in}=f_c$ 时，$e_1=e_2$，因此，可以得到预期的零值输出。当 $f_{in}>f_c$ 时，$e_1>e_2$，$f_{in}<f_c$ 时，$e_1<e_2$。这也是我们所预期的频率变化决定输出结果。

图 6-29 所示的元件值是用于 10.7MHz IF 的 FM 输入信号的典型值。比例检波器的

输出幅度是福斯特-西利鉴频器电路的一半。

正交检波器 由于福斯特-西利鉴频器和比例检波器电路需要用到变压器，所以不能集成到单个芯片内。这使得正交检波器和锁相环的应用需求大增。

正交检波器得名的原因是所用的 FM 信号具有同相和 90°的相差。这两个信号可以说是正交的——90°。图 6-30 所示的 FM 正交检波器电路使用了一个使用"异或"(XOR)门。限幅后的 IF 输出直接送到一个输入端而相位搬移信号送到另外一个输入端。请注意这个电路使用的限幅信号并没有被改变成正弦波。电路输入端所用的 L，C 和 R 的值的选择要能在载波频率上为信号 2 输入提供 90°的相位搬移。信号 2 输入是一个由 LC 电路产生的正弦波。FM 信号的频率上下偏移会产生相应的相位高或低搬移。到"异或"门的一个输入移相后，"异或"门的输出是与相差成比例的一系列脉冲。位于"异或"门输出处的低通 RC 滤波器将输出相加，得到消息信号的平均值。图 6-30(b)所示的是三种不同相位条件下的"异或"门输出。每种情况的 RC 电路输出电平用虚线表示。这符合特定情况下的消息幅度。

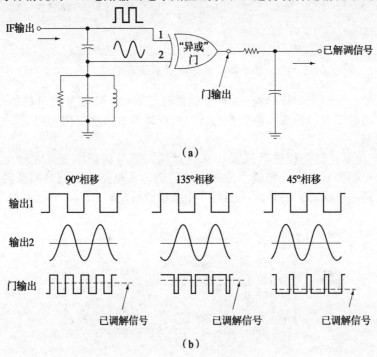

图 6-30 正交检波

模拟正交检波器可能会使用差分放大结构，如图 6-31 所示。一个限幅 FM 信号切换晶体管电流源（T_1）的差分对 T_2+T_3。L_1 和 C_2 应该在 IF 频率处谐振。组合 $L_1 - C_2 - C_1$ 会在输入到 T_2 和 T_1 的两个信号间产生期望的频率决定的相移。这两个信号的相位一致关系决定 T_3 是否导通。T_3 集电极处产生的脉冲被 R_1C_3 低通滤波器选通，得到的消息信号被 T_4 发射机拾取。把载波没有偏移的 FM 信号输入到电路，同时调节 R_2 使输出为零。

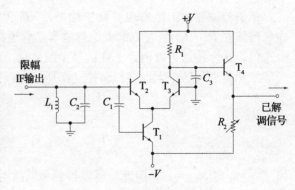

图 6-31 模拟正交检波

PLL FM 检波器　　如果 PLL 的输入是 FM 信号，低通滤波器的的输出（误差电压）是一个解调信号。已调 FM 载波的频率改变由调制信号决定。锁相环的作用是锁定 VCO 频率，以便与这个变化的载波同步。举例来说，如果载波频率增加，那么通过鉴相器和低通滤波器后输出的误差电压将会变大，从而使得 VCO 频率增加。如果载波频率下降，那么误差电压也会减小，从而降低了 VCO 的频率。因此，我们可以看到误差电压和返回发射机的调制信号匹配；误差信号为解调后输出。

VCO 输入控制信号（已解调 FM）会让 VCO 输出与输入到 PLL（比较器输入）的 FM 信号匹配。如果因为本地振荡器的漂移而使 FM 载波（中心）频率漂移，那么 PLL 会重新校正自己而不需要再次校准。在常规 FM 鉴频器中，FM 载波频率的任何漂移都会引起输出畸变，这是因为 LC 检波器电路会因此而失谐。PLL FM 鉴频器既不需要调谐电路，也不需要任何有关的调整，鉴频器会自己校准到任何由 LO 或是发射的载波偏移引起的偏移后载波频率上。另外，PLL 通常有很多内部放大，这使得输入信号从微伏数量级增大到几伏特数量级。由于鉴相器只响应相位的改变而不是振幅的改变，PLL 只对极宽的频段提供有限的作用。PLL FM 检波器在目前的设计中应用很广泛。

6.6　立体声解调

一直到鉴频器输出，FM 立体声接收机和单声道接收机都是一样的。在该点输出包含 30Hz 到 15kHz（L＋R）的信号和一个 19kHz 副载波，以及 23kHz 到 53kHz（L－R）信号。如果一个非立体声（单声道）接收机调谐到一个立体声站，它的鉴频器输出可能会包含其他的频率，但即使是 19kHz 的副载波也大于普通的可听范围，所以音频放大器和扬声器不会允许其通过。因此，单声道接收机恢复 30Hz 到 15kHz（L＋R）信号（全单声道广播），并不会受到其他频率的影响。图 6-32 示意了这种效应。

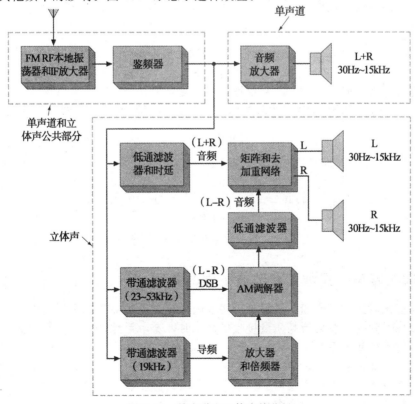

图 6-32　单声道和立体声接收机

　　在鉴频器后，立体声接收机框图变得很复杂。此时，滤波功能分离这三个信号。(L+R)信号在通过一个低通滤波器后延时，并和(L−R)同时到达矩阵网络。一个 23kHz 到 53kHz 的带通滤波器选择(L−R)双边带信号。一个 19kHz 带通滤波器拾取导频并倍频后变成 38kHz，这刚好是 DSB 抑制载波 23kHz 到 53kHz(L−R)信号的精确载波频率。利用一个 AM 检波器的非线性器件对 38kHz 和(L−R)信号进行合并得到和差输出，其中的 20Hz 到 15kHz(L−R)分量利用低通滤波器获取。因此这个(L−R)信号重新变换到音频范围，并和(L+R)信号一起送到矩阵网络做进一步处理。图 6-33 所示的图解了矩阵功能，它也是图 6-31 所示立体声接收框图的一部分。(L−R)和(L+R)信号在一个加法器中合并，从而抵消 R，因为(L+R)+(L−R)=2L。(L−R)信号也被送到一个反相器，从而得到−(L−R)=(−L+R)，随后和(L+R)一起送到另外一个加法器，由此得到(−L+R)+(L+R)=2R。这两个信号各自送到右和左声道，然后去加重并各自放大，送到自己的扬声器上。

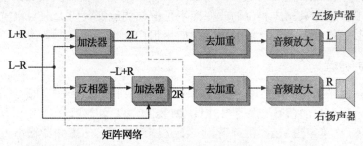

图 6-33　立体声信号处理

　　FM 立体声的处理在相对的简单性上有独创性，在完全兼容性上很有效，而且通过复用使发射的信息翻倍。

SCA 解码器

　　FCC 同样对 FM 广播电台在其载波上广播额外信号进行了授权。它可以是话音通信或非广播用途的其他信号。它也用于发射音乐节目安排，它通常没有广告，但是由订阅的百货商店、超市及类似的机构付费。它也称为辅助通信授权(SCA)。SCA 和 FM 调制信号频率复用在一起，通常使用 67kHz 的载波和±7.5kHz(窄带)偏移，如图 6-34 所示。

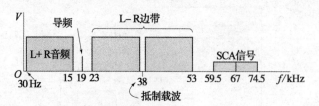

图 6-34　复合立体声和 SCA 调制信号

6.7　接收机噪声、灵敏度和动态范围的关系

　　现在你应该对接收机的知识了解得更多，因此有必要对第 1 章中讨论的噪声因素进行扩展。正如你看到的，在分析高质量接收机系统时，噪声系数、灵敏度和动态范围间存在着各种各样的平衡和关系。

　　为了更全面地理解接收机中的这些关系，这里有必要先认识影响灵敏度的因素。一句话，直接影响灵敏度的因素是噪声。如果没有噪声，只要提供足够的放大就能够接收任何信号，而不管这个信号的功率有多小。不幸的是噪声一直存在，所以有必要了解噪声并尽可能地加以控制。

就像第 1 章中提到的, 有很多噪声源存在。影响接收机的主要是电阻中电子运动引起的热噪声。根据第 1 章式(1-8), 噪声功率是

$$P_n = kT\Delta f$$

假如在 290K 时带宽(Δf)是 1Hz, 则有

$$P_n = 1.38 \times 10^{-23}\text{J/K} \times 290\text{K} \times 1\text{Hz} = 4 \times 10^{-21}\text{W} = -174\text{dBm}$$

对于 1Hz, 1K 的系统,

$$P_n = 1.38 \times 10^{-23}\text{W} = -198\text{dBm}$$

前面的例子表明, 温度是个让人感兴趣的变量, 因为人们有可能在不改变其他的系统参数的情况下降低电路的温度而减小噪声。在 0K 时, 没有噪声。然而, 这非常贵, 同时很难在接近 0K 的任何地方去操纵接收机系统。大部分接收系统在环境温度下工作。其他可能的降低热噪声的方法是减小带宽。然而就这点而言, 设计者只有有限的能力。

噪声和接收机灵敏度

什么是接收机的灵敏度? 如果不做一定的假设或是影响结果的一些特定条件未知的话, 这个问题很难直接回答。下面这个公式反映的是决定灵敏度的因素, 这些因素互相独立。

$$S = \text{灵敏度} = -174\text{dBm} + NF + 10\lg\Delta f + \text{期望 } S/N \qquad (6\text{-}2)$$

其中: -174dBm——室温(290K)下 1Hz 带宽的热噪声功率。

如果不考虑其他劣化因素的话, 这是在室温下获得的性能。式(6-2)中的 $10\lg\Delta f$ 因子表示带宽高于 1Hz 时引起的噪声功率变化。带宽越宽, 噪声功率越大, 固有噪声电平越高。S/N 是用 dB 表示的期望信号噪声比。它可以是确定的信号电平, 这几乎探测不到, 也可看做是, 允许的不同保真度输出电平。通常, 使用一个 0dB 的 S/N 表示输出的信号和噪声功率相等。因此信号可以说与接收机的固有噪声电平相等。接收机固有噪声电平和接收机输出噪声电平是指同一个东西。

考虑一个接收机, 带宽 1MHz, 20dB 的噪声系数。如果期望的 S/N 是 10dB, 那么灵敏度 S 为

$$S = -174 + 20 + 10\lg(1\,000\,000) + 10 = -84(\text{dBm})$$

在这个计算中你可以看到如果要求更低的 S/N, 那么就需要更好的接收机灵敏度。如果 S/N 为 0dB, 那么灵敏度是 -94dBm。-94dBm 的噪声系数表示在这个等级上接收机带宽内的信号功率与噪声功率相等。如果仍保持相同的信号输入电平, 但带宽降低到 100kHz, 那么噪声功率将会减小, 同时输出 S/N 将增加到 10dB。

SINAD 前面的公式指出, 接收机灵敏度可以定义为产生可识别(消息)输出所需的最小输入信号。可理解为除了受到内部和外部噪声的影响外, 还受到接收机内部本身的非线性而造成的畸变分量的影响。和噪声不同, 接收机引起的畸变不是随机的, 但对输出可理解性的影响和噪声相同。另外, 实际情况是在测量接收机的灵敏度时, 将噪声的影响从那些畸变中去除是很困难的。基于以上考虑, 接收机的灵敏度规范, 尤其是 FM 接收机通常以 SINAD(Signal plus Noise And Distortion 以首字母缩写)表示, 它可以确定接收到的信号是如何同时受到噪声电压和畸变(谐波频率)分量的影响。SINAD 用分贝表示, 并定义为, 收到信号和噪声以及畸变的总功率与噪声和畸变分量功率的比值的对数:

$$\text{SINAD} = 10\lg\frac{S+N+D}{N+D} \qquad (6\text{-}3)$$

其中: S——输出信号功率; N——输出噪声功率; D——输出畸变功率。

对于窄带 FM 接收机, 如那些双工无线电机, 最常见的灵敏度值是 12dB SINAD, 这表示接收到的音频信号幅度是 12dB, 或者是接收机输出端处噪声和畸变分量的 4 倍。这

种情况下，音频信号可以认为在理想接收条件下不是很清楚。12dB SINAD 级别并不表示全静音（也就是没有背景噪声）级别。相反，在这种背景噪声下可以听见，但是长时间听会让人觉得不愉快；然而，在紧急情况下接收到的信号已经足够理解且能够使用。12dB SINAD 测量已经变成了一个用于量化最小可分辨信号电平的工业标准，对于设计用来测试音频电平的测试设备来说，这个电平相对也简单得多。

图 6-35 所示的是用于 12dB SINAD 测量的典型测量方案。RF 发生器将调制在载波频率的信号输入到接收机的天线输出处。调制信号中包括一个不变的、400Hz 或（更常用于 FM 测试）1kHz 单频声音。畸变分析仪跨接在接收机的音频输出端和音量调节上，音量调节用来增加生产商最大指定音频电平，也常称为"额定音频"电平。前面讲过 $P = V^2/R$；因此，$V = \sqrt{PR}$。举例如下，额定功率 5W 的音频信号在通过 8Ω

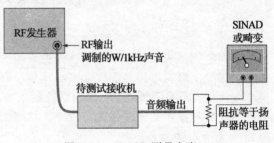

图 6-35　SINAD 测量方案

的电阻时，电压为 6.3V，所以增加音量直到伏特表上数字变为 6.3V。

如图 6-36 所示，畸变分析仪本质上是一个有尖锐陷波器的交流伏特表，陷波器调谐到调制信号频率（400Hz 或 1kHz），根据测试的需要打开或是关闭。陷波器移除调制信号（式（6-3）中的 S），这样只剩下噪声和畸变分量 $N+D$，并由分析仪测量。测试一开始关闭陷波器，这样解调出 1kHz 的消息，并以此确定额定输出电平。然后接通陷波器移除调制信号，这样只留下噪声和畸变分量。然后减小 RF 发生器输出，直到畸变分析仪上指示噪声和畸变电平为 12dB，这样小于前面确定的信号电压。对于窄带 FM 接收机，达到 12dB SINAD 灵敏度的 RF 电平通常小于 $0.5\mu V$。用表校正为 dB SINAD 的特制畸变分析仪被广泛使用，并经常和测试设备配合使用，这些设备有时称为服务监视器或通信测试设备。这些仪器都有 RF 信号发生器、频谱分析仪，以及单个测试中现场技术人员需要的其他测试设备。

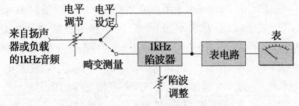

图 6-36　畸变分析仪原理

在额定音频电平上使用 12dB SINAD 测试，我们只要单次测试，就能判断接收机的整体性能。不管接收机增益特性如何，音频放大器即或其他地方如果畸变过大，都会使得接收机不能通过 12dB SINAD 测试。同样，增益不够也会由于灵敏度原因而使得测试失败，因为在接收机输出端将出现过量噪声。因此，满足 12dB SINAD 规范的接收机的所有级都可以通过正确的工作顺序在单次测试进行验证。

例 6-12　一个接收机准备测试确定 SINAD。用一个 400Hz 的音频信号来调制载波，然后输入到接收机。在这种条件下，输出功率是 7mW。在使用一个滤波器在输出中滤除 400Hz 部分后，测得的输出功率是 0.18mW。计算 SNIAD。

解：

$$S + N + D = 7\text{mW}$$
$$N + D = 0.18\text{mW}$$

$$\mathrm{SINAD} = 10\lg \frac{S+N+D}{N+D} = 10\lg \frac{7\mathrm{mW}}{0.18\mathrm{mW}} = 15.9\mathrm{dB}$$

动态范围

放大器或是接收机的动态范围是能够提供可用输出的输入功率范围。接收机的动态范围和 AGC 范围通常是两个不同的量。小功率的极限实质上就是前面讨论的灵敏度，它是噪声的函数。上限和一个点有关，当输入增加而系统无法线性增加的那点就是上限。它和畸变分量以及它们的影响程度有关。

在测试一个接收机（或放大器）的动态范围上限时，通常仅测试功率并确定 1dB 压缩点。如图 6-37 所示，这是输入/输出关系曲线中的一个点，此处的输出刚好比理想线性响应小 1dB。人们规定该点的输入功率为决定动态范围的功率上限。

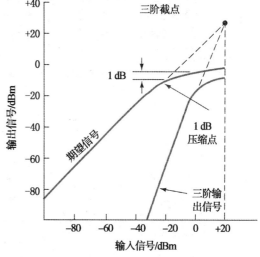

图 6-37　三阶截点和压缩点示意

在放大两个频率（f_1 和 f_2）时，二阶畸变产物一般不能通过系统通带，因此这不是问题。它们发生在 $2f_1$，$2f$，$2f_1+f_2$ 和 f_1-f_2。但是，三阶产物在 $2f_1+f_2$，$2f_1-f_2$，$2f_2-f_1$ 和 $2f_2+f_1$ 通常会有分量存在于系统带宽内。由此引入的畸变常称为互调失真（IMD），它也简单的称为互调。前面提到在关键 RF 和混频器级使用 MOSFET 有助于降低这些三阶的影响。互调效应主要影响到接收机（或放大器）的动态范围上限，人们常把它们通过三阶截点（或输入交接）来定义。这些概念示意如图 6-37 所示。它是把期望信号和三阶输入/输出关系做直线延长后交汇点处的输入功率。和互调失真有关的系统越好，输入交接点越高。

系统的动态范围通常近似为

$$动态范围(\mathrm{dB}) \approx 2/3(输入交接 - 固有噪声) \tag{6-4}$$

在收到强信号时，动态范围太小，容易引发问题，如产生不希望看到的干扰和畸变。动态范围目前的发展水平是 100dB。

例 6-13　某接收机指标如下：噪声系数（NF）20dB，1MHz 带宽，+5dBm 三阶截点，S/N 为 0dB。试确定该接收机灵敏度和动态范围。

解：

$S = -174\mathrm{dBm} + \mathrm{NF} + 10\lg\Delta f + S/N$

　$= -174\mathrm{dBm} + 20\mathrm{dB} + 10\lg 10^6 + 0 = -94\mathrm{dBm}$

动态范围 $\approx 2/3(输入交接 - 固有噪声) = 2/3 \times [5\mathrm{dBm} - (-94\mathrm{dBm})] = 66\mathrm{dB}$

例 6-14　例 6-13 中的接收机在输入处有前置放大器。前置放大器的增益为 24dB，NF 为 5dB。计算新的灵敏度和动态范围。

解：

第一步是计算总的系统噪声比（NR）。第 1 章中有

$$\mathrm{NR} = \mathrm{antilg}(\mathrm{NF}/10)$$

用 NR_1 表示前置放大器的噪声系数，NR_2 表示接收机的噪声系数，我们可以得到

$$\mathrm{NR}_1 = \mathrm{antilg}(5\mathrm{dB}/10) = 3.16$$

$$\mathrm{NR}_2 = \mathrm{antilg}(20\mathrm{dB}/10) = 100$$

总的 NR 是

$$NR = NR_1 + (NR_2 - 1)/P_{G1}$$

另外

$$P_{G1} = \text{antilg}(24dB/10) = 251$$
$$NR = 3.16 + (100 - 1)/251 = 3.55$$
$$NF = 10lg3.55 = 5.5dB = 总系统 NF$$
$$S = -174dBm + 5.5dB + 60dB = -108.5dBm$$

原三阶截点是 +5dBm，在经过前置放大器后有 24dB 的增益。假设前置放大器送到接收机的 5dBm 没有较大的互调失真，那么系统的三阶截点是 +5dBm-24dB=-19dBm。因此

$$动态范围 \approx 2/3 \times [-19dBm - (-108.5dBm)] = 59.7dB$$

例 6-15 例 6-14 中的 24dB 前置放大器替换为具有 10dB 增益 5dB NF 的前置放大器。系统灵敏度和动态范围是多少？

解：

$$NR = 3.16 + \frac{100 - 1}{10} = 13.1$$
$$NF = 10lg13.1 = 11.2dB$$
$$S = -174dBm + 11.2dB + 60dB = -102.8dBm$$
$$动态范围 \approx 2/3 \times [-5dBm - (-102.8dB)] = 65.2dB$$

例 6-13 到例 6-15 的结果总结如下表所示。

	接收机	接收机和 10dB 前置放大器	接收机和 24dB 前置放大器
NF/dB	20	11.2	5.5
灵敏度/dBm	-94	-102.8	-108.5
三阶截点/dBm	+5	-5	-19
动态范围/dB	66	65.2	59.7

上述例子和数据表明，可以通过使用最低噪声系数和改善接收机 NF 的最高可用增益的前置放大器来获得最高的灵敏度。但要记住，如果增益变大，毛刺信号和互调失真分量也会增加。用在接收机输入端前的前置放大器可以有效地降低与放大器增益成比例的三阶截点，但灵敏度的增加量小于放大器的增益。因此，为了维持高的动态范围，最好是，只利用必需的放大来得到所期望的噪声系数。从整体的概念上来看，使用过量增益是没有帮助的。表格里的数据表明增加 10dB 增益，前置放大器可以将灵敏度提高 8.8dB，同时动态范围下降只有 0.8dB。24dB 增益的前置放大器将灵敏度提高了 14.5dB，但使得动态范围降低了 6.3dB。

互调失真测试

通过比较两个测试频率到指定 IMD 产物水平以测试放大器的 IMD 很常见。和前面提到的一样，二阶互调不在频带内。对所有的偶数阶产物来说通常是对的，如图 6-38 所示。图 6-38 表明，对大部分系统来说，有些二阶互调在系统感兴趣的带宽之外。

我们对奇数谐波较感兴趣，因为部分谐波和测试频率 f_1 和 f_2 非常接近，如图 6-38 所示。三阶互调（$2f_2-f_1$ 和 $2f_1-f_2$）最具影响，但即使是五阶互调（$3f_2-2f_1$ 和 $3f_1-2f_2$）也是很棘手。图 6-39(a) 所示的是两个测试信号同时被输入到一个混频器或小信号放大器时，典型的频谱分析仪的测试结果。可以注意到三阶互调比测试信号小 80dB，而五阶互调则远比测试信号小 90dB 之多。

图 6-39(b) 所示的是在两个频率输入到典型 AB 类线性功率放大器时 IMD 测试的结果。更高的奇数阶互调（在此情况下直到十一阶）在这个功率放大器中非常的明显。幸运的是，相比于无线电接收机的敏感前端来说，这些效应对功率放大器影响较小。

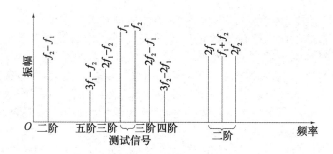

图 6-38 IMD 产物(两个测试信号的二阶，三阶，和五阶互调)

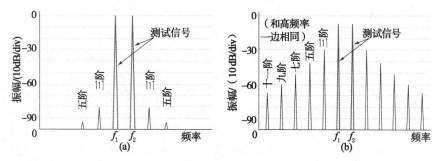

图 6-39 IMD 测试(a)混频器；(b)AB 类线性功率放大器

6.8 自动增益控制和噪声控制

任何接收机内的必备功能是，具有某种工作形式的 AGC。这些系统可以相对简单或稍微复杂一些，但是如果没有 AGC 的话，接收机的用途将会受到严重的损害。例如，简单的调谐接收就将是一个噩梦。为了避免漏过信号弱的站，没有配置 AGC 的设备必须将音量控制开到最大。信号强的站点可能会从扬声器发出可怕的声响，而信号弱的站可能无法听到。另外，收到的信号会由于天气的变化和电离层的原因不断的变化，尤其是，在传统 AM 广播和短波(高频)波段更让人操心。AGC 则使得人们在收听时不用时时地关注音量控制。最后，很多接收机是移动的。例如，如果没有好的 AGC 来补偿不同位置的信号变化的话，标准 AM 广播车载无线电台几乎无法使用。

获取 AGC 电平

很多 AGC 系统在检波器后获取 AGC 电平。前面提到检波二极管后的一个 RC 滤波器移除高频、中频，但是留下完好的低频包络线。慢变的直流电平可以通过增加 RC 时间常数来得到。直流电平随着整个接收信号的变化而变化。

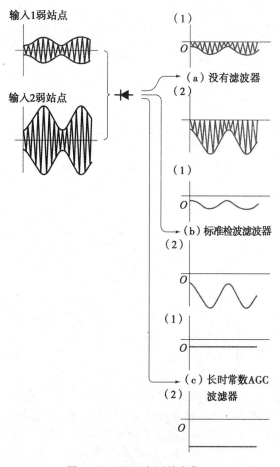

图 6-40 AGC 电压的变化

图 6-40(a)所示的是二极管检波器没有滤波器时的输出。这时输出的就是简单的 AM 波形，输入到二极管的不同电平的接收信号中的正极性部分已经被整流掉。在图 6-40(b) 中，增加滤波器后得到两个不同的包络电平，但是没有高频率分量。这些信号分别和两个不同接收站点音量的非预期变化相对应。在图 6-40(c)中，滤波器的时间常数更大，将输出滤波称为直流电平。然而要注意，直流电平随着输入信号的大小不同而变化。这是典型的 AGC 电平，这个电平随后被反馈回来以控制 IF 级的增益以及/或混频器和 RF 级。

在这种情况下，C_2 处更大的负直流电平会让接收机增益下降，从而使得弱信号或强信号时扬声器的输出近似一致。AGC 的时间常数必须足够大，这点很重要，因为只有这样，时时变化的期望无线电信号电平才不会影响接收机的增益。AGC 应该只响应平均信号强度变化，因此通常的时间常数大约是 1s。

晶体管的增益控制

图 6-41 给出了一种方法，可变直流 AGC 电平可以利用此方法控制共射晶体管放大器级的增益。在收到强的信号后，AGC 滤波电容(C_{AGC})两端的 AGC 电压有较大的负值，随之降低了 T_1 的前置电压。它使得更多的直流分量流经 R_2，这使得 T_1 基极上的电流更小，由于为二者都提供电流的 R_1 仅能提供相对不变的量。C_E 级和射电极旁路电容(C_E)的电压增益近似与直流偏置电流呈正比例，因此强信号使得 T_1 的增益下降。当接收弱信号时，T_1 的增益即使有所降低的话，也只是略微降低。AGC 在 20 世纪 20 年代首次出现，主要在电路反馈控制系统使用，由于在接收机中，AGC 往往用多根线反馈到多个级来控制增益，使得接收机能工作在大的信号电平区间内，所以人们常称 AGC 反馈回路为 AGC 总线。

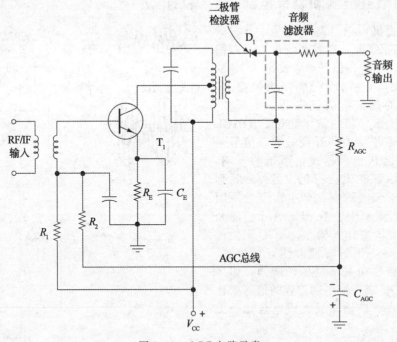

图 6-41　AGC 电路示意

延迟式 AGC

刚刚讨论的简单自动增益控制(AGC)有几个小缺点。即使是在接收弱信号时，它的增益仍有所下降。这在图 6-42 中有示意。一旦调谐到较弱的接收信号，简单 AGC 提供的增益有衰减。由于通信设备经常需要处理临界(弱)信号，因此增加一些附加电路得到的延迟式 AGC 比较有帮助，换句话来说 AGC 不提供任何的增益衰减除非收到某些设定信号电平。因此，延迟式 AGC 对于弱信号来说没有增益下降。图 6-42 同样也给出了这个特征。这对于我们理解延迟式 AGC 不等于时间上的延迟这点非常重要。

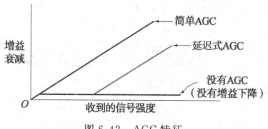

图 6-42   AGC 特征

图 6-43 给出了实现延迟式 AGC 的一种简单方法。D_1 的负极施加了反向偏压。因此对末级 IF 放大器来的交流信号来说,二极管看起来是开路,除非这个信号达到了某个预设的瞬时幅度。在 D_1 开路时,对于小的 IF 输出,电容 C_1 上信号是纯粹的交流信号,因此没有直流 AGC 电平馈送到前面的级来降低它们的增益。如果 IF 输出增加,最终会到达 D_1 的峰值正电压的导通点。这会有效地将 IF 输出中的正峰值部分短路掉,因此,C_1 得到的是负信号而非正信号,并滤波成相对恒定的负电平后用于衰减前一级的增益。用于启动“延迟”AGC 信号反馈的 IF 输出振幅由延迟式 AGC 控制电位器控制,如图 6-43 所示。这也可以由外部控制,从而让用户能够根据情况调节延迟量。举例来说,如果收到的以弱信号居多,控制必须设定为没有 AGC 信号产生,除非是非常强的信号。这表示图 6-42 所示的延迟间隔会增加。

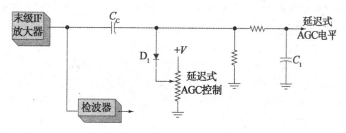

图 6-43   延迟式 AGC 配置图

辅助 AGC

在收到某些可能的高电平接收信号时,辅助 AGC 用来(即使是某些广播接收机)进行对接收机的增益进行阶跃降低。因此它的作用是防止过强信号造成接收机过载并产生畸变的、无意义的输出结果。完成辅助 AGC 功能的一个简单方案如图 6-44 所示。

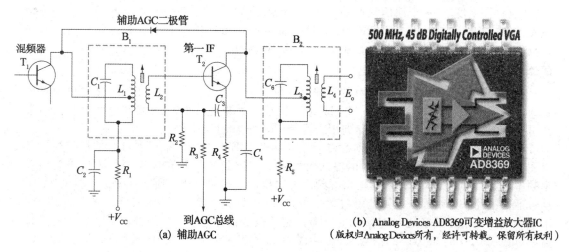

(a) 辅助AGC

(b) Analog Devices AD8369可变增益放大器IC

图   6-44

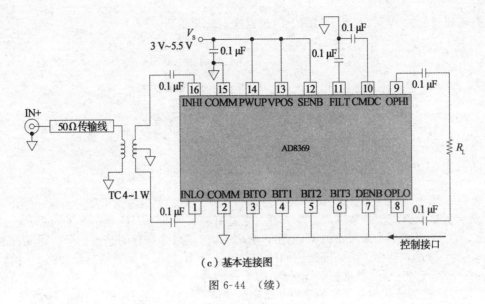

（c）基本连接图

图 6-44 （续）

值得注意的是，辅助 AGC 二极管连接在混频器和第一 IF 晶体管的集电极间。在接收到正常信号时，每一集电极的直流电平让二极管反向偏置。在这种情况下，二极管表现出很高的电阻，对电路动作也没有影响。混频器集电极处的电平是常数，因为它不受常态 AGC 控制。然而对于很强的信号，AGC 控制着第一 IF 晶体管，使得其直流基极电流下降，从而让集电极电流也随之下降。所以，它的集电极电压变成正值，二极管开始导通。二极管电阻下降，随之混频器谐振(L_1C_1)电路的负载下降，并因此使得耦合进第一 IF 级的信号产生阶跃衰减。所以，动态 AGC 范围本质上得到了提高。

图 6-44(b)所示的是现代数字控制可变增益放大器的一个例子，Analog Devices 公司的 AD8369。它提供−5dB 到＋40dB 的数字可调增益，步进量为 3dB。AD8369 指定用于手机接收机的 RF 接收通路 AGC 环路。AD8369 的最小基本连接如图 6-44(c)所示。平衡 RF 输入连接到 16 和 1 引脚。设备的增益控制通过 3、4、5、6 和 7 引脚完成。一个 3～＋5.5V 的电压连接到 12、13 和 14 引脚。平衡差分输出端是 8 和 9 引脚。

可变灵敏度

延迟式 AGC 和辅助 AGC 不管如何增加动态范围，对于接收机来说，包含一个可变灵敏度控制还是很有帮助的。这是一个人工 AGC，因此用户可根据需要控制接收机的增益（因此也有灵敏度）。一个通信接收机可能需要处理信号比为 100 000：1 的信号，即使是最先进的 AGC 系统也不能满足要求。设计能提供高灵敏度还有能处理超强输入信号的接收机包含一个人工灵敏度控制来控制 RF 和/或 IF 增益。

可调选择性

很多通信用接收机对多种类型的传输都能够检波。有时可能需要在一个接收机中对莫尔斯(Morse)码传输、SSB、AM 和 FM 进行检波。为避免拾取临近信道信号而要求的带宽可能从用于莫尔斯编码的 1kHz 到用于窄带 FM 的 30kHz 不等。

很多现代接收机采用了一种称为可变带宽调谐(VBT)的技术来得到可变的选择性。参考图 6-45 所示的方框图。500Hz 的输入信号在 400Hz 到 600Hz 内，200Hz 带宽内有半功率频率。和 2500Hz 本地振荡器输出混频后的输出信号是 1900Hz 到 2100Hz。这些频率驱动带通滤波器，该带通滤波器能通过的信号是 1900Hz 到 2100Hz。滤波器的输出和 LO 输出混频输出的信号频率是 400Hz 到 600Hz。它们被送到另外一个带通滤波器，该带通滤波器可以让 400Hz 到 600Hz 的信号通过。因此系统输出是最早的 400Hz 到 600Hz 范围，带宽也是最初的 200Hz。

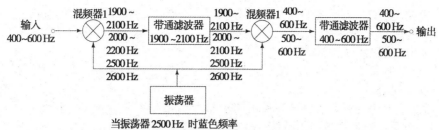

图 6-45 可变带宽调谐(VBT)

维持相同的 500Hz 输入信号，现在我们将 LO 频率增加到 2600Hz。第一级混频器输出覆盖的范围是 2000Hz 到 2200Hz，但只有 2000Hz 到 2100Hz 的部分通过第一级 BPF(带通滤波器)。它们被混频来输出 500Hz 到 600Hz 的频率，然后这些频率又经过第二级 BPF。输出带宽因此被降低到 100Hz。将 LO 增加到 2650Hz，系统带宽因此会降到 50Hz。换句话说，带宽实际上是可变 LO 频率的函数。

噪声限制器

和其他处理微伏或更低范围信号的电子设备一样，高灵敏度通信接收机需要面对的棘手问题是外部噪声源。这些人为的噪声源，如点火系统、电动机通信系统，以及高电流负载的开关等造成的干扰是电磁干扰(EMI)的一种形式。受 EMI 的影响，接收机会产生无用的 AM，有时这些大的振幅会反过来影响到 FM 的接收，更不用说对 AM 系统的巨大破坏力。虽然这些噪声脉冲通常持续的时间不长，但它们的振幅可达到期望信号振幅的 1000 倍也很寻常。在噪声脉冲持续时，人们用噪声限制器电路消除接收机的噪声，防止噪声在扬声器中产生很大的啸叫声。这些电路有时也称为自动噪声限制(ANL)电路。

用于噪声限制的电路如图 6-46 所示。它采用一个二级管 D_2，该二极管的作用在只有检波后的信号小于某个规定门限时才将此信号送到音频放大器。如果振幅过大，D_2 将截止，在噪声脉冲衰减或是结束后再重新导通。从二极管检波器 D_1 输出的变化的音频信号穿过两个 $100k\Omega$ 的电阻。如果收到的载波在 AGC 启动点产生一个 $-10V$ 的电压，那么 D_2 的阳极电压是 $-5V$，同时阴极电压是 $-10V$，二极管导通并将音频信号送至音频放大器。

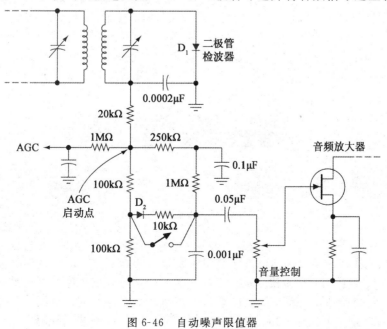

图 6-46 自动噪声限值器

脉冲噪声会使得 AGC 启动点处的电压瞬间增加，这意味着 D_2 的阳极电压也会增加。然而由于二极管的阴极和地间有一个 $0.001\mu F$ 的电容，因此二极管的阴极电势不会有突然的变化。因为电容两边的电压不会突然变化。因此阴极电压仍然保持在 $-10V$，但由于阳极电压接近 $-10V$，所以 D_2 关闭，从而阻止检波后的音频信号进入音频放大器。接收机在噪声脉冲持续期间静默。

利用 D_2 的开关控制使得噪声限值器的动作可由用户关闭掉，这在接收临界（嘈杂的）信号时很有必要，设备输出利用 ANL 来关闭。

测量

很多通信接收机都配备有一个表，这个表用来可视化地指示收到的信号强度。这就是人们所称的 S 表，它通常放在 AGC 控制的放大器级（RF 或 IF）的发射极。S 表读取直流电流，因为直流电流通常和收到的信号强度成反比。如果没有收到信号，就没有 AGC 偏置电平，这将得到最大的直流发射机电流，并由此而有最大级电压增益。随着 AGC 电平的升高，表示收到的信号幅度在增加，同时直流发射机电流下降，从而得到衰减的增益。所以 S 表可以用来帮助正确调谐，同时还能指示信号强度。现代设计中利用 LED 发光条的图形代替电子表。这降低了成本，同时还使稳定性得到提高。

在有些接收机中，S 表还被电切换到接收机的不同位置，以便为故障检修提供帮助。那些情况下，在接收机不同位置的表读数的基础上，操作手册提供了故障检修指南。

静噪

很多双向无线电传输，包括公共安全和应急服务，往往是由长时间的静默和相对短的消息组成。由于消息通常很重要，所以为保证通信操作员必须连续监听接收机。然而在缺少收到载波的情况下，自动增益控制电路会让系统增益最大，这在扬声器中导致大量噪声。这些噪声听起来是嘶嘶声或哗哗声。由于在传输间歇期间无法切断接收机声音，这会使得操作员非常烦躁。由于这个原因，通信接收机设计了静噪电路，该电路用来在没有探测到载波时使音频放大器级没有输出。

FM 窄带接收用的静噪系统有两种形式：噪声静噪（有时也叫载波静噪）和一定程度上更复杂的音调静噪。图 6-47 所示的是噪声静噪子系统的框图。噪声静噪把 FM 限制器和噪声的宽带特点结合在一起。在 6.5 节中曾经提到，限制器是简单饱和的放大器，放大器的输出电压用于不会超过预先设定的电压值。在没有载波时，限制器输出中只有随机振幅的噪声，而且噪声扩展到了所有的频率。但收到信号时，信号振幅会使噪声电压降低。换句话说，限制器输出可以是信号或噪声电压的任意组合，但这对双方看起来是相反的关系。电平足够高的接收信号将完全在限制器的输出取代噪声电平。这种相反的关系也是噪声静噪系统的工作原理。

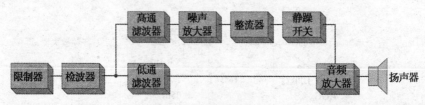

图 6-47　噪声静噪系统方框图

现在再分析一下图 6-47 所示电路，可以注意到，静噪开关的输入电压首先通过的是一个 6kHz 的高通滤波器。高通滤波器的作用是阻止 300Hz 到 3kHz 的语音波段出现在解调后话音信号中，从而只剩下噪声。由于噪声是宽带信号，仅由噪声组成的限制器输出在频率大于 6kHz 时仍有电压存在。这些高频率在通过滤波器后进行整流，从而输出一个到静噪开关晶体管的直流偏置电压。当晶体管偏置打开时，静噪开关的配置会让音频放大器截止，从而防止接收机的扬声器传出噪声。在收到载波（有或没有调制）后，载波电压会将噪声电压"挤开"。低于 6kHz 的消息频率分量不会出现在高通滤波器的输出端，因此也不会触发静噪开关。由于没有整流噪声来产生偏置电压，静噪晶体管开关将会关闭，从而使得音频放大器的输出能够到达扬声器。

连续音频编码静噪系统或 CTCSS 是噪声静噪的改进增强的。它最初由 Motorola 公司开发出来，人们经常提及的是 CTCSS 最初的名字，PL（用于"专线"），当时这个系统可能不是真正的专用，而且这么多年来 CTCSS 也已经由不同的厂商在不同的场合实现。CTCSS 允许在不侦听其他用户传输的情况下让多个用户群公用一个公共通信信道。通过 52 个可能的低频音频音调之一与任一话音传输线性叠加而开始工作。音调静噪信号的偏移往往设定为最大±750Hz。由于在窄带 FM 中，最大偏移是±5kHz，所以话音偏移必须有所降低，从而不超过最大值。启用 CTCSS 的接收机在其音频解码器没有拾取到预定义的 CTCSS 音调时，不会静噪，因此当还有不同 CTCSS 音调的其他音频信号出现在限制器输出端时，接收机将保持静音。CTCSS 因此可以说是次声频的，因为接收机中的低通滤波器会在音频信号放大并送到扬声器前，移除该音调。

即使是有信号传输，如果没有收到正确的次声频音，装备有 CTCSS 的接收机也将保持静默。因此如果用户不能确定信道是否忙，各传输之间会相互干扰。由于这个原因，有 CTCSS 的无线电都配备有监控功能，形式可能是前面板开关的或是传声器从架子上拿开时被激活的一个开关。监控开关优于 CTCSS 静噪启动，它可让用户判断信道是否被占用。好的操作习惯是，在传声器上的按键通话开关按下前关闭音频静噪功能。

一个仍然很先进的静噪系统是数字编码静噪或 DCS。在这种系统中，静噪作用是利用和音频一起串行传输的 106 个二进制码字之一进行强化。接收机对串行码解码；如果它识别出正确码字，静噪开关让音频通过。

总结

接收机将天线接收到的射频频率下变换成基带后，从收到的信号中提取消息。接收机共有的两个特征即就是灵敏度和选择性。灵敏度与可以从噪声中提取的最小信号电平有关，而选择性则是指从接收机众多频率的信号当中获取期望信号的能力。

超外差接收机在维持选择性不变的情况下能够提供高的增益，这使得超外差接收机成为最广泛应用的设计之一。在超外差中，混频动作在两个级中发生，通过将输入射频信号和本地振荡器产生的正弦波合并。混频器，或者第一检波器级把输入射频变换为（通常）低一些的、中间频率。在射频调谐时调整本地振荡器频率；然而，中频在整个接收机的调谐范围内都维持为常数。大部分接收机增益和选择性发生在中频时。

第二检波器级进行二次混频来提取消息。调制以及发射的载波是否存在于收到的信号中，决定了所用第二检波器的类型。最基本的检波器，包络检波器，用于全载波 AM 信号。包络检波器使用一个非线性器件产生理想类型的畸变，通过畸变将消息从中频中取出。为了抑制载波的信号，如 SSB，称为乘积检波器的接收机经混频器从不同的频率中恢复消息，这些不同的频率是收到的边带通过拍频振荡器与本地重新插入载波混频产生的结果。该拍频振荡器可以由人工控制，或者在更为复杂的设计中组成同步检波器的一部分，并和锁相环一起利用收到信号的恢复特征而重新生成准确的发射载波。

超外差设计的最大优势是，其在宽的调谐范围内带宽是恒定的。除了复杂性外其最大的缺点是，容易受到镜频的影响，这是人们不希望看到的，因为在和本地振荡器混频时镜频会在中频处产生一个输出。为了减小镜频，人们使用预选择来在它们到达混频器前去除强的无用信号。另外，人们采用两次变频和现代设计中使用频率逐渐增减的上变频技术来保证镜频尽可能地远离所用频段，从而最大可能地使初级预选能完全滤除无用信号。

在很多最新的接收机设计中采用了直接变频或零中频的技术，在这里收到的射频信号被下变换到基带，这样一步就可以提取出消息信号而不是用两步。直接变频设计有很多的优点，比如简单、节能以及预防镜频等。基于这个原因，零中频架构用在很多便携设备中，包括蜂窝电话的接收部分。

频率调制和相位调制的消息信号有很多检波方法。传统的方法是采用鉴相器，鉴相器将频率偏移转换成电压，这是因为 LC 电路中电压和电流的相位偏移，同时共振或是不共振。虽然由于不利于集成的原因鉴相器在现代设计中应用不是很广泛，但它非常适合于宽带信号的线性解调，同时它们展示了瞬时频率和相移如何利用常规的、无源器件进行检波的。FM 解调的更现代设计是使用正交或者是使用更普通的锁相环检波器，因为这些手段非常利于大规模集成。

立体声 FM 是复用的一种形式：两个独立信道的信息同时承载到一个公用媒介中。立体声广播被设计成完全和单声道接收机兼容，它代表了频分复用的一种应用。立体声接收机使用同步检波来恢复被抑制的立体声副载波并恢复消息。系统依靠的是立体声接收机中移相的左右信道信号的数学复合。

除了灵敏度和选择性，接收机必须被设计成能在宽的动态范围内工作。就这点而言，最重要的一个测量之一是三阶截点，或 IP3 点，因此这是一个表征接收机在遇到强的相邻信号时如何对无用混频效应免疫的测量。其他重要的测试有灵敏度测试，其中包括 FM 接收机的 SINAD 测试，还有互调失真测试。

接收机必须有某种形式的自动增益控制和静噪能力，这样才能在不同的信号条件下工作。自动增益控制可以从简单到复杂，它和可变灵敏度和可变带宽技术一起配合使用，从而能在不利的信号条件下获得最佳的接收效果。静噪系统允许连续监控通信信道，而在 FM 系统中是依靠因限制动作而存在的信号与噪声电平的反比关系。和 AGC 一样，静噪系统的复杂性与应用有关。

习题与思考题

6.1 节

* 1. 解释一下问题：接收机灵敏度；接收机选择性。为什么这些特征很重要？它们的单位是什么？
2. 解释为什么接收机能够过度选择。

6.2 节

* 3. 画出调谐射频(TRF)无线电接收机的框图。
4. 某 TRF 接收机有一个 $25\mu H$ 电感器，被调谐到 550kHz 到 1550kHz 范围。计算所需电容大小区间。假设在 1000kHz 处需要的带宽是 10kHz，计算调谐电路的 Q 值。计算接收机在 550kHz 和 1550kHz 时的选择性。（0.422 到 3.35nF，100，5.5kHz，15.5kHz）

6.3 节

* 5. 画出超外差 AM 接收机的框图。假设有入射信号，简要说出每级的输出。
* 6. 哪种类型的无线电接收机中有中频变压器？
7. 输入到混频器的一 AM 信号是 2kHz 正弦波调制的 1.1MHz 载波。本地振荡器工作在 1.555MHz。列出混频器输出分量并指出哪些能被 IF 放大器级接收处理。
* 8. 解释超外差接收机中的第一检波器的用途和工作原理。
9. 解释超外差接收机中的可变调谐电路是如何利用单个控制进行调节的。

* 10. 假设一个超外差接收机被调谐到 1000kHz 的期望信号，另外其转换(本地)振荡器工作在 1300kHz 上，输入信号的频率为多少时可能会引起镜像接收？（1600kHz）
11. 某接收机从 20MHz 到 30MHz 可调，并使用 10.7MHz IF。计算所需的振荡器频率范围和镜像频率范围。
12. 说明为什么镜像频率抑制不是标准 AM 广播波段的主要问题。
* 13. 在超外差接收机的第一检波器(转换器)级前增加一个调谐射频放大器级会带来什么好处？
* 14. 如果你的接收机中的唯一的射频机中的一个晶体管短路，应该采取何种临时维修方法或修改措施？
15. 在用作 RF 放大器时，双栅 MOSFET 相比 BJT 有哪些优点？
* 16. 超外差接收机中的混频器是什么？
17. 为什么接收机的大部分增益和选择性是在 IF 放大器级得到的？
18. 某一被调谐到 1MHz 的超外差接收机参数如下：
RF 放大器：$P_G=6.5dB$，$R_{in}=50\Omega$

检波器：4dB 衰减

混频器：$P_G=3$dB

音频放大器：$P_G=13$dB

3 个 IF：每个都在 455kHz，$P_G=24$dB

天线接收到 21μV 信号并送到 RF 放大器。计算接收机的镜像频率和输入/输出功率，单位分别用 W 和 dBm 表示。画出接收机的框图并标出 dBm 功率。(1.91MHz，8.82pW，−80.5dBm，10mW，10dBm)

19. 某一接机动态范围为 81dB。它的灵敏度是 0.55nW。试计算最大允许输入信号。(0.0692W)

20. 给出动态范围的定义。

21. 当被 1kHz 正弦波调制时列出 AM 信号在 1MHz 的分量。当被转换成 usb 传输时，分量是什么？如果载波多余，为什么在接收机上必须"再次插入"？

22. 解释为什么 SSB 解调器的 BFO 有如此严格的准确性要求。

23. 假设 SSBSC 发射机的已调信号频率是 5kHz，载波频率是 400kHz。BFO 应该被置为什么频率？

24. 乘积检波器是什么？解释为什么平衡调制器用作乘积检波器时输出端需要一个低通滤波器？

25. 一个 SSB 信号是由 400Hz 和 2kHz 正弦波调制，当该信号被馈给乘积检波器时计算频率。BFO 是 1MHz。

* 26. FM 广播接收机中鉴相器的作用是什么？

27. AFC 功能在现代 FM 接收机中为什么不是必须的？

* 28. 画出设计用于接收 FM 信号的超外差接收机框图。

29. 本地 FM 立体声摇滚电台频率是 96.5MHz。计算 10.7MHz IF 接收机的本地振荡器频率和镜像频率。(107.2MHz，117.9MHz)

30. 解释 FM 接收机与 AM 接收机相比，哪个更需要 RF 放大器级。为什么在频率大于 1GHz 时，这个原因不太适合？

31. 描述一下本地振荡器反向辐射的意味着什么，同时解释 RF 级如何有助于阻止这种辐射。

32. 为什么在 RF 放大器中更需要平方率器件而不是其他器件？

33. 为什么 RF 放大器中更愿意采用 FET 作为有源器件而不是其他器件？

34. 解释图 6-15 中的 RF 放大器为什么需要 RFC。

35. FM 广播接收机中的限幅器级的用途是什么？

* 36. 画出 FM 广播接收机中限幅器级的框图。

37. 完整的解释图 6-16 中给出的限幅器的电路工作过程。

38. FM 接收机中的限幅、灵敏度和静噪的关系是什么？

39. 一 FM 接收机在限幅器前提供 100dB 的增益。假设限幅器静噪电压是 300mV，计算接收机灵敏度。

40. 两次变换接收机调谐到 27MHz 的广播站，同时采用的第一 IF 为 10.7MHz，第二 IF 为 1MHz，试画出此情况下的框图。列出每一模块所有相关的频率。并解释为何与 IF 为 1MHz 的单次变换接收机相比拥有出色的镜像频率特性，在这两个问题中都要提供镜像频率。

第 7 章
数字通信技术

7.1 数字通信简介

物理世界中的连续变化量可以通过模拟信号来表示，在一个模拟通信系统中，发射端转换器，如传声器或摄像机，将变化的声压或光强度转化为电压来表示音频或视频信号，而接收端转换器，如扬声器或显像管，通过反变换将电压还原为相应的物理量。由于传输的物理量是由发送和接收的模拟信号来表示的，因此通信技术一直以来隶属于模拟电子技术的范畴。作为一门技术学科，电子技术的发展大多围绕电路和设备的设计来进行，通过保护所传输电压的本质特性以达到准确传输所关心物理现象的目的。

模拟通信技术的特点之一就是操作简单，发射端和接收端转换器之间的模拟信号可直接进行传输，不需要进行复杂的信号变换过程。另外，模拟通信技术所要求的传输带宽比其他一些不采用复杂调制与压缩技术的替代方法的要低，而且复杂度也要低好几个数量级。但是，模拟通信过程对噪声很敏感，大幅度的噪声信号将会对所传输的信息造成无法恢复的破坏。日常生活中所遇到的现象，如无线广播中听到的静音和模拟电视中看到的雪花图像，都表示了信息的丢失。在模拟通信过程中，所传输的信息一旦丢失，将无法进行恢复。由于这样以及其他一些原因，如同其他一些电子技术应用一样，通信技术也进入了数字时代，通过离散信号编码和二进制计算机语言来表示所传输的信息。

数字通信技术最重要的优点之一在于，它可以通过各种形式的纠错方法对丢失的信息进行恢复。同时，通信信道或设备中的噪声和干扰对数字信号的影响远远小于对模拟信号的影响。换句话说，与模拟通信技术相比，数字通信技术可以在更低的信噪比环境下实现。数字通信技术的另外一个优点在于，其具有再生的能力，在传输过程中受到干扰的数字信号能够周期性地得到恢复，因此可以在固定的周期内通过设计理想的传输数据以完成远距离的传输的目的。基于这些优点，并随着高速计算能力的发展和特定集成电路的应用，数字信号处理技术和软件无线电技术得到了普遍的接受，长期以来一直通过分立元器件电路实现的通信功能，如今也可以通过计算机软件来完成。数字信号处理技术和软件无线电技术的结合，也许正代表着通信技术在过去的 20 年中最引人注目的变化。

在通信技术数字化过程中，模拟信号首先转化为离散采样点，作为传输数据，这些数据在进入通信信道之前需要进行"编码"和预处理。通常，由于通信信道具有不连续衰减特性，因此需要对传输数据加入一种或多种检错和纠错技术来增强噪声环境下发射器与接收器之间的传输性能。然后，二进制的传输数据以基带信号形式，或者以前面章节所提到的高频载波调制信号形式，通过通信信道进行发射。第 8 章将详细介绍数字调制技术和数字信息恢复技术，第 9 章将研究编码的概念，本章重点介绍在有线和无线传输环境中进行有效数字通信过程所需要的准备步骤，以及迅速发展的数字信号处理技术在通信过程中的应用。

7.2 脉冲调制与复用

在我们之前的学习中，已经有过很多次绘制连续函数曲线的经历。首先，将有限个数的离散数据点绘出，然后可以用一条曲线将这些数据点进行拟合，这种方法使得在不需要获得每个可能数据点的情况下也能得到较为准确的函数曲线。其实质是通过样点数据对函数曲线在样点之间的走势进行估计，如果样点之间的距离足够近，这样的估计将会具有非常高的精度。这种方法也可以用于电信号的传输过程中，例如，发射器仅发送有限的样本信号，而接收器通过高精度的重构就可以还原全部传输信号。在通信中这种技术称为脉冲调制，脉冲调制技术包括采样和模拟信号与数字比特流之间的转换，是有线和无线数字通信系统中的关键技术。

脉冲调制与前面章节介绍的幅度调制（amplitude modulation，AM）和频率调制（frequency modulation，FM）的最大区别在于，AM 和 FM 中的调制信号（由低频信息通过高频载波调制生成）参数随发送信息变化而连续变化，而脉冲调制中的一些采样脉冲参数却随发送信息采样值逐点变化。由于脉冲持续时间通常很短，因此脉冲调制信号在大多时间处于"关"状态。这种短脉冲信号使得发射器占空比非常低（"关"状态时间大于"开"状态时间），特别适用于在某些微波器件和激光器中的应用。

脉冲调制的另一个优点在于脉冲之间的时间间隔可以用来传输其他信息。换句话说，脉冲调制允许使用时分复用（time-division multiplexing，TDM）技术来实现信道共享。通常来讲，复用是指将两个或两个以上信息信号通过同一个信道来进行传输的方法，在频分复用时，如在无线电和电视广播中，多个信息信号经过各自的载波调制到特定的频率，然后使用各自的信道带宽可同时进行传送。而时分复用正好相反，每个信息信号可使用整个信道带宽，但是只能使用各自的传送时隙。TDM 类似于多个用户同时使用一台计算机时的计算时间共享。TDM 广泛应用于有线和无线通信系统，特别是网络电话中，这些将在9 章中进行更详细的介绍。

从严格意义上讲，脉冲调制并不是一种调制技术，而应当理解为一种信息处理技术。之所以使用"调制"一词，是因为消息信号与脉冲进行乘法运算产生了和频、差频以及谐波频率信号。此时需要明确一点，虽然脉冲对消息信号在固定时间间隔进行了采样，但是编码过程会使脉冲所响应的消息信号特征发生变化。脉冲采样信号（即脉冲调制信号）可保持为基带频率信号，也可以使用前面章节所介绍方法，通过高频载波对其进行幅度调制或角度调制。需要注意，虽然在两个步骤中都出现了"调制"，但是它们是完全不同的两个过程。

脉冲调制具有三种基本形式，分别为脉冲幅度调制（pulse-amplitude modulation，PAM）、脉冲宽度调制（pulse-width modulation，PWM）和脉冲位置调制（pulse-position modulation，PPM），如图 7-1 所示。第四种形式，脉冲编码调制（pulse-code modulation，PCM）是在 PAM 基础上通过编码产生的，PCM 是一种波形编码技术，通过数字数据来表示模拟信号。PCM 是许多数字系统的基础，将在 7.4 节对其进行详细讨论。这里，我们先对脉冲调制的基本形式做一简单了解。

为清楚起见，图 7-1 所示的脉冲宽度大幅增加了。脉冲调制通常与 TDM 结合使用，脉冲持续时间越短，为复用信号留下的时间间隔越大。如图 7-1 所示，逐点变化的脉冲参数随模拟信号在每个采样时刻的值而变化。注意，在信号值最小时刻，PAM 的脉冲幅度和 PAM 的脉冲宽度均不为零，这样做是为了保证一个恒定的脉冲速率，这在 TDM 系统的同步过程中是很重要的。

脉冲幅度调制

在脉冲幅度调制过程中，脉冲幅度与被调制信号的幅度成正比，以周期速率对被调制信号进行采样从而产生不同幅度的脉冲是最简单的脉冲幅度调制过程。不久将会看到，PAM 信号脉冲可以通过进一步的处理生成 PCM 信号，或者直

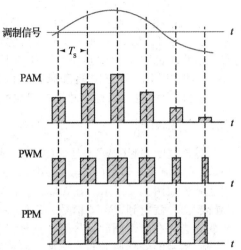

图 7-1　脉冲调制类型

接通过高频载波进行调制。此外，PAM 信号也可以在一个通信信道中进行时分复用，如图 7-2 所示。图 7-2 显示了一个 8 通道 PAM 脉冲 TDM 系统的调频发射器，在发射端，由一个旋转的机械设备构成采样器，通过周期性地与每路信号接触从而对 8 路发射信号进行周期采样，在接收端，也具有一个类似的旋转机械设备用来分离 8 路信号，而且必须与发射端同步。需要注意，图 7-2 所示的同步旋转设备只是用来体现 TDM 的过程，而这样的机械采样设备仅适用于较低采样速率的系统，如遥测系统。在语音传输系统中，它的采样速率远远不够，需要使用电子开关系统。

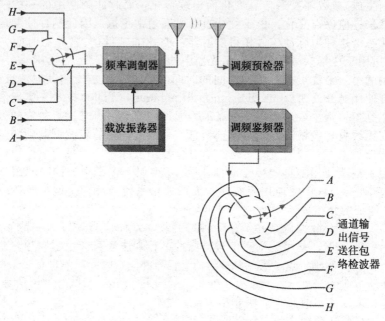

图 7-2　8 通道 TDM-PAM 系统

在发射端，8 路脉冲调制信号利用一个载波进行频率调制。而接收端通过一个标准的 FM 接收机就可以重构所发送的信号，然后，8 路信号经由分配器传输到各自的通道。这里的分配器类似于汽车中的配电器，周期性地将高电压传输给火花塞。每个通道的信号利用包络检波器得到原始信号，这里的包络检波器可以是一个简单的低通 RC 滤波器，如标准 AM 接收器中使用的检测二极管。

上面描述的系统中，PAM 信号最终经由射频载波进行调制。这里再次强调一下，本章所讨论的 PAM 以及其他脉冲调制信号都可以视为基带信号。也就是说，脉冲调制只是发射过程中的一个中间步骤，并不直接涉及载波调制过程。虽然 PAM 简单实用，但是 PWM 和 PPM 使用恒定幅度脉冲，因而具有更好的噪声性能，由于变化参数为时间，PWM 和 PPM 也可以称为脉冲时间调制（pulse-time modulation，PTM）。

脉冲宽度调制

脉冲宽度调制（PWM）是 PTM 的一种，也称为脉冲时宽调制（pulse-duration modulation，PDM）或脉冲长度调制（pulse-length modulation，PLM）。一个使用 565 锁相环的简单 PWM 生成装置如图 7-3 所示。在 VCO 输出端（引脚 4）为 PPM 信号，将其与输入脉冲经过一个"异或"门，就得到 PWM 信号。为保持锁相环的锁定状态，VCO 输入端（引脚 7）必须保持不变。当存在外部调制信号时，这种平衡将会打破，从而使得检相器的输出随 VCO 输入（控制）信号的变化而升高或降低。检相器输出的变化意味着输入信号与 VCO 信号之间相位差的变化。因此，VCO 输出将会存在与调制信号幅度成比例的相移。PPM 信号通过图

7-3 中的 T_1 进行放大。当两个输入都为高时"异或"电路输出为高，其他情况都将产生一个低输出。通过将 PPM 信号与原始脉冲信号输入"异或"电路，可得到 2 倍原始输入脉冲频率的输出 PWM 信号。

调节 R_3 可改变 VCO 的中心频率。调整 R_4 可设置静态 PWM 占空比。电路的输出信号(PPM 或 PWM)通过载波调制可以用于后续传输。

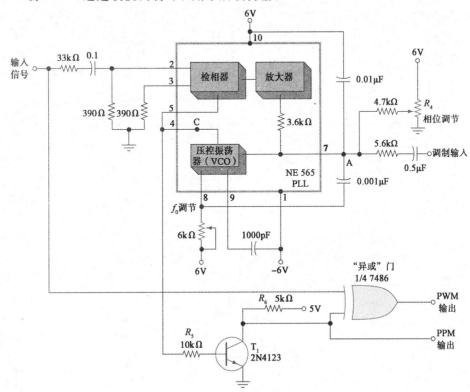

图 7-3　PWM 和 PPM 的锁相环生成器

D 类放大器与 PWM 生成器

回顾第 4 章，D 类放大器由于只在截止与饱和状态之间进行交替切换，而不是将功率浪费在线性工作区域，因此能达到 100% 的效率。PWM 可构成 D 类放大的基础。图 7-4 所示电路由于实质上对 PWM 信号进行了功率放大，并且晶体管输出只在截止与饱和状态之间进行切换，幅度恒定，因此它是一个 D 类放大器。这将获得最大的效率(超过 90%)，同时能够对任意模拟信号进行放大，使得 D 类放大器日益普及。

图 7-4 所示电路表明了另一种通用的 PWM 生成方法，也说明了 D 类放大。晶体管 T_6 产生一个恒定电流为电容 C_2 提供线性的充电速率。T_5 为单结晶体管，当其电压达到点火电压时为 C_2 放电。与此同时，C_2 又一次开始充电。因此，T_7 的基极信号是一个线性锯齿信号，如图 7-5 的 A 曲线所示。图 7-4 中的线性锯齿信号经过 T_7 的射极跟随器放大，再连接到运放的反相输入端。

将调制信号或被放大信号加载到非反相输入端，运放将作为比较器使用。当图 7-5 的 A 曲线中锯齿信号小于调制信号 B，比较器输出(C)为高；一旦 A 大于 B，C 变为低。比较器(运放)输出为一 PWM 信号，将其输入图 7-4 中的推挽式放大器(T_1，T_2，T_3，T_4)，这里的推挽式放大器是一种高效的开关放大器。功率放大器的输出经由低通 LC 电路(L_1，C_1)并整合 PWM 信号(C)就可转换回原始信号(B)，如图 7-5 的 D 曲线所示。图 7-4 中运放的输出可用于通信系统中的载波调制，在接收机中使用一个简单的积分滤波器作为检测器就可从脉冲信号中还原原始的模拟调制信号。

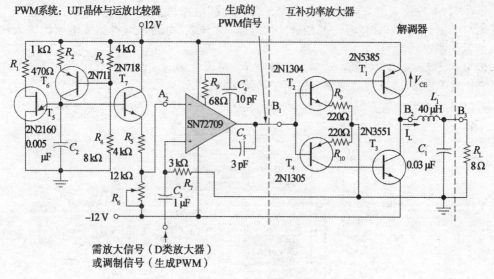

图 7-4 PWM 生成器与 D 类放大器

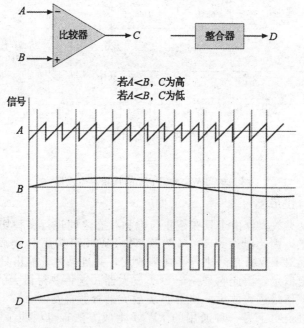

图 7-5 PWM 生成波形

脉冲位置调制

PWM 与 PPM 非常相似，图 7-6 所示的为由 PWM 生成 PPM 的过程。由于 PPM 具有优越的噪声特性，因此 PWM 的主要用途是，产生 PPM。如图 7-6 所示，将 PWM 脉冲反向后进行微分，可分别得到其上升沿和下降沿脉冲，将其输入一个上升沿触发的施密特（Schmitt）触发器，可形成一个恒定幅度和宽度的脉冲信号。但是，这些脉冲的位置是可变的，并且与原始调制信号成比例，这就是所希望得到的 PPM 信号。与 PAM 和 PWM 不同，信息的内容并不是包含在脉冲幅度或宽度中，因此具有更强的抗噪声能力。另外，当 PPM 调制用于载波的幅度调制时，由于脉冲宽度可以设计得非常小，因而能够节省功率。

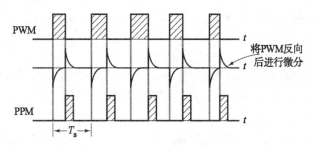

图 7-6　PPM 生成

如前所述，在接收机中，首先将检测到的 PPM 脉冲转化为 PWM，然后通过整合还原为原始模拟信号。PPM 转化为 PWM 的过程可通过将 PPM 信号输入到一个触发器中的晶体管基极来实现。另一个基极输入与原始（发射机）采样速率同步的脉冲信号。晶体管集电极为低的时间周期取决于两个输入信号的差异和所需的 PWM 信号。

检测过程说明了 PPM 与 PAM 和 PWM 相比的一个缺点，它需要一个与发射机同步的脉冲产生器。但是，由于出色的抗噪能力和传输功率特性，PPM 仍然是最理想的脉冲调制方法。

解调

解调是一个重现原始模拟信号的过程。可以看到，PAM 信号具有较高频率的谐波。重构原始消息信号必然需要移除较高的频率。这一任务可通过一个低通滤波器来完成。截止频率的上限选择为可消除信息中的最高频率。图 7-7 所示的为 PAM 解调器的方框图。

图 7-7　PAM 解调器框图

PWM 信号的解调也很简单，其方法类似于解调 PAM 信号。低通滤波器可使用类似一些波形整形电路。PPM 信号的解调过程首先需要使用 RS 触发器将其转化为 PWM，然后使用 PWM 信号解调技术进行解调。

7.3　采样率与奈奎斯特频率

每种脉冲调制技术都是使用固定间隔的脉冲序列对连续变化的信息或信号进行采样，并通过脉冲幅度、宽度（占空比）或位置等脉冲特性来表示信号幅度来实现的。只有采样时刻的信息能够使用。也就是说，一个连续变化的模拟波通过采样变为一系列离散采样点，而采样点之间的任何信息是不被使用和传输的。虽然不可思议，但是当采样点足够多时，"丢失的"信息并不妨碍原始模拟信息的重构。那么自然会产生了一个问题：我们究竟需要多大的采样速率？这个问题可以通过回顾调制的过程来回答，调制的本质是两个或者两个以上频率相乘并产生和频率的过程。而模拟信号的采样过程可以看作是采样脉冲与信息信号相互作用而产生的一种调制形式。

回顾第 1 章，傅里叶分析可将复杂的周期波形分解为一系列正弦与余弦项之和，方波的频谱（频域）成分由其基波和奇次谐波构成。通过表 1-3(d)，可以得到脉冲信号的傅里叶级数并表示为

$$v_s = \frac{\tau}{T} + 2\,\frac{\tau}{T}\left[\frac{\sin(\pi\tau/T)}{\pi\tau/T}\cos(\omega_s t) + \frac{\sin(2\pi\tau/T)}{2\pi\tau/T}\cos(2\omega_s t) + \frac{\sin(3\pi\tau/T)}{3\pi\tau/T}\cos(3\omega_s t) + \cdots\right]$$

其中：v_s——采样脉冲的瞬时电压；τ——脉冲持续时间；T——脉冲序列的周期；ω_s——脉冲序列的角频率。

在这里，并不要求大家完全理解通过三角函数预测结果的过程，只需要知道，上面等式所表示的采样信号是一系列具有高频采样率的窄脉冲（脉冲序列）。这里的采样率与前面章节中所介绍"调制"过程中的高频载波大体相似。

如果上述等式中的高频采样速率（载波）用于数字化一个信息信号，例如，一个频率为 f_i 的正弦信号 $V_i \sin(2\omega_i t)$，其中，V_i 为调制信号的峰值幅度，其结果可表示为消息信号与采样速率的乘积：

$$v(t) = V_i \frac{\tau}{T} \sin(\omega_i t) + 2V_i \frac{\tau}{T} \left[\frac{\sin(\pi\tau/T)}{\pi\tau/T} \sin(\omega_i t) \cos(\omega_s t) + V_i \frac{\sin(2\pi\tau/T)}{2\pi\tau/T} \sin(\omega_i t) \cos(2\omega_s t) \right.$$
$$\left. + V_i \frac{\sin(3\pi\tau/T)}{3\pi\tau/T} \sin(\omega_i t) \cos(3\omega_s t) + \cdots \right]$$

虽然上述等式初看时难以辨认，但是结果与之前见过的是相同的。式中第一项为正弦消息信号，该项的存在非常重要，因为它预示着通过使用一个低通滤波器来滤除高阶项，就可以从采样信号中重构原始信息。式中第二项及其他正余弦乘积项表示了消息信号与采样频率及其谐波频率的和差频。

图 7-8 所示的为频域结果。在采样频率 f_s 的前后产生一个边带，其范围从 $f_s - f_i$ 到 $f_s + f_i$。换句话说，从差频到和频。在 f_s 的谐波频率处同样存在边带。谐波及其附近的边带通常要通过低通滤波器滤除，而在 f_s 处的基本边带却给采样频率与被采样信号频率之间的关系提供了一个线索。

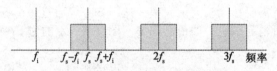

图 7-8　采样信号的频域表示

之前的描述预测了，若在重构过程中如果不存在 f_i 附近的其他信号，那么原始消息信号可以恢复。从之前的分析以及式(2-7)可以发现，如果采样率 f_s 至少为消息信号频率 f_i 的 2 倍，其差频才能大于 f_i，只有该差频足够大，低通滤波器才能正常工作。举个例子，假设信号频率为 1kHz，若采样率为 2kHz 或更高，则其差频总能大于信号频率，这时低通滤波器才能滤除由采样带来的谐波成分。

那么，如果采样率小于 2 倍信号频率将会发生什么？在之前的例子中，若信号频率仍为 1kHz，但采样率减小，如 1.5kHz，那么它们之间的差频将会变为 500Hz，从而小于信号频率，这时，低通滤波器将无法滤除该成分。这种不希望的混合副产物称为混叠，而这种现象称为混叠失真或折叠失真。这个不希望的 500Hz 成分在 1kHz 信号重构过程中将会混入模拟信号。这种不希望的结果可以通过在调制信号与信号数字化电路之间安置一个称为抗混叠滤波器的低通滤波器来避免。抗混叠滤波器的目的是确保被数字化的模拟信号最高频率不大于采样率的一半。

上述分析只是确认了采样率必须至少为被采样信号最高频率的 2 倍，表示为

$$f_s \geqslant 2f_i \tag{7-1}$$

最小采样率称为奈奎斯特（Nyquist）频率，以 H. 奈奎斯特而命名，他在 1928 年首次用数学证明了一个模拟信号可通过周期采样来重构。奈奎斯特定理适用于所有的脉冲调制形式，包括并且最重要的是适用于之后马上要讨论的 PCM 技术。PCM 用于几乎所有的电话系统中，线性 PCM（之后也会讨论）二进制字构成便携光盘的数字音乐。电话系统的一个声音信道是带限的，最大 4kHz。电话系统的采样率为 8kHz，2 倍于最高输入频率。光盘记录的最高声音信号频率延伸到 20kHz，而采样率为 44.1kHz，略大于被保存声音最高频率的 2 倍。

7.4 脉冲编码调制

正如之前所提到的,PCM 是用数字格式来表示模拟信号的一种方法。PCM 在许多应用中得到广泛使用,包括数字音频记录(DAT 或者子声音磁带)、CD、数字视频特效、语音邮件和数字视频,PCM 格式和复用二进制字也是全球电话系统的主要技术。由于 PCM 技术及其应用已构成了当今许多先进通信系统的基础,因此我们对其进行详细的介绍。

脉冲编码调制是对 7.2 节所介绍的脉冲调制技术的延伸。不同于 PAM 或 PTM 只是简单的改变脉冲的幅度、宽度或者位置,PCM 系统需要三个步骤来将一个连续变化波形转化为一组离散值并将其表示为数字形式。PCM 编码步骤如下:

- 采样——在离散的周期间隔读取连续变化模拟信号的幅度,作为每个脉冲的峰值电压。
- 量化——为每个脉冲分配一个固定长度的数值。
- 编码——将每个量化值表示为二进制字。

将 PCM 字还原为模拟信号的过程正好相反。PCM 解码步骤如下:

- 再生——将接收的二进制脉冲转化为方波形式的 PCM 字。
- 解码——通过数/模译码器解读 PCM 字并将其转化为量化幅度。
- 重构——将量化波形转化为阶梯模拟信号。

经过低通滤波器滤波,由 PCM 解码器得到的重构模拟信号与编码器输入的原始模拟信号非常相似。由于 PCM 可将模拟信号转化到数字域进行处理,因此具备数字系统所提供的纠错、节约带宽,以及其他一些信号处理的优势。

编码过程的方框图如图 7-9 所示。PCM 结构包括一个采样/保持(sample-and-hold,S/H)电路和一个将采样信号转化为二进制格式的系统。首先,模拟信号被输入 S/H 电路,在固定时间间隔内,模拟信号被采样并保持为一固定电压值,直到 A/D 转换器(analog-to-digital converter,ADC)完成二进制值的转换。这个二进制值具有多个位并构成数字字,用于存储(例如在光盘或计算机硬盘中)或通过通信信道传输。

图 7-9　PCM 过程方框图

PCM 系统中的 A/D 转换器电路通常也称为编码器。而接收机中的 D/A 转换器(digital-to-analog converter,DAC)相应地称为解码器。这些功能经常被合并在一个 LSI 芯片上称为编解码器(coder-decoder,codec)。一个典型的编解码器框图如图 7-10 所示。这些设备广泛地应用于电话行业,以完成语音的数字化传输。以下各节分别介绍各功能块以及编码与解码的步骤。

采样/保持电路

大多数 A/D 转换器集成电路已将 S/H 电路集成到系统中,但是仍然需要使用者能够很好了解 S/H 电路的能力与局限。在 PCM 系统中,S/H 作为调制器发挥着重要的作用,它完成了消息信号的采样。图 7-11 所示的为一个典型的 S/H 电路。模拟信号被输入到一个缓冲电路,缓冲电路的作用是隔离输入信号与 S/H 电路,并为保持电路提供合适的匹配阻抗和驱动能力。有时缓冲电路也作为电流源为保持电容充电。缓冲器的输出被反馈到一个模拟开关,通常为结型场效应晶体管(junction field-effect transistor,JFET)或金属氧化物半导体场效应晶体管(metal-oxide semiconductor field-effect transistor,MOSFET)的漏极。JFET 或 MOSFET 作为模拟开关,由采样时钟所生成的采样脉冲来控制。当 JFET

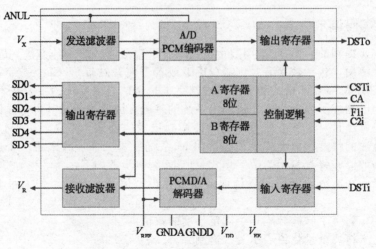

图 7-10　编解码器框图

或 MOSFET 导通时，从漏极到源极的模拟信号将通过开关短接。这时缓冲的输入信号将施加到保持电容，电容器开始充电，其趋向值为输入电压值，充电时间常数由保持电容值以及模拟开关和缓冲电路"导通"状态电阻值决定。

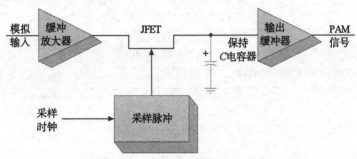

图 7-11　采样/保持电路

当模拟开关闭合时，采样模拟信号电压值由保持电容保持。图 7-12(a)所示的为一个正弦信号输入 S/H 电路的情况，垂直灰线为采样时间。图 7-12(b)所示的为正弦信号的采样信号。可以看到，在采样点之间采样信号的电压值恒定。在电压值保持恒定的这一区域称为保持时间。图 7-12(b)所示的输出波形为 PAM 信号。S/H 的设计通常要求能使采样信号保持足够长的时间，从而使 A/D 转换器完成信号向二进制值的转换。

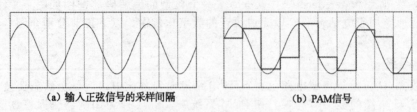

(a) 输入正弦信号的采样间隔　　　(b) PAM信号

图 7-12　PAM 生成

S/H 电路完成一次采样的时间由采集时间和缝隙时间决定。采集时间是指保持电路达到其最终值的时间(在模拟开关连接一次输入信号与保持电容的时间内)。

采集时间由采样脉冲控制。缝隙时间是指 S/H 电路必须保持采样电压的时间。缝隙时间与采集时间限制了 S/H 电路能够准确处理的最大输入信号频率。

为了达到高质量的 S/H 电路，在设计中需要满足两个条件。模拟开关"断开"时的电阻要小，输入缓冲器的输出阻抗也要小。当输入阻抗小时，模拟信号采样的总体时间常数可由保持电容的调整来控制。理想情况下，保持电容越小，充电时间越快，但是小的保持电容会导致在很长的时间内持续充电。1nF 的保持电容是一种常用的选择。保持电容的品质也要求较高。高品质的电容有聚乙烯、聚碳酸酯或聚四氟乙烯材质制造的电容。这些材质在电容特性变化时对电压变化的影响较小。

自然采样与平顶采样

本章已经对脉冲幅度调制的概念进行了介绍，但是在采样/保持电路输出生成脉冲幅度调制信号中仍有一些特殊问题需要进一步讨论。

有两种基本采样技术可用于生成 PAM 信号。第一种称为自然采样。自然采样的采样波形顶端(被采样的模拟输入信号)为自然形状。图 7-13(a)所示的为一个自然采样的示例。可以看到，模拟开关的一端接地。当晶体管导通时，JFET 将使信号与地连通，但当晶体管截止时将输出不变的信号。还可以看到，在这个电路中不存在保持电容。

在 PCM 中可能最常用的采样技术为平顶采样。平顶采样时，采样点间的采样信号电压保持恒定。这种采样方法将输入信号阶梯化。该方法之所以受欢迎，是因为它在一个采样窗口中提供了恒定的电压，有利于输入信号转化为二进制信号。平顶采样的示例如图 7-13(b)所示。可以看到，它与 7-12(b)所示的波形类型一致。使用平顶采样时，模拟开关将输入信号与保持电容连接在一起。

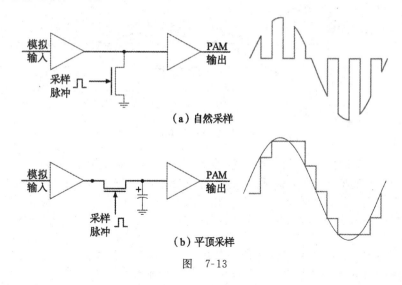

图 7-13

量化

7.3 节已经证明了奈奎斯特频率为模拟(信息或调制)信号能够被完全重构所需的最小采样速率，或者说是每秒所需最小采样点数。每个采样点将被转换为一个包含多个二进制数或位的数字字。在 PCM 系统中，每个采样信号被分割成一个预设的电压值，每个值对应于不同的二进制数。这个过程称为量化。每个量化步进值称为量化值或量化区间。

量化级也决定了数字系统的分辨率。每个采样幅度值必须被表示为一个固定位数的数字字。因此，并不是每个可能的幅度值都具有等价的量化数字。字的位数(字的大小)决定了量化级数。此外，被采样信号点的数目决定了生成的数字字的数目。所建立字的数目(加大采样率)和每个字的位数都需要权衡考虑，它们的增大虽然能够提高系统对原始信号的准确度，但也同时增大了带宽以及整个系统的复杂度。

模拟信号将被量化为数字系统提供的最接近的二进制值。这是一个近似过程。例如，假设数字系统为全部数字 1，2，3…，而数字 1.4 必须要进行转换(舍入)，那么 1.4 将被转换成 1。如果输入为 1.6，将被转换为 2。如果数字是 1.5，不管舍入为 1 或 2 都将具有相同的误差。

　　图 7-14 所示的为电子语音从模拟形式到 PCM 数字位流的转换过程。幅度级数和采样时间为编码器的预设值。幅度级数又称为量化级数，图 7-14 所示的为 12 级。在每个采样间隔，模拟幅度都被量化到最接近的量化级，而 A/D 转换器的输出为表示二进制代码的一系列脉冲。

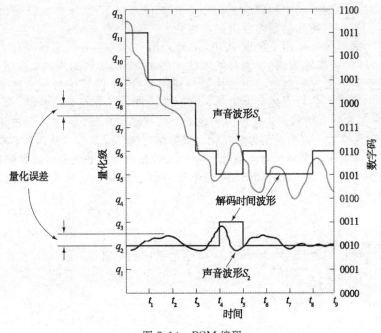

图 7-14　PCM 编码

　　例如，在图 7-14 中 t_2 时刻，声音波形 S_1 与 q_8 级最接近，此刻编码输出为二进制 1000，它表示二进制的 8。可以看到，量化过程会导致误差，称为量化误差或量化噪声。量化误差的最大电压为最小步进电压的一半，即 $V_{LSB}/2$。声音波形 S_2 在 t_2 时刻的编码为 0010，它的量化误差也在图 7-14 中标出。该误差可通过增大量化级数来减小，当然级间距也会减小。图 7-14 所示的为 4 位编码，所允许的最大级数为 $2^4 = 16$。使用更多位数的编码，将会减小误差，但却会增加传输时间和带宽，例如，5 位码（32 级）在每个采样点将传输 5 个高脉冲或低脉冲而不是 4 个。采样率也同样重要，之前已经说过，它必须大于 2 倍的最高有用频率。在图 7-14 中的采样率小于信息的最高频率成分，这只是为了举例而绝不是实际情况。

　　4 位或 5 位编码对语音的传输也许足够了，但却不能满足电视信号的传输。图 7-15 所示的为 5 位和 8 位（256 级）PCM 传输电视图片的示例，采样率均为 10MHz。在第一幅（5 位）图中，只有额头和脸颊区域的轮廓是明显的。而 8 位的图片对电视信号具有良好的保真度，与标准连续调制传输几乎无法分别。

　　从图 7-16 可以看到，在采样时刻用最接近的量化级来表示正弦信号，由此所表示的正弦信号分辨率很低。数字系统的分辨率是指数字系统所表示的采样信号的准确性，它是转换器所能区别的最小模拟电压变化。例如，输入 PCM 系统的模拟信号最小电压为 0.0V，最大电压为 1.0V，那么

$$q = V_{max}/2^n = V_{FS}/2^n$$

其中：q——分辨率；n——位数；V_{FS}——满量程电压。

(a) 5位效果

(b) 8位效果

图 7-15 PCM 电视图像传输

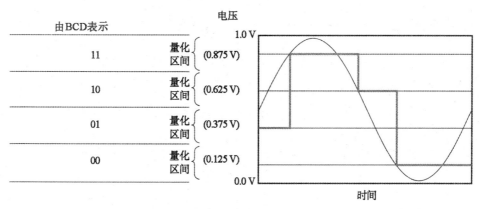

图 7-16 量化信号电平

若用 2 位系统来量化信号，那么有 2^2（即 4 个量化级）可用。参考图 7-16 可以看到，每个量化级（量化区间）为 0.25V。从前述方程可以发现，通常称该系统具有 2 位分辨率。

为了提高数字系统的分辨率，则需要增大量化级的数目。而增大量化级的数目需要增大表示电压级的二进制位数。如果将图 7-16 中示例增大为 3 位，那么输入信号可转换为 8 个可能的值。图 7-17 所示的为提高分辨率的 3 位示例。

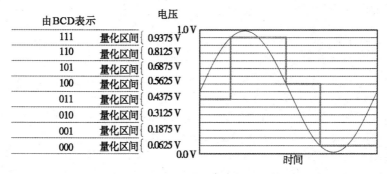

图 7-17 3 位量化示例

另一种提高量化信号精度的方法为增大采样率。图 7-18 所示的为 3 位系统使用 2 倍采样率效果。通过改变采样率，图 7-18 所示的量化波形与图 7-17 所示的相比得到了明显的改善。

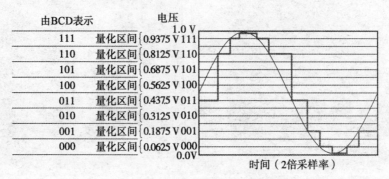

图 7-18 3 位量化提高采样率示例

动态范围与信噪比

PCM 系统的动态范围(dynamic range，DR)定义为最大输入或输出电压级与可量化或可被转换器重建的最小电压级的比值。等同于转换器参数：

$$\frac{V_{FS}}{q}, \frac{满量程电压}{分辨率}$$

此值可表示为

$$DR = \frac{V_{max}}{V_{min}} = 2^n \tag{7-2}$$

动态范围通常用分贝表示。对于二进制系统，每个位具有两个逻辑电平，或者为高或者为低。因此，二进制系统用分贝表示的动态范围可表示为对数形式，即

$$\{DR\}_{dB} = 20\lg\frac{V_{max}}{V_{min}}$$

$$\{DR\}_{dB} = 20\lg 2^n \tag{7-3}$$

其中：n——数字字的位数。

二进制系统的动态范围可表示为 6.02dB/b 或 $6.02 \times n$，这里 n 为为量化位数。数值来源于 $20\lg 2 = 6.02$dB，2 表示一个二进制位具有两个可能的状态。对于多位系统的动态范围计算，可简单的用量化位数(n)乘以 6.02dB/b 来得到。例如，8 位系统的动态范围(以 dB 表示)为

$$8b \times 6.02dB/b = 48.16dB$$

数字系统的信噪比(signal-to-noise ratio，S/N)可表示为

$$S/N = [1.76 + 6.02n] \tag{7-4}$$

其中：n——用于量化信号的位数；S/N——用 dB 表示的信噪比。

该方程由最大输入信号有效量与量化噪声有效量的比值得到。

量化信号的另一种测量方式为信号与量化噪声相对电平(signal-to-quantization-noise level，$(S/N)_q$)，其用 dB 表示的数学表达为

$$\{(S/N)_q\}_{dB} = 10\lg(3L^2) \tag{7-5}$$

其中：L——量化级数，$L = 2n$；n 为用于采样的位数。

例 7-1 介绍了如何使用式(7-3)、式(7-4)和式 (7-5)来计算一个满足特定动态范围和给定信噪比(S/N)的数字系统所需的量化位数。

例 7-1 指定数字系统的动态范围为 55dB，要满足这一动态范围要求，需要多少位？系统信噪比为多少？系统$(S/N)_q$为多少？

解：首先来求解满足 55dB 动态范围(DR)所需的位数。

$$DR = 6.02dB/b \times n$$
$$55dB = 6.02dB/b \times n$$
$$n = \frac{55}{6.02}b = 9.136b$$

因此，55dB 动态范围需要 10b。9b 只能达到 54.18dB 的动态范围。为达到所要求的 55dB 动态范围，第 10 个位是必需的。10b 能够达到 60.2dB 的动态范围。接下来计算数字系统的信噪比(S/N)：

$$S/N = [1.76 + 6.02n]dB = [1.76 + 6.02 \times 10]dB = 61.96dB$$

因此，系统信噪比为 61.96dB。在此例中，由于需要 10 个采样位，所以 $L = 2^{10} = 1024$，并且

$$\{(S/N)_q\}_{dB} = 10\lg(3L^2) = 10\lg(3 \times 1024^2) = 64.97dB$$

在例 7-1 中，动态范围为 60.2dB，$S/N = 61.96dB$，$(S/N)_q = 64.97dB$。之间的差异来源于采样信号和量化过程中的假设。在实际应用中，60.2dB 是个很好的近似值，而每个量化位能够提供大约 6dB 的动态范围也便于记忆。

压缩扩展

至此我们已经分析讨论了 PCM 系统的均匀量化或称为线性量化过程。在线性(均匀)量化系统中，每个量化区间是等步长的。还有一种 PCM 系统称为非线性或不均匀编码，它的每个量化区间大小是可变的。

一个模拟信号的幅度可能会在全范围内进行变化，事实上，系统会表现出很宽的动态范围。信号会从强信号(最大幅度)向弱信号(量化系统最小幅度 V_{1sb})进行变化。为使系统达到更好的信噪比特性，需要在稳定量化误差的同时，增大输入幅度或者减小量化误差。

在提出使用不均匀量化系统的理由之前，先讨论一些一般性问题。在不均匀 PCM 系统中如何修改量化误差来提高信噪比？这个问题的答案首先可通过研究图 7-19 所示的一个具有均匀量化区间的波形来得到。可以看到，弱信号区域的分辨率很低，而在强信号区域失真较小。图 7-19 还显示了在弱信号区域如何调整量化区间到一个较小的步长，这将提高弱信号的信噪比。

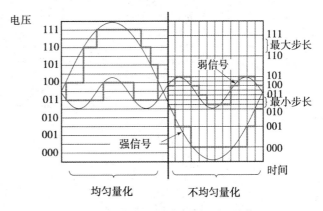

图 7-19　均匀(左)与不均匀(右)量化

这样的改变将会使 PCM 系统付出怎样的代价？答案是，大幅度信号将会损失部分信噪比。如果我们的目标是提高弱信号的信噪比，这样的结果是可以接受的。

空闲信道噪声

数字通信系统中通常会存在一些电子噪声和传输系统噪声。这几乎是当前所面临的最复杂的技术。其中存在的一种噪声称为空闲信道噪声。简单来说，这是一种存在于与模拟输入信号独立的信道中的小幅度噪声，但是它又可以被 A/D 转换器量化。在量化过程中，一种消除该噪声的方法是当噪声大到能够被量化时，通过调整量化过程使得空闲信道噪声不被识别。这个过程通常是调整噪声区域量化区间步进到足够大，使噪声信号不再被量化。

幅度压扩

另一种方式称为幅度压扩。幅度压扩包括传输前的压缩和检测后的扩展。这个过程如

图 7-20 所示。可以看到，输入弱信号部分是如何被压缩器调整到近似于强信号并被扩展器还原到弱电平的。压扩是使用 PCM 进行高效传输的重要技术。

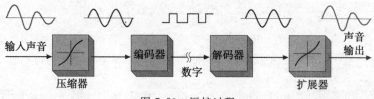

图 7-20 压扩过程

电话传输过程中的时分复用（time-division-multiplexed，TDM）PCM 传输已被证明与频分复用（frequency-division-multiplexed，FDM）模拟传输相比能够为短距离电缆传输更多的信息。这一内容将在第 9 章详细讨论。TDM PCM 方法由贝尔电话实验室（Bell Telephone）在 1962 年开始提出，而现在已成为唯一在被使用的新技术。声音信息一旦被数字化就可进行电子切换，且可无损还原。在美国和日本的电话 PCM 系统中使用 μ 律压扩。而在欧洲的国际电话电报咨询委员会（Consultative Committee on International Telephony & Telegraph，CCITT）使用 A 律压扩。μ 律压缩信号可表示为

$$V_{\text{out}} = \frac{V_{\text{max}} \times \ln(1 + \mu V_{\text{in}}/V_{\text{max}})}{\ln(1 + \mu)} \tag{7-6}$$

参数 μ 定义了压缩量。例如，$\mu = 0$ 表示无压缩，且电压增益曲线是线性的。μ 值越大，非线性越明显。早期的贝尔系统使用 $\mu = 100$ 和 7 位 PCM 码。图 7-21 所示的为 μ 律压扩的示例。该图显示了编码器的传输特性。

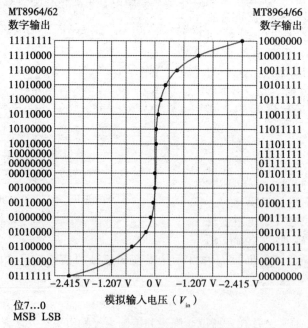

图 7-21 μ 律编码器的传输特性

编码与模数转化

PCM 字生成的最后一个步骤为编码，即将每个量化数值表示为二进制字。编码是 A/D（模/数）转换器（ADC）中的一个功能，而 A/D 转换器可以是标准的集成电路或 PCM 编解码芯片的一部分。现在已经发展出许多不同的 A/D 转换器转换方法。其中一种为快速

A/D 转换器，虽然它还没有广泛应用于 PCM 编解码器，但由于其操作简单，可用于说明 A/D 转换器工作原理的整体概念。

图 7-22 所示的为一个快速 A/D 转换器将每个采样点生成 3 位二进制字。（这个例子只为简单说明，实际中的声音或视频 PCM 系统将生成 8 位字。）七个运算放大器（operational amplifier，op-amp）均作为比较器，当输入到同相端（＋）的模拟电压 V_{in} 大于由电阻分压器和反相端（－）输入所确定的参考电压时，比较器输出为逻辑高电平。再次为了说明方便，假设图中从底端到顶端的分压器所产生的参考电压以 1V 步进增大。这样，底端比较器的参考电压为 1V，之上的一个为 2V，逐渐增大到顶端比较器的为 7V。因此，此例中的比较器能够对 0～8V 的模拟信号以 1V 量化步进进行采样。每个比较器的输出均输入到一个优先编码器中，数字逻辑电路将最高的输入生成一个 3 位的二进制数。

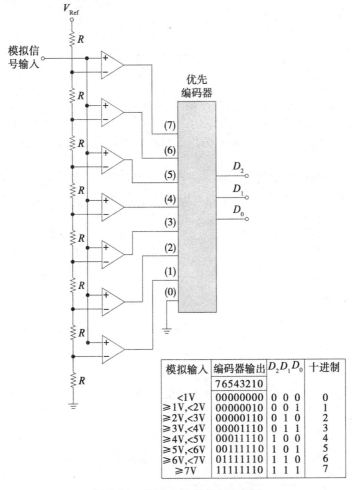

模拟输入	编码器输出	$D_2 D_1 D_0$			十进制
	76543210				
<1V	00000000	0	0	0	0
≥1V,<2V	00000010	0	0	1	1
≥2V,<3V	00000110	0	1	0	2
≥3V,<4V	00001110	0	1	1	3
≥4V,<5V	00011110	1	0	0	4
≥5V,<6V	00111110	1	0	1	5
≥6V,<7V	01111110	1	1	0	6
≥7V	11111110	1	1	1	7

图 7-22　快速 A/D 转换器方框图

图中所示的模拟电压 V_{in} 即为被采样和数字化的电压。再一次用奈奎斯特频率或更高频率的采样脉冲输入到优先编码器的使能端。当对目前电压进行采样时，每个采样点所对应的一个 3 位数字字就生成了。结果如图 7-23 所示。图 7-23(a)所示的为被采样的正弦波，图 7-23(b)所示的为优先编码器输出生成的字（用方波表示。）

快速 A/D 转换器的主要优点是，速率很快，因此适用于处理大量的高频信息。例如在视频应用中，数字化过程需要以 100ns 或者更快的速度来捕捉充分的高频内容，而快速 A/D 转换器能够生成 6 或 8 或 10 位的有效信息。但是其主要的不足在于花费高、复杂，

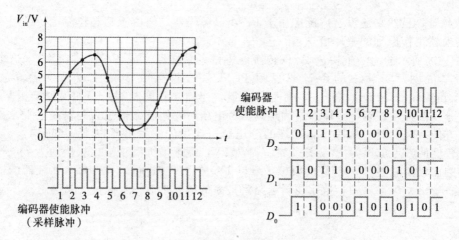

图 7-23 模拟采样信号生成 3 位字

改编自《*Electronic Devices*, *9th ed.* 图 13-17 和图 13-18，© 2012 Pearson Education，Inc.

以及功率消耗。在快速 A/D 转换器中需要 $2^n - 1$ 个比较器。因此，如电话语音和一些视频系统中若需要生成 8 位字，则一个快速 A/D 转换器需要 255 个比较器。同时，op-amp 比较器是线性设备，能耗高，从而使快速 A/D 转换器不利于便携操作，高比特率操作所需的引脚数也使得集成电路的设计更加困难与昂贵。但是，这种技术仍然是高速应用的一种选择。

另一种由于其经济性并节省功率而被最广泛应用的 A/D 转换器称为逐次逼近型 A/D 转换器。常用于微控制器和 PCM 编解码器中。其原理方框图如图 7-24 所示。除了一个移位寄存器和比较器外，还使用 D/A 转换器(digital-to-analog converter，DAC)来进行 A/D 转换器的逐次逼近，D/A 转换器的详细操作将在后面进行介绍。D/A 转换器产生一个与输入成比例的电压，换句话说，它执行了所描述的 A/D 转换器转换的补集。

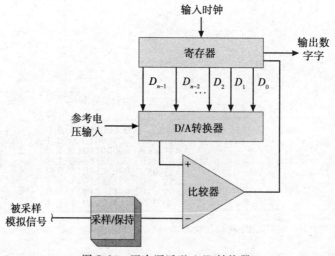

图 7-24 逐次逼近型 A/D 转换器

逐次逼近 A/D 转换器是一个连续的设备，表示被数字化模拟信号的输出数字字是由一系列步骤逐步产生的，而非立刻产生的。与之前所描述的快速 A/D 转换器操作相比，后者在每次采样时就完成了数字字的生成。逐次逼近 A/D 转换器的基本思想如下：D/A 转换器产生一个模拟输出电压作为比较器的输入参考电压。采样的输入模拟信号作为比较器的另一个输入。D/A 转换器的控制逻辑初始设置其输出为转换范围(被采样模拟电压的全部可能范围)的一半,作为比较器的第一个参考电压。模拟电压与该参考电压比较。如果参考电压大于模拟输入电压,比较器输出逻辑 0,同时数字字的最高有效位(most significant bit,msb)也设置为 0。反过来也是如此:若模拟电压大于参考电压,比较器输出为逻辑 1,同时最高有效位设置为 1。然后,D/A 转换器的输出根据最高有效位设置为 1 或 0 而增加或减小所允许变化范围的 1/4。再进行比较,并根据刚才的规则设置最高有效位的临近位。重复该过程并完成所有位设置。在所有位设置完成后,寄存器中的完整代码输出即为数字字,字中的每个位代表了采样幅度大于或小于 D/A 转换器输出幅度的条件。逐次逼近 A/D 转换器需要多个时钟周期来生成输出。

D/A 转换器

从 PCM 到模拟信号的重建过程主要由 D/A 转换器(digital-to-analog conversion,DAC)完成。D/A 转换器在图 7-25 所示完整 PCM 系统的接收器部分。D/A 转换器的主要工作是将一个数字(二进制)位流转换为模拟信号。D/A 转换器接收并行的位流并将其转换为等效的模拟信号,如图 7-26 所示。

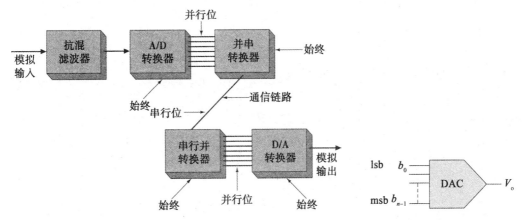

图 7-25　PCM 通信系统　　　　　图 7-26　D/A 转换器的输入与输出

最低有效位(least significant bit,lsb)记为 b_0,最高有效位(most significant bit,msb)记为 b_{n-1}。D/A 转换器的分辨率为可由输入信号变化引起的输出信号最小变化。这也是转换器的步长,由最低有效位决定。满量程电压(full-scale voltage,V_{FS})为转换器所能生成的最大电压。在 D/A 转换器中,步长或分辨率 q 可表示为

$$q = \frac{V_{FS}}{2^n} \tag{7-7}$$

其中:n——二进制位数。

一个二进制加权电阻 D/A 转换器如图 7-27 所示,这是分析 D/A 转换器的最简单模

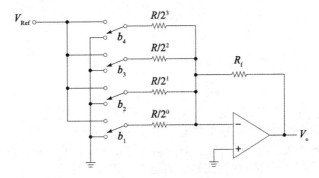

图 7-27　二进制加权电阻 D/A 转换器

型。为简单起见，使用 4 位数据。可以看到，电阻值被对应位所处位置的二进制加权值相除。例如，在位 2^0 的值为 1，这里使用 R 的值，而此处也是最低有效位。在求和放大器中，该电压被加到输出电压中。

其输出电压为

$$V_o = -V_{Ref}\left(\frac{b_1 R_f}{R/2^0} + \frac{b_2 R_f}{R/2^1} + \cdots + \frac{b_{n-1} R_f}{R/2^{n-1}}\right) \tag{7-8}$$

R-$2R$ 梯形型 D/A 转换器如图 7-28 所示。这是一个比较流行并被广泛使用的 D/A 转换器。可以看到，每个开关由 1 位并行数据控制，并由放大器相加。这里所示的为一个简单的 4 位 R-$2R$ 电路。

其输出电压为

$$V_o = V_{Ref}\left(1 + \frac{R_f}{R}\right)\left(\frac{b_n}{2^1} + \frac{b_{n-1}}{2^2} + \cdots + \frac{b_1}{2^n}\right) \tag{7-9}$$

其中：b——0 或 1，由被解码的数字字决定。

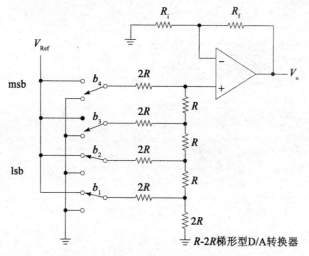

图 7-28 R-$2R$ 梯形型 D/A 转换器

例 7-2 假设图 7-27 所示电路参数如下：$R = 100\text{k}\Omega$，$R_f = 10\text{k}\Omega$ 并假设 $V_{Ref} = -10\text{V}$。计算步进步长或分辨率，并计算所有开关都闭合时的输出电压。

解： 步长通过打开所有开关但闭合 lsb 来计算，此时，有

$$V_o = -(-10\text{V})(R_f/R) = 10\text{V} \times \left(\frac{10\text{k}\Omega}{100\text{k}\Omega}\right) = 1.0\text{V}$$

分辨率为 1.0。如果所有开关都闭合，输入逻辑 1。那么，通过式(7-8)可得

$$V_o = -(-10\text{V}) \times \left(\frac{10\text{k}\Omega}{100\text{k}\Omega} + \frac{10\text{k}\Omega}{50\text{k}\Omega} + \frac{10\text{k}\Omega}{25\text{k}\Omega} + \frac{10\text{k}\Omega}{12.5\text{k}\Omega}\right)$$
$$= 10\text{V} \times (0.1 + 0.2 + 0.4 + 0.8)$$
$$= 10\text{V} \times 1.5 = 15\text{V}$$

7.5 编码原理

理想的数字通信系统是无误码的。但是，数字传输中偶尔还是会出现差错。适当的改变数据能够提高接收系统检测和纠正错误的能力。假设发送单个 0 或 1，一旦数据值发生变化，将会发生错误。如何来减少错误的可能？减少错误的方法取决于所使用的传输系统，以及编码和调制方式。即使增大了检测和纠正错误的能力，在接收信息中仍然会出现接收位错误，但是若能修正错误，信息仍然是可用的。下面将介绍用于改善误码的检测和纠错方法。

我们对编码原理的讨论从基本的编码技术以及一些纠错规则开始。首先来看一个最简单的只有两个状态的数据系统。在这个例子中，假设仅传输一个标示为 0 和 1 的二进制值。这个系统仍然需要接收机进行误码纠正而不是重传数据。若每个状态仅传输一个 0 或 1，接收机将无法对误码进行识别和纠正，因为所有的数据值将直接映射到一个有效状态(0 或 1)。

我们对每个状态的数据值该如何处理才能使得误码能被识别？如果每个状态所表示的二进制位数发生改变，用(00)来表示逻辑 0 并用(11)来表示逻辑 1，将会怎样？对每个状态添加一个数据位将有效地使码间的距离增大为 2。通过列出所有可能的 2 位码字就能看出距离。在每个被定义的状态之间的距离称为汉明(Hamming)距离，也可称为最小距离(minimum distance，D_{min})。它们之间的关系如图 7-29 所示。

如果接收到 01 或 10，则发生了数据位错误。接收系统能很容易地检测 1 位错误。但是纠正这个错误时，(01)和(10)都可能是 0 或 1 的误码。因此，将表示每个状态的二进制位的D_{min}增加到 2 的方法只能改善接收系统的错误检测能力，却不能改善系统的纠错能力。

再次增加每个状态的二进制位数，定义 000 表示 0，且 111 表示 1。码字之间的最小距离为 3。关系图如图 7-30 所示。

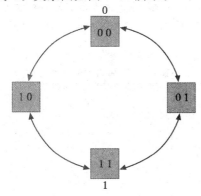

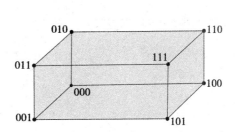

图 7-29　最小距离 D_{min} 为 2 的
0(00)和 1(11)编码

图 7-30　最小距离 D_{min} 为 3 的
0(000)和 1(110)码字信息

若发生 1 数据位错误，$D_{min} = 3$ 的编码系统能否纠正错误？答案可以通过一个示例得到。假设接收到的数据字为 011。由于这个数据字既不是 111 也不是 000，可以假设发生了 1 数据位错误。通过观察图 7-30 所示模型，是否可以判断接收到的错误码 011 更近似属于码字 000 还是 111。答案当然是码字 111，因为 011 到 111 的距离为 1，而到 000 的距离为 2。因此，可以认为对于码间距离为 3 或更大的编码系统，接收到的误码能够被检测和纠正。码间最小距离决定了能够纠正的错误数据位数目。可检测与纠正的错误数据位数与最小距离的关系在表 7-1 中给出。

表 7-1　基于 D_{min} 的检错与纠错

检错

对于码间最小距离 D_{min}，$(D_{min}-1)$ 位错误可被检测

纠错

若 $(D_{min}-1)$ 是偶数，$[(D_{min}/2)-1]$ 位错误能被纠正

若 $(D_{min}-1)$ 是奇数，$1/2(D_{min}-1)$ 位错误能被纠正

例 7-3　确定下列距离所能检测和纠正的错误位数。

(a) 2。　　(b) 3。　　(c) 4。

解： (a) $D_{min} = 2$；检错数为

$$D_{min} - 1 = 2 - 1 = 1$$

D_{min} 为偶数；因此，纠错数为

$$(D_{\min}/2) - 1 = (2/2) - 1 = 0$$

(b) $D_{\min} = 3$；检错数为

$$D_{\min} - 1 = 3 - 1 = 2$$

$D_{\min}$ 为奇数；因此，纠错数为

$$1/2 \times (D_{\min} - 1) = 1/2 \times (3 - 1) = 1$$

(c) $D_{\min} = 4$；检错数为

$$D_{\min} - 1 = 4 - 1 = 3$$

$D_{\min}$ 为偶数；因此，纠错数为

$$(D_{\min}/2) - 1 = (4/2) - 1 = 1$$

如果图 7-30 所示 8 个状态都被传输，且最小距离为要求为 2，将怎么实现？生成最小距离为 2 并具有 8 个状态的码需要 4 位[3 位用于提供 8 个状态(2^3)，1 位用于实现 $D_{\min}$ 为 2 (2^1)]。如表 7-2 所示。

$D_{\min}$ 为 2 的码无法纠错。例如，若接收到(1101)，正确码为(1100)还是(1111)？若没有足够的冗余位来产生所需的 $D_{\min}$，将无法进行纠错。若改变 8 个状态的码字使其能纠正 1 位的错误，那么每个字需要 5 位[3 位用于提供 8 个状态(2^3)，2 位用于实现 $D_{\min}$ 为 3]。5 位码如表 7-3 所示。

表 7-2	距离为 2 的八状态码
0 0 0 0 (0 0 0)	1 1 0 0 (1 0 0)
0 0 0 1	1 1 0 1
0 0 1 1 (0 0 1)	1 1 1 1 (1 0 1)
0 0 1 0	1 1 1 0
0 1 1 0 (0 1 0)	1 0 1 0 (1 1 0)
0 1 1 1	1 0 1 1
0 1 0 1 (0 1 1)	1 0 0 1 (1 1 1)
0 1 0 0	1 0 0 0

表 7-3	距离为 3 的八状态码
0 0 0 0 0 (0 0 0)	0 1 0 1 1 (1 0 0)
0 0 0 0 1	0 1 0 1 0
0 0 0 1 1	0 1 0 0 0
0 0 0 1 0 (0 0 1)	1 1 0 0 0 (1 0 1)
0 0 1 1 0	1 1 0 0 1
0 0 1 1 1	1 1 0 1 1
0 0 1 0 1 (0 1 0)	1 1 1 1 1 (1 1 0)
0 0 1 0 0	1 1 1 0 1
0 1 1 0 0	1 1 1 1 0
0 1 1 0 1 (0 1 1)	1 0 1 1 0 (1 1 1)
0 1 1 1 1	
0 1 1 1 0	

假设接收到的码字为(00111)，来看看如何纠错。为了确定这个码字与任意可能接收到的码字的距离，将接收到的码字与 8 个有效码字分别进行"异或"。"异或"运算所得到的最小结果就告诉我们，哪一个是正确的码字。这个过程可通过例 7-4 证明。

例 7-4 通过将接收到的码字与所有可能的正确码字进行"异或"运算确定接收码(00111)与表 7-2 所示正确码字的距离。最小位差异数的结果最有可能是正确码字。然后基于最小距离得到最接近的正确码字。

解：

```
 00111        00111        00111
 00000        00010        00101
 00111 (3)    00101 (2)    00010 (1)

 00111        00111        00111
 01101        01011        11000
 01010 (2)    01100 (2)    11111 (5)

 00111        00111
 11111        10110
 11000 (2)    10001 (2)
```

因此，通过接收码字与所有可能正确码字的比较，得到最接近的码字为(00101)，它是(010)的码字。

7.6　误码检测与纠正

每年数据传输的数量都会增加。毋庸置疑,传输的可靠性与数据的完整性都很重要。若没有一些误码检测手段,将无法了解那些由噪声或传输系统故障所引起的错误在何时发生。另一方面,由噪声或设备问题所引起的传输语音损坏将在接收器的扬声器中产生明显的可听噪声。

利用编码和数据,可通过一些形式的冗余信息来实现误码检测。一种基本的冗余系统通过将每个信息发送两遍以确保所传输信息位之间的相关性。冗余信息的传输将需要额外的带宽,从而导致传输速率减慢。幸运的是,发展的技术已经不需要过高的冗余度,从而能够更有效地使用有效带宽。

奇偶校验

奇偶校验是一种最常用的检错方法。通过在每个码字中加入一个称为校验位的位来实现。若添加的位使得码字中 1 的个数为偶数,则称为偶校验,若 1 的个数为奇数,则称为奇校验。例如,生成大写字母"A"的一个标准数字码,其形式为 P1000001,P 即为校验位。奇校验时码字为 11000001,因为这时 1 的数目为 3(见图 7-31)。接收机对校验位进行检查。在奇校验系统中,若接收字符串中 1 的个数为偶数(即接收的数字字中有偶数个 1),则表明出错。这种情况下接收机通常会

图 7-31　字母 A 的奇校验 ASCII 码(注意最低有效位 b_1 为码字传输的第一个位)

要求重传。但是,若出现两个错误,奇偶校验系统将无法显示错误。在许多系统中,一个突发噪声会引起两个或多个错误,这就需要更复杂的检错方法。

许多电路都可作为奇偶校验的生成器或校验器。一个简单的技术如图 7-32 所示。若每个码字有 n 个位,那么需要 $n-1$ 个"异或"(exclusive-OR,XOR)门。前两个位输入到第一个"异或"门,后面的位依次输入到后续的门。该电路当有奇数个 1 时输出为 1,当有偶数个 1 时输出为 0。若为奇校验,将输出信号通过一个反相器反馈到电路中。当作为奇偶校验时,码字与校验位直接作为输入信号。若检测无误码,偶校验输出为低,而奇校验输出为高。

图 7-32　串行奇偶校验生成器与校验器

当检测到错误时,系统有两种处理方法:

(1)自动请求重发(automatic request for retransmission,ARQ)。

(2)用一个未使用并包含校验错误信息的符号来显示字符串(称为符号替换)。

大多数系统使用请求重发。若检测数据块无错误,向发送机返回一个肯定应答(positive acknowledgment,ACK)。若检测到数据块有错误,向发送机返回一个否定应答(negative acknowledgment,NAK),发送机将重传该数据块。

块校验字符

在高速率传输系统中需要更复杂的检错方法而不是简单的奇偶校验。在高速率时,电话数据的传输通常是同步的且使用数据块方式。一个数据块包含一组无间隙的传输字符,之后紧跟一条最终的消息(end-of-message,EOM)标志和一个块校验字符(block check character,BCC)。块大小通常为 256 个字符。发送机使用预定义算法生成 BCC。接收机对接收到的数据块使用同样的算法。将两个 BBC 进行比较,若相同则传输下一个数据块。

　　许多算法可用于生成 BCC。最基本的算法是将奇偶校验扩展到二维，称为纵向冗余校验（longitudinal redundancy check，LRC）。借助于图 7-33 可说明该方法。图 7-33 所示的为使用奇校验的 4 字符小数据块。通过对垂直列生成奇校验位来形成 BCC。这里假设字符 2 发生了 2 个错误，如图 7-33（b）所示。通过奇校验，BBC 左起第 3 和第 4 位本应该为 0 却显示为 1。如前所述，奇偶校验无法识别该错误，但是通过 BCC 却可以检测到。当错误发生[见图 7-33（c）]时，通过发生错误的行与列的交叉点可确认错误位置。将错误位进行反向可完成纠错。若两个错误出现在同一列，这个方法就不可行了。

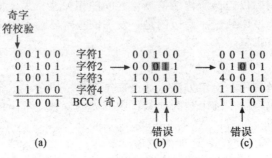

图 7-33　LRC 检错

　　上述纠错方法并不常用。其实，当接收机检测到字符或 LRC 错误（或同时错误）时，会请求重传。错误偶尔也会出现在 BCC 中。这是不可避免的，但是其负面影响仅仅是偶尔不必要的重发。这个方法适用于低噪环境。

循环冗余校验

　　经常使用的一种最有效的检错方法是循环冗余校验（cyclic redundancy check，CRC）。CRC 是一种用于同步数据传输的数学方法。其检错概率能达到 99.95%。

　　CRC 将每个位串表示为多项式形式，它是一种除法技术，举例如下：

$$\frac{M(x)}{G(x)} = Q(x) + R(x) \qquad (7\text{-}10)$$

　　这里，$M(x)$ 表示二进制数据，称为信息函数；$G(x)$ 表示用于对信息函数进行除运算的一个特殊字，称为生成函数。运算将生成一个商函数 $Q(x)$ 和一个余函数 $R(x)$。商函数不被使用，而余函数即为 CRC 块校验码（block check code，BCC）被添加到信息的末尾。这种 BCC 与信息作为独立部分被发送的传输码称为系统码。在接收机中，信息与 CRC 校验字符通过块校验寄存器（block check register，BCR），若寄存器中内容为 0，则信息无错误。

　　循环码之所以受欢迎，不仅是因为其检错能力，还因为其适用于高速率系统。同时易于实现，仅需要使用移位寄存器、"异或"门和反馈路径。循环块码可表示为 (n, k) 循环码，其中，n 为传输码长度，k 为信息长度。

　　例如，一个 $(7, 4)$ 循环码表示传输码位长度为 $7(n = 7)$ 且信息长度为 4 位（$k = 4$）。这一内容也指出了每个数据中传输码 BCC 的位数目或长度。BCC 的位长度为 $(n-k)$。该关系可表示为

$$\text{BCC 长度} = n - k \qquad (7\text{-}11)$$

　　该码结合了生成完整传输二进制码，以及接收机用于确定传输信息是否出错的内容。标准 (n, k) CRC 码的生成方式如图 7-34 所示。

　　CRC 生成电路中所需移位寄存器数量为块校验码 BCC 的长度 $(n-k)$。一个 $(7, 4)$ 循环码生成 BCC，需要 $7-4=3$ 个移位寄存器。可以看到，接下来所需的生成多项式最高阶（从 x^3 得到为 3）也等于所需的移位寄存器数。

　　CRC 生成电路的设计由生成多项式 $G(x)$ 决定。连接每个"异或"门的反馈路径由生成多项式 $G(x)$ 的系数决定。若系数为 1，则反馈路径存在。若系数为 0，则没有反馈路径。

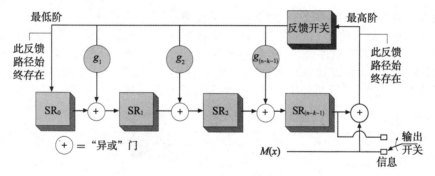

图 7-34　一个(n, k)循环码的 CRC 生成器

CRC 生成器的生成形式 $G(x)$ 的一般表示式为

$$G(x) = 1 + g_1 x + g_2 x^2 + \cdots + g_{n-k-1} x^{n-k-1} + x^{n-k} \tag{7-12}$$

由于最低阶的值 $x^0 = 1$，因此反馈始终存在，如图 7-34 所示。

最高阶数可变，但其系数也为 1。CRC 电路中，最低阶和最高阶多项式系数均为 1。这些反馈必须存在，是由电路的循环性质决定的。例如，若生成多项式为 $G(x) = 1 + x + x^3$，那么在 $1 (x^0)$、x 和 x^3 都存在反馈路径。x^2 的系数为 0，因此这里没有反馈。

图 7-34 所示 CRC 生成电路中除了"异或"门和移位寄存器外，还包括 2 个开关，用于控制移动信息与码数据的输出。该电路的 CRC 码字生成过程如下。

CRC 码字生成，如图 7-34 所示过程。

(1) 信息位串行输入移位寄存器。要求：

输出开关连接到输入信息 $M(x)$，反馈开关闭合。

注意：要进行 k 次移位，k 由 (n, k) 得到。k 次移位使信息进入移位寄存器，与此同时，信息数据串行输出并生成 BCC。

(2) 在完成第 k 位的传输后，打开反馈开关，并将输出开关选择到移位寄存器。

(3) 移位寄存器中包含 BCC 的内容，通过 $(n-k)$ 次移位输出。

注意：CRC 生成电路总共需要移位 n 次，即为传输码的长度。

该电路的操作可视为以下数学过程。信息多项式 $M(x)$ 与 $x^{(n-k)}$ 相乘。其结果导致 $(n-k)$ 个 0 被添加到信息多项式 $M(x)$ 的末尾。0 的数量等于 BCC 的二进制位数。修改后的 $M(x)$ 信息与生成多项式进行模 2 除法。余数为 BCC。BCC 以系统码形式附加到原始信息 $M(x)$。完成的码字用于发送。例 7-5 给出该过程，以及使用图 7-34 所示线路实现循环码的示例。

例 7-5　对于一个 $(7, 4)$ 循环码，给定信息多项式 $M(x) = (1100)$ 和生成多项式 $G(x) = x^3 + x + 1$，通过 (a) 数学方法和 (b) 图 7-34 提供的电路确定 BCC。

解：(a) 码信息 $M(x)$ 决定信息长度为 4 位。所需用于生成块校验码的移位寄存器数量由生成多项式 $G(x)$ 的最高阶项 x^3 决定。因此需要 3 个移位寄存器，将信息 (1100) 末尾添加 3 个 0，得到 (1100000)。记住，$(7, 4)$ 表示传输 CRC 码的总长度为 7 位且

$$\text{BCC 长度} = n - k$$

修改后的信息接下来除以生成多项式 $G(x)$。称为模 2 除法，即

$$
\begin{array}{r}
G(x)\overline{\smash{\big)}\,M(x)\cdot x^{n-k}} \\
1110 \\
1011\overline{\smash{\big)}\,1100000} \\
\underline{1011} \\
1110 \\
\underline{1011} \\
1010 \\
\underline{1011} \\
010
\end{array}
$$

余数 010 添加到 $M(x)$ 构成传输码 $C(x)$。传输码字为 1100010。

（b）下面使用给定的 $M(x)$ 和 $G(x)$，通过图 7-34 生成相同的循环码。CRC 生成电路可使用图 7-35 提供的生成过程。$(7，4)$ 循环码的 $G(x)=x^3+x+1$。这个内容告诉了我们反馈路径（由生成多项式表达式中系数为 1 的项决定）和所需的移位寄存器数量（$n-k$）。CRC 生成电路如图 7-35 所示。串行输出序列与每次移位的移位寄存器内容如表 7-4 所示。

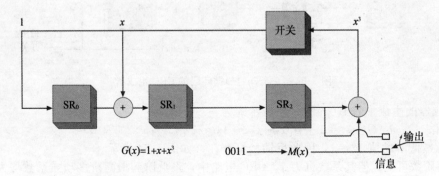

图 7-35　生成多项式为 $G(x)=x^2+x+1$ 的一个 $(7，4)$ 循环码的 CRC 码生成器

表 7-4　例 7-5 中移位序列

数据 [$M(x)$]					寄存器内容			
x^0	x^1	x^2	x^3	移位数	SR_0	SR_1	SR_2	输出
0	0	1	1	0	0	0	0	
	0	0	1	1	1	1	0	1
		0	0	2	1	0	1	1
			0	3	1	1	0	0
			—	4	0	1	0	0

例 7-5 中两种情况的传输码都为 1100010，其中 1100 为信息 $M(x)$ 且 010 为 BCC。例 7-5(a) 中的除法为模 2 除法。记住，模 2 就是值之间的"异或"运算。用 $G(x)$ 除 $M(x)$ 仅需要除数的二进制位置大小与被除数相同（最重要位置必须为 1）。被除数不必大于除数。

CRC 码分电路

在接收机中，接收到的码字通过将接收到的串行 CRC 码反馈到一个 CRC 码分电路中进行验证。码分电路具有 $(n-k)$ 个移位寄存器。CRC 码分电路的生成形式如图 7-36 所示。

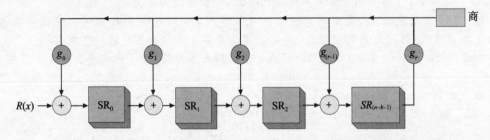

图 7-36　由 $G(x)=g_0+g_1x+g_2x^2+\cdots+g_rx^r$ 式生成的 CRC 码分电路

反馈电路及移位寄存器的设计取决于生成多项式 $G(x)$ 及其各项系数。若 x 的系数为 1，则通过一个"异或"门形成反馈路径，连接到移位寄存器。若系数为 0，则没有反馈路径。电路中所需的移位寄存器个数仍然为 $(n-k)$。电路需要进行 k 次移位来检查接收信号的错误。寄存器（除法）的结果（余数）必须为全 0。余数称为特征。若特征为全 0，则可以

假设接收到的数据是正确的。若特征含有一个非 0 值，则检测到错误位。大多数情况下接收系统会请求重发信息。例如，在计算机的以太网中。在极少数情况下，码字可以通过接收向量中所加入的特征向量来纠错。这种纠错方法需要通过查表来确定正确字。例 7-6 演示了 CRC 检测电路对例 7-5 信息的使用方法。

在例 7-6 中，传输码长度为 7 位($n=7$ 位)，信息长度为 4 位($k=4$ 位)且 BCC 码长为 3 位，$(n-k)=(7-4)$ 位＝3 位。

例 7-6 串行数据流 0100011 由一个生成函数为 $G(x)=1+x+x^3$(见例 7-5)的(7, 4)循环码系统生成。设计一个能够检测该接收数据流错误的电路。并通过(a)数学方法和(b)将数据移位通过 CRC 码分电路的方法进行验证。

解：(a)通过数学方法验证数据需要将接收数据除以生成多项式 $G(x)$ 的系数。这个过程类似于例 7-5，不过这里的被除数据包含完整的码字。

$$
\begin{array}{r}
1110 \\
1011{\overline{)1100000}} \\
1011 \\
\hline
1110 \\
1011 \\
\hline
1010 \\
1011 \\
\hline
010
\end{array}
$$

特征(余数)为 0，因此接收数据无错误。

(b) CRC 码分电路由 CRC 生成多项式表达式 $G(x)$ 产生。该系统中，$G(x)$ 为 $1+x+x^3$。所建立的电路如图 7-73 所示。移位寄存器的内容预设为 0。然后将接收数据输入 $R(x)$。该数据通过移位串行进入电路。移位结果在表 7-5 中列出，一共需要进行 n 次移位。

寄存器中的移位结果为全 0，因此，特征为 0，表明接收数据不含错误比特。

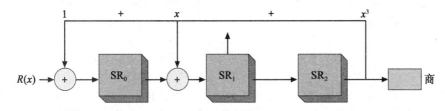

图 7-37　$G(x)=1+x+x^3$ 的 CRC 码分电路

表 7-5　例 7-6 的移位序列

码字				数据			寄存器内容				
LSB		MSB		LSB		MSB	移位数	SR$_0$	SR$_1$	SR$_2$	输出
0	1	0	0	0	1	1		0	0	0	
	0	1	0	0	0	1	1	1	0	0	1
		0	1	0	0	0	2	1	1	0	1
			0	1	0	0	3	0	1	1	0
				0	1	0	4	1	1	1	0
					0	1	5	1	0	1	0
						0	6	0	0	1	1
						—	7	0	0	0	0

汉明码

当错误发生时，之前所提到的检错方法都会请求重发。可在接收机中允许纠错的技术成为前向纠错（forward error-correcting，FEC）编码。这种编码的基本要求是，需要具备足够多的不让发送机再次传输而能纠错的冗余码。一种早期设计的检错/纠错系统汉明码就是一种 EFC 码，以 R. W. 汉明而命名。

图 7-38 所示的为一个汉明码的简单操作形式。若 m 表示数据中的位数且 n 表示汉明码的比特数，那么 n 必须为满足下式的最小数

$$2^n \geqslant m + n + 1 \tag{7-13}$$

m=数据位数
n=纠错位数，即汉明比较数。
码长必须为$2^n \geqslant m+n+1$
因此，对于4位数据码$n=3(2^3 \geqslant 4+3+1)$
在发送4位数据1101时需要添加2个校验位，假设为
偶校验系统

	P_1	P_2		P_3				
比特序号	1	2	3	4	5	6	7	P_1检查位置3、5、7
发送	1	0	1	0	1	0	1	P_2检查位置3、5、7
接收到的	1	0	1	0	0	0	1	P_3检查位置3、5、7

为 P_3 P_2 P_1 检错结果：   检错结果表明错
错误检查： 1   0   1   1为错误   误位置：101＝5
                         0为正确

图 7-38 前向纠错的汉明码示例

考虑一个 4 位数据 1101。由式（7-13）可得最小校验位数为 3。一种可用的分配方式如下。

P_1 P_2 1 P_3 1   0   1
1   2   3   4   5   6   7   位位置

我们令第一个校验位 P_1 对位 3、5 和 7 进行偶校验。同时 P_2 偶校验 3、6、7，P_3 偶校验 5、6、7。其结果为

1   0   1   0   1   0   1
1   2   3   4   5   6   7   位位置
P_1 P_2 P_3

检查时，1 表示错误的校验位，而 0 表示正确的校验位。若发生了一个错误使第 5 个位变为 0，可进行下列过程。P_1 为 1 表示有错误发生，在接收机中将其记为 1。P_2 与第 5 个位无关并且是正确的，将其记为 0。P_3 是错误的，因此记为 1。这 3 个值构成二进制字 101。其十进制数为 5，意味着第 5 个位值出错，这样接收机找到的错误位置而不用进行重发。然后修改第 5 位的值并继续后续传输。汉明码在一个数据块中无法检测多个错误。如有需求则需要更加复杂（和更多冗余）的编码。

里德-所罗门码

里德-所罗门（Reed-Solomon，RS）码与汉明码一样，也是一种前向纠错码（FEC）。它属于一类 BCH（博斯-乔赫里-霍克文黑姆（Bose-Chaudhuri-Hocquenghem））码。与汉明码只能检测一个错误不同，RS 码可以识别多个错误，这使得 RS 码在除了突发错误的应用中广受欢迎。例如，光盘（CD）播放器和移动通信系统（包括数字电视广播）。划伤的光盘会出现多个错误，而在移动通信中，噪声和系统故障将会导致可预估突发错误。

RS 编码经常采用一种称为交织的技术来使系统能够纠正多个位错误。交织是一种使用将数据重新排列为非线性顺序的原理，来提高纠错能力的技术。该技术的好处是能够纠正突发错误，因为数据信息不会被完全破坏。例如，CD 光盘的一个大划痕可能会导致一个轨道中大量数据的丢失，但是，若表示信息的数据位分布在不同块的多个轨道中，那么

被恢复的概率将会加大。在通信信道中的信息传输也是这样。突发错误仅会导致一个部分的信息数据丢失，若汉明距离足够大，则信息可以被恢复。

使用 RS 编码原理的主要缺点在于发射机的编码（数据交织）和接收机解码（解交织）的时间延迟。在诸如 CD ROM 的应用中，数据大小和延时并不存在问题，但是在移动通信中使用 RS 编码将会在实时应用中带来明显的延时问题，同时数据带宽的利用率也可能会很低。

7.7　数字信号处理

诚然，数字信号处理（digital signal processing，DSP）技术的广泛应用是近年来通信领域的一项最重要的发展。没有比便携设备如下一代智能手机更能明显体现这一点的了。由于在合适的成本下大规模集成与处理器速度提升的进展，传统上限制于模拟电路和分立元件的功能，现在也可以实现数字化。发射机与接收机中的操作，如调制、解调以及滤波，可利用软件通过数学操作方法在数字维实现并使用专用的 DSP 处理芯片执行。DSP 的发展也导致了软件无线电（software-defined radio，SDR）概念的出现，使得无线电的特性由软件来定义，并由集成电路来实现。总之，DSP 与 SDR 对通信而言体现了一个真正意义的系统级方法，而对 DSP 的一个基本介绍有利于更深入的理解后面章节将要介绍的下一代数字系统。

DSP 涉及使用诸如加法和乘法的数学函数来控制数字信号特征的向量。通常，其目的是从存在噪声的处理信号中提取信息。例如，心电图（electrocardiogram，EKG）机器需要从母亲心跳所表示的干扰信号中提取，并显示发育中胎儿的心跳信息。DSP 可用于许多领域，除了医疗应用诸如 EKG 与图像，DSP 还涵盖了地震学、核工程、声学以及诸如声音与图像处理、语音与数据通信等通信相关领域。DSP 也广泛应用于现代测试设备，如数字存储示波器与频谱分析仪等。

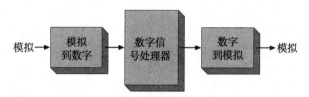

图 7-39　DSP 系统

图 7-39 所示的为一个典型 DSP 系统的框图。从概念上讲非常简单。第一步是将模拟信号通过 A/D 转换器转变为一个数字数据流。数据流输入到一个可以是计算机、微处理器或专用 DSP 器件的数字信号处理器中。数字信号处理器中执行如滤波等功能的算法。滤波或其他处理的结果由数字信号处理器输出的数据流进入 D/A 转换器，将数字信号还原为等价的模拟信号。

DSP 与其他计算操作的主要不同在于，DSP 通常进行实时或接近实时的处理，而其他形式的计算处理虽然过程与实时 DSP 相似，但却需要收集和存储数据。虽然从原理上讲，任何微处理器都可以用于 DSP，但从近似实时性考虑，专用 DSP 处理器芯片更加实用。这种芯片有许多供应商，如 Altera、Analog Devices 以及 Texas Instruments 等。DSP 芯片基本上是一种专用的微处理器，它的内部结构为信号处理计算进行了优化。例如，一个专用 DSP 芯片具有独立的程序与数据存储空间。这种所谓的哈佛架构允许在当前指令读/写的过程中同时执行下一条指令，从而加快了处理器速度。这是与传统微处理器所使用的冯·诺伊曼（Von Neumann）结构有差异的，在后者中程序与数据共享存储空间。另外，由于专用 DSP 通常执行较小的文件，因此很少或不需要外部存储器，用于实现传统微处理器所具有的接口以及存储器寻址功能。DSP 所需的存储器与其他一些硬件资源，如乘法器、加法器、延迟器等，通常都已集成在芯片中。

与其他微处理器一样，DSP 也能够简单地进行重新编程，从而更加灵活。因此，DSP 操作的功能性变化可通过修改软件来完成。当然，与所有微处理器一样，DSP 能够在不同的程序中完成不同的任务。为了避免短板，最强大的 DSP 芯片具有多个计算单元或多核，能够进行全处理器的基本拷贝。

DSP 可以仿真几乎所有的通信系统功能，而且经常比模拟方法得到的效果更好。尤其是滤波功能。回顾第 4 章，无源滤波器由电感、电容和电阻构成，具有固定的滤波器特性如截止频率、滚降速率、带宽、形状因子以及 Q 值等。无源滤波器的主要局限在于元件的物理尺寸、温度对输出响应的影响，以及元件的老化。由运算放大器替代电感的有源滤波器虽然比相应的无源滤波器更加紧凑，但是仍然存在环境温度对输出响应的影响，以及元件老化的问题。然而，数字滤波器不仅稳定而且不受漂移的影响。由于是可编程的，避免了元件虚焊或替换对滤波特性造成的影响。另外，数字滤波器的频率变化范围很大，可以用于如音频应用的低频范围，也可以用于各种用途的无线电频率。

DSP 处理与滤波几乎可用于当今电子通信的所有区域，如移动电话、数字电视、无线电，以及测量设备。数字信号处理中的数学运算相当复杂。虽然对于 DSP 设计师与工程师来讲，理解其数学原理是很有必要的，但是从维护的角度来了解 DSP 就不需要深入理解 DSP 的原理。但是，概念性地了解 DSP 如何工作是很有必要的，因为基于 DSP 的通信系统实现将越来越普及。为了说明这一内容，我们将介绍两种特殊类型 DSP 滤波操作的实现。基于 DSP 技术的数字调制与解调将在第 8 章讨论。

DSP 滤波

在第 1 章中曾介绍过，一个信号既可以在时域，也可以在频域进行表示。通过傅里叶分析，时域波形可以在频域进行分析，反之亦然。例如，通过这种方法，一个方波可看作由一个基频正弦信号及其奇次谐波合成。而其他周期波形也可以看作由不同相位的相关正弦谐波组成，一般情况下，谐波幅度随着谐波倍数的增大而减小。

傅里叶分析也可以扩展到非周期信号，如脉冲信号中。虽然单脉冲也由正弦信号组成，但相比于周期信号，其正弦信号不是与谐波相关的。相反，一个时间为 τ 的单脉冲由无限多个无限紧密的正弦波组成，它们的幅度从一个类似于正弦波的最大幅度向两边进行滚降。在如示波器显示的时域表示中，时间为 τ 的单脉冲（若可以观察到）会非常窄或被压缩。但是，因为它包含大量正弦频率成分，在频谱分析仪中显示的频域表示将会具有很宽的带宽。

某些类型脉冲的时域与频域脉冲宽度之间的关系具有所谓的 sinc() 函数的形式。读作"sink"，它是拉丁词 sinus cardinalis 或"cardinal sine"的缩写。它具有一些有趣的特性，尤其在描述滤波的过程中。回到时间为 τ 的单脉冲，它可由 sinc() 函数表示为

$$\text{sinc}(f\tau) = \frac{\sin(\pi f\tau)}{\pi f\tau}$$

需要特别注意的是，当时间宽度 τ 减小时，f 必须增大来保持平衡。这一结论符合我们对信号频率、周期以及波长之间关系的理解，频率越大，则周期越小，且波长越短。在用示波器观察时，增加信号频率将使周期出现压缩，这表明每个循环的周期（波长）变短了。这些分析能使我们意识到重现脉冲类型的波形是可能的。

继续这一思路，若脉冲持续变窄，那么其频谱将持续展宽。极限情况下，时域无限窄的脉冲将具有无限宽的频谱，也就是说，频谱将从零频到无限大上平坦响应。这样一个无限窄的脉冲称为冲激，事实上，一个平坦的频谱将允许我们去设想如何去设计具有任何频率响应的滤波器。

具有 sinc() 函数特性的滤波器有时也叫做 $\sin(x)/x$ 滤波器，因为这是一种非归一化的 sinc() 函数形式。这个函数的图形如图 7-40 所示，因其具有理想的低通滤波响应特性，故在 DSP 滤波设计中非常重要。也就是说，它能快速地从通带（最小衰减的频率范围）过度

到阻带（最大衰减的频率范围）。这样的滤波器无法用分立元件来搭建，但是用数字方法来构建将能达到接近理想的状态，能够接近到什么程度取决于滤波器的复杂度与结构。

　　由于无限窄的脉冲（即冲激）具有一个无限平坦的频谱，那么将冲激信号输入滤波器，可得到一个冲激响应为滤波器频率响应的输出信号。这个原理为滤波器设计方法提供了一个起点：首先确定怎样的冲激响应能得到所需的频谱（即通带和阻带特性），然后设计具有这种冲激响应的滤波器。这里首先考虑的一种 DSP 滤波器类型为有限冲激响应（finite-impulse response，FIR）滤波器，在接收到一个冲击信号后，其冲激响应在一个特殊点为 0。与其不同的一种滤波器为无限冲激响应（infinite-impulse response，IIR）滤波器，其输出特性（甚至当使用数字方法时）与第 4 章学习的模拟滤波器非常接近。

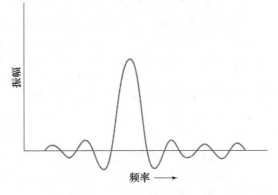

图 7-40　$\sin(x)/x$（sinc()）函数

任何模拟或数字 IIR 滤波器的输出过渡带指数衰减为零，但从理论上是不能达到的。另一个 FIR 与 IIR 的不同在于其滤波算法是否将之前的输出值作为后续计算的输入。如果是，则称为递归或迭代。IIR 滤波器是递归的，而 FIR 滤波器为非递归的。首先来看一下非递归（即 FIR）滤波器的 DSP 实现，因为它从原理上更容易理解。

　　FIR DSP 滤波器的基本思想为通过反复将输入脉冲幅度与预设的所谓系数值相乘来生成所需的响应（低通、高通等）与特性（如第 4 章提到的巴特沃斯滤波器或切比雪夫滤波器）。该系数类似于电子表格中的横向排列数值。输入滤波器的采样脉冲幅度与第一个系数相乘，然后，形象地来说，将脉冲向右移动并乘以第二个系数，然后再移动并相乘，这个过程以采样频率进行重复，直到脉冲与序列中所有有效系数完成相乘为止。采样频率必须满足奈奎斯特准则，至少为被采样模拟信号最高频率的 2 倍。每次乘法都要结合对应的系数。每个乘法的结果都输入到一个加法器电路中，而加法器电路的输出表示采样信号的滤波输出。最后的乘法与加法操作称为点积。DSP 滤波器的主要工作在于确定正确的系数。

　　图 7-41 所示的为之前所述的过程。无论用软件还是硬件实现，FIR 滤波器都是由诸如乘法器、加法器，以及延时器等功能模块构成的。FIR 可以是串行、并行或混合结构。图 7-41 所示的为并行结构，因为它在原理上更容易理解。图中滤波器结构具有五个"抽头"，每个抽头包含一个滤波系数、一个移位寄存器与一个乘法器。DSP 中一个实际的

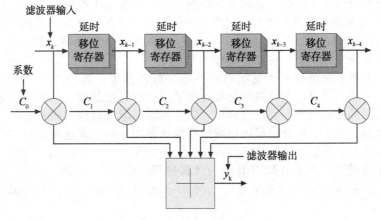

图 7-41　FIR 滤波器方框图

FIR 滤波器可能具有上百个抽头。在并行结构中抽头个数等于乘法器的个数。延迟单元由移位寄存器实现，通过每个采样脉冲将数据移位一个位来进行。

构建完成后，滤波器输入信号为表示为 x_k 的数据流。输出为一串滤波后的数据脉冲 y_k。滤波系数记为 C_m。下标 k 表示数据顺序（即脉冲从一个抽头到下一个的位置）。那么，x_{k+1} 在 x_k 之后，而 x_{k-1} 在 x_k 之前。简单起见，数据流假设为无限长，系数为静态（不随时间改变）。回顾之前所述，系数决定滤波器频率响应，因此，一个五抽头滤波器输出为

$$y_k = C_0 x_k + C_1 x_{k-1} + C_2 x_{k-2} + C_3 x_{k-3} + C_4 x_{k-4}$$

任意长的 FIR 滤波器的通用表达形式为

$$y_k = \sum_{i=0}^{N-1} C_i x_{k-i}$$

上式所表达的思想可推广到脉冲流。脉冲流所表示的数据顺序可用一个静态（固定或特定）系数阵列表示。在每个时钟周期，数据值与对应位置的系数交叉相乘，并将所有乘积相加。然后将脉冲相对于系数移动一个位置并在下一个时钟周期重复之前的操作。这个过程对应于数学上的卷积，输入信号与冲激响应生成一个输出信号。卷积可看作是频率维的乘法，则输出信号频谱为输入信号频谱与滤波器频谱的乘积。

FIR 滤波器的非递归（无反馈）设计使其在硬件或软件中的实行相对直观。FIR 滤波器同样适用于采样脉冲。但是，IIR 滤波器或成为递归滤波器是一种有反馈的滤波器。IIR 滤波器的原理基于递归的模拟滤波器电路。IIR 滤波器比 FIR 滤波器电路更难设计，其数学原理也更加复杂。IIR 滤波器的一个优点在于，通过精心设计能够得到比同样数量抽头的 FIR 滤波器有更好的频率响应（通带到阻带的变化更急剧）。因此，IIR 滤波器的设计经常可用更少的乘法器来实现，从而在相同滤波响应时计算量更小。另一个潜在的优点在于相位响应。FIR 滤波器为线性相位响应，因此滤波操作不会产生相位失真。但是，IIR 滤波器在许多方面更类似于模拟滤波器特性，包括非线性相位响应。这一点有利于模拟滤波器数字化中保持滤波特性。滤波器在如吉他放大器或音频设备等乐器中的应用就是一个实例。

这里举出一个工程实例，虽然超出了本文关于 DSP 的研究范围，但却能说明 IIR 滤波器实现低通巴特沃斯滤波器的计算过程。回顾 IIR 滤波器的一个关键特性是反馈，在 DSP 单元中这一计算算法叫做差分方程。差分方程使用当前输入信号的数字采样值与一些之前的输入值，也可以是输出值，来生成输出信号。使用之前输出值的算法成为递归或迭代。

二阶递归算法的典型形式为

$$y_0 = a_0 x_0 + a_1 x_1 + a_2 x_2 + b_1 y_1 + b_2 y_2$$

其中：y_0——当前输出值；x_0——当前输入值；x_1、x_2、y_1 与 y_2——之前的输入与输出值。

该算法之所以称为二阶的，是因为它用到了之前存储器中的两个值。比较该方程与之前的 FIR 滤波器方程，尤其要注意，FIR 滤波器的系数是与每个采样时刻顺序移位的归一化采样脉冲幅度相乘，而 IIR 滤波器系数是与之前计算结果的修正值相乘。换句话说，FIR 滤波器的差分方程中不包含之前的输出值（y_1，y_2，…）。对于两种滤波器，a 与 b 都是差分方程的系数，其值决定了滤波器的类型与截止频率。这些值通过手工或计算器得到，需要进行烦琐的计算，其计算的过程超出了本书的讨论范围，但是也可通过计算机程序根据用户需求的滤波器类型、截止频率，以及衰减要求来得到这些系数。

下面的方程是一个二阶递归低通巴特沃斯滤波器的示例。截止频率为 1kHz。

$$y_0 = 0.008\,685\,x_0 + 0.017\,37 x_1 + 0.008\,685\,x_2 + 1.737\,y_1 - 0.7544 y_2$$

为了更好地说明一个递归 DSP 算法的计算过程，将三个不同输入频率 500Hz、1kHz 与 2kHz 在连续采样时间（n）的输入值（x_0，x_1 and x_2）与输出值（y）阵列做成电子表格，如表 7-6 所示。

表 7-6　一个 DSP 差分方程的计算过程示例

	$f=500$ Hz			$f=1000$ Hz			$f=2000$ Hz	
n	x	y	n	x	y	n	x	y
-2	0	0	-2	0	0	-2	0	0
-1	0	0	-1	0	0	-1	0	0
0	0	0	0	0	0	0	0	0
1	0.099 83	0.000 87	1	0.198 66	0.001 73	1	0.389 41	0.003 38
2	0.198 66	0.004 95	2	0.389 41	0.009 80	2	0.717 34	0.018 81
3	0.295 11	0.014 75	3	0.564 63	0.029 85	3	0.932 03	0.053 74
4	0.389 41	0.031 87	4	0.717 34	0.061 82	4	0.999 57	0.109 34
5	0.479 41	0.057 18	5	0.841 46	0.109 16	5	0.909 32	0.180 88
6	0.564 63	0.090 93	6	0.932 03	0.170 06	6	0.675 51	0.258 97

对于所考虑的三个频率，记录显示如下。

（a）采样数 n。

（b）以给定采样速率对正弦波采样得到输入序列 x。在这种情况下，为满足奈奎斯特准则使用 2 倍于截止频率的采样速率 10πHz。

（c）由 DSP 算法得到的输出序列 y。

所显示的 x 与 y 数值为每个采样时刻信号的归一化幅度（这里的归一化是指最大尺度的幅度为 1V，而其他值用同尺度进行缩放）。具体来讲，表中 x 值表示输入正弦波采样时所产生（采样）脉冲的归一化幅度。y 值为滤波器产生的输出正弦波幅度。所使用的 3 个不同输入频率—500Hz、1000Hz 和 2000Hz 分别为截止频率的一半、截止频率（定义为电压增益与最大幅度相比减小 3dB 处的频率）和 2 倍的截止频率。由于这里是一个低通滤波器，最大幅度将出现在 500Hz，在频率从初始的小频率向大频率增大过程中，所期望的滚降特性将越来越明显。

表 7-6 显示了几个初始采样点的计算过程。回顾一下，差分方程描述了一个截止频率为 1000Hz 的二阶低通巴特沃夫滤波器，从表中的归一化幅度可以看出计算的递归特性。例如，在采样点 3，$f=1000$，$x_0=0.564\ 63$，$x_1=0.389\ 41$，$x_2=0.198\ 66$，$y_0=0.028\ 95$，$y_1=0.009\ 80$，$y_2=0.001\ 73$。x_0 与 y_0 为当前值，而 x_1，y_1，x_2 与 y_2 为之前的值。对所有采样点重复该过程，以生成输出序列（y）。算法的密集计算操作解释了在执行实时数字滤波器和信号处理过程中要求使用专用处理器的原因。

图 7-42（a）~（c）绘出了三个过程的前 100 个采样点。与预期相同，在截止频率 1000Hz（见图 7-42（a））处的输出幅度约为 0.7，正好是 3dB 衰减。相位偏移为明显的 90°，这正是此滤波器在截止频率处的正确值。在 2 倍截止频率 2000Hz（见图 7-42（b））处的额定输出应该为 0.243，与图 7-42 所示相同。在低于截止频率的 500Hz（见图 7-42（c））处，输出电平与输入电平相同，正是所期望的滤波器的通带。这个频率处的理论相移为 43°（滞后），与图 7-42 所示数值一致。

除了滤波，DSP 已逐渐成为所有类型数字技术的核心，包括基于扩频的移动系统、雷达，以及严重依赖于压缩和纠错技术的其他系统。另外，正如之前所述，许多传统的由模拟电路执行的功能越来越多地由数字方法取代，因为数字方法的结果与模拟器件相比，虽然不能称为超越，但至少是相当的。虽然具有许多优点，但是 DSP 并不总是最佳选择。高功率与高频（微波）应用中很大程度上仍然使用模拟电路。同时，相对简单的设备（例如车库门控或射频识别装置）也不需要 DSP 的计算能力或性能特性。然而，可以肯定的是，随着计算能力的持续提高以及花费的逐渐减少，将 DSP 使用到各种应用中的趋势将只会继续加快。

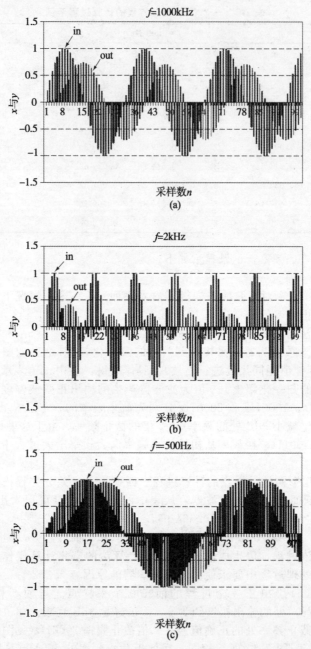

图 7-42　在频率为(a)1000Hz，(b)2000Hz，(c)500Hz 时，二阶低通巴
特沃夫滤波器的输入与输出序列

总结

　　本章的内容在于介绍数字通信所需的预备知识。表示真实自然现象的信号通常为连续
的模拟信号。通过在固定间隔对信号采样并用数字形式表示其特征，才能将模拟信号转化
为数字信号。虽然可以有多种表示形式，但是都具有脉冲调制的共同形式。

　　三种基本的脉冲调制方式为脉冲幅度调制、脉冲宽度调制与脉冲位置调制。对于每种
方式，都由被采样的模拟信号改变其采样脉冲的一个或多个参数。采样速率必须满足奈奎
斯特准则，即采样率必需至少为被采样信号最高频率的 2 倍。否则，采样脉冲与模拟信号

之间将会发生不必要的混叠，从而产生消息信号中并不需要的所谓混叠的频率成分。由于混叠频率成分小于模拟信号的最高频率，因此无法通过低通滤波器而被滤除。

脉冲幅度调制（PAM）是脉冲编码调制系统中的一个中间步骤。脉冲编码调制（PCM）是一种波形编码技术，将模拟信息转换为数字形式用于后续的传输或存储。PCM 是许多数字通信应用的一个关键模块，包括三个步骤：采样，量化与编码。将数字信号转换为模拟信号也需要三个步骤：再生，解码与重建。

数字通信系统与对应的模拟系统相比具有许多重要的改善。其中之一也是最重要的一点就是能够检测并在某些情况下纠正由于噪声或系统故障引起的错误。检错系统通过校验原理工作，而纠错系统则是通过预测与接收到的逻辑状态最短距离的正确状态来工作的。更复杂的检错方法包括使用纵向冗余校验，将校验概念扩展到二维。另一种有效的检错方法为循环冗余校验，通过对数据块进行重复的二进制除法并校验余数来检错，能够达到99.95％的检错率。当余数为 0 时表示传输被正确接收。循环冗余校验的一个主要优点在于，能够在硬件中简单实现，并达到实时检错。当检测到错误时，需要请求重新发送数据。

前向纠错方法能够实现在接收机中纠正错误而不需要重发。这些技术在冗余校验的原理下实现，需要传输足够多的冗余位来确定接收数据中的错误位置。这些码也可以检测出多个错误。其中，基于数据交叉思想的 RS 码能够纠正突发错误。

就像数字通信的许多方面一样，检错与纠错技术也很大程度上依赖于数字信号处理，数字信号处理将计算机的能力引入到通信领域。在现代设备中，许多在模拟电路中执行的传统功能，如调制、解调，以及滤波，可通过数字方法实现。数字化的结果与模拟相比，若不能说是超越那至少是等效的。例如，数字化的滤波器能够得到更好的效果，因为模拟器件的效果将随着时间的推移或者操作温度的改变而发生变化。数字信号处理也是先进通信技术中的一个重要元素，其中扩频技术与正交频分复用技术正是构成下一代无线通信系统的核心。这些技术，以及用于调制载波与数据的技术，还有数据恢复技术，将是下一章的主要内容。

习题与思考题

7.1 节

1. 什么是基带传输？

2. 为什么在输出信号要求为模拟信号时，仍然要进行模拟信号数字化？

3. 如何将模拟信号数字化？

7.2 节

4. 列出两个脉冲调制的优点并解释它们的意义。

5. 用类似于图 7-1 所示的草图解释脉冲幅度调制（PAM）、脉冲宽度调制（PWM）与脉冲位置调制（PPM）的原理。

6. 描述 PWM 生成与检测的方法。

7. 描述 PPM 生成与检测的方法。

8. 画图说明 PWM 信号解调过程。

7.4 节

9. 什么是采样/保持（S/H）电路的采集时间？

10. 什么是采样/保持（S/H）电路的缝隙时间？

11. S/H 电路中电容的典型值是多少？

12. 画出正弦信号进行(a)自然采样(b)平顶采样时的 PAM 信号。

13. 对带限为 15kHz 的语音信号进行数字化时所需的最小采样频率为多少？

14. 采样电路的作用类似于无线电频率通信中的哪个过程？

15. 12 位脉冲编码调制（PCM）系统的动态范围是多少 dB？

16. PCM 系统的分辨率是什么？说明两种改善分辨率的方法。

17. 计算满足 48dB 动态范围所需的位数。

18. 什么是量化？

19. 线性 PCM 与非线性 PCM 的区别是什么？

20. 描述压缩扩展的过程及其好处？

21. 使用一个 $\mu = 100$ 的 μ 律压扩系统对一个 0 到 10V 的信号进行压扩。计算输入为 0，0.1，1，2.5，5，7.5，10V 时的系统输出。（1，2.5，5.2，7.06，8.52，9.38，10）

7.5 节

22. 什么是 D_{min}？

23. 如何增大两个数据值之间的最小距离？

24. 计算汉明距离为下列值时能够检测和纠正的错误数。

(a) 2。

(b) 5。

25. 计算下列两个数字值之间的距离。

$$1\ 1\ 0\ 0\ 0\ 1\ 0\ 1\ 0$$
$$0\ 1\ 0\ 0\ 0\ 0\ 0\ 1\ 0$$

26. 下列情况下的最小距离是多少？

(a) 可检测 5 个错误。

(b) 可检测 8 个错误。

7.6 节

27. 循环冗余校验（CRC）码常用于哪些计算机网络协议？

28. 什么是系统码？

29. (n,k) 循环码中的 n 和 k 代表什么？

30. 什么是块校验码？

31. 怎样确定 CRC 码字生成电路中的反馈路径？

32. 画出 $G(x) = x^4 + x^2 + x + 1$ 时的 CRC 生成电路。

33. 给定信息 $1\ 0\ 1\ 0\ 0\ 1$ 与 $G(x) = 1\ 1\ 0\ 1$，利用模 1 除法计算块校验码（CRC）。（111）

34. 什么是特征？

35. 下列特征值分别代表什么含义？

(a) 全 0。

(b) 不等于 0。

36. 什么是前向纠错码？

37. 里德-所罗门（RS）码在哪些应用中广受欢迎？为什么？

7.7 节

38. 什么类型的差分方程会用到之前的输出值？

39. 什么类型的差分方程只会用到当前与之前的输入值？

40. 要求用到之前四个输入与输出值的差分方程是几阶的？

41. 下列差分方程的阶数是多少？这是递归还是非递归算法？

$$y_0 = x_0 - x_{(1)}$$

42. 给定下列差分方程，说明滤波器的阶数并确定系数值。

(a) $y = 0.9408x_0 - 0.5827x_1 + 0.9408x_2 + 0.5827y_1 - 0.8817y_2$

(b) $y_0 = 0.020\ 08x_0 - 0.040\ 16x_2 + 0.020\ 08x_4 + 2.5495y_1 - 3.2021y_2 + 2.0359y_3 - 0.641\ 37y_4$

附加题

43. 为什么要使用 CRC 编码？是否能够使用奇偶校验得到相同的结果？

44. 一个 PCM 系统要求 72dB 动态范围且输入频率为 10kHz。计算满足动态范围所需的采样位数以及满足奈奎斯特频率的最小采样频率。（12 位，20kHz）

45. 输入 PCM 系统的信号电压范围为 0 到 1V 并使用 3 位 A/D 转换器（ADC）对模拟信号进行数字化。量化级数是多少？每个量化级的分辨率是多少？该系统的量化误差是多少？（8，0.125，0.0625）

第8章
数字调制与解调

从上一章的内容我们可以看到，数字通信系统相对于模拟通信系统具有许多优势。其中最重要的一点在于数字通信对噪声的免疫能力及其对信号的检测和纠错能力。另外，借助于数字信号处理（digital signal processing，DSP）以及其他一些计算机辅助技术，数字通信能够实现许多更为高级的功能。在 DSP 出现以前，诸如智能手机这样具有数据传输功能的廉价、便携设备还很难想像，但是现在已经司空见惯了。

模拟信号一旦经过采样和编码，就可以使用数字形式通过有线或无线通信信道来进行传输。在有线信道中，数字信号可以直接通过传输媒介传输，称为数字基带信号。然而在无线信道中，数字基带信号需要通过载波进行调制才能进行传输。调制后的信号与调制前相比带宽变大，因此传输信号也变为宽带信号。我们在前面章节对模拟信号调制原理的研究，如带宽、功率分配以及噪声影响等内容，同样适用于数字信号。

数字通信系统虽然具有许多优点，但在相同的信息传输过程中，数字信号传输与模拟信号传输相比需要更大的带宽。我们举例说明，考虑最简单的调制方式并假设使用理想滤波器，数字信号传输所需要的带宽至少等于其信号速率，单位为位每秒（bits per second，bps 或 b/s），这样，一个经过调制的 10Mb/s 低速计算机网络连接（按照现代标准）带宽至少为 10MHz，而这种情况在带宽受限的传输介质中是不允许的。因此，需要通过技术研究来提高数字传输的频谱效率，这些技术将是本章讨论的重点。

在数字调制原理的讨论中首先会遇到的难题就是存在大量的变量，需要正确识别各种字母缩写的真正含义。需要注意，我们在第 1 章所建立的原则依然适用，之后所讨论的数字调制技术只是对前面章节所介绍的幅度与角度调制基本形式的扩展。数字调制原理的应用多样性恰恰反映了数字通信系统中带宽需求与性能所面临的挑战，我们也将在本章对这一些问题进行讨论。

第四代（fourth-generation，4G）移动通信系统是新一代大容量数字通信系统，其使用许多新技术与其他系统的同频段通过协作来完成巨量数据传输。而扩频技术与正交频分复用技术正是其实现频率共享与复用，从而构建无线局域网的基础。这两种技术的应用很大程度上依赖于数字信号处理，我们将在本章对其原理进行讨论，而它们在系统中的应用将在第 10 章进行介绍。

另外，调制信号必须经过解调来恢复原始信息。可以证明，数字调制信号同样具有第 2 章中所介绍的载波抑制 AM 信号的许多特征。如果缺失载波信息，则需要在接收机进行载波重构，当然，一些数字通信系统中的接收机也可以直接对接收信号进行解调。这些概念也将在本章展开探讨，而在第 10 章介绍其在无线通信系统中的应用实例。

8.1 数字调制技术

数字调制是通过由计算机语言中 0、1 所表示的数据流来改变载波振幅、频率以及相位特性来实现的。最简单的数字调制原理可通过数字信号的每个位来改变载波状态。例如，在频移键控（frequency-shift keying，FSK）中，逻辑状态（0 或 1）可以通过使载波中心频率以一定的预定量进行改变（上移或下移）来表示。FSK 是一种频率调制技术，因此与模拟 FM 具有类似的单边带、带宽，以及功率分配特性。

其他简单的数字调制方式还有振幅键控（amplitude-shift keying，ASK）和相移键控

（phase-shift keying，PSK），它们与相应的模拟调制技术都具有类似的特性。其中，ASK调制与传统的 AM 调制十分相似，属于包络调制方式。由于不同的信息影射为不同的载波振幅，因此 ASK 信号对噪声信号非常敏感，并且其调制过程需要不同的线性放大级别。在数字通信系统，尤其在无线通信系统中，考虑到 ASK 信号对噪声的敏感性，通常并不单独使用 ASK 调制，而是与 PSK 调制相结合。FSK 和 PSK 都属于角度调制，与 FM 和PM 调制相同，它们都属于恒包络调制方式，信息通过载波频率或相位的不同来表示。类似于模拟角度调制信号，FSK 和 PSK 信号根据载波频率的变化将产生一个或多个边带。

振幅键控

　　"键控"一词来源于摩尔斯（Morse）码时代，表示了一种称为码键的开关按照码字逐个打开或关闭载波的过程。摩尔斯码的传输代表了最早的数字通信，其起源可追溯到无线电开始使用的那一天。但是摩尔斯码并不是真正意义上的二进制码，因为它不仅定义了不同的标志与周期，而且对标志间的间隔也进行了区分。至今，摩尔斯码仍然在业余无线电电报通信中使用，基于人们对其编码的熟悉保持着极高的解码精确度。国际摩尔斯码如图 8-1 所示，其中包含点（短标志）、下划线（长标志）和间隔三个基本要素。一个点表示按下电报按键并迅速使其弹起的过程，点的长度为一个基本时间单元。下划线表示按下按键，并保持三个基本时间单元。在一个字符中，点和下划线的间隔为一个基本时间单元，而字符之间的间隔为三个时间单元，词与词之间的间隔为七个时间单元。

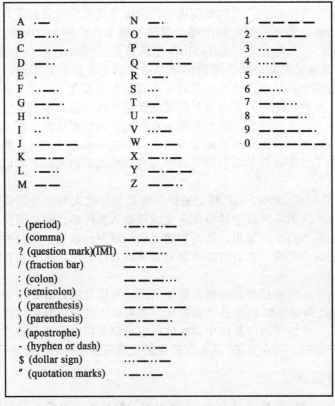

图 8-1　国际摩尔斯码

　　最简单发送高、低信息的方法可通过控制发射机载波的开闭来实现，事实上，这种形式的 ASK 有时也称为开关键控（on-off keying，OOK）。图 8-2（a）所示的为一个点－下划线－点波形，若点表示开启载波，而间隙表示关闭载波，那么发射机输出波形如图 8-2（b）所示。

这样，就可以根据编码，简单地通过对载波进行开启或关闭来传输信息。这种传输波称为连续波(continuous wave，CW)，当然，由于波形的周期性中断，更适合称为中断连续波(interrupted continuous wave，ICW)。

图 8-2(b)所示的 CW 波无论是否由手动键控、遥控中继或是一个诸如计算机的自动系统产生，载波的急速增加和降低都会是一个问题。注意到，图中所示调制波的包络实际上和过调制(调制指数大于 100%)的 AM 传播是一样的。这就是之前在第 2 章描述的为什么要避免过调制的原因，波形含有丰富的谐波分量，这就意味着信道的传输带宽要非常宽，否则就会出现相邻信道干扰 。这是一个严重的问题，因为一个编码的声音直接传播与

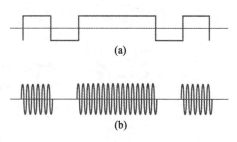

图 8-2　连续波波形

传播的主要优势是，编码传输占用更窄的带宽。要弥补这一现状，就要使用 LC 滤波器，滤波器如图 8-3 所示，电感元件 L_3 减弱了载波的上升时间，电容器 C_2 降低了衰减，这个过滤器称为键控滤波器，它有效地滤除了射频干扰(radio-frequency interference ，RFI)，这些是由 L_1，L_2 的射频扼流圈和电容器 C_1 组成一个低通滤波器来实现的。

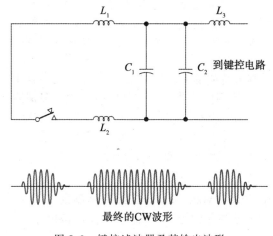

图 8-3　键控滤波器及其输出波形

CW 是 AM 的一种形式，因而也会遇到比基于角度系统更大的噪声影响。其空间条件(无载波)也会为接收机带来麻烦，因为在通过自动增益控制(automatic gain control ，AGC)来增大接收机增益时接收的噪声难以处理。手动接收机增益控制能有助于解决这一问题，但在通常遇到的一种接收信号在不同水平衰减间变化的情况时却无能为力。CW 的窄带宽和简单化吸引着无线电爱好者，但其今天的价值只是为了展现数据传输的发展历史。

双音调制

双音调制是 AM 调制的一种形式，但是其载波总是传输，而不是简单地打开和关闭载波，载波是由两个不同的调幅频率代表 1 或 0，这两个频率之间通常相差 170Hz。例如，图 8-4 所示的一个电报系统，当发射机是键控时，载波被一个 470Hz 的信号调制(发送 1)；当传输 0 符号时，调制频率为 300Hz。在接收端，信号经检测后，要么得到 300Hz 的信号，要么得到 470Hz 的信号，将信号通过一个中心频率为 470Hz 的带通滤波器，有信号输出时传输的就是 1 符号，否则传输的是 0 符号。

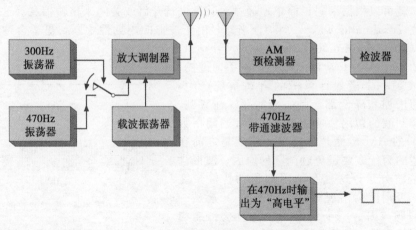

图 8-4　双音调制系统（AM）

例 8-1 双音调制系统模型如图 8-4 所示，载波频率为 10MHz，给出该系统的所有的发射频率和系统所需带宽。

解： 这是一个振幅调制系统；因此，在载波被一个 300Hz 的信号调制后，输出频率就是 10MHz±300Hz，同样地，当被 470Hz 调制时，其系统的输出频率将为 10MHz±470Hz。因此，所需带宽为 470Hz×2＝940Hz，这就意味着带宽为 1kHz 的系统就能完全满足实际需要。

例 8-1 显示了双音调制系统能够非常有效地使用带宽。一百个 1kHz 的信道可分布在 10MHz 到 10.1MHz 的频谱范围内。载波与信号同时传输，以消除之前提到的接收机增益控制问题，而通常三个不同频率（一个载频与两个边频）的传输是比 CW 系统更好的一个优点。在 CW 中，或者传输一个载波，或者不传输。单频传输受到电离层衰减条件的影响比多频传输时的更严重，这一现象的更全面讨论将在第 14 章中进行。

频移键控

频移键控（frequency-shift keying，FSK）是频率调制的一种形式，其调制波输出在两个预先设置的频率间移动——通常标记为标记频率和间隔频率。来自于现代数字系统日常电报的一个术语，其中逻辑 1（高电压）通常表示为点，而逻辑 0（低电压）为空（在早期的电报系统，用一支笔在一条移动的纸上进行标记，接收电压水平由点来表示）。FSK 是一种 FM 系统，其载波频率在标记频率与间隔频率的正中间，并且由方波进行调制，如图 8-5 所示。FSK 系统可以是窄带的也可以是宽带的。对于窄带系统，标记频率使得载波频率增加 42.5Hz，而间隔频率使其下移 42.5Hz。这样，发射频率在键控时以 85Hz 间隔连续变化。85Hz 移动是窄带 FSK 标准，而宽带 FSK 标准为 850Hz。

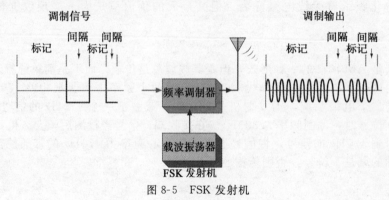

图 8-5　FSK 发射机

例 8-2　确定窄带 FSK 系统和宽带 FSK 系统信道带宽。

解：事实上窄带 FSK 的 85Hz 移动并不意味其带宽就是 85Hz。当以 85Hz 移动时，其将生成一个有限的边带，边带宽度由调制指数决定。如难以理解该结论，请回顾第 3 章中的 FM 基础。

术语"窄带"和"宽带"与第 3 章中 FM 的定义内容一样。一个窄带 FM 或 FSK 传输所占用的带宽不大于一个等效的 AM 传输的带宽，其意味着只生成一对显著的边带。在实际应用中，大多窄带 FSK 使用的信道带宽为几千赫兹，而宽带 FSK 使用 10kHz 到 20kHz。由于涉及窄带宽，FSK 系统与 AM 双音调制方法相比仅能略改进噪声性能。但是，FSK 中大量边带的传输能够比双音 AM 调制获得更好的电离层衰减特性。

FSK 生成

当发射键控时，FSK 的生成可通过切换一个附加到振荡器谐振电路的电容器来容易的实现。在窄带 FSK 中，可通过将电容直接分流到晶体管来得到所需的频移，尤其在通常情况下，混频器直接跟在振荡器之后（该技术有时也称为"扭曲"晶体）。FSK 也可通过将方波调制信号输入到压控振荡器（voltage-controlled oscillator，VCO）来生成。该系统如图 8-6 所示。VCO 输出即为所需的 FSK 信号，然后将其传输到 FM 接收机。接收机为 IF 放大器标准单元。通过使用 565 个锁相环（phase-locked loop，PLL）来检测原始调制信号。由于 IF 输出信号出现在 PLL 输入端，锁相环锁定输入频率，并在其输出引脚 7 在两个频率之间以一个相应的直流偏移跟踪该频率。环滤波器电容 C_2 选择为输出提供适当的过冲，而三级阶梯滤波器用于移除和频分量。PLL 输出信号是原始二进制调制信号的滚降变形，这样使得输入到比较器电路（图 8-6 中 5710）中的信号能够逻辑兼容。

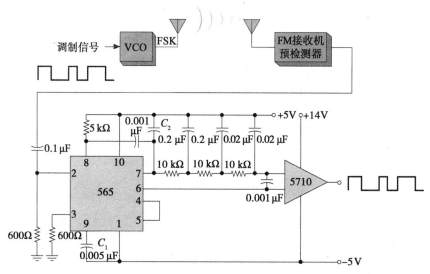

图 8-6　完整的 FSK 系统

相移键控

第三种也是最有效的数据调制类型为相移键控（Phase-shift keying，PSK），其将产生一个低概率的误码。在 PSK 系统中，传输的二进制数据控制正弦载波相位，以一个预置量进行移动。调制信号能使载波对应于其未调制（参考）相位移动一个或多个可能相位。在最简单的 PSK 模式下，称为二进制相移键控（binary phase-shift keying，BPSK），载波或者保持其参考相位（即无相移）或者移相 180°。如图 8-7 所示，用弧度形式来表示这些相移可以看到，相量 $+\sin(\omega_c t)$ 为逻辑"1"，而相量 $-\sin(\omega_c t)$ 为逻辑"0"。BPSK 信号与 FSK

系统信号相比不需要载波频率偏移。而是将载波直接进行相位调制，即载波相位根据输入二进制数据进行移位。一组交替的 1 和 0 数据间的这种关系如图 8-8 所示。

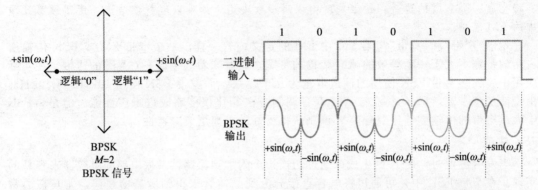

图 8-7　BPSK 星座图　　　　图 8-8　输入为 1010101 的 BPSK 调制器电路输出

BPSK 信号的生成可通过许多方式实现。一个简单方法的方框图如图 8-9 所示。载波频率$[+\sin(\omega_c t)]$被移相 180°。然后，"＋"和"－"符号均输入到一个二选一选择器电路，选择器由二进制数据驱动。若输入为逻辑"1"，则输出$+\sin(\omega_c t)$。若输入为逻辑"0"，则$-\sin(\omega_c t)$被选为输出信号。执行该操作的实际设备都依赖于二进制输入数据速率和传输载波频率。

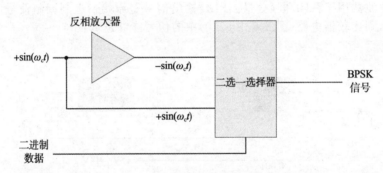

图 8-9　BPSK 信号生成电路

BPSK 接收机检测接收信号的相移。一种可能的 BPSK 接收机构建方法是使用混频器电路。接收到的 BPSK 信号被送到混频器电路。混频器电路的另一个输入由一个同步于载波 $\sin(\omega_c t)$ 的参考振荡器驱动。其称为相干载波恢复。恢复的载波频率与 BPSK 输入信号相乘来得到解调二进制输出数据。接收电路方框图如图 8-10 所示。从数学上，图 8-10 所示 BPSK 接收机生成 1 和 0 的过程如下：

$$\text{"1" 输出} = \sin(\omega_c t)\sin(\omega_c t) = \sin^2(\omega_c t)$$

利用三角恒等式 $\sin^2 A = \dfrac{1}{2}[1-\cos(2A)]$ 可得

$$\text{"1" 输出} = \frac{1}{2} - \frac{1}{2}[\cos(2\omega_c t)]$$

$\dfrac{1}{2}[\cos(2\omega_c t)]$ 通过图 8-10 所示低通滤波器滤除。剩余项

$$\text{"1" 输出} = \frac{1}{2}$$

通过类似的过程可得到

$$\text{"0" 输出} = [-\sin(\omega_c t)][\sin(\omega_c t)] = -\sin^2(\omega_c t) = -1/2$$

±1/2 表示 1 和 0 二进制值所对应的直流值。±1/2 可通过适当的调节以满足数字接收系统的输入电平。

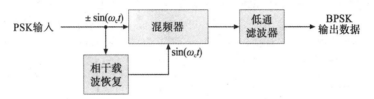

图 8-10 使用相干载波恢复和混频电路的 BPSK 接收机

同步和载波恢复

另一种看待之前结果的方式是将数字调制视为一种载波抑制传输方式，即调制信号产生边带。回顾第 2 章，载波抑制系统要求接收机能够恢复载波，从而使得解调器（因为其为乘法器电路的乘积检测器）能够恢复调制信号。同时回顾将载波与变频相乘得到的差频信号包含了原始信息。在数字系统中可使用同步检测器来实现载波恢复，如第 6 章所介绍，同步检测器是一个由乘积检测器与附加电路组成的子系统，用来恢复原始载波的频率和相位。

图 8-11 所示的为图 8-10 所示 BPSK 接收机的相干载波恢复系统。在该系统中，载波同步器用于为乘积检测器生成一个参考载波信号。载波同步器的核心为 PLL。回顾相位检测器，PLL 的基本输入为参考频率（在当前情况下为 PSK 调制信号）和 VCO 的输出，VCO 的部分输出反馈到相位检测器。相位检测器生成一个误差电压，用于纠正 VCO 输出频率的漂移，使得 VCO 能够锁定输入信号的频率和相位。PLL 载波同步器可用于所有数字调制（ASK、FSK 或 PSK）形式，但是在 PSK 中，接收信号必须在输入 PLL 前先进行倍频，因此，输入 PLL 参考输入端的信号频率为输入 PSK 信号频率的 2 倍。倍频器在功能上类似于电源中的全波整流器。全波整流器的一个特性即输出频率是输入频率的 2 倍。接收到的 PSK 信号是一个双边带载波抑制信号，类似于模拟信号的时域单边带。即 PSK 信号不包括载波，只有上下两个边带。但是，倍频器的输出包含一个 PLL 能够锁定的信号。该倍频器输出信号频率将等于载波频率的 2 倍，且不被调制信号的相位改变所影响。由于这种由全波整流器构成的倍频器是一种非线性器件，它将混合输入的频率成分，在输出端生成和频与差频（上下边带），以及可通过带通滤波器滤除的其他谐波。上边带等于载波频率 f_0 加上数据速率 R（f_0+R），而下边带等于载波频率 f_0 减去数据速率 R（f_0-R）。当这两个边带在倍频器中混合时将产生和与差边带：$[(f_0+R)+(f_0-R)]=2f_0$ 及 $[(f_0+R)-(f_0-R)]=2R$。$2f_0$ 信号频率为载波频率的 2 倍，可通过二阶分频得到稳定频率与相位的参考载波。结果中的 2R 为数据速率 2 倍的频率成分，可由后向检测滤波器滤除。

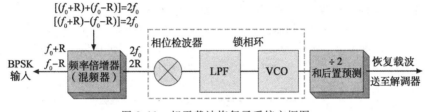

图 8-11 相干载波恢复子系统方框图

差分相移键控

对上述 BPSK 基本形式进行变形即衍生出重要且广泛使用的差分相移键控（differential phase-shift keying，DPSK）。DPSK 使用 BPSK 的相量关系来生成输出信号。但是 DPSK

接收机更易于实现，因为其不需要一个相干载波恢复子系统。逻辑"0"和"1"通过比较两个连续数据位的相位来确定。在 BPSK 中，$\pm\sin(\omega_c t)$ 分别表示 1 和 0。DPSK 系统中也是这样，但是在 DPSK 中，1 和 0 输出信号的生成是通过第一个位(1)与一个参考值(0)进行初始比较来生成的。这两个值通过"异或非"(XNOR)来生成 DPSK 输出(0)。输出"0"用于驱动一个图 8-9 所示的 PSK 电路。0 生成 $-\sin(\omega_c t)$，而 1 生成 $+\sin(\omega_c t)$。

一个简化的 DPSK 发射机方框图如图 8-12 所示。

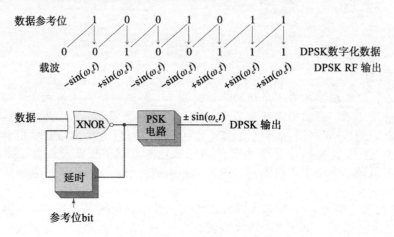

图 8-12　DPSK 发射机简化方框图

在 DPSK 接收机中，输入数据与其 1 位延迟数据进行"异或非"运算。在前面的例子中，数据将进行如下移动：

Rx 载波	$-\sin(\omega_c t)$	$+\sin(\omega_c t)$	$-\sin(\omega_c t)$	$-\sin(\omega_c t)$	$+\sin(\omega_c t)$
	$+\sin(\omega_c t)$	$+\sin(\omega_c t)$			
	（ref）				
移位 Rx 载波	$-\sin(\omega_c t)$	$-\sin(\omega_c t)$	$+\sin(\omega_c t)$	$-\sin(\omega_c t)$	$-\sin(\omega_c t)$
	$+\sin(\omega_c t)$	$+\sin(\omega_c t)$	$+\sin(\omega_c t)$		
恢复的数据	1	0	0	1	0
	1	1			

DPSK 系统的优点在于不需要载波恢复电路。而 DPSK 的缺点在于需要一个很好的信噪比(S/N)来达到与正交相移键控(quadrature phase-shift keying，QPSK)相当的误码率，QPSK 是一种允许四个可能的互相间隔 90°相位状态的技术。该系统中两位流以正交关系输入调制器，也就意味着它们之间存在 90°相位关系。

DPSK 接收机如图 8-13 所示。延迟电路为 DPSK 的 $\pm\sin(\omega_c t)$ 信号提供 1 位的延迟。延迟信号与 DPSK 信号相乘。DPSK 接收机可能的输出为

$$\sin(\omega_c t)\sin(\omega_c t) = 0.5\cos(0) - 0.5\cos(2\omega_c t)$$
$$\sin(\omega_c t)(-\sin(\omega_c t)) = -0.5\cos(0) + 0.5\cos(2\omega_c t)$$
$$(-\sin(\omega_c t))(-\sin(\omega_c t)) = 0.5\cos(0) - 0.5\cos(2\omega_c t)$$

图 8-13　DPSK 接收机

高频分量 2ω 通过低通滤波器移除，留下 $\pm 0.5\cos(0)$ 直流成分。由于 $\cos(0)$ 等于 1，该项减小为 ± 0.5，其中 $+0.5$ 表示逻辑 1，而 -0.5 表示逻辑 0。

最小移位键控

　　另一种重要的且广泛使用的 FSK/PSK 变化形式称为最小移位键控（minimum-shift keying，MSK）。其广泛应用于无绳电话，且 GSM（Global System for Mobile Communications，全球移动通信系统）蜂窝标准中的调制技术采用了它的一个变形，高斯（Gauss）MSK（GMSK）（将在本节后面部分进行介绍）。回顾第 3 章中 FM 的相关知识，相位移动会引起瞬时频率的变化，同样，频率的变化会引起相移。这种情况下的相位调制也称为间接调频。在 PSK 中，相位调制能够直接完成，因为调制信号（二进制输入数据）直接输入到调制器中与载波作用，控制载波相位变化。参考图 8-8 中 BPSK 调制器的输入与输出信号时域表达可以看到，输出信号在输入脉冲的边沿突然进行反转（在后面的小节中将涉及负频率的概念，那时将描述为正弦波相量突然从顺时针旋转变为逆时针）。正弦波相位突变中的尖点表示了边带中的高频分量，因此，带宽增大。再次回顾第 3 章，频率调制或相位调制信号的占用带宽由调制指数 m_f 决定，其定义为载波频率偏移与消息信号频率之商：$m_f = \delta / f_i$。在一个带宽受限系统中，将需要一些形式的滤波器来"平滑"这些突变，从而去除调制信号中的高频成分。

　　180° 相位突变是直接 PSK 的一个极端的示例。一个原理类似却不那么极端的形式为 FSK，如图 8-14（a）所示。可以看到，在空一点（0 到 1），或点一空（1 到 0）时出现相位不连续。而这些不连续同样会在调制信号的带宽中产生高频分量。另一方面，最小移位键控是一种称为连续相位 FSK 的形式，即点与空的频率周期设置为使得正弦载波循环正好在调制信号脉冲变化时通过零点。这样，仔细选择点与空的频率就可以生成一个没有相位不连续的调制信号，从而具有最低的带宽需求。

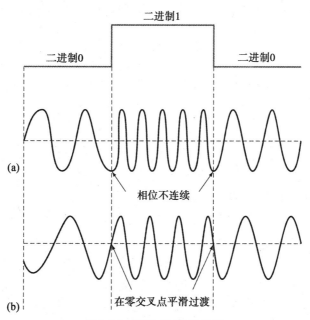

图 8-14　FSK 与 MSK 比较

　　这一信号也称为相干信号，因为每个位状态的循环，都在过零点开始和结束。除了较低的带宽需求，相干信号也具有很好的噪声特性，这是移动无线应用中的一个重要优点。

　　另外，MSK 调制具有一个较低的调制指数，通常为 0.5。类似于连续相位 FSK，MSK 通过平滑数据状态间的变化来减小带宽，如图 8-14（b）所示。这种结果的产生是因为点和空的频率都为位时钟频率的整数倍。FSK 系统的调制指数决定于频偏 δ（对于模拟 FM）或数据速率的位时间（T）：

$$m_f = \delta T \qquad\qquad (8\text{-}1)$$

FSK 系统中的频偏定义为标记频率与间隔频率之间的频移。比特时间为数据传输速率的倒数。

例 8-3 一个比特时钟频率为 1800b/s 的 FSK 系统，其标记频率与间隔频率分别为 1800Hz 与 2700Hz。该系统是否具备 MSK 调制的特性？

解：MSK 特性为调制指数等于 0.5，且标记频率与间隔频率均为比特时钟频率的整数倍。调制指数为

$$m_f = \delta T$$

其中：δ——标记频率与间隔频率之差，

$$2700\text{Hz} - 1800\text{Hz} = 900\text{Hz}$$

周期等于单位为 b/s 的比特率的倒数，即 $1/1800\text{b/s} = 0.000\,555\,5\text{s}$。

因此调制系数为 $900 \times 0.000\,555\,5 = 0.5$。

该系统具有 MSK 特性。

上例表明 MSK 是一个将标记频率与间隔频率错开（即频移）半比特率的 FSK。该关系意味着，载波相位将在符号周期内移动四分之一循环，即 90°。对于较高频率，相移为正，而对于较低频率，为负。因此，MSK 也能通过一个具有 ±90° 相移的 DPSK 形式实现，即二进制数据从一个符号到下一个符号将产生 +90° 或 -90° 的相移。

MSK 可通过将二进制调制（即信息）信号在进入调制器前进行低通滤波来进一步减小带宽。这一额外的滤波能够消除高阶谐波，高阶谐波在非理想 FSK 和 PSK 传输中将产生更大的带宽。这种应用中常用的滤波器类型为高斯滤波器。高斯滤波器的脉冲响应（见 7.7 节）为一个高斯函数，表现为类似于许多领域（人群身高、考试成绩及其他类似内容的正态分布）中"钟形曲线"的正态分布形状。高斯滤波器的时域与频域均表现为钟形，且该滤波器具有一个重要的特性，即当输入阶跃函数（脉冲）时不会产生"回环"或过冲。该特性能够最小化上升和下降时间。因此，每个输入高斯滤波器的符号只与其紧邻的前一个和后一个符号有关联。高斯滤波器通过减少特定符号序列所产生的破坏性影响的可能性来确保这种不需要的符号间干扰（inter-symbol interference，ISI）处在一可接受的水平上。在系统实现上的优点在于放大器能更容易地建立，且比其他设计更有效率。MSK 系统（或者 FSK 和 PSK）使用高斯滤波器在调制之前对数字比特流整形而产生高斯最小移动键控（Gaussian Minimum Shift Keying，GMSK），这是一种有效的调制形式。作为本节内容的延伸，将 PSK 扩展到二维是 GSM 移动通信系统在全世界部署的一种基本调制方式。这样一种正交调制技术将在后文详细介绍，这里先考虑一下为什么这种具有额外复杂度的应用是必要的？

8.2　调制信号的带宽

数字调制方法是将数据的每一比特与载波进行调制。也就是说，逻辑状态的每次改变都将引起载波幅度、频率或者相位的变化。下面将讨论系统带宽的含义。

数字系统的带宽与模拟系统的非常相似。诸如频率响应以及可用频谱等技术规格仍然是被考虑的重要因素。可用带宽决定了随时间变化可被传输的数据量（单位为 b/s），而带宽决定了数字调制技术方式的选择。

首先需要考虑的一点是，我们的传输信道带宽并不是无限宽的，因此，发射脉冲将不是完美的矩形。回顾第 1 章，方波是由一个正弦波及其相关谐波的和构成的。信道的带宽受限将削弱高频谐波，并导致脉冲流看起来更像其基波的正弦波。该基频决定了信道的最小带宽。

　　一个数据流的带宽需求决定了传输数据的编码方法。多种不同编码方法及其使用的原因将在第 9 章中详细介绍，这里假设某一种编码使得数据流变为如图 8-15 左边部分所示的 1010 模式。这种模式代表着最高的基带频域与最小带宽。如图 8-15 所示，一个比特的周期 T_{b} 为正弦分量全周期的一半。换句话说，正弦循环的周期包含两个比特——第一个比特（逻辑 1）为正弦波的正半部分，而第二个比特（逻辑 0）为负半部分。最小带宽 $\mathrm{BW_{min}}$ 决定于数据流中的正弦分量，即 1 至 0 变化的最小周期 T（单位为 s）。因此，基带信号最小带宽为

$$\mathrm{BW_{min}} = 1/(2T_{\mathrm{b}}) = 1/T \tag{8-2}$$

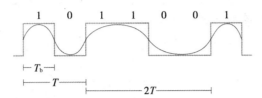

图 8-15　频率为 $1/T$ 且脉冲宽度为 T_{b} 的数字脉冲流

式（8-2）预示了所需信道带宽为比特速率的一半。换句话说，信道容量（以 b/s 为单位）为带宽的 2 倍。当然，该结论只在能够产生 0101 模式编码方法的假设下成立，因为这种模式中所对应的基频具有最小的周期，即为最大频率。在图 8-15 中同样给出生成 1100 模式的正弦结果以进行对比。由于 1100 序列的周期为 10 模式的 2 倍，因此 1100 序列并不是最小带宽的限制因素。

　　例 8-4　一个具有重复 1010 模式的 8kb/s 数据流用于一个数字通信链路。确定该通信链路所需的最小带宽。

　　解： 由式（8-2）可得，最小带宽为

$$T_{\mathrm{b}} = 1/(8\mathrm{kb/s}) = 125\mu\mathrm{s}$$

$$\mathrm{BW_{min}} = 1/(2T_{\mathrm{b}}) = 1/(2 \times 125\mu\mathrm{s}) = 4\mathrm{kHz}$$

　　目前为止的讨论都基于基带信号，即包含低频成分的信号未经过调制直接输入到通信信道的情况。例如，电话线、双绞铜线网及同轴电缆网。在这些应用中，比特率为最小带宽的 2 倍。然而，在更常用的情况（尤其在无线系统中）下，基带信号将被载波调制，从而产生至少两个边带。通常，这些边带表示为和频或差频，而调制信号带宽将为最高调制信号频率的 2 倍。对于载波状态随每个比特变化的数字系统，单位为 Hz 的信道占用带宽将至少等于以 b/s 为单位的数据传输速率。之所以说"至少"，是因为带宽也取决于所使用滤波器的类型和效率。到现在所学习的情况，若载波被每比特调制且使用理想滤波器，则一个 10 Mb/s（兆比特每秒）的数据传输速率信号将产生一个带宽为 10MHz 的调制信号。将这个所需带宽与 AM 无线电（10kHz）、调频无线电（200kHz）以及电视广播（6MHz）的分配带宽进行比较，立刻能够发现问题：在带宽稀缺的情况下，大容量数字系统的带宽需求是很难实现的。为了在这种情况下提供更高的信息承载能力，必须采用具有更高频谱效率的调制方法。这将涉及所谓的 M 进制系统，即首先将两个或更多的数据比特分组，然后用比特组而非单独的比特来调制载波。两个或更多比特的组合称为一个符号，而符号速率有时也称为波特率。通过将比特组合为符号将会看到，调制信号的带宽将与符号速率而非比特率关联。

8.3　M 进制调制技术

　　M 进制调制中的"M 进制"来源于词"二进制"，或二态。BPSK 就是一种二进制调制方式，因为其载波被调制到两个预设的相差 $180°$ 的相位状态。而具有相隔 $90°$ 相位差的四种可能相位状态的系统为正交 PSK 或 QPSK 系统。在这种系统中调制器使用两个比特进行

正交调制，也就意味着各状态之间相差 90°相位。因此 QPSK 也称为正交相移键控。更高阶的 PSK 系统在实际工程极限下也是可实现的。若有 8 个可能相位状态，则该调制称为 8PSK，16 个状态则为 16PSK，以此类推。

虽然在理论上多于 16 个相位状态的调制也是可行的，但是在实际相位调制中严格以 16PSK 作为实现极限，因为若接收机无法进行可靠的检测，相位状态之间过于接近将使解调变得非常困难。过于接近的距离将会影响 PSK 的一个最大优点，即低误码率的数据传输能力。结合相位与幅度的移位可以实现更多的状态。这种结合产生了正交幅度调制（quadrature amplitude modulation，QAM）方式，在这种方式下，一个给定的比特组由一个特殊的相位与幅度组合来表示。它有效地将幅度调制与相位调制同时使用。PSK 与 QAM 都是常用的调制方式，下文将对其实现过程进行更为详细的介绍。

M 进制 PSK

如前所示，在一个 PSK 系统中，输入数据控制载波相位进行规定量的移动。最基本的形式，BPSK，具有两个可能状态，适用于更关注信息传输可靠性的低速率应用。深空探测器就是一个例子。BPSK 的主要缺点在于其为带宽密集型调制。对于高速率应用，载波相位必须能够移动可允许数量的相位状态。一般情况下，输出电压为

$$V_o(t) = V\sin[\omega_c(t) + 2\pi(i-1)/M] \tag{8-3}$$

其中：$i = 1$，2，$\cdots$，M；$M = 2^n$——可允许的相位状态数；n——需要指定相位状态的数据比特数；ω_c——载波角速率。

三种最常见的 PSK 信号如表 8-1 所示。在时域观察时，由相位与幅度所确定的符号位置可通过一个二维空间中的星座点来表示。每个点表示一个符号，所有可能的比特组合数决定了可能星座点的个数。在一个 BPSK 信号中，载波相位可移位 180°（即 $\pm\sin(\omega_c t)$），其星座图如图 8-7 所示。对于一个 QPSK 信号，其每个可能状态之间以 90°发生变化。

表 8-1　常见 PSK 系统

二进制相移键控 BPSK	$M = 2$	$n = 1$
正交相移键控 QPSK	$M = 4$	$n = 2$
8PSK	$M = 8$	$n = 3$

在 QPSK 星座中，二进制数据首先被组合为两比特符号（有时也称为双比特）。M 进制系统采用两个数据信道，它们之间存在 90°相移。无相移信道标记为 I（同相）信道，而相移信道为 Q（正交）信道（"无相移"是指瞬时载波相位与未调制的参考或起始载波相位相同）。如图 8-16(a)所示，每个信道产生其相位星座向量的方向。两比特符号将生成四个可能状态，每个状态的幅度为 I 与 Q 信道向量电压的和，每个状态的相位为与 I 信道偏移四个可能的角度之一（45°，135°，225°与 315°）。如图 8-16(b)所示，由四个可能幅度与四个可能相移组合可得四个可能的数据点，分别对应一个比特组（0 0，0 1，1 0 或 1 1）。

如前所述，BPSK 信号需要一个等于比特率的最小带宽，即 $\mathrm{BW_{min}} = f_b$。QPSK 的每个信道只需要 $f_b/2$ 的带宽。f_b 的大小为每个原始数据比特的频率。这种关系如图 8-17 所示。由图 8-17 可见，将比特组分成两路将导致原始正弦成分（经过理想滤波器输出）的周期翻倍，而其频率减半。因此，理论上所需的带宽也将减小一半。该结果与重复传输 1100 的结果类似（见图 8-15）：此时，每个正弦波循环将包含四个比特状态，而非两个。QPSK 是数据带宽压缩的一种实现形式，将更多的数据压缩到相同的可用带宽中。

回到图 8-17，观察形成调制器输入的数据流逻辑状态（一个正峰值电压的方波表示逻辑 1，负峰表示逻辑 0）与调制器输出的表示经过滤波滤除高阶谐波信号的正弦波之间的关系。特别注意输出信号如何用逻辑 0 来表示正峰值电压的正弦波而用逻辑 1 表示负峰值电压。比较图 8-17 与图 8-16 所示的星座图可以看到，I 路比特为 1，而 Q 路比特为 0 的符号

(10)是由一个 I 轴负偏移($-I$,向西)和一个 Q 轴正偏移($+Q$,向北)的电压向量和的结果形成的。同样的,符号(01)由 $+I$ 与 $-Q$ 的向量和生成。图 8-17 所示的为符号(00)和(11)的情况,它们分别表示了在 I 轴与 Q 轴上同时正偏移或负偏移的结果。

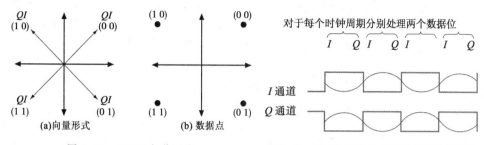

图 8-16　QPSK 相位星座　　　　　图 8-17　QPSK 信号的 I 路与 Q 路数据信道

在现代的设计中,QPSK 与其他形式的 M 进制调制都通过基于 DSP 的芯片执行。图 8-18 所示的为一个 I/Q 调制器的原理方框图。输入数据流首先被分成两路,每路数据传输速率减半。图 8-18 中上面一条路径为 I 路信道,下面一条路径为 Q 路信道。从图 8-18 还可以看出,数据流交替输入 I 与 Q 信道——第一个比特进入 I 信道,下一个比特进入 Q,再然后是 I,如此往复。每路数据流作为其各自混频器(乘法器)的一个输入。混频器的另一个输入为正弦载波,该载波在 I 信道混频器中直接输入,而在 Q 混频器中要先移相 90°。每个混频器都会产生和频与差频信号,将它们输入到一个加法器(Σ)中,从而生成完整的调制信号。

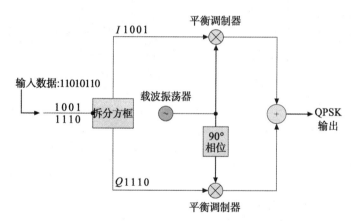

图 8-18　QPSK 调制器方框图

互相垂直的信号称为正交的,因为它们不会互相干扰,其原因将在 8.5 节中详细讨论。I 路与 Q 路比特流可看做是调制信号的两个独立部分,通过合并形成复合信号。两个信道保持其各自的独立特性,而其正交性使得接收机能够将接收信号分割成独立的成分。

一个 QPSK 接收机基本上与刚才所描述的调制器是镜像的。图 8-19 所示的为一个 QPSK 解调电路的方框图。它使用了之前所讲的相干载波恢复原理。一个载波恢复电路用于生产本地时钟频率,即锁定 QPSK 输入载波频率($\sin(\omega_c t)$)。然后,该频率用于驱动相位检测电路,以恢复 I 路与 Q 路数据。相位检测器基本上是一个混频器电路,将 $\sin(\omega_c t)$(恢复的载波频率)与 QPSK 输入信号(表示为 $\sin(\omega_c t + \phi_d)$)相乘。$\phi_d$ 表示预计的载波频率的相移。相位检测器的输出(v_{pd})为

$$v_{pd} = \sin(\omega_c t)\sin(\omega_c t + \phi_d) = 0.5A\cos(0 + \phi_d) - 0.5A\cos 2(\omega_c t)$$

通过一个低通滤波器(low-pass filter,LPF)滤除 $2\omega_c$ 的高频成分,留下的 ϕ_d 部分值表示数据向量沿 I 轴方向的直流电压。用同样的方法可以得到 Q 路数据,结合 I 路与 Q 路数据

可以得到数据向量的方向。对于数据(0，0)，其数据点位于一个 45°的向量上。因此，$v_{pd}=0.5\times\cos45°=0.5\times0.707V=0.35V$。解调后的数据点如图 8-20 所示。恢复数据的幅度和相位 ϕ 将会由于噪声及电路缺陷(如电路的非线性)的原因而发生变化。噪声星座的影响如图 8-21 所示。这是一个数字接收机输出端的 QPSK 解调数字数据的示例。在每个象限中的值不再是理想情况(见图 8-16(b))下的数据点值。由于在传输中，噪声进入数据流，使得 QPSK 星座的每个象限为一族数据。

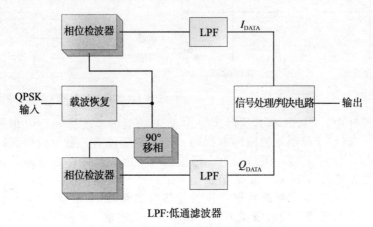

图 8-19　QPSK 解调器方框图

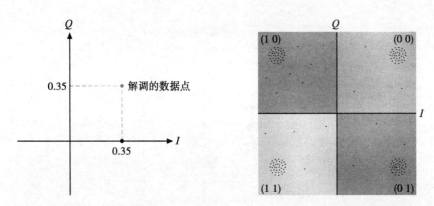

图 8-20　解调的数据点

图 8-21　噪声情况下接收机的 QPSK 星座判决边界如不同的阴影区域所示

　　一旦得到 I 路与 Q 路数据，信号处理及判决电路将用于分析数据并对其分配一个数字值(如 00，10，11，01)。图 8-21 所示的阴影区表示每个象限的判决边界。一个由 I 路与 Q 路数据所决定的数据点将落在某一个区域中，根据其所在的象限为其分配一个数字值。

正交幅度调制

　　之前所述的 QPSK 技术可以扩展到多于四个可能相位状态的情况。若有八个可能状态，则每个星座点表示一个 3 比特符号，因为 $2^3=8$。那么一个 4 比特符号呢？由于 $2^4=16$，那么调制方法必须能够产生十六个不同状态用于接收机解调。这样的系统将比之前所述的 BPSK 或 QPSK 系统提供更好的频谱效率(带宽使用率)，但是若星座点过多，完全依赖于相位调制的系统将很难区分这些点。为使高吞吐量的系统达到比 QPSK 更高的频谱效率，则需要通过有 ASK 与 PSK 结合产生的 QAM 技术。

　　图 8-22 所示的为一个 16QAM 发射机方框图。它将产生一个 16 点星座，每点代表一个 4 比特符号。如同之前所述的 QPSK 系统，二进制数据首先输入到一个数据分流模块

（图中标记为÷），通过将数据比特交替输出，而生成两路具有一半原始数据传输速率的数据信号，用不同的电压与相位结合来表示可能的复合数据比特，然后将得到的四种符号流输入 I 路与 Q 路调制器，该过程如图 8-22 所示。与 QPSK 对应，QAM 解调器的过程正好与调制器相反，以恢复原始二进制数据信号。

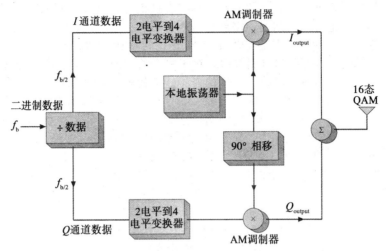

图 8-22　16 QAM 发射机

M 进制系统的星座图可通过一个双通道示波器的"X-Y"模式进行时域观察，此时示波器的时间显示模式关闭，由垂直输入信号控制的水平与竖直偏置来显示光束。在大多示波器中，通道 1 设计为 X 通道，输入信号电压控制光束的水平偏置，而通道 2 为 Y 通道，控制竖直偏置。将解调输出 I 信号连接到通道 1 并将 Q 信号接到通道 2，就可以观察系统线性度。每个通道的增益和位置必须适当调整，并将一个信号连接到 Z 轴（调制强度）来控制数字状态转换时间内的强度范围。该结果（见图 8-23）称为星座图，因为其类似为天空中闪烁的星星。

星座图为系统线性度与噪声特性提供了一种视觉标识。由于 QAM 涉及 AM，因此发射机功率放大器的线性度将是造成系统错误的一个因素。星座图中的不相等间距体现了线性度的问题。星座点的过度模糊与扩散体现了噪声的问题。

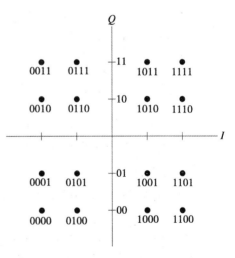

图 8-23　16 QAM（4×4）星座图

通过组合更大的比特符号以及幅度与正交移相调制结合，可实现在有限带宽信道中传输大量数字数据的能力。近年来，QAM 数字调制已成为主导方法。除了这里介绍的 4×4 系统，16×16 系统也经常使用。16×16 系统能够产生 256 个符号点的星座，每点对应一个比特符号。所谓的 256 QAM 系统是本领域的最新进展，已在有线数字电视和一些无线宽带应用中进行使用。

偏移调制

由于 QAM 方法部分基于幅度调制，因此也受到各种形式 AM 缺点的影响。除了对噪声的敏感性，调制器中的电平递进也必须保持与发射信号电压电平的线性度。在一个符号向下一个符号转变的轨迹中也存在另一个问题需要考虑：若符号间的过渡通过原点，即 I/Q 表示中的中心点，信号幅度将在一个很短的时间内为零。这种情况意味着发射机 RF 功率放大器必须具有很好的线性度。回顾第4章，线性（即A类）放大器效率很低。这种情况下线性度所要求的功率损耗是一个严重的缺点，尤其是在便携应用中，电池的寿命是一项重要的设计因素。此外，作为一个实际问题，即使做好的线性放大器在接近于零输出功率附近，也会表现出不理想的线性特性。存在的非线性性越强且发射信号要求的幅度漂移越大，则传输信号的失真度越大，宽的调制边带将会被消去。这种不利的现象类似于互调失真（第6章），称为频谱再生。因此，需要符号轨迹（从一个符号到下一个符号的路径）尽可能的避免路过原点。一种解决办法是将I路与Q路转换的符号偏移半个符号。即为偏移QPSK（offset QPSK，OQPSK）调制方法，对于一个给定符号，I信道进行转换，而Q信道在半个符号时间之后再进行转换。这样的安排能够使轨迹绕过原点，从而能够使用非完美线性的放大器。OQPSK调制常用于基于码分多址（code-division multiple access，CDMA）标准（将在第10章详细介绍）的蜂窝电话。

另一种避免原点的方法基于8PSK的变化，称为π/4差分QPSK（π/4DQPSK）。π/4源自于将符号位置在I/Q空间的一个圆上旋转45°（即π/4弧度）。由于一个圆是等幅度的，因此π/4 DQPSK与其他形式的PSK调制一样，不需要依赖于线性电路来生成其星座。另外，PSK类似于传统的FM为恒包络形式调制，可使用更高效的放大器。为避免过零问题，对于任意给定符号，八个可能的位置只使用其中四个，且符号位置总是以45°的奇数倍进行变化的。参考图8-24可以看到，在任意四个标记为"A"的位置中的一个符号只能转换到一个标记为"B"的点。换句话说，若一个符号为四个位于I轴或Q轴上的点之一，那么下一个符号必须不在轴上，反之亦然。这种安排使得所有可能的符号轨迹（图中表示为符号间的连线）路径不通过原点。

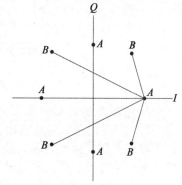

图8-24   π/4 DQPSK 调制允许的转换状态

π/4 DQPSK的另一个优点在于其为差分调制方法。类似于之前介绍的DPSK方法，差分调制意味着接收机不需要一个用于确定绝对相位的相干载波恢复系统。另外，信息源于一个符号状态与其紧接符号的差分中。这种简化的接收机结构非常适用于大规模集成与数字信号处理技术。

8.4   频谱效率、噪声性能与滤波

FSK、PSK与QAM是广泛使用的数字调制方式，而DPSK、OQPSK与π/4 DQPSK是对基本调制方式的不足而进行改良的方式。在通信系统学习的整个过程中，带宽与噪声是两个基础限制因素。接下来研究在这两个领域中各种方法如何叠加以及滤波如何优化发送信号的带宽特性。

频谱效率

将多个比特合成为符号能够改善带宽效率。带宽效率是一种在给定带宽中衡量调制方式操作数据能力的量，其测量单位为b/(s·Hz)（比特每秒每赫兹）。最简单的调制方式，BPSK与MSK，对每个比特进行载波调制，其理论效率为1b/(s·Hz)。可以看到，这个结果意味着最好情况下的数据传输速率等于信号带宽。我们所学习过的其他一些调制方式，通过增加复杂度能够达到更好的带宽效率。表8-2列出了一些调制方式的理论带宽效率。

表 8-2   数字调制的频谱效率

调制方式	理论带宽效率/b/(s·Hz)
FSK	<1
BPSK，MSK	1
GMSK	1.35
QPSK	2
8PSK	3
16QAM	4
64QAM	6
256QAM	8

需要注意的是，表 8-2 所示的带宽效率只有在理想滤波的条件下才能达到。所谓理想滤波器是指在频域具有矩形响应（即通带到阻带瞬时过渡）的滤波器。使用理想滤波器时，所占用的带宽等于符号传输速率（由多比特组构成）而不是每秒的比特数。虽然后面马上将会看到，滤波器的选择不仅与开销有关，还涉及输出功率、实现复杂度、特别是带宽的需求，但是它足以说明，选择合适的滤波器是使实际系统逼近表中所示理论效率的一种方式。例如，若存在高斯调制的前置滤波器，GMSK 的调制效率为 1.35，而未滤波的 MSK 的效率仅为 1.0。当然也存在其他最大化频谱效率的方法。其中一种方法是，将数据传输速率与频移相关起来，这在 MSK 生成中已经使用。另一种方法为限制可用的转化类型，如 OQPSK 与 π/4 DQPSK，这也有助于减小频谱再生的可能，因为发射放大器将最小可能工作在非线性区域。

噪声性能

调制方式选择时的另一个重要考虑是有噪声存在时的性能。回顾图 8-21，在任何实际系统中，接收信号的幅度和/或相位特性都将受到噪声以及发射与接收设备非线性性与其他缺陷的影响。其结果将导致一个噪声星座图，即在符号状态所表示的 I/Q 图中不是明确的"星座"而是模糊的"云"。接收机中的判决电路就是用来将接收信号分配到适当状态的。对于 QPSK 信号的判决是相对明确的，因为只需要选择正确的象限，而每个象限只有一个符号点。而对于更高阶的调制方式，符号点之间更加密集，判决电路必须能够在每个象限中区分大量可能的幅度与相位状态，这是一个更加困难的任务，因为云之间可能会重叠。直观来讲，似乎越少的符号（与符号变化）或越低的频谱效率（即越小的每赫兹比特数）的调制方式能够具有越好的噪声性能。基本上这也是事实，下面通过一些数据来说明这个观点。

第一个问题是在数字系统中如何定义最小接收信号电平。回顾第 6 章，在模拟情况下，接收灵敏度是最小可识别信号的测度。例如，FM 接收机的 12dB SINAD 规格是一种存在背景噪声下接收信号最小电平的工业化标准。那么数字系统中可接收的最小电平是多少，又如何测量？第一部分问题的答案取决于应用，而其测量通常用误比特率（bit error rate，BER）来表示。BER 为接收比特中的错误比特数与给定的传输比特数的比值（"给定的传输比特数"与传输总比特数可以相同也可以不同。在数字传输中，BER 通常由单位时间［通常为 1s］内传输的比特数给出。而接收总比特数中的错误数记为错误概率 P_e）。例如，在 1s 时间内传输 100 000 比特时发生 1 比特错误，则 BER 为 1/100 000 或 10^{-5}。可接受的 BER 由服务类型决定；音频 PCM 电话系统可在 BER 为 10^{-6} 的情况下实现功能，而要求更高的应用可能需要 BER 为 10^{-9} 或更低。

第二个问题是噪声能量与信号能量的关系。回顾信噪比（signal-to-noise ratio，S/N）的定义为信号功率与噪声功率的比值，表示为 $SNR = P_s/P_n$。高信噪比必然能减小信号检测的错误。若 SNR 为 1 则无法识别信号。SNR 为 2 意味着噪声功率为信号功率的一半。SNR 为 5 时噪声功率仅为信号功率的五分之一。信号功率增大则受到的噪声影响减小。在数字系统中，更常使用载波与边带（C）的总功率与噪声功率（N）的比值来表示。所感兴趣的噪声功率通常为热噪声功率，回顾以前内容，它直接与带宽成正比。载波和边带功率与噪声功率的比值称为载噪比（carrier-to-noise ratio，C/N），通常用分贝表示。一个 20dB 的 C/N 意味着载波能量比噪声能量高 20dB（在恒定阻抗假设下表示 100 倍功率或 10 倍幅度，即方均根）。

图 8-25 所示的为不同调制方法的 BER 与 C/N 的比较，结果比预期的更好。回顾系统需求决定了每秒可接受的最大错误数，即 BER。也就是说，一个 10^{-6} 的 BER 可被一个系统接收，但并不一定适用于另一个系统。以 10^{-6} 的 BER 为例，从图 8-25 可以看出，

BPSK 传输所需的 C/N 为 11dB，而 16QAM 系统为达到同样的 BER 所需 C/N 至少为 20dB。这个结果应该不会太令人惊讶。QAM 与其他幅度调制一样，与任何角度调制方式相比，对噪声更敏感，所以 QAM 需要更大的功率来达到所需的 C/N 和 BER。

另一个对待这个问题的方法是将数据每个比特的能量与噪声功率密度进行比较。每比特能量（energy per bit，E_b）或比特能量（bit energy）是指给定时间内数据比特的功率大小：

$$E_b = P_t T_b \qquad (8-4)$$

其中：E_b——每比特能量(J/b)；P_t——载波总功率(W)；T_b——$1/f_b$，f_b 为传输速率。

例 8-5 一个蜂窝电话的发射功率为 0.8W，数字传输速率为 9600b/s。计算这个数据传输的每比特能量 E_b。

解：
$$T_b = 1/9600 \text{s} = 1.042 \times 10^{-4} \text{s}$$
$$E_b = P_t T_b = 0.8 \times 1.042 \times 10^{-4} \text{J} = 8.336 \ 10^{-5} \text{J} = 83.36 \mu\text{J}$$

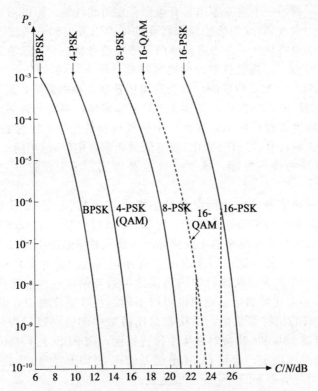

图 8-25 数字调制方法的 BER 与 C/N 比较

（来源于 Electronic Communication System: Fundamentals
Through Advanced, 4th ed., by Wayne Tomasi, 2001.）

比特能量（E_b）的值通常用于提供系统总噪声的测量。回顾第 1 章，通信系统中电子器件所产生的噪声主要为热噪声。热噪声可用噪声密度来表示，它与 1Hz 带宽归一化噪声功率 N_o 相同。回顾第 1 章式(1-8)，噪声功率与玻耳兹曼常数、等效噪声温度以及带宽有关。式(1-8)中带宽虽然表示为 Δf，但与带宽 BW 相同。因此，N_o 可由噪声功率与带宽表示为：

$$N_o = \frac{N}{\text{BW}} = \frac{kT\text{BW}}{\text{BW}} = kT$$

由于式(8-4)中 T_b 等于 $1/f_b$，所以

$$E_b = \frac{P_t}{f_b}$$

之前定义了包含边带功率的平均宽带载波功率为 C。如果 C 对 1Hz 带宽进行归一化，则其等于总功率 P_t，那么

$$E_b = \frac{C}{f_b}$$

比特能量与噪声比表示为 $\frac{E_b}{N_o}$。由刚才的定义可得

$$\frac{E_b}{N_o} = \frac{C/f_b}{N/BW} = \frac{CBW}{Nf_b}$$

调整上式右边部分可得

$$\frac{E_b}{N_o} = \left(\frac{C}{N}\right) \times \left(\frac{BW}{f_b}\right) \tag{8-5}$$

该式表明 E_b/N_o 通过 C/N 和噪声带宽与比特率之比进行简单的乘积即可得到。其意义在于对于不同的调制方式不用再考虑所占用的带宽，而在之前的分析中，为得到系统行为的完全图像则需要考虑带宽。这样，图 8-25 所示的数据可表示为相应的 E_b/N_o，如图 8-26 所示。如图 8-26 所示的图形可用于更直接的比较和对比各种调制方式，因为每种方式的 E_b/N_o 已经对 1Hz 噪声带宽进行了归一化。

图 8-26 还证实，数字通信中的比特错误概率（P_e）是两个因素的函数：比特能量与噪声比（E_b/N_o）以及数字调制化方式。基本上，若比特能量增大（在操作极限范围内），则比特错误概率 P_e 减小，若比特能量很小，则比特错误概率就会很大。

滤波

正如所见，滤波在所有形式的通信系统中都扮演着重要的角色。滤波器的选择涉及一系列的权衡，主要需要考虑频谱效率与复杂度，有时也要考虑额外发射功率的要求。上文已经介绍过许多滤波器类型，除了第 4 章中的模拟滤波器外，$\sin(x)/x$ 与高斯滤波器等类型在数字通信领域经常被广泛使用，当然，其他一些类型的滤波器也有被使用。本节对这些滤波器及其在设计中的一些必要考虑进行介绍。

在数字通信中，滤波的最终目的是在不减少传输数据信息的情况下尽可能的减小传输带宽。一些快速转换，例如由方波或尖脉冲产生高频信息，需要较宽的带宽。减小带宽包括平滑或减缓转换过程。另外，滤波也用于防止信号之间的相互干扰，这些信号既包括系统本身的信号，也包括其他系统在同频段的信号。

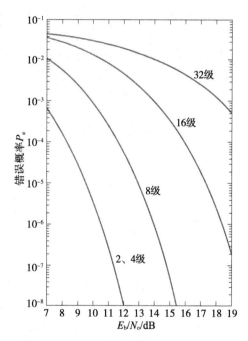

图 8-26　数字调制方式的 E_b 与 N_o

（来源于 Electronic Communication System: Fundamentals Through Advanced, 4th ed., by Wayne Tomasi, 2001.）

数字通信系统中滤波的一个重要问题在于"过冲"，即当一个符号状态向下一个状态转化时，滤波信号是逐渐趋向于而非直接到达预期目标的。这种情况不是我们所期望的，因为这将导致低效率：与传输无过冲的信号相比，这种情况下的发射机需要额外的输出功率。任何试图通过减小或限制功率以防止过冲的方法都将导致发射频谱的再次扩展，这与

滤波的意义相悖。因此，需要权衡使用多大以及什么类型的滤波来产生所需的且无额外过冲的频谱效率。

数字通信系统中滤波的另一个问题在于会产生 ISI，即由于临近符号的影响而产生的符号模糊。过度的 ISI 将导致接收机无法区分不同的符号。我们知道 GMSK 调制中使用高斯滤波器的一个好处是，其仅影响之前和之后的一个符号，即 ISI 最小。ISI 是滤波器脉冲响应的函数，滤波器脉冲响应表示了滤波器在时间维是如何响应的。

最后一项权衡具有更现实的意义。滤波器将使无线电更加复杂，尤其是在模拟实现时将使电路更加庞大。正是这个原因，大多数字系统滤波通过 DSP 技术实现，这一主题我们还会继续讨论。

升余弦滤波器

一种广泛使用并且通过 DSP 实现的滤波器称为升余弦滤波器（raised-cosine filter）。这种类型的滤波器具有的重要特点是其脉冲响应围绕着符号速率变化，也就意味着其具有最小化 ISI 的能力。

参考图 8-27 可以看到，滤波器的输出幅度以符号传输速率 τ 周期性地变为零。在符号速率处幅度为零是必要的，因为其能够增强接收机无错检测符号传输速率的能力。接收机的部分工作是以适当的间隔对检测信号进行采样，并确定每个采样信号状态所表示的二进制状态的。为达到最小的错误概率，接收机必须能够在不受前后脉冲干扰的情况下进行脉冲采样。这一目标部分可通过确保每个脉冲形状与其他相关脉冲在采样点具有零交叉（即除了预期脉冲，任何与被采样脉冲不相关采样点均为零能量）来达到。若相邻脉冲能量存在，则可能在接

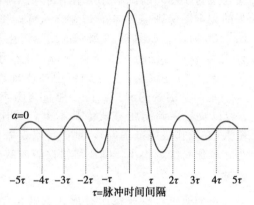

图 8-27　升余弦滤波器频谱

收机的判决过程引入错误。另一个重要考虑为脉冲间隔外的衰减非常迅速。快速衰减是必要的，因为任何实际系统都存在时间抖动，使得采样点与理想的零交叉位置发生偏移，从而引入相邻脉冲影响。因此，脉冲越快衰减到零，当临近脉冲被采样时，由时间抖动引起采样错误的可能性越小。这些都是总体目标之外的考虑：最小化传输带宽。

升余弦滤波器之所以广泛使用，正是由于刚才所描述的特性。实际上，该滤波器的时间维脉冲响应与描述矩形脉冲的 $\sin(\pi x)/(\pi x)$（sinc()）函数（第 7 章所介绍）非常接近。sinc() 函数是升余弦滤波器时间维定义方程的一部分。升余弦滤波器的带宽（即频率维锐化）可调。一个表示为 α 的参数，即尾部衰减速率，定义了系统的占用带宽，其关系为

$$占用带宽 = 符号传输速率 \times (1 + \alpha) \tag{8-6}$$

α 在 0 到 1 之间变化。如果滤波器从通带到阻带尖锐过度（有时称为砖墙响应），则α＝0 时带宽等于符号传输速率（理论极限）。α＝1 时占用带宽等于 2 倍的符号传输速率；因此，α＝1 时所用的带宽为 α＝0 时的 2 倍。可以看到，当 α 大于 0 时，占用带宽大于理论最小值。由于这个原因，α 有时称为冗余带宽因素，因为它描述了不完美滤波所需的额外带宽。

α 为 0 是不可能实现的，由于它是一个完美的砖墙滤波器，因此所有实际的升余弦滤波器都将具有冗余带宽因素；在设计中选择其值的大小涉及所需数据传输速率、尾部衰减速率以及功率之间的权衡，一个较小的 α 意味着对于给定带宽具有较高的数据速率，但是脉冲尾部的衰减却有很小的速率。较大的 α 意味着带宽的增大（若带宽不变，则数据传输

速率减小），但是时间维尾部衰减迅速。对于具有相对较高抖动接收机的系统，即使浪费传输吞吐量，也需要一个较高的 α。

从功率考虑，发射机的额外功率需要较低的 α 值。原因如图 8-28 所示，图 8-28 显示了 α 的取值分别为 1，0.75 和 0.375 的过冲情况。较小 α 值时过冲严重，带宽更大。需要特别注意的是，符号状态之间的轨道如何在星座的边沿弯曲。这些由过冲在滤波器中阶跃响应产生的曲折轨迹转化为更大的发射机放大器要求的峰值功率。

虽然低于 0.2 的 α 也可以实现并且一些视频系统使用 0.1 附近的 α 值，但是 α 典型值的范围却为 0.35 到 0.5。较低的 α 虽然减小了所需的传输带宽，但是却增大了 ISI，并且要求接收机必须在低抖动环境操作（要求规范的时钟精度）。较低的 α 也会带来更大的过冲，从而要求更高的载波峰值功率。更大的放大器要求来提供这样的功率在便携应用中是不切实际的，其原因包括尺寸、发热、功耗以及电磁干扰。在如便携蜂窝电话的应用中，这些权衡表现在诸如便携与通话时间的特性之间：由于包括滤波器设计选择等系统约束的原因，小而轻的手机可能在操作时间上受到限制。

数字通信应用中的大多滤波操作被集成到大规模集成电路中并由 DSP 算法执行，特别是在新一代便携式实现中。事实上，I/Q 调制与解调的操作以及将要介绍的宽带调制原理如扩频和正交频分复用技术也适合于 DSP。接下来将介绍一种描述正交信号行为的替代方式，下一节中使用的模型将有助于理解当软件程序执行数学操作时，描述点的函数将如何执行。

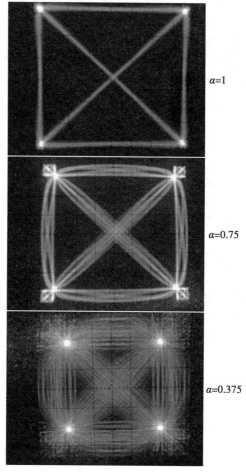

图 8-28　α 为 1、0.75 和 0.375 的升余弦滤波器

8.5　复指数信号与解析信号

另一种用来描述上一节中所介绍 I/Q 图的方法是将其表示为复指数。借用解析信号的想法，将一个信号表示为"实数"和"虚数"成分的集合，从而生成一个复数信号。虽然本节中的数学表达方式对于理解数字调制与解调的基础并不必要，但是对其他方面却是有启发性的，例如，其有助于解释 I 路与 Q 路数据流之间 90° 相移的重要性。这一讨论也将有利于理解数字信号处理过程中的数字调制与解调。另外，在教科书以及一些文献，尤其是 DSP 相关文献中，经常会将周期性行为的信号表示为复指数的形式。

复数

在阻抗特性的学习中已经对数学概念中的复指数有了较为熟悉的了解。特别回顾一下，交流阻抗（Z）是由电阻（R）与电抗（X）两部分构成的，并且电抗与电阻相位相差 90°（超前或滞后取决于电抗是电感或电容）。为了进行有效阻抗的相关计算，电路中电压与电流之间的相移必须考虑，而通过使用虚数的概念就可以进行运算。通过将虚数 i 定义为负数

1 的平方根：$i = \sqrt{-1}$，可以在数学中引入"虚数"，因为实数无法作为负数的平方根，任何负数的平方都为正数。复数概念的思想能够并且被应用在实际物理环境中，例如，电抗与变相信号。其基本的数学概念非常有用，它允许我们通过在"实数"轴——由日常经验中真实存在的点构成——上旋转一个直角来表示与其他量存在相移的电子量。另一方面，若用于表示实数的原始数轴位于东—西方向，那么南—北向的数轴可用来表示虚数。再次强调，南—北数轴上所表示的电子量并不存在，而只是一种数学上的表示，因为在虚数轴上表示的量在很大程度上都遵循实数域中的运算法则。由于字母 i 常用来表示瞬时电流，因此在电子领域使用字母 j（"j"算子）来表示负数 1 的平方根，并且将同时涉及实部和虚部的运算操作称为"复"操作。回到阻抗的例子，所看到的复数量是因其同时包含电阻与电抗器件。因此，复数阻抗表示为

$$Z = R \pm jX$$

其中：R——电阻（实数）量；X——电抗（虚数）量；j 算子——即任何量的前缀字母 j——表示虚数（南北）轴上的量，$j = \sqrt{-1}$ 意味着相对于实数轴的一个相移。j 算子也可看做是一个簿记设备，使得一组量可被识别并将其位置从各自的数轴进行分离。

这些讨论与调制有什么关系？复阻抗是一个较为熟悉的有关如何处理相关但非简单相加的量的例子。马上将会看到 I/Q 调制也可以相同的方式建模，只是在数字调制中所关心的量为 90° 相移的数据流而非电阻。相互间夹角为直角的数轴构成一个二维空间，或笛卡儿（Descartes）坐标系。任何二维量都可以在笛卡儿空间中用一个点来表示。这个点由两条垂直延伸线交叉得到，其向量值分别表示两条线与垂直轴和水平轴的距离。再次回到阻抗的例子，阻抗 Z 的大小等于实轴（表示电阻）与虚轴（表示电抗）交点向量的长度。由勾股定理可得阻抗大小等于电阻与电抗平方和的平方根，即

$$Z = \sqrt{(R^2 + X^2)}$$

这个方法可扩展到计算任何复数量的大小。一般来说，若 X 表示实轴量且 Y 表示虚轴量，则合向量 Z 的大小为

$$Z = \sqrt{(X^2 + Y^2)}$$

笛卡儿空间中的任意点位置也可表示为大小和正实轴（向东）与斜线夹角 ω 组合的形式。角度 ω 与直角三角形两边长之比有关。ω 对边与临边之比满足三角正切函数，即

$$\tan\omega = \frac{Y}{X}$$

为了从比值得到角度，可使用正切反变换或反正切（"arctan"）函数，在科学计算器中通常表示为 $\tan^{-1}$，则

$$\omega = \arctan\left(\frac{Y}{X}\right)$$

因此，形如 $Z = X \pm jY$，也称为直角坐标形式，该点的一种等效表示方法是将其用大小和角度的形式来表示。即所谓的极坐标表示，其形式为 $Z\angle\omega$，其中符号 $\angle$ 表示 ω 的角度。极坐标与直角坐标形式是等效的，它们之间的转换，无论是用手还是计算器来计算，都很简单。使用极坐标的好处在于对涉及复数量的乘法与除法运算比直角坐标的形式要容易很多。

为了将这些想法应用于数字调制方法，先将复数表示为极坐标形式。首先需要一个"单位圆"，即一个半径 R 为 1 的圆。如前所述，单位圆上的任意点均可表示为 $\angle\omega$ 的形式或复指数，即 $e^{j\omega}$ 的形式，这里的 e 为欧拉（Euler）数（等于 2.71828…），即自然对数的底数。推而广之，复平面上的任意点（不仅仅是单位圆上的点）都可表示为 $R\angle\omega$ 或复指数形式 $Re^{j\omega}$。再次值得一提的是，j 算子的主要功能在于将两组不同的数字结合起来：每当看

到 j 都在提醒我们与其相关的量都与虚数（垂直或南北）轴有关，以区别于水平轴上的实数量。

复指数表达式说明了什么？来看一些具体的例子。再次使用单位圆表达式 $e^{j\omega}$，若 $\omega = 0$° 则对应于正实轴上的点 1，因为任何数的零指数均等于 1；若 $\omega = 90$°，则复指数表达形式为 $e^{j90°}$，这种情况可通过欧拉公式进行分解，即

$$e^{j\omega} = \cos\omega + j\sin\omega$$

因此，

$$e^{j90°} = \cos(90°) + j\sin(90°)$$

在三角函数中，余弦值等于直角三角形临边与斜边的比值，且正弦值等于对边与斜边的比值。90°角的余弦值为 0，正弦值为 1，所以由上式可得

$$e^{j90°} = \cos(90°) + j\sin(90°) = 0 + j \cdot 1 = j$$

该结果表明 $\omega = 90$° 的点 Z 位于正虚轴（北向）。该点有效的逆时针旋转 90°。用这种方法可对任意角度进行讨论。在 180°正弦为 0 而余弦为 -1，位于负实轴（即西向），所以该点逆时针又旋转了 90°。在 270°

$$e^{j270°} = \cos(270°) + j\sin(270°) = 0 + j \cdot (-1) = -j$$

所以该点位于负虚轴，或南向。随着 ω 继续增大，点 Z 继续在单位圆上逆时针转动，且在 360°其回到起始位置，并再次重复该过程。

刚才所描述的是一个周期波形（正弦或余弦波）表示为以固定角速率在单位圆上的向量旋转，角速率表示为弧度每秒，单位圆上的每次完整旋转等于 2π 弧度。所以，将角度 ω 表达为角速率所表示的频率等于 2π 乘以赫兹循环频率，即 $2\pi f$。

解析频率

复指数使得任何由正弦和余弦波构成的波形可通过解析或用"复"频率的概念来表示，j 算子的存在意味着正余弦波之间存在 90°相移。因此，余弦波可视为在"实数"空间，而正弦波在"虚数"空间。例如一个余弦波的复数表示形式（正弦波的表示与其类似但相位移动 90°）为

$$x(t) = \cos(\omega t) = 1/2[(\cos(\omega t) + j\sin(\omega t)) + (\cos(\omega t) - j\sin(\omega t))]$$

上式结果表明余弦波是两个复信号之和，其中左边部分为一正值而右边为一负值。换句话说，该信号由正频率和负频率构成。$\omega(t)$ 表示了一个正频率，即如之前所讲的，向量逆时针旋转。那么 $-\omega(t)$ 呢？由于 $-\omega(t)$ 等于 $\omega(-t)$，所以从某种意义上可认为，时间在反向走。当然，$\cos(-\omega t) = \cos(\omega t)$。一个负频率，表示为 $-\omega t$，意味着单位圆上的顺时针旋转。

这样，余弦波可看做由两个相反方向旋转的向量构成。两个等幅度信号，一个为正频率（逆时针旋转）而另一个为负频率（顺时针旋转），在合成时由于正弦分量相互抵消将产生一个 2 倍幅度的余弦波：

$$x(t) = [\cos(\omega t) + \sin(\omega t)] + [\cos(-\omega t) + \sin(-\omega t)] = 2\cos(\omega t)$$

该结果预示了一个 I/Q 空间中的余弦信号总是位于 I 轴上，并且幅度为任一单独信号的 2 倍，即它将在 $+2$ 与 -2 之间进行正弦振荡。这一现象可能无法从上式中直接体现，但请记住，正弦与余弦波之间总是存在 90°相位差。因此，当 $\cos(\omega t) = 1$ 时 $\sin(\omega t) = 0$。90°或四分之一周期旋转之后，$\cos(\omega t) = 0$ 而 $\sin(\omega t) = 1$。可以想像当 I 路余弦信号在 I 空间正弦振荡时，Q 路正弦信号也在 Q 空间作类似的振荡。

这些讨论有助于理解一个解析信号的概念，解析信号中的幅度与相位（即，I 与 Q 路）是从振荡部分（通常为载波）中分离得到的。振荡部分可表示为复指数形式 $e^{j\omega}$，而在之前的复数形式中，I/Q 调制信号被表示为 $I + jQ$。通常情况下，调制是一个乘法过程，所以一个完整的调制信号 $x(t)$ 具有以下形式：

$$x(t) = x\mathrm{e}^{\mathrm{j}\omega t} = (I + \mathrm{j}Q)(\cos(\omega t) - \mathrm{j}\sin(\omega t))$$

将乘法展开可得

$$x(t) = (I\cos(\omega t) + Q\sin(\omega t)) + \mathrm{j}(Q\cos(\omega t) - I\sin(\omega t)) \tag{8-7}$$

上式的意义主要体现在前两项 $I\cos(\omega t) + Q\sin(\omega t)$ 中。它们表示了调制信号的"实数"或标量部分。标量部分是可以通过示波器观察的。

虽然负频率概念看似仅为数学技巧上的东西，但其有助于解释许多所熟知的结果，如调制中所产生的边带频率。如前所述，一个余弦信号 $\cos(\omega t)$ 可视为包含两个频率 $+\omega$ 与 $-\omega$。这两个"展开"频率分别位于载波的两边，而调制信号中确实存在上边频与下边频。为说明这一点，将一个余弦波调制信号利用欧拉公式表示为复指数形式：

$$\cos(\omega t) = 1/2\,(\mathrm{e}^{\mathrm{j}\omega t} + \mathrm{e}^{-\mathrm{j}\omega t}).$$

当混入一个形如 $\cos(\omega_0 t)$ 的载波时，其结果为两个信号的乘积：

$$\cos(\omega_0 t)\,\cos(\omega_0 t) = \left[(\,\mathrm{e}^{\mathrm{j}\omega_0 t} + \mathrm{e}^{-\mathrm{j}\omega_0 t})/\,2\right]\left[(\mathrm{e}^{\mathrm{j}\omega t} + \mathrm{e}^{-\mathrm{j}\omega t})/\,2\right]$$

$$= \{[\mathrm{e}^{\mathrm{j}(\omega + \omega_0)t} + \mathrm{e}^{-\mathrm{j}(\omega + \omega_0)t}] + [\,\mathrm{e}^{\mathrm{j}(\omega - \omega_0)t} + \mathrm{e}^{-\mathrm{j}(\omega - \omega_0)t}]\}/4$$

$$= 1/2\left[\cos((\omega_0 + \omega)t) + \cos((\omega_0 - \omega)t)\right]$$

请注意这个结果。两个余弦波的乘积生成了和频与差频。换句话说，在"上变频"时，正频率与负频率生成了两个频域分离的正频率，它们之间相隔 2 倍的原始频率。另外，每个频率信号的幅度均为原始信号幅度的一半。回顾第 4 章，这正是平衡混频器的预测结果。

解析频率的概念有些抽象，尤其是在负频率概念的引入后，但是解析频率概念在理解如何在 DSP 中执行数字调制与解调的过程中非常有用。这里归纳一下目前所了解的重点：

- 正弦或余弦波可以被认为是由正频率和负频率组成的。
- 复指数是另一种向量信号的表示形式。
- 数字调制在很大程度上依赖于相移数据的概念，并可以将这种形式的信号建模到实部和虚部（I/Q）空间。
- 数字信号处理技术使用频率的复指数表达方式来执行调制与解调功能，是数字通信系统所需要的。

DSP 调制与解调

I/Q 信号的调制与模拟信号调制一样，是一个上变频的过程，即将基带频率信号搬移到载波所在的高频率范围。信号最终要转换到模拟维进行发送，但在现代系统中，借助于高速 D/A 转换器的能力可在上变频后进行 D/A 转换。如图 8-29 所示，复数基带信号（正交 I/Q 数据流）与表示为复指数形式 $\mathrm{e}^{\mathrm{j}\omega t}$ 的所需载波进行相乘。

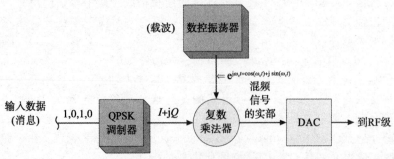

图 8-29　复指数形式的 I/Q 调制

载波可由数控振荡器（numerically controlled oscillator，NCO）生成，数控振荡器在 4.5 节直接数字合成的讨论中介绍过。NCO 将产生一个复载波，即包含两个相差 90°的采样正弦信号。该复数信号表示为 $\cos(\omega_c t) + \mathrm{j}\sin(\omega_c t)$，如前述方法用欧拉公式对信号 $\mathrm{e}^{\mathrm{j}\omega t}$ 分解得到。若该复载波乘以一个复数(I/Q)正弦调制(携带信息)信号 $\cos(\omega_i t)+\mathrm{j}\sin(\omega_i t)$,则简化后的结果可表示为

$$\cos\big[(\omega_c+\omega_i)t\big]+\mathrm{j}\sin\big[(\omega_c+\omega_i)t\big] \tag{8-8}$$

可以看到该结果与式(8-7)相同。括号中第一部分为实数(标量)部分。虚数部分($\mathrm{j}\sin(\cdots)$)不是必需的,因为一旦信号被搬移到载波频率范围,基带频率成分将在载波的前后出现。虚数部分将被体现。将标量部分输入 D/A 转换器,从而生成最终的输出传输信号。

从另一角度来看这个结果,记住基带信号由正频率和负频率两部分构成。以一个 QPSK 信号为例,其调制器输出向量相应于输入信号沿逆时针和顺时针同时旋转。调制的输出是上变频与"展开"的结果,从而使得基带正负频率位于载波的两边而非互相重合。总带宽为基带信号的 2 倍,与预期相同,表示为正交信号的形式,I 路与 Q 路信号分别占据各自未调制基带信号的频谱。简单而言,I/Q 调制器将解析基带信号($I+\mathrm{j}Q$)转换为载波频率上的标量信号。I/Q 频谱中的正负频率是经过上变频并且以载波频率为中心的,逆时针旋转(正)频率分量大于载波频率,而顺时针旋转(负)频率分量小于载波频率。

将调制器与解调器的实现作为 DSP 的功能能够避免模拟电路的所有问题。A/D 转换器能够将 I/Q 模拟流转换为数字位流。混频器、振荡器,以及其他电路元件都可通过数字化实现。对于解调器,如图 8-30 所示,其过程与调制过程正好相反。现代最先进的技术能够将射频信号通过 A/D 转换器立即数字化,并送入复数乘法器,与调制相同的复混频过程也用于还原 I/Q 标量数据流,通过将信号依次输入解调、相位整形子系统来实现。

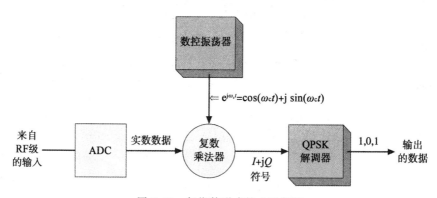

图 8-30 复指数形式的 I/Q 解调

8.6 宽带调制

本节重点分析节约和合理使用带宽。哈特利定律能够预测在给定的时间间隔的信息传输所需的最小带宽。信道容量对调制的类型和复杂度有很大的影响。同时,对目前研究的所有调制方法,发送信号功率集中在周围的载波的频谱范围内。因此,看起来似乎是,任何占据比绝对最小值更宽带宽的方案是毫无用处的。然而,事实正好相反:与直观感觉不同,在某些情况下,当带宽保护规则被有意摒弃并且传输占用了比信息传输必需的最小带宽更多的频带资源时,反而可以得到明显的优势。其中一个是,多个用户可以同时使用给定的部分频谱而不互相干扰。在某些情况下从背景噪声提取信号也是可能的;也就是说,即便在信噪比为负值的情况下,接收机仍可适当运行。这样的宽带调制方案也是最新一代移动通信标准的基础,否则新标准承诺的数据容量无法想象,更无法实现。由于 DSP 和高速 A/D 转换器、D/A 转换器的发展,扩频通信和正交频分复用(OFDM)在低成本、大规模的市场应用中得到了越来越广泛的应用,如无线接入点和智能手机。此外,宽带调制

有助于给设计人员在带宽和噪声的基本约束条件下提供革新的思路。

扩频技术

扩频方法是将占用带宽有意扩展到比哈特利定律规定宽很多的带宽上，换句话说，发送端将信号能量扩展到比不使用扩频时宽得多的频带上，接收端进行扩频的逆过程——解扩。接收信号的能量被解扩恢复为原始的窄带形式，然后按照常规通信方式恢复信息。

扩频通信的两种基本形式是跳频和直接序列扩频。这两种形式将传输能量扩展到很宽的频带上，但是扩展的方式不同。虽然这两种形式可以（有时确实是）一起使用，但是它们代表了完成扩展任务的不同方法。除了在前面提到的噪声存在的情况下可以多用户同时使用和提高性能方面的优点外，扩频通信的另一个重要属性是保密性和抗干扰。事实上，这些重要的特性和扩频发射接收机相对的复杂性使得许多年来，扩频技术因军事应用而大大保留。在宽带上传输信息产生了国防应用的关键特性如抗干扰（如，同一频率的"噪声"信号）传输和敌方侦测。

虽然军事上的应用仍然十分普遍，但 1985 年以后，扩频技术才成为消费者的使用主流，当时 FCC 限定功率小于 1W 的扩频设备可以使用三个频段：902～928MHz，2400～2483.5MHz，和 5725～5850MHz。这些频段定为工业、科学和医疗（industrial，scientific and medical，ISM）频段，发送设备无论是否基于扩频技术均有权发送无线电信号，而不需要申请使用许可。功率非常低的无线电能量发射器如车库门开启器、无线耳机、传声器和无线计算机网络设备，有时也称为 Part 15 设备，根据 FCC 规范中针对低功率设备的无照操作部分而命名。FCC 规范的第 15 部分现在适用于"无意识辐射"，如在正常操作中会辐射信号到周围环境的电脑和其他电子设备。这种不希望的辐射位于电磁干扰（electromagnetic interference，EMI）的一般范畴以下，而且为了防止相消干涉，已经存在大量的规章制度来限制此类辐射的最大允许值。这些条例是非常严格的，美国进口或出售的电子设备在合法发售之前必须进行一系列的标准测试，以保证遵守 Part 15，即使无线电能量传输不是它们的主要目的或应用。

扩频已经成为许多无线应用的首选技术，包括蜂窝电话、移动互联网、无线局域网（wireless local-area networks，WLAN）和使用通用条码（universal product code，UPC）的便携式扫描仪的自动数据收集系统。其他应用包括远程心脏监测、工业安全系统和甚小孔径卫星终端（very small aperture satellite terminals，VSAT）。如果给每个用户分配一个不同的扩频码，多个扩频用户可以在相同的带宽共存，这将在后文进行说明。

常规的调制方案倾向于将所有的传输能量集中在一个相对窄的频带。噪声会影响信号，而当能量集中时的信号容易受到抖动干扰。单频信号可能会被窃听者接收到，并使用测向技术追踪信号源。为了解决这些问题，跳频和直接序列这两种扩频方式，利用一种称为伪噪声（pseudonoise，PN）的扩频码以随机的方式将能量分配在较宽的频谱上。同时扩展码允许多个用户共享相同的频谱而不会相互干扰，因为相对某一接收端，其他不相关的扩频码都将会当作背景噪声处理。背景噪声电平如果不是太高可以简单地忽略掉。

可以用日常生活来类比扩频。想像你在参加一个商务会议或很多人的社交聚会。你和附近的人对话，其他参加者也同样和离他们最近的人对话。对话发生在同一地理空间和相同的频谱（音频）。只要没有人说话太大声或聚会没有拥挤到背景噪声水平（同一时间其他对话的总数量）达到一个极值的情况，以至于没有人能明白别人说的话，对话就可以共存。每个人独特的声音"频率信号"（与视觉信号一起）允许参与者把注意力集中他们的交互对象而将背景忽略。在这种情况下，房间中每位说话者特有的音频特征作为一种独特的扩频码，使其能够识别他的谈话对象并集中精力与之对话。

想像在一个类似联合国的聚会，参与者使用不同的语言进行对话。现在（假设你不会因周围新奇的语言而分心)你可以很容易地将语言设想为一个扩频码,因为你理解也只愿意听用你那种语言的人。你简单地"屏蔽"房子里其他语言。甚至在背景噪声高到阻止了可识别语言的交流时仍然可以继续,因为即便有大量的背景噪声使用你不了解的语言形式,你仍寻找并专注于自己语言的独特特点。在扩频通信系统中扩频码是独特的语言,只允许接收端接收预期信息,即便有很多其他发送者在同一时间占据相同的频谱。

代码生成 两种类型的扩频都使用扩频码给发送信息赋予一种特定语言。对于跳频扩频,扩频码定义了载波如何从一个频率跳变到另一个频率。对于直接序列扩频,扩频码直接对载波进行扩频操作,首先用一个伪随机高速二进制码调制载波,然后通过速率低得多的消息信号去调制高速二进制码。我们将简要介绍两种扩频形式,但由于扩频码对于两种扩频形式非常常见,所以下面我们先看看如何生成扩频码。

扩频系统中的扩频码通常基于一个数据位流,其具有 PN 的特点,即位随机出现(因此类似噪声),但构成重复的模式,尽管重复周期可能是几个小时或几天。这样,接收器就可以识别并恢复发送的数据流。回顾一下第 1 章噪声的一个特征就是宽带,也就是占用所有频率。通过随机数据流来扩展 RF 信号,对外部观测者(如一个潜在的窃听接收器)它表现为噪声,由于载波以看似随机的方式分布在一个频率范围。重复周期取决于 PN 序列生成电路。

实现 PN 码的方法非常简单。它需要移位寄存器,反馈路径和"异或"(XOR)门。当时钟触发时,电路输出为随机的 1 和 0。当时钟触发足够多次数时,该输出序列开始重复。例如,一个 7 位 PN 序列发生器电路如图 8-31 所示。该 PN 序列发生器电路包含三个移位寄存器、"异或"门,以及反馈路径。电路结构和移位寄存器的数目可以用来确定输出序列重复所需的时钟触发次数。这称为 PN 序列的长度。PN 序列长度的计算公式为

$$\text{PN 序列长度} = 2^n - 1 \tag{8-9}$$

其中:n——电路中移位寄存器的数量。

PN 序列长度为 $2^n - 1$ 代表了其最大长度。例如,图 8-31 中 PN 序列发生器包含三个移位寄存器($n=3$),其最大长度为 $2^3 - 1 = 7$。例 8-6 利用式(8-9)来确定 PN 序列长度。

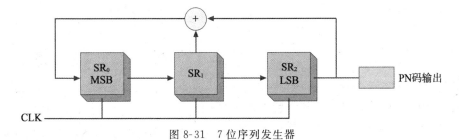

图 8-31 7 位序列发生器

例 8-6 确定下列 PN 序列发生器的序列长度。

(a) 3 位移位寄存器($n=3$)。

(b) 7 位移位寄存器($n=7$)。

解: (a) $n=3$,PN 序列长度 $=2^3 - 1 = 8 - 1 = 7$

(b) $n=7$,PN 序列长度 $=2^7 - 1 = 127$

图 8-32 展示了通过 NI Multisim 软件设计的 PN 序列发生器电路。该电路由三个移位寄存器组成,使用 74LS74 D 触发器(U1A,U1B 和 U2A)。系统时钟驱动每个移位寄存器。U1B 和 U2A 的 Q 输出作为"异或"门 U3A 输入(74LS86)。该电路时钟触发 $2^n - 1$ 次(七次)开始重复。数据串行输出,如图 8-33 所示。注意七次循环后 PN 码输出数据流开始重复。移位寄存器不允许全 0 条件,因为当系统时钟触发时,移位寄存器状态不会有任何

变化，因此 PN 序列重复周期为 $2^n - 1$。

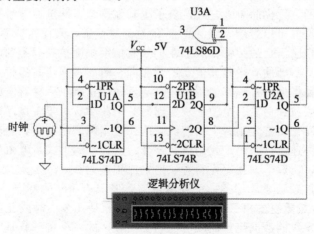

图 8-32　NI Multisim 软件实现 7 位 PN 序列生成器

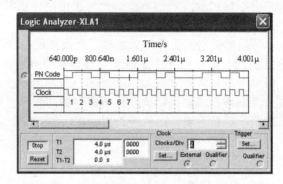

图 8-33　7 位 PN 序列生成器的串行数据输出流

　　PN 序列生成电路广为人知。现代扩频电路将 PN 序列发生器集成到系统芯片中。表 8-3 列出了图 8-34 提供的电路结构创建不同序列长度所需要的关系。该表只列出一些 PN 序列长度较短的情况。许多扩频系统使用的 PN 序列的长度要长得多。图 8-34 所示的 PN 电路包含五个移位寄存器（$n=5$）。表 8-3 显示，电路的异或门输入来自移位寄存器的 Q 输出。

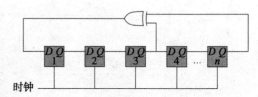

图 8-34　表 8-3 对应的 PN 序列生成器电路结构电路由 5 位移位寄存器（$n=5$）组成，最大输出序列长度为 31

表 8-3　PN 序列生成器关系

移位寄存器数量 n	序 列 长 度	"异或"门输入
2	3	1，2
3	7	2，3
4	15	3，4
5	31	3，5
6	63	5，6
7	127	6，7
9	511	5，9
25	33 54 431	22，25
31	2 147 483 647	28，31

跳频扩频

最早的扩频系统类型，可能也是概念上比较容易理解的，是跳频扩频。它的起源可以追溯到第二次世界大战，虽然第一次在军事通信系统中的实施开始于 20 世纪 50 年代末。在跳频扩频中，信息信号调制的载波以伪随机方式切换频率。伪随机意味着序列可以重建（如在接收端）但具有随机性。每个载波块的时间称为驻留时间。驻留时间一般小于 10ms。接收端事先知道频率的切换顺序，取出连续块，并将它们恢复成原始消息。之所以称为扩展，是因为载波快速跳变到一个宽带内不同的频率上，而不是保持在一个频率上。

图 8-35 所示的为跳频系统的框图。基本上相同的可编程频率合成器和跳频序列发生器是跳频系统的基础。接收端必须通过同步单元使跳频序列与发送端保持同步。

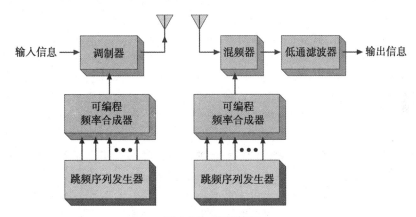

图 8-35　跳频扩频

简化的跳频信号射频频谱如图 8-36 所示。该图中载波频率覆盖了 600kHz 的范围，显示了 7 个频率。PN 序列发生器确定了频率转换模式。在这种情况下，图 8-31 所示的 3 级 PN 序列发生器用来生成跳频序列。移位寄存器（$SR_0 \sim SR_2$）的当前状态随机选择一个频率，这就要求为 PN 序列发生器初始化一个种子值。

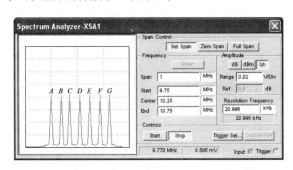

图 8-36　跳频扩频信号的简化射频频谱

配置 PN 序列发生器的第一步是用一个已知值初始化移位寄存器。这里假定序列发生器初值为 1 0 0。这一步如表 8-4 所示，其中列出了时钟脉冲到来时移位寄存器的值。在移位序号为 0 时，移位寄存器状态 1 0 0 选择频率 D，移位序号为 1 时，0 1 0 选择频率 B，一直继续到 PN 序列发生器的 7 个特定状态选出频率 $A \sim G$。这些频率是随机选择的，到移位序号为 7 时，重复以上过程，此时移位寄存器状态为 1 0 0，对应的频率为 D。

表 8-4　PN 序列发生器移位寄存器状态（N 为 3，初始状态为 1 0 0）

移位数	SR_0	SR_1	SR_2	频率
0	1	0	0	D
1	0	1	0	B
2	1	0	1	E
3	1	1	0	F
4	1	1	1	G
5	0	1	1	C
6	0	0	1	A
7	1	0	0	D

直接序列扩频

第二种重要的扩频形式是直接序列扩频（direct-sequence spread spectrum，DSSS）。DSSS 在许多熟悉的场景中广泛使用，如无线接入点，同时它也是码分多址（code-division multiple access，CDMA）蜂窝系统的基础。也许你曾经疑惑为什么在那么多的咖啡馆，顾客可以同时互不干扰地使用自己的笔记本电脑来访问无线互联网连接，其实一部分原因就是 DSSS 在各种无线网络标准中扮演了重要的角色。关于无线网络标准将在第 10 章中详细描述，这里介绍 DSSS 的基本概念。

DSSS 系统的射频载波不像跳频系统跳变到不同的频率。相反，固定频率载波受到高数据速率伪随机扩频码的调制，该扩频码受到数据传输速率低很多的信源调制。就其本身而言，扩频码不是消息信号。这里，可用联合国做一类比，扩频码就如同接收者用来区分不同国家"陈词"的语言。哈特利定律指明，带宽与数据率直接相关，高数据传输速率意味着高带宽信号。DSSS 基于以下的原理，高比特率的扩频码调制的射频载波将比低比特率信息信号直接调制的载波占用宽得多的带宽。换句话说，扩频码的采用使系统产生了由很多边带对组成的宽带已调载波。需要注意的是，扩频码是一个已知的重复位序列，其比特率比要传输信息的传输速率高得多。

这样似乎是毫无意义的，因为没有转移信息。然而事实是，发射功率被分布在一个足够宽的带宽内，而不是集中在任何一个频率范围。因此，给定的频率范围内的能量密度比扩展前要低得多。频谱扩展具有安全性高和抗破坏性干扰的优势：如果只有少量的传输信息驻留在部分频谱中，那么影响这部分频谱的干扰不会阻止信息接收。特别是当配合各种形式的误差校正时，扩频系统可以在高噪声环境下提供可靠通信。

代表消息信号的二进制数据，有两种可能的状态：1 或 0。这些数据与 PN 扩频码结合，通常的方法是当信息位是逻辑 1 时，将所有的扩频码反转，为 0 时，保持扩频码不变。这个任务可以用一个"异或"门来完成，其输入为扩频码和串行数据流，如图 8-37 和图 8-38 所示。如果输入到"异或"门的信息位是逻辑 1，那么输出是扩频码的位反转（即，扩频码的所有 1 位变为逻辑 0，反之亦然）。如果输入到"异或"门的信息位是逻辑 0，则输

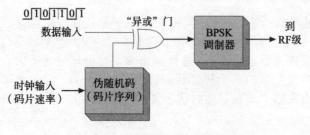

图 8-37　直接序列扩频发射端

出扩频码不变。实际上，信息数据位乘以高数据传输速率的扩频码，信息数据就被切成很多与扩频码位有关的短时间片。这些时间片成为切谱，与扩频序列相关的传输速率定义为切谱传输速率或码片传输速率。"异或"门的输出为位流，其速率为码片传输速率，因为它由数据位与切谱组成，再输入到 PSK 调制器。尽管也可以采用其他调制方式，但是通常情况下，采用平衡调制器(混频器)产生 BPSK 信号。调制器输出的正弦波在输入位流的脉冲边沿产生 180° 相移。这些相位的变化在时域比较明显，如图 8-38 所示。请注意，平衡调制器产生无载波边带，这会影响接收端的信息恢复。

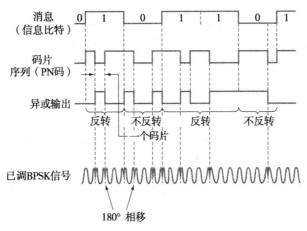

图 8-38　DSSS 输出对应的"异或"操作

在接收端，宽带信号必须解扩为其原始的窄带状态，进而恢复信息信号。接收机产生与发送端相同的 PN 码来解扩信号。在 DSSS 系统中，接收端必须对本地 PN 码与发送码进行相关性比较。相关由平衡调制器(混频器)来实现，使接收信号与本地 PN 码相乘。当码匹配时相关混频器的输出最大，其他时间很小或为零。

图 8-39 所示的从概念上说明为什么只有两 PN 码同步时相关器输出最大值。为了说明起见，假定没有相位偏移的位的幅度为 +1，相位偏移 180° 的位的幅度为 −1。同时假定，DSSS 系统中，每个信息位，对应 7 位 PN 序列。从前面的讨论可知，当数据位为 1 时，

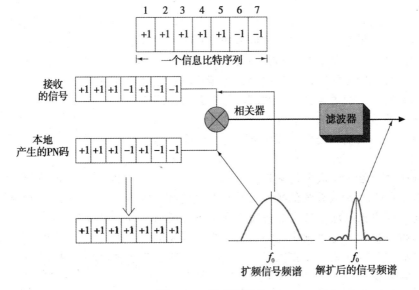

图 8-39　相关性图解

该 7 个 PN 位反转，数据位为 0，则不变。如果将接收的位序列与本地产生的序列送入乘法器，只有当所有的 1 值和 −1 值一致时（注意，两个负数相乘得到一个正数），才有最大输出。如果两序列存在偏差，以致至少有一些正值与负值相乘，则结果小于最大值，反之亦然。

图 8-40 所示的是在扩频接收机的一种实现相关函数的方框图。在某些方面类似于传统的超外差式接收机，将接收到的射频信号下变频到中频（intermediate frequency，IF）。IF 用平衡调制器作为相关器。该相关器的输出加到一个同步单元，这是负责对本地产生的 PN 码与发送的码进行频率和相位锁定。虽然发射机和接收机的 PN 码相同，但是由于它们初始相位不同，所以相关器最初将不能识别出来。同步器通过改变本地 PN 码发生器的时钟频率，改变 PN 码的速率。通过小幅加快和减慢接收端 PN 码发生器的驱动时钟，同步器寻找两码精确同步的点。在同步点上，相关器的输出达到最大值，如图 8-39 所示。可以设想同步器的工作是来回"滑动"本地产生的 PN 码，直到每一位都能精确对准。

DSSS 系统采用 BPSK 调制。扩展带宽，是已调射频载波占用的带宽，约等于码片速率（从前面的讨论，BPSK 具有 1b/(s·Hz) 的理论频谱效率）。未经过滤的扩频信号的频谱服从 sinc() 或 sin(x)/x 函数，如图 8-41 所示。实际的 BPSK 发射机通常使用带通滤波器来消除发射信号主瓣以外的所有旁瓣，使其传输带宽接近理论极限值。

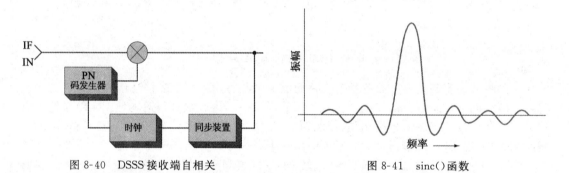

图 8-40　DSSS 接收端自相关　　　　　　　图 8-41　sinc() 函数

DSSS 系统通过扩频和对接收信号的解扩增加了处理增益，这有助于提高接收端的信噪比。两种扩频方式都有处理增益，但是对 DSSS 系统是特别重要的概念，因为其接收机甚至可以在信噪比为负值的情况下运行。也就是说，采用扩频方式时，整体的信号电平可以位于噪声以下，但接收器可以检测所需的 PN 码并解调出消息信号，即使扩频后整体噪声电平高于信号电平，这是一个真正违反直觉的结果。实际上，DSSS 接收机与嘈杂的联合国会议中参与者所做的一样，他们只选择倾听他们能理解的语言。通过将他们对特有语言的理解与他们关心的语言进行"相关"，然后只关注期望语言，当发现匹配时，会议参加者从背景噪声的喧杂中提取需要的信息内容。

对于跳频扩频系统，处理增益用分贝为单位表示为

$$G = 10\lg（扩频带宽／未扩频带宽）\tag{8-10}$$

未扩频带宽通常等于数据传输速率，也就是说，发送 20kb/s 的 BPSK 信号对应调制带宽大约为 20kHz。跳频系统的扩频带宽指有效的载波频率范围。然而，因为噪声与带宽直接成正比，所以扩频增益带来的信噪比提高正好抵消了带宽增加带来的信噪比降低。对同一信号来说，扩频没有信噪比优势。由于跳频接收机与发送机同步地从一个载波频率跳变到下一个频率，因此跳频接收机和常规接收机一样也会通过前端电路得到窄带带宽。跳频接收机不需要像 DSSS 一样同时从宽频带范围中提取信号。对于跳频接收机，即便由于受到调频扩频码的控制其频率在跳变，但是其前端电路带宽足够窄，只能使当前频率位置

相关的载波和边带通过。根据前面所述，可得出以下结论，跳频系统的接收信噪比必须始终为正，也就是说，在所有的载波频率信号电平必须高于噪声电平。其他跳频发射机的 PN 码可以作为随机噪声出现在接收端，但是影响不大。

与跳频接收机相比，DSSS 接收机前端电路带宽必须等于整个扩频信号的带宽，包括上下边带，这种特点在高噪声电平的存在下对性能有影响。已调信号带宽至少等于码片速率，所以对于 DSSS 系统，其处理增益可以用分贝为单位表示为

$$G = 10\lg(码片传输速率 / 比特率) \tag{8-11}$$

这个增益关系基本上与跳频情况相同。然而，DSSS 接收机的解扩对将需要的信号(接收机要接收的与 PN 码相关的信号)恢复成原始窄带形式是有效的，但是解扩对噪声没有作用，包括附近的所有其他的 PN 码相关噪声。因此，信号可以从噪声中提取出来，这种行为说明了 DSSS 接收机在信噪比明显为负值的情况下是如何完成信息恢复的。

处理增益起作用的一个典型例子是全球定位系统(GPS)接收器，可用于汽车导航系统和智能手机定位等。该 GPS 系统由至少 24 颗卫星的"星座"组成，通过同一无线电频率发送其位置数据，对于非军事应用，该频率是 1575.42MHz。GPS 采用 DSSS，给每颗卫星分配自己独特的扩频码，因此，接收机可以将每颗卫星区分开。民用码片传输速率是 1.023 兆片/秒(million chips per second)。调制方式采用 BPSK，所以传输带宽(接收机所需带宽)是码片传输速率的 2 倍，即 2.048MHz，因为产生了上、下边带。地球表面来自任何卫星的平均接收信号电平约为 −130dBm，对于 50Ω 系统相当于 70nV 或 0.07μV。

为了说明信号电平实际可以多小，我们将它和接收机前端的预期噪声电平相比较。由式(1-8)知，噪声功率由玻耳兹曼常数的乘积(1.38×10^{-23} J/K)、环境的热力学温度(K)和带宽(Hz)确定，与带宽成正比。接收机的输入带宽为 2.048MHz，房间温度约 290K，则

$$P_n = kTBW$$
$$= 1.38 \times 10^{-23} \times 290 \times 2.048 \times 10^6 \text{W} = 8.2 \times 10^{-15} \text{W} = 8.2\text{fW}$$

转换为 dBm，可得

$$\text{dBm} = 10\lg(8.2 \times 10^{-15} / 1 \times 10^{-3}) = -110.9\text{dBm}$$

上述计算代表了"噪声水平"，可以看到，它比来自 GPS 卫星的接收信号电平高出约 20dB。那么接收机如何在 −20dB 的信噪比条件下工作的？这得益于处理增益。

为了计算处理增益，我们需要知道 GPS 定位数据流的比特率为 50b/s(比特每秒，不是兆比特每秒)。这样，处理增益以分贝为单位形式表示为

$$G = 10\lg(1.023 \times 10^6 / 50) = 43.1\text{dB}$$

因为增益用分贝表示，所以可以直接和接收信号电平相加。这样，解扩后信号为 −130dBm + 43.1dB = −86.9dBm，比接收噪声高出约 24dB，设计良好的接收机均可以对解扩后信号处理。这个例子也说明了采用比消息信号传输速率高的码片传输速率的优势：虽然接收机前端带宽需要加大，但是处理增益可以大大提高。

正交频分复用(OFDM)

另一种非常重要的宽带调制方式是正交频分复用(orthogonal frequency-division multiplexing，OFDM)。OFDM 属于多载波调制，有时称为多音调制。OFDM 应用包括 802.11a 和 802.11g 无线局域网，DSL 和有线调制解调器，广域无线网络标准 WiMAX 以及北美数字广播。OFDM 是 LTE("长期演进")4G 蜂窝和无线视频标准的一个重要方面。OFDM 的概念起源于 20 世纪 60 年代，随着数字信号处理集成电路的迅猛发展最近才实施。通常认为 OFDM 是扩频的一种形式，因为其传送的数据分散在较宽的频带内；然而，不同于 DSSS 的实用单一载波和高数据传输速率实现带宽扩展，也不同于跳频系

统在很宽的频带内通过频率跳变快速移动单一载波，OFDM 通过多载波以较低的速率同时传输数据。因为载波间的临近程度已经达到理论可能值，所以 OFDM 具有较高的频谱效率。

对于传统的频分复用（如普通广播或窄带通信）每个载波频率必须与其临近频率距离足够远，以保证调制边带不会与有用部分产生重叠。同时，为了减小重叠的可能性，使用了"保护频带"。在常规系统中高数据速率会导致宽频带的边带，这种情况也要求载波展宽。这些导致了相对低效的频谱利用率。OFDM 载波相关的低数据传输速率使它们具有窄的带宽和一个方形的频谱。该特性允许载波之间间隔紧密，从而提高频谱效率。可以通过高频谱率的形式配置许多间隔紧密的载波来实现高数据传输速率，而不是由通过高速数据调制单一载波来完成。

到底载波可以间隔多么紧密，同时不对相邻频率载波相关的信号产生干扰？这个问题可以通过 $\sin(x)/x$ 或 $\mathrm{sinc}()$ 函数寻找答案，该函数描述了采用随机数据的未经过滤的频谱的形状：

$$\mathrm{sinc}(f/f_s) = \frac{\sin(\pi f/f_s)}{\pi f/f_s}$$

其中：f_s——符号率。从傅里叶公式，可以证明随机或伪随机数据能量包含频率从零到一半符号率以及这些频率的所有奇次谐波。谐波因为对解调无用，所以可以滤除。前面提到的 $\mathrm{sinc}()$ 函数的频谱，已重新绘制在图 8-42 中，其横轴根据符号率标记。能量最高处对应射频载波频率。能量在载频两侧对称衰减，在符号率处达到最小值，并且在频率点 f 处为符号率的整数倍。因此，如果 OFDM 载波间隔等于符号率，就可以设计相对简单的滤波器，使其对相邻载波能量不敏感。每个相邻的载波的峰值集中于符号率，而对于相邻载波为 0。由于载波之间理论上是零相关的，所以称这些载波是相互正交的。

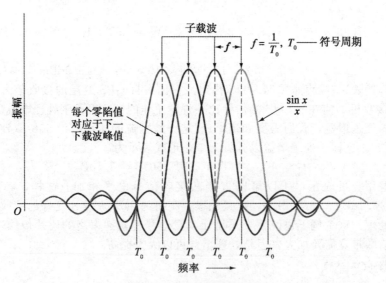

图 8-42　OFDM 载波间隔

在 OFDM 系统中，信息被分割成多个数据流，并以固定频率通过多个子载波经有线或无线通信信道传输。如果用分立元件实现，OFDM 发射机将包含多个载波振荡器、调制器和相关的滤波组合电路。同样地，OFDM 接收机将包含传统的接收机所有的功能模块，包括本地振荡器，混频器和解调电路等。通过模拟构建块实现 OFDM 显然是不切实际的，尤其是当涉及数百至数千的载波时，但它是一个非常适合于 I/Q 调制和 DSP 的技术。

根据 8.5 节，解析信号的形式 $I+jQ$，这意味着它包含一个"实部"或同相余弦波，和一个"虚部"或移相正弦波。8.5 节也说明这两种波形相互正交：当余弦波分量最大时正弦分量为零，反之亦然。也可以认为，解析信号具有幅度大小和相角。基本理念类似于如何在极坐标中将阻抗描述为包含阻抗大小和相角的量，其中相角表示电压和电流之间的分离程度。极坐标形式也可以用来描述一个 I/Q 信号；8.5 节所示振幅用 I/Q 向量长度来表示，并通过勾股定理来预测，相角相对于 $+I$ 轴定义。因此，整个解析信号可以用角频率（ω）和相位（ϕ）表示为

$$x(t) = Ae^{-j(\phi+\omega t)}$$

前面所述，上式等于

$$A[\cos(\phi+\omega t) + j\sin(\phi+\omega t)]$$

信号的标量部分（基于示波器的星座图或频谱分析仪上的可见部分）是"实数"部分，它是常数 A 乘以余弦项。

这些结果表明，信号可以充分按 I/Q 空间中的振幅和相位特性来描述，并增加 DSP 和快速傅里叶变换（Fast Fourier transform，FFT）。图 8-43（a）展示了在 DSP 上实现 OFDM 接收机的基本思想。回顾一下第 1 章，FFT 是一种算法，可在时域和频域之间转换。该算法本质上是通过软件实现硬件频谱分析仪的方法。如果采样时间间隔固定，FFT 将输出一系列代表该信号频率分量的采样。对于 OFDM 系统，采样率是可选的，以保证

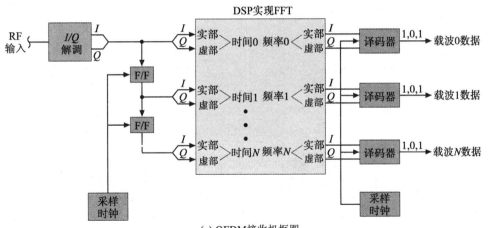

(a) OFDM接收机框图

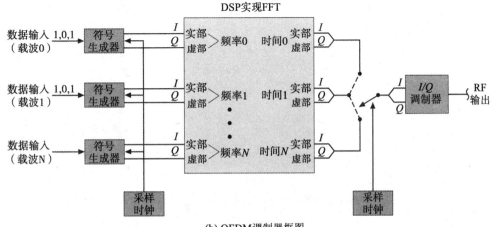

(b) OFDM调制器框图

图 8-43

每个 FFT 输出与一个载波相关联。如图 8-43 所示，解调后的 I/Q 符号以采样脉冲形式存储在一系列移位寄存器中，然后用于 FFT。FFT 算法的输入表示时域符号，FFT 输出是复数，包含调制载波的实部和虚部（振幅和相位，对应 I 和 Q 分量）。每个载波频率的振幅和相位包含为了确定调制符号在 I/Q 表示中出现的位置所需要的信息。一旦确定，I/Q 数据可以被解码为与各自符号等价的量。

　　OFDM 调制如图 8-43(b)所示，本质上是解调的逆过程。每个数据符号被发送到可用载波，载波调制后可表示为频域的向量，包含映射符号的幅度和相位信息。编码器执行 IFFT，将每个载波的振幅和相位的频域表示转换为 I/Q 空间的一系列时间采样，再连续输入 I/Q 调制器中。I/Q 采样时钟连续输出到 I/Q 调制器中。注意，调制器和解调器的采样时钟是相同的；在接收端，所接收到的采样时钟被馈送到输入信号以便恢复用于调制每个载波的数据。此数据流可以是任何数字调制方法所调制的载波。

　　完全正交载波意味着每个解调器只对应一个载波。虽然比目前描述到的其他调制/解调方案涉及更多，但是 OFDM 带来了许多优点，包括改进的抗射频干扰和低的多径失真。第二种优点在移动环境中尤为重要，因为当载波信号强度出现选择性衰减时，被破坏的数据可以通过误差修正算法从其他载波获取的数据进行重建。OFDM 的另一个优点是，通过使符号长度（与每个载波相关的数据流的比特数）相对较长，从而最大限度地减少码间干扰的可能性。因此，每个信道解调器不会受到相邻信道的干扰，如图 8-44 所示。

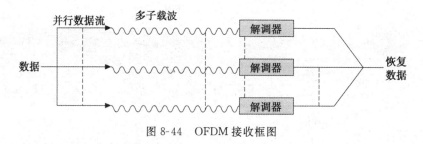

图 8-44　OFDM 接收框图

　　对一个数据序列的 OFDM 传输的例子如图 8-45 所示。在这个例子中，数据序列是通过 8 个 PSK 载波并行传输的 ASCII 信息"BUY"。每个载波的二进制值已列出。子载波 1～4 是余弦波，而子载波 5～8 是正弦波。图 8-45 显示多个 BPSK 载波的三段。1 段显示

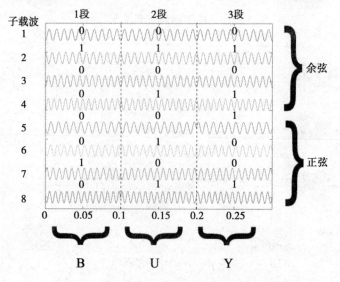

图 8-45　ASCII 字母 B、U、Y 的 OFDM 传输

"B"的 ASCII 码，2 段显示"U"的 ASCII 码，3 段显示"Y"的 ASCII 码。表 8-5 提供了 BUY 的 ASCII 值。注意每个子载波每段只携带一个信息位。为了防止在 OFDM 系统中的符号间干扰，通常插入一个很短的保护时间（未在图 8-45 中示出）。该保护时间可以留作传输间隙也可以填充循环前缀，也就是一个符号的末端复制到数据流的首端，因此没有留下间隙。这一修改使符号易于解调。

表 8-5　字母 B、U、Y 的 ASCII 值

字母	8 位 ASCII 值
B	0 1 0 0　0 0 1 0
U	0 1 0 1　0 1 0 1
Y	0 1 0 1　1 0 0 1

高保真无线电广播　另一种利用 OFDM 传输数字信号的技术是高保真无线电广播（HD radio），它是与 AM(530~1705kHz)和 FM(88~108MHz)工作在相同频段的数字广播技术。HD 无线电广播技术的另一个名称是 IBOC(in-band on channel，带内同频道)，由 iBiqutiy Digital 于 1991 年开发。FCC 于 2002 年正式批准了 HD radio 技术。

AM HD 无线电广播将数字信号放置于模拟 AM 载波的上下边带，如图 8-46 所示。这就是所谓的"混合"AM 信号，因为模拟信号和数字信号共享相同的带宽。模拟 AM 传输的常规带宽为 10kHz(±5kHz 的上、下边带)。而对于 HD 无线电广播混合传输，载波两侧各增加了 10kHz，所以 AM HD 无线电广播总的传输带宽为 30kHz。AM HD radio 传输使用 81 个 OFDM 载波，载波

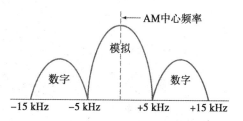

图 8-46　A/D 混合 AM 传输的射频频谱

间距为 181.7Hz。AM HD 无线电广播数据速率为 36kb/s，可产生和目前的模拟 FM 质量相当的音频信号。

A/D 混合 FM 传输频谱如图 8-47 显示。模拟 FM 信号占用带宽为 ±130kHz。数字数据 FM 信号中心频率的上下 130~199kHz 的范围。混合 FM 系统使用的总带宽为 ±200kHz。主音频信道的数据速率为 96kb/s，可产生接近 CD 质量的音频信号。

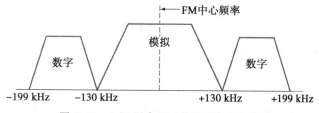

图 8-47　A/D 混合 FM 传输的射频频谱

HD 接收机

在 HD 无线电广播中模拟和数字信号同时传输不影响模拟广播（非 HD 无线电广播）。模拟广播接收完整的射频信号而解调模拟信号。然而，HD 无线电广播接收机将首先尝试锁定到模拟信号。然后 HD 无线电广播尽量锁定到 FM 立体声信号（调频传输）并最终锁定到数字信号。

飞利浦(Philips)半导体公司有高性能的 AM/FM 无线芯片组，可以支持 HD 无线电广播。HD 无线电广播的简化框图如图 8-48 所示。该芯片组包括一个单片无线电调谐器 (TEF 6721)，用来接收 AM，FM 和 FM IBOC 射频信号。TEF 6721 为 AM 和 FM 信号提供 10/7 MHz 中频。TEF6721 的中频输出为 SAF 7730 提供中频输入。SAF 7730 是可编程的 DSP 芯片，用于完成数字音频处理。此外，该设备合并了射频信号的多径抵消。SAF 7730 的中频输出为 SAF 3550 提供中频输入。SAF 3550 是一个 HD 无线电广播处理器，支持混合模式和全数字模式。SAF 3550 输出信号到 SAF 7730 的音频混合输入端以

进行附加音频处理。

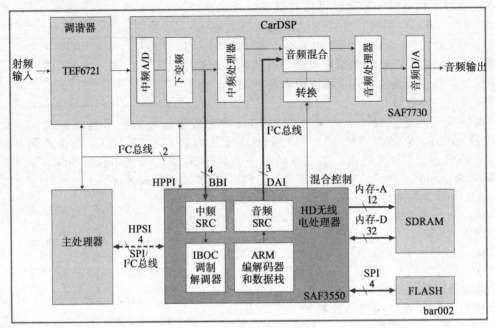

图 8-48　HD 无线电广播简化系统框图（图片源自 Philips Semiconductor）

另一种是数字通信中使用的 OFDM 技术 flash OFDM，被认为是一种扩频技术。使用快速跳频技术来通过不同的频率发送每个符号。频率是以随机的方式选择的。也就是说，选择的频率的出现是完全随机的。这种技术不仅提供了 CDMA 的优势，还增加了额外的频率分集，这意味着 OFDM 信号不容易受到衰减的影响，因为整个信号扩展到了很宽频率范围的多个子载波上。

信道编码用于减少数据传输过程中的数据错误。信道编码 OFDM（OFDM with channel coding，COFDM）因为其抗多径信号影响而广受欢迎。COFDM 是欧洲数字视频广播格式。

总结

现代通信系统使用各种形式的数字调制，基于低成本集成电路的高速计算的进步使得这些调制方案实用化。带宽和噪声的基本约束仍然存在，这些约束已经引起了对一些基本格式的增强，但这多年的理论观点已经成为现实。

数字调制的方法是从幅度和角度调制基本形式而来的。利用单一或组合的振幅、频率或相移键控方法的基本形式产生的数字调制方法，可以克服所有数字调制方案面临的最大缺点：事实上，即便是最简单的形式，数字调制方式比模拟方案占用更高的带宽。然而，使用多进制调制方法，几个数据位组合成多位的符号，然后进行振幅和（或）相移键控，可以提高频谱效率，因为带宽与符号率而不是数据率相关。任何形式的数字调制都对带宽、频谱效率和功率分配存在影响。例如，相移键控方法（不包括各种形式的振幅调制）是"恒包络"机制，这意味着高效的 C 类放大器可以用于发射机的功率输出级。同时采用相位和幅移键控的方法，通过偏移调制的形式，来最小化功率放大器的输出为零的可能性，从而允许发射机使用更少的线性放大器。差分键控的方法，根据先前接收到位状态改变，进行信息编码，所以不需要接收机具有相干载波恢复能力，从而实现起来更加简单。

为实现高频谱效率还有一种方法可供选择，将传输能量扩展到比哈特利定律规定宽得多的频谱上。这样的扩频方案似乎颠覆了通信理论的神圣规则；似乎浪费了带宽，在某些情况下，所需的信号驻留在噪声电平以下。然而，其优势在于信息安全和抗干扰，以及多个用户同时共享一个给定的频谱的能力。频谱效率也是正交频分复用的关键特性，可调制多个尽可能紧邻的载波。这些形式的宽带调制是使高速无线通信系统成为现实的潜在技术。

习题与思考题

8.1 节

1. 如何定义连续波传输？在哪些方面合适这个名称？

2. 解释自动增益控制（AGC）在连续波（CW）中应用的困难。什么是双音调制，以及它如何弥补 CW 接收机中的 AGC 问题？

3. 计算一个使用 21MHz 载波以及 300Hz 和 700Hz 调制信号来表示点与空的双音调制系统的所有可能传输频率。并计算所需的信道带宽。

4. 什么是频移键控（FSK）系统？描述两种 FSK 生成方法。

5. FSK 信号怎样检测？

6. 描述相移键控（PSK）过程。

7. 表 8-1 中的 M 和 n 表示什么含义？

8. 以图 8-7 所示的为基础，解释一种用于生成二进制相移键控（BPSK）的方法。

9. 以图 8-10 所示的为基础，解释一种用于检测 BPSK 信号输出二进制的方法。

10. 什么是相干载波恢复？

11. 以图 8-19 所示的为基础，描述正交相移键控（QPSK）的恢复过程。

12. 简介正交幅度调制（QAM）系统。解释为什么 QAM 能够有效利用频谱。

13. 如何生成星座图？

14. 眼图模式的目的是什么？

15. 差分相移键控（DPSK）传输的输入数据为 1 1 0 1，确定 DPSK 数字数据流以及 DPSK 的 RF 输出。

8.6 节

16. 什么是伪随机（PN）码？为什么它类似于噪声？

17. 扩展射频信号是什么意思？

18. 请计算下列几种 PN 序列生成器输出序列的长度。
    (a) 4 位移位寄存器。
    (b) 9 位移位寄存器。
    (c) 23 位移位寄存器。

19. 为什么 PN 序列的长度最长？

20. 请画出 $n=5$ 时的 PN 序列生成器电路。

21. 请解释跳频扩频的概念。

22. 请定义驻留时间。

23. 请列出 PN 序列生成器的移位寄存器状态，初始状态为 1 0 1。

24. 定义码分多址。

25. 定义扩频中的术语击中。

26. 什么是特征序列？

27. 画出直接序列扩频（DSSS）收发系统框图。

28. 计算码元速率为 1Mb/s，调制速率为 56kb/s 时 DSSS 信号的扩频倍数。

29. 画出正交频分复用（OFDM）发送方框图。

30. flash OFDM 与 OFDM 有什么区别？

31. 根据图 8-49 所示曲线，确定接收到的 OFDM 信号。

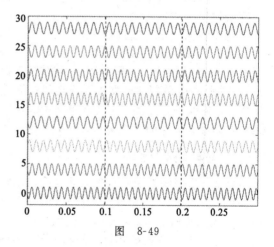

图　8-49

32. 什么是混合 AM（FM）信号？

33. 什么是 AM 信号的数据传输速率和比较量？

34. 什么是 FM 信号的数据传输速率和比较量？

35. 请画出混合 AM 和混合 FM 的射频频谱图。

36. HD radio 采用了什么技术来传输数字信号？

附加题

37. 为什么认为 OFDM 并不是真正的扩频系统？

38. 若初始状态为 1 1 1，请列出图 8-31 所示 PN 序列生成器的输出序列。如果初始状态为 0 0 0 又如何？

39. 请解释为何多元码分多址通信可以共享相同的射频频谱？

第9章

电 话 网

9.1 概述

第8章关注的是信号调制的多种方式，数据经调制可以在带宽受限的媒介上高效传输。这种带宽受限的媒介通常是指无线信道。但是前面两章的内容同样适用于有线网络。毋庸置疑，规模最大的有线网络当属全球电话系统。本章将着眼于有线（陆上线路）电话网络，因其普遍存在性，用户会频繁用到它，以便和其他的用户互联。当然，方便语音和计算机应用的移动无线系统在最近几年也逐渐普及，这一部分内容将在第10章学习。其实，计算机网络中的很多思想和方法都是从电话技术中继承的。电话网和计算机网络在功能上互相协调。计算机网络现在有自己的电话系统（即IP电话），同时无线电话也能够提供因特网接入和网页浏览功能。基于此，一些有线电话网络中首次提出的概念会在第11章的计算机网络中再次讨论。

网络将所有用户连接在一起，使得他们可以互相通信。目前使用最广泛的网络是全球电话网。只需拨叫对方的接入号码，两个用户便可建立直接的连接。在这种简单操作的背后是极其复杂的系统。因为电话网络服务既方便又廉价，同时它又允许计算机之间"通话"，因此，电话网和计算机网络之间的区别日渐模糊，一个网络的基本理论也适用于另一个网络。本章我们主要学习有线电话系统，但是需要提醒大家的是，有线网络的一些基本理论，比如至关重要的线路编码、同步和异步通信之间的区别等，同样适用于计算机网络。

9.2 基本电话操作

在希腊语中，"tele"的意思是遥远的，"phone"的意思是声音。全球电话网使得多个用户间的点对点通信成为可能。早期的电话系统使用机械式的交换为通话提供可用路径。最开始时使用史端乔（strowger）步进制交换，之后使用纵横交换。现在的电话系统使用固态电子技术，在计算机的控制下进行交换，为通话选择最优的路径。本地通话链路可以使用硬件连接的线路或者光纤线路。长距离的通话可以选用上述线路，也可以选择卫星无线电链路或者微波传输路径。某一路通话也可以使用以上所有的链路。后面会讨论到，对于数字传输而言，多路径传输是棘手的。

电话服务提供商（也称为电话运营商）为每一个用户提供双绞线式链接。其中一条线指定为正极线（tip），另一条线指定为负极线（ring）。如图9-1所示，电话运营商为正极线提供−48V的直流电压，而负极线接地。电话线路的工作涉及三种信号，它们分别是（1）接收的语音信号，这个信号很小，一般只有几毫伏；（2）传输的语音信号，其电压约为1～2V（rms）；（3）到来的振铃信号，流向用户振铃的铃流电压一般比较高，约为90V（rms）。电话线路也接受电压为−48V，电流为15～80mA的直流电源供电。只有当用户拿起电话听筒时，电路才接通。用户通常使用AWG22号，24号或26号的双绞线，由于滤波器将带宽限制在音频范围，所以双绞线的音频信号带宽设置为300Hz～3kHz。如果不使用语音滤波，那么铜线的最高频率带宽可达几兆赫兹。双绞线或本地环路，通常部署在几英里的范围内，连接用户终端和中心交换局，或在商业环境中，连接用户终端和专用小交换机（private branch exchange，PBX）。当用户拿起电话听筒时，交换机在正极电线和负极电线之间建立一条经过传声器的直流环路。听筒耳机也通过变压器耦合进该电路。电话运营商检测到摘机状态，响应拨号音给用户。图 9-1 所示的电话总局/PBX 的功能将在本节后面详细讨论。

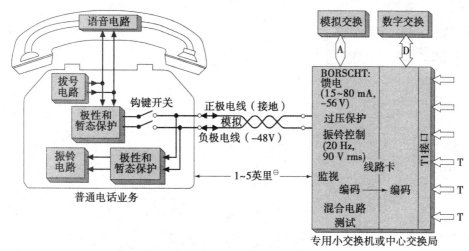

图 9-1　电话的基本结构

　　呼叫发起方在拨号键盘上键入被呼叫方的电话号码，直流环路根据该号码产生中断，进而形成拨号脉冲。键入数字 2 对应直流环路中断 2 次，键入数字 8 对应直流环路中断 8 次。此外，还有一种音频拨号系统，它利用双音多频（dual tone multifrequency，DTMF）电子振荡器产生拨号信息。DTMF 系统的配置如图 9-2 所示。当在拨号键盘上键入数字 8 时，对应发射 852Hz 和 1336Hz 的双音频信号。当电话运营商收到拨入的电话号码时，其中心计算机会为本路呼叫选择合适的路径。之后中心计算机向被呼叫方发送一个 90V 的交流振铃信号，如果被呼叫方忙，那么中心计算机会向呼叫发起方发送忙音信号。

697	1	2	3
770	4	5	6
852	7	8	9
941	*	0	#
频率/Hz	1209	1336	1477

图 9-2　DTMF 拨号系统

　　最初的电话服务是为传输语音信号设计的，所以频带宽度通常为 300～3000Hz。为了满足数据传输的需要，电话运营商现在提供特别设计的高性能线路，可以为高速应用提供 30MHz 的带宽。这些线路的性能会影响数据传输业务。本节的后面部分会讨论线路质量评估的内容。

9.2.1　电话系统

　　图 9-3 描述了一个完整的电话系统框图。左边列出了三个用户。最上面配备了三台电话和一台计算机的办公室用户。计算机产生的数字信号由调制解调器转换为模拟信号。办公室系统通过 PBX 将其内部组件连在一起，同时 PBX 也与外部网络相连，如图 9-3 所示。图 9-3 所示系统中，中间用户是一个有两台电话的家庭用户，最下方的用户配有一台电话和一台计算机。交换机用于语音/数字通信。

　　PBX 和中心交换局的主要功能类似：将某一电话线路切换至另一线路。此外，大多数的中心交换局将多路通话复用至一条通信线路上。复用可以是时分复用或频分复用，传输的信号可以是模拟信号，也可以是数字信号；然而，就目前的传输来说，复用的基本信号是 PCM 数字信号。

　　在 PBX 或中心交换局执行线路切换之前，线路卡上的电子线路会完成 BORSCHT 的七大功能。这些接口线路也称为用户线接口电路（subscriber loop interface circuit，SLIC）。

　　㊀　1 英里＝1609.3m。

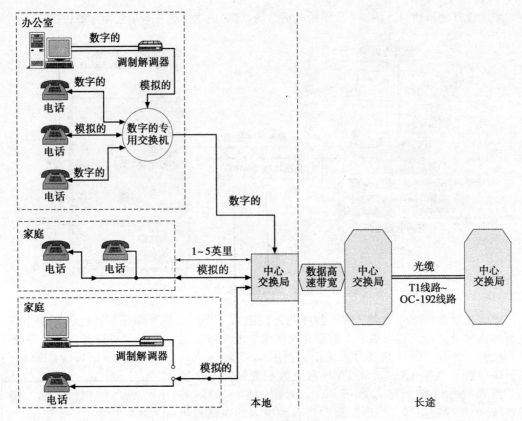

图 9-3　电话系统框图

BORSCHT 是以下七种功能的首字母缩略字。

B(battery feeding)馈电：在电话通信中，交换机通过用户线向用户终端提供通信所需的－48V、15～80mA 电源。由中心交换局为电池连续供电，保证了电话服务不会中断。

O(overvoltage protection)过压保护：保护设备免受雷电或高压电等的袭击。

R(Ringing)振铃控制：产生 90V 的交流电压作为铃流电压。CPU(中央处理器)送出的振铃控制信号控制继电器的通断，当继电器接通时就可将铃流送往用户。

S(supervision)监视：向中心交换局提供用户线上的信息：用户话机的摘挂机状态、用户话机发出的拨号脉冲、话机的输入信号等，同时还监测用户线上的收费机制。

C(coding)编码：完成模拟信号与数字信号间的转换。如果中心交换局使用数字交换机，或者与 TDM/PCM 数字线路相连，那么线路卡上要集成编译码器和滤波器。

H(hybrid)混合电路：完成 2/4 线的转换。用户话机的模拟信号是 2 线双向的，而数字交换网的 PCM 数字信号是 4 线单向的，两条线用于信号发送，另外两条线用于信号的接收，如图 9-4 所示。在编码之前和译码之后一定要进行 2/4 线的转换。

T(testing)测试：配合外部测试设备完成中心交换局对用户线的测试。

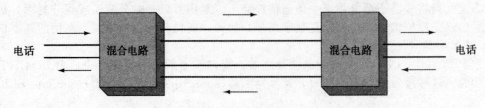

图 9-4　2/4 线转换

　　用户接口电路除了上述七项基本功能以外，还具有主叫号码显示、计费脉冲发送、极性反转等功能。

　　模拟交换机的发展经历了步进制交换、继电器开关阵列、纵横制交换和交叉点式固态交换等多个阶段。但是上述交换的速度比较慢，且带宽受限，交换机体积大，耗能高，而且很难用微处理单元或者 CPU 对其进行控制。为克服模拟交换固有的局限性，同时使中心交换局能够在城区部署 TDM/PCM 线路，电话运营商转而使用数字技术传输 8 比特字节单元。这种转变直到 20 世纪 90 年代后期才基本完成。

　　另一方面，把 24 个语音信道按时分多路方式复用在通往另一个中心交换局的 T1 载波上，每个语音信道包含 7 位有效数据和 1 位控制信令，此外加入 1 位帧同步位组成基本帧。传输一帧的时间是 $125\mu s$(即速率为 8kHz)。中心交换局之间的线路称为中继线(trunk line)。T 载波是电话系统的核心概念，将在 9.5 节详细阐述。

　　在人口密集区域，T1 用户线承载了中心交换局之间大部分的语音信道。如果用户线的长度超过了 6000ft(1ft＝0.3048m)，就要在线路上采用中继器对信号进行整形再生处理。如果 T1 用户线数量庞大，那么可以进一步升级采用 T3 线路。一条 T3 线路等价于 28 条 T1 线路，可以提供 44.736Mb/s 的总带宽。当信道数量进一步增多时，就要采用光纤线路进行信号的传输。OC-1(或光学载波级 1)线路的传输速率为 51.84Mb/s。随着用户线的进一步增加，通常采用 OC-12 和 OC-192 线路。对于洲际长途通话，常使用 OC-48 和 OC-192 线路。在电话系统中，光纤已经逐渐取代了铜线电缆，尤其是在城区。第 16 章会详细讲述光纤系统。

9.2.2　线路质量评估

　　理想的电话线路能够将发送方的信号(包括基本的模拟话音信号、数字信号的模拟版本、纯数字信号)完美传输给接收方。但在实际的通信系统实现中，很难达到理想条件。就美国来说，现有的电缆设施已经使用了 55 年之久，而且短期之内不会更换。接下来我们分析电话线路不能完美传输信号(比如信号失真)的原因。

9.2.3　衰减失真

　　2 线制双绞线电缆是一种最传统但至今仍被本地电话线路使用的传输媒介。双绞线由两根相互绝缘的铜线组成。其传输特性取决于铜径、两根铜线的扭距和包裹铜线的绝缘体介电常数。铜线的电阻导致了信号的衰减。在第 12 章将会涉及，传输线路的电感和电容都是与频率相关的。图 9-5 描绘的是典型双绞线的信号衰减-频率曲线。从图 9-5 可以看出，高频处的信号衰减比低频处的严重得多。失真是数字信号中的棘手问题，脉冲的拐角变圆会引起数据错误。这种失真对模拟信号同样棘手。

　　高频信号失真可以通过在线缆上串接电感进行修正。图 9-5 中的虚线表示在线缆上每 6000ft 处串接 88mH 电感以后的信号失真曲线。很明显，频率低于 2kHz 时，信号衰减基本不变。这种类型的线缆称为加感电缆，被电话运营商普遍使用，以扩大线路覆盖范围。字母 H、D 和 B 分别标识每 6000ft、4500ft 和 3000ft 处串联电感的线缆。串接电感的标准值可以是 44mH，66mH 或者 88mH。标识"26D88"表示每 4500ft 处串接一个 88mH 电感的 26 号规格双绞线。

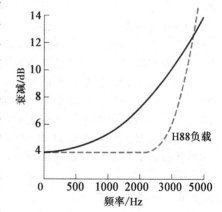

图 9-5　12 000ft(约 3658m)26 号规格线上的信号失真

　　衰减失真(attenuation distortion)是指在一定的传输频带内，各频率的衰减与参考频率(1004Hz)处衰减的差值。图 9-6 阐明了基本的电话线路(也称为 3002 信道)规范，参考

1004Hz 的频率，在 500～2500Hz 的频率范围内，所允许的信号失真范围为 −8dB～
+2dB，在 300～500Hz 和 2500～3000Hz 的范
围内，所允许的信号失真范围为 −12dB～
+3dB。为了某些特定的需求，用户有时租用更
优的线路。常用的高性能线路是 C2 线路，在
500～2800Hz 的频率范围内，其失真限是 +1dB
和 −3dB，在 300～500Hz 和 2800～3000Hz 的
频率范围内，其失真限是 +2dB 和 −6dB。

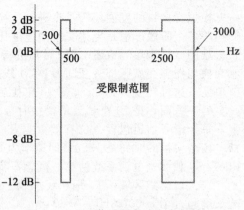

图 9-6　3002 信道的衰减失真限制

9.2.4　延迟失真

　　沿传输线传输的信号会经历各种延迟。更
为严重的是，信号的各个频率分量所经历的延
迟不同。因此，延迟失真(delay distortion)是信
号传输中的棘手问题。FCC 规定 3002 信道在
800～2600Hz 频率范围内的包络延迟为 1750μs，
即任意两个频率之间延迟不得超过 1750μs。规定高性能的 C2 信道在 1000～2600Hz 频率
范围内包络延迟不超过 500μs，在 600～1000Hz 范围内，包络延迟为 1500μs，在 500～
600Hz 和 2600～2800Hz 范围内，包络延迟为 3000μs。

　　图 9-7 中的虚线描绘了典型电话线路的延迟-频率特性曲线，实线描绘了均衡以后的
延迟特性曲线。延迟均衡器(delay equalizer)
是一个复杂的 LC 滤波器，它为经过电话线
传输后延迟最少的频率分量提供延迟补偿，
从而信号的所有频率分量几乎同时到达接收
设备。延迟或相位均衡器通常包括几个部分，
每一部分针对频带内一组频率。均衡器中的
各部分既可以是固定的，也可以是可调节的。

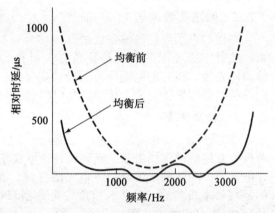

图 9-7　延迟均衡

9.2.5　话务量

　　请大家考虑工作日高峰时段的交通状
况。在早高峰、午饭和晚高峰这三个交通繁
忙时段，几乎所有交通要道上的车辆都排成
长队。在高峰时段为及时到达目的地，有经
验的驾驶员会将堵车状况考虑在内，从而合
理规划出门时间。而不熟悉交通状况的驾驶员往往会因为堵车错过重要的约会。

　　可类比上述车流量对电话系统的业务量进行分析。在工作日，通常有两个时段的话务
量很大，即上午的 9：00 至 11：00，下午的 2：00 至 4：00。前一时段的话务量是最大
的，因为这段时间内通常有较多的工作电话，后一时段的话务量稍有减小。在分析中，通
常将话务量最大的时段称为"忙时"，如上午的 9：45 至 10：45，周一的忙时通常具有最大
的话务量，到周三话务量逐渐减小，周四话务量开始回升，周五的忙时话务量又达到一个
较大值。

9.2.6　话务量单位

　　在电话系统中，可以用一段时间(通常设定为一个小时)内平均的累计通话数目来定义
话务量。某一时刻承载一路通话的线路称为一条中继线。话务量是一个无量纲的量，通常
用爱尔兰(Erlang，Erl)作为话务量的单位，此外北美地区采用百秒呼(hundred-call-
seconds，css)作为话务量的单位。百秒呼和爱尔兰的换算关系为：1Erl=36ccs。可以类比
骑自行车来理解这种单位，一个小时内能骑 36 百秒。当然在这一时段可以有两个人甚至

多人骑这辆自行车，但是在一个小时内，他们总的骑行时间也不会超过 36 百秒(姑且称之为"百秒骑")。假设 10 辆相同的自行车构成一个系统，那么理论上该系统容量可以达到 360"百秒骑"。或许周一的早上，平均仅仅占用 36"百秒骑"，但是在周日，可能 10 辆自行车就不够用了，即"拥塞"发生，有人在排队等待空闲自行车，有人一段时间以后再查看是否有空闲自行车。

中继线通常按组划分。一组中继线能够容纳的业务量通常取决于呼叫持续时间的统计分布特性。如果通话时长呈均匀分布，则业务量通常较少。一组中继线能够承载的业务量通常用下面式子计算：

$$A = C \times \frac{H}{T}$$

其中：A——以爱尔兰为单位的话务量；C——一段时间内平均的累计呼叫数目；H——每一路通话的平均持续时间；T——3600s(即 1h)。

9.2.7 拥塞

若系统超负荷运行，则新的用户将无法接入网络，此时即有拥塞发生。需要注意的是，呼叫方听到的忙音是因为被呼叫用户忙，而不是因为系统拥塞。拥塞的发生是由于中心交换局的设备太少不足以处理高峰时段的所有通话。此时，为了达到经济的目的，系统会丢弃一些呼叫。若系统提供足够的中继线来承载网络上的所有呼叫，使之没有呼损发生，那么系统的成本将会非常高昂。用服务等级来衡量高峰时段系统的呼损。在电话网络中，业务工程师利用下面的方法来查看服务等级：

(1)因为拥塞发生呼损的概率；

(2)拥塞发生的概率；

(3)拥塞时间比例。

在电话系统中引入服务等级这个概念，用字母 B 表示。采用业务量扫描设备对系统进行监测，记录到达电话系统的总呼叫数目、接通的呼叫数目和系统丢弃的呼叫数目。服务等级 B 定义为：

$$B = \frac{系统丢弃的呼叫数目}{到达电话系统的总呼叫数目}$$

或者

$$B = \frac{系统丢弃的业务量}{到达电话系统的业务量}$$

B 的值越小，对应的服务等级越高。

9.2.8 业务量监测

就像城市的交通控制中心确保车辆畅通一样，电话运营商采用流量管理机制提供高效可靠的公共电话服务。连续的流量测试正是为了检测潜在的拥塞源，并采取相应措施解决可能的拥塞问题。由拥塞问题引发的呼叫延迟或损失必然会引起用户不满，最终引起电话运营商利益受损。通过业务量监测建立用户呼叫模型，并基于该模型确定电话费率。尽管电话运营商为网络的正常运行提供了应急措施，无拥塞地处理所有呼叫仍旧是不可能的。同样地，基于业务量监测的相关研究，电话运营商能够预测未来的系统需求，并且对系统的扩展进行合理的资金预算。

9.3 数字有线网络

通过对前面内容的学习了解到，中心交换局与用户电话机之间的本地环路上处理的是模拟信号，然而，电话网络中的其余线路基本为全数字传输。各种类型的数字网络，包括计算机网络中存在的很多问题，也显现在电话网络中，这些问题将在本节进行讨论。其中最重要的两个问题是协议和线路编码，线路编码的选择涉及带宽限制。

9.3.1　通信链路和协议

数字通信中，信息在通信链路上的传输方式可以分为单工（simplex）、半双工（half duplex）和全双工（full duplex）三种。无线电基站传输就是单工通信的一个典型例子。无线电基站向用户发射信号，但是通常没有用户到基站的通信链路。大部分的对讲机采用半双工的通信方式，当一个设备进行信号发送时，另一个设备必定处于信号接收模式。蜂窝电话是全双工通信的例子。在全双工通信中，通信设备可以同时进行信号的发送和接收。单工、半双工和全双工这些术语既适用于模拟通信链路，也适用于数字通信链路。

- 单工：数据只能在一个方向上传输。
- 半双工：数据可以在两个方向上传输，但是某一时刻只允许一个方向的数据传输。
- 全双工：允许数据同时在两个方向上传输。

通信信道可以分为同步信道和异步信道。同步信道中的发送和接收时钟保持同步。在很多的通信系统中，同步传输要求数据中包含时钟信息（称为自同步数据）。异步传输中的发送端和接收端可以由各自的时钟来控制数据的发送和接收，这两个时钟源彼此独立，互不同步，数据中不包含时钟信息，但是含有起止比特来实现字符的同步。在后续内容中会看到线路编码能够提供时钟信息，可以从线路编码中直接提取时钟，也可以在接收端进行时钟重建。

协议

一个复杂的通信网络中往往存在大量的数字设备，设备间的数据交换需要有序进行。保障数据交换有序进行的规则和约定称为协议。在最初的简单网络中，保障中央交换机和远端设备之间进行有序数据交换的规程称为握手（handshaking）。随着通信系统的复杂化，握手规程不足以保证有序的数据交换，因此，衍生出了新的规则和约定，称为协议（protocol）。基本上，所谓协议是指通信双方就如何共享信道进行有序通信的一种约定。

协议有下述四个主要功能。

（1）成帧（framing）。链路上的数据通常是分块传输的，协议的封装成帧是对数据块进行分离处理的过程，将其分成信息部分和控制部分。数据块的最大尺寸由协议规定。每一个数据块中包含控制信息，比如地址字段（address field）说明了数据接收方的地址，块检验字符（block check character，BCC）用于检错。此外，当检错过程发现有错误存在时，协议还规定了纠错如何进行。

（2）线路控制（line control）。线路控制功能决定了在给定的时刻哪一台设备可以发送信息。在一个仅含有两台设备的简单全双工系统中，无需进行线路控制。然而，对于含有三台或者更多台设备的系统（多点线路），线路控制是必需的。

（3）流量控制（flow control）。通常，接收端设备的接收数据速率是有上限规定的，连接在计算机上的打印机就是一个很好地例子。流量控制过程主要负责对数据速率进行监测和控制。

（4）顺序控制（sequence control）。在复杂的通信系统中，信息在到达接收端之前通常要经过大量链路的传输，这时就需要顺序控制。顺序控制过程防止数据块在传输过程中丢失、复制，保证了接收方能够按照正确的顺序接收数据块。顺序控制在分组交换网络中尤其重要，本章后面会介绍。

协议将数据流中的控制字符整合在一起，控制字符由数据流中特定的位组合模式标识。协议采用了字符插入（character insertion）技术，也称为字符填充（character stuffing）或比特填充（bit stuffing）技术。如果在数据中检测到控制字符序列，那么协议规定在此处插入一个比特或一个字符，这样接收方将该字符后面的序列自动识别为有效数据。这种控制字符识别技术也称为数据的透明性（transparency）。

根据不同的成帧技术，可以将同步协议分为三类。面向字符的协议（character-oriented protocol，COP）使用特定的二进制字符将传输的信息帧进行分片，这种类型的协议具有低速率、低带宽效率的局限性，因此实际操作中很少使用。另一类同步协议是面向比特的协议（bit-oriented protocol，BOP），这类协议的特点是所传输的一帧数据可以是任意位，而且它是靠约定的位组合模式，而不是靠特定字符来标志帧的开始和结束的，故称"面向比特"的协议。BOP 中最具代表性的是高级数据链路控制（high-level data link control，HDLC）和同步数据链路控制（synchronous data link control，SDLC），可以将后者视为前者的子协议。第三类同步协议是面向字节计数的协议，该协议的典型代表是 DEC 公司的数字数据通信报文协议（digital data communications message protocol，DDCMP）。这些协议具有类似的帧结构，与编码、线路配置和外部设备无关。

为了进一步阐述 BOP，下面详细讨论 SDLC。SDLC 由 IBM 公司开发，逐比特传输其中的数据链路控制信息。SDLC BOP 形式如图 9-8 所示。

起始标志字段	地址字段	控制字段	消息字段	帧校验序列	终止标志序列
8比特	8比特	8比特	8比特的整数倍	8比特	8比特

图 9-8　面向比特的协议，SDLC 帧格式

SDLC 帧的起止标志为"01111110"。SDLC 协议要求标志字段中必须包含 6 个连续的"1"。发射端在连续的 5 个"1"后面插入一个"0"，接收端在检测到 5 个连续的"1"后跟一个"0"以后，会将"0"移除。通信设备根据标志位模式进行同步。

9.3.2　线路编码

线路编码（line coding）涉及通信链路（铜线、光纤或无线电信道）上传输的脉冲形式。不论信号调制与否，首先应将数据进行编码，以备传输。线路编码有三个作用。

其一，无需用绝对电平值表示数据信息。很多时候，网络中的设备之间无直流电，有线网络通常采用变压器耦合的方式分离元件或子系统。在这种情况下，采用绝对电平值来编码二进制数据（比如：0V 表示二进制"0"，5V 表示二进制"1"）是行不通的。如果网络中的设备之间使用直流电，又会引起另一个问题，即随着设备间距离的增加，平行导线上的电压会引起直流偏移，或正或负，导线上的平均电压要么高于 0V，要么低于 0V。实质上，导线会形成荷电电容（由电介质或绝缘层隔离开的两块导体即可构造成电容）。在发送端加上 0V 和 5V 电压以后，经过线路的传输，接收端接收到的电压会向中间聚合，即逻辑低电压会高于 0V，逻辑高电压低于 5V。这是一个问题，另外分布在不同区域的设备有自己的电源，这些电源的接地电压基准可能不同。综合上述两个问题，任何采用绝对电平值的编码方法在长距离通信中均不可行。

其二，同步系统中，位于发送端和接收端的数据时钟能够严格同步。线路编码在维持发送端和接收端的时钟同步上起到了至关重要的作用。在通信信道上发送时钟信号可能是获得同步最直观的方式，但是这种方法会占用一部分带宽，从而导致数据容量降低。如果对传输的数据进行编码处理，使得从编码后的数据中能够提取时钟信息，那么接收端在收到传输的数据后，通过分析数据特征即可在本地重建时钟信号。重建时钟信号的稳定性取决于线路编码的特性。重建时钟信息的概念类似于第 6 章模拟 SSB 和第 8 章数字 PSK 抑制载波系统中相干载波恢复的思想。

最后，线路编码能够用于纠错。某些特定的编码形式，比如电话系统中广泛使用的传号交替反转（alternate-mark inversion，AMI）编码方案，有其必须要遵守的"基本法则"。一旦有错误引入，无论是故意引入的错误，还是由线路噪声和传输损失引起的错误，接收子系统能够立刻检测出脉冲违背了基本的编码法则，底层协议规定了此时系统会做出何种

响应。

线路编码可以根据信号状态的数目进行分类（二进制或多进制），也可以根据逻辑高低电平的表示方法进行分类。数字系统中广泛使用的三种线路编码方案分别是不归零（nonreturn-to-zero，NRZ）编码、归零（return-to-zero，RZ）编码和曼彻斯特（Manchester）编码。上述各种码的区别在于，在给定的比特时间内逻辑高低电平的表示方法不同。

不归零编码

数字通信中，常用时间间隔相同的符号来表示一个二进制数字，这样的时间间隔内的符号称为二进制码元，而这个间隔称为码元长度。用 NRZ 编码方案对二进制数据进行编码，也即规定通信设备中数据脉冲的表现形式。NRZ 方案非常简单，易于实现。从名字即可看出，在一个码元长度内，NRZ 编码后的数据信号不会回到零电平。参考图 9-9 所示的 NRZ-L 编码方案，时钟频率决定码元长度。图中垂直的橙色条带表示码元长度。在 NRZ 编码方案中，一个完整的码元长度内，每一个数据比特对应的电平保持不变，也就是说，在由时钟频率确定的码元长度内，二进制"0"和二进制"1"始终处于恒定的电平上。从图 9-9 还可以看出，如果数据是一连串的"0"或者一连串的"1"，那么在几个时钟周期内，电平保持不变。正因如此，信号码的波形中会存在直流分量。比如，如果一个数据流是由一连串的"1"或者一连串的"0"组成，那么接收端所接收到的就是直流信号。

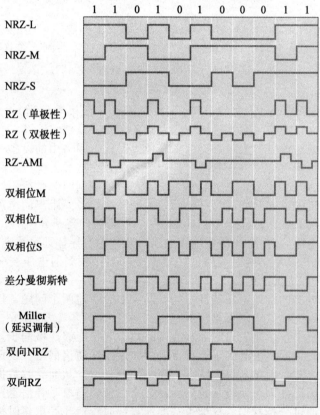

图 9-9　数字信号编码形式

关于 NRZ 码的另一个重要方面是该编码方案不具备任何的自同步功能。NRZ 码需要使用起始比特或者某些类型的同步数据模式来保证所传输的二进制数据的同步。可以进一步将 NRZ 编码方案细分为三种类型：NRZ-L（L 为电平），NRZ-M（M 为传号），NRZ-S（S 为空号）。这些编码方案的波形均表示在图 9-9 中。表 9-1 对 NRZ 码进行了详细的描述。

表 9-1　NRZ 码

NRZ-L	不归零电平码
	"1"：高电平
	"0"：低电平
NRZ-M	不归零传号码
	"1"：相邻码元电平极性改变
	"0"：相邻码元电平极性不变
NRZ-S	不归零空号码
	"1"：相邻码元电平极性不变
	"0"：相邻码元电平极性改变

除了规定脉冲在通信设备中的表示形式以外，NRZ 码还能够用于近距离的通信，比如电路板上元件之间的通信，同一底盘上两块电路板之间的通信，又或者是计算机与其外部设备之间的通信。然而，由于 NRZ 码不具备任何的自同步能力，而且其波形含有直流分量，因此不适于任意距离上的数据传输，此外在发送端和接收端设备接地电压基准不同的通信场景中，NRZ 码也不适用。

归零码

归零(return-to-zero，RZ)线性码适合长距离通信，因为这种编码方案通常具备再同步能力，而且很多的 RZ 编码方案都不含直流分量。在 RZ 编码方案中，二进制"0"和二进制"1"是由前半码元长度的波形振幅表示的。参考图 9-9 可以看出，RZ 单极性码中的二进制"1"由前半码元长度的 1 电平(正电压)表示，二进制"0"由前半码元的 0 电平表示。后半码元波形总处于 0 电平。换言之，对于二进制"0"，其波形在一个码元长度内始终处于 0 电平，而对于二进制"1"，其波形在前半码元处于 1 电平，后半码元处于 0 电平。在 RZ 双极性编码方案中，二进制"1"的波形在前半码元处于正电平，后半码元处于 0 电平；二进制"0"的波形在前半码元处于负电平，后半码元处于 0 电平。后面将会看到，正是这种额外的电平跳变提供了时钟再同步功能。

从图 9-9 很容易看出，RZ 单极性编码与 NRZ 编码有相似的局限性。当数据流中出现一连串的"0"时，同步能力受限。大量研究表明，对编码方案做少许修改即可克服上述缺陷，可以将单极性编码变成双极性编码，也可以采用交替脉冲。在 RZ 双极性编码方案中，每一个时钟周期内都会发生电平的跳变，双极性脉冲能最小化直流分量。另一种修正的 RZ 编码方法是 RZ-AMI。传号交替反转(alternate-mark-inversion，AMI)码在一连串 1时采用交替脉冲编码(类似于第 8 章中关于频移键控的讨论，这个称谓是建立在旧术语之上的，二进制"1"通常称为"传号"，二进制"0"通常称为"空号")。RZ-AMI 编码技术几乎能够完全消除数据流中的直流分量，但是由于二进制"0"用 0V 电压表示，所以当数据流中出现一连串的"0"时，系统的同步能力较差。这一缺点可以通过传输合适的起始、同步和终止比特来克服。表 9-2 描述了 RZ 码的特点。

表 9-2　RZ 码

RZ 单极性码	"1"：前半码元电平极性为正，后半码元电平为 0
	"0"：一个码元内电平恒为 0
RZ 双极性码	"1"：前半码元电平极性为正，后半码元电平为 0
	"0"：前半码元电平极性为负，后半码元电平为 0
RZ-AMI 码	"1"：极性交替的正负电平
	"0"：电平恒为 0

双相 Miller 码

Miller 码又称延迟调制码，是双相码的一种变形。双相码广泛用于光学系统、卫星遥测链路和磁记录系统中。双相 M 码是双相码的一种，电影电视工程师协会（Society of Motion Picture and Television Engineers，SMPTE）录像带上的时间数据就是采用这种编码方式编码的。对于这种类型的媒介，双相码的编码性能很出色，因为没有直流分量存在。双相码的另一个优点是其具备自同步能力，使得接收机能够从速率变化的数据流中提取出时钟信息。

对于计算机网络尤其重要的一种编码方法是双相 L 码，又称为曼彻斯特码。局域网的 IEEE 802.3 标准使用这种编码方法。与 NRZ 和 RZ 编码不同的是，在每一个码元中心点，曼彻斯特编码的信号波形都会发生幅度跳变。正是这种幅度的跳变而不是幅度本身表示了传输数据的二进制态。在一个码元长度内，信号波形从高电平跳变至低电平表示二进制"1"，相反地，信号波形从低电平跳变至高电平表示二进制"0"。这种编码方式，再加上曼彻斯特码的双极性和双相位属性，即使数据流中出现了一长串的"1"或者"0"，传输的信号中也不会出现直流分量。因此，曼彻斯特码适合远距离设备间的通信，即使距离遥远的发射机和接收机之间不存在直流电和相同的接地电压基准。

图 9-9 描绘了这种编码方式的两个例子，表 9-3 总结了这些编码方案的特点。

表 9-3 相位编码和延迟调制码（Miller 码）

双相-传号（双向 M）	"1"：码元中间有电平转移
	"0"：码元中间无电平转移
	注：在码元开始处总有电平转移
双相-电平（双向 L，曼彻斯特编码）	"1"：在码元中间，电平由高向低转移
	"0"：在码元中间，电平由低向高转移
双相-空号（双向 S）	"1"：码元中间无电平转移
	"0"：码元中间有电平转移
	注：在码元开始处总有电平转移
差分曼彻斯特	"1"：码元开始无电平转移
	"0"：码元开始有电平转移
延迟调制（又称 Miller 码）	"1"：码元中间有电平转移
	"0"：如后面跟"1"，则无电平转移；如后面跟"0"，则码元末尾有电平转移

多电平二进制编码

采用两个或多个电平表示信号数据称为多电平二进制（multilevel binary）编码。比较常见的是三电平二进制码。在前面讨论的编码方法中，双极性 RZ 码和 RZ-AMI 码属于多电平二进制码。此外，NRZ 双码（dicode NRZ）和 RZ 双码（dicode RZ）也都属于这种编码方式。表 9-4 对多电平二进制码进行了总结。

表 9-4 多电平二进制码

NRZ 双码	相邻数据比特为"10"或"01"时，脉冲极性发生变化 相邻数据比特为"11"或"00"时，发送零电平
RZ 双码	相邻数据比特为"10"或"01"时，脉冲极性发生变化，变化幅度为半电压增益 相邻数据比特为"11"或"00"时，发送零电平

同步和带宽

从图 9-9 可以看出，所有编码方案的波形有一个共同的特点：数据逻辑态之间的转变导致信号脉冲中存在"边沿"，即脉冲快速的上升或下降。接收机正是利用了这种由数据脉冲幅度跳变产生的上升沿或下降沿特征恢复发射机的时钟信号的，具体的时钟信号重建方法类似于第 8 章数字调制技术中的相干载波恢复原理。接收机中的边沿探测电路产生的脉冲序列作为锁相环（phase locked loop，PLL）的输入，锁相环的另外一个输入来自接收机上的时钟振荡器。PLL 使用边沿探测电路产生的脉冲作为频率基准将接收机的时钟振荡器同步到发射机的时钟频率上。这种再同步能力对于任何同步数字通信系统都是必不可少的，而且接收机端 PLL 获得并保持时钟的能力对于维持系统同步至关重要。数据流脉冲的幅度跳变频率也会直接影响时钟同步功能。在 RZ 码方案中，数据流中二进制"1"的个数决定了脉冲幅度跳变频率，然而在曼彻斯特码方案中，由于编码后的数据在每一个码元中都会发生幅度的跳变，因此该方案的数据流拥有最大数目的脉冲幅度跳变。基于这个原因，曼彻斯特编码方案称为完全再同步（fully reclocking）方案，因为其最大数目的脉冲幅度跳变产生了最大数目的恢复时钟脉冲，因此为接收机的 PLL 提供了最稳定的基准频率。RZ 编码方案称为部分再同步（partially reclocking）方案，因为与曼彻斯特编码方案相比，它产生了较少的脉冲幅度跳变，但这些跳变足够接收机维持同步。这也意味着部分同步方案所需的带宽低于完全同步方案所需的带宽。接下来，我们会看到电话系统所采用的部分同步编码方案需要额外的电路来保证数据流中比特"1"的密度，也就是说，如果数据流中含有过多的"0"，而"1"太少，那么该电路会在数据流中插入一些额外的比特"1"，以保证编码后的脉冲信号中有足够多的幅度跳变，从而维持系统同步。NRZ 编码是非再同步（nonreclocking）方案，因为信号脉冲的幅度跳变仅发生在每一个码元的起始位置。在所有的方案中，每一个数据比特的逻辑电平都是由码元的中间位置决定的，而不是由码元的起始位置或终止位置决定的，这样规定是为了最小化幅度跳变引起的不确定性。完全再同步方案（比如曼彻斯特编码）虽然不需要插入额外的同步比特，但由于每一个数据比特都对应一个脉冲幅度的跳变，因此该方案会占用最大的带宽，产生最高频的基带信号。部分再同步方案（比如 RZ 编码或者 AMI 编码）工作在较低的基带频率上，传输信号所占用的带宽也比较窄，因为编码信号的脉冲幅度跳变次数由数据流中比特"1"的个数决定。在实际的通信系统中，选用哪一种编码方案主要取决于可用的带宽大小和接收机、发射机对于同步的需求。

9.4　T 载波系统和复用

在全球电话网络中，无论是连接各电话系统的骨干网，还是本地电话系统内部各用户之间互联的网络，多路语音信号 PCM 数据流总是复用成一路数字信号以后再进行传输。网络采用分层的数据结构，通过时分复用技术将多路数据聚合成更大的数据流。北美使用 T 载波系统（T 代表 telephone），欧洲使用 E 载波系统（E 代表 Europe）。

时分复用

复用（multiplexing）概念最初是在第 7 章脉冲调制的讨论中引入的。通俗地说，复用是指在一个单独的信道上传输两路或多路消息信号。复用的方法是多种多样的，但是在 T 和 E 载波系统中采用的是时分复用（time-division multiplexing，TDM），即每一路信号的传输都可以占用整个信道带宽，但是信号的传输只能发生在指定的时间间隔内。时分多址（time-division multiple access，TDMA）技术是在 TDM 基础上的进一步延伸，使得多个信息源能够使用同一条串行数据信道传输各自的信息。TDMA 技术既可以用在有线通信系统中，也可用于无线通信（比如蜂窝电话）。图 9-10 给出了产生 TDMA 输出的示例。$A_1 \sim A_4$，$B_1 \sim B_4$，$C_1 \sim C_4$ 分别代表来自三个不同用户的数据信息。复用器（multiplexer，MUX）负责将三路源信号组合成一路串行数据流。成功进行数据复用的关键在于复用频率

（f_m）要足够高，这样复用以后的数据输出才足够快，从而不会引起系统拥塞，也不会引起数据丢失。

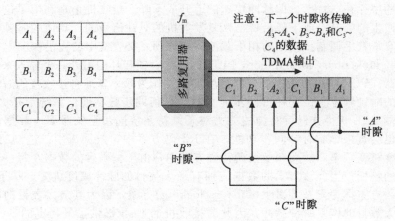

图 9-10 TDMA 输出

图 9-10 所示的 TDMA 输出数据流展示了在 TDMA 帧中 A、B、C 数据的排列。每一块代表帧中的一个时隙（time slot），时隙传输的思想为每一组数据指定了固定的传输时间（相对于数据帧起始传输时间的时间偏移量），从而接收端能够很容易地将各个用户的数据恢复出来。接收端的数据恢复如图 9-11 所示。接收到的串行数据被送入解复用器（demultiplexer, DMUX），该器件将 A、B、C 的数据分开输出。如果只需要恢复 A 时隙的数据，那么解复用器自动忽略 B 和 C 时隙的数据。

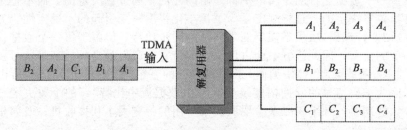

图 9-11 TDMA 数据恢复

相对于有线系统中的 TDMA 技术，无线通信中的 TDMA 更加复杂，因为要考虑无线电信号传播的多径效应。为了补偿多条路径信号到达时间的微小变化，在 TDMA 帧中引入保护时间（guard time）。如果数据到达时间相隔太近，可能会引起数据覆盖，从而引起码间串扰（inter-symbol interference, ISI），最终导致误码率（bit error rate, BER）的增加。TDMA 帧中的保护时间恰好提供了额外的错误余量，因此能够最小化 ISI 和 BER。

T 载波复用

电话系统广泛使用 TDM 技术，以便不同电话呼叫的 PCM 信号能够在同一条线路上同时发送和接收。第 7 章对信号进行脉冲振幅调制以供无线信道传输时初次提及了 TDM 的概念，其基本原理如图 7-2 所示。图 7-2 所示的系统与本章所讨论的 TDM 系统的唯一区别在于本章是 PCM 信号的 T 载波复用。回顾第 7 章的内容，发送端的复用电路和接收端的解复用电路相当于同步旋转开关。发送端的复用电路将各路输入的 PCM 信号按序送入通信信道，接收端对收到的信号进行解复用，并将各路 PCM 信号送入合适的线路。在 T 载波 TDM 系统中，首先传输的是信道 1 的 PCM 数据，然后是信道 2 的 PCM 数据，再之后传输的是信道 3 的和信道 4 的 PCM 数据，以此类推并循环进行。各路 PCM 数据在通信信道中交错传输，也即每一路输入信号被摆放在固定的位置，所有的信号按序排列，接收端能将其正确区分。

电话系统中 PCM 数据传输速率、同步过程以及占用的信道数目，由相关的工业标准规定。在电话系统中，PCM 编码数据在复用以后，在中心交换局和长距离的交换设备之间进行传输。数据的复用可以分为几个层次，复用信道数目最少的排列在最底层，复用信道数目最多的排列在最顶层。在北美和日本，最底层的复用称为 T1，最高层的复用称为 T4，世界上的其他地区采用 E 载波代替 T 载波，二者类似，但是 E 载波复用了更多的信道，具有更高的数据传输速率。

表 9-5 和表 9-6 分别列出了 T 载波和 E 载波的数据传输速率。表 9-5 中的"DS"代表数字信号(digital signal)。尽管 T1 和 DS-1(T2 和 DS-2 等也类似)名称经常互换使用，但是严格来说，它们之间是有区别的。DS 格式通常涉及电信号本身的一些特性，比如数据传输速率和振幅。该标准也对七层开放系统互联(open systems interconnection，OSI)参考模型(相关内容将在第 11 章计算机网络中进行讨论)中的底层(或物理层)进行了相关规定。T 载波通常涉及物理元器件，比如电线、插头，中继器等。这些器件组合在一起构成了 T1 线路，上面传输 DS-1 脉冲。但是按照广泛的行业标准，通常不做细分，将 T 载波和 DS 格式等同对待。

表 9-5　T/DS 载波的数据传输速率

名　称	数据传输速率
T1(DS-1)	1.544Mb/s
T2(DS-2)	6.312Mb/s
T3(DS-3)	44.736Mb/s
T4(DS-4)	274.176Mb/s

表 9-6　E1 和 E3 的数据传输速率

名　称	数据传输速率
E1	2.048Mb/s
E3	34.368Mb/s

T1 信号

根据第 7 章关于 PCM 信号的介绍，A/D 转换器将音频波转换成数字信号，如果音频信号的最高频率成分为 f，那么根据奈奎斯特定理，以 $2f$ 的频率对信号进行采样足够了。T 载波系统的研究初衷就是为了处理话音业务，所以其数字信号处理过程只要能够实现充分的语音再现即可，无需占用过多的带宽。语音信号频率可高达 3.5kHz，用户本地环路上的滤波器用于滤除这些高频率成分。采样频率设定为 8kHz，略高于奈奎斯特频率。每一次采样产生 8 比特的数字信号，即有 $2^8 = 256$ 个可能的量化电平值。因此，每一路通话的数据传输速率为 64kb/s：8 位/样值×8000 样值/秒＝64000 比特/秒(64kb/s)可以将 24 路独立的 64kb/s 通话时分复用在一条 T1 线路进行传输。在复用后的语音信号中加入 8kb/s 的帧指示位维持数据流，这样 T1 信道总的数据传输速率为

$$24 \text{ 信道} \times 64\text{kb/s/ 信道} = 1.536\text{Mb/s}$$
$$+ \quad \text{帧指示位} = 8\text{kb/s}$$
$$\text{总的数据传输速率} = 1.544\text{Mb/s}$$

复用过程是这样进行的：来自信道 1 的一个 8 比特字，后面紧跟来自信道 2 的 1 个字的数据，依次向后排列，直至信道 24 的 1 个字数据。这个过程一直重复进行，每 $125\mu s$ 为每路通话发送一个字节。每一帧包含 $24\times 8b=192b$ 个数据，再加上一个用于同步的控制比特，每一帧共 193b。每一秒产生 8000 帧。因此总的数据传输速率为 $193 \times 8000\text{b/s}＝1.544\text{Mb/s}$，即 T1 载波的数据传输速率。图 9-12 详细展示了时隙、帧和同步比特之间的关系。E 载波系统具有相同的采样频率和量化阶数，但是由于 E 载波复用了 32 条信道，所以 E1 载波的数据传输速率为 2.148Mb/s。表 9-5 中列出了各阶载波所对应的数据传输速率。时分复用允许将多个 T1 载波复用到一个更高阶的载波中，从表 9-5 可以看出，28 条 T1 信道被复用到一条 T3 信道中。

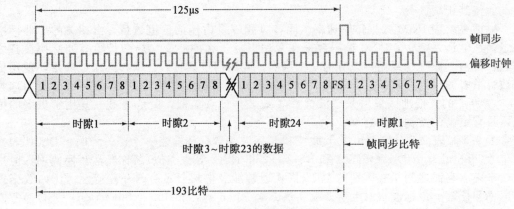

图 9-12　T1 信道复用和成帧

　　尽管 T 载波系统的研究初衷是为了处理多信道的话音业务，但是其中的数据不一定是话音，也不一定是信道化的数据。T 载波系统类似于一个管道系统，各管道中传输不同类型的数据，音频信号和视频信号均可以，只要数据速率和信号参数符合 T 载波标准即可。需要注意，当某一个用户租用一条 T1 线路进行 A、B 两点间的通信时，T1 载波系统并没有为该用户提供一条专用的物理连接，它提供的只是足够的带宽来承载用户的数据并保证传输的可靠性。该用户的数据很可能与成百上千条其他的数据信道复用在一起。

　　有些数据业务可能仅需要占用部分 T1 带宽，分式 T1（Fractional T1，FT1）定义了仅部分 T1 带宽被占用的情况。T1 载波中一条独立的 64kb/s 的信道，等价于一条话音信道，通常标记为 DS-0。由多个 DS-0 信道构成的分式 T1 服务现在是可用的。

　　如果用户从有线电话服务提供商（即普通的通信运营商）那里租用通信线路，那么通信运营商一般会在用户本地部署铜线电缆。用户设备接入运营商通信服务的点叫做入网点（point of presence）。连接用户终端与运营商设备的线路可以是铜线、光缆、数字微波系统或数字卫星链路。用户端的设备由用户自己负责维护，通信运营商端的设备和线路由运营商维护。

　　终端用户和运营商之间通过信道服务单元/数据服务单元（channel service unit/data service unit，CSU/DSU）相连。CSU/DSU 是一种连接至运营商服务的数字接口设备，负责添加维护数据流所需的帧信息，存储性能数据，以及提供线路管理服务等。如图 9-13 所示，用户设备通过 CSU/DSU 接入运营商云服务。CSU/DSU 提供了三种警报模式，以通知用户线路问题。三种警报模式分别是红、黄、蓝，其分别对应的线路问题如表 9-7 所示。有些情况下，运营商会采用网络接口（network interface，NI）代替 CSU/DSU，它们之间的主要区别在于 NI 归运营商所有，由运营商控制，而 CSU/DSU 通常归用户所有，由用户控制。

表 9-7　CSU/DSU 警报模式

红色警报	本地设备警报，说明到来的信号遭到破坏
黄色警报	检测出线路故障
蓝色警报	到来信号全部损失

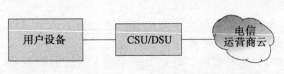

图 9-13　用户通过 CSU/DSU 接入运营商云服务

T1 成帧

　　如前面所述，时分复用后的 T1 话音数据包含 24 个时隙和一个附加比特（称为成帧比特）。每一帧中包含一个成帧比特，其逻辑态取决于 T1 线路的分配情况。T1 基本帧，也即现在的话音线路仍在使用的数据帧，采用 D4 成帧（D4 framing）技术。D4 的成帧比特序列包含 12 比特，序列形式为"100011011100"。

成帧的作用是维持接收设备的时钟同步。D4 帧格式是现在公共交换电话网络中最常用的格式，每个 D4 帧由 12 个 DS-1 基本帧构成，每帧的第 193 比特作为控制位，D4 帧的 12 个第 193 比特组合在一起，形成了 12 位的控制字（如上面的序列形式），来提供帧同步和信令管理信息。

ESF（extended superframe framing）成帧技术是对 D4 成帧技术的扩展，具有更好的数据性能。ESF 帧格式将 D4 帧格式从 12 帧扩展至 24 帧。这样 ESF 帧格式就具有 24 位的成帧比特序列，其作用如表 9-8 所示。

表 9-8　ESF 帧格式中成帧位的作用

6 比特	帧同步
6 比特	错误检测
12 比特	通信链路控制和维护

与 D4 帧格式中 12 位的成帧比特全部用于帧同步相区别，ESF 帧格式中，6 位成帧比特用于帧同步，另外 6 位成帧比特采用第 7 章所述的循环冗余校验（cyclic redundancy check，CRC）方式进行错误检测，剩余的 12 位成帧比特用于控制和维护通信链路，比如获取链路性能并配置环回接口以进行链路测试。

环回测试

执行环回测试对于系统维护是非常重要的。很多数字系统都配有环回测试（loopback）功能，接收端将接收到的数据回传给发送端，或者在电话等有线通信系统中，由 CSU/DSU 或 NI 将数据回传给发送端。常通过远程控制相关设备来执行环回测试，而不需要技术人员到指定地点测试。对于话音业务，一般由测试人员确定采用接收机还是借助于其他的外部设备进行环回测试，以及什么时候将接收到的数据回发给发送端。发送端接收到发回的数据以后，与原始的发送数据进行比较，从而对系统性能进行评估。比特错误可能发生在发送端，也可能发生在测试环路上，所以单个测试不能确定错误源。这种情况下，通常采用端到端测试或者在不同的地方进行一系列的环回测试来定位错误。尽管如此，环回测试在基本的系统问题诊断上还是很有帮助的。

图 9-14 列举了三个环回测试。标记为 A 的环回测试用于检测用户设备和 CSU/DSU 设备之间的连接线缆。环回测试 B 用于检测通过 CSU/DSU 的线路。环回测试 C 用于检测 CSU/DSU 设备和电话服务提供商之间的线路。

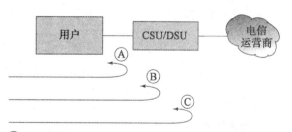

ⒶA测试检测用户设备和CSU/DSU设备之间的连接线缆
ⒷB测试检测通过CSU/DSU的线路
ⒸC测试检测CSU/DSU设备和电话服务提供商之间的线路

图 9-14　采用三个环回测试检测通信链路

T1 线路编码

回顾一下数字系统中线路编码的三种功能：提供一种同步机制；无需用绝对电压值表示数据态；提供某种错误检测机制。两种重要的 T1 线路编码分别是 AMI 码和 B8ZS 码。毋庸置疑，这两种编码方式具有线路编码的上述三种功能，但是它们在带宽受限的环境中，在维持电话系统同步方面具有更加优越的性能。

AMI 码是 T1 线路上的一种基本编码方案，在很多电话系统的话音级的线路上仍旧采用这种码。AMI 码采用交替的电平脉冲（$+V$ 和 $-V$）来表示二进制 1，这种编码方式几乎完全去除了数据流中的直流分量，有助于系统同步。图 9-15 描绘了一个 AMI 编码波形的例子，从图 9-15 很明显可以看出，连续的二进制 1 由相反方向的脉冲（$+V$ 和 $-V$）来表示，这种编码方式称为**双极性编码**（bipolar coding）。正是基于这种双极性编码的特点，AMI 码具有检错能力，因为编码规则规定，任意两个相邻的逻辑态 1 必须具有相反的极性。如果由于突发噪声或者设备故障，接收端收到了两个同极性的相邻脉冲，那么，很显

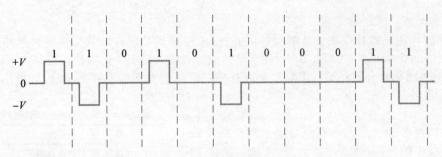

图 9-15　AMI 数据编码示例

然发生了双极性违背(bipolar violation，BPV)，此时系统会根据底层协议规定处理该情况。通常，BPV 发生时，比特错误检测设备或 CSU/DSU 会给出直观指示并记录单位时间内 BPV 发生的次数。在有些情况下，会采用特殊的编码格式，向其中故意引入 BPV，稍后我们会看到相关的例子。

在 AMI 编码中，用 0 电平来表示二进制"0"。当出现连续的比特"0"时，脉冲中会出现一条 0 电平的直线，这时就失去了定时和同步功能。这个缺陷可以通过传输适当的起始比特、终止比特和同步比特来克服，但代价是在数据传输中增加了附加比特，从而占用了信道中的数据传输带宽。

为解决一长串比特"0"引发的同步问题，在 T1 线路中引入双极信号 8 零替换(bipolar 8 zero substitution，B8ZS)编码。前面已经讨论过，T1 线路的同步数据系统从信号脉冲的上升沿或下降沿获取定时信息。由于 T1 线路只有在二进制"1"时才存在脉冲幅度的跳变，即存在上升沿和下降沿，在二进制"0"时，脉冲一直处于零电平不变。因此，T1 线路上传输的数据要满足最低"1"密度(minimum ones density)要求才能维持数据链路的定时和同步。满足最低"1"密度要求意味着如果传输的数据是一连串的"0"，那么就要向其中加入脉冲。可以加入 BPV 脉冲，即数据流中的两个相邻脉冲电平极性相同。

在 B8ZS 编码方案中，将 8 个连续的比特"0"替换为含有两个 BVP 脉冲的 8 比特序列，图 9-16 给出了两个 B8ZS 编码的例子，图(a)中的第一个双极性脉冲从 +V 开始，而图(b)中的第一个双极性脉冲从 −V 开始。接收端一检测到数据流中的 BPV 脉冲，就将其替换为 8 比特的"0"。这样一来，在不损失有效数据的情况下可以实现定时和同步。综上，B8ZS 编码方案的优点是不需要附加比特，只需利用 BPV 脉冲即可实现数据传输中的定时和同步，从而所有的信道带宽均可用于有效数据传输。

带宽问题

上述讨论表明 B8ZS 码能够提升 T 载波系统中线路编码的同步能力。众所周知，系统的同步能力是由足够多的脉冲上升沿和下降沿保证的，但是在 AMI 码中，只有二进制"1"才对应脉冲幅度跳变，故引入 B8ZS 码。我们知道，在曼彻斯特码中，二进制"0"和二进制"1"都对应于脉冲幅度的跳变，从而它是完全再同步编码方案。那么，为什么这里不采用曼彻斯特编码呢？因为带宽问题。根据 8.2 节中信号调制的内容可知，具有循环"0101"格式的基带信号，其带宽最宽。第 8 章未提及另外一个影响带宽的因素，即所使用的线路编码形式。因此，当传输循环的"1010"码时，交替 NRZ-L 码具有最宽的带宽，但是曼彻斯特编码的信号总是具有最宽的带宽。

现在我们用数学公式来量化数字系统的比特率和信道带宽之间的关系，该表达式对于基带信号和调制信号均适用，从该表达式也可以看出，系统容量和比特率都是有限的。香农-哈特利(Shannon-Hartley)定理表明信道容量是由带宽和信噪比决定的：

$$C = \text{BW} \log_2(1 + S/N) \tag{9-1}$$

其中：C——信道容量(b/s)；BW——系统的带宽；S/N——信噪比。

下面给出式(9-1)的一个应用举例。

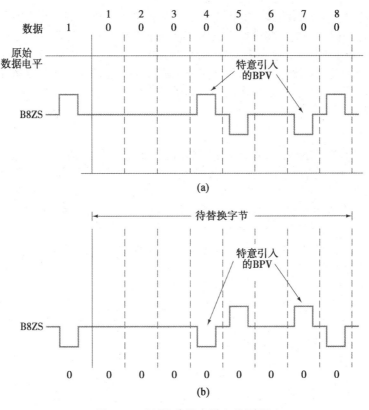

图 9-16　B8ZS 编码中引入的 BPV

例 9-1　试计算信噪比为 1023(60dB) 的电话信道容量。

解： 电话信道的带宽为 3kHz，故

$$C = \text{BW} \log_2(1 + S/N)$$
$$= 3 \times 10^3 \log_2(1 + 1023)$$
$$= 3 \times 10^3 \log_2(1024)$$
$$= 3 \times 10^3 \times 10$$
$$= 30\ 000 \text{b/s}$$

例 9-1 表明，一条信噪功率比为 1023(60dB) 的电话信道，理论上能够处理的数据传输速率高达 30 000b/s。由香农-哈特利定理计算的结果是一个理论门限。数据传输速率超过该值时，将会出现很高的误比特率(bit error rate，BER)。通常，可接受的误比特率为 10^{-5}，如果要求更低的误比特率，就要相应地降低数据传输速率。

9.5　分组交换网络

传统的电话系统是基于"电路交换"技术的。"电路"这个词既可以指一条有电流流过的直接路径，比如用户终端设备和电话中心交换局之间的路径，也可以指一条虚电路，包括从源终端设备到目的终端设备间的多条连接。有趣的是，只要呼叫建立起来，源和目的终端之间就会存在一条专用的路径，可能是物理电路也可能是虚电路，并且这条路径会一直维持到本次呼叫结束。另外一种可替代电路交换的技术，即分组交换(packet switching)，因为该技术融合了电话网络和计算机网络，所以具有性能上的优势。在分组交换这种数据处理技术中，一个完整的信息段被分成许多个长度较短的数据块，分别给每一个数据块加上路由和控制信息，这样完整的信息段就变成了一个一个独立的分组(packet)，典型的分组大小为 1000 位。根据路由信息，这些分组可以在不同的网络路径上单独传送至目的端。这些分组在交换中心

进行短暂的停留就会被再次发送。交换中心上的处理单元会检测每一个分组的源地址、目的地址和优先级，根据这些信息将分组再发送，保证了网络的高效运行，这个过程称为统计聚集（statistical concentration）。这种分组的高效交付和实时传输是由网络系统底层复杂的协议支撑的。随着分组交换技术的不断发展，用户不需要预先选择分组交换或电路交换，快速分组交换技术的出现，为两种交换技术的融合提供了可能。随着每秒交换上百万个分组的分组交换技术的发展，或许会淘汰电路交换技术。

9.5.1　帧中继

基于 X.25 协议的分组交换技术不能较好地提供高速数据服务，这是由于 X.25 网络的体系结构并不适于高速交换。为此需要研究支持高速交换的网络体系结构。在这种背景在，帧中继（frame relay）技术应运而生。帧中继对 X.25 通信协议进行了简化和改进，取消了网络中的差错检测和流量控制等功能。X.25 的数据传输在模拟线路上进行，而帧中继运行在高质量、高可靠性的数字线路上。

帧中继技术的工作前提是数据信道不会引起位错误，或者仅引起最少量的位错误。因为不需要附加的位进行差错检测和流量控制，所以帧中继系统中的数据传输性能得到了很大的提升。如果检测到错误，接收端会进行纠错处理。采用帧中继技术，可以在数据网络上建立通话。帧中继中的每一个数据帧中都有一个连接号用于识别源和目的地址。

运营商为帧中继网络提供交换服务时，会根据用户的服务和带宽需求提供一个有保障的数据速率，常称为**约定信息速率**（committed information rate，CIR）。举个例子，如果用户请求 T1 数据服务，CIR 为 768kb/s。一个 T1 连接所允许的最大数据传输速率为 1.544Mb/s。为了应对突发（bursty）数据传输，运营商仍旧会为用户提供 T1 连接带宽，尽管 CIR 仅为 768kb/s。所谓突发，是指数据在某一时刻的瞬时速率超过了所租用的 CIR。运营商采用**约定突发信息速率**（committed burst information rate，CBIR），允许在业务量繁重的时间段内，用户数据传输速率超过 CIR。但是要注意，突发数据传输速率绝对不能超过物理连接所允许的数据传输速率。比如，T1 数据服务的最大数据传输速率为 1.544Mb/s，即使是突发业务，其数据传输速率也不能超过该值。

9.5.2　异步转移模式

异步转移模式（asynchronous transfer mode，ATM）是一种专为话音、数据和视频业务设计的信元（cell）中继技术。可以将信元中继视为分组交换的演进技术，因为分组和信元在经过交换中心的处理以后，会被发送到最合适的传输线路上。在 ATM 网络中，信息传输的最小单位是信元，信元有 53 个字节，其中 5 个字节是信头（cell header），48 个字节是信息域，或称为净荷（payload），用于承载有效数据。信元的长度固定，使基于硬件的高速交换成为可能。ATM 信头中的数据主要用于差错检测、虚电路标识和净荷类型标识等。

ATM 站点不停地发送信元，ATM 交换机自动丢弃空信元。这种处理方法能够最高效率地利用带宽，并且适用于突发业务。站点以固定的数据帧长度有保障地接入网络。这对于 IP 网络而言是不可能的，在 IP 网络中，重的业务量会引起网络拥塞。ATM 协议适用于高速多媒体网络，包括 T1 到 T3 的高速数据传输，E3 和 SONET。（SONET 是一种同步光网络，将在第 16 章介绍。）ATM 的数据传输速率一直在演变，其标准数据传输速率为 155Mb/s。

ATM 采用面向连接的工作方式，与分组交换的虚电路类似，它不是物理连接，而是逻辑连接，称为**虚连接**（virtual connection，VC），包括**虚通道连接**（virtual path connection，VPC）和**虚信道连接**（virtual channel connection，VCC）。虚信道连接用于用户与用户之间的 ATM 信元数据传输。将多个虚信道组合在一起，构成了一个虚通道连接。可以将虚电路配置成**永久虚连接**（permanent virtual connection，PVC）或**交换虚电路**（switched virtual circuit，SVC）。

根据用户需求，可将 ATM 服务分为 5 类，如表 9-9 所示。在某些特殊的应用中，如视频会议，用户需要恒定的传输速率；而在其他一些应用中，用户可能需要偶尔占用更宽的带宽以便处理突发业务。

表 9-9　5 类 ATM 服务

ATM 服务类别	缩　　写	描　　述	常见业务
恒定比特率	CBR	信元传输速率恒定	电话，视频会议，电视
可变比特率 \ 非实时	VBR-NRT	信元传输速率可变	电子邮件
可变比特率 \ 实时	VBR-RT	信元传输速率可变，但根据具体用户需求，也可设为恒定	话音业务
适配比特率	ABR	用户可以指定最小信元传输速率	文件传输、邮件
未指定比特率	UBR		TCP/IP

ATM 使用 8 比特的虚通路标识符（virtual path identifier，VPI）来识别 ATM 网络中传输信元的虚电路。16 比特的虚电路标识符（virtual circuit identifier，VCI）用于标识两个 ATM 站点之间的连接。VPI 和 VCI 是由运营商提供的，二者共同创建了 ATM 云中的 PVC。

9.6　SS7

在过去的 120 多年中，电话服务提供商使用不同类型的信令系统（signaling system）通过不同的方式来管理电话呼叫。信令系统具有多种功能，包括在电话网络中建立呼叫或移除呼叫，在呼叫发起方和被呼叫方之间建立通话路由等。此外，信令系统使得公共交换电话网（public switched telephone network，PSTN）内部各组件之间也能够互相通信。PSTN 是指美国境内所有电话服务提供商共享的电话网络。

电话系统的最初建立只是为了在模拟网络中处理话音业务。使用 T1 线路（1.544Mb/s）来处理 TDM 通话能够更加高效地利用每一条物理连接。1984 年，电话服务提供商开始采用一种称为综合业务数字网（integrated services digital network，ISDN）的系统来管理配有用户端设备（customer premise equipment，CPE）的企业的通话。

ISDN 系统是物理上的"带内（in-band）"传输的，逻辑上是"带外（out-of-band）"传输的。所谓带内，是指将话音业务和用于系统管理的数据业务复用在同一条物理线路上。所谓带外，是指有专门的冗余时间仅用于传输信令，该段时间内不能传输话音业务。

从 1980 年开始，一直到 1999 年，在美国，几乎所有的电话服务提供商都采用 No. 7 信令系统（SS7）来管理 PSTN。现在，全球大多数电话系统采用的是不同版本的 SS7。与 ISDN 不同的是，SS7 使用物理上的带外信令。也就是说，负责呼叫建立和呼叫拆除的网络与进行有效话音信号传输的网络是相互分离的。呼叫建立，是指用户想要发起一路通话，拨号并与被叫方建立连接。呼叫拆除是指通话结束，其中一方挂断电话，释放占用的中继线（电话线路）可以为其他通话所用。

ISDN 与 SS7 遵守 OSI（开放系统互联）模型的规定（OSI 模型的分层结构将在第 11 章讨论）。OSI 模型分为 7 层，ISDN 使用了该模型的 1～3 层，SS7 使用了 1～7 层，如图 9-17所示。

SS7 层次结构：操作维护管理部分（operations, maintenance, and administration part, OMAP），事务处理能力应用部分（transactions capabilities application，TCAP），信令连接控制部分（signaling connection control part，SCCP），消息传递部分（massage transfer part，MTP）和综合业务数字网用户部分（ISDN user part，ISUP）。

OSI 模型的特点是每一层均为其上一层应用提供服务。下面简要说明一下 SS7 各层的功能。

（1）SS7 第一层（见图 9-17）称为物理层，也称为 MTP-1。该层定义了一些传输媒介的物理、电气和功能特性，以及 T1 复用方法。

(2)SS7 第二层，MTP-2，提供差错检测功能。该层具有三种类型的消息单元，即消息信令单元(message signaling unit，MSU)，链路状态信令单元(link status signaling unit，LSSU)和填充信令单元(fill-in signaling unit，FISU)。MSU 携带发送至 MTP-3 层以及其他高层的信令。LSSU 消息负责链路的连接和断开，该消息表明了链路状态信息。当 MTP-2 层无信令信号单元传送时，链路终端便发送 FISU，其意义是填补链路空闲时的位置，保持信令链路的同步，因为 FISU 又称为同步信令单元。

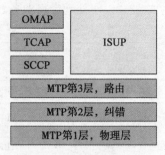

图 9-17　SS7 分层结构

(3)SS7 第三层，MTP-3，负责路由信令信息。该层的关键信息是源信令点编码(origination point code，OPC)和目的信令点编码(destination point code，DPC)。OPC 表示消息的发源地信令点，即呼叫发起方；DPC 表示消息的目的地信令点，即被呼叫方。

(4)SS7 第四层，SCCP，其主要作用是为基于 TCAP 的业务提供传输层服务。其主要功能包括：在 MTP-3 的基础上为上层应用提供无连接和面向连接的网络服务；基于全局码(如 800 号码)的地址翻译能力。MTP-3 只能根据目的信令点编码来进行寻址转发，不能直接使用全局码进行寻址，因而 SCCP 的全局码翻译功能负责将全局码翻译成一个目的信令点编码和子系统号，利用翻译后的地址信息，网络可以进行正确的寻址。

(5)SS7 第五层，TCAP，实现不同的电话服务提供商之间的通信。

(6)SS7 第六层，OMAP，其主要功能是进行各种测试确保网络正常运行。

(7)SS7 第七层，ISUP，可以直接与 MTP-3、SCCP、TCAP 和 OMAP 进行通信。SS7 用户通过该层研究网络性能，进行故障诊断等。

共有 59 种不同的 ISUP 消息，我们只对下面五种消息进行讨论：IAM、ACM、ANM、REL 和 RLC。

(1)初始地址消息(initial address message，IAM)：呼叫建立时第一个发送的消息，即用户已经拨号。

(2)地址全消息(address complete message，ACM)：表示已发现被叫用户，电话正在振铃。

(3)应答消息(answer message，ANM)：呼叫已应答，即被叫方已经摘机。

(4)释放消息(release message，REL)：呼叫发起方或被呼方挂断电话，表明由于某种原因要求释放线路。

(5)释放完成消息(release complete message，RLC)：该消息是对 REL 消息的响应，中继线路释放完毕，可供其他通话使用。

SS7 网络故障诊断

一个典型的电话网络每秒钟会收到上千条信令消息。技术人员可以使用协议分析仪(protocol analyzer)对这些信令消息进行分类分析以确定网络是否存在问题。图 9-18 给出了泰克(Tektronix)K15 协议分析仪的工作界面。下面是分析仪面板上的各列信息。

第 1 列：信令消息的编号。

第 2 列：消息接收时间。观察前两列可以看出，在一条监测链路上，1s(1：53：35 p.m.～1：53：36 p.m.)之内，接收到 30 条消息(14891～14921)。

第 3 列：SS7 层名称。这里显示的是 MTP-2 层，即差错检测层。

第 4 列：消息单元的类型。这里是 MSU，即消息信令单元。

第 5 列：ISUP 消息，即第七层消息。

第 6 列：ISUP 消息的类别。在这里我们着重分析 REL 消息。

第 7 列：REL 原因。共有 35 种通话释放的原因，其中最常见的是"正常释放"，即谈话结束，一方挂断电话。

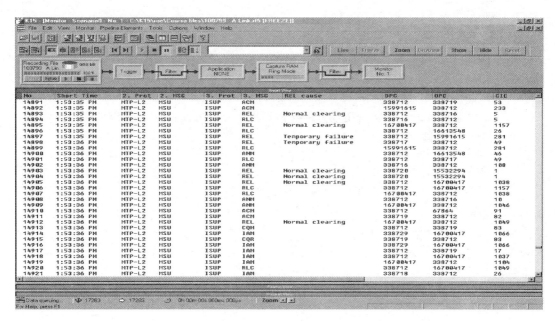

图 9-18　泰克 K15 协议分析仪捕捉到的电话系统信令消息

　　第 8 列：DPC（目的信令点编码），表示被叫方。

　　第 9 列：OPC（源信令点编码），表明呼叫发起方。

　　第 10 列：CIC（线路识别码），标记中继线。

　　下面对暂时故障（temporary failure）引起的 REL 消息进行研究，如图 9-19 所示。从图中可以看出，在 6min 的时间内，有 24 路通话发生了呼损。这样，一个小时会有 240 路通话呼损，一天会有 5760 路通话发生呼损，一年内会有超过 200 万路通话呼损。这只是一条线路的情况，按照每一个交换中心平均有 30～40 条线路来计算，每年大约有 6～8 千万路通话遭到呼损，经济损失约 7.25 万美元。

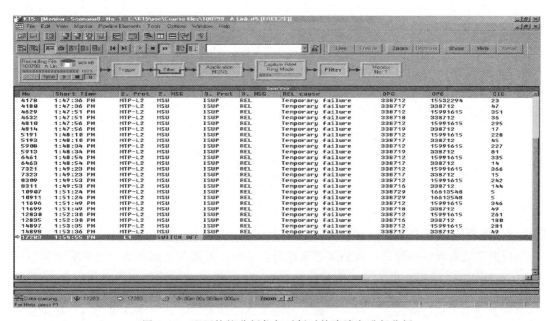

图 9-19　配置协议分析仪仅对暂时故障消息进行分析

9.7 故障诊断

数字信号以各种各样的形式在电子学中广泛使用。本节主要研究数字脉冲，以及噪声、阻抗和频率对脉冲的影响。数字通信中的故障诊断要求技术人员能够判断数字脉冲的失真，并明确失真原因。

通过对本节内容的学习，希望读者能够做到以下几个方面：

- 识别一个好的脉冲波形；
- 识别频率失真；
- 明确阻抗对方波的影响；
- 明确噪声对数字信号波形的影响。

9.7.1 数字波形

方波信号的数字波形如图 9-20 所示，方波是一种周期性的波，表现为波形极性的正负交替。理想方波具有垂直的跳变边沿。这些垂直的边沿代表信号的高频分量，波形平坦的顶部和底部代表信号的低频分量。方波由基频信号和无限的奇次谐波分量构成，如第 1 章所述。

图 9-20 占空比为 50% 的理想方波信号

图 9-21 描绘的是非理想方波的波形。正如前面已经提到的，理想方波在高和低两个幅值之间是瞬时变化的，实际上，由于波形发生系统的物理局限性，这永远不可能实现。非理想方波的幅度跳变边沿不是垂直的，而是一个轻微的斜坡，因为信号从低值跳变到高值需要时间，反之也同样。图 9-21 所示的波形的正负极性分别由正负脉冲表示。上升时间是指脉冲由低到高变化所需的时间，通常测量脉冲从幅度的 10% 上升至 90% 所需的时间。下降时间是指脉冲由高到低变化所需的时间，通常测量脉冲从幅度的 90% 下降至 10% 所需的时间。脉冲幅度是指脉冲的最高电压与最低电压的差值。不同的电路条件通常产生不同的脉冲波形。

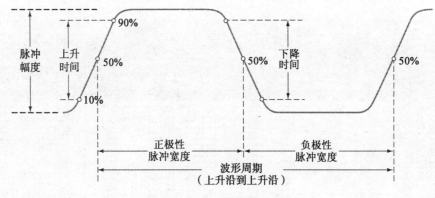

图 9-21 非理想方波

9.7.2 噪声对脉冲的影响

根据之前对噪声的讨论，我们知道噪声与信号的关系通常是相加的。噪声叠加对信号的影响如图 9-22 所示，由于噪声的叠加效应，一个理想方波的波形发生了如图 9-22 所示的变化，噪声改变了脉冲幅度。噪声严重到一定程度时，逻辑电路有可能将噪声正、负性的脉冲判别为信号的高、低电平。合理的噪声补偿技术、噪声屏蔽技术，以及特定的环境能有效减少噪声。如果对数字波形进行测试发现由于噪声的影响出现波形退化，那么就要检查补偿电路进行故障排除、采用噪声屏蔽技术等减少噪声的影响。

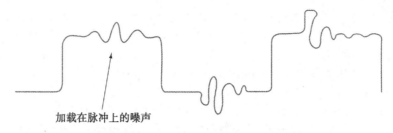

加载在脉冲上的噪声

图 9-22　噪声对脉冲的影响

9.7.3　阻抗对脉冲的影响

图 9-23 描绘了传输线阻抗失配对方波脉冲的影响。图 9-23(a)所示的失真是由电路所用阻抗低于所需阻抗引起的。举个例子，如果采用 RG-58/AU 同轴电缆来传输数字脉冲，电缆长度的缩短或将其中一个连接头的电阻降低，都会引起电缆中传输的数字脉冲发生低阻抗失真。图 9-23(b)所示的失真发生在方波波形的顶部和底部，称为振铃。振铃是高阻抗对脉冲影响的结果。如果在传输线上引入高阻抗，振铃就会发生。高 Q 值的振荡回路通常会引起振铃。通过调整 Q 值、控制传输线路在合适的长度终止，就能将失真的波形调整回到正常波形，如图 9-23(c)所示。采用合适校正补偿技术，能够降低阻抗对通信设备(如发射机、接收机和数据处理电路)的影响。

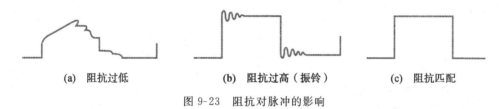

(a)　阻抗过低　　　　　**(b)　阻抗过高（振铃）**　　　　　**(c)　阻抗匹配**

图 9-23　阻抗对脉冲的影响

9.7.4　频率对脉冲的影响

如果放大器具有足够的带宽，那么数字脉冲通过该放大器时不会发生失真，对于传输线路也同样。图 9-24(a)所示的脉冲没有发生任何形式的失真。图 9-24(b)所示波形顶部和底部的电压下降是由低频衰减引起的，即信号中的高频谐波分量无失真地通过，低频分量发生衰减。通信电路上的电容会引起低频失真。低频补偿网络故障也会引起脉冲波形中的低频分量发生衰减。

高频失真对应于数字方波中的高频谐波分量损失，表现为脉冲跳变边沿变得圆滑，如图 9-24(c)所示。如果传输媒介的带宽很窄，以至于不能让脉冲全部通过，此时损失的往往是高频分量。电路中某些元器件的值改变，如线圈长度、电容、电阻值的增加或减小往往会改变电路的带宽。振荡回路中电容器的短路或开路都会引起信号高频分量的损失。

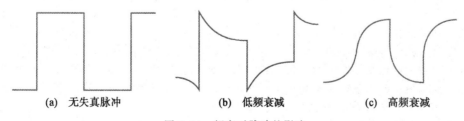

(a)　无失真脉冲　　　　　**(b)　低频衰减**　　　　　**(c)　高频衰减**

图 9-24　频率对脉冲的影响

9.7.5　眼图

另外一种评估数字系统性能的技术称为眼图(eye patterns)。由于示波器的余辉作用，对接收到的每一个数字信号进行扫描，产生的波形重叠在一起，从而形成眼图。叠加后的图形形状看起来和眼睛很像，故名眼图。眼图的形状各种各样，通过眼图的形状特点可以快速判断信号的质量。

图 9-25 列举了几个形状各异的眼图。在无码间串扰和噪声的理想情况下，波形无失真，码元将重叠在一起，最终在示波器上看到的是迹线又细又清晰的"眼睛"，"眼"开启的最大。当有码间串扰存在时，波形失真，码元不完全重合，眼图的迹线就不会清晰，引起"眼"部分闭合。若再加上噪声的影响，则眼图的线条变得模糊，"眼"开启的小了，因此，"眼"张开的大小反映了信号失真的程度，表示码间串扰的强弱。此外，频率抖动和相移也会表现在眼图中。眼图能直观地表明码间串扰和噪声的影响，可评价一个基带传输系统的性能。另外，可以参考眼图对接收滤波器、电路和天线的特性加以调整，以改善系统的传输性能。

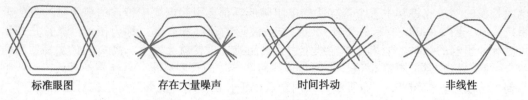

标准眼图　　　　　存在大量噪声　　　　　时间抖动　　　　　非线性

图 9-25　眼图

总结

本章主要讨论了有线电话系统。尽管计算机网络和电话网络日益融合，而且本章所述电话网络中的一些基本原理也适用于其他全球电话网络，甚至是其他类型的通信网络，但是将电话系统与其他类型的通信区分开来，进行独立研究是值得的。

通信网络的设计者通常很关心资源的高效利用，因此他们大多专注于网络的使用模式和资源配置。运营商通常关心的是业务量测量和拥塞控制，电话业务量的测量可以选择以爱尔兰为单位，也可选择以百秒呼为单位。

中心交换局到用户端的接口通常是模拟的，但是从中心交换局，经过整个系统，到达目的端，所有的呼叫都被转换为数字形式。因此，需要对通信链路和协议进行研究，使其具备握手、线路控制，以及其他必需的系统功能。

对于任何数字通信系统，线路编码都是一个关键的内容。线路编码实现了发射端和接收端的时钟同步，去除了系统元器件一致性的要求，并且提供了一定程度的差错检测功能。现在有很多类型的线路编码都在使用，线路编码的选择很大程度上取决于可用带宽和时钟重建的次数，因此对系统的频率稳定性有要求。电话系统中主要使用两种线路编码，即传号交替反转（AMI）码和双极信号 8 零替换（B8ZS）码，后者的使用越来越广泛。B8ZS码的优点在于它不会传输一长串的逻辑 0 电平，从而增加了码的同步能力。

根据 T 载波系统的规定，时分复用后的话音业务和其他类型的数据分布在不同的时隙中传输。T 载波系统具有分层结构，最低层是 64kb/s 的话音信道，层级越高，数据的复用能力越强，从而数据传输速率越高。DS-1 规定的数据传输速率为 1.544Mb/s，它将 24路 8kb/s 的话音信道复用在一起。使用两种类型的成帧技术，D4 或 ESF。多个 DS-1 信道可以进一步复用，成为数据速率更高的 DS-3 信道。T 载波系统主要在北美使用，世界上的其他地区采用的是 E 载波系统。

电话系统主要采用电路交换网络。但是随着电话网和计算机网络的不断融合，衍生出了分组交换网络。帧中继网络便是一种分组交换网络，它在可靠的数据线路上进行数据流的传输。另外一种分组交换技术是 ATM 网络，数据分组经过交换中心的处理送到条件最优的线路上进行传输。ATM 采用面向连接的工作方式，虚通道连接和虚信道连接。ATM

服务可以分为 5 类。

世界范围内的公共交换电话网络，无论是有线网络还是无线网络，均采用 No. 7 信令系统进行相互通信。信令系统负责呼叫管理，包括呼叫的建立和拆除，路由及计费管理。SS7 采用物理上的带外信令，是指信令网络完全独立于话音网络。

习题与思考题

9.1 节

1. 描述将电话系统直接应用于计算机网络的基本局限性。

9.2 节

2. 列出电话电路中必须使用的三类信号电平。

3. 描述电话呼叫建立到呼叫完成整个过程中的事件序列。

4. 使用电话系统中常用的两种方式将你的电话号码转换成两种电信号。

5. 什么是 PBX？其功能是什么？

6. 列举 BORSCHT 功能。

7. 解释衰减失真的原因。

8. 试定义加感电缆。

9. 什么是 C2 线路？列举其技术规定。

10. 什么是中继器？它们什么时候用在 T1 线路上？

11. 定义衰减失真。

12. 定义延迟失真，并解释其原因。

13. 描述 3002 信道对于包络延迟的规定。

14. 为什么电话线路被广泛用于传输数字信号？解释这种用法相关的问题。

15. 什么是电话业务量？什么是忙时电话业务量？

16. 用于表示电话业务量的两个单位分别是什么？

17. 什么是拥塞？

18. 什么是服务等级？技术人员怎样解释或看待服务等级？

19. 怎样测量服务等级？当该值很低时说明什么问题？

20. 连续观测业务量的意义是什么？

9.3 节

21. 描述同步和异步通信信道的区别，并给出两种信道的例子。

22. 描述通信协议的作用。

23. 将话音信号进行编码后再传输与直接传输相比有哪些方面的优势？有哪些可能的劣势？

24. 定义编码和比特。

25. 描述下面四种编码方法的特点：NRZ、RZ、二进制相位编码和多电平二进制编码。

26. 画出信号"11010"在 NRZ-L 编码、双相 M 编码、差分曼彻斯特编码和 RZ 双码方式对应的波形。

27. 双极性编码和单极性编码的区别是什么？

28. 哪一种编码方式具有自同步功能，解释其编码过程。

9.4 节

29. 描述在串行通信信道上传输数据时所用的 TDMA 技术。

30. 保护时间的作用是什么？为什么在 TDMA 系统中一定要引入保护时间？

31. 画出 TDMA 系统的原理框图。对于复用频率有什么特殊的要求吗？试描述该要求。

32. 列出 T 和 DS 载波的数据速率。

33. 一条 T1 线路上可以承载多少路电话呼叫？为什么 T1 线路的数据传输速率为 1.544Mb/s？

34. 定义分式 T1。

35. 定义入网点。

36. CSU/DSU 的作用是什么？

9.5 节

37. 描述分组交换原理，什么是统计聚集？

38. 解释帧中继网络的工作原理。该网络中采用了什么技术增加了数据吞吐量？该技术为什么可行？

39. 什么是 ATM？为什么采用该技术数据能够进行高速数据传输？

9.6 节

40. 试从信令带内传输和带外传输的角度，比较 SS7 与 ISDN 的逻辑和物理配置。

41. ISDN 用到了 OSI 参考模型的哪些层？

42. SS7 用到了 OSI 参考模型的哪些层？

43. OSI 参考模型中的哪几层可以与其余四层直接通信？其余四层分别是什么？

44. 写出并描述 5 种类型的 ISUP 消息。

45. 什么类型的测试设备经常用于 SS7 网络的故障诊断？

46. 什么是 OPC？

47. 什么是 DPC？

48. 什么是 CIC？

49. 有多少种不同的情况会发送 REL 消息？最常见的情况是什么？

第10章
无线通信系统

过去，模拟无线电广播、电视广播和双向无线电应用曾经在无线通信领域占据主导地位，但现在这一领域出现了各种类型的数字无线系统。其中最为人瞩目的当属蜂窝电话，其实用性和功能在无线通信领域是不可替代的。其他无线通信系统的应用也同样普遍。以无线局域网和蓝牙为代表的短距离无线通信系统，在拥挤的频段内通常采用宽带调制技术。毋庸置疑，低成本的数字信号处理集成电路的研究和广泛应用不断推动无线通信的发展。本章着重介绍无线通信系统及其相关应用，并讨论未来无线通信系统的发展趋势，即向软件无线电的大规模过渡。

10.1 无线计算机网络

10.1.1 无线局域网

计算机网络通常使用双绞线和光纤作为数据链路。有线网络将在第11章进行详细论述，本章着重介绍得到广泛应用的各类无线网络协议标准，特别是 IEEE 802.11 技术标准。

现在，网络的无线访问展现出越来越多的优势，其中用户移动性和成本效益方面的优势尤为突出。移动性使得用户对于办公地点的选择更加灵活，在有网络覆盖的工作场所，可以选择任意地点接入网络，访问网络中的信息变得和从磁盘读取信息一样方便。在办公室或家庭环境中，与搭建固定的有线网络相比，组建无线网络的性价比更高。现在得到广泛应用的无线局域网（wireless local-network，WLAN）的首个标准是电气和电子工程师协会（Institute of Electrical and Electronics Engineers，IEEE）于 1996 年制定的。

IEEE 802.11 无线局域网标准定义了开放系统互联（open systems interconnection，OSI）参考模型的物理层和介质访问控制（media access control，MAC）层，同时也定义了MAC 管理协议与服务。第11章将会详细介绍 OSI 参考模型。物理层的定义主要涉及数据传输方法（无线电波传输或红外传输），MAC 层的定义涉及数据传输的三个方面：数据服务的可靠性、无线媒介的访问控制以及数据私密性。此外，IEEE 802.11 还定义了关于认证、关联、数据传输和保密的无线管理协议和服务。随后又有大量的 802.11 标准被制定出来，每一个标准以后缀来区分，并定义了不同的工作频段、最大数据速率、接入方法（如直接序列扩频、跳频扩频、正交频分复用）和最大工作范围。无线网络中研究最完善、应用最广泛的标准是 IEEE 802.11a、IEEE 802.11b、IEEE 802.11g 和 IEEE 802.11n。这里我们主要介绍无线电频谱、频谱接入和调制特性等相关内容，有线和无线计算机网络的搭建、操作、拓扑配置等内容将在第11章予以讨论。

IEEE 802.11b

无线网络中首个得到广泛应用的标准是 IEEE 802.11b。该标准的数据传输速率最高可达 11Mb/s，也可根据实际情况，如出现信道损伤或指定工作范围为 100m 时，采用 5.5Mb/s，2Mb/s 和 1Mb/s 的数据传输速率。IEEE 802.11b 使用 2.4GHz 的 ISM 频段（Industrial，scientific and medical band），无需许可证。如第8章所述，开放给工业、科学和医疗 3 个机构使用的 ISM 频段，共分为 11 个信道，为每个信道分配 5MHz 的可用带宽，总带宽为 83.5MHz。表 10-1 列出了北美的频段分布。IEEE 802.11b 标准规定发射器的辐射功率不超过 1000mW，标称功率为 100mW。

IEEE 802.11b 采用差分正交相移键控(differential quadrature phase-shift keying，DQPSK)的调制方式达到最高的数据传输速率。根据第 8 章的内容，差分键控方案的优势在于数据解调时无需恢复相干载波，从而使得接收机的实现比较简单。同时，由于 QPSK 具有 $2b/(s \cdot Hz)$ 的最优频谱效率，因此，除最低数据传输速率以外，其余数据传输速率所对应的带宽都大于表 10-1 所示的 5MHz 的信道频率间隔。实际上，每个信道带宽为 22MHz，这就引起很大程度上的频率重叠，为解决这一问题，当多个信号共存于同一频段内时，采用直接序列扩频(direct-sequence spread spectrum，DSSS)方式进行信道接入。

表 10-1　DSSS 信道

信道编号	频段/GHz	信道编号	频段/GHz
1	2.412	7	2.442
2	2.417	8	2.447
3	2.422	9	2.452
4	2.427	10	2.457
5	2.432	11	2.462
6	2.437		

所谓"随机码"，就是无论这个序列有多长，都不会出现循环现象，而"伪随机码"是在码长达到一定程度时会从其第一位开始循环，由于出现循环的长度相当大，例如 CDMA 采用 42 位的伪随机码，重复的可能性为 4.2 万亿分之一，所以可以当成随机码使用。伪随机码是一种高比特率的序列。从前面关于 DSSS 技术的讨论可以看出，由于伪随机扩频码的比特率高于所传输信息的比特率，因此采用伪随机扩频码会增加已调信号的带宽。伪随机码中的比特率称为码片速率(chipping rate)，独立的单个比特称为码片(chip)。每一个数据比特在传输中要用多个码片进行编码：如果数据比特是"1"，那么与之相对应的那一组码片比特翻转；如果数据比特是"0"，那么对应的码片比特不翻转。将编码完成后的码片比特用第 8 章中讨论的任何一种调制方法调制到无线电载波上。第一次执行时，IEEE 802.11b 标准将比特率调整为最大可达 2Mb/s；在占用同样带宽的情况下，扩频码的码速率越高，数据吞吐量越大。

IEEE 802.11b 标准规定，在数据传输速率为 5.5Mb/s 和 11Mb/s 时，要在相同的码片速率、相同带宽下获得更高的数据传输速率，可使用一种称为互补码键控(complementary code keying，CCK)的调制方式，产生长度为 8 个码片的扩频码，码片传输速率为 11 兆片/s。一个符号由 8 个码片组成，那么符号传输速率为 11 兆片/s÷(8 片/符号)＝1.375 兆符号/s，从而调制信号占用了几乎与 2Mb/s 数据传输速率情况下相同的带宽。由 8.5 节可知，信号可以由振幅和相位来定义，用 I/Q 空间中的实分量和虚分量来表示，其中，I 代表同相分量或实分量，Q 代表 90°相移分量或虚分量。CCK 码字采用的补码序列为四相位，码字中每个元素都是复数，有 0，$\pi/2$，π 和 $3\pi/2$ 四种相位，码字的码长为 8 位。8 位的四元码字共有 $4^8＝65536$ 个。但在编码空间中满足互补码序列定义、性质且互相正交的码字只有 64 个，所以只能从这 64 个码字中选取合适的码字来调制数据信号，这样就可以实现 1.375Mb/s 的符号速率，数据传输速率达到最高的 11Mb/s。在 5.5Mb/s 的低数据传输速率情况下，4 位的 CCK 扩频码即可满足需求。CCK 采用了补码序列的软扩频调制方式，它能够以高速率传输数据并有效地克服多径效应、窄带干扰和频率选择性衰减带来的影响，体现了补码序列的优良特性。由于 CCK 码中可选用码字比较多，且具有良好的正交特性，码字之间的交互干扰很小，这使得接收端译码方便。

当信道或接收机性能下降时，IEEE 802.11b 自动降低数据传输速率。在低数据传输速率(1Mb/s或2Mb/s)时，采用 DSSS 方案，使用 11 比特的扩频序列，即巴克(Baker)码来扩大数据传输速率及信号带宽，在每一个数据比特与 11 位的巴克码序列(10110011000)之间进行"异或"(XOR)运算，使得扩频以后的信号序列与占用相同频谱的其他信号序列相似的概率很小。数据传输速率为 2Mb/s 时，采用 DQPSK 调制；数据传输速率为 1Mb/s 时，采用 DBPSK 调制。由图 8-26 可知，BPSK 调制在低信噪比时性能较好，这就解释了为什么在最不利的信号条件下往往采用最简单的调制技术。

IEEE 802.11a

IEEE 802.11b 所使用的 2.4GHz 频段被多种技术和多个设备共享，包括蓝牙网络、无绳电话、WLAN，以及微波炉。来自这些设备的射频会引入噪声，从而影响无线数据的接收。IEEE 802.11a 标准显著改善了无线性能，因为设备工作在拥挤度较低的 5GHz 频段，其中存在较少的干扰。

IEEE802.11a 标准采用正交频分复用(orthogonal frequency division multiplexing, OFDM)技术在 12 条可能的无线信道上传输数据，为每个信道分配 20MHz 的带宽。这些信道位于非许可的国家信息基础设施(U-NII, unlicensed national information infrastructure)频段中，由联邦通信委员会预留的频段构成，支持高速短距离无线通信。表 10-2 列出了 IEEE 802.11a 标准工作的频段。表 10-3 列出了 IEEE 802.11a 的发射功率水平。

表 10-2 IEEE 802.11a 标准的信道和工作频段

	信　道	中心频率/GHz		信　道	中心频率/GHz		信　道	中心频率/GHz
低频段	36	5.18	中频段	52	5.26	高频段	149	5.745
	40	5.20		56	5.28		153	5.765
	44	5.22		60	5.30		157	5.785
	48	5.24		64	5.32		161	5.805

根据第 8 章的介绍，OFDM 采用较低的速率在多个并行的子载波上传输数据，这些子载波彼此正交。在每一个 20MHz 的无线信道内，IEEE 802.11a 数据位在 52 个并行的子载波上发送，48 个子载波携带数据，4 个子载波用于同步控制和纠错编码，每一个子载波宽度约为 300kHz。IEEE 802.11a 工作在 5GHz 的 ISM

表 10-3 802.11a 标准规定的 6dBi 增益天线的最大发射功率水平

频　段	功率水平
低频段	40mW
中频段	200mW
高频段	800mW

频段内，其数据传输速率可达 54Mb/s，并能自适应减小到较低的速率。不同的数据传输速率对应于不同的调制方式，在最低传输速率 6Mb/s 时，采用 BPSK 调制，12Mb/s 对应于 QPSK 调制。更高的数据传输速率对应于更高阶的 M 进制调制技术。例如，速率为 24Mb/s 时采用 16QAM 调制，在最高传输速率 54Mb/s 时，采用 64QAM 调制。

IEEE 802.11a 设备与 IEEE 802.11b 不兼容，这样带来的优势是 IEEE 802.11a 设备或链路不会与邻近的 IEEE 802.11b 设备或链路相互干扰。由于采用了 OFDM 技术，IEEE 802.11a 增加了设备成本，同时也增加了功率消耗，这是其缺点。大功耗会影响电池寿命，因此成为移动用户所关注的要素。同时，IEEE 802.11a 的最大可用距离(射频覆盖范围)约为 IEEE 802.11b 的一半。

IEEE 802.11g

另一个 IEEE 802.11 无线标准是 IEEE 802.11g。与 IEEE 802.11a 类似，IEEE 802.11g 标准也采用 OFDM 技术以支持高达 54Mb/s 的数据传输速率，但是 IEEE 802.11g 仍旧使用 2.4GHz 这个频段，这一点与 IEEE 802.11b 相同。IEEE 802.11g 设备与 IEEE 802.11b 设备兼容，这意味着 IEEE 802.11b 无线客户端可以与 IEEE 802.11g 的接入点进行通信，同时 IEEE 802.11g 的无线客户端可以与 IEEE 802.11b 的接入点进行通信。

最明显的优势在于已经配备有 IEEE 802.11b 无线网络的公司或部门可以通过 IEEE 802.11g 达到更高的数据速率，而不用牺牲网络的兼容性。事实上，一些制造商同时支持 2.4GHz 和 5.8GHz 的标准。

IEEE 802.11n

IEEE 802.11n 是一种最新的无线标准，即使在不利的条件下它仍然能够保持最高的数据速率。与 IEEE 802.11g 类似，IEEE 802.11n 标准工作在 2.4GHz 频段，并且使用 OFDM 技术。与其他标准不同的是，IEEE 802.11n 在发射端和接收端使用多天线以建立大量的无线数据传输路径。这种技术定义为多输入多输出（multiple-input multiple-output，MIMO），与单条路径的方法相比，多条路径提供了更高的数据速率。同时，接收端的信号处理算法利用所接收到的每一个信号的特征估计信号的衰减类型和衰减量并做出补偿。上述技术优化了链路质量。

MIMO 将一种称为空间分集的传统技术的改进版本与数字信号处理的最新进展紧密结合。在空间分集系统中，从发射天线发出的无线电波，不可避免地沿不同路径达到接收天线。除了直线路径传播，信号还会被路径上的多个物体反射，这些路径上的信号到达接收天线的时间稍迟于视距传播信号到达的时间。各个路径电波到达接收天线的时间不同，相位也就不同。不同相位的多个信号在接收端叠加，有时是同相叠加而加强，有时是反相叠加而减弱。在分集接收方案中，两个或多个接收天线在空间上相互分离，接收天线之间的相隔距离由波长确定。由于信号经过不同路径的到达时间有轻微的不同，当某一副接收天线的输出信号很低时，其他接收天线的输出不一定在该时刻也出现幅度低的现象，经相应的后续处理从中选出信号幅度较大、信噪比最佳的一路，得到一个总的接收信号，以此减小多径传播的影响。

与简单的空间分集技术相比，MIMO 是一个重大进步，因为它不是在多个路径上传输同样的信息再依靠接收机将这些数据流进行组合的。在 MIMO 技术中，每个路径上传输不同的数据，因为天线是空间分离的，而且它们之间相距距离至少为一个波长，各条传输路径也是分离的。收发两端同时配置多个天线。图 10-1 绘制了一个典型的 MIMO 系统原理框图，该系统配有 2 个发送天线，3 个接收天线。类似地，也可以有其他的天线阵列：2×2，2×4 等。被传输的基带信号首先要经过相关的信号处理，之后这些数据才能被分成并发的多个数据流进入 DSP 模块，调制器和天线。信号处理的目的是创建相互独立的数据流，但是这些数据流又具有鲜明的特征使得接收机能够恢复出原始的数据符号流。接收机天线相互分离，之间相距一个波长。每一个接收机天线可以接收到所有路径上的信号，包括经视距路径传输的信号和经反射路径传输的信号。

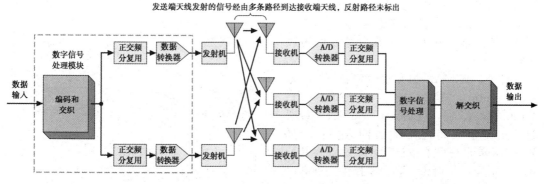

图 10-1 2×3MIMO 系统原理框图

MIMO 技术依赖于先进的 DSP 算法，这些算法能够识别出所有传输信号的特征，其中包括由发射机与接收机之间不同传输路径所引发的相位差别。接收端的 DSP 算法并不像传统的分集技术一样只是简单地选出最优接收信号，而是收集所有接收信号的特征，然后将这些特征以某种方式组合，以补偿在所有发射-接收路径上的信号衰减。在 DSP 模块内部，同时计算多个方程，调用矩阵求逆算法，以及进行统计相关性分析，所得结果用在每个接收机路径上进行信号补偿或纠错。这种处理方式能够最小化多径影响，并且能够恢复出在一个发射机和一个接收机情况下有可能丢失的信息。上述功能的实现均在一块芯片上，由 DSP 模块完成。现在的集成化设计能够直接、经济地实现之前由多个电路都不可能实现的功能。MIMO 技术所带来的数据吞吐量的极大增加以及系统的稳定性使得这种技术不仅在局域网中得以探索发展，更是下一代（即 4G）移动通信系统广泛采用的关键技术。

前面讨论的所有无线局域网，均采用一种称为带有冲突避免的载波侦听多路访问（carrier sense multiple access with collision avoidance，CSMA/CA）协议，以试图避免访问冲突。在 CSMA/CA 协议中，发送方开始发送新的帧以前，要先等待来自接收方的对于前一个数据帧的确认。如果发送方没有收到确认信息，则认为传输发生了错误，发送方将重传该帧。

图 10-2 给出了一个 IEEE 802.11b 办公室无线 LAN 的例子。每一台计算机上都有一个模块可以与无线 LAN 适配器（wireless LAN adapter，WLA）相连，或者连接到计算机网卡上的以太网接口，或者将该适配器直接插在计算机主板上。无线 LAN 适配器采用低增益（2.2dBi）的偶极天线，与另一个称为接入点（access point）的无线设备直接通信。接入点是无线局域网与有线网络之间的接口。

10.1.2 WiMAX

全球微波互联接入（worldwide interoperability for microwave access，WiMAX）是一项新兴的宽带无线接入技术，提供面向互联网的高速连接，也为 2～66GHz 频段的"最后一英里"网络提供了一种宽带无线访问（broadband wireless access，BWA）方案。BWA 对于固定站点的访问距离可以达到 30mile（1mile≈1.6km），然而移动 BWA 的访问距离仅仅为 3～10mile。国际上，WiMAX 的标准工作频段为 3.5GHz，但是美国使用 5.8GHz 和 2.5GHz 频段。也有研究小组对 WiMAX 进行调整，将其应用在 700MHz 频段，在该频段内传输的信息不易发生信号阻塞，但是低的频段会引起带宽的减小。

WiMAX IEEE 802.16a 标准修订后支持非视距链路传输（nonline-of-sight，NLOS），它采用了运行在 2～11GHz 频段的 OFDM 技术。OFDM 系统利用多个频率进行数据传输，使得多径传输的影响最小化。一些频率之间可能会存在干扰问题，但是系统可以选择最优的频率进行数据传输。

WiMAX 支持多种信道（例如：3.5MHz，5MHz 和 10MHz），同时 WiMAX 的标准也具有适应性，并且能够支持最高的数据传输速率。比如，分配的信道带宽为 6MHz，WiMAX 能够灵活调整信道带宽以使用该信道。

此外，WiMAX 的介质访问控制（media access control，MAC）层不同于 IEEE 802.11 Wi-Fi的 MAC 层，区别在于 WiMAX 系统通过一次竞争获得网络的访问入口。一旦 WiMAX 单元获得了该访问，基站就为其分配一个时隙，从而为 WiMAX 提供一种有序访问网络的机制。在下行链路上，WiMAX 对数据流进行时分复用（time-division multiplexing），在上行链路上采用时分多址，集中化的信道管理机制确保时间敏感数据能

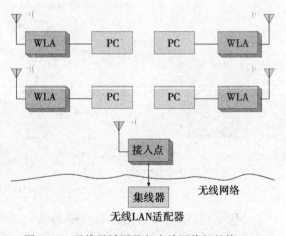

图 10-2　无线局域网及与有线网络间的接口

够尽可能快地得以交付。另外，WiMAX 工作在零冲突的环境中，提高了信道吞吐量。

10.1.3 蓝牙

蓝牙技术初次发布于 1999 年 7 月。现在所有消费类电子设备，从手机和笔记本电脑到耳机、打印机、键盘、鼠标、游戏机、音乐播放器、导航设备等都在使用蓝牙。蓝牙协议使这些设备能够互相发现并连接，从而安全地传送数据。蓝牙运行在 2.4GHz 的 ISM 频段上，之前通过线缆传输的信息现在可以使用蓝牙进行传输。2.402～2.480GHz 频段被分成 79 个信道，每个信道宽 1MHz。为了与使用 ISM 频段的其他网络共存，蓝牙使用了伪随机跳频扩展技术，每秒 1600 跳，驻留时间为 $625\mu s$。

蓝牙有三个输出功率等级。表 10-4 列出了每一个等级所对应的最大输出功率和操作距离。

表 10-4　蓝牙输出功率等级

功 率 等 级	最大输出功率	操 作 距 离
1	20dBm	～100m
2	4dBm	～10m
3	0dBm	～1m

一个蓝牙设备可以通过查询过程(inquiry procedure)来确定是否存在其他的蓝牙设备在等待被发现并连接。蓝牙使用专有信道进行查询请求和响应。

在一个蓝牙设备被发现以后，它会回发一个查询响应给发起该查询请求的蓝牙设备，之后设备进入寻呼过程(paging procedure)。

寻呼过程用于在两个蓝牙设备之间建立并同步连接。一旦连接建立完成，蓝牙设备便构成了一个微微网(piconet)。微微网是蓝牙系统的基本单元，是一个最多包含 8 个蓝牙设备(比如：计算机，鼠标，无线耳麦，耳机等等)的 ad-hoc 网络。在一个微微网中，一个蓝牙设备(主节点)控制时钟，所有其他的蓝牙设备都是从节点。

根据蓝牙协议的不同版本，可以选择两种调制方式。蓝牙 1.2 及其以下版本采用高斯滤波频移键控(frequency-shift keying，FSK)，在二进制水平上进行 ±160kHz 频移。这种调制方法支持的最大数据传输速率为 1Mb/s，其中 723.2kb/s 用于单工传输用户数据，另外的 276.8kb/s 分配给头文件，用于纠错或者检测。对于双工的应用，比如蜂窝电话的无线耳麦，数据传输速率减小到 433.9kb/s。

新的蓝牙 2.0 版本引进了增强型数据传输速率(enhanced data rate，EDR)，总数据传输速率可以达到 3Mb/s，通过使用不同的调制方式，用户数据传输速率高于 2.1Mb/s。为了保持与早期版本的兼容性，最开始的设置、寻呼和连接建立过程仍旧采用高斯 FSK。连接建立以后，蓝牙设备切换到 $\pi/4$ 差分相移键控($\pi/4$DQPSK)调制用户数据。根据第 8 章的内容，$\pi/4$DQPSK 是一种偏移调制，由于前后信号星座图的转移不经过原点，从物理意义上考虑，这就意味着信号包络线具有较小的起伏。基于此，蓝牙设备能够配备更低线性性、更高效的功率放大器。为了便携操作，效率对于蓝牙设备尤其重要。类似于 IEEE 8020.11b，EDR 蓝牙中采用的差分调制避免了相干载波恢复的需要，这就使蓝牙设备可以配备更简单的接收机。

10.1.4 紫蜂

蓝牙是无线个域网(personal-area network，PAN)的一个例子，蓝牙设备建立连接以后构成的 ad-hoc 网络称为微微网。网络拓扑为星形，主节点控制时钟，与从节点进行通信。另外一种受到广泛欢迎的 PAN 技术是紫蜂(ZigBee)，它是一种传输速率低、能量消耗小的应用。ZigBee 技术基于 IEEE 802.15.4 无线标准，该标准定义了无线设备物理层和介质访问控制层的要求。"紫蜂"用于命名那些基于该无线标准并且由 ZigBee 联盟成员生产的设备。ZigBee 联盟成员不仅供应软硬件设备，他们也规定 Zigbee 设备更高层次的功能，包括网络和数据安全性能。

不同于蓝牙设备所提供的较高的数据传输速率，ZigBee 技术的速率比较低。它通常应用于智能建筑、远程监控与控制等，这些应用通常要求较高的网络稳定性，但不需要高的数据吞吐量。其可达的数据传输速率取决于所采用的无需许可证的 ISM 频段：868MHz（仅欧洲使用），915MHz，或 2.4GHz。表 10-5 列举出了每一个频段所对应的调制方法和可达数据传输速率。

表 10-5   ZigBee 频段、调制方法和数据传输速率

频 段	信道数量	数据传输速率(kb/s)	调 制 方 法
868MHz	1	20	BPSK
915MHz	1	40	BPSK
2.4GHz	16	250	OQPSK

显然，最低的频段对应最低的数据速率，因为这些频段的可用带宽最小。直接序列扩频在全频段内使用。类似于 IEEE 802.11 设备，ZigBee 的接入方式也是 CSMA/CA。

最大通信距离与频率、数据速率成反比。在最高频段 2.4GHz 内，通信距离可以从室内环境下的 30m 变化到室外视距传输的 400m。在最低的频段内，室外通信距离（仍旧假设是清晰的视距传输）可以扩展到 1000m。目前，工作频段为 2.4GHz 的 ZigBee 技术使用最广泛。

ZigBee 技术的一个突出特点是它可以采用多种类型的网络拓扑结构，然而，其中最吸引人的是 mesh 结构，因其良好的稳固性，大大扩展了覆盖范围。ZigBee 网络由不同的设备组成，每一个设备具有不同的功能等级。这些设备包括：ZigBee 协调器（ZigBee coordinator，ZC），每个网络中配置一个；ZigBee 路由器（ZigBee router，ZR）；ZigBee 终端设备（ZigBee end device，ZED）。通常一个 ZigBee 网络中会配置多个 ZR 和多个 ZED，但是最多容纳 65536 个节点，给每一个 ZigBee 设备分配一个唯一的 16 位地址码用于设备间的区分。ZigBee 协调器存储网络信息，负责发起和维持网络正常工作，保持与网络终端设备通信。ZigBee 路由器是一种支持关联的设备，负责将从某些节点接收到的信息转发给另外的节点。ZigBee 终端是最基础的设备，由于多数时候处于休眠状态，所以其所需的功耗很低。ZigBee 终端可以与协调器或路由器进行通信，但是它不能从其他节点中继数据，这一点不同于 ZigBee 路由器。

图 10-3 所示的 mesh 拓扑结构提高了网络的稳定性，并且扩大了通信范围。路由器作为中继设备将一个节点的数据转发到另一个节点。同时，路由器也作为监视器或控制节点收集传输和响应数据。这样，如果目的节点在可达的通信范围之外，那么数据将沿一条包含多个节点的路径到达该目的节点。此外，mesh 结构提供了内在的冗余性，在某一个节点被毁以后，网络仍旧能够正常运行，数据可以通过备用路径达到任何一个可用节点。因此，相比于其他的拓扑，mesh 结构具有更高的稳定性，即使由于设备故障或不利的路径条件使得路径中断，数据仍旧能够到达其目的节点。

尽管 ZigBee 技术支持的数据速率较低，但这并未阻碍其应用。ZigBee 技术应用主要集中在智能建筑、控制和远程监测领域，即大型建筑物内部的光、温

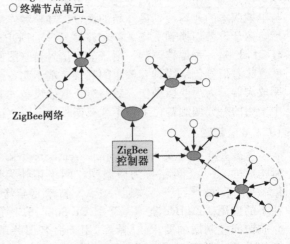

图 10-3   ZigBee mesh 网络

度、通风状况及空气质量的监控。也可以用于工业过程控制，比如监控生产过程、精炼厂、化工厂等等。还能够用在医学领域、医用传感器和智能家居方面。所有这些应用都要求高的可靠性，但是对于数据吞吐量没有过高的要求。大部分的控制过程都要调节设备的开关状态，或者以其他相对直接的方式控制设备。监测通常是指将代表某些物理处理过程的缓慢变化的模拟信号转换成数字信息传输给控制中心或者其他的监测点。ZigBee 技术另外一个主要的应用领域是自动读表(气或电)仪。ZigBee 系统的显著特点是成本低并且具有低的功耗。具备了这些优势，ZigBee 技术一定能够在未来的某些领域发挥其作用。

10.1.5　射频识别技术

无线射频识别(radio frequency identification，RFID)是一种非接触式的自动识别技术。该技术使用无线电波来追踪和识别人、动物、物体和货物，基于调制电磁后向散射(backscatter)原理。术语"后向散射"是指 RFID 标签将来自发送方的无线电波反射回去，将标签中存储的唯一的识别信息反射给电波发送方。

RFID 系统的基本模块如图 10-4 所示。最基本的 RFID 系统由下面两部分组成。

（1）RFID 标签，也称为 RFID 应答器，其中包含一个集成天线和无线电设备

（2）阅读器，由收发信机和天线组成，其中收发信机是收信机和发信机的集合体。

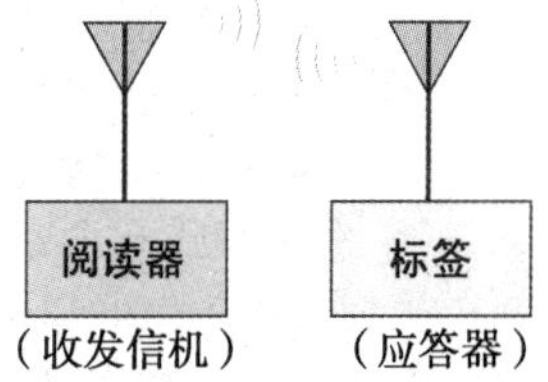

阅读器发射无线电波激活 RFID 标签。标签接收到该射频信号以后，发送标签中存储的包含产品信息的调制信号，

图 10-4　RFID 系统的基本模块

阅读器读取该信号并解码，可以从中提取出 RFID 标签中存储的产品信息。

RFID 的思想可以追溯到 1948 年，当时使用反射功率作为通信方式刚被提出。20 世纪 70 年代，RFID 技术得到了深入的发展，尤其是超高频(ultra high frequency，UHF)方案的提出，电子标签接收射频信号，整流获得自身运行所需的能量。20 世纪 90 年代，RFID 技术有了大幅度的发展。RFID 的一个常用的应用场景即收费站允许车辆高速通过的同时还能通过标签记录相关信息。

现在的 RFID 技术已经用于商品零售商追踪库存信息、交通运输业和国防部。此外，RFID 技术也用在国家安全方面，比如在跨境贸易中追踪集装箱运输。

下面三个参数定义了一个完整的 RFID 系统：

- 标签充电方式；
- 工作频率；
- 通信协议(也称为空中接口协议)。

标签供电方式

根据射频标签工作所需能量的不同供给方式，将 RFID 标签分为三类：无源，半有源和有源标签。

（1）无源标签：即内部不带电源的标签，这种标签工作时所需的能量全部来自阅读器发送的射频信号，该信号被标签天线接收以后，内部电路将其转换为直流电源为标签供能。整流后的射频信号能量足够驱动标签上的集成电路，同时能够支撑标签回传信号给阅读器。图 10-5 给出了两个无源 RFID 标签的例子。

RFID 标签上嵌有 RFID 芯片和直接安装在基板上的天线。图 10-5(a)所示的是一个单偶极子天线，图 10-5(b)所示的是一个双偶极子天线。如果标签中镶嵌的天线方向与阅读器中的天线方向恰好匹配，那么 RFID 单偶极子天线工作性能更优。RFID 阅读器中可以使用圆极化天线以弱化标签方向的影响。但是，由于接收到的能量在水平和竖直方向上的分布，圆极化天线存在读取距离受限的问题。

如图 10-5(b)所示的双偶极子天线，其优势在于提升了标签天线与阅读器天线的相对

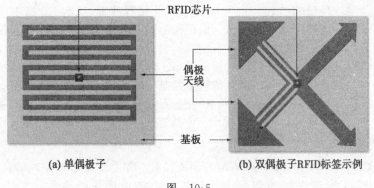

(a) 单偶极子　　　　　　　　(b) 双偶极子RFID标签示例

图 10-5

独立性。双偶极子天线的两极呈 90°夹角，这表明配置了双偶极子天线后，不再严格要求标签的方向。

（2）半有源标签：标签内部自带电源，但是向该电源仅用来维持标签内部的电路工作，并不提供传输电磁信号所需的能量。标签通过后向散射回传信息给阅读器。

（3）有源标签：标签使用电池提供的能量回传信号给阅读器。有源标签也是射频发射机。新型的 RFID 有源标签内置 Ethernet 802.11b/g 无线通信功能。例如图 10-6 所示的 RN-171"WiFily"模块和采用微芯片技术的资产标签。RN-171 在休眠状态下的能耗只有 $4\mu A$，它采用 3.6V 的直流电源供能，使用寿命长达几年。RN-171 具有定位能力，因此它适用于在一个厂区内部进行材料定位，比如医院里面处方药或者昂贵药品的定位。定位功能的实现依赖于接收信号强度指示器（receive signal strength indicator，RSSI）对于三个分离的无线接入点的测量。这三个测量结果为物体定位提供了足够的信息。

(a) RN-171"WiFily"模块　　　　　(b) 采用微芯片技术的资产标签

图 10-6

工作频率

RFID 标签的工作频率必须调整到阅读器的发射频率上。典型的 RFID 系统工作时使用三个频段：LF(低频)，HF(高频)和 UHF(超高频)，如图 10-7 所示。

低频（low-frequency，LF）标签工作在 125～134kHz 的频段内，调制方式采用频移键控（frequency-shift keying，FSK)，这种标签的数据速率比较低（约为 12kb/s)，不适于要求高数据速率的应用。

然而，低频标签适用于动物标识，比如奶牛或者其他牲畜。当牲畜被喂养时，其附带的标签信息被读取。低频标签的读取范围约为 0.33m。

LF	HF	UHF
125/134 kHz	13.56 MHz	860-960 MHz
		2.4 GHz

图 10-7　RFID 标签工作频段分类

高频（high-frequency，HF）标签工作在 13.56MHz 的工业频段。1995 年以后，高频标签就已商用化。众所周知，高频射频信号由于波长较长，所以不易受到水或者其他液体吸收的影响。因此高频标签适用于标识液体。高频标签的读取范围约为 1m。短的读取范围能够实现更加清晰的读取。高频标签的应用领域包括访问控制、智能卡和库存管理等。

超高频标签(ultra-high-frequency，UHF)的工作频段为 860～960MHz 和 2.4GHz。这一类型标签的数据传输速率可以达到 50～150kb/s 甚至更高，在库存追踪上应用广泛。无源 UHF 标签的读取距离能够达到 10～20ft，非常适合读取托盘标签。然而，对于有源 UHF 标签来说，读取距离可达 100m。

通信(空中接口)协议

RFID 标签所采用的空中接口协议是时隙 aloha(slotted aloha)，一种类似于以太网协议的网络通信协议。在时隙 aloha 协议中，标签被激励以后，只能在指定的时间段内发射信号。这种技术减少了 RFID 标签信息传输中数据碰撞的可能性，每秒中可以进行 1000 个标签的读取(注意，这里针对的是高频标签)。RFID 标签的读取距离可以达到 30m。这意味着多个标签可以在同一时刻被激励，有可能会发生射频信号碰撞。如果碰撞发生，在一个随机的退避时间之后标签会重传信息。阅读器会连续不断地发射信号，直到没有标签碰撞发生为止。

10.2　蜂窝电话语音系统

据统计，至 2010 年初，全球范围内，蜂窝电话用户数量已经超过 46 亿户，而且这个数字还在不断增长。考虑到蜂窝通信技术从商用至今不足 30 年，46 亿户这个数字真是令人难以置信。

尽管移动电话服务始于 20 世纪 40 年代，但是由于有限的频谱资源和价格高昂的设备，那时移动通信系统并没有大规模使用。早期系统使用的仍旧是大功率的发射机。一旦某条信道被占用，那么该信道对于很大地理范围内的其他用户都是不可用的，这就极大地限制了系统容量。经过后续的发展衍生出了现在的蜂窝概念。20 世纪 70 年代中期，联邦通信委员会(Federal Communications Commission，FCC)在远离超高频电视广播信道的 800～900MHz 频段内进行了频谱的重新分配，附加的容量支撑起了大规模移动业务所需的成百上千个模拟语音信道。这之后又发展了高级移动电话业务(advanced mobile phone service，AMPS)，该业务是今天全数字无线业务的模拟先驱，也即现在所指的第一代移动通信。与此同时，半导体技术和计算机辅助工程设计的发展也推动了在规定频谱范围内工作稳定性且价格合理的收发信机的研究。或许最根本的问题在于无线网络构建方式的改变，它并不是依赖于单个高功率的发射机为少量用户提供服务，而是整个网络由一些相对低功率的基站组成，每一个基站服务于附近地带(半径通常为 1mile 或者更小)的用户。新型网络中用到频率复用(frequency reuse)这个概念，即通过对两个非常靠近的基站进行定位，以此动态管理对无线电频谱(这是稀缺资源)的访问，这样大量用户能够同时得到服务，而且彼此之间不存在干扰。基站和用户单元均处于移动电话交换中心(mobile telephone switching office，MTSO)的中央计算机的控制下，该中央计算机连续分配无线电频谱并管理功率等级以期最大化频谱利用率。

第一代 AMPS 蜂窝网络是模拟的，被严格设计成移动电话系统，类似于双向无线电。它们并不是今天常见的高速语音或数据网络。AMPS 系统工作在 800～900MHz 频段，采用频率调制技术，最大频率偏移为 12kHz，信道间隔为 30kHz。双工的电话通信需要两个 30kHz 的信道，一个用于发送信息，另一个用于接收信息。一个典型的城域系统包含 666 个双工信道，因此需要分配 40MHz(30kHz×2×666)的频谱。系统容量受限于分配的频谱资源，每一路通话需要 60kHz 的带宽，并且每一个信道只能支持一路通话。随着时间的推移，这种局限性更加明显，这就迫使人们研究新的数字技术以便获得更高的频谱利用率。第二代移动通信系统，尤其是 IS-136，依赖于 TDMA 复用技术，在一个无线信道内同时处理三路通话，不需要额外的频谱资源，同时系统容量得到大幅度的提升。IS-136

TDMA 标准本打算与模拟基础设施一道，为网络载体提供一种演进的升级方案，但是现在该标准已经淘汰。演进的升级方案是指：第二代数字标准的很多方面，比如信道带宽和当用户位置变动时呼叫转移的处理方式，都直接基于现有的模拟系统进行衍变。

现在，大部分的移动电话服务提供商采用两种数字技术中的一种来管理移动电话的呼叫。另外的技术被归入通用的 3G(第三代)，能够提供高速的数据传输和无线视频等高级业务。在实际的实现中，第三代标准和技术不同于语音业务网络。语音呼叫仍旧由两个 2G 的标准来处理，要么选择全球移动通信系统(global system for mobile communications, GSM)，此标准基于 TDMA 复用技术，但是信道带宽更宽，每个信道中能够容纳的用户数比 IS-136 TDMA 更多，要么选择基于直接序列扩频的竞争技术，称为码分多址(code division multiple access, CDMA)。尽管越来越多的网络类型和技术不断呈现，但是早期蜂窝网的一些基本概念仍旧适用。这其中，频率复用(frequency reuse)和小区划分(cell splitting)直接涉及通信系统容量的最大化。

10.2.1　蜂窝概念

蜂窝概念始于将一系列的发射机-接收机系统(称为小区信号塔)进行规则排列的思想。只有正六边形能够既无缝隙又无重叠地填满一个平面，详细的研究也表明该形状构成的蜂窝系统具有高的性价比且易于管理，因此正六边形被选作基本的小区形状。图 10-8 所示的是一个含有 21 个小区的蜂窝系统，每个小区大小都相同，它们每 7 个形成一组，每个字母代表了一组频率。每个小区的空间既表征地理位置，也代表蜂窝通信系统的容量。在人口稀少且地形平坦的地区，如果业务量也比较小，那么一个小区可以覆盖 10mile⊖ 的距离。在人口密集且高业务量的地区，比如繁忙的十字路口、机场、体育场、大城市的商务区等，可能会在半径为 0.5mile 的区域内规划几个小区。图 10-8 所示的正六边形只是每一个小区信号塔覆盖区域的近似。理论上的覆盖区域图形应该是全方向的，即信号塔在所有方向上发射的无线电

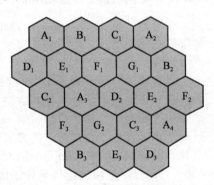

图 10-8　蜂窝电话网络的布局

信号能量相同，这样就产生了一个圆形的覆盖区域。由于信号塔天线距离比较近，所以相邻信号塔的覆盖区域会存在一定程度的重叠。在任何时刻，一个移动电话逻辑上属于某个特定的小区，并且受该小区基站的控制，当该移动电话在地理上离开所属小区时，它的基站会注意到该电话的信号在减弱，于是询问周围的基站从该移动电话得到的信号功率。根据应答，该基站将控制权交给获得最强信号的那个基站。这个过程称为切换(handoff)。该过程中通话控制权从原基站转移到新基站的那个点称为切换点，可以近似为新旧信号塔覆盖范围的两个交点的连线。GSM 和 CDMA 系统的其中一个区别在于越区切换的管理。

在小区信号塔内部会配置基站(base station)，基站负责手机和其他的互联电话系统之间的通信。除了收发信机，信号塔上还配置收发天线，以及使得多个收发信机共享天线的组合器，此外还会装有信号电平监测装置和支持基站与移动电话交换局(mobile telephone switching office, MTSO)之间通信的所有设备。MTSO 内部有一个中央计算机，称为交换机(switch)。它通过信号塔中继过来的信令控制着基站和移动设备的行为。每台交换机与大量(大约 200 个或者更多)的基站和信号塔进行通信，通常使用 T1 链路，有时也使用地面微波或光纤链路。交换机也可以通过公共交换电话网(public switched telephone network, PSTN)与移动用户进行互联，其中 PSTN 是一个有线电话系统。图 10-9 所示的具有 11 个小

⊖　1mile=1609.344m。

区的系统由 MTSO 为两个移动用户提供通信链路。

10.2.2　频率复用

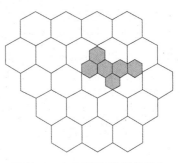

前面提到，在蜂窝系统中有两个基本概念关系到通信系统容量能否最大化。其中一个与无线电频谱的高效利用有关。频率复用是指在不同的、地理上相互分离的小区内使用相同的载波频率（信道）。功率电平控制在比较低的水平有利于抑制同频干扰。如图 10-8 所示的小区 A_1 和 A_2 使用相同频率的信道，由于这两个小区的间隔距离比较大，所以它们之间不会相互干扰。实际上，大部分的无线电业务均采用空分多路复用技术，但是这种技术不适用于地理范围比较小的蜂窝通信系统。运营商并没有采用一个大功率的信号塔覆盖整个通信区域，而是在每一个小区配置一个低功率的信号塔。通

图 10-9　由 MTSO 连接的两个移动用户

过频率复用技术，蜂窝系统可以同时处理多路通话，这个数字远远超过了系统分配的信道数目。系统容量超过分配信道数的程度主要依赖于划分的小区数目。

10.2.3　小区划分

在第一代模拟语音通信系统中，每一路移动电话呼叫需要占用一个信道。现在的蜂窝通信系统通常会给每一个小区分配多个频率信道，这些信道构成信道集（channel set）。初期，各个小区大小相等，容量相同。随着城市建设和用户数的增加，用户密度不再相等。对于业务量超过系统容量的小区采用小区划分技术，如图 10-10 所示。在城市中心等话务量比较大的地方，比如图 10-9 所示的小区，在其内部划分新的小区。在不占用新的频谱资源的情况下，频率复用和小区划分提高了系统容量和容量密度。

当越来越多的用户接入系统时，系统能够承载的业务量趋向于饱和，为了增加系统容量，在上述频率复用和小区划分的基础上引入小区扇区化（sectorization）的概念。我们前面所说的小区都是指全向小区，即一个基站对应一个小区，有一个发射天线，将无线电波辐射到 360°的范围内。扇区化的小区使用定向天线，使该小区发射的无线电波集中在一个特定的方向上。每一个蜂窝小区通常被分为三个扇形小区，用"α""β""γ"进行标识。每一

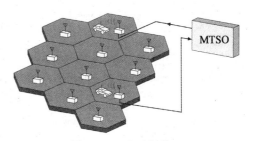

图 10-10　小区划分

扇区有自己的发射和接收天线，定向覆盖 120°的区域。每一个扇区有一套自己的频率信道，作为一个独立的小区高效工作。无论是早期的 AMPS 网络还是现在 GSM 网络，为了最小化干扰，好的频谱规划一定要在邻近扇区或小区中避免使用相同或者相邻频率信道。

当移动设备从一个小区移动到另一个小区时，需要将呼叫从一个基站信号塔转至另一个，该过程称为越区切换。越区切换的完成依赖于底层的网络接入方法，TDMA（对于GSM 系统）或 CDMA。对于任何一种接入方法，系统都会周期性地询问各个信号塔接收到的信号强度，当某一个信号塔接收到的信号强度低于预先设定的门限值时，系统要寻找另外一个基站信号塔为该通话服务。在基于 TDMA 的系统（比如 GSM）中，为每一个基站分配特定的频率信道，交换机向用户设备发送信令，使其调谐到新基站的新信道频率上。CDMA 系统中的越区切换包括改变标识不同通话的扩频码。越区切换不仅发生在小区与小区之间，还发生在同一个小区内部的不同扇区之间。越区切换过程通常会导致短时间的通话中断，时间一般为 50ms，用户察觉不到。从基站发来的控制信号通常会使移动电话微处理单元中的频率合成器自动切换到新小区的载频上。

移动设备的输出功率通常由基站的加电和掉电信号进行控制，这样能减少与其他移动设备的干扰，最小化基站接收机的负荷。在 GSM 和 CDMA 系统中，下行链路（从基站到

移动设备)的功率随基站和移动设备间距离的增加而增大。由此引出了"软切换"的概念，避免移动设备在越区切换的过程中失联。

10.2.4 瑞利衰减

调频捕获效应有助于减小蜂窝通信系统的同信道干扰。但是，这样一个优势在很大程度上被瑞利(Rayleigh)衰减抵消了。瑞利衰减通常是指在城市环境中，移动设备接收到的信号强度的快速变化。在瑞利衰减信道中，为了维持足够的信号强度，必须增加发射信号功率，最高增加 20dB，即可提供足够的衰减余量。

瑞利衰减通常发生在城市环境中，在无线电波的传播路径上发生了反射、绕射和散射，这样到达接收机天线的并不是单一路径传输来的信号，而是许多路径来的多个信号的叠加。因为电波在各个路径上的传输距离不同，所以各个路径电波到达接收机的时间不同，相位也就不同。不同相位的多个信号在接收端叠加，有时是同相叠加而加强，有时是反向叠加而减弱，致使接收信号强度相差很大，若通信设备高速移动，信号强度甚至可以在短时间内变化 30dB 以上。

10.2.5 蜂窝频段

图 10-11 中标识为"CELLULAR"的频段被 FCC 分配给移动电话业务。其中，824～829MHz 用于"电话传输"(也称为上行链路)，869～894MHz 用于"基站传输"(也称为下行链路)。随着移动电话业务的普及，FCC 又为移动电话服务分配了额外的频率集，称为个人通信服务(personal communication service，PCS)。这些频率分布在 1850～1990MHz，如图 10-11 下半部分所示。

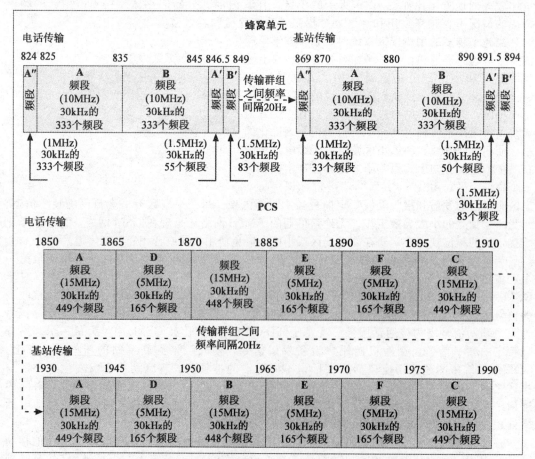

图 10-11 蜂窝和 PCS 频谱比较(http：//www.iec.org/tutorials/)

需要指出蜂窝和 PCS 之间唯一的区别在于频率分配。通常有错误观点认为，二者之间还有一些其他的区别。"PCS"这个术语现在已经不采用了，但是分配的频率依然有效。现在这些频段被移动电话服务使用。

10.2.6 全球移动通信系统

1990 年，西欧的几个国家共同研究了全球移动通信系统（global system for mobile communications，GSM）。GSM 是欧洲运营商使用的技术标准。在北美，AT&T Mobility（美国电话电报公司）和 T Mobile 是两个最大的电信运营商。欧洲电信标准协会（European Telecommunications Standard Institute，ETSI）制定了 5000 页的文件对 GSM 系统进行了详细的规定。GSM 系统将无线频率定在 900MHz，信道宽度为 200kHz，每个载频被分成 8 个时隙，为 8 个用户提供全速信道，因此它是一个基于 TDMA 技术的系统。额外的带宽使得 GSM 系统比 IS-136 具有更优的系统性能。其中一个性能优势是基站向移动设备发射信号的功率随着二者之间距离的增加而增强。当某一个移动设备处于越区切换点时，GSM 系统通话中断的概率更低。由于 GSM 系统知道移动设备与每一个基站间的距离，所以只要移动设备处于待机状态，基站就能够确定该移动设备的精确位置。GSM 具有足够高的时间精度，所以它可以根据光速和时延来计算距离。GSM 具有更宽带宽的另外一个性能优势在于可以在通信中加入其他功能，比如图片和邮件传输。

GSM 采用高斯滤波最小频移键控（Gaussian minimum-shift keying，GMSK）作为调制方式。根据第 8 章的内容，MSK 的基本形式类似于二进制态之间存在最小（平滑的）相移的 PSK。术语"高斯"指的是滤波形状，用于保证信道始终处于分配的带宽内。GSM 系统中的 GMSK 基于偏移正交相移键控（offset quadrature phase-shift keying，OQPSK）。类似于标准的 QPSK，数据流被分开发送至 I/Q 调制器，但是两个数据流之间有半个符号的偏移，即对于一个给定的符号，I 信道会改变信号态，在半个符号的时延以后，Q 信道才改变信号态。这种调制方式能够使得幅度扰动最小化，因为相位无需经历 180° 翻转，因此，在星座图中，一个符号向另一个符号过渡时，不会经过原点，这样在整个过程中发射机放大器无需将功率降至 0。采用 OQPSK 或者 GMSK 调制的主要优势在于，基站中的放大器无需限定为线性设备，这也是 GSM 基站比 CDMA 基站价格低的一个原因。如图 10-12 所示，在星座图中，GMSK 在四个象限中提供了四组点。这些点沿一个圆形分布，因为只有相位噪声，没有幅度噪声。

GSM 采用"均衡滤波"以最小化多径传播效应的影响。前面已经介绍过，多径传播是指从发射天线发出的信号经过多条路径到达接收天线。当到达接收天线的两个（或多个）信号相位相反时，接收到的信号强度会减弱。在特定情况下，采用均衡滤波能够增强接收到的信号。GSM 的另一个特征是采用了用户身份识别模块（subscriber identity module，SIM），允许用户在不同的移动设备上使用同一个 SIM 卡。与接下来要讨论的 CDMA 不同，GSM 在交换机和不同的基站之间采用基站控制器（base station controller，BSC），BSC 负责为不同的移动设备分配工作频率。在 CDMA 系统中，上述 BSC 的功能由基站和交换机分散完成。

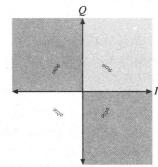

图 10-12　GMSK 星座图

基站为移动终端提供了六种类型的控制信号。这条链路称为下行链路（downlink）。

(1) FCCH：频率控制信道（frequency control channel）；

(2) SCH：同步信道（synchronization channel）；

(3) BCCH：广播控制信道（broadcast control channel）；

(4) AGCH：准许接入信道（access grant channel）；

(5) PCH：寻呼信道(paging channel)；

(6) CBCH：小区广播信道(cell broadcast channel)。

移动设备采用随机接入信道(random access channel，RACH)与基站连接，称为上行链路(uplink)。此外还有三种其他类型的控制信道用于上行链路和下行链路。分别是：独立专用控制信道(standalone dedicated control channel，SDCCH)，慢速随路控制信道(slow associated control channel，SACCH)和快速随路控制信道(fast associated control channel，SACCH)。下面列出了几个控制信道应用举例。

(1) FCCH 一直传输信息，查找移动终端。只要用户打开移动终端，GSM 系统就要识别用户，确定用户的起始位置，确定用户信息(比如：用户账户信息、是否按时缴费等)。

(2) PCH 是寻呼信道，有用户发起呼叫时，该信道才开始工作。该信道用于建立通话，包括分配频率。

(3) SCH 用于同步，维持通话中的时间同步。

(4) RACH 仅供移动终端使用，终端申请入网时，向基站发送入网请求信息。

尽管 GSM 是基于 TDMA 的系统，但是在语音信道上，它也采用跳频技术，以最小化邻近小区的干扰，避免噪声信道，最小化多径衰减的影响。然而与跳频扩频技术(frequency hopping spread spectrum，FHSS)不同的是，在 GSM 系统中同一频率不能同时被多个用户使用。而且，GSM 系统使用"慢跳频"，可以将其视为某种形式的频率分集，以最大化传输质量。跳频速度设定为每秒 217 跳，在频率跳变之前，突发数据业务是可以完成的。在 BCCH 上广播采用跳频算法。

如前所述，GSM 系统基于 TDM 技术。另外，分配给每一路载波的频谱资源，又进一步细化为多个 200KHz 宽的信道，每一个信道有自己的载波频率。因此，在 GSM 系统中频分多址(frequency-division multiple access，FDMA)也是一种关键的复用技术。可以说 GSM 采用了"两维"的访问方法，既有 TDMA，又有 FDMA。每一个载频携带一个 TDMA 帧，每一帧分为 8 个时隙，如图 10-13 所示，每一帧的持续时间为 4.165ms，可以传输 1248 比特，所以每一个用户时隙的持续时间为 4.615ms÷8＝0.577ms，传输 156 比特。

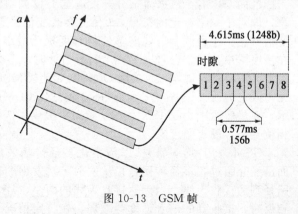

图 10-13 GSM 帧

声码器

每个信道的基本数据传输速率为 270kb/s，该速率必须与 200kHz 的信道带宽匹配。最基本的数字调制的频谱效率为 1 b/(s·Hz)，所以一般说来调制后的带宽约等于数据传输速率。使用 OQPSK 和高斯滤波能够降低占用带宽，使得频谱效率可以达到 270÷200＝1.35b/(s·Hz)。进行数据压缩以后的语音信号能够在带宽有限的信道内实现高保真传输。数据压缩由声码器实现，该声码器同时还完成可靠通信所必需的纠错和其他的信号增强任务。声码器是一个 DSP 模块，对于 GSM 系统不可或缺。

声码器的功能是对语音数据进行编码以供传输。根据第 7 章的介绍，声码器每秒采集 8000 个样值(125μs/样值)，根据奈奎斯特定理，这个采样速率足以捕捉带宽不超过 4kHz 的电话信道上的信息。若采样速率较低，信号就会丢失；若采样速率较高，也得不到更多的信息。每个信号的样值幅度用 8 比特进行编码。这种技术就是脉冲编码调制(pulse code modulation，PCM)，它构成了现代电话系统的核心。因此，语音级电话呼叫的标准未压缩数据传输速率为 8b/125μs，即 64kb/s。一个 GSM 帧被分成 8 个时隙，所以总的数据速率为 512kb/s，所需的最小带宽为 512kHz，但是这个带宽中没有考虑通话建立过程和移动通信环境中维持可靠通信所必需的开支。很明显，要考虑减少发送语音信号所需的比特数，同时还要保证音频质量。

声码器（vocoder，"voice coder"的缩写）又称话音信号分析合成系统，用于声音编码，以减少话音传输所需的数据量。所有的数字移动通信系统中都包含声码器。在众多类型的声码器中，有一种称为规则脉冲激励-线性预测编码（regular pulse excitation-linear prediction coding，RPE-LPC）的声码器，它采用"全速率"编码，根据 GSM 标准，将 64kb/s 的 PCM 比特流压缩至 13kb/s，即每路通话的最大比特率。这样一种压缩方法适于在 8 个 200kHz 的 TDMA 信道中传输。通俗来说，人类语音经过声码器处理后，才能用 DSP 算法对其进行进一步的处理。人讲话时，声音是由喉头的声带开关声门产生的，经嘴发出。声码器通过多极带通滤波器周期性地采集声音的样值，音高、音量等声音特点代表激励信号，连同 PCM 编码信号的滤波响应一起经信道传输到接收方，接收方进行信号重建。每一个数据块占用 20ms。基于声音特点产生滤波参数的数学处理过程构成了线性预测编码器（linear predictive coders）的基础。数字化后的声音信号并不直接传输，而是传输激励信号和滤波器参数，这种编码方式使声音的各种特点得以保留，这是其优点，但缺点是数据速率明显低于原始的数字语音信号。

GSM 系统中 RPE-LPC 声码器模块的输入是由 2080 比特构成的 20ms 音频数据块，对于每一个 20ms 的数据块，声码器产生 8 个滤波系数和一个激励信号。其中滤波系数表征了人声音的特质，包括可听见的非语言信号（比如没有声带参与的仅由气流通过牙齿和舌头产生的声音）。激励信号中编码了音高和音量等声音特点。

线性预测编码器进行数据压缩的另外一个方面在于它能够识别语音中的关联信息并且能够去除语音冗余量。这些功能的实现归功于长时预测（long-term prediction，LTP）模块，对于给定的数据序列，它能够识别并从存储器已存储的序列中选择出与之最相近的匹配序列。LTP 模块计算并传输两个序列间的差别，同时还传输标识在存储序列上的差别位置信息。这个过程极大地压缩了数据量，因为无需传输语音中大量的冗余数据。即使一个单音节信号的长度也会超过 20ms，因此多个 20ms 的样本会含有大量的重复数据。通过告知接收方哪些数据是冗余的，接收方的 LPC 执行适当的偏移操作即可重建语音信号。

配有 LTP 模块的 LPC-RPE 声码器能够将 20ms 数据块上携带的 2080 比特信息压缩至原来的 1/8，达到 260 比特。数据压缩程度相当可观。13kb/s 的净数据传输速率表示每 20ms 的数据块上携带 260 比特的信息。还有其他类型的声码器也在使用，包括 GSM"半速率"声码器，其比特率为 5.6kb/s。配置该声码器的网络，能够容纳的通话数目理论上可以翻倍，但是语音质量不高。几乎所有的解码器都在牺牲音频质量以换取更大的信道容量。新型的声码器致力于做到压缩后的语音信号尽可能逼近原声，同时又不要求过宽的带宽。声码器优化了人声，对于人声以外的音频信号，声码器的表现就差强人意了。或许你曾经有过这样的疑问"为什么在等待被叫方摘机时播放的音乐如此糟糕"，原因就在于声码器。

10.2.7 码分多址

第二代数字蜂窝语音系统中的多址接入技术是基于直接序列扩频（direct sequence spread spectrum，DSSS）的。在码分多址（code division multiple access，CDMA）蜂窝系统中，不使用时分复用或频分复用技术，而是采用第 8 章所述的扩频码的思想。在带宽大于数据速率的信道上，为每一路传输分配扩频码作为该路传输的"签名"或身份认证信息。接收方知道所有的扩频序列，当接收信号中的扩频序列与接收方本地存储的某一个扩频序列精确匹配时，有效信息便能被提取出来，即使在同一时刻还有其他用户也在使用该频谱。

CDMA 蜂窝系统借助了 DSSS 的思想：不像 FDMA、TDMA 那样把用户的信息从频率和时间上进行分离，它允许在一个信道上同时处理多路通话。某一地理范围内的多个小区可以使用相同的频率，但这又不同于模拟系统或 TDMA 系统的频率复用或信道管理思想。CDMA 系统中的伪随机（PN）比特流不仅仅用作扩频码，PN 码的具体使用后面会讲到。在一个给定区域内用于区分不同用户的扩频码称为沃尔什（Walsh）码。在基本的 CDMA 系统中有 64 种沃尔什码，每一个码字包含 64 位。沃尔什码相互正交，即任意两个沃尔什码是相互独立的，这样接收机在解码时不会出错，因为接收机上的相关器只有在码字精确匹配时才会有输出。基站为每一路通话分配唯一的沃尔什码，这样即使所有通话占用同一频谱，也能准确区分各路通话。

沃尔什码的码长为 64 位，每一个沃尔什码比特形成一个单一的码片，码片速率为 1.2288 兆片/s。扩频以后，射频信号占用 1.25MHz 的带宽。经过声码器对语音信号进行压缩，并考虑纠错等必要开支后，每个沃尔什码信道的数据速率为 1.92kb/s。低速率的信息与高速率的码片进行"异或"操作。码片相位翻转与否取决于数据比特是"0"还是"1"。每一个数据比特作用于 64 比特的沃尔什码序列：如果数据位是"0"，那么沃尔什码序列相位不变，即 64 位沃尔什码比特值不变；如果数据比特是"1"，那么沃尔什码序列中的 64 位均翻转（"1"变成"0"，"0"变成"1"，代表 180°相位变化）。将变换以后的沃尔什码作用于调制器，调制方式由图 8-21 所示的 QPSK 星座图表示。

上述讨论涉及了 CDMA 系统两个有趣的性质。其中一个是沃尔什码和接收机相关器的核心作用。在实际操作中，所有的沃尔什码传输必须有精确的起始时间。因此基站和移动设备必须保证精确同步。基站间的同步由接收机上的全球定位系统（global positioning system，GPS）模块实现。CDMA 基站通过 GPS 接收机接收卫星信号获得基准频率和基准时间。TDMA 系统不需要精确的时间同步，因为在越区切换时移动设备会从相关基站重新获取时间。精确定时对于移动设备和系统维护都具有重大意义。在 1.575GHz 频段内 GPS 接收信号约为−140 dBm。这说明，在该频段内即使一个很小的信号也能对 GPS 信号的接收产生较大的干扰，这正是基站性能下降的原因。

另一个有趣的性质与小区间或同一个小区内部的扇区之间的越区切换有关。CDMA 系统使用通用的 1.25MHz 频段，该频段为多个小区或者多个扇区共用，采用沃尔什码来区分各个信道。而 TDMA 系统动态管理频率分配，以减小重叠概率。当某移动用户从一个小区移动到另一个小区时，通话会有短暂的中断，直到移动电话调谐至新的频率并与新的基站建立连接为止，此时通话继续。该越区切换策略称为"硬切换"，TDMA 系统和模拟系统均采用这种切换策略。对于 CDMA 系统，邻近的蜂窝小区基站使用相同的沃尔什码，但这些码仍旧能够被完美区分。这样，一个移动设备能够同时接受几个基站的服务。某一个移动电话在与原基站中断连接之前就已经被新基站接管。事实上，在 CDMA 系统中，越区切换发生时，一个移动电话可以同时与 3 个或者更多的基站相连接。当原基站提供的信号越来越弱，不足以维持可靠通信时，移动设备仅改变沃尔什码便可以平滑地切换至使用同一频率的另一个新基站上。无需调谐至新的载波频率便可与新基站建立连接，如此一来，不会失去连接的连贯性。上述越区切换策略称为"软切换"。由于 CDMA 系统采用软切换，所以能够提供可靠的、高质量的语音服务，尤其是在弱信号条件下。这种高可靠性和高服务质量的获得是以牺牲网络容量为代价的。因为单个用户可以同时与多个基站相连，这无疑比单用户-单基站的连接消耗了更多的网络资源。在系统的控制下，也会衍生出多种多样的网络容量问题和资源分配问题。

CDMA 系统操作中，一个很重要的方面是基站传输的导频信号。在一定程度上，导频信号类似于 GSM 系统中的 FCCH。导频信号对应的沃尔什码 0，是一个 64 位的全"0"序列。导频信号就像指示灯，基站不断发射全"0"序列，移动设备通过该信号确定自己处于哪一个基站的服务范围内。导频信号有几个功能，除定时和基站识别功能以外，还能利用 PN 序列进行彼此区分。用于区分导频信号的 PN 码通常称为"短码"，长度为26.67ms。

尽管 GPS 可以用于基站同步，但是对于移动终端而言它并不适用，因为在室内或者高大建筑物密集的区域，GPS 信号很容易发生阻塞。导频信号中的定时信息恰好弥补了这一缺陷，为移动终端提供了沃尔什码的起始时间基准，类似于基站中 GPS 接收机的功能。导频信号允许在接收端重建相干载波。移动接收机无法提取出绝对相位信息，因为只要移动终端相对于基站移动，相位就会发生改变；另外移动终端与基站间距离的增加使得基站发出的信号必须经过较长路径的传输才能到达移动台，这又会引起相位延迟。解决该问题的其中一个方法是使用差分相移键控(phase shift keying, PSK)，TDMA 系统和之前涉及的其他系统均采用该方法，但是这个方法容易受到噪声的影响，这在移动环境中是一个必须要考虑的问题。CDMA 系统采用相位调制，接收端必须进行载波重建。导频信号的其中一个功能就是为接收端的载波重建提供足够的相位信息。

此外，导频信号还能用于区分基站。每一个基站在 PN 短码中引入不同的相位偏移量之后，将导频序列发送出去，以此进行基站间的区分。所有的基站采用相同的 PN 短码，唯一的区别在于相位偏移量。不同基站的导频信号彼此偏移了 64 个码片，相当于 $52.08\mu s$ 的时间偏移。通常这样的偏移长度足以避免用户所需导频信号的长时延反射信号与来自其他基站的导频信号发生混淆。只需通过接收信号与导频 PN 序列之间的相关运算，移动台就可以确定其周围所有基站的信号强度。利用 1♯ 至 64♯ 偏移 PN 短码便可将基站区分开来。可以将不同基站的导频信号偏移量形象化为这样一种情形：在跑道上有一些人在赛跑，每一个参赛者都分配了唯一的起点位置。1♯ 偏移可以视为跑道的内圈，CDMA"跑道"有 64 圈，其中 64♯ 偏移在最外圈。此外，除了为接收端提供定时信息和相位参考以外，导频信号也辅助进行软切换。移动台通过评估导频信号的强度来确定是否需要进行越区切换。与此同时，移动台根据邻近小区的导频信号强度处理相应的信息，并将该信息传递到网络中。这些信息将与其他参数一道，辅助进行越区切换。

除了沃尔什码 0 用作导频信号以外，其余的沃尔什码也被赋予了相应的功能。

沃尔什码 1 到沃尔什码 7 用于寻呼。类似于 GSM 系统中的 PCH。沃尔什码 1 序列的第 1～32 位全为位"0"，33～64 位全为位"1"，该沃尔什码一般用于寻呼。移动电话监测寻呼信道上到来的呼叫。其他信息，比如什么时候给出"收到呼叫"指示，也在寻呼信道传输。

沃尔什码 32 是同步信号。类似于 GSM 系统中的 SCH。该沃尔什码的构成为"101010101010…"，即 32 组比特"10"组合。同步信道上也传输移动终端要捕获的短偏移信息，类似于基站上 GPS 接收机要捕获的系统时间。

其余的沃尔什码为移动终端上的业务所用。实际上，即使有更多的沃尔什码，一个信道也仅能支持约 20 路通话。因为系统将其他用户视为随机噪声，随着用户数量的增加，系统的噪声水平也在增加。

图 10-14 描述了 CDMA 基站内部的各种数据流。与数据流相对应的导频、寻呼和同步信道以及相关的沃尔什码都标识在图中。如前所述，导频信号为 64 位全"0"序列，即沃尔什码 0。由于"异或"门的输入是相同的逻辑态，那么输出也就不会发生改变。为了产生 QPSK 调制特性，导频信道和其他所有信道的"异或"门输出都分成并行的两路信号，这两路信号再分别与 I-PN 序列和 Q-PN 序列进行"异或"运算。有两种形式的短码，其中一种短码针对的是经射频载波调制后进入 I 信道的数据；另一种形式的短码针对的是相移 Q 信道的数据。导频信号是经 PN 短码作用后的 QPSK 信号。

如前所述，所有信道都要与 I 和 Q 短码 PN 序列进行"异或"运算。但是，除导频信道以外的其余所有信道还要进行预处理操作。首先，同步、寻呼和用户业务信道的数据要经历特殊的数学操作(作为 DSP 操作的一部分)对数据进行编码和交织，这样数据才能具有高的鲁棒性，不易受突发错误的影响。之后，同步信道中编码后的数据还要与沃尔什码 32 进行"异或"操作。同步信道能够提供基于 GPS 的定时信息，这是移动电话中基于沃尔什

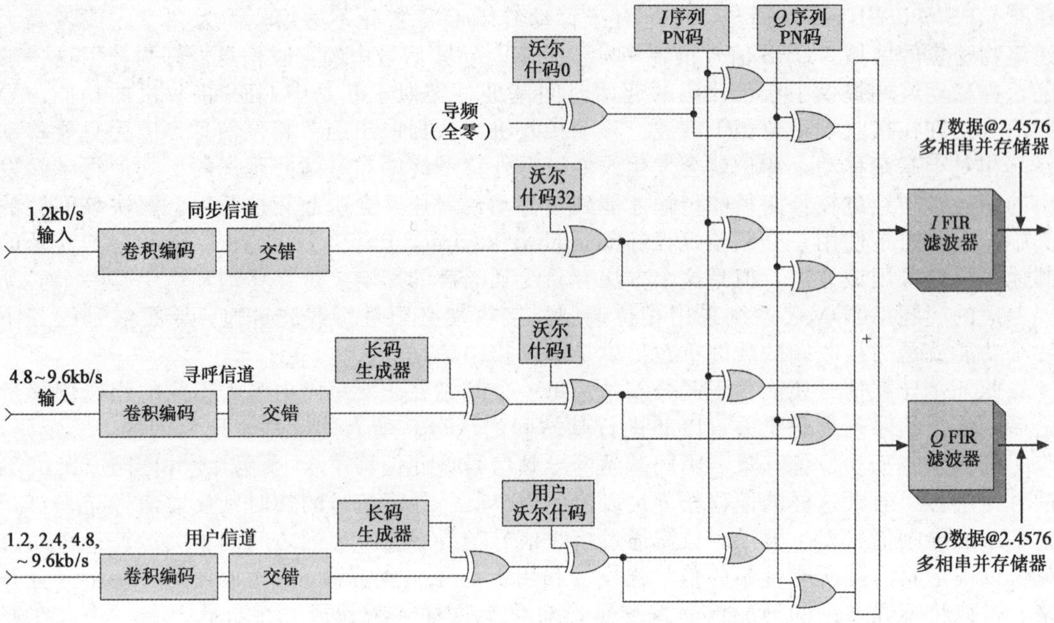

图 10-14　CDMA 基站原理框图

码的自相关接收机正常工作所必需的。

　　寻呼信道和用户信道也要经历与同步信道类似的处理过程，只是还要多一步"异或"操作。在进行卷积编码和信号交织处理以后，寻呼信道和用户信道中的信号要与长码发生器产生的长度为 2^{42} 比特的 PN 长码进行"异或"操作。除了对用户信道中的信号进行扩频以外，长码还对信号进行加密，以保证其安全性。在寻呼信道中，公共长码在一定程度上加密移动终端的电子序列号（electronic serial number，ESN）。基站和移动终端之间交换 ESN 信息来创建一个随机数序列，该序列用作加密密钥再去创建与用户信道相关联的私密长码。每一次通话私密长码都会改变，但是公共长码是恒定不变的，用于基站到所有移动终端的通信。当某个移动终端对呼叫做出响应时，在通话还没有正式建立之前，要先产生并应用私密长码。

　　在与长码进行了"异或"运算之后，寻呼信道和用户信道再与相应的沃尔什码进行"异或"运算：寻呼信道中使用沃尔什码 1，剩余的 55 个沃尔什码均被用户信道使用。所有的 I/Q 信道最后都要汇总在一起。产生的信号还要经过后续处理（详细内容将在 10.5 节讨论）。最终信道中传输的是经 QPSK 调制的无线电信号，占用 1.25MHz 的带宽。

　　截至目前，我们对于 CDMA 系统的描述都集中在"下行链路"，即从基站到移动终端的链路。下面的讨论针对的是 CDMA 系统的"上行链路"，是指从移动终端到基站的链路。在下行链路上，CDMA 复用技术性能很好，因为所有基站的同步是由 GPS 接收机完成的。这种高的时间精度水平确保了所有的沃尔什码能够同时被接收，并且能够正确解码。然而，上行链路存在传播时延问题，因为基站发给移动终端的信号还要再回传给基站。射频信号以光速传播。相对于基站而言，移动终端的位置可能连续变化，基站在同一时刻要接收不同位置的多个移动终端发来的信号，这样上行链路的信号可能无法与基站接收机完美对齐。因此，CDMA 系统下行链路中使用的复用技术不能直接应用于上行链路。

　　上述问题的解决依靠长码。移动终端利用同步信道和寻呼信道中的信息产生自己的循环移位码，即长码。码长为 2^{42} 比特，与基站长码长度一致。根据基站在寻呼信道中发送的信息，为每个移动终端分配不同的相位。基站接收机将异相码序列视为噪声。上行链路中也使用沃尔什码，但并不用它来区分各路通话。而是每 6 个数据比特分成一组，然后从 64 个可能的沃尔什码中选一个分配给该组数据。沃尔什码的长度为 64 位，所以一旦上述分配完成，所有的沃尔什码比特(码片)便携带了长码的相位信息。基站接收机能够检测沃尔什码，这样原始的 6 比特的数据信息就能被恢复。如果将 64 个比特随意组合，那么组合方式无疑有很多种，但是只有 64 种沃尔什码序列的组合是有效的。实质上，基站接收机的任务归结起来就是将收到的序列与最接近的有效沃尔什序列相匹配。

尽管这是一个迂回的解决方案，但确实为基站接收机解决了相位延迟变化带来的问题，代价是用户与 PN 码相位的匹配不完美了。下行链路中使用沃尔什码有效地消除了用户间的干扰。但是上行链路中使用沃尔什码时，由于不够完美的相关性处理，使得用户之间存在一定的干扰。因此，上行链路是干扰受限的。而下行链路是功率受限的，因为基站中的功率放大器必须有足够高的线性度才能为小区内的所有用户提供足够大的信号功率。

功率控制

为了清晰简单起见，之前对于 CDMA 系统的讨论省去了一些系统操作的细节。不得不说，CDMA 系统的正常运行在很大程度上依赖于功率控制。功率控制不仅存在于导频信号辅助进行越区切换的过程中，也存在于上行链路和下行链路中。为了获得最优的系统容量，每一个信道应该以尽可能低的功率进行信号传输，允许少量的比特错误。在上行链路中，所有的移动终端要不断调整发射功率，使得基站接收到的信号强度大致相同。否则，基站将只处理强度最大的信号，忽略其余信号，即所谓的"远近效应"。由于各移动终端与基站间的距离不同，而且移动终端还有可能在移动，所以为克服远近效应，每一个移动终端都应不断调整自身发射功率以保证相同的信号强度。这由功率控制来实现。基站在每一个下行链路数据帧中放置一个功率控制比特，移动终端根据该比特以 1 dB 的调整量来增加或减小发送功率，这种控制每 1.25ms 进行一次。

其他的开环和闭环功率控制在后台运行，其中很多的功率控制技术都是高通公司(IS-95 CDMA 的主要研究成员)的专利。结合第 8 章中对于扩频码的描述，那么 CDMA 系统在功率问题上的脆弱性就不难理解了。举个形象的例子：规定只要每个人在说话时合理控制自己的音量，那么在同一地点、同一时间、同一频段内就可以允许多个会话的进行。但是如果这时角落里坐着的一对醉醺醺的新婚夫妇开始争吵，并且声音越来越高会怎样呢？很有可能房间里面所有其他的会话都戛然而止了。CDMA 系统中的功率控制就是为了防止系统中的任何一个参与者功率失控变成"房间里争吵的新婚夫妇"。

梳状接收机

CDMA 系统的独特之处体现在接收机的构造上。CDMA 系统使用的接收机称为梳状 (rake)接收机，因为它有多个相关器，可以与不同的沃尔什码匹配进行信号的解调，补偿每一条路径上信号的到达时间差。类似于花园里的草耙收集落叶的方式，梳状接收机上的多个相关器从多路信号中收集信号能量，将它们合并在一起输出一个最优的接收信号。梳状接收机的基本原理如图 10-15 所示。可以将每一个相关器(也称之为"finger")看做子接收机。梳状接收机的配置契合了 CDMA 系统的需求，因为它能对抗多径

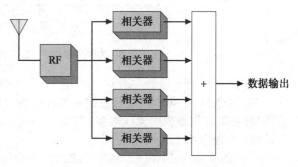

图 10-15　梳状接收机原理框图

效应的影响。多径效应的影响是很严重的，不仅因为短的波长，还因为对 CDMA 信号进行扩频时高的码片速率。梳状接收机使得本来会因为多径效应衰减的信号获得了最优接收。

10.2.8 故障诊断和干扰排除

GSM 系统的开放式结构支持故障诊断技术。所谓开放式结构是指所有用户均可获得系统信息。无线技术人员很容易根据系统信息确定存在的问题，比如干扰。如果已经明确一个区域内的信号强度足够高，但是仍旧有过多的电话掉线，那么该区域内可能就存在干扰问题。不使用"移动测试"而使用协议分析程序进行故障诊断能够极大地节省技术员的时间。CDMA 系统是由私营公司开发的，基站和交换机之间的链路信息受专利保护。尽管如此，现在已经研究出了专门的测试设备用于 CDMA 网络的故障诊断，尤其在系统质量问题和干扰问题方面。在 CDMA 系统中，干扰是特别值得关注的，因为某一些接收信号的功率水平是很低的。本章前面已经讨论过，在维持基站协调工作方面 GPS 定时的重要性。以及第 8 章提到的 −130dBm 左右的低功率接收信号，会与 1.575GHz 频段内 −140dBm 的GPS 信号发生干扰。

一种称为调制信号分析仪(modulation analyzer)的设备能够解调 CDMA 信号，并且根据沃尔什码进行信号的分离，如图 10-16 所示。下面列出了几种对于基站实施的操作。

（1）rho：波形质量。与完美无失真信号相比，通过计算相关度来衡量 CDMA 信号由于调制误差引起的能量损失。理想条件下 rho＝1。

（2）EVM：误差向量幅度。测量总噪声(或误差)向量，包括幅度和相位向量，来衡量调制质量。

（3）Carrier feed through：载波馈通。测试输出信号中含有多少未经调制的载波，即调制器的载波泄露。规定载波馈通至少低于 CDMA 导频信号 25dB。

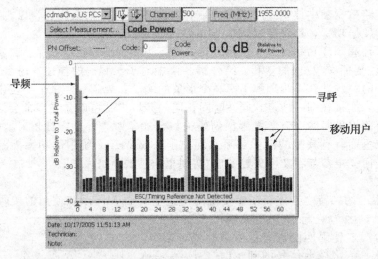

图 10-16 泰克 YBT250(基站测试仪)，显示沃尔什码

如图 10-16 所示，沃尔什码 0(红色)用于导频，沃尔什码 1～7(绿色)用于寻呼，沃尔什码 32(黄色)用于同步，浅蓝色的沃尔什码为移动用户使用，深蓝色的沃尔什码还没有被占用(注：测试信号采用无线电波，"ESC/Timing Reference Not Detected"表示 YBT250 没有与基站建立物理连接)。

干扰会引起 GSM 和 CDMA 系统的性能降低。GSM 系统中存在自身干扰，比如共道干扰和邻道干扰。更新频率规划可以减少干扰，但是这项工作必须交由有经验而且熟悉频率规划模型的人来完成。工程研究人员在数学模型的基础上进行了最初的频率划分，之后再根据技术人员确定的"问题信道"对频率分配进行更新。CDMA 系统中的所有用户工作在同一频段上，使用正交码减小用户之间的干扰，但是与此同时，用户的增加也带来该频段内噪声水平的增加，这样一来，用户数目被限制在 20 以内。

引起干扰的因素有很多，可以将其划分为以下三类。

（1）在 1.575GHz 频段内，有效信号与 GPS 接收机的接收信号发生干扰。GPS 卫星为 GSM 和 CDMA 系统提供频率基准和时间基准信号。

（2）信号与上行链路（821～849MHz 的蜂窝频段）发生干扰。

（3）信号与下行链路（869～894MHz 的蜂窝频段）发生干扰。

一个信号的谐波可能成为另一个信号的干扰源。其中一个常见的例子就是甚高频（VHF）电视信道 7 的五次谐波，其频率刚好处于蜂窝系统下行链路频段内。

其他信号的叠加影响也可能成为干扰源。频率的组合计算如下：

$$F_{out} = nF_1 \pm mF_2 \qquad\qquad (10-1)$$

其中：n 和 m——整数，代表谐波次数；F_1 和 F_2——分离的潜在干扰信号。

多信号混合产生的干扰比较常见，有时在故障检测时很难对其准确定位。但是这些问题并没有阻碍蜂窝通信设备的安装。多信号混合干扰通常出现在多发射机多接收机的场景中，当几个高功率的发射机靠得很近时，多信号混合干扰问题就会凸显出来。在实际的通信系统规划中，有时很难避免这种"共址"安装现象。在一些特殊的地形条件下，适合进行通信设备安装的场地有限，尤其是高海拔的地点，比如山顶或高层建筑物的楼顶。而且有些行政辖区的区域规划限定了必须将通信设备安装在同一个地点，以防止发射塔和天线的安装过于分散。有时甚至同一块场地由几个运营商共用，他们在同一发射塔上安装各自的天线。只要所有的系统按照他们的许可参数运行，出现的干扰由参与方协商解决。在信号的发射路径和接收路径上安装合适的滤波器能够减少干扰。

下面给出一个混合信号干扰的例子。FM 无线电台（约 99.9MHz）的谐波和寻呼信号（约 160MHz）混合产生干扰。99.9MHz 的 FM 信号的二次谐波与寻呼信号的四次谐波混合产生 839.8MHz 的干扰信号，根据式（10-1），计算过程如下：

$$F_1 = 99.9\text{MHz}, \quad F_2 = 160\text{MHz}$$
$$n = 2（二次谐波）, \quad m = 4（四次谐波）$$
$$F_{out} = 2 \times 99.9\text{MHz} + 4 \times 160\text{MHz} = 839.8\text{MHz}$$

这种类型的问题很难隔离出来，因为寻呼信号具有突发性的特点。一种称为实时频谱分析仪（real-time spectrum analyzer）的设备可以确定这个问题。图 10-17 和图 10-18 给出的是频谱图。图中横轴表示的是频率，纵轴表示的是时间，功率用彩色的线条表示。实时频谱分析仪中存储了 87 条分离的数据记录，用于确定在哪一个时间点上干扰发生。图 10-18 所示为 FSK 信号。在一个时间点上，频率从三个频率值中取一个。

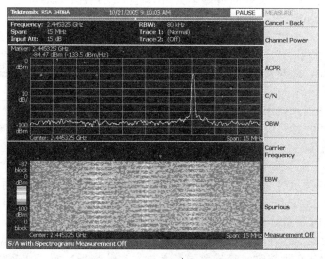

图 10-17　泰克 RSA3408A（实时频谱分析仪）频谱显示图

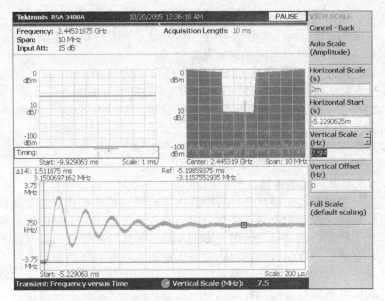

图 10-18　泰克 RSA3408A(实时频谱分析仪)从图 11-19 中所示的频率分布图中
捕捉一行进行图像重放(注意 FSK 锁相环的校正时间)

通过对图 10-17 和图 10-18 的观察，我们可以得到以下信息。

(1) 图 10-17 所示的上下两个子图的横轴均为频率，频带宽度均为 15MHz。

(2) 图 10-17 所示的上下两个子图中标识的中心频率均为 2.445 325GHz。

(3) 在图 10-17 所示的图形中，使用一把尺子，就可以确定左侧测量点和右侧测量点之间的频率为 6MHz。

(4) 图 10-17 所示的上面图形的纵轴表示功率，图形显示右侧测量点的功率为 −20dBm。

(5) 图 10-17 所示的下面图形的功率由彩色线条表示，黄颜色的点表示 −20dBm，但是这个图形的测量不如上面图形精确。

(6) 图 10-17 所示的下面图形的纵轴表示"方块数目"。图形底部是方块 0，图形顶部是方块 −87。

(7) 每一个方块代表一个时间增量。从图 10-18 所示的下面图形中可以看出每一个区间的时间尺度为 200μs。因为共有 10 个区间，所以整条轴的时间尺度为 2ms。

(8) 因为共有 88 个时间块，图 10-17 所示的下边界到上边界的时间为 176ms。

(9) 使用一把尺子可以近似确定每一个点的持续时间约为 6ms。

(10) 总结可知，跳频发生在三个不同的频率之间，频率间隔为 3MHz，信号在每一个频率点上持续 6ms。

(11) 当该设备投入使用时，图 10-17 所示的下面图形中的信息会向上滚动。时间块 −87 消失了，一个新的时间块 0 会出现。每一个时间块的持续时间可以调整。可以设置每一时间块测量以下信息：在时间块持续时间内的最大信号，最小信号，平均信号，最大/最小信号。

(12) 图 10-18 所示的下面图形提供了关于每个频率锁相环校正时间的信息。注意到，初始的过调量为 −3.75MHz，大约 150μs 以后，过调量调整为 +2.25MHz。

(13) 所谓"实时频谱分析仪"，是指一个设备能够捕捉所有的数据。这意味着每一个时间块必须是连续的。现在很多的频谱分析仪产生的数据并不是实时数据。

当故障诊断为存在干扰时，首先要确定干扰发生的物理位置。干扰可能来自与附近发信机的交调。交调干扰是指两个发信机的信号混合产生的干扰。信号的混合会发生在任何的非线性设备上，而且该设备不一定是电子设备。另外一种可能的干扰是非线性外部组件的互调干扰，这种干扰称为"生锈栅栏"干扰。如果两个高功率的发射信号随机的撞击到生锈的组件(如：铁栅栏、生锈的屋顶或者基站附近的生锈的铁桩)，那么可能发生电效应，产生干扰。这种干扰会受到天气状况的影响，因此更加难以查出。对于通信和基站技术人员而言，确定干扰原因的确是富有挑战性的任务。成功地解决干扰问题更需要本领域专家的帮助。

表 10-6 列出了一部分由无线电波的谐波引起的干扰。由于这些信号强度比较高，故会对无线电波形成很强的干扰。

表 10-6　潜在干扰信号

蜂窝频段	频率/MHz	干扰	谐波
US 蜂窝基站 TX	869~894	VHF 电视信道 7	五次谐波
US PCS 基站 TX	1930~1990	UHF 电视信道 16~18	四次谐波
US PCS 基站 RX	1850~1910	UHF 电视信道 14~15	四次谐波
GPS 接收机	1574.9~1575.9	UHF 电视信道 23	三次谐波

10.3　移动和蜂窝数据网

10.3.1　第三代移动通信系统

第三代或 3G 移动通信系统的广泛部署使用户在移动环境中也可以获得高的互联性。与此同时，用户对于更高数据速率的需求(比如高速视频流)也得到满足。3G 通信系统的广泛部署与市场条件及现有频谱资源紧密相关。3G 业务需要更宽的带宽，对于移动用户而言，也需要更高的花费。一些主要的无线运营商提供了向 3G 的过渡业务，称为 2.5G 或 2.75G。这些业务比 2G 通信具有更高的数据速率，费用低于 3G 通信。

2.5G 通信有两条基本的技术路径，要么与 GSM 系统后向兼容，要么与 CDMA 系统前向兼容。所谓"后向兼容"，是指用户的移动终端工作时融合了新技术和老技术。表 10-7 列出了向 3G 演进的两条基本的技术路径。

表 10-7　向 3G 演进的技术路径

系统	第几代通信	通信系统名称	数据传输速率	调制类型	带宽
GSM	2G	GSM	14Kb/s	GMSK	200kHz
GSM	2.5G	GPRS	144Kb/s	GMSK	200kHz
GSM	2.75G	GPRS/EDGE	288Kb/s	8PSK	200kHz
GSM	3G	WCDMA	2.4Mb/s	—	5MHz
CDMA	2G	CDMAone	14Kb/s	QPSK	1.2MHz
CDMA	2.5G	1XRTT	144Kb/s	QPSK	1.2MHz
CDMA	2.75G	1XEVD0	288Kb/s	8PSK	1.2MHz
CDMA	3G	CDMA2000	2.4Mb/s	—	5MHz
UMTS	4G	UMTS	2.4Mb/s	—	5MHz

上面表 10-7 中列出的几种技术为 2G 语音向 3G 数据的过渡搭建了桥梁，尤其是CDMA2000，它是之前讨论的 2G CDMA 语音系统(也称为 IS-95 CDMA)的改进版本。与 IS-CDMA 一样，CDMA2000 也是由高通公司研发的，该公司也持有很多 CDMA2000 的技术专利。CDMA2000 与 IS-95 后向兼容，因此对众多通信运营商是很有吸引力的。在最早的版本中，CDMA2000 称为 1XRTT。RTT 代表"无线电传输技术"。1X 表示使用单个的 1.25MHz无线信道，这一点与传统的 CDMA 一致。这种版本的 CDMA 称为 2.5G 技术，因为它提供

了比 2G 更高的数据速率，通过改变调制方式和编码技术将语音业务容量增大至原来的 2 倍。与此同时，1XRTT 在无线领域引入基于分组的数据处理方式，这样最大数据传输速率可以达到 144kb/s。在蜂窝语音系统中，分组交换(分组交换的思想已经在第 9 章中讨论过)和电路交换是两种不同的技术。之后的改进版本是 3XRTT，它使用 3 个无线信道，总带宽为 3.75MHz，更高的码片传输速率使得数据传输速率增至之前的 3 倍，为 432kb/s。

可以将 3XRTT 视为 2.75G 技术，向 CDMA2000 演进的最后一个版本是 1XEVDO，它将 CDMA 平台引进了 3G 领域。EVDO 代表演进数据优化。该技术同样使用一条 1.25MHz 的信道，根据不同的数据速率采用不同的调制方式，从 QPSK 到 16QAM。下行信道的最大数据传输速率为 2.4Mb/s，采用 16QAM 调制。不管采用何种调制方式，上行信道的数据速率一直处于最大值 153.6kb/s。

通用移动通信服务和宽带码分多址

宽带码分多址，也即 WCDMA 是一种有竞争力的 3G 技术。它不同于 CDMA2000，但与其他的 CDMA 技术有一些共同的特点，比如都采用直接序列扩频。在 20 世纪 90 年代初，3G 技术统称为通用移动通信服务(universal mobile telecommunications service，UMTS)，WCDMA 是国际电信联盟(International Telecommunication Union，ITU)建议的一种 3G 技术方案。ITU 是负责对国际电信进行标准化的一个联合国组织。最开始，ITU 为运行在 2GHz 频段内的 3G 系统规定了一系列的技术特征，并且制定了一套全球标准和演进路径，以期实现互操作及全球漫游。虽然目前已经提出并试验了多种具有竞争力的 3G 技术方案，其中包括 CDMA2000 和 WCDMA，但是 ITU 并没有签署任何一项。随着时间的推移，移动终端用户对 3G 系统下行链路容量有了更高的期望，早已超过了 ITU 最初设定的 2Mb/s。这使得各运营商之间相互追赶，提出了一系列有竞争力的新方案。

WCDMA 的研究基于直接序列扩频(direct sequence spread spectrum，DSSS)，载波带宽为 5MHz，码片传输速率为 3.84 兆片/s，采用 QPSK 调制技术，数据传输速率可达为 2Mb/s。全双工工作时需要两个无线电信道。宽的信道带宽需求是所有 3G 系统共同的问题，对于 WCDMA 尤其突出。众所周知，无线电频谱是稀缺资源，当有大块的频谱资源可用时，管理机构往往将其拍卖给出价最高的竞标者。竞拍价往往是几亿甚至几十亿美元。毋庸置疑，这代表了一项重大投资，同时也为未来的运营商设置了壁垒。这也意味着世界上的不同地区可用的通信频段也不同。

为解决带宽限制问题，ITU 提出了一种新的 WCDMA 技术方案，称为 TD-SCDMA (时分同步码分多址)。该技术方案的主要优点在于所需的信道带宽比较窄，为 1.6MHz，码片传输速率为 1.28 兆片/s。就像它名字中所体现的一样，采用时分复用技术，在同一频带内划分不同的时隙分配给上行链路和下行链路使用，这种划分是动态的。系统可以根据上行、下行业务量自适应地调整上行、下行时隙个数，从而支持不对称的数据业务。该技术方案最大的问题在于同步。为了维持系统的正常运行，需要极精确的定时和同步机制，这无疑增加了 TD-SCDMA 系统实现的复杂程度。

用户希望下行链路的数据传输速率超过 2Mb/s。为满足用户需求，提出了与 WCDMA 兼容的 3.5G 技术方案，高速下行分组接入(high-speed download packet access，HSDPA) 就是其中一种，可以将其视为 WCDMA 的一种演进方案。自动适应信道条件是它的一个特点。HSDPA 将其数据传输速率进行了分类：第 1 类，最低的数据传输速率，为 1.2Mb/s，高的类别对应着高的数据传输速率，第 10 类，数据传输速率为 14.4Mb/s，采用 16QAM 调制。比如澳大利亚采用的第 20 类 HSDPA 系统，数据传输速率为 42Mb/s。上行链路容量相对较低，因为很难做到从一个便携终端向基站高速率并且可靠地传输数据。然而，与 HSDPA 并行的另一个标准，称为高速上行分组接入(high-speed uplink packet access，HSUPA)，提供的上行数据传输速率最大可达 5.76Mb/s，该技术方案已经进入初期部署阶段。

10.3.2　第四代移动通信系统

竞争压力以及似乎无法满足的对于无线通信系统容量和互联性的需求迫使运营商研究第四代(或 4G)无线数据网络。是否是真正的 4G 系统成为争论的焦点。3G 系统的定义是很明确的,然而对于 4G 系统的定义太少,真正的 4G 系统仍然处于发展阶段。3G 通信系统的设计应该满足 ITU 的国际移动通信-2000(International Mobile Telecommunications, IMT-2000)标准,即为固定室内用户提供的数据传输速率为 2Mb/s,该速率也是系统的最大数据速率;为室外行走用户提供的数据传输速率为 384kb/s,为坐在快速行驶的汽车里的用户提供的数据传输速率为 144kb/s。一些系统和协议的性能已经满足或超过了 3G 的标准,甚至在采用了各种升级措施增大了数据吞吐量以后,有些协议已经达到了 3.5G 或 3.9G 的标准。

到目前为止,4G 系统的定义还有待明确。ITU 认为 4G 是长期演进技术升级版(long-term evolution advanced, LTE advanced),这是一个涵盖性的术语,其中包括了很多在现有的先进 3G 系统中已经实现的技术。展望未来的 4G 系统,它应该具有以下特点:(1)更高的数据速率,最大数据传输速率可达 1Gb/s。(2)全新的网络结构。现在人们大力吹捧的 4G 只是现有技术的升级,并不是全新的技术突破。

目前最高级的 3G 系统(或许认为是 3.9G 系统更准确)使用了第一代长期演进(long-term evolution,LTE)标准。LTE 和早期 3G 技术的区别在于,LTE 在下行链路中使用正交频分复用(orthogonal frequency-division multiplexing,OFDM)技术,而不是采用 CDMA。很多无线局域网也会用到 OFDM 技术,将数据调制到一系列空间上离得很近但又严格正交的多路子载波上。采用 OFDM 技术的无线系统本质上是一个"一对多"或点对多点的广播系统,也可以将其视为一个多路访问系统,允许多个用户同时使用该系统。因此,在 LTE 系统中,OFDM 与其他的多路访问技术合在一起称为 OFDMA。

由于过多地依赖于数字信号处理技术,并且原来依靠硬件实现的功能,现在需要用软件来实现,这无疑使系统的实现更加复杂了。尽管如此,采用 OFDMA 作为多路访问技术仍旧为通信系统带来了一些潜在的优势。

第一个优势是,相比于传统的频分复用技术,去除了对频带保护间隔的需求,因此频谱的利用率更高。实际上,OFDM 中各子载波调制的信号频谱之间有交叠。在 OFDM 接收机端,通过 DSP 模块的快速傅里叶变换能够同时解调所有的子载波。这意味着无需考虑不理想的滤波响应以及后续的频谱分离操作。LTE 系统的子载波之间间隔 15KHz,OFDM 中的每个载波在一个符号时间内有整数个载波周期,而且各个相邻的子载波之间相差一个周期。这一特点维持了子载波之间的正交性。

第二个优势仍旧与频谱利用率有关,OFDMA 系统支持多种带宽,因此可以根据系统容量的需求灵活配置多路带宽。根据环境需求、频谱分配或者是商业要求,LTE 系统中的信道带宽可以从最小的 1.25MHz 调整到 10MHz 或 20MHz。与之形成鲜明对比的是,CDMA 和 WCDMA 系统中每个信道的带宽都是固定的,通常由码片速率或滤波选择决定。调整 CDMA 系统带宽的唯一方式就是采用多个信道。

第三个优势在于,在通信信道出现损伤、引入噪声时,OFDM 系统仍旧能够进行持续成功的通信。OFDMA 收发信机动态调整信号的调制方式,在一个高质量的没有噪声存在的信道上,系统会采用高水平的 QAM 调制技术以期达到最大的数据吞吐量。在噪声信道上,系统便切换回来采用适合噪声信道的 QPSK 调制技术,但是此时的数据吞吐量比较低。连接一直维持,同时为移动用户提供了更加满意的用户体验。

LTE 系统另一个值得关注的方面是它采用了多输入多输出(multiple input multiple output,MIMO)技术,该技术曾经用在 IEEE 802.11n 无线局域网中增加数据吞吐量。MIMO 技术的具体实现在很大程度上依赖于 DSP。MIMO 技术在接收端和发射端使用多副天线,充分利用空间传播中的多径分量。接收机利用多路径信号的独立性以及附加相位效应，使数据处理容量随天线数量的增加而线性增加。如果将 MIMO 技术与 OFDM 技术相结合，在处于最佳运行状态的 LTE 系统中，下行传输速率可达 100Mb/s，上行传输速率可达 50Mb/s。大家可以思考一下，在移动通信环境中，用户何时有如此高的速率需求？

现在宣传的 4G 是真正的 4G 吗？这与看问题的角度有关。严格来说，真正的 4G 还在未来，就像国际标准制定组织声明的一样。在所有接近 4G 的技术方案中，接收端和发射端都会使用多副 MIMO 天线，并且信道的带宽更宽。现在最新一代的技术方案虽然没有与 4G 的标准定义完全匹配，但是可达的系统容量已经远远超过了 3G 规范的容量，因此无论该方案最终被冠以什么样的名称，都应该对它的独创性给予极大的认可。有一点必须要明确，即 3G 和 4G 网络仅仅是数据网，之所以这样说，是因为语音业务仍旧由 2G 技术（电路交换 CDMA 和 GSM 网络）来处理。但是我们可以设想，随着移动系统的演变，语音业务将与数据业务不断融合，这标志着未来的移动通信向分组交换网络不断推进。

10.3.3　无线应用协议

无线应用协议（wireless application protocol，WAP）是一个世界范围的标准，其设计是为了在移动通信、因特网和企业内部网之间架起通信的桥梁。WAP 为无线网络访问和 Web 服务提供了一套标准化的解决方案。WAP 标准解决了无线数据网络的交付问题。这其中包括有限的带宽、时延、连接的稳定性和有效性。时延是指从移动终端发出信息请求到得到响应之间的时间间隔。

WAP 技术规范定义了下面几个关键的要素。

无线标记语言（wireless markup language，WML），它是专门为便携式移动终端设计的一种轻型标记语言，与 HTML 类似，但是比 HTML 编写的内容占用更少的网络浏览器内存和 CPU 时间。因此，WML 优化了无线环境中的超文本，包括图像，WML 脚本等。

微型浏览器（microbrowser），即无线终端上配置的浏览器。

在 WML 环境中的无线电话应用（wireless telephony application，WTA）框架。

WAP 具有以下特点。

无线传输协议（wireless transaction protocol，WTP）管理 WAP 协议中的数据传输。WTP 类似于计算机网络中的 TCP 层。WTP 提供了处理每一个请求/响应事务必需的信息。

无线传输层安全（wireless transport layer security，WTLS）负责提供更加安全的无线连接。该层与计算机网络工业标准传输层安全（transport layer security，TLS）协议相差无几，TLS 过去也常称为安全套接字层。

WAP 为无线通信注入了新的活力。它解决了无线电话通信中关键性的限制问题，为移动电话提供 Web 服务，并且为融合更多新应用提供了方法指导。现在大多数的移动电话公司都支持 WAP。

10.4　无线安全

本章主要讨论无线和有线通信网络的相关问题。这一节，我们将要学习在这些网络中数据的安全传输。因特网、蜂窝电话、无线笔记本、WiMAX 和蓝牙设备，另外还有一些其他的无线技术方便了用户间的信息（数据、图像）共享。用户通信更加灵活的同时，信道上发生信息窃听、阻塞的概率也增大了。本节概述了一些通信安全的基本概念。

有线信道和无线信道之间最大的区别在于，无线信道通常是"共享"的广播信道，也就是说在无线通信中，信号从发送方发出去以后，会传播到任何地方，有可能到达指定接收方，也有可能不幸到达窃听方。窃听者通常可以毫不费力地访问无线信道。无线信道中传输的是无线电信号，这些信号最终被无线电接收机接收。与之形成鲜明对比的是有线信道，如果窃听者想要窃听信道中的信息，就必须先破坏物理线路，才能从信道中截取信息。

在讨论通信的安全性时，通常从五个方面入手。接下来的内容首先定义了信息安全的五个方面(私密性、完整性、身份认证、不可抵赖性和网络的可用性),然后讨论了它们在无线通信中的应用。

(1) 私密性(confidentiality/privacy):保证非法用户无法得到合法用户传输的信息。

(2) 完整性(integrity):信号在经过信道传输时不会被篡改。并不是指窃听者无法更改信息,而是指窃听者对信息的更改能够被发现。比如,校验和方法就可以检测出数据的篡改。校验和实质上是对被传输信息所含位数的计数。接收方对接收到的信息计算其位数,如果所得结果与校验和字段一致,那么可以认为接收到的信息无差错。但是如果窃听者在篡改了有效数据字段的同时,也修改了校验和字段,那么窃听就不会被发现。

(3) 身份认证(authentication):验证用户身份的合法性。比如,当用户在处理网上银行业务时,银行必须要确定是合法用户建立的连接,并且发出相关的交易指令。这就是网络用户经常遇到的:在用户对账户进行访问之前,需要输入已经授权的个人识别码(personal identification number,PIN)。

(4) 不可抵赖性(nonrepudiation):银行业务非常需要不可抵赖性的安全保证。因为银行需要证明它们所受理的每一项交易都得到了合法用户的授权。

(5) 网络的可用性(availability of the network):窃听者可以在有效的通信信道上发送一些干扰信息从而破坏通信链路。阻塞干扰是一个简单的破坏网络可用性的例子,窃听者在有效的通信信道中发送大量的干扰信号,从而破坏或降低有效通信的速率。

人们喜欢无线网络是因为这种网络允许通信节点(如:笔记本和蜂窝电话)的移动性,同时也是这种移动性使得无线通信的环境,如无线信道相对不安全。设想某一用户在候机厅使用笔记本接入无线网络,在这种情况下,他的数据很容易被拦截或阻塞。

无线通信的另一个威胁来自资源受限的节点。通信设备通常是需要电池供能的,或者设备仅仅具有有限的存储空间。攻击者可以通过消耗用户的资源来降低通信网络的服务质量。比如破坏无线通信链路或者故意使通信链路拥塞,这会导致通信设备不断地重传信息,最终耗尽电池储能或必须重新建立通信信道而内存耗尽。

可以将无线网络中的攻击分为两种,被动攻击和主动攻击。被动攻击(passive attack)是指窃听者仅仅监听信息的传输,并从中得到对自己有用的信息。被动攻击很难被检测到,因为窃听者不在信道中传输任何信息,只是对信道进行监听。在主动攻击(active attack)中,窃听者会向信道中发送一些信息,通常是一些强信号,以此来破坏通信链路。幸运的是,主动攻击能够被检测到。

还可以将攻击分为外部攻击和内部攻击两种。外部攻击(external attack)来自网络以外的用户,既可以监听信息传输信道,又可以向信道中注入干扰信息。内部攻击(internal attack)主要来自信任网络,这是一种微妙的攻击方法,往往更加危险,因为现有的攻击检测措施通常针对的是外部攻击。内部攻击的攻击者通常将自己伪装成合法用户,甚至能够访问服务器或交换机。在获得了内部 IP 地址或存取码以后,内部攻击者就好像网络授权用户一样可以任意操作网络。

为对抗通信系统中的攻击,需要采取相应的对抗措施(countermeasures)。常用的方法是使用密码对数据进行加密之后再传输,以此来对抗窃听。密码的使用提高了数据的机密性。如果攻击者不能正确解密,也就不能得到信道中传输的有效信息。

密码是一种数学处理方法,只有合法用户知道加解密方法,攻击者很难获知。加密的目的是使合法接收者能够很容易地解密,然后恢复出有效数据,但是对于攻击者而言要解密数据需要大量的数学运算甚至只能猜测。密钥(key)是加密算法中一串秘密码字,在发送端用它来创建密文,同时在接收端用它对密文进行解密,提取出原始信息。密钥的长度关乎到窃听者解密消息需要花费的时间。

如果攻击者使用猜测方法获取密钥,那么在设计密钥时一定要保证攻击者所需的猜测次数必为一个很大的数。数据加密标准(data encryption standard,DES)是美国使用的一种数据加密算法，密钥长度为 56 位，也就是有 2^{56} 个可能的密钥。这听起来是一个很大的数，但是使用今天的计算机只需一天便可找出密钥。

一旦使用密码来保证数据的机密性就需要很大的开销，因为整个通信的安全性依赖于密钥的私密性。在不使用武装传递的情况下，管理员怎样才能将密钥分发给网络中的所有合法用户呢？现在有一些不对称的加密算法可用，所谓不对称加密，是指每一个合法用户都拥有自己的私钥，公钥可以通过无线信道进行传输。电子商务要求每一个用户同时拥有公钥和私钥，那么用户可以利用公钥加密信息，只有合法的接收方才能利用私钥将信息解密。

所有通信系统对信息传输的机密性都有要求，最常使用的方式就是采用密码加密。新一代的蜂窝通信系统具有更高的安全性。在时分多址（TDMA）系统中，由于多路会话占用不同的时隙复用在同一信道中，所以接收机必须与发送信道保持时钟同步才能解调出属于自己的会话信息。在码分多址（CDMA）系统中，我们不讨论密码，而是讨论伪随机序列，用该序列在整个频谱上对信号进行扩频。每个用户使用唯一的伪随机码对自己的数字语音信号进行扩频，再将各路信号复用在一起，它们之间不会相互干扰。接收端只有在匹配了正确的扩频序列以后才能实现解码。扩频序列未经加密，但是攻击者通过监听通信系统再从中提取信息以期获得扩频序列是很难的，从而通信的机密性得以保证。

分析通信链路上数据传输的安全性等价于分析将一个加密过的消息进行解密的难易程度。研究表明，某些字母符号出现的频率是可预测的。众所周知，英语单词中字母符号的出现频率有一定规律，如图 10-19 所示。空字符也加入了统计分析，因为它是日常消息中最常用的 ASCII 码字符。仔细观察图 10-19 所示的字母符号频率分布图，可以看出 A、E、N、O、T 是英语中 5 个使用最频繁的字母。该频率分布图可以帮助确定简单密码中的符号偏移量。

图 10-20 给出了一个密文（加密后的消息）例子。乍一看，这条消息不具备可读性，因为符号的排列是完全随机的。我们可以将此段密文消息输入到一个特定的软件程序中，分析其符号的分布，以确定该条密文的符号是不是呈现出图 10-19 所示的频率分布规律。符号分布分析结果如图 10-21 所示。

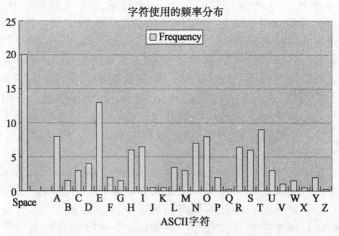

图 10-19　ASCII 码符号使用频率分布图

[ipgsqixsxli$QSHIVR$IPIGXVSRMG$GSQQYRMGEXMSR$wigx]
msrsr[mvipiww$Wigyvmx}2$$Mj$}sy$evi$viehmrk$xlmw$}sy$I
ezi$hixivqmrih$xlex

图 10-20　密文举例（加密消息）

图 10-21 右侧显示的小写字母的频率分布图与图 10-19 所示的字母频率分布图类似，只是对应字母不匹配。似乎字母被移动了四个字符的间隔，如表 10-8 所示。密文中的字母"e"对应于明文中的字母"a"，密文中的字母"x"对应明文中的字母"t"。

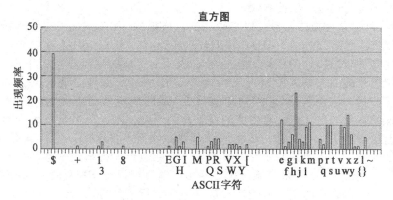

图 10-21　图 10-20 中所示密文的符号频率分布直方图

另外，从图 10-21 可以看出，"＄"符号是该段密文中出现频率最高的 ASCII 码符号。在普通的消息中，出现频率最高的 ASCII 码符号是空格。参考第 11 章的图 11-1，可以看出"＄"符号与空格符号之间偏移了 4 个 ASCII 码符号。

表 10-8　预测图 10-20 中的密文符号偏移

a	b	c	d	e	f	g	h	I	j	K	l	M	n	o	p	q	r	s	t	u	v	w	x	y	z
e	f	g	h	i	j	k	l	M	n	O	p	Q	r	s	t	u	v	w	x	y	z	a	b	C	d

将上面预测的符号偏移量应用到图 10-21 所示的密文消息上，可以将密文消息解密成图 10-22 所示的可读消息。

图 10-20 所示密文的加密方式称为凯撒（Caesar）密码，这是一种简单的置换密码。明文中的每一字母被其后面第 k 个位置的字母所代替。在这个例子中，$k＝4$。

> Welcome to the MODERN ELECTRONIC COMMUNICATION section on Wireless Security. If you are reading this you have determined that a Caesar-Shift of 4 has been used. If you are not reading this well then you aren't reading this.

图 10-22　密文解密后得到的明文消息

图 10-21 所示直方图的中间显示的字母均为大写字母，但它们不像右侧的小写字母一样具有规律的频率分布。因为这里的密文样本尺寸太小（仅包含 32 个大写字母）。如果将密文中的所有字母都变为大写字母或者都变为小写字母，然后再分析字母的频率分布，那么会得到类似于图 10-21 右侧的字母频率分布。

本节定义了通信链路安全性分析时需要考虑的五个重要方面，即私密性、完整性、身份认证、不可抵赖性和网络的可用性。此外，还对密码做了一个简单的概述，并给出了数据加密的例子。在对通信系统进行安全性分析时，永远不能想当然地认为攻击者看不到信道中传输的信息。因此，在信息传输时要采取必要的措施保护信息。

10.5　双工集群无线电系统

几乎所有社区中都存在一种很重要的通信设施，尽管大多数人没有注意到。这种通信设施由多个双向无线电系统构成，常用于警察局或消防部门等公共安全机构的通信，称为专用陆地移动无线电（specialized land mobile radio，SMR）。在公共安全领域，SMR 系统不仅包括一些可见组件，如警察或消防队员持有的便携式收发信机，还包括由调度台和应急反应中心构成的巨大网络。SMR 系统中的骨干网络由中继器、各种类型的电脑自动化控制器和各种各样的互联设备（包括电话线、T1 或 T3 数据线路、地面微波或光纤线路系统)组成，应急反应中心负责骨干网上的通信。SMR 系统是很重要的，这种重要性通常关乎生命安全，即如果相关信息接收处理不及时，有可能会有人员伤亡，因此 SMR 系统的设计要保证系统中的任何一个节点不能陷入瘫痪状态。有时，为了通信安全起见，会在一些候补地点安装备份设备，因此 SMR 系统是完全冗余的。

SMR 系统可以是模拟的，也可以是数字的。模拟的 SMR 系统采用传统的窄带调频信号，主要工作在 VHF(150～174MHz)和 UHF(421～512MHz)频段(在美国，有时联邦政府会占用上述两种频段以外的频段，但也处在表 1-1 所示的通用频段范围内)。大多数模拟系统将调制信号的最大偏差限制为 ±5kHz，这样系统的最大信道带宽为 25kHz。为了高效利用频谱，相关认证机构(联邦通信委员会)强制规定信道带宽为 12.5kHz，这样一来，通信系统的容量加倍。这种对带宽的调整称为窄带技术，信道带宽减小的同时调制信号的容许偏差也减小了。可以进一步将信道带宽减小至 6.25kHz，这样频谱利用率更高，能够容纳更多的用户。但是并非所有的模拟系统都能做到如此窄的带宽，有时需要加入数字调制。此外，类似于 GSM 蜂窝系统中使用声码器进行语音压缩处理，SMR 系统的数据速率需要降至一个比较低的水平才能在窄带信道中进行信息传输。

模拟的和数字的陆地无线电系统通常都要借助中继器才能实现广域覆盖。中继器本质上就是一个收发信机(发射机和接收机的组合)，通常装在山顶、高大建筑物的顶层或者其他的高海拔地点。中继器的作用是从便携式无线电设备接收信号(通常该信号功率比较低)，对接收到的信号进行功率增强(增强至 100W 以上)，之后再以不同的频率发送出去，从而实现广域的信号传输。因为在 VHF 和 UHF 频段，信号从一个移动台到另一个移动台是严格的视距传输，所以必须使用中继器。中继器从一个移动台接收信号，对信号进行功率增强和频率转换之后，将其发送至另一移动台。转换前后两个功率相差几兆赫兹或者几千赫兹。在很多情况下，多个中继器与一个或多个基站相连。基站会向中继器发送一些控制信号，比如键控信号(使中继器工作在发射机状态)、频率转换信号等，除此以外，基站也通过专用电话线向监测点发送或者从监测点接收音频信号。在公共安全设施中，多个基站均受同一个通信控制台的控制管理。除了无线通信能力以外，通信控制台还能够定位呼叫方的位置、进行位置映射、通话记录和计算机辅助调度任务，即快速确定并调度合理的应急资源响应呼叫。

在最简单的双向无线电系统中，一台中继器为大量的分散在广阔地理范围内的终端(便携、移动无线终端)提供服务。这种系统简单而且可靠，但是存在频率利用和接入问题：在一个给定的时间间隔内，研究无线信道的使用频率，发现信道在大部分时间处于空闲状态。然而，在高负荷的时间段(比如在公共安全系统中有紧急情况发生时)，信道会变得拥挤，因为很多用户都试图接入信道，这时大部分的用户服务会遭到拒绝。从频率分配的角度来看，频谱的利用率很低。基于这个原因，很多的公共安全机构均采用集群无线电系统，以期最大化利用稀缺的无线电频谱资源。

集群无线电系统在某种程度上类似于蜂窝系统，但是集群双向无线电系统比蜂窝系统占用更少的无线电频谱，而且因为使用了一系列的中继器，所以能够覆盖更广阔的地理范围。每个中继器有自己的频率集合，集群系统中的多用户接入使用频分多址(frequency division multiple access, FDMA)技术。很多的集群系统，尤其是，公共安全机构使用的那些，工作在 800MHz UHF 频段，与蜂窝系统的工作频率很接近，也有一些联邦政府部门使用的集群系统工作在 400MHz。

"集群"一词的使用可以追溯到电话技术中。本地电话局将呼入电话路由至"中继线路"，然后交付到目的电话局。中继线路的分配基于线路的可用性、呼叫的优先级和费用情况。到达指定目的端的每一路呼叫可能使用不同的中继线路。通过连续地将业务切换至下一个可用中继线路，电话网络可以低成本地容纳比中继线路数目多很多的用户。从概念上来看，集群呼叫类似于在银行中所有客户排成单一队列等待服务，即使关闭某一个服务窗口，队列中的客户依旧按序接受服务。同样地，在电话系统中，一条或者多条中继线路受损，服务不会受到影响。

集群无线电系统将中继概念应用到双向无线电业务中，在双向无线电业务中通常有很多持续时间较短的传输。一个基本的集群无线电系统通常会配置五个以上的无线电中继器，一个系统控制台（计算机）和管理接口，一个用户数据库，另外还包括多个便携无线电终端。每个中继器使用一对频率来实现广域的覆盖，系统控制台监测、控制所有中继器，控制台选择一个中继器作为控制信道，为系统中的便携无线电终端提供连续的双向数据链路。终端同时连续地监测控制信道的基本信息，如：频率分配、范围限制和到来的信号传输任务等。在更大规模的系统中，语音信道数目会增加，但是控制信道永远只有一条。控制台每隔一段时间会作出调整，使得所有的中继器循环担任控制信道，从而共同分担连续负荷。

图 10-23 所示的是基本集群无线电系统的原理框图。如果要发起一路呼叫，呼叫发起方首先选定被呼叫方（一个人或者一个用户群）。然后呼叫发起方按下"按键通话"按钮，即发起了一个建立通话路径的请求，控制台接收到该请求以后，首先确认呼叫发起方是系统的合法用户，然后为该用户选择一个可用信道，并且发出指令通知呼叫发起方可以开始通话了，通知被呼叫方调谐到指定频率上接收呼叫。如此一来，一路通话便开始了，整个过程不到 1s。

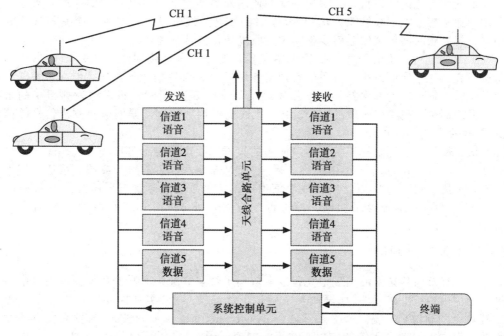

图 10-23　基本集群无线电系统的原理框图

系统控制台建立了会话群组（talk group），为其中的用户提供专用信道。在给定的时间内阻止群组以外的用户检测已占用的频段，并且不允许他们在该频段内传输信息。不同的群组，比如，消防、警察或者医疗服务群组，可以在公共的集群骨干网上通信，控制台能够将所有用户组区分开来。尽管无线电终端通常只在其所属的群组内进行信息的发送和接收，但是紧急情况下，系统管理者能够从群组删除或者向群组添加无线电终端。单个用户也可以确定一个特定的无线电频段进行私密会话。从用户的角度来说，每一个群组都在专门的信道上传输信息，但是从系统的角度看，信息的传输分布在指定的信道上，无线电频率的使用达到最优。

最近几年，集群系统已经演变成主流的通信系统，应用也比较普遍，尤其是在公共安全设施中。集群系统和非集群系统中共存的一个问题是：缺少互操作性（interoperation），即在危急时刻，不同的公共安全机构不能互相通信。很久之前，这个问题就已经引起公共安全领域专家的重视，只是 2001 年 9 月 11 日恐怖袭击发生以后，才被大众熟知。到目前，已经有很多专家致力于互操作性的研究，希望建立一个通用的空中接口（air interface），在关键时刻不同公共安全机构的集群系统能够互相通信。

历时最长的互操作性研究是由公共安全协会（Association of Public Safety Communications Officials，APCO）成员开展的，APCO 是公共安全通信领域的技术专家组织。该研究被称为项目 25（P25），P25 所用的无线电设备可以直接从供应商那里买到。P25 是一个数字 LMR 形式的研究，采用 FDMA 技术将分配的频谱划分成宽度为 12.5kHz 的信道，未来研究的信道宽度为 6.25kHz。12.5kHz P25 中采用四电平 FSK 对信号进行调制，频谱效率可以达到 2b/(s·Hz)，数据传输速率为 9.6kb/s。在四电平 FSK 调制中，载波被调制到四个可能的频率上编码四个符号，在 P25 中，这四个频率分别为 ± 1.8kHz 和 ± 600kHz。

信号调制方式采用 FSK 是因为 FSK 是恒定包络调制，与其他的调频方式类似。相比之下，幅度调制将信息编码在载波的幅度上，因此需要线性功率放大器。恒定包络调制的优点在于基站和移动终端上都可以使用高效的 C 类放大器。尤其对于便携设备而言，效率更是关键的设计准则，因为它会影响电池的使用寿命和便携无线电终端的体积和重量。比如，用户通常想要电池续航能力达到 8h 左右的便携无线电设备。对于一个常规尺寸的电池而言，想要长时间持续供能就要密切关注收发信机的功率使用。

在 P25 规划中，无需全部替换骨干中继器，便可平滑过渡到使用 6.25kHz 信道的第二阶段研究。这个所谓的第二阶段的实现将使用 QPSK 调制信号，这样才能在带宽降至原来的一半时数据传输速率保持不变。星座图类似于图 8-16 所示。只需将发射机中的调制器进行升级即可支持第二阶段的实现。P25 无线电终端上的解调器能够检测出信号的调制方式是 FSK 还是 QPSK。

欧洲、非洲、亚洲和拉丁美洲国家使用的集群无线电标准为 TETRA，是陆地集群无线电（terrestrial trunked radio）的简称。采用 TDMA 技术，四条语音或数字信道占用不同的时隙，复用在单个的 25kHz 的无线电信道中，这时系统的容量与采用四条 6.25kHz 的独立信道时达到的系统容量相同。信号调制方式为 $\pi/4$DQPSK，每时隙的传输速率为 7.2kb/s。

10.6 软件无线电

今天，高级通信技术的实现很大程度上依赖于数字信号处理技术和大规模集成电路的发展。之前由传统电路元件（如调制器、解调器、滤波器等）实现的功能，现在可以通过 DSP 模块上的软件来实现。软件无线电（software-defined radio，SDR）的发展代表了通信技术的一大进步。SDR 系统的实现正在不断加速，同时采用了更低成本的 DSP 芯片、D/A 转换器（DAC）和 A/D 转换器（ADC）。

SDR 是一种新型的无线电技术，其中某些子系统的功能是由基于软件的信号处理技术实现的。SDR 系统的实现如图 10-24 所示。天线接收的模拟无线电信号，通过前置滤波器以后，被 A/D 转换器转换为数字信号并被送入 DSP 模块。DSP 模块执行解调、滤波以及纠错、解压缩等一切恢复基带信号所必需的操作。SDR 系统的实现依赖于诸多因素，比如使用的无线电频段、A/D 转换器的速度、便携性、功耗、成本等。

尽管 A/D 转换器和 D/A 转换器的

图 10-24　软件无线电的系统实现

使用已经相当普遍,但是工作在千兆赫的转换器价格昂贵,甚至还没有研发出来。基于这个原因,目前已经实现的 SDR 系统中的 A/D 转换(或者是 SDR 发射端的 D/A 转换)仍旧在低频段进行。图 10-25 所示的是 SDR 接收端的典型配置原理图。首先,天线接收到的无线电信号被分成两路,分别送入两个混合器。本地振荡器(local oscillator,LO)为两个混合器提供本地振荡信号。两个本地振荡信号的相位差为 90°,因此两个混合器输出两路相互正交的 I 和 O 信号。根据 8.5 节的内容,信号可以表示为

$$V(t) = I(t)\cos(\omega_c t) + Q(t)\sin(\omega_c t)$$

根据上述标量表达式,可以从载波振荡部分提取出幅度和相位信息。DSP 算法检测 I 和 Q 信号分量的幅度、频率和相位变化,从而解调出有效信息。

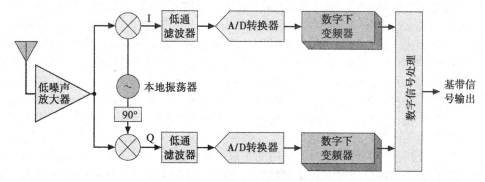

图 10-25　软件无线电接收机端的原理框图

本地振荡信号和天线接收到的无线电信号经混合器的作用生成差频信号,再经过带通滤波器的滤波,送入 A/D 转换器。根据 A/D 转换器的采样速率和相应的数字信号处理,信号可能还需要进行下变频以降低采样速率。最后 I/Q 数据送入 DSP 模块进行解调和其他相关的信号处理操作(比如解压缩、均衡、纠错等),最终将有效数据恢复出来。

图 10-26 所示的是 SDR 发射端的原理框图。信号调制在 DSP 模块进行,经过 DSP 模块的处理后,信号被分成两路,即 I 信号和 Q 信号。这两路并行信号通常还要经过数字上变频处理,来增加采样频率,之后信号送入 D/A 转换器,后面的低通滤波器去除了信号在采样/保持阶段产生的高频分量。信号经过低通滤波器后送入混合器,同时输入混合器的还有射频正弦载波信号(输入下面混合器的载波信号发生 90°的相移),将信号上变频到最终的发送信号频率上。经过上变频以后的信号再经过滤波与放大(有时会经历几级放大处理),经发射天线发送出去。根据信号的不同调制方式,有时要求功率放大器必须为线性功率放大器,以保证传输信号的幅度变化不失真。以 CDMA 为例,复杂的反馈和控制机制确保了功率放大器的严格线性性。此外,对于 QAM 调制的信号,功率放大器的线性度也会影响系统的效率和功耗。

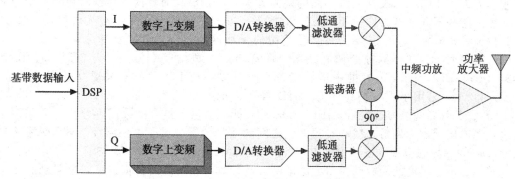

图 10-26　软件无线电发射机端的原理框图

SDR 系统有很多优势是与 DSP 有关的。特别地，子系统的操作堪称完美。比如，滤波器的设计可以达到通带和阻带之间仅有极窄的过渡带，并且滤波器的性能很稳定，不易受环境温度变化和设备老化的影响。SDR 系统的硬件实现很简单，随着研究的不断深入，靠近天线处的 D/A 转换器和 A/D 转换器的实现会需要越来越少的离散元件。此外，SDR 系统具有可重构性，只需通过再编程便可支持不断涌现的新技术和新功能，一些漏洞的修复和其他软件问题的解决无需改变系统硬件结构。SDR 系统的这些明显优势和高性能、快速的 DSP 模块、D/A 转换器及 A/D 转换器的日益普及确保了未来的无线通信必然向软件无线电方向迁移。

与软件无线电(SDR)相关的一个扩展研究称为认知无线电(cognitive radio)。就像其名字一样，认知无线电能够"思考"，它能够观察并适应周边环境，因此它还有另一个名字，称为自适应无线电(adaptive radio)。举个例子，在有干扰出现时，认知无线电能够改变工作频率，充分利用未被占用的频谱。在 UHF 广播电视台周围未被使用的频谱资源(即所谓的"白色空间")中，认知无线电能够找到其用武之地。在频分复用中，许可信道周围要分配保护频带(guard bands)以最小化干扰。实际上，在大部分地区，为电视广播分配的合法 UHF 频谱资源中，有很大一部分未使用，要么是因为在该区域内没有电视台，要么是因为需要维持电视台间相邻信道的最小间隔，以最小化干扰。这些未被充分使用的频谱资源可以用于其他的应用，这其中最为吸引人的要数 Google 和其他技术公司提出的"开放存取"式广域网。也可以用于 3G 和 4G 网络的拓展。这些业务都需要大量的频谱资源，在未来几年，运营商将面临频谱资源短缺的情况。3G 和 4G 网络业务的拓展一方面需要发掘新的频谱资源，另一方面需要对现有频谱资源加以高效利用。认知无线电便是对现有频谱资源加以高效利用的一种创新方法。它设想同一频段内共存许可服务和非许可服务，显然这是对长久以来的频谱管理机制的一种革命性变革。实验上，已经对认知无线电进行了足够深入的研究，现在该技术主要投入军事应用，但是目前在商用领域还很难看到认知无线电的广阔应用，一部分原因是用户反对将分配给他们专用的频谱让渡给其他业务使用。至于这种对抗什么时候结束或许要取决于监管和立法机构对于频谱使用的决定。

总结

本章介绍的短距离和移动无线网络代表了通信领域中系统方法的真正成熟。一个完整的无线电收发信机已经从成百上千个离散元件所构成的子系统简化为单个的集成电路。另外，由于数字信号处理集成电路速度的不断增长，在 20 世纪末还处于研究阶段的频谱预留多址访问技术，现在已经进入了低成本、大规模的市场应用阶段。无论是离散子系统的形式，还是软件数字信号处理器的形式，对于模拟通信研究时形成的一些基本概念仍旧沿用至数字通信领域。

无线计算机网络在 2.4GHz 或 5.8GHz 频率范围内使用了一个或多个非授权频段，数据速率为 1~54Mb/s。使用几种不同的调制方式，达到最高的数据吞吐量，同时通信距离也最短。这些不同的网络均使用 IEEE 802.11 标准，不同的标准用后缀加以标识。IEEE 802.11b 是最原始，也是迄今仍旧广泛使用的无线网络标准，其数据速率高达 11Mb/s，采用直接序列扩频和补码键控调制技术，带宽与最大数据速率相同，为 2 Mb/s。IEEE 802.11a 和 IEEE 802.11g 标准中增加了正交频分复用(OFDM)技术来提高数据吞吐量。IEEE 802.11a 采用了更少拥挤的 5.8GHz 频段以期获得最优性能，而 IEEE 802.11g 与 IEEE 802.11b 后向兼容。最后，IEEE 802.11n 标准提供了最大的数据吞吐量，它采用了多输入多输出技术为发射天线和接收天线之间的信号传输提供了多条路径。WiMAX 将局域网(LAN)的思想应用于城域组网中，此外 WiMAX 也使用了 OFDM 技术。

其他的更小尺度的局域网被归为微微网。蓝牙具有相对高的数据速率，并且适合于电脑与外设间的连接，以及无线手持设备。蓝牙设备构成星形网络拓扑结构，一个设备作为主设备，其余设备从该主设备上获取定时信号和其他重要信息。另一种微微网，紫蜂，用低的数据速率换取高的可靠性，其网络拓扑为 mesh 结构。紫蜂技术通常应用于智能建筑、过程控制，遥感监控和自动抄表服务等。本章讨论的最后一个局域通信应用，射频识别技术不能被视为网络应用，但是其中涉及的一些基本原理与网络应用相同。射频识别技术使用了一系列的频段和有源、无源标签来跟踪、识别运载的货物、宠物等等。

在过去的 25 年中，没有哪一项技术能比蜂窝电话的应用更广泛。世界上接近 70％ 的人都是移动通信用户。空间分集和频分复用等基本概念都是从最早的窄带调频双向无线电蜂窝网络中保留下来的。所以称之为第二代数字网络，用于语音业务。这些网络通过采用时分复用（TDM）或码分复用（CDMA）技术在现有分配的频率范围内承载更多的业务量。全球移动通信系统（GSM）在世界范围内得到广泛使用，它采用时分复用（TDMA）技术增加系统容量。声码器的语音压缩功能对所有的数字语音系统同等重要。

另外一种用于语音业务的基本多址访问技术是基于直接序列扩频（DSSS）的。CDMA标准基于修正的 DSSS，采用有限数量的沃尔什码对无线用户进行区分。在 CDMA 系统中，沃尔什码代替伪随机码（PN 码），正是这一点有别于其他类型的直接序列扩频方法。

GSM 和 CDMA 在世界范围内广泛应用于语音网络。对这些网络进行拓展研究，以期平滑过渡到具有更高数据速率的下一代语音网络，即所谓的 3G 网络。3G 网络采用了不同版本的 CDMA，即 CDMA2000 或 WCDMA，后者也称为通用移动通信系统（universal mobile telephone service，UMTS），该标准是由国际电信联盟（International Telecommunication Union，ITU）提出的，目前所有的 3G 网络具有高速下行数据速率和其他的一些特性，其性能早已超过了 ITU 为 3G 业务制定的参考标准，因此可以将它们归为 3.5G 业务。这些高级的业务占用了更宽的带宽，使用了更高水平的信号调制方式。

第四代无线数据网络时代即将来临。现有的称为 3.9G 的网络，采用 OFDM 和 MIMO 技术达到了比 3G 或 3.5G 系统更高的数据速率。但是真正的 4G 还在未来，4G 网络将采用更多的 OFDM 子载波和更宽的带宽，在接收端和发射端使用更多的天线，理论数据速率可以接近 1Gb/s。

尽管未曾被人们注意，但是双向无线电确实是通信基础设施中很重要的一部分。很多的双向无线电系统在公共安全领域发挥着关键的作用，系统的可靠性有时关乎生命安全。为了提高频谱利用率，通常采用两种方法。一种方法是将信道带宽从 25kHz 首先降低至 12.5kHz，再进一步降至 6.25kHz。模拟系统通过降低调制信号的容许偏差可以使用 12.5kHz 的信道，但是更窄的信道在模拟系统中就不可实现了。因此，很多的双向无线电系统会转而采用数字调制。为了提高频谱效率和信道利用率，很多的公共安全系统会采用另外一种方法，即集群技术，在这种方法中，独立的用户被分配到特定的会话群组，轮流共享控制计算机分配的无线电频谱。在北美，应用最广泛的集群空中接口是基于 APCO 项目 25 标准的 FDMA，世界上其他地方使用一种称为 TETRA 的 TDMA 技术。

局域网和移动通信系统越来越依赖于基于软件的无线电技术。软件无线电（SDR）采用高速的 D/A 转换器（DAC）和 A/D 转换器（ADC）和高性能的数字信号处理（DSP）芯片，以软件方式实现无线电接收机和发射机的功能。这种构造有很多的优势，比如可重构性和在各种环境中工作的可靠性。认知无线电作为软件无线电的扩展技术，它可以根据周围的环境，自适应地选择合适的无线电频谱。认知无线电使得许可服务和非许可服务可以共存于同一频谱内，因此能够提高频谱利用率。

习题与思考题

10.1 节

1. IEEE 802.11 无线局域网标准目前的数据传输速率是多少？无线通信采用了何种协议？

2. 美国的 WiMAX 频率标准是什么？

3. 为什么 WiMAX 要使用 OFDM 技术？

4. WiMAX 与 Wi-Fi 的区别是什么？

5. WiMAX 的上行链路和下行链路的传输方法是什么？它们有什么区别？

6. 蓝牙工作在什么频段？

7. 蓝牙技术有多少个输出功率等级？列举出所有的功率水平和相应的工作范围。

8. 什么是微蜂窝？

9. 蓝牙中查询过程的目的是什么？

10. 蓝牙中寻呼过程的目的是什么？

11. 后向散射的定义。

12. 定义一个射频识别（RFID）系统的三个参数分别是什么？

13. 解释无源 RFID 标签的供能方式。

14. 解释为什么有些 RFID 标签中含有双偶极子天线。

15. 说明使用有源 RFID 标签的三个优势。

16. RFID 标签使用的典型的三个频段分别是什么？

10.2 节

17. 重新设计图 10-8 所示的蜂窝系统，将现在系统中使用的信道组（7 个）变为 6 个不同的信道组（A，B，C，D，E，F，G）。

18. 描述频率复用和小区划分的概念。

19. 为图 10-10 所示的蜂窝系统设计小区划分方案，使用最小数目的信道组。

20. 描述移动用户呼叫固定电话的事件流程，在你的描述中要包括通话建立以后的越区切换过程。

21. 对图 10-10 所示蜂窝系统中被其他小区包围的两个小区进行小区划分，将这两个小区划分为 5 个新的小区，并确定原系统和新系统采用的最小信道组数目。

22. 描述瑞利衰减，并解释如何最小化该衰减的影响。

23. 假设一个蜂窝系统工作在 840MHz，有一个用户以 40mile/h 的速度在该系统中移动，试计算瑞利衰减的速度。

24. 一个移动用户以最小功率传输了两跳，计算其输出功率。

25. 解释基站、交换机和 PSTN 的作用。

26. 目前大多数移动电话服务提供商采用的两个系统是什么？

27. IS-136 中每个信道的带宽是多少？

28. IS-136 使用的调制方法是什么？

29. 对 GSM 系统制订详细规定的标准小组是什么？

30. GSM 使用的调制方法是什么？

31. 有多少个用户可以时分复用在 GSM 系统的单一频段上？

32. 有多少个用户可以时分复用在 IS-136 系统的单一频段上？

33. 在 GSM 系统中，用于最小化多径效应影响的设备是什么？

34. 在 CDMA 系统中，用于最小化多径效应影响的设备是什么？

35. GSM 系统中 FCCH 控制信号的作用是什么？

36. CDMA 系统中的哪一个沃尔什码的作用类似于 GSM 中的 FCCH？

37. CDMA 系统中沃尔什码 32 的作用是什么？

38. GSM 系统中哪一种控制信号的作用类似于 CDMA 系统中的沃尔什码 32？

39. 注册 CDMA 的标准小组是什么？

40. CDMA 的 2G 版本的另一个名字是什么？

41. 在 CDMA 系统中什么类型的正交码区分移动用户？

42. 在 CDMA 系统中什么类型的正交码识别基站？

43. 在 CDMA 系统中，用户数量的增加是怎样影响系统性能的？

44. 在 CDMA 系统中，基站如何获得基准频率？该信号的频率、典型功率水平分别是多少？

45. 在 CDMA 系统中，什么是载波馈通？其功率水平是如何定义的？

46. 在 CDMA 和 GSM 系统中，干扰信号主要分为哪三类？

47. 怎样计算信号混合产生的干扰？

48. 列举两个关于非人为混合信号干扰的例子。

49. 参考图 10-17 回答下列问题。

(a) 上下两个子图的横轴分别表征什么？范围是多少？

(b) 上下两个子图的纵轴分别表征什么？范围是多少？

(c) 下方子图中所示的三个 FSK 信号间的频率间隔是多少？

(d) 下方子图中共记录了多少数据？

50. 参考图 10-18 回答下列问题。

(a) 下方子图的横轴和纵轴分别表征什么？范围是多少？

(b) 下方子图中的最大频率偏差是多少？

(c) 在下方子图中，经过了一个 $200\mu s$ 的时间周期以后，最大频率偏差是多少？

10.4 节

51. WAP 技术规范的关键要素有哪些？

52. 在讨论通信链路的安全性时，通常从哪五个方面入手？

53. 为什么信息的安全性很重要？

54. 简要介绍一下无线通信中的阻塞干扰。

55. 无线网络中的攻击主要分为哪两种？请予以简单描述。

56. 在外部攻击和内部攻击中，哪一种往往成为网络更大的安全隐患？为什么？

57. 为什么需要对网络中传输的信息进行加密？

58. 什么是密钥？

第11章
计算机通信和互联网

本章重点讨论了计算机通信，包括计算机与外设间的通信以及位于同地或是相隔很远的多组计算机间的通信。我们首先讨论字母数字码表示成二进制数据的方法，其次是数据和外设间的不同通信方法，然后是如何将计算机组成局域网(LAN)并互联，最后是过去的几年里通信技术的发展给社会带来的推动：最大的计算网络即互联网。本章还讨论了计算机接入互联网的不同方法、安全以及计算机网络的故障修复。

11.1 字母数字码

对字母数字码进行二进制编码的最常见方法是美国信息交换标准码(ASCII)。另外一种码——扩展二一十进制交换码(EBCDIC)，仍然应用在大型计算系统中。EBCDIC 和博多码可能在很大程度上已不被用于现代的二进制编码实现；但由于它们在历史中的重要性以及在一些特定程序中的应用，本章也会介绍这两种编码。

ASCII 编码

美国国家标准协会(ANSI)的一个委员会制订了美国信息交换标准码(ASCII)；ASCII 码是一种 7 位码，它用独特的码字来表示字符数字码。国际标准采用的是 ASCII-77。图 11-1 列出了这些码。

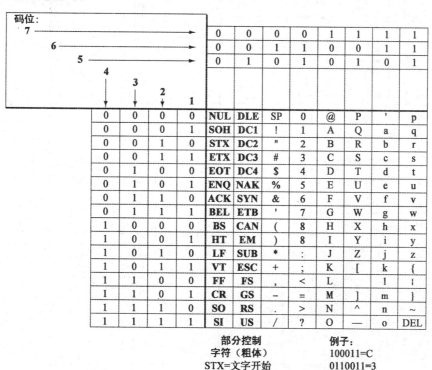

图 11-1 美国信息交换标准码(ASCII)

ASCII 系统中共有 2^7(128)种可能的 7 位码字，这些二进制码字按照顺序排列从而简化了字符的分组和排序。7 位码字按照最低有效位(lsb)即第一位(b_1)的顺序排列，最高有效位(msb)是第 7 位(b_7)。值得注意的是 ASCII 码中没有给出第 8 位(b_8)的二进制数值。第 8 位(b_8)通常被用做奇偶校验位。第 7 章中讨论了奇偶位错误检测方案，可以根据该位的值来确定码字中逻辑 1 的个数是奇数还是偶数。在串行传输系统中，ASCII 数据的 b_1 即最低有效位首先被传输。

ASCII 码的后 4 位源自于二进制编码十进制数(BCD)码。前 3 位用来指示是数字、字母还是字符。注意 0110001 代表"1"，而 1000001 代表"A"，1100001 代表"a"。它使用标准的二进制增加顺序表示数字(如，0110010 代表"2")，这为数学运算提供了可能性。同样，因为字母也是按照二进制数增加的顺序表示的，可以通过二进制的数学运算对字母排序。值得一提的是，脉冲编码调制(PCM 系统)也是利用 BCD 码对模拟波形进行编码；有兴趣的话，可以参考第 7 章的内容。

有些系统在实际传输这些码时，还需要在每个字符的开始和结束位置插入其他脉冲。这种插入起始/终止脉冲的信号编码被称为异步(非同步)传输。在给定的比特序列的条件下，同步传输(没有起始/终止脉冲)能够传输更多的字符。根据计算机性能，有时会采用低效率的异步传输模式在不同的计算机间传递信息。

EBCDIC 码

扩展二元十进制交换码(EBCDIC)是 8 位的字母数字码。名词二—十进制的使用是因编码方案中的结构仅仅使用了 0～9 的位置。EBCDIC 系统采用的码字在图 11-2 中列出，控制字符的缩写词在表 11-1 列出。

EBCDIC码

码位4,5,6,7	第二个十六进制数字	00 (0)	00 (1)	00 (2)	00 (3)	01 (4)	01 (5)	01 (6)	01 (7)	10 (8)	10 (9)	10 (A)	10 (B)	11 (C)	11 (D)	11 (E)	11 (F)
0000	0	NUL	DLE	DS		SP	&	-						(	)	\	0
0001	1	SOH	DC1	SOS		RSP		/		a	j	-		A	J	NSP	1
0010	2	STX	DC2	FS	SYN					b	k	s		B	K	S	2
0011	3	ETX	DC3	WUS	IR					c	l	t		C	L	T	3
0100	4	SEL	RES/ENP	BYP/INP	PP					d	m	u		D	M	U	4
0101	5	HT	NL	LF	TRN					e	n	v		E	N	V	5
0110	6	RNL	BS	ETB	NBS					f	o	w		F	O	W	6
0111	7	DEL	POC	ESC	BOT					g	p	x		G	P	X	7
1000	8	GE	CAN	SA	SBS					h	q	y		H	Q	Y	8
1001	9	SPS	EM	SPE	IT				▲	i	r	z		I	R	Z	9
1010	A	RPT	UBS	SM/SW	RFF	¢	!	¦	:					SHY			
1011	B	VT	CU1	CSP	CU3	.	$	,	#								
1100	C	FF	IFS	MFA	DC4	<	*	%	@								
1101	D	CR	IGS	ENQ	NAK	(	)	_	▲								
1110	E	SO	IRS	ACK		+	;	>	=								
1111	F	SI	SI	BEL	SUB	¬		?	"								BO

图 11-2　扩展二元十进制交换码

表 11-1　EBCDIC 码 - 缩写词列表

ACK	确认	ETB	传输结束	RFF	需要换页
BEL	振铃	ETX	文本结束	RNL	需要新行
BS	退格	FF	换页	RPT	重复
BYP/	旁路/禁止	FS	字段分隔符	SA	属性设置
INP	描述	GE	图形换码	SBS	下标
CAN	取消	HT	水平制表	SEL	选择
CR	回车	IFS	交换文件分割符	SFE	字段扩展开始
CSP	控制序列前缀	IGS	交换组分隔符	SI	移入
CU1	客户端使用 1	IR	索引返回	SM/SW	模式设定/切换
CU3	客户端使用 3	IRS	交换记录分隔符	SO	移出
DC1	设备控制 1	IT	缩进	SOH	头开始
DC2	设备控制 2	IUS/	交换单元分隔符/	SOS	有效文开始
DC3	设备控制 3	ITB	中间文本块	SPS	上标
DC4	设备控制 4	LF	换行	STX	字符开始
Del	删除	MFA	修改字段属性	SUB	替代
DLE	数据链路换码	NAK	否定应答	SYN	同步空闲
DS	数位选择	NBS	数字退格	TRN	透明
EM	媒体结束	NL	新行	UBS	单元退格
ENQ	查询	NUL	空	VT	垂直制表符
EO	8 位的	POC	/	WUS	字下画线
EOT	传输结束	PP	表示位置	/	/
ESC	退出	RES/NEP	恢复/允许 表示	/	/

博多码

　　由于历史原因，现在讨论的另外一种有趣的编码是博多码。电传打字机（如 ASR-33 电传打字终端）时代，人们发明了博多码。博多码是一个基于五个二进制数值的字母数字码。虽然博多码不是很强大，但依然在通信历史中拥有自己的位置。图 11-3 中列出了博多码。

　　字母表中有 24 个字母，有几乎相同数量的常用符号和数字。5 位的博多码足以对这些字母或数字进行编码。虽然一个 5 位码仅能代表 2^5 或 32 比特的信息，但通过转换编码 5 位码实际上能提供 $26×2$ 比特信息发送，在发送 11111 时表示接下来的码代表是"字母"，发送 11011 则表示接下来发送的是"符号"。

　　图 11-4（a）给出了博多码传输"YANKEES 4 REDSOX 3."的示例。请在 11-4（b）中写出你的码，这也是本书给你的"特权"。

格雷码

　　下面介绍格雷码，它是本章介绍的最后一个字母数字码。格雷码是一种数字码，人们用来表示从 0～9 的十进制数值。格雷码依据码字变化时的关联关系进行编码，即一个二进制码字变化时，每一个步进只有一个位会改变。例如，7 的编码是 0010，而 8 的编码

字符切换		二级制码
		BIT
字母	符号	43210
A		11000
B	?	10011
C	:	01110
D	$	10010
E	3	10000
F	!	10110
G	&	01011
H	#	00101
I	8	01100
J		11010
K	.	11110
L	(	01001
M	)	00111
N	.	00110
O	,	00011
P	9	01101
Q	0	11101
R	4	01010
S	BEL	10100
T	5	00001
U	7	11100
V	;	01111
W	2	11001
X	/	10111
Y	6	10101
Z	"	10001
符号切换		11111
字母切换		11011
空格		00100
换行		01000
空		00000

图 11-3　博多码

是 0011。可以注意到，当十进制数值从 7 变到 8 时，仅有一个二进制位发生变化。所有的数字(0~9)都是这样。格雷码如图 11-5 所示。

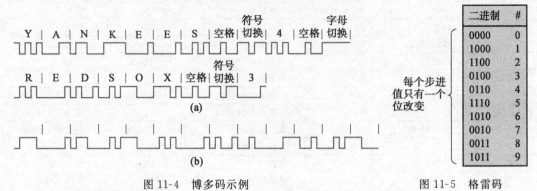

图 11-4　博多码示例　　　　　图 11-5　格雷码

11.2　计算机通信

计算机和外设间的数据通信主要是两种类型即串行和并行，它们都是采用的 ASCII 码标准。另外，以串行方式(即在一个线对上一个位接一个位的发送)发送的数据可以被划分为同步或是异步模式。

在异步系统中，发送和接收时钟的自由振荡速度大致相等。每个计算机字前有一个起始位，字后面至少有一个终止位。同步系统中的发送和接收时钟以完全相同的频率同步，接收方通常是通过在收到的数据流中提取时钟信号来做到。

串行通信有很多接口类型可供选择。大多数情况下，计算机和电子设备已经指定了可用接口类型。例如，一个频谱分析仪可能有 GPIB 和 RS-232 接口，而数码相机可能提供 USB 或是 IEEE 1394 接口，工业设备则可能会利用 RS422 和 RS485 标准互相连接。本节讨论计算机和电子通信设备可能为用户提供的几种标准接口，包括：
- USB
- IEEE 1394
- RS232
- RS485
- RS422
- GPIB

通用串行总线

通用串行总线(USB)接口已经近乎成为通用的高速串行通信接口。原因如下：
- 几乎所有的计算机外设(鼠标、打印机、扫描仪等)都支持 USB；
- USB 设备是热插拔的，这意味着外部设备可以随时接入或拔出；
- 计算机可以马上识别连接到计算机的 USB 设备；
- USB2 支持的最大数据速率为 480Mb/s；USB1.1 为 12Mb/s。更进一步，USB3.0("超高速")拥有 5Gb/s 的信号传输速率；
- 一个 USB 口可以支持 127 个外设。

连接外设和计算机的 USB 电缆由 4 根线组成。表 11-2 列出了这四根线的颜色和作用。

表 11-2　USB 线的颜色和功能

颜　色	功　能
红色	+5V
棕色	接地
黄色	数据
蓝色	数据

USB 接口和电缆使用的接头有两种类型：A 型和 B 型，如图 11-6 所示。A 型接头是上行连接，用来连接计算机。B 型接头是下行连接，连接到外设。

图 11-7 给出的示例是采用 MAX3451 收发模块的 USB 连接器。该图中的示例用
MAX3451 连接 IC 和 PC 从而提供了到外设的接口。
SPD 输入脚用来选择数据传输速率：SPD 低，
1.5Mb/s 或者 SPD＝＋V，12Mb/s。D＋和 D－脚是
双线总线接口。OE 脚用来控制数据流向。OE 和
SUS 置低，数据从外设传输到 USB 端。接收数据则
要求 OE 为高同时 SUS 为低。VP 和 VM 在 OE 为高
电平时（传输模式）被用作接收模块的输出，而 OE 为
低电平时（接收模式），则直接获取 D＋和 D－的数据。设备供电电压范围是＋1.65～
＋3.6V。

图 11-6　USB A 和 B 型接头

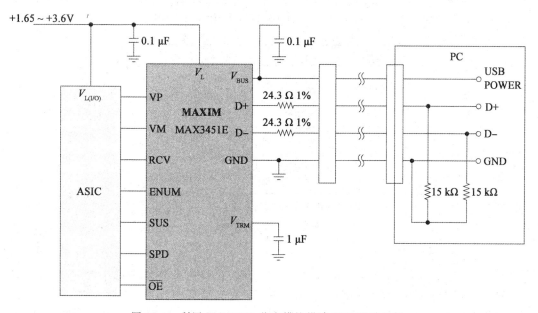

图 11-7　利用 MAX3451 收发模块搭建 USB 连接示例

IEEE1394

IEEE1394 接口也可以提供计算机和外设间的高速串行通信。IEEE1394 由 Apple 公司开
发，人们通常用它的注册商标火线来称呼这种连接。火线 A（IEEE1394a）支持的数据标准是
400Mb/s，而火线 B（IEEE1394b）支持 800Mb/s。IEEE1394 连接使用了三对屏蔽型双绞线缆
（6 根线）。其中的 2 对用来通信，而第 3 对则用来供电。接口引脚分配见图 11-8。

RS-232 标准

较早的串行通信依照的标准是 RS-
232，或者更准确一点是 RS-232C。由于
它是正在使用的标准，所以人们通常指
的是 RS-232 的"C"版本，但"C"常常被省
略。但需要注意的是，尽管我们可以把
这种标准称作 RS-232，但实际上是指
RS-232C。RS-232C 标准由电子工业协会
（EIA）制订。

除了制订电压、定时等的标准外，
接口标准也被开发出来。接口标准通常

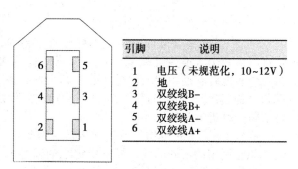

引脚	说明
1	电压（未规范化，10~12V）
2	地
3	双绞线 B-
4	双绞线 B+
5	双绞线 A-
6	双绞线 A+

图 11-8　IEEE1394 接口和引脚分配

包含有一个 DB-25 接口，由两排引脚组成，一排是 13 根引脚而另一排则是 12 根。DB-25
接口图如图 11-9 所示。

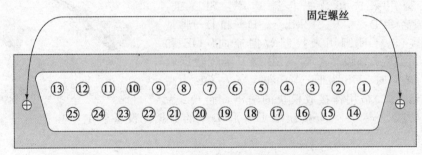

固定螺丝

RS-232 "D型" 接口—前视图

引　脚	名　字	缩　写
1	帧接地	FG
2	传输数据	TD
3	接收数据	RD
4	请求发送	RTS
5	清除发送	CTS
6	数据设定就绪	DSR
7	信号接地	SG
8	数据载波侦听	DCD
20	数据终端就绪	DTR

RS-232中实现的大部分常用引脚

图 11-9　DB-25 接口

　　值得一提的是，尽管人们经常使用 DB-25 接口，但 RS-232C 标准规范并没有定义实
际的接口。图 11-10 给出的是 DB-9 接口，这种接口已经成为 IBM 兼容个人电脑上的准使
用标准。你可能会觉得奇怪，"DB-25 接口的 25 引脚是如何与 DB-9 接口的 9 引脚匹配
的？"正如我们所见到的，人们并不会用到 DB-25 接口中的全部 25 个引脚，实际中 9 个引
脚已经足够了。

　　RS-232 最初的作用是提供计算机与调制解调器间的
通信接口。因为那时的计算机是大型计算机，而个人计
算机（至少据今天我们所知）还没有被制造出来。调制解
调器通常是外置式，因此很有必要采取一些技术手段来
连接调制解调器和计算机。如果这种连接被标准化，那
么所有的计算机与所有的调制解调器都可以连接起来而
且设备还可以互换使用，这就是 RS-232 最初被开发的目
的。现在 RS-232 在很多地方都能排上用场。

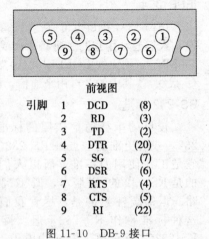

前视图

引脚		
1	DCD	(8)
2	RD	(3)
3	TD	(2)
4	DTR	(20)
5	SG	(7)
6	DSR	(6)
7	RTS	(4)
8	CTS	(5)
9	RI	(22)

图 11-10　DB-9 接口

　　目前 RS-232 接口可以用来把鼠标连接到个人电脑，
将打印机和个人电脑连接起来，也可以把你能想到的一
切与个人电脑相连，但人们更多的是利用 RS-232 把计算
机和设备连接到一起。这意味人们一直在按照实际的需
要不断得改进 RS-232 标准。

　　虽然 RS-232 标准中没有定义接口，但却定义了信号
电平和能使用的不同的线。标准中定义的信号电平很宽，电压幅度在 3～25V 之间。负电
压用来代表"1"，而"0"则用正电压表示。尽管定义范围的电压在 3～25V 之间，但实际中
使用的信号电平一般是 12～15V。目前市场上的很多芯片都不响应 3V 的电平值，所以从

这个观点来看，5～15V 仍然是一个很宽的信号电平范围；这个电压范围毫无疑问能够容许电缆中存在的大量衰减。

除了信号电平，RS-232 标准还规定电缆的最大距离为 50ft(1ft＝0.305m)，电缆的电容不能超过 2500pF；事实上正是电容值限制了电缆的传输距离。实际中，目前串行通信中通常采用的电缆长度远超 50ft。

RS-232 标准中还定义了其他一些有趣的声明；标准中提到任意两个引脚短接不能损坏设备，这显然要求有很好的隔离，当然这个隔离通常也能保证。但值得一提的是标准只声明设备不能被损坏，但没有说在那种情况下设备可以工作。换句话讲，你短接 RS-232 接口的引脚后设备一定不能冒烟，但可以无法工作。

从技术的角度来看，标准最重要的部分可能是它定义了计算机和调制解调器"交谈"的方法、涉及的定时还包括信号序列以及双方的响应方式。

RS-232 信号线介绍

现在我们知道了一些关于 RS-232 设计目的知识，接下来将会讨论实际用到的信号线以及它们的作用。前面讲过，DB-25 接口虽然不是原始标准的一部分，但因为它已经变成事实上的标准，下面的讨论以 DB-25 接口为例。学习信号线时，请参考图 11-9。图 11-11 中的信号说明表对理解这个表格也很有帮助。

引脚编号	美国工业电子协会电路	CCITT CKT.	信号说明	常用缩写	来自DCE	至 DCE
1	AA	101	保护地	GND		
2	BA	103	发送数据	TD		X
3	BB	104	接收数据	RD	X	
4	CA	105	请求发送	RTS		X
5	CB	106	清除以发送	CTS	X	
6	CC	107	数据设备就绪	DSR	X	
7	AB	102	信号地	SG	X	X
8	CF	109	接收线路信号检测	DCG	X	
9			保留			
10			保留			
11			未分配			
12	SCF	122	二次接收线路信号检测		X	
13	SCB	121	二次清除以发送		X	
14	SBA	118	二次发送数据			X
15	DB	114	发射机信号码元定时(DCE)		X	
16	SBB	119	二次接收数据		X	
17	DD	115	接收机信号码元定时		X	
18			未分配			
19	SCA	120	二次请求发送			X
20	CD	108/2	数据终端准备就绪	DTR		X
21	CG	110	信号质量检测	SQ	X	
22	CE	125	铃声指示	RI	X	
23	CH	111	数据信号速率选择器			X
23	CI	112	数据信号速率选择器		X	
24	DA	113	发射机信号码元定时(DCE)			X
25			未分配			

图 11-11　DB-25 信号说明

1. **接地引脚**：RS-232 实际上有两个接地引脚，而且它们并不一样，用途也不同。

引脚 1 是保护地（GND）。引脚 1 接到机壳的地上，这样可以确保计算机的机箱和外设的外壳或机壳间没有电势差。引脚 1 不是信号地。保护地的作用类似于交流 120V 的 3 插插座的第三个插口。虽然在没有连接引脚 1 时电路也可以正常工作，但接口却失去了保护。换句话说，一定要连接引脚 1。

引脚 7 是信号地（SG）。该引脚用作其他所有信号线的接地回路。请看一下信号地的位置，引脚 7。和 RS-232 尤其是 DB-25 接口有关的问题是你在前面还是后面查看接口以及从哪一边开始数引脚。很多接口上都标注有引脚标号，但是这些标号小的难以辨认。不过，无论你从哪个方向，引脚 7 的位置都是确定的。

2. **数据信号引脚**：数据既可以从计算机发送也可以从外设发送，因此必须要构建一个双向路径。

引脚 2 是传输数据（TD）。理论上，计算机使用这个引脚向外设发送数据。

引脚 3 是接收数据（RD）。理论上，外设利用该引脚向计算机发送数据。所以说引脚 3 和前面的引脚 2 的作用相同，但是数据的传输方向相反。

理论和实际情况总是存在差异，试想将计算机连在一起会怎么样？哪台计算机正在发送数据，哪台计算机正在接收数据？看起来这个问题应该很好回答，但事实上却不这样。你观察电缆的哪一端？在上面这个问题中，一台计算机发送的数据将会是另一台计算机的接收的数据。我们很难判断哪些是发送的数据，哪些是收到的数据。

由于实际中存在这个问题，人们开发出了零调制解调器电缆。这种电缆将引脚 2 和引脚 3 交叉连接——即一端的引脚 2 和另外一端的引脚 3 连接到一起，反之亦然。当然，如果我们按照早期的建议使用 RS-232 让计算机和调制器进行通信，RS-232 不会存在上述问题。

另外一种 RS-232 的连接（零调制解调器连接）方法如图 11-12 所示。在图 11-12 中，RTS-CTS 和 DSR-DTR 引脚被连接到一起。这种连接使 RS-232 设备作为数据通信设备连接到计算机上，从而使得 TX 和 RX 线能够正确工作。

3. **握手引脚**

引脚 4 和引脚 5 用来进行握手或是进行流量控制。更确切地说，引脚 4 又被称为请求发送（RTS）引脚，而引脚 5 是清除以发送（CTS）引脚。这两个引脚决定是否可以发送数据。早期它们被用来启动调制解调器的载波，但现在大多是用来检查缓冲区溢出。几乎所有的现代调制解调器（和其他串行设备）都有一些缓冲区用来接收或是发送数据。但发送大批量数据时，缓冲区的容量不太令人满意。引脚 4 和 5 就是用来解决这个问题的。请注意如果一台计算机通过一条零调制解调电缆与另外一台对话，这两个引脚也需要和引脚 2 和 3 一样进行交叉连接。

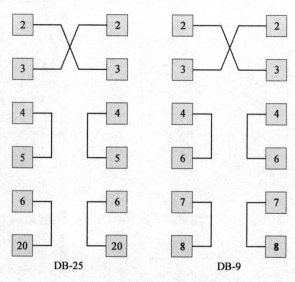

图 11-12　RS-232 零调制解调器连接

很多情况都需要进行软流量控制，而引脚 4 和 5 却不能有效发挥作用。这时 DB-25 接口的引脚 4 和 5 就需要跳线。你可能会觉得奇怪，为什么没有用到这两个引脚却要进行跳线。原因是在发送任何数据前，很多串口都会检查这些引脚。很多串行接口卡这样配置是因为数据在传送前需要这个信号。

4. 设备就绪引脚

同引脚 4 和引脚 5 一样，引脚 6 和引脚 20 也是一对互补引脚。实际上，引脚 6 被称为数据设备就绪(DSR)，而引脚 20 则被称为数据终端就绪(DTR)。这两个引脚最初是用来确认外界调制解调器的电源已经开启和调制解调器就绪可以工作。在某些情况下，这两个引脚也用来指示电话摘机或是挂机。

现在这两个引脚的功能非常丰富，如打印机的纸张输出指示器。如果没有指定应用的话，DB-25 接口的这两个引脚也要像引脚 4 和引脚 5 一样进行跳线。

到目前为止，互补引脚编号都相邻，但引脚 6 和引脚 20 很明显不连续。然而对比 DB-25 接口就会明白，引脚 6 和引脚 20 虽然不在同一行但几乎呈上下分布。

5. 信号探测引脚

引脚 8 通常被用作数据载波探测(DCD)，有时也简称为载波探测(CD)线。在实际的调制解调器中，该引脚用来指示载波(或信号)是否出现。它也可能表示数据传输时的信噪比(S/N)。

很多计算机接口卡在进行通信前都会检查这个信号。如果 RS-232 连接不是检查这个信号调制解调器，那么通常的做法是把引脚 6 和引脚 20(DSR 和 DTR)连到一起。和其他引脚一样，在早期的标准中可能不会用到引脚 8，它的真正用意是对在用设备的高度依赖性。

6. 铃声指示引脚

引脚 22 是铃声指示(RI)引脚。正像它的名字所暗示，它最初的用途就是让计算机知道电话机什么时候振铃。大部分调制器都具有自动应答功能。很显然，调制解调器需要通知计算机有个准备发送数据的人正在向它发起呼叫。

当检测到振铃电压时，引脚 22 被置为真。这意味着该引脚上的信号随着真实的电话铃声有无而产生通或断。和其他信号一样，该引脚也可以不用。铃声指示引脚通常会与引脚 6、引脚 20 和引脚 8 连接到一起。在其他情况下，该引脚可以直接忽略掉。再强调一遍，现在 22 号引脚的实际用法根据连接设备的不同会存在很大的差异。

7. 其他引脚

到目前为止，我们讨论了最常用的十个引脚。实际上，机壳接地是通过把每个单独设备接地完成的，但对于电池供电的计算机设备来说机壳接地不是必须的。也正因为这样，才有了图 11-10 中的 DB-9 接口的用法。在采用 DB-25 接口时，剩余的引脚偶尔会被用于特殊的目的，这由连接的设备来决定。

值得注意的是，前面用到了术语计算机、调制解调器和外设。下面两个技术术语会在正文、主题或是图表中用到。术语数据终端设备(DTE)用来表示计算机、计算机终端、个人电脑等。术语数据通信设备(DCE)用来指代外设(如调制解调器、打印机、鼠标及其他)。注意图 11-11 中使用的 DCE 标记。

今天计算机组件上的许多通信标准是 RS-232 的补充。表 11-3 列出了当前使用的许多标准。

表 11-3　通用串行计算机通信概要

RS-232	计算机调制解调器和鼠标接口的常用串行数据接口
RS-422	一种平衡串行通信链路，通信距离 4000ft 时支持的数据传输速率可达 10Mb/s
RS-449	可能是 RS-232 的替代标准，但这两种标准无论是在机械还是电器上都不完全兼容。根据所用电缆的长度和类型，数据传输速率在 9600～10Mb/s 之间
RS-485	平衡差分输出，允许多种数据连接。支持 30Mb/s 的数据传输速率
RS-530	替代 RS-449 标准，也作为 RS-232 标准的补充标准。该标准也提供了平衡系统 RS-422 和 423 的接口

资料来源：www.blackbox.com

RS-422，RS-485

RS-232 的输出是一个单端式信号，意思是用一根信号线和一根地线来承载数据。这种模式容易受到噪声和接地反弹的影响。RS-422 和 RS-485 采用差分技术，从而有效提高了系统特性并能提供更远的传输距离和支持更高的数据传输速率。差分技术是将线上的信号分为高（＋）和低（－）两部分。（＋）指该线上的信号相位是正，而（－）则表示该线上信号相位为负；两个信号都是相对虚拟地而言；人们称这种技术为平衡操作模式。在存在串扰和噪声时，平衡操作的两根线对保证传输所需的性能很有帮助。

RS-422 和 RS-485 也支持多支路应用，这表示该标准可以支持多个驱动器和接收器连接到同一根数据线。RS-422 不是一个真正的多支路网络，因为它可以驱动 10 个接收器但只能允许一个接收器接入。在 4000ft 的距离上，RS-422 支持的数据速率是 10Mb/s。RS-485 标准是真正的多端口连接。这个标准支持 32 个驱动器和 32 个接收器。在 4000ft 距离上，RS-485 支持的数据速率是 30Mb/s。

计算机接口卡可用于提供几乎所有的通信测试仪或测试设备的功能。例如，频谱分析仪和数据及协议分析仪接口卡都有 PC 接口卡。表 11-4 列出了一些目前正在使用的通用计算机总线接口。这些信息对用户为计算机指定合适的总线或是接口卡很有帮助。表 11-4 虽不是很完整，但提供了一些较常用的计算机总线接口。

表 11-4　标准计算机总线接口

PCI(外部设备互联)	对现有的计算机来说，PCI 是最好的总线选择。PCI 支持 32 位和 64 位实现
PCIe(新外设备互联)	主要用在高端视频显示中
AGP(加速图形接口)	用在高速 3D(三维)图形应用中
ISA(工业标准结构)	在主板和扩展板之间进行 16 位的数据传输
EISA(扩展工业标准结构)	将 ISA 总线扩展为 32 位数据传输
MCA(微通道结构)	/
VLB［VESA（视频电子标准协会）局部总线］	50MHz 时，支持 32 位数据传输
USB(通用串行总线)	在激活时不需要计算机关机或是重启。支持数据传输速率可达 12Mb/s。图 11-6(a)和(b)给出了两种类型的 USB 接口
IEEE 1394(火线，i-Link)	高速、低成本的互联标准，数据传输速率从 100Mb/s 到 400Mb/s(见图 11-8)
SCSI(小型计算机系统接口)	组成一个 SCSI 主适配器；SCSI 设备如硬盘驱动器；DVD；CD-ROM；内部或外部 SCSI 电缆、终端和适配器；SCSI 技术支持的数据传输速率可达 160Mb/s
IDE(集成电子驱动器)	计算机主板和存储设备如硬盘驱动器间的标准电子接口。相对 SCSI 来说，数据传输速率略低。比 SCSI 快，支持高达 133Mb/s 的传输速率
串行 ATA（先进技术附件)-SATA	使用高速串行电缆获得的传输速率达 6Gb/s

11.3　局域网

计算机成本的降低和可用性的提高促进了计算机使用的爆炸性增长。一些组织如公司、大学和政府机构现在都拥有大量的单用户计算机系统。这些计算机系统用于文字处理、科学计算、过程控制等，人们希望能够将这些本地分布的计算机互联组成网络，因为互联除了可以让用户向另外一个网络用户发送消息外，还允许共享昂贵的设备如高质量图形打印机或是访问健壮的、专用服务器来运行对本地计算机来说复杂的程序；本地计算机一般是一台个人微型计算机系统，人们常常称能够完成此任务的网络为局域网(LAN)。局域网通常局限于一两英里的范围和几百个用户，但常见的局域网范围都非常小。

LAN 用拓扑(架构)和协议来定义，其中拓扑表示网络设备如何相连而协议则用来访问网络。最常见的 LAN 架构如图 11-13 所示。常用的两种网络协议是具有碰撞检测的载波侦听多路访问(CSMA/CD)和令牌传递；总线或是星形拓扑使用 CSMA/CD，令牌传递则配合令牌环拓扑使用。

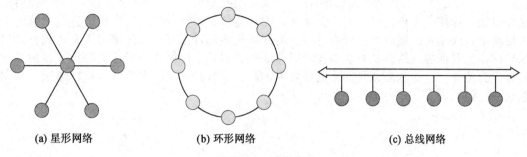

(a) 星形网络　　　　　　(b) 环形网络　　　　　　(c) 总线网络

图 11-13　网络拓扑

　　令牌环拓扑如图 11-14 所示。环形网络协议非常适合使用令牌传递技术。一个电子令牌放置在信道中并绕环传递；如果有用户要发送数据，工作站必须等到令牌重新出现。每个工作站都能够确保消息的传输，但这种系统的缺点是如果令牌格式被偶发错误改变的话，令牌将会停止传递。另外，令牌环网络靠网络中每个系统的中继来把数据传递到下一个用户，所以一旦某个工作站错误将会导致数据传输终止。另一种令牌环技术的实现方法是将所有的计算机连接到中心令牌环集线器上，令牌环的传递由集线器统一管理而不是让单一计算机处理，这样提高了网络的可靠性。

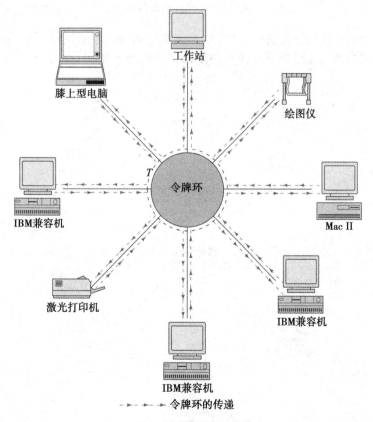

图 11-14　令牌环拓扑

　　目前有很多 LAN 系统可用，但仅适用于特定制造商的设备。电气与电子工程师协会(IEEE)标准委员会在 1983 年通过了 LAN 标准，随后他们又制订了 IEEE 802 标准，从而不同的制造商能够使用相同的代码、信号电平等，如 IEEE 802.3 CSMA/CD IEEE 802.5 令牌环。

　　总线网络拓扑如图 11-15 所示。总线网络共享数据传输的媒介，因此如果一台计算机正在 LAN 上对话，其他的网络设备(举例来说，其他计算机)只能等待直到数据传输结束。比如说如果计算机 1 正在打印一个大文件，那么通信在计算机 1 和打印机间进行，这将会占用网络总线很长一段时间。所有总线上的网络设备都可以看到从计算机 1 发送到打印机的数据，但其他的网络设备只能等传输暂停或是直到整个传输完成后才能取得总线的控制权并发起传输。这意味着总线网络拓扑效率不高，这就是为什么现代计算机网络很少采用总线拓扑的原因——不是唯一的原因。

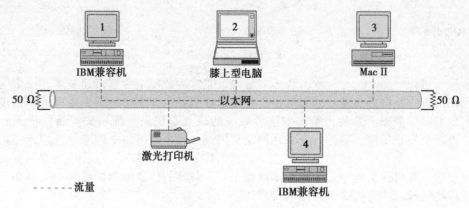

图 11-15　总线网络拓扑

　　图 11-16 中的星形拓扑是当今 LAN 中最常见的拓扑。星形网络的中心可能是一个集线器或是一台交换机。集线器或交换机用来将网络设备连接到一起且有助于数据的传输。

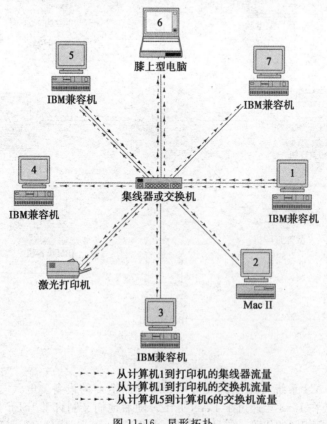

图 11-16　星形拓扑

例如，如果计算机 1 向网络打印机发送数据，集线器或交换机提供网络连接。实际上，虽然可以使用交换机或是集线器，但使用交换机的优势更明显。在集线器环境中，集线器会向连接到星形网络的所有计算机重播该消息。这与总线拓扑很相似，因为计算机都可以看到 LAN 上发送的数据。然而如果用交换机而不用集线器，消息将直接由计算机 1 发送给打印机，这极大得提高了可用带宽的效率。交换机也允许其他设备通信而不独占网络。例如，在计算机 1 打印大文件时，计算机 5 和 6 可以相互通信。

以太局域网

以太网是一种基带 CSMA/CD 协议局域网系统。它在 1972 年被首次提出，后来在施乐公司、数字设备公司和因特尔公司的共同努力下，其完整规范在 1980 年通过。

简单得说，如果一台计算机如果要在以太网上会话，它首先要侦听以确定是否有数据业务（载波检测）。这意味着 LAN 上的任一计算机都能侦听数据业务，LAN 上的任一计算机都可以访问网络（多路接入）。当然有可能两个或多个计算机同时广播消息，所以以太网系统应具有探测数据碰撞（碰撞检测）的能力。

数据的目的地是如何确定的呢？以太网协议包含了关于源和目的地址的信息。以太网的帧结构如图 11-17 所示。

前导符	帧开始定界符	目标 MAC地址	源MAC地址	长度类型	数据	填充	帧校验序列

图 11-17 以太网帧的数据结构

前导符：用来进行同步，由 1 和 0 组成；

帧开始定界符：二进制序列 10101011，指示帧的开始。

目标 MAC 地址和源 MAC 地址：每个以太网接口卡（NIC）都有一个唯一的媒体访问控制（MAC）地址。MAC 地址的长度是 6B，其中前 3B 是厂商标识而后三个字节则是由厂商分配的唯一代码。地址信息可以让数据到达 LAN 中的某个目的地。这就是使用交换机的星形拓扑一例（图 11-16）中，计算机 1 和打印机能够直接通信的原因。交换机使用 MAC 地址信息将数据从计算机 1 直接重定向到打印机。注意：如果目的 MAC 地址全部由二进制 1 组成，这个地址是广播地址，消息将会被发送到网络中所有的工作站上。下面的编码是 MAC 地址和一个广播地址的示例；地址表示为十六进制码（基为 16）。

	厂商	NIC卡ID
MAC地址	00AA00	B67A57
广播地址	FFFFFF	FFFFFF

长度/类型：如果该值小于 1500，表示数据段中的字节数。如果该值大于 1500，则表示数据格式的类型，例如 IP 和 IPX。

数据：从源传输到目的地的数据

填充：如果数据段长度小于 46B，该段用来将总字节数补充到最小为 46B 长度。

帧校验序列：4B 的循环冗余校验（CRC）值用来进行错误检查。CRC 校验从目的 MAC 地址开始直至填充字段。如果发现错误，系统会要求重传。

从目的 MAC 地址到帧循环校验序列的最小以太网帧长度是 64B，最大帧长度是 1522B。以太帧中的 0 和 1 采用曼彻斯特编码（双相-L，参考 9.3 节）。图 11-18 所示的是一个曼彻斯特编码的例子。

图 11-18 曼彻斯特编码

11.4　LAN 的搭建

　　本节提供了两个搭建 LAN 的例子，例子中展示了可用来搭建办公用 LAN 和楼宇 LAN 的技术。这些例子的出发点是建立计算机和辅助网络设备间通信所必要的硬件。会有很多可能的配置来搭建 LAN，例子只是一种解决方案。注意所有的计算机网络都会用到某种类型的软件以运行 LAN。网络软件可以从 Microsoft　Windows、Linux、UNIX 和 Macintosh 操作系统等公司获得。

办公用 LAN 示例

　　假设 LAN 中包含 10 台计算机、两个打印机和一个服务器，其布局如图 11-19 所示：LAN 上的每台计算机、打印机和服务器都连接到一个公共交换机上，连接网中每一单元和交换机的是 CAT6（6 类）双绞线电缆。CAT6 电缆在 100m 长的距离上数据携带能力为 1000Mb/s。双绞线电缆和各种分类规范在第 12 章的 12.2 中讨论。如果网络硬件和软件配置正确，那么所有的计算机将能够访问服务器、打印机和其他计算机。

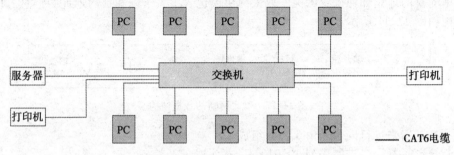

图 11-19　一个办公用 LAN 示例

　　现代计算机网络中传输数据的媒介要么是双绞线，要么是光缆。光缆、光 LAN 及其数据将在第 16 章讨论。表 11-5 列出了 LAN 中使用的铜芯同轴线缆和双绞线媒介的通用标准。

表 11-5　LAN 用缆线通用数值

数　值	说　明
10Base2	在 185m 的同轴线上，数据传输速率可达 10Mb/s，也称细缆（很少用了）
10Base5	500m 的同轴线上，数据传输速率可达 10Mb/s，也称粗缆（很少用了）
10BaseT	双绞线上数据传输速率 10Mb/s
100BaseT	双绞线上数据传输速率 100Mb/s
100BaseFX	光纤上数据传输速率 100Mb/s
1000BaseT	双绞线上数据传输速率 1Gb/s
1000BaseFX	光纤上数据传输速率 1Gb/s
10GBase-	光纤家族支持 10Gb/s 以太网（10GbE）

搭建楼宇 LAN

　　楼宇 LAN 是把楼内的多个 LAN 连接到一起后构成的一种网络。图 11-20 是一个搭建楼宇 LAN 的例子。该例需要三个交换机，原因是从计算机到中央交换机的距离超过了 CAT6 双绞线缆 100m 的最大距离限制。为了满足 100m 最大距离的要求，例中的三个构成分区网络各自需要配置一台交换机。100BaseT 用来连接每一台设备。这意味着数据传输速率是 100Mb/s 基带信号，同时采用 CAT6 双绞线缆。在每一分区中，所有网络设备都被路由到各自的交换机：位于柜 A、B 或 C。每个柜中有 RJ-45 接线板来连接线缆。RJ-45 接头是用来连接 CAT6 双绞线缆的 8 引脚模块。使用接线板保证了网络最大可能的灵活性，包括未来更换线缆以适应网络的各种变化。接入到每一交换机的计算机、打印机、工作站和服务器的数量由各自的交换机列出。交换机 A 和 B 引出的光纤和从 C 引出的光纤一起被连接到路由器。该路由器提供了到互联网的连接，并将数据流量路由到柜 A、B 和 C。

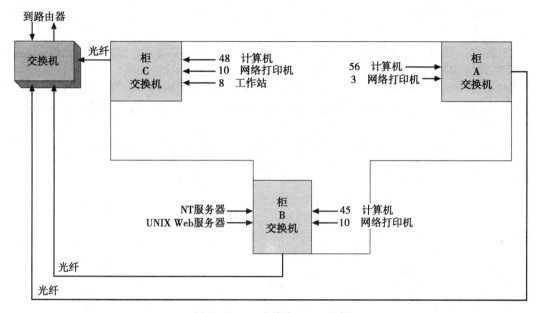

图 11-20　一个楼宇 LAN 示例

11.5　LAN 互联

　　LAN 的使用激起了人们将两个（或多个）网络连接到一起的欲望。比如一个大的公司可能有用于研究与工程部和制造部的分散网络；典型一点，这两个系统使用了完全不同的技术，但是公司认为有必要把这些网络连到一起。这导致了城域网（MAN）出现，城域网即是将一定地理范围内的两个或多个 LAN 连接到一起。一旦该连接技术被用于搭建MAN，人们就会发现把位于国家另一边的市场部连接到一起将会非常有帮助。现在广泛地理区域内的两个或更多的 LAN 被连接在一起，由此产生了广域网（WAN）。

　　为了能将不同类型的网络连接到一起，国际标准化组织（ISO）开发了了开放系统互连（OSI）参考模型。在 OSI 模型被引入后，它和TCP/IP 一起竞争以成为以太网的默认协议。尽管 TCP/IP 已经是现代网络的默认协议，但人们常用 OSI 模型来介绍网络的有关主题，这是因为 OSI 非常完备。OSI 参考模型包括 7 层，如图 11-21所示。它提供了从实际物理网络接口到软件应用程序接口的所有一切。

　　（1）物理层：提供到网络的电路连接。不涉及调制或是所用的物理介质。

　　（2）数据链路层：处理错误恢复、流量控制（同步）和顺序（哪个终端正在发送和哪个正在接收）。可以认为它是"媒体访问控制层"。

图 11-21　OSI 参考模型

　　（3）网络层：接收发出的消息并将消息或是消息分片合并到包中，然后在包中加入包含路由信息的包头。它扮演着网络控制员的角色。

　　（4）传输层：和源与目的地间的信息完整性有关。它也分片/重组包并进行流量控制。

　　（5）会话层：为建立、管理和终止连接提供必需的控制功能，以满足用户的需要。

（6）表示层：为应用程序接收和构造消息。如果有必要，它会把消息从一种编码翻译成另外一种编码。

（7）应用程序层：登记消息，解释请求，并判断完成请求所需要的信息。

LAN 的互联

根据 LAN 的相似性，人们有多种方法来完成两个或多个 LAN（在 MAN 或 WAN 内）的连接。

交换机：两层交换机仅仅使用 OSI 模型的最低两层来提供 LAN 间链路，前提是这些 LAN 在物理和数据链路层上一般会使用相同的协议。如图 11-22 所示。

路由器：路由器使用 OSI 的低三层来连接 LAN，如图 11-23 所示。路由器通过使用流量控制机制将信号流切换到替代路径以管理网络拥塞；在需要的时候，路由器也提供路由转换服务。

网关：用来指包含 OSI 所有 7 层的一种设备。它连接两个使用不同协议和格式的两个网络。在图 11-24 所示的网关应用中，网关用来在应用程序层中进行协议转换。现在，原由网关处理的各种业务已经用路由器进行处理。

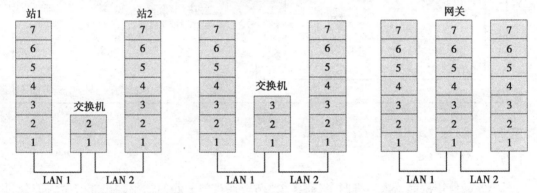

图 11-22　用交换机连接两个 LAN　　图 11-23　用路由器连接两个 LAN　　图 11-24　网关连接两个 LAN

11.6　互联网

近年来在网络上最令人激动的进步是互联网的出现，互联网允许个人和 LAN 接入。短短几年的时间，互联网已经渗透到社会的方方面面。20 世纪 70 年代早期，一种原名为 ARPANET 的系统被开发出来以便连接参与军事防御事务的大学研究机构和研究人员。ARPANET 已经演变成为互联网——一个拥有全球广播能力、信息传递机制的网络；有了互联网，人们和计算机间能够协作与交互而不再受到地理位置的限制。互联网是一个包交换、全球网络系统，它由数以百万计的局域网和计算机（主机）组成。

联邦网络委员会（FNC）给出了术语互联网的定义："互联网指全球信息系统——①通过全球唯一地址逻辑上连接在一起，这些地址基于网际互连协议（IP）或后继产品；②能够使用传输控制协议/网际互连协议（TCP/IP）进行通信；③在此处描述的通信层和相关基础设施上，提供、使用或是可用的更高服务（无论公用还是专用）"。

互联网的设计要早于 LAN 但却能够使用这种网络技术。互联网被设计为支持一系列功能包括文件共享、远程登录和资源共享/协作。多年来，互联网已经可以支持电子邮件（E-mail）和 Web 服务。互联网发展和演变并没有结束，在线网络电话还有互联网电视就是很好的证明。

1992 年，Tim Lee 向公众发布了被称为超文本系统的 Web 软件，Web 可将多个文档链接到一起。Windows 用 Mosaic 浏览器的发布是 1993 年 7 月的重大突破，改善了软件的外观和界面。Mosaic 由 NCSA 开发，它最初的版本和我们今天使用的浏览器非常相似。

Web 的受欢迎程度可以通过下面这个事实体现出来：在一年后的 1994 年，Web 变成了主要的互联网应用。

Web 是一种方法（和系统），它在全球基础上为用户提供了创建和传播信息的机会，在充分发挥个人创造性的力量同时允许世界各地的人们互相联系。Web 发展非常快速，它作为产品营销已经非常商业化，另外支付访问网站变得很普遍。随着商业化的加剧，互联网可能会存在着失去民主和多样性本质的风险。拥有有限资源的普通民众可以向大型企业一样发布和/或收集材料，这是互联网的一个很大的号召力，如果互联网丢掉了这个能力，它将退化成一个电视一样的被动媒体。

IP 寻址

在国家间甚至是 LAN 中路由器间传输数据需要一个比 MAC 地址更好的寻址方案。MAC 地址提供了网络接口卡的物理地址，但是它位于哪里呢——在哪个 LAN 中，哪个建筑中，哪个城市中，或者是哪个国家？通过使用唯一可以识别计算机位于哪个网络的地址，IP 寻址提供了一种全球寻址解决方案。现在的编址方式是人们熟知的一个 32 位地址（$2^{32} = 4.29 \times 10^9$）格式，但随着 128 位编址的 IPv6 日益稳定，IPv4 逐渐被淘汰。理论上，IPv6 可能提供的地址有 3.4×10^{38} 个。除了提供无尽的 IP 地址外，IPv6 重点设计的是安全问题。

IP 网络号由互联网编号分配机构（IANA）分配，该机构给计算机网络分配 IP 地址并确保同一个 IP 地址没有分配给不同的网络。IP 地址根据网络的类型进行分配。表 11-6 给出了 IP 网络的三种类型。

表 11-6　IP 网络的三种类型

类	说　明	IP 编号范围
A 类	政府、大型网络	$0.0.0.0 \sim 127.255.255.255$
B 类	中等大小公司、大学等	$128.0.0.0 \sim 191.255.255.255$
C 类	小型网络	$192.0.0.0 \sim 223.255.255.255$

表 11-6 给出的网络地址指出了每类 IP 地址中的网络号部分，网络地址为路由数据到正确的目标网络提供了足够的信息。利用这些信息，目标网络直接将包发送到目的计算机。完整的地址通常由局域网系统管理员分配或者系统在用户访问他们的本地网络时自动分配。例如，当你登录到互联网时，你的互联网服务提供商（ISP）将动态分配给你的计算机一个 IP 地址。

11.7　IP 电话

IP 电话（VoIP）是用于计算机网络的电话系统。IP 电话结合了类似于小型专用交换机（PBX）的技术，同时具备计算机网络灵活性。事实上，3COM 公司称 IP 电话系统为网络交换机（NBX）。NBX 很容易让用户将电话系统融合在他们的设备上。NBX 提供了你期许的传统 PBX 的特点，包括内部呼叫、消息转发、快速拨号、语音信箱，以及访问本地公共交换电话网（PSTN）。通过传统的电话线连接实现到 PSTN 的访问。长途呼叫可以通过访问 PSTN 实现或是利用 NBX 进行互联网 IP 分发实现。计算机网络工作人员通常需要安装和管理 IP 电话系统，所需的电缆和终端类似于 CAT5e/6 和 RJ- 45 布线。3COM 的 NBX100 使用一个互联网浏览器，这个浏览器已经被预先设置好，从而可以直接连接以进行内部功能管理。

大致和 PBX 电话系统中一样，NBX 系统中的每个电话都分配了一个内部分级号码。除了电话号码以外，每个电话都有自己的 MAC 地址，MAC 地址用来在 LAN 中分发语音数据流量。电话也可以分配一个 IP 号和一个网关地址，这样在互联网上或是在租赁的公司计算机数据链路上进行长途呼叫时，该电话呼叫可以立即被路由到 LAN 外部。

NBX 系统中的电话以星形拓扑的方式连接到一个中央交换机，这样计算机网络利用率不会影响话音流量的服务质量(QoS)。传统的电话系统非常可靠，公众也希望得到高质量的服务。IP 电话系统必须遵守隐含的质量要求从而公众可以把 IP 电话作为一个可靠的传统 PSTN 的备用选择。因为网络交换在使用电话呼叫的各群体间提供了直接连接服务，所以计算机网络能够处理很大的数据流而且 NBX 系统能在没有系统性能损失的前提下处理很多的话音流量。

图 11-25 是一个 IP 电话 LAN 的实例。该网络看起来和星形拓扑网络(参考图 11-16)非常相似。电话系统通过连接到交换机或是集线器来融合到计算机网络 LAN 中。

11.8　接入到网络

第 9 章和本章的前面几节介绍了电话网和计算机网的基础知识。在不久以前，电话和计算机网还被看作完全不同的技术。现在，两种网络都在发展技术和应用，目的是有助于融合双方的技术和能力从而成为一个全信息网络架构。本节阐述了当前网络接入技术的进展，同时讨论了调制解调技术和标准现状(包括 V.92)、机顶盒、传统数据连接如综合服务数字网(ISDN)和最新的数据连接(xDSL)，并总结了已开发的有助于促进网络融合的新协议。

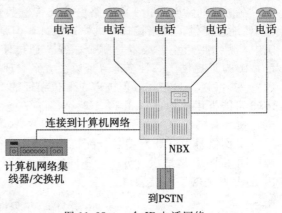

图 11-25　一个 IP 电话网络

调制解调技术

PSTN 的话音频率信道广泛应用于数字数据的传输。为了使用这些信道，数据必须转换成能够在带宽受限的传输线上传输的模拟形式。在音频级电话线上，转换器、载波系统和负载会衰减 300Hz 以下和 3400Hz 以上的信号。虽然 300～3400Hz 间的带宽适合话音传输，但因为数字脉冲包含的谐波超出了这个频率范围，所以它不适宜传输数字数据。为了利用话音信道传输数据，必须要将信号全部转换为在 300Hz 到 3400Hz 范围内，调制解调器就是进行这种转换的设备。

目前将高速调制解调器连接到模拟电话线的标准主要有两个，即 V.44(v.34)和 V.92(V.90)；其中 V.44 是全模拟的，提供的数据传输速率可达 33.6Kbps，而 V.92 是数模混合，可提供高达 56Kb/s 的数据速率。V.92(V.90)调制解调器连接要求一个 V.92(V.90)兼容调制解调器和一个服务提供商，该服务提供商有一条数据线连接到电话公司。采用 V.92(V.90)的数据传输称为异步操作，这是因为到服务提供商的数据连接速率典型值是 V.44(V.34)速率值，而从服务提供商端的数据连接速率是 V.92(V.90)速率标准。异步操作中的数据连接速率差异是由 A/D 变换过程中引入的噪声而引起。从你的计算机到 PSTN(你的电话接口)调制解调器线路通常是模拟的，该模拟信号会在电话公司的中央局被转换为数字形式；如果该 ISP 有到电话公司的数字接口，则不需要再进行 D/A 转换。从 ISP 发出的信号经电话公司传输后重新转换为能被你的调制解调器接收的模拟形式。然而，D/A 转换过程引入的噪声幅度通常不会影响到数据速率。

有线电视调制解调器

有线电视调制解调器是另外一种访问服务提供商的替代方式，它利用自己的高带宽网络来分发高速、双向数据：上行数据速率为 128～10Mbps(从计算机到线缆顶端)，下行数据速率为 10～30Mbps(从线缆顶端到计算机)。当有线系统上存在电视服务时，会阻碍双向通信，这时有线电视调制解调器可以是单向连接。在这种情况下，用户可以通过传统的电话连接到服务提供商并利用有线电视调制解调器接收返回数据。数据服务不会损害有线电视节目的分发。目前，有线电视系统使用以太协议在网络上传输数据。很多用户采用同一个上行接口。这会带来潜在的碰撞问题，所以人们使用了一种称为测距的技术，即每个调制解调器判断它的数据传输到电缆顶端器所需时间。这项技术减小了碰撞率，让它一直小于 25％。

综合业务数字网

综合业务数字网(ISDN)是一个采用一系列标准接口建立的数据通信链路，该通信链路可以同时传输语音和数据。对商业用户来说，ISDN 主要的吸引力是更强的能力、灵活性和更低的成本。如果早上需要一种类型的服务(比如说，传真)而下午是另一种(可能是电话会议或是计算机链路)，ISDN 很方便在两者间切换。目前需要很长的时间来挂接一个给定的服务服务，而有了 ISDN 后，只需要通过调整终端就可以使用新业务了。

如图 11-26 所示，ISDN 包含四个主要的接口点。R、S、T 和 U 接口部分允许各种各样的设备连接进系统。1 类或 TE1 设备包括遵循 ISDN 建议的数字电话和终端。2 类或 TE2 设备与 ISDN 指标不兼容，它需要一个终端适配器将数据转换成 ISDN 的 64kb/s B 信道速率。TE2 设备通过 R 参考点连接到网络。

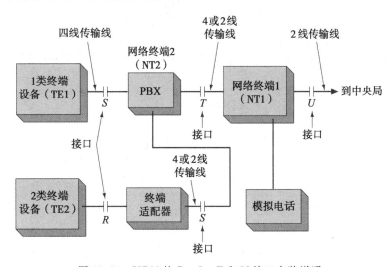

图 11-26 ISDN 的 R、S、T 和 U 接口安装说明

ISDN 标准同样定义了两个网络终端(NT)点。从用户的角度，NT1 可看成是代表电话公司的网络终端。NT2 代表项目如局域网和小型专用交换机(PBX)的终端。

用户使用 S 接口连接到 ISDN 的 NT1 点。如果 NT2 终端也在，一个同时连接 NT2 和 NT1 终端的附加参考点 T 会起到接口的作用。否则，S 和 T 参考点是等同的。ITU－T建议 S 和 T 都为基本接入速率 192kb/s 的四线同步接口的参考点，人们称它们为本地环路。参考点 U 利用双线在一对用户两侧的任意一侧连接 NT1 点，数据传输速率为 192kb/s。这两个终端点本质上是中央局交换机。

ISDN 规范规划了一个两个 B 信道和一个 D 信道(2B＋D)的基本系统。两个 B 信道每个都是 64kb/s，而 D 信道是 16kb/s，总和是 144kb/s。基本 192kb/s 的接入速率和 2B＋D的 144kb/s 间的 48kb/s 差值主要被用于信令控制协议。S 和 T 四线参考点看到的是 2B＋D 信道。B 信道承载话音和数据，D 信道则用于处理信令、低速包数据和临时的低速传输。

ITU-T 定义了两种从 ISDN 中央局到用户的通信信道类型，如图 11-27 所示。基本接入服务是已经讨论过的 192kb/s 信道，它用于小型站。基群接入信道用于大数据速率站，

它的总数据速率是 1.544Mb/s，包含 23 个 64kb/s 的 B 信道加一个 64kb/s 的 D 信道。全球通信的容量正在爆炸性的增加，因此不管从什么角度看，ISDN 的潜力都相当巨大。

xDSL 调制解调器

xDSL 调制解调器被看成下一代互联网高速接入技术。DSL 表示数字用户线，"x" 通常代表当前可用的不同类型的 DSL 技术。DSL 技术采用现有的铜芯电话线来传输数据。铜芯电话线在有限的距离上可以承载高速数据，DSL 技术利用这个特点来提供高速数据连接。然而，真实的数据速率和铜缆的质量、规格、串音数量、存在的负载线圈、桥接插头以及接口到电话服务中心局的距离有关。

DSL 是 xDSL 服务的基本技术。DSL 在某种程度上与 ISDN 服务有关但明显增加了带宽，同时 DSL 是点对点技术。

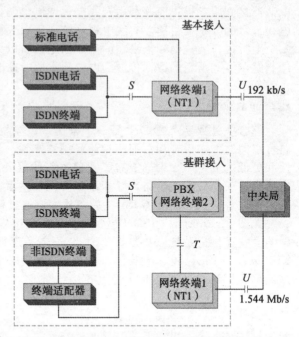

图 11-27　ISDN 系统的基本接入和基群接入

ISDN 是一种交换技术，它可以承受电话服务中央局的流量阻塞。表 11-7 列出了可用的 xDSL 服务和它们的设计数据速率。

表 11-7　xDSL 服务和它们的设计数据传输速率

技　　术	数据传输速率	距　离　限　制
ADSL	下行 1.5~8Mb/s	18 000ft
	上行可到 1.544Mb/s	/
IDSL	上行 144kb/s 全双工	18 000ft
HDSL	1.544Mb/s 全双工	12 000~15 000ft
SDSL	1.544Mb/s 全双工	10 000ft
VDSL	下行 13~52Mb/s	1000~4500ft
	上行 1.5~2.3Mb/s	/

上行：计算机用户到服务商。

下行：从服务商到计算机用户。

ADSL：非对称数字用户线。

IDSL：ISDN 数字用户线。

HDSL：高数据传输速率数字用户线。

SDSL：单线数字用户线。

VDSL：甚高数据传输速率数字用户线。

DSL 服务采用滤波技术在同一根电缆上同时传输数据和话音。图 11-28 给出了 ADSL 频率谱的一个示例。注意话音信道、上行数据连接（来自家用计算机）和下行

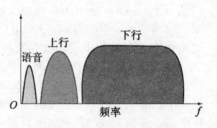

图 11-28　ADSL 频率谱

数据连接(来自服务提供商)各自占据了它们自己的频谱位置。非对称 DSL(Asymmetric DSL, ADSL)基于用户接收(下行链路)的需求带宽比发送的需求带宽要高的假设。ADSL 能够提供的数据速率上行可达 1.544Mb/s, 下行则为 1.5~8Mb/s。

在本节前面关于接入网络的讨论中, 我们曾经说过铜芯电话线的限定带宽为 300~3400Hz。事实的确如此, 但是 xDSL 服务使用了特殊的信号处理技术来恢复收到的数据, 同时采用了独特的调制技术在传输线上插入数据。ADSL 采用一种离散多音频调制(DMT)的多载波技术在铜线上传输数据。在站到站之间铜线的性能略有不同, 这一点非常好理解。DMT 采用某种技术来优化每一站点铜芯电话线的性能。DMT 调制解调器可以使用多达 256 个子信道频率在铜芯电话线上承载数据。系统在启动时先执行一个测试来确定应该使用 256 个子信道频率的哪一个来承载数据, 然后系统会选择最佳的子信道并将数据分解到可用子信道上进行传输。

由于采用的数据调制技术(DMT)已经是工业标准, 所以 ADSL 最受关注。图 11-29 给出的是 xDSL 网络的一个例子。该 ADSL 系统需要一个必须和服务提供商相兼容的调制解调器; 除此之外, 它还需要一个 POTS 分离器把话音和传输的数据分开。

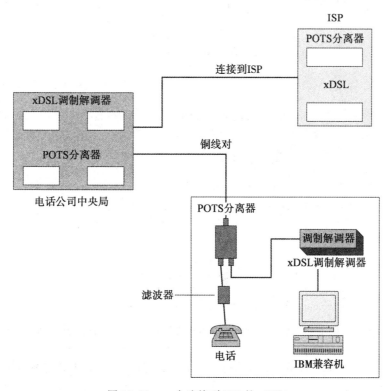

图 11-29　一个连接到 ISP 的 xDSL

11.9　故障诊断

LAN 广泛应用到各种领域中。从小型办公室到超大型政府机关, LAN 变成了业务通信不可或缺的一部分。每天 LAN 上都会有共享的计算机数据、音频和视频信息。在本节中, 你将学到典型的 LAN 配置方法同时了解到 LAN 常见的问题。对那些愿意接受专业培训的人来说, LAN 技术中充满了机会。LAN 讨论班、社区大学课程及动手培训都会对你学会 LAN 技术有帮助。

在本节学习结束后, 你将能够:
● 定义近端串音干扰;

- 说明在使用双绞线时的两个常见问题；
- 两种类型的模块化八口连接器名称以及它们的使用方法。

检修一个 LAN

最常见的对更大型的 LAN 的维护是搭建一个咨询台，在遇到问题时，LAN 用户可以呼叫这个咨询台；如果问题不能通过电话解决，那么就会派出一个技术人员。我们一起看一下技术人员被派出后可能遇到的一些问题。

首先要进行一些初步的检查。利用 OSI 模型检修是个不错的方法。从物理层开始然后逐层向上开始你的工作。确保工作站已经接上了电源。电源是不是打开了？CRT 亮度调低了？这些比较明显的事情很容易被忽略。网络接口卡应检查是不是正确的被安装到了 PC 上。检查集线器到工作站的连接。用户的账号在服务器上被正确设置了吗？有时候密码和账号偶然会被删掉。检查用户的 LAN 连接软件能否正确引导。这个软件会损坏，可能需要重新在工作站上安装。

接下来的两个命令对检查计算机网络很有用。第一个是命令 ping，它提供了一种验证网络工作的方法。命令结构如下：

用法：　　ping [- t] [- a] [- n count] [- l size] [- f] [- i TTL] [- v TOS]
　　　　　[- r count] [- s count] [[- j host- list] | [- k host- list]]
　　　　　[- w timeout]　destination- list

选项：

- t	Ping 指定的主机,直到停止。
	若要查看统计信息并继续操作,请键入 Control-Break;
	若要停止,请键入 Control-C。
- a	将地址解析成主机名。
- n	count 要发送的回显请求数。
- l	size 发送缓冲区大小。
- f	在数据包中设置"不分段"标志 (仅适用于 IPv4)。
- i	TTL 生存时间。
- v	TOS 服务类型 (仅适用于 IPv4。该设置已不赞成使用,且对 IP 标头中的服务字段类型没有任何影响)。
- r	count 记录计数跃点的路由 (仅适用于 IPv4)。
- s	count 计数跃点的时间戳 (仅适用于 IPv4)。
- j	host-list 与主机列表一起的松散源路由 (仅适用于 IPv4)。
- k	host-list 与主机列表一起的严格源路由 (仅适用于 IPv4)。
- w	timeout 等待每次回复的超时时间 (毫秒)。

接下来是一个使用 IP 地址 ping 网络站点的例子。如果你的计算机连接到互联网的话，你可以试一下这个例子。这个站点是一台叫 invincible. nmsu. edu 的计算机，它的 IP 地址是 128.123.24.123。这台计算机已经被设置为外部的，用户可以用它做验证，所以随便 ping 这个站点吧。

```
Pinging 128. 123. 24. 123 with 32 bytes of data
Reply from 128. 123. 24. 123: bytes= 32 time= 3ms TTL= 25
Reply from 128. 123. 24. 123: bytes= 32 time= 3ms TTL= 253
Reply from 128. 123. 24. 123: bytes= 32 time= 3ms TTL= 253
Reply from 128. 123. 24. 123: bytes= 32 time= 3ms TTL= 253
Ping statistics for 128. 123. 24. 123:
Packets: sent= 4, received= 4, lost= 0(0% loss)
Approximate round trip times in milliseconds:
Minimum= 2ms, maximum= 3ms, average= 2 ms
```

如果这个站点不响应的话，你将会看到一个 timed-out 消息。

另外一个对检修网络有用的命令是 tracert，它跟踪数据经网络传递的路由。

用法：　　　　　　　　　　tracert[- d][- h maximum_hops][- j host- list][- w timeout] target_name

选项：

- d　　　　　　　　不将地址解析成主机名。
- h maximum_hops　　搜索目标的最大跃点数。
- j host-list　　　　与主机列表一起的松散源路由(仅适用于 IPv4)。
- w timeout　　　　等待每个回复的超时时间(以毫秒为单位)。

下面是跟踪路由到 128.123.24.123 的例子

Tracing route to pc- ee205b- 8.NMSU.Edu[128.123.24.123] over a maximum of 30 hops
1 1ms　1ms1ms jett- gate- e2.NMSU.Edu[128.123.83.1]
2 3ms　2ms2ms r101- 2.MSU.Edu[128.123.101.2]
3 2ms　2ms3ms pc- ee205b- 8.NMSU.Edu[128.123.24.123]
The trace is complete

trancert 命令可以得到数据传输的路径。

检修非屏蔽双绞线网络

相比同轴电缆，双绞线网络对检修人员来说是一种不同的挑战。非屏蔽双绞线常见的两个问题是线对交叉或是分开。这两种情况都会引起数据信号退化。近端串音(NEXT)是线对分开造成的，它源于双绞线对间的干扰。我们使用以从工作站传输到集线器的信号为例进行说明，这个信号在集线器处(最强衰减)最小；从集线器发出的待传输信号(是个强信号)会反射并叠加到其接收的弱信号上。避免交叉和线对分开是防止 NEXT 的最好方法，交叉线对不难发现但通常需要跟踪一定长度的线且需要连续检查。检查线对分开的难度更大一些，它需要使用一些专用测试设备来跟踪分开的情况。一个 LAN 线缆表有几种专用测试功能，脱线特征是其中之一。

非屏蔽双绞线的另一个常见问题是使用了错误类型的接头。铜绞线连接器需要一个穿透式模块化八口连接器，实心导体要用连接器来跨线。这两种类型的连接器看起来很像，所以它们也经常很容易被混淆。在使用了一个错误的连接器后，结果就是存在开路或是时断时续。更换连接器时要小心，最好是把这些连接器放在不同的清楚的贴着标签的箱子里。

一些布线技巧　其实利用一些小技巧就可以避免很多 LAN 的问题。确保线路连接短但不要把线拽得很紧。双绞线布线应远离交流电源线或是其他噪声源。仔细安装你的电缆座。线路应该干燥运行。长期过潮会造成腐蚀。只使用高品质的连接器。剥线的经验法则是剥线长度最大为 1/2in(1in＝25.4mm)。最后，要有一个高质量的网络安装接线图。

总结

本章讨论的重点是有线计算机通信，包括计算机同外设间的通信和一组互联的计算机间的通信。电话和计算机网络间的分界线越来越模糊，在第 9 章中讨论有线电话系统时介绍的很多技术同样也应用在有线计算机通信网中。用二进制表示字母数字码的方案中应用最广泛的是美国信息交换标准码(ASCII)。其他代码也有类似用途，EBCDIC 和博多码已经过时但仍在特殊应用中使用。

计算机和外部设备间的通信既可以是串行的，也可是并行的。并行连接一般用在计算机和距离很近的外设如打印机间。现代设备中使用最广泛的可能是通用串行总线(USB)，一个已经很大程度上取代老的 RS-232 接口的 4 线、高速串行接口。另外一个高速串行连接是 IEEE1394 火线，它是一个能够支持高达 800Mb/s 数据传输速率的 6 线系统。其他串行方式，包括 RS-422 和 RS-485，使用了差分信号技术的平衡系统，从而改善了更长距离和高噪声环境中的传输性能。

按照拓扑或体系结构以及访问网络时使用的协议定义了有线局域计算机网络。拓扑可以是总线、星形或令牌环。最常用的两种接入方法是载波侦听多路访问（CSMA）和令牌传递。以太网协议在 LAN 中应用最广泛。以太是使用带碰撞检测的 CSMA 访问的格式。以太帧包含前导、开始帧定界符、源和目的媒体访问控制（MAC）地址和一个帧校验序列，当然还包括指示传输数据类型和大小的字段。

不同类型的网络利用开放系统互连（OSI）模型连接在一起。因为 OSI 模型很完备，所以常被用来介绍和网络有关的主题。七层 OSI 模型定义了从物理网络到软件应用程序接口的所有一切。从最低到最高，这些层是物理层、数据链路层、网络层、传输层、会话层、表示层和应用层。

互联网是全球通信网络。互联网协议（IP）地址用来区分不同的网络。IP 地址由互联网编号分配机构（IANA）根据网络分类分配。最大的是 A 类网络，其次是 B 类或中等大小网络，然后是 C 类（小型）网络。网络地址的一部分要么有本地系统管理员分配要么在用户需要登录外网时自动分配。

IP 地址在包交换电话网络中不断发现它的用法。在与专用交换电话系统相似的环境中，基于 IP 的语音业务保持了计算机网络的灵活性。IP 电话网络被配置成类似于计算机网络的星形拓扑结构。

有很多方法可以接入网络。传统上，公共交换电话网的音频信道和不同的调制解调技术相结合可以提供高达 56kbps 的数据速率。包括有线电缆调制解调器和 xDSL 调制解调器，这些"拨号上网"的速率已经在很大程度上被高速率技术所取代。几种类型的数字用户线技术已经实用。DSL 多少和老的、基于交换的 ISDN 技术相关，但 ISDN 技术却有高带宽和点对点连接的特点。DSL 调制解调器采用离散多音频（DMT）调制（一个类似于正交频分复用的技术），利用多达 256 个子信道频率在铜芯电话线上承载数据。DSL 调制解调器适用于铜导线的特点的需要来优化高速数据传输的载波频率选择。

习题与思考题

11.1 节

1. 缩写 ASCII 和 EBDIC 分别代表什么？
2. 写出 5、a、A 和 STX 的 ASCII 码。
3. 写出 5、a、A 和 STX 的 EBCDIC 码。
4. 简要解释格雷码。
5. 给出格雷码的一个应用。

11.2 节

6. 说出 RS-232 标准的起源并讨论它目前的应用情况。
7. 通用串行总线（USB）的作用和颜色是什么？
8. USB A 型接头用于上行连接还是下行连接？
9. 什么是握手？
10. USB 和火线支持的数据速率是多少？
11. 描述 USB A 型头和 B 型头的差异。

11.3 节

12. 给出 LAN 的一般描述。
13. 列出 LAN 的基本拓扑并进行说明。
14. 描述以太网协议的工作工程。
15. 说明以太网的帧结构，包括媒体访问控制（MAC）层寻址。
16. 给出以太网帧中广播地址的概念定义。

11.4 节

17. 讨论布局、设备互联以及办公室 LAN 实施中的问题

18. 讨论布局、设备互联以及大楼 LAN 实施中的问题
19. 列出 LAN 电缆的常用数据

11.5 节

20. 描述局域网（LAN）、城域网（MAN）以及广域网（WAN）间的区别。
21. 简要给出 OSI 参考模型解决的问题
22. 解释网桥和路由器的功能

11.6 节

23. 描述因特网的变革。
24. 描述 IP 寻址的概念。
25. 查找四个提供关于蜂窝通信的技术指南的因特网站点。

11.7 节

26. 讨论 IP 电话的工作原理。
27. 讨论服务质量（QoS）的问题。

11.8 节

28. 描述 ADSL（非对称数字用户环线）是如何工作的。
29. 讨论电缆调制解调器接入网络的实施方法。
30. 描述 V.92 如何能在模拟电话线上获得如此高的数据速率。
31. 解释 ISDN 的目标并利用图 11-26 和 11-27 简要解释其结构

32. 列出五种 xDSL 服务并标明它们的设计数据速率

33. 回答 ADSL 系统中的 DMT(离散多音频)的工作过程

附加题

34. 假设你所在公司的用于信号传输的电话线没有延迟均衡。请说明接收信号中不同的频率分量在延迟不同时可能引起的后果,并证明为什么需要延迟均衡。

35. 你可能听到有人会提到"握手协议",这种说法是否准确? 为什么正确或为什么不正确?

36. 讨论将楼宇网络(LAN)接到已引进楼内的 T1 接口时的问题。为了完成这项任务,你认为还需要哪些信息?

第12章

传 输 线

12.1 概述

前面的章节我们研究了通信信号的产生与接收。现在把重点放到将能量从发射机末级功放输送到发射天线的方法和将能量从接收天线输送到接收机射频前端的方法。传输线是系统元件之间携带信号能量的导电连接线。能量可以借助两芯导线或波导(waveguides)进行传输，其中波导是一种在微波频率进行电磁能量传输的空心管。这两种承载能量的介质都是传输线(transmission line)。你也许会奇怪，传输线不就是一对线，为什么要用一整章来研究它呢？在低频段可以视为短路和开路的情况到了较高的频率(特别是在 UHF 频段及更高的频率)也会变得大为不同。事实证明，在无线电频段，即使是很简单的一根导线或连接，都不仅会给电路带来电阻，也还会引入电感和电容。此外，如果系统元件之间存在任何类型的阻抗失配，则送向传输线的部分甚至全部能量会被反射回到源端，这种问题在所有频率下都存在。因此，确定阻抗以及解决阻抗匹配问题是设计通信系统的核心。阻抗匹配和波传播理论是传输线理论的核心，也是本章的核心内容。深入理解传输线与其他系统元件是如何相互作用的非常重要。这不仅能帮助读者理解第 14 章中天线部分的内容，而且可以帮助读者了解阻抗匹配和信号完整性在通信系统设计中的重要作用。

12.2 传输线的类型

非屏蔽双线

图 12-1 所示的非屏蔽双线是一种平行双线。这种平行双线通常由间距 0.25～6in(1in＝25.4mm)的两根导线组成，其优点是结构简单。这种平行双线用于连接天线和发射机或天线与接收器。如图 12-2 所示，另一种类型的平行双线是扁平双线。扁平双线与平行双线类似，但扁平双线的两条导线之间通常由低损耗电介质隔离，如聚乙烯。扁平双线的间隔比较均匀，其导线之间的电介质一部分是空气，一部分是聚乙烯。

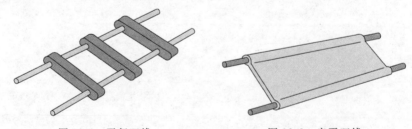

图 12-1　平行双线　　　　　　图 12-2　扁平双线

双绞线

双绞线如图 12-3 所示。顾名思义，双绞线是由两根导线紧密绞合而成的。由于在绝缘橡胶处存在高损耗，所以这种线不能用于高频。而且在潮湿的环境下，双绞线的损耗会大大增加。

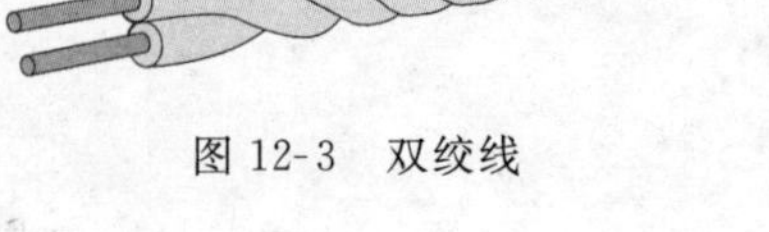

非屏蔽双绞线

非屏蔽双绞线(UTP)电缆在计算机网络中起着重要

图 12-3　双绞线

作用。局域网(LAN)通常使用非屏蔽双绞线联网。在计算机网络工程中，最常见的是 6 类(CAT6，category 6)和超 5 类(category 5e，CAT5e)非屏蔽双绞线。经测试，这两类双绞线都可以在 100m 距离内提供高达 1000Mb/s 的数据传输速率。CAT6/5e 电缆由 RJ-45 连接器接头和用四对按照标准颜色编码的 AWG22 或 AWG24 的双绞线组成。按照正确的方式使用双绞线电缆，能够显著提高信号发送性能。CAT6/5e 类标准允许在接头处最长非双绞导体的长度 0.5in，而 CAT6 则建议为 3/8in。保证每对导线的对称能更好地保证串扰和噪声抑制方面的性能。

提高数据传输速率的需求不断地推动更高性能双绞线电缆技术的发展。CAT6/5E 规范仅仅是电缆的最低性能标准。电缆还必须至少在 100MHz 上满足最小衰减损耗(attenuation)和近端串扰(near-end crosstalk，NEXT)要求。衰减损耗是信号在双绞线上传播时的信号强度衰减量。电流通过导线会导致电磁场的产生，而该电磁场可引起相邻导线产生干扰电压。

打电话时可能偶尔听到另一个隐约的电话，这就是串扰(crosstalk)。近端串扰就是对电缆内串扰或者说信号耦合程度的测量方法。如图 12-4 所示，连接发射机和接收机的端点处更容易产生串扰，所以这种测量方式被称为近端测试。收发两端的发射信号都很强，而且电缆在此处更容易受串扰。此外，正常的电缆路径损耗会使信号的电平被严重衰减，这导致接收信号的电平通常比发送信号小很多。因此，必须具有较高的近端串扰(dB)值才能保证正常的通信。

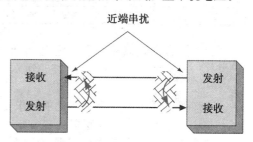

图 12-4 近端串扰(NEXT)的示意图

双绞线制造商经常由衰减和串扰两个计量结果得到衰减串扰比(attenuation-to-crosstalk，ACR)，并在数据手册中给出产品的 ACR。链路预算是电缆质量的重要计量指标，而 ACR 对双绞线链路的链路预算非常重要。ACR 越高表明电缆的数据容量也越大。

电子通信产业协会(Telecommunications Industry Association)的 TIA568B 标准定义了 RJ-45 接头和 CAT6/5e 电缆的连接方式。如表 12-1 所示，TIA568B 标准的两种连接方法包括 T568A 和 T568B 两种建议。

表 12-1　T568A 和 T568B

线 的 颜 色	对 数	T568A 端口	T568B 端口
白色/蓝色	1	5	5
蓝色/白色	1	4	4
白色/橙色	2	3	1
橙色/白色	2	6	2
白色/绿色	3	1	3
绿色/白色	3	2	6
白色/棕色	4	7	7
棕色/白色	4	8	8

表 12-2 列出了不同的双绞线类别及其用途和带宽。请注意，表中没有 CAT1，CAT2 和 CAT4。虽然在很多教科书、手册和在线资源可以见到 CAT1 和 CAT2，但实际上并没有 CAT1 和 CAT2 这两种电缆规格。最先定义的 CAT 或类别规范就是 CAT3。而且，CAT4 规范已经过时，所以已被从 TIA568B 标准中删除。CAT3 仍然在表中，但已经局限在某些电话安装的场合使用，现代电话的安装通常使用 CAT6/5e。

增强双绞线电缆的数据增强能力需要对延迟抖动(delay skew)提出新计量规范。高速数据传输中，线对中的数据同时到达另一端非常重要。如果不同导线对的导线长度有明显区别，则在其中一个线对中的数据必然需要花费更长的时间沿导线传播。因此将导致数据在不同的时刻到达接收机，并可能产生失真。延时抖动是一条 UTP 电缆中最快和最慢传输线对的传播时间差。此外，增强的双绞线电缆必须满足四对近端串扰要求，也就是所说的功率和近端串扰(power-sum NEXT, PSNEXT)测试标准。使用功率和进行测试针对所有线对的总串扰，因此该要求主要为确保所有四对线上的数据流以最低的干扰同时传输。

表 12-2　基于 TIA568B 标准的不同的双绞线类型

类　型	描　述	带宽/数据传输速率
3 类(CAT3)	电话安装类别 C	最高 16Mb/s
5 类(CAT5)	电话安装类别 D	100m 内最高 100MHz/100Mb/s
超 5 类(CAT5e)	计算机网络	100MHz/1000Mb/s 应用，具有更好的噪声抑制能力
6 类(CAT6)	高速计算机网络目前的标准类别 E	最高 250MHz/1000Mb/s
7 类(CAT7)	高速计算机网络提议标准类别 F	最高 600MHz

另一个方面，双绞线用于建立 100m 范围内的千兆以太网。千兆的数据传输速率要求双绞线的所有四对线对都具有 250Mb/s 的数据传输能力。这样，总比特率才可以达到 4×250Mb/s 或 1Gb/s。

双绞线电缆的另一个重要性能要求是回波损耗(return loss)。回波损耗是输送到电缆上的功率与返回或反射功率的比值。信号反射通常是由于电缆链路阻抗变化造成的，并且阻抗的变化将带来电缆损耗。因为电缆是不完美的，所以总会存在一些反射。阻抗变化的原因包括整个电缆阻抗的非均匀性、铜的直径、电缆摆放以及电介质的差异。回波损耗现在已经成为测试检验 CAT5/D 类、CAT5e 类和 CAT6/E 类双绞线的新标准。

屏蔽双线

如图 12-5 所示，屏蔽双线包括相互平行且相互分开的导体，以及包围导体的固体电介质。导体处于具有屏蔽作用的铜编织网中。最外层包裹着橡胶或弹性组合物涂层用于防水分或防止机械损坏。

屏蔽双绞线的主要优点是，双线对地是平衡的，即整条电缆的电容均匀分布。这种平衡是整个电缆围绕导体均匀接地屏蔽的结果。铜编织屏蔽可以隔离外部噪声的干扰。它也能屏蔽线内的信号干扰和辐射到其他系统。

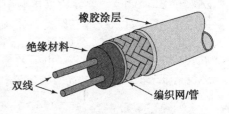

图 12-5　屏蔽双线

同轴线

有两种类型的同轴线：刚性同轴线(也称空气同轴线)，以及柔性同轴线(也称实心同轴线)。这两种类型的电气结构是相同的，都包含两个同轴导体。

如图 12-6 所示，刚性空气同轴线由位于内部的金属导体及与其同轴心的管庄外部导体组成。在一些场合中，其内部导体也是管状的。内外导体之间由有间隔规律的绝缘垫片或颗粒隔离。这些间隔件由耐热玻璃、聚苯乙烯或其他具有良好的绝缘特性以及高频损耗低的材料制成。

刚性同轴线的主要优点是能够最大限度地减少辐射损失。开放式平行双线之间的电场和磁场能延伸到远距离的空间中，所以会产生辐射损耗。同轴电缆的电场和磁场不能超出接地的外壳。电磁场被限制在两个导体之间的空间内，所以刚性同轴线是完全屏蔽线。但是，正确安装连接器是非常重要的，只有这样才可以避免电磁场泄漏以及阻止其他线路产生的噪声干扰。

刚性线具有若干缺点：制造成本昂贵；必须保持电缆干燥以

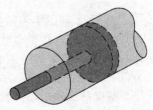

图 12-6　刚性空气同轴线

防止两个导体之间电磁场的过度泄漏；虽然高频损失比在前面提到的传输线更少，但仍限制了其使用长度。

某些应用场合下，将氮气、氦气或氩气等惰性气体以 3～35psi $^\ominus$ 的压力打入传输线来防止潮气的冷凝。在安装线路时可以注入惰性气体使传输线干燥，并且维持恒压以确保没有潮气进入传输线。

同轴电缆也可以采用柔性导体作为内部导体，并在导体的间隔中完全填充固态绝缘材料。这种情况下，采用编织线作为外部屏蔽导体就可以制造柔性电缆，但会导致电缆的屏蔽性能变差。早期的柔性电缆使用橡胶作为绝缘体。这种橡胶绝缘的电缆的高频损耗很大，并且由于不能防止潮气的侵蚀，从而导致电缆的漏电流大并可能在高压下电弧放电。聚乙烯塑料是一种固态并能在一个很宽的温度范围内具有柔性的绝缘材料，这种材料解决了橡胶绝缘带来的问题。图 12-7 是聚乙烯同轴线的结构示意图。聚乙烯不受海水、汽油、油和液体的影响。虽

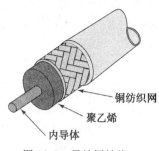

图 12-7　柔性同轴线

然使用聚乙烯时的高频损耗大于使用空气时的高频损耗，但低于使用其他大多数实用的固体介电材料。实心柔性同轴电缆是最常用的传输线。而聚四氟乙烯是常见的传输线的介电材料(介电媒质)。

平衡/非平衡线

同轴线上中心导体承载的电信号幅度是相对于接地的外导体的，因此被称为非平衡线(unbalanced line)。其他类型(开放式传输线、双绞线、屏蔽线)传输线上，两导体具有幅度相同、相位差 180° 的电流，被称为平衡线(balanced line)。图 12-8 是常用的利用中心抽头变压器进行不平衡和平衡信号转换的方法。

平衡线中，噪声或干扰信号由平衡线的两个导线接收。因为这些信号具有 180° 的相位差，所以理想情况下它们将在输出中心抽头的变压器被完全抵消。也就是所谓的共模抑制(common mode rejection，CMR)。实际情况下，共模抑制比(CMR)是 40～70dB。也就是说，双平衡线对所接收的噪声或干扰信号有 40～70dB 的衰减。

电路的平衡和非平衡操作之间的转换被称为巴伦(baluns)。图 12-8 中的中心抽头变压器就是巴伦。作为一种传输线，巴伦将在 12.9 节中进行说明。

图 12-8　平衡/不平衡转换

12.3　传输线的电气特性

双线传输线

通常称连接到信号源的双线传输线的端口为"源端"或"输入端"。如果传输线的另一端连接到负载，则称为"负载端"或"接收端"。

双线传输线的电气特性主要取决于传输线的结构。可以将双线传输线看成一个很长的电容器，其容抗随着频率改变会发生显著变化。由于传输线的长导体在电流通过时会产生磁场，所以传输线也具有电感的特性。传输线的电感、电容的值取决于其物理因素，其电

$\ominus$　1标准大气压(atm)＝14.696psi(磅/英寸^2)。

抗还取决于所施加的频率。没有理想的电介质（电子通过电介质从一个导体移动到另一个导体）。电导率与流过电介质的电流有关，所以传输线的电导率与其类型有关。如果该传输线是均匀的（每个单位长度的参数都相同），则该传输线的某一小段，也许几个英尺长，可以用图 12-9 的等效电路表示。

在许多应用场合，电导率和电阻的具体数值并不重要，甚至可以忽略。忽略后的简化等效电路如图 12-10 所示。需要注意的是，这个网络的负载电阻是其后无限个类似的传输线小段的阻抗级联而成的。终端负载则是连接到线路的负载。

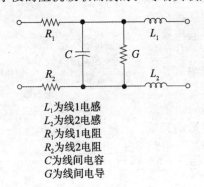

L_1为线1电感
L_2为线2电感
R_1为线1电阻
R_2为线2电阻
C为线间电容
G为线间电导

图 12-9 双线传输线的等效电路

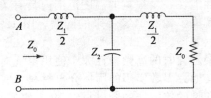

图 12-10 阻抗匹配时的简化等效电路

特性阻抗

无限长的线可以用无数个电感和电容表示。如果将电压施加到该线的输入端，就会产生电流。由于具有无数个这样的元件，其最终电流无法确定。假如无限长的线是均匀的，那么每段的相同长度具有相同的阻抗，其电流可以计算。如果已知流过线上的电流和施加的电压，则可以通过欧姆定律来确定这根无限长线的阻抗。这个阻抗被称为线的特性阻抗（characteristic impedance）。特性阻抗用符号 Z_0 表示。在传输线上的任何点进行测量，其特性阻抗都是相同的。特性阻抗有时称为波阻抗（surge impedance）。

图 12-10 中，传输线的分布电感被平均分配到 T 型网络的横臂。分布电容被集总表示在 T 的纵臂。其终端负载是从 AB 端所见的阻抗，其值等于传输线的特性阻抗。12.6 节将详细解释这一电阻取值的原因。图 12-10 的电路是 LCR 的串并联电路，所以可以计算网络的阻抗。图 12-10 的 AB 端的阻抗 Z_0 为

$$Z_0 = \frac{Z_1}{2} + \frac{Z_2[(Z_1/2) + Z_0]}{Z_2 + (Z_1/2) + Z_0} \tag{12-1}$$

化简得：

$$Z_0 = \frac{Z_1}{2} + \frac{(Z_1 Z_2/2) + Z_0 Z_2}{Z_2 + (Z_1/2) + Z_0} \tag{12-2}$$

通分得：

$$Z_0 = \frac{Z_1 Z_2 + \left(\dfrac{Z_1^2}{2}\right) + Z_1 Z_0 + \left(\dfrac{2 Z_1 Z_2}{2}\right) + 2 Z_0 Z_2}{2\left[Z_2 + \left(\dfrac{Z_1}{2}\right) + Z_0\right]} \tag{12-3}$$

将上式的两侧同时乘以右侧分母，其结果是：

$$2 Z_2 Z_0 + \frac{2 Z_1 Z_0}{2} + 2 Z_0^2 = Z_1 Z_2 + \frac{Z_1^2}{2} + Z_1 Z_0 + \frac{2 Z_1 Z_2}{2} + 2 Z_0 Z_2 \tag{12-4}$$

简化得到：

$$2 Z_0^2 = 2 Z_1 Z_2 + \frac{Z_1^2}{2} \tag{12-5}$$

或

$$Z_0^2 = Z_1 Z_2 + \left(\frac{Z_1}{2}\right)^2 \tag{12-6}$$

如果传输过程需要由一个等效网络来精确表示，则图 12-10 的 T 型网络部分必须由无数个类似网络来替代。于是，传输线中电感将将被划分为 n 部分，而不是最后结果式(12-6)中的数字"2"。当 n 的数值趋近无穷大时，最后一项 $\dfrac{Z_1}{n}$ 将趋近于零。因此，

$$Z_0 = \sqrt{Z_1 Z_2} \tag{12-7}$$

Z_1 表示感抗，Z_2 表示容抗，所以

$$Z_0 = \sqrt{2\pi f L \times \frac{1}{2\pi f C}}$$

因此

$$Z_0 = \sqrt{\frac{L}{C}} \tag{12-8}$$

式(12-8)的结果表示的传输线的特性阻抗只取决于电感和电容，与传输线的长度、施加的频率或其他因素无关。

例 12-1　常用的同轴电缆，RG-8A/U，有 29.5pF/ft 的电容和 73.75nH/ft 的电感。分别计算其 1ft 和 1mi(1mi=1.6km) 长度分段的阻抗特性。

解：对于 1ft 长度，有

$$Z_0 = \sqrt{\frac{L}{C}}$$

$$= \sqrt{\frac{73.75 \times 10^{-9}}{29.5 \times 10^{-12}}}\,\Omega = \sqrt{2500}\,\Omega = 50\,\Omega$$

对于 1mi 长度，有

$$Z_0 = \sqrt{\frac{5280 \times 73.75 \times 10^{-9}}{5280 \times 29.5 \times 10^{-12}}}\,\Omega = \sqrt{\frac{5280}{5280} \times 2500}\,\Omega = 50\,\Omega$$

例 12-1 表明该线路的特性阻抗与长度无关，是该传输线的一个特征。Z_0 的值依赖于该传输线上分布式电感和电容的比值。电缆间隙的增加，使得电感增加，并且降低了电容。这是因为电感正比于两根导线之间的磁通量。两条导线上的电流方向相反，当它们间距更远时，它们之间的磁通量增加(无法像紧密绞合的导线一样抵消磁效应)，因此分布电感会增大。而平板电容(如两根导线)的间距增加，其电容值将降低。

因此，增加两条导线的间距可以使得 L/C 比值增高，也就增高了传输线的特性阻抗。同样，可以通过减小导线直径来增加特性阻抗。金属丝的尺寸的减小对电容的影响比对电感的更大，这与减小电容器极板的尺寸可以减小电容量非常类似。两线之间的介电材料的变化也将影响其特性阻抗。如果介电材料的变化增大了导线之间的电容，则根据式(12-8)其特性阻抗将相应减小。

可以根据下面的式子计算一个双线传输线路的特性阻抗

$$Z_0 \approx \frac{276}{\sqrt{\varepsilon}} \lg \frac{2D}{d} \tag{12-9}$$

式中，D 为导线之间间距(中心至中心)；d 为一根导线的直径；ε 为绝缘材料相对于空气的介电常数。

一个同心或同轴电缆的特性阻抗也随 L 和 C 的变化而变化。但是，由于两种传输线在结构上的差异，其 L 和 C 的变化略有不同。可以利用下面的公式计算同轴线路的特性阻抗：

$$Z_0 \approx \frac{138}{\sqrt{\varepsilon}} \lg \frac{D}{d} \tag{12-10}$$

式中，D 为外导体的内径；d 为内导体的外直径；ε 为绝缘材料相对于空气的介电常数。

空气的相对介电常数是 1；聚乙烯的是 2.3；聚四氟乙烯的是 2.1。

例 12-2 计算电缆的特性阻抗：

(a)空气介质下的平行传输线 $D/d=2$。

(b)空气电介质同轴线 $D/d=2.35$。

(c)RG-8A/U $D=0.285\mathrm{in}$ 和 $d=0.08\mathrm{in}$ 的同轴线。绝缘材料为聚乙烯。

解：

(a)

$$Z_0 \approx \frac{138}{\sqrt{\varepsilon}} \lg \frac{D}{d} \approx \frac{276}{1}\lg 4\Omega \approx 166\Omega$$

(b)

$$Z_0 \approx \frac{138}{\sqrt{\varepsilon}} \lg \frac{D}{d} \approx \frac{138}{1}\lg 2.35\Omega \approx 51.2\Omega$$

(c)

$$Z_0 \approx \frac{138}{\sqrt{2.3}} \lg \frac{0.285}{0.08}\Omega \approx 50\Omega$$

不能踩、压接或小半径弯曲同轴电缆。任何这些条件都会改变 D/d 的比值，因而改变 Z_0。在后面的讨论中将会看到，特性阻抗的意外变化会导致电路工作问题。

传输线损耗

分析电气特性时，通常认为传输线是无损耗的。但是，虽然这样更简单易懂，但实际线路的损耗却不能忽视。传输线有三大损耗：铜损耗，介电损耗以及辐射或感应损耗。

任何导体的电阻都不可能是 0Ω。当电流流过传输线路时，能量按照 I^2R 被消耗。降低电阻将减少线路上的能量损失。电阻的阻值与传输线的横截面面积成反比。尽量缩短传输线长度可以降低电阻和 I^2R 的损耗。可以采用更大横截面面积的导线，但这种方法增加了成本和重量，所以也有其局限性。

高频下 I^2R 的损耗主要来自趋肤效应(skin effect)。当直流电流通过导体时，其横截面上电子的运动是均匀的。但施加交流电时情况则有所不同，导体中心的磁通密度大于其边缘的磁通密度。因此，导体中心的电感和感抗都更大，从而导致中心的电流较小，而外边缘的电流较大。这种效应会随频率的增加而增强。电流被迫流向边缘大大地降低了电流所流过的截面积，也就是可导电的横截面。由于电阻与横截面面积成反比，因此电阻会增大。这种电阻增加称为趋肤效应。在 UHF 高段和微波频段，趋肤效应将导致导线不能传输电流。在这些频率范围，利用称为波导的单导体"管道"将能量从源耦合到或引导到负载。波导将在 15 章进行介绍。

介电损耗正比于施加于电介质的电压。介电损耗随频率的增大而增加，实际操作中由于趋肤效应损耗同时存在，传输线最高可用频率约为 18GHz。使用空气介质时，传输线的损耗最低。但在许多情况下，必需使用固体电介质。例如，柔性同轴电缆。如果需要降低损耗，则可以使用低介电常数的绝缘材料。聚乙烯可以构成柔性结构的电缆，其介电损耗虽然比空气的高，但是远远低于其他类型的低成本电介质。由于 I^2R 损失与电介质损耗和长度成正比，因此通常将它们合并，并以每米损失的分贝表示。图 12-11 所示为一些常

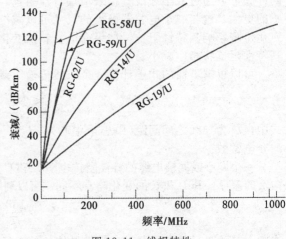

图 12-11 线损特性

用电缆在不同频率下的损耗。

围绕导体的静电场和电磁场也会导致传输线的损耗。静电场给相邻的物体充电,而变化的磁场引起了附近导体受到电磁力(EMF),在这两种情况下都将导致能量的损失。

使用和传输线特性阻抗相等的负载电阻作为终端,并进行适当的屏蔽,可以有效降低辐射和感应损耗。可通过将同轴电缆的外导体接地来屏蔽,因此,只需要在使用平行线传输线路时考虑辐射损耗的问题。

12.4 直流电压传播

传播的物理解释

为了了解施加交流电压时传输线上的特性,首先对无限长传输线施加一个直流电压。并利用如图 12-12 所示的电路进行分析。该电路假设传输线是无损的,未考虑其电阻。

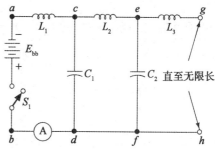

对于由电容器 C_1 和电感器 L_1 组成的串联网络,当施加电压时,电容 C_1 通过电感 L_1 充电。电感器在施加电压的那一瞬间产生的电压最大、电流最小。与此同时,电容器具有最小电压,允许通过的电流最大。但是由于充电电路中上述电感的作用,最大电流不可能出现在施加电压的瞬间。这一瞬间,cd 间电压为零。传输线的其余部分连接到点 c 和点 d,所以此时电压也是 0V。传输线其余部分电压依赖于电容 C_1

图 12-12 直流电压施加在传输线上

的充电。电容 C_1 通过电感 L_1 充电需要一定的时间。随着电容器 C_1 充电,电流表出现电流变化。当 C_1 充电到接近输入电压的电压时,电容器 C_2 开始通过电感器 L_1 和 L_2 充电。电容器 C_2 的充电同样需要时间。电压从 cd 到达 ef 所需的时间与输入电压达到 cd 的时间是相同的。这是因为传输线是均匀的,各部分电抗相同。以此方式继续下去,直到传输线上所有的电容都完成充电为止。由于无限长传输线上电容的数目是无限的,所以充电时间也是无限的。特别要注意的是,电流是一有效值,并且在传输线上连续地流动。

传播速度

当电流沿传输线朝后级电路流动时,其相关的电场和磁场就沿传输线向后传播。每个传输线单元的充电都需要时间,所以如果传输线是无限长的,就需要一个无限长的时间进行充电。如果传输线的长度及其充电时间已知,则可以确定传播速度(velocity of propagation),然后就可以计算传输线上任意两点之间场的传播时间。图 12-13 所示的电路可用于计算电压波前通过指定长度传输线所需的时间。电容 C_1 上的总电荷的库仑值(Q)可由下式确定

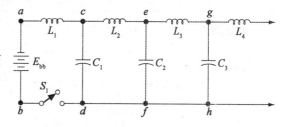

图 12-13 计算传播时间的等效电路

$$Q = Ce \tag{12-11}$$

传输线上的电容器由电池充电,获得的电荷总量等于

$$Q = it \tag{12-12}$$

电荷相等,所以,

$$Ce = it \tag{12-13}$$

电容 C_1 充电时,电容 C_2 的电荷量为 0。因为电容 C_1 的电压分配在电容 C_2 和电感 L_2 上,此时间内 C_2 上的电荷实际上为零,所以根据基尔霍夫定律,电容器 C_1 两端的电压

（cd 两点）全部施加在电感 L_2。电感上的电压为

$$e = L\frac{\Delta i}{\Delta t} \tag{12-14}$$

因为电流和时间开始于零，最后电流和最后时间就等于时间的变化和电流变化。则公式(12-14)成为

$$et = Li \tag{12-15}$$

则

$$i = \frac{et}{L} \tag{12-16}$$

根据式(12-13)，有

$$i = \frac{Ce}{t} \tag{12-17}$$

电流相等，所以

$$\frac{et}{L} = \frac{Ce}{t} \tag{12-18}$$

解方程得

$$t^2 = LC$$

或

$$t = \sqrt{LC} \tag{12-19}$$

速度是时间和距离$\left(v = \frac{d}{t}\right)$的函数，于是计算传播速度的公式为

$$v_{\mathrm{p}} = \frac{d}{\sqrt{LC}} \tag{12-20}$$

式中，v_{p}为传播速度；d 为传播距离；$\sqrt{LC}$为时间(t)。

这里又可以看到波在传输线传输所需的时间依然取决于 L 和 C，而这些值取决于传输线的类型。

延迟线

电磁波在真空中的速度等于光速即 3×10^8 m/s。在空气中传播时，其速度只是略微减小。前面已经证明，由于传输线有电感和电容，其传输速度会降低。可以利用这一特性在实际应用中得到特定时间延迟的延迟信号。将用于此目的的传输线称为延迟线(delay line)。

例 12-3 将 RG-8A/U 同轴电缆用作延迟线，请计算此时 1ft 电缆的延迟时间及传播速度。

解： 根据例 12-1，这种电缆有 29.5pF/ft 的电容和 73.75nH/ft 的电感。

因此，1ft 的这种传输线的延迟为

$$t = \sqrt{LC} = \sqrt{73.75 \times 10^{-9} \times 29.5 \times 10^{-12}}\,\mathrm{s}$$
$$= 1.475 \times 10^{-9}\,\mathrm{s} = 1.475\,\mathrm{ns}$$

传播速度为

$$v_{\mathrm{p}} = \frac{d}{\sqrt{LC}} = \frac{1\mathrm{ft}}{1.475\mathrm{ns}} = 6.78 \times 10^8\,\mathrm{ft/s} = 2.07 \times 10^8\,\mathrm{m/s}$$

例 12-3 表明，RG-8A/U 电缆的能量传播速度大约是光速的三分之二。传输线传播速度与自由空间传播速度的比值被称为传输线的速度常数(velocity constant)或者速度系数(velocity factor)。其值范围在 $0.55 \sim 0.97$，与线的种类、$\frac{D}{d}$ 比值和电介质的类型有关。非空介质同轴线的速度因子 v_{f} 约等于

$$v_f \approx \frac{1}{\sqrt{\varepsilon_r}} \qquad\qquad (12\text{-}21)$$

式中，v_f 为速度因子；ε_r 为相对介电常数。

$$\varepsilon_r \left(RG - \frac{8A}{U} \right) \approx 2.3$$

例 12-4 通过例 12-3 的结果和式(12-21)确定 RG-8A/U 电缆的速度因子。

解： 由例 12-3 可知传播速度为 $2.07 \times 10^8 \, \text{m/s}$。所以

$$v_f = \frac{2.07 \times 10^8 \, \text{m/s}}{3 \times 10^8 \, \text{m/s}} = 0.69$$

利用式(12-21)，有

$$v_f \approx \frac{1}{\sqrt{\varepsilon_r}} = \frac{1}{\sqrt{2.3}} = 0.66$$

波长

波在"自由空间"(即真空)以光的速度($3 \times 10^8 \, \text{m/s}$)传播。波传播速度与频率无关，是恒定的值。从而在一个周期内(所谓的一个波长(wavelength))的波传播的距离为

$$\lambda = \frac{c}{f} \qquad\qquad (12\text{-}22)$$

式中，λ 指波长，表示两个波峰之间的距离；f 为频率；c 为光速。波在传输线上的传播速度比它在自由空间中的传播速度慢。

例 12-5 请计算自由空间中的 100MHz 的信号的波长(λ)及其通过 RG-8A/U 同轴电缆时的波长。

解： 自由空间中，波速为 $3 \times 10^8 \, \text{m/s}$，所以，

$$\lambda = \frac{c}{f} = \frac{3 \times 10^8 \, \text{m/s}}{1 \times 10^8 \, \text{Hz}} = 3\text{m}$$

注意：自由空间中的波长通常用 λ_0 表示。根据例 12-3，RG-8A/U 同轴电缆的传播速度是 $2.07 \times 10^8 \, \text{m/s}$，所以，

$$\lambda = \frac{c}{f} = \frac{2.07 \times 10^8 \, \text{m/s}}{1 \times 10^8 \, \text{Hz}} = 2.07\text{m}$$

例 12-5 表明，任何频率的信号在传输线中的波长要小于其在自由空间的波长。

12.5 匹配传输线

直流响应

匹配传输线(nonresonant line)是与传输线的特性阻抗具有相同阻抗的负载作为终端或者无限长的传输线。匹配传输线上的负载电阻和线路的固有电阻能够消耗和吸收线上传递和传播的所有能量。匹配传输线上的电压和电流从源到负载处处同相，都是行波(traveling waves)。

由于匹配传输线不是无限长而是终止于特性阻抗的有限长的线路，其特性与线路的物理长度无关，所以其物理长度并不重要。而稍后讨论的谐振线，其物理长度是非常重要的。

图 12-14 所示的传输线的负载电阻与其特性阻抗相等。下面将研究其充电过程和负载电阻的最终电压。在 S_1 开关闭合的瞬间，所有的源端电压都在电感 L_1 上。极其短暂的时间之后，电容 C_1 开始充电。和源端初始电压作用在电感 L_1 的情况

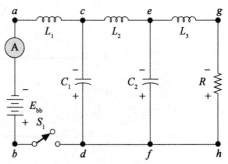

图 12-14 匹配传输线充电

相类似，这时 c 和 d 之间的电压都在电感 L_2 上，所以电容 C_2 在这个时候不充电。直到电容器 C_1 上的电压接近电源电压时，电容 C_2 才开始充电。然后，电容 C_2 上的电压开始上升。电容 C_2 上的电压则体现在 e 点和 f 点。因为负载电阻接在 e 点和 f 点，所以负载电阻两端的电压等于电容 C_2 的电压。于是，源端的输入电压从输入端到达负载电阻。当电容充电时，电流表记录充电电流。在所有的电容都被充电后，电流表将继续显示流过直流负载电阻和电感器的负载电流。只要 S_1 开关闭合，电流将持续保持。打开开关时，电容将通过负载电阻放电，这与滤波电容通过泄放电阻放电的方式大致相同。

交流响应

施加交流电压时与施加直流电压的情况下基本相同。下面将说明施加交流电压时传输线的充电情况。图 12-15 所示为参考电路和波形。

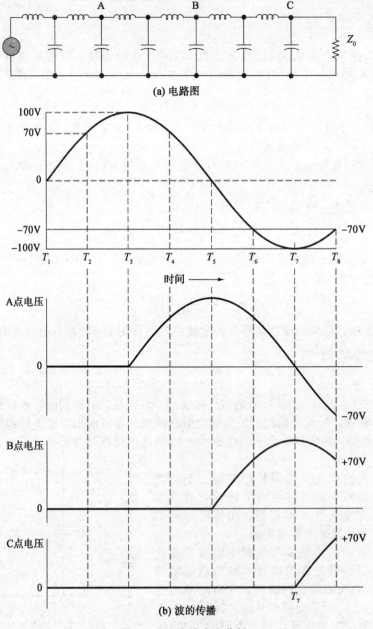

图 12-15　交流充电分析

源端的电压变为正时，电压波就开始进行传输。在 t_3 时刻，电压的第一个变化到达 A 点，该点的电压开始向正方向增加。在 t_5 时刻，同样的上升电压到达 B 点，在 t_7 时刻，同样的上升电压到达线的末端。就像波前一样，波形由前向后沿传输线传输。变化电压沿传输线传输所需的时间与直流电压传输时的相同。这两个波在指定长度的传输线上传输的时间都可以通过式(12-19)来计算。因此，对于匹配传输线充电可以得出以下的结论：

- 源激励电压按其激励顺序沿传输线传输。
- 在传输线的任何一点得到的电压波形，都与源端电压的波形相同。
- 传输线的终端阻抗等于其特性阻抗，所有的激励能量将被负载阻抗消耗。

最后的结论尤为重要。它说明，线路终端的特性阻抗将消耗所有的能量，没有能量返回源端。如果负载是电阻，则所有激励能量被转换成热能。如果负载是天线，所施加的能量将被转换为电磁能，这么做的原因将在第 13 章中讨论。只要线路的特性阻抗与负载阻抗相匹配，那么所有能量将被转换。但如果阻抗不匹配，则有一些能量不能被转换。此时，由于能量不能被转换，它会被传输线送回源端。为理解这一过程，我们必须将刚刚讨论的终端匹配的情况和终端不匹配的情况进行对比。终端不能匹配时的传输线称为谐振传输线。

12.6 谐振传输线

谐振传输线(resonant line)是终端阻抗与其特性阻抗不相等的传输线。和匹配传输线不同，谐振传输线的长度是至关重要的。某些情况下，谐振传输线的终端负载是开路或短路的。此时，我们会发现一些有趣的现象。

终端开路时直流响应

图 12-16 中，有限长度的传输线终端开路。假设线路特性阻抗等于电源内阻。

因为阻抗相等，施加的电压平均分配在电源和传输线上。当开关 S_1 闭合时，电容通过电感开始充电。随着这些电容器的充电，电压沿着传输线传输。当最后一个电容充电至与前面的电容电压相同时，点 e 和 g 之间的电势相同。此时，电容都持有完全相同的电荷量。电感 L_3 连接在点 e 和 g 之间，由于点 e 和 g 之间没有电势差，因此不会有电流流过电感器。这样，该电感的磁场不再持续，磁场将塌

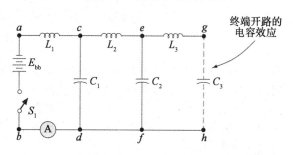

图 12-16　终端开路传输线

缩。然而，电感具有在磁场塌缩时保持相同方向电流的特性。此时，这一保持的附加电流必须流入开路电容 C_3。因为存储在磁场中的能量与存储在电容器中的能量相同，所以电容 C_3 上的电荷将增加一倍。此时，电容 C_3 上的电压等于最初施加的电压值。同样，c 和 e 点电势相等，导致电感 L_2 的磁场塌缩，迫使电容 C_2 加倍充电。最后，电感 L_1 的磁场也塌缩，电容 C_1 的电压加倍。最终，所有电感的磁场发生连锁塌缩，导致原始电压两倍的电压返回至电源。上述的条件下，电压向反向传输，因此该电压称为反射(reflection)电压。反射电压与初始充电电压极性相同，这导致以下的过程：终端开路的传输线存在反射电压，该电压始终与入射电压具有相同的极性和相等的幅度。当反射电压到达源端时，由于电压相互抵消，电压反射过程停止。然而，电流的反射过程略有不同。当电流下降到零、电感磁场塌缩时，电流以相反的极性反射回来。当电容完成充电，引起电压反射时，流经电感并造成电容额外充电的电流下降到零。在电容 C_1 充电后，电路中的电流停止下来，并且传输线完成了充电。也可以说，该传输线现在"发现"：接收端的负载是开路的。

入射波和反射波

下面利用一个具体的例子说明上述原理。图 12-17 中，电源电压为 100V、阻抗为 50Ω。在 $t=0$ 时刻，电源加载到一条终端开路的 50Ω 特性阻抗的传输线上。首先，电源提供 50V 的电压，输出 1A 的电流。需要注意的是，在 R_s 上有 50V 的压降。开路反射电压也是 50V，所以传输线的合成电压为 50V+50V，也就是 100V。如果该传输线上能量传输需要 1μs 的时间，则传输线的输入端的起始的 50V 的电压反射回来的时间是 $t=2$μs。其中，能量传输到传输线的终端需要 1μs 的时间，然后用相同的 1μs 的时间反射回到源端。因此，在图 12-17 的输入电压与时间的关系图中，传输线的输入电压会保持 50V 到 $t=2$μs，然后变为 100V。在 $t=1$μs 之前负载的电压是 0，在电压叠加后会变成 100V。

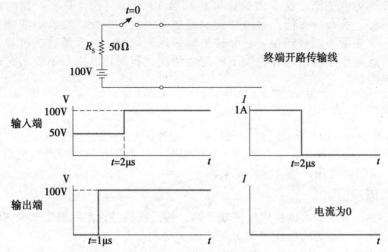

图 12-17　终端开路传输线施加直流

图 12-17 也画出了传输线上的电流情况。起始电流为 1A，等于 $100V \div (R_s + Z_0)$。开路线路的反射电流是反相的，反射电流是 -1A，合成电流则为 0A。因此，该传输线的电流在 $t=2$μs 内是 1A。当反射电流回到电源后，初始电流会被抵消。因此，$t=2$μs 之后电流为 0。负载上的电流始终为零，当起始电流 1A 到达负载时，它会立即被反射回的 -1A 的电流所抵消。

因此，1μs 之后的负载电压和 2μs 之后的源端电压都符合分析结果；也就是说，终端开路传输线上的电压等于电源电压，而电流为零。需要说明的是，虽然稳态的结果和直观感觉一致，但在初始的瞬间情况相差甚远。由于正向（入射的）波和和反射波的传播行为，电路的真正开路需要很短但很明确的一段时间。这一点对我们分析更复杂的交流响应非常有用。在施加交流信号时，因为入射和反射信号连续并重复地发生，所以结果不是很直观。然而，其分析原理和结论在很大程度上是相同的。

终端短路时直流响应

如图 12-18 所示，具有 50Ω 电阻的电源施加 100V 电压到具有 50Ω 特性阻抗的终端短路传输线。这里再次假定需要 1μs 的能量传输时间。完整的分析过程和前面终端开路传输线的是相同的，所以，这里只对其中的区别和最终结果进行说明。

当 1A[$100V \div (R_s + Z_0)$] 的入射电流达到短路负载时，反射同相电流为 1A，所以负载电流变为 1A+1A=2A。入射电压（+50V）被反射时（-50V）是反相的，所以在短路处叠加电压为零。终端短路与开路的主要区别是：

(1)开路时反射电压是同相的，而短路时是反相的。

（2）开路时反射电流是反相的，而短路时是同相的。

如图 12-18 所示，由于负载短路，因此所得到的负载电压总是零。然而，该传输线的输入端的电压最初为＋50V；反相的反射电平（−50V）在 $2\mu s$ 后反射回来之后，输入端电压为 0。负载电流初值为 0，$t=1\mu s$ 时，入射和反射的＋1A 电流相加后变为 2A。该传输线的输入端的电流最初是 1A，直至 $t=2\mu s$ 时，1A 的反射电流到达，此后输入端总电流为 2A。

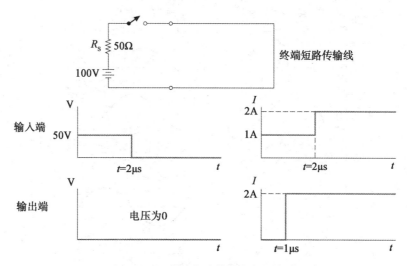

图 12-18　终端短路传输线施加直流

驻波：开路传输线

终端开路或短路是传输线的最极端情况。由于阻抗失配，这种"最坏情况"下入射波能量被反射回电源最多。通常情况下，我们是不希望反射波存在的。只有信号源阻抗和传输线阻抗相等并且线路阻抗和负载匹配（传输线终端接有特性阻抗）时，才能实现最大的功率传输。在匹配状态下，负载完全吸收施加的能量，且没有反射波。但是，如果线路终端阻抗和特性阻抗不匹配，则必有反射波存在；反射的程度以及线路上电压和电流之间的相位关系取决于不匹配的类别和数值。

当不匹配时，入射波和反射波叠加。如果施加的是交流信号，这种叠加将产生一种新的波称为驻波（standing wave）。顾名思义，各节点保持不动，但幅度不同。这些波及其振幅变化如图 12-19 所示。

图 12-19 的左侧一列图表示终端开路传输线的同相电压反射波，或者终端短路传输线的电流反射波。图表左上角的虚线是入射行波的延伸，这条虚线在标记有"负载"的垂直线之后一直延伸。入射行波用黑色（标号为 1）表示，朝右箭头表示其方向。虚线表示的入射波在到达终点时，继续向前延伸，因此与入射波是同相的，就像它在传输时到达终点。将虚线在终点往源方向"折叠"，我们就能获得同相反射的反射波。左侧的图表是不同时刻传输线上的同相反射及入射波的波形。必须明确的是，这些都是波的振幅在不同时刻的位置与幅度的关系图，而不是我们熟悉的时间域图形——幅度与时间的关系图。附图左侧的每个波形图，都是某个时刻入射波、反射波以及合成波的快照。这些不同时刻分别在 a 至 h 的图中。合成波用绿色的线表示，是每个时刻的入射波与反射波的简单矢量和。

图 12-19 的 d_1 和 d_3 点上，绿色线表示的传输线上的合成电压（或电流）始终为零。在这些点看或用示波器观察波形，发现驻波（合成波）的幅度在 d_1 和 d_3 点永远是零。换句话说，一旦初始入射波和反射波通过，这些点就没有"波"动了。另一方面，d_2 的合成波在正

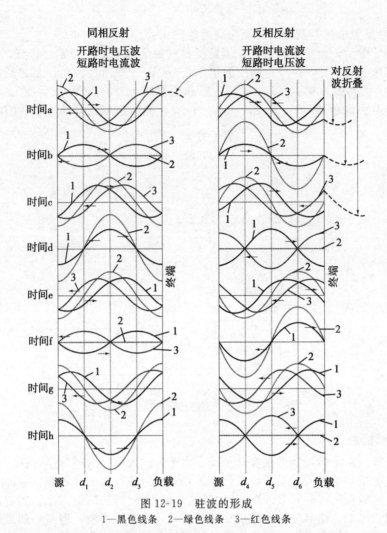

图 12-19 驻波的形成

1—黑色线条 2—绿色线条 3—红色线条

与负峰值之间上下振荡。最重要的结果是我们发现：合成波是真正的驻波；波动幅度最小的总是在 d_1 和 d_3 的点，而幅度最大的总是在 d_2 点。如果可以得到沿着终端开路传输线的电压和电流波形的有效值，其结果将如图 12-20 所示，这就是驻波的典型图形。对于任何终端开路传输线，开路端电压最大、电流为零。图 12-19 中 d_1 点到 d_6 点的合成波的绝对值请参考图 12-19 的对应位置。

驻波：短路传输线

图 12-19 的右半部分显示的是终端开路传输线电流的反射波和终端短路传输线的电压反射波。第一个图中，入射波在入射波延伸的过程（虚线）中有 180°的相移，在终点被折叠为反射波。在 b 时刻反射波与入射波重叠，合成波幅度最大。在 d 时刻反射波与入射波相抵消，此时合成波在传输线上均为 0。

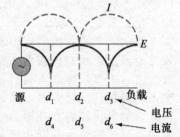

图 12-20 开路传输线的驻波

传输线终端开路时，电流为零，电压为最大值。这一关系可以利用相位加以说明。终端开路传输线的终端电压和电流存在 90°相位差。终端短路的传输线，电流有最大值而电压为零。电压和电流也存在 90°相位差。

图 12-21 所示的电流-电压的相位关系是很重要的，它们表明传输线上不同的点的波形。还说明不匹配传输线的阻抗随着位置不同而变化，以及其变化是以波长为周期的。我

们知道，电压除以电流就是阻抗。所以如果传输线上的瞬时电压和电流的比值不同，就说明其阻抗也是变化的。传输线具有最大和最小电压的点，以及最大和最小电流点。在信号频率和传输线终端类型已知时，可以准确地预测这些点的位置。

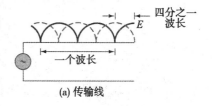

例 12-6 一个终端开路传输线其长度为 1.5λ。传输线接通的瞬间是其电流波的正峰值，请画出该传输线的入射波、反射波和合成波的电压和电流波形。

解： 根据前文，为获取开路反射电压，入射波应通过开路然后折叠回发射端。其过程如图 12-22(a)所示。我们注意到，反射波与入射波一致，所得到的合成波幅度是发射端电压幅度的两倍。如图 12-22(b)所示，开路电流波发生 180°的相移，然后折回形成反射波。在这种情况下，入射电流波和反射电流波互相抵消，此刻传输线上的合成波幅度为 0。

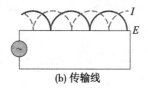

图 12-21　电压驻波和电流驻波

四分之一波长传输线

图 12-21 也说明了另外一个非常重要的关系：虽然电压和电流按半个波长重复，但它们每四分之一波长发生一次翻转，即传输线上电压的最大值和电流最小的点与电压的最小值和电流的最大值的点距离为四分之一波长。换句话说，每四分之一波长会有电压和电流的极性发生一次反转。这是多种传输线滤波器的基本原理。在图 12-21(a)中，在与源端相对的开路端，电压是最大的（并且等于源电压）而电流为零。然而，与源端相距四分之一波长的点，电压是最小而电流最大。将信号源放置在此点会"发现"传输线在四分之一的波长的频率时是短路的。但在更高或更低的频率，却不存在这个问题。同样的关系也适用于

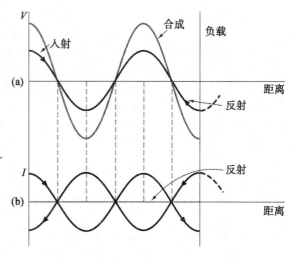

图 12-22　例 12-6 的图

图 12-21(b)中所示的四分之一波长的终端短路传输线：对于终端短路传输线，距离电压最小值与电流最大值的末端四分之一波长的点电压最大且电流最小。换句话说，终端开路的四分之一波长线，在其波长对应的频率和一根短路线具有相同作用。

在图 12-23 所示的设备连接图中，使用终端开路的四分之一波长的传输线作陷波器。用三通连接器将终端开路线连接在跟踪源和频谱分析仪的输入端之间。很多频谱分析仪都将内置的跟踪发生器作为标准或选装配置。跟踪源可以输出频谱分析仪扫频频率范围内的 RF 信号。通过这种方式，带跟踪源的频谱分析仪可以测量表示滤波器性能的频率响应曲线。在测试无线电系统的滤波器的性能时，虽然 RF 频谱分析仪的内置跟踪发生器是比较昂贵的，但它几乎是不可缺少的。

图 12-23 的频域图展示了终端开路的四分之一波长的传输线的陷波器的性能。在四分之一波长的频率，输出大约衰减 20dB。而在其他频率衰减很少，离中心上千赫的那些频率则几乎不受影响。陷波的发生，就是因为 T 形连接器的远端开路就相当于 T 形连接器本身对四分之一波长对应的频率短路，所以会出现陷波。

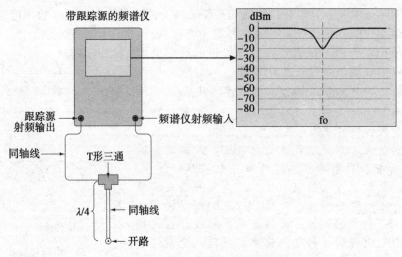

图 12-23　陷波器的测量及频域响应

腔体滤波器或选择性腔体滤波器比四分之一波长同轴传输线滤波器具有更大的承受功率。因为它们大多是空的，所以这些装置在交易中通常被称为"瓶"。空腔滤波器的剖面图如图 12-24。其物理尺寸足够使它具有高 Q 值，能处理几百瓦的功率。并且由于它包含一个封闭的空间，所以可以防止 RF 能量辐射出来。（这正是上面描述的开放式短截线的一个缺点，在开路端的能量辐射将导致其性能离理想情况有很大差异）。空腔的内表面具有光滑的金属涂层，是一个导电体，而可调长度的中心杆是另一导电体。中心杆被调谐到工作频率的四分之一波长。导电体对在连接点相对的另一端是开路短截线。开路端具有最大电压和最小电流。在腔的顶部，电流和电压之间的相位反转，产生最大电流，具有最强的电磁能量。在 RF 能量最强的位置放置耦合回路，可以有效地充当天线，将所需电磁能量耦合进入和送出腔体。如果单耦合环放置在腔的顶部，该设备为一陷波器，就像上面所描述的传输线的陷波器一样。可以利用一对电流检测回路在相同的腔体里实现带通滤波器。因为最大磁能驻留在腔体顶部，所以环耦合进入和送出腔体的最大信号的频率对应于其四分之一波长。

无论是在腔体滤波器的形式还是低功率的四分之一波长传输线滤波器，都可以被用来构建双工器（duplexer）或合路器（combiner）。双工器，可以让发射机发射时，收信机和发信机共享一个天线；合路器可以让多个发射机同时共享一个天线。双工器可以配置成带通或陷波滤波器。但这两种方法都是让来自发射器的信号"转到"天线，绕过接收机，并且通过天线接收到的信号被导流到接收器的输入，让发射机不参与接受。一个陷波器的双工器的工作原理是在发射和接收路径上放置在一个（通常）或多个空腔，这些空腔对不期望的频率是开路（高阻抗）的。例如，在接收路径，发射机频率是不希望的，因此，将调谐到发射频率的陷波器放置在接收路径。这个滤波

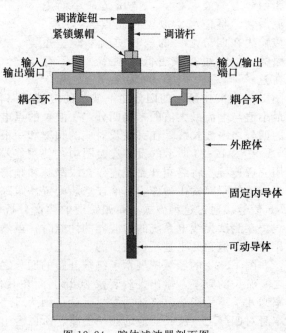

图 12-24　腔体滤波器剖面图

器在发射频率是高阻抗(即开路)的,因此发射机输出被送到天线而不是接收机。同样,发射路径中的陷波腔将被调谐至接收频率,天线接收的信号被送到接收机,而不是发射机。合路器通常使用多个腔体滤波器,包括陷波器或者带通滤波器,将发射机的所有输出都传输到天线,而不是给其他发射机。

每个陷波或带通滤波器的频率响应范围很宽。因此,可以将多个腔体滤波器串联来提高滤波性能。为防止一个滤波器对其他滤波器的影响,每个过滤器都必须通过四分之一波长的同轴电缆串联连接,这样相邻的过滤器都可以视为开路。

12.7　驻波比

传输线特性阻抗和负载失配时,入射波与反射波的向量叠加形成驻波。只要存在阻抗失配,就会产生反射。电源端阻抗与传输线的特性阻抗不匹配也会产生反射。但是,源端阻抗和传输线的特性阻抗通常由我们控制,因此通常可以假设源端的阻抗与传输线阻抗是匹配的。这样,只需要考虑负载与传输线之间的不连续性导致的阻抗失配。造成失配的主要原因是维护不及时,例如连接器脏了或松了,也有可能是传输线进水了,还有可能是天线的损坏或者脱落。除此之外,工作频率的变化,会引起负载阻抗的改变,也有可能引起失配。实际上作为将以电压和电流形式存在的电能转换为以电磁波存在的电磁能的一种负载,天线也是有阻抗的,具体分析见第 14 章。理想情况下,天线的阻抗和传输线的特性阻抗完全匹配。但由于天线通常必须工作在很宽的频率范围,所以实际中很难始终保持匹配。因此,可以通过对阻抗的匹配程度的测量来了解系统的运行情况和总体情况。没有驻波也就意味着阻抗匹配,也就是满足我们熟知的最大功率传输的条件,这当然是我们最期望的结果。阻抗的匹配度可以有多种度量方法及度量值,这些不同度量值可以互相换算。这些度量值包括反射系数、电压驻波比和回波损耗。其实这些不同的度量值都是对同一事物的不同表达方式而已,因此一旦知道其中之一,就可以得到其他值。

反射系数 Γ 是反射波的电压与入射波的电压之比,即:

$$\Gamma = \frac{E_r}{E_i} \tag{12-23}$$

式中,Γ 为反射系数;E_r 为反射波的电压;E_i 为入射波电压。当传输线终端连接一个短路、开路或者纯电抗的负载时,负载不吸收任何功率,这就是全反射。此时,反射波与入射波振幅相等,$|\Gamma|=1$。如果传输线终端连接着一个与传输线特性电阻 Z_0 相等的电阻,这时将没有反射,因此 $\Gamma=0$。对于其他情况,负载只吸收部分功率,反射系数的大小介于 $0\sim1$ 之间。

反射系数有时候也可以通过负载的阻抗来计算,此时有

$$\Gamma = \frac{Z_L - Z_0}{Z_L + Z_0} \tag{12-24}$$

式中,Z_L 是负载阻抗。用反射系数表征阻抗匹配在用史密斯圆图计算的一些应用中非常有用,这些应用安排在下一节。

另一种表征匹配度的方法是电压的驻波比。测量驻波比是维护中最常用的手段。对于无损传输线,驻波的最大振幅值和最小振幅值之比是一个不变的常数。失配越严重,驻波的振幅越大,也就意味着驻波的最大值电压 E_{max} 越来越大,而驻波的最小值电压 E_{min} 越来越小。传输线上的驻波的最大电压和最小电压之比定义为电压驻波比(voltage standing wave radio,VSWR):

$$VSWR = \frac{E_{max}}{E_{min}} \tag{12-25}$$

根据图 12-25,当驻波振幅变大时,VSWR 也将随之增大,此时失配变得更加严重。因此,就可以用 VSWR 来表征系统匹配程度。因为 VSWR 是一个相对容易测得的参数,

因此它的概念非常重要。在传输线上利用非常简单的仪器（如基本的电压计）就可以持续的测量 VSWR，当 VSWR 超过预先设定的阈值，就说明系统有了故障。在一个比较大的系统（比如移动电话系统），控制中心收到转发过来的 VSWR 等工作参数后，技术人员和自动仪器就可以不断的完成系统状态的评估。任意一个基站的 VSWR 出现异常，系统就会警报，并派遣技术人员前往故障地点查找原因。

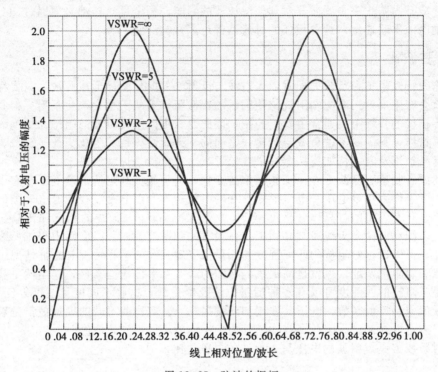

图 12-25   驻波的振幅

通常，VSWR 可以简化为驻波比（SWR），因为它也等于驻波的最大电流与最小电流的比值。然而，二者之间是有区别的。通常来说，VSWR 由式（12-25）所确定，是电压的直接比值。SWR 则是以分贝的形式表示的 VSWR。因此：

$$SWR(dB) = 20 \lg VSWR \tag{12-26}$$

这里的 VSWR 是式（12-25）的比值。

VSWR 也可以用 Γ 来表示：

$$VSWR = \frac{1+|\Gamma|}{1-|\Gamma|} \tag{12-27}$$

当发生全反射时，由于 E_{min} 为 0，所以 VSWR 为无穷大；当无反射时，VSWR 为 1。没有反射也就意味着驻波不存在，所以传输线上的电压保持不变（忽略损耗）；因此 E_{max} 和 E_{min} 相等，所以 VSWR 等于 1。

此外，还可以用回波损耗来表示匹配度。回波损耗是入射波的功率与反射波的功率的比值：

$$RL = \frac{P_{in}}{P_{ref}} \tag{12-28}$$

式中，P_{in} 是指入射波的功率，P_{ref} 是指反射波的功率。类似于 VSWR 与 SWR 的关系，回波损耗同样可以用分贝的形式表示。

$$RL_{(dB)} = 10 \lg RL \tag{12-29}$$

上述的表达式表明：反射越少意味着回波损耗越大。因此：完美阻抗匹配时回波损耗为无穷大，反射系数为 0。阻抗匹配最差的情况下，回波损耗为 0dB，反射系数为 1。回波损耗这个概念也非常重要，这是因为很多测试设备，尤其是那些在某一频率范围内测试天线的 VSWR 的设备，其测试结果就是回波损耗(分贝形式)。这些都是网络分析中的个别例子，具体的分析将会在接下来的章节中介绍。

阻抗失配的影响

只有当负载为纯电阻且大小等于特征阻抗 Z_0 时，才是没有反射的完美情况。这种情况称为平坦线路(flat line)，表明 VSWR 的值为 1。此时，源的所有功率都被负载吸收，正是我们所期望的情况。另外，一旦发生反射，传输线上的最大电压有可能会超过电缆的绝缘强度，导致传输线被击穿。除此之外，存在反射波就意味着高于 I^2R(功率)的损失，在传输线比较长时这一问题非常严重。除非源端的阻抗与传输线阻抗不匹配，否则反射波携带的功率都会被源端吸收。而源端的阻抗与传输线阻抗不匹配的情况下，反射波会在源端再次发生反射。最后，VSWR 过大还容易加重噪声问题，致使视频或者数据信号中存在"幽灵"(虚假)信号。

总结一下，传输系统阻抗失配时存在以下问题：

(1)源端的所有功率不能完全被负载吸收。

(2)对于电压波，驻波的电压值太大容易导致电缆被击穿。

(3)对于电流波，反射波的存在(多次反射)将加大功率损耗，这些损耗会依 I^2R 的关系变成热量损失掉。

(4)阻抗失配会加重噪声问题。

(5)导致虚假信号的产生。

负载是纯电阻时，VSWR 很容易计算：

$$\text{VSWR} = \frac{Z_0}{R_L} \quad \text{或} \quad \frac{R_L}{Z_0} \quad (\text{取二者的较大大的数}) \qquad (12\text{-}30)$$

这里的 R_L 是负载电阻。当 R_L 大于 Z_0 时，R_L 作为分子，所以 VSWR 大于 1。它的值不可能小于 1。举一个例子，一个 100Ω 的传输线，R_L 为 200Ω 或者 50Ω 时，VSWR 都为 2。它们具有相同的匹配度。

这里需要说明的另外一点是：VSWR 有时可以用真正的比值形式来表示，比如上面的例子中的 2∶1。然而，冒号后面的 1 通常会被省略，这是因为我们知道完全匹配的理想的状态就是 1∶1。由于这个原因，VSWR 的值通常用单一的数字表示。也就是说 1 就是等于 1∶1，完全的匹配，其他一个单独的数字与此类似。

VSWR 的值越大，意味着传输线越不匹配。因此，在传输线系统中我们通常期望 VSWR 的值越小越好。除非，传输线是用来作为电感或者电容或者调谐电路等特殊情况。这些情况将在随后的部分介绍。

例 12-7 CB 发射机工作在 27MHz 的频率，输出功率为 4W，通过一段 10m 长的 RG-8A/U 电缆与 300Ω 的输入电阻的天线连接。请计算：

(a) 反射系数。

(b) 用波长 λ 表示电缆的电长度。

(c) VSWR 的值。

(d) 天线能得到多少发射功率。

(e) 如何提高天线得到的发射功率。

解：

(a)

$$\Gamma = \frac{Z_L - Z_0}{Z_L + Z_0} = \frac{300\Omega - 50\Omega}{300\Omega + 50\Omega} = \frac{5}{7} = 0.71$$

(b) $\lambda = \dfrac{v}{f} = \dfrac{2.07 \times 10^8\,\text{m/s}}{27 \times 10^6\,\text{Hz}} = 7.67\text{m}$ 因为电缆的长度是 10m，所以电长度是

$$\frac{10\text{m}}{7.67\text{m}/\lambda} = 1.3\lambda$$

(c) 因为负载是电阻性，所以

$$\text{VSWR} = \frac{R_\text{L}}{Z_0} = \frac{300\Omega}{50\Omega} = 6$$

另一种方法，因为 Γ 是已知的，所以

$$\text{VSWR} = \frac{1 + \Gamma}{1 - \Gamma} = \frac{1 + \dfrac{5}{7}}{1 - \dfrac{5}{7}} = \frac{\dfrac{12}{7}}{\dfrac{2}{7}} = 6$$

(d) 反射波的电压是入射的电压的 Γ 倍。因为功率正比于电压的平方。因此反射波的功率是 $(5/7)^2 \times 4\text{W} = 2.04\text{W}$，所以负载的功率为

$$P_\text{load} = 4\text{W} - P_\text{refl} = 4\text{W} - 2.04\text{W} = 1.96\text{W}$$

(e) 这一问题目前的章节还没有涉及。其答案在这一章以及第 14 章的天线部分。

例 12-7 分析了传输线与天线不匹配的影响。天线只接收到 1.96W 的功率，这严重影响了发射机的有效覆盖范围。因此虽然难度很大，但我们总是尽可能让 VSWR 接近于 1。

四分之一波长阻抗变换器

传输线和电阻负载匹配的一个简单的方法就是利用四分之一波长阻抗变换器（quarter-wavelength matching transformer）。四分之一波长阻抗变换器在物理意义上并不是一个变压器，但它和变压器一样具有阻抗变换的功能。为了使电阻的负载 R_L 与传输线的特性阻抗 Z_0 匹配，我们在负载与传输线之间连接一段长度为 $\lambda/4$，具有 Z_0' 大小的特性阻抗的传输线。Z_0' 的值为：

$$Z_0' = \sqrt{Z_0 R_\text{L}} \tag{12-31}$$

对于例 12-7 中的情况，为了使特性阻抗为 50Ω 的传输线与电阻大小为 300Ω 的负载相匹配，$\lambda/4$ 的传输线的特性阻抗为 $Z_0' = \sqrt{50\Omega \times 300\Omega} = 122\Omega$。如图 12-26，$\lambda/4$ 传输线的输入电阻为 50Ω。50Ω 的电缆的负载就是 $\lambda/4$ 传输线的输入电阻。因此，源端认为传输线是匹配的或者平坦的。需要注意的是：$\lambda/4$ 传输线仅适用于负载为纯电阻的情况。其具体原理就是，加入 $\lambda/4$ 传输线会产生两个反射信号，其幅值相同，但是被 $\lambda/4$ 传输线给分开了。由于一个反射信号比另一个反射信号传输超前半个波长，因此具有 180° 相位差的两个反射信号将会相互抵消。

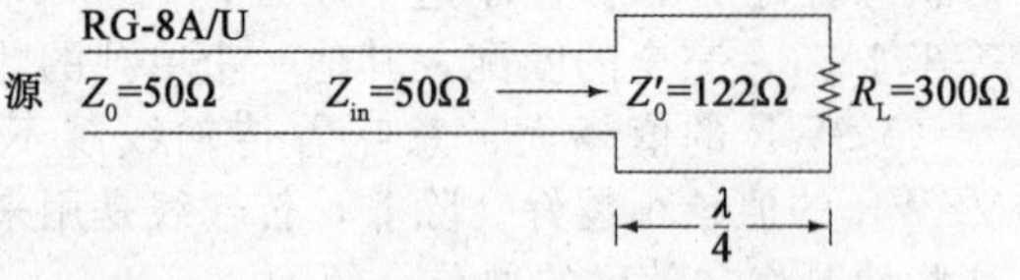

图 12-26   用于例 12-7 的 $\lambda/4$ 匹配器

电长度

电长度（electrical length）的概念在传输线的研究中非常重要。前面章节中介绍过，当存在反射时，电压的最大值在 $\lambda/2$ 间隔处。例如：如果传输线长度为 $\lambda/16$，此时仍然存在反射，但是由于传输线非常短，所以传输线上的电压几乎没有变化。图 12-27 所示是这种情况的示意图。

$\lambda/16$ 电长度的传输线上，电压没有大的变化；然而，在长度为 λ 的传输线上其长度内有两个完整周期的变化。基于这个原因，我们之前所谈论的传输线的影响只适合长度可以和电长度比拟的传输线，一般这些传输线的长度远大于 $\lambda/16$。

注意电长度和实际的物质上的长度是有差别的。传输线的实际长度可以很长，但由于使用频率低，其电长度却很短。例如，电话传输线传输 300Hz 的信号，其波长为 621m。另一方面，频率为 10GHz 信号的波长只有 3cm，这时即使非常短电路互联也将起到传输

线的作用，必须使用传输线理论进行分析。

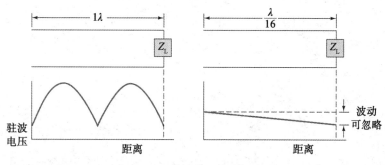

图 12-27　传输线电长度的影响

12.8　史密斯圆图

传输线阻抗

单纯从数学的观点看，计算传输线阻抗是非常繁琐的。带有已知负载的特定长度传输线的输入阻抗是经常需要确定的。在前面的图 12-21 中，由于电压和电流的波的周期都是二分之一波长，所以传输线上的驻波的阻抗也以二分之一波长为周期重复。阻抗等于在这一点的电压除以电流，因此，阻抗在传输线上是不断变化的。对于一个无损耗传输线，其阻抗可以用下面的等式来计算：

$$Z_s = Z_0 \frac{Z_L + jZ_0 \tan\beta s}{Z_0 + jZ_L \tan\beta s} \tag{12-32}$$

式中，Z_s 为特定点的传输线阻抗；Z_L 为负载阻抗；Z_0 为传输线的特性阻抗；βs 为要求的阻抗的特定点到负载的距离（电角度）。

因为正切函数的周期为 $180°$，所以 Z_s 与正切函数具有相同周期。如果传输线的长度为 $3\lambda/4$（电角度为 $270°$），则其阻抗与距离负载 $\lambda/4$ 点的阻抗相等。

根据以上的讨论，我们可以得出重要的一点。12.7 节证实了非匹配的传输线上的电压和电流的相位不同步，相位在不停的改变。因此，我们可以考虑用复数的形式来表示传输线上的阻抗。也就是说，阻抗包含幅度和相位两项，其中幅度是某点电压与电流的比值，而相位则是沿着传输线不断改变的电压和电流之间的相移。复阻抗既包含电阻，也包括电抗，其概念已在 8.5 节的复指数一节讨论过。复阻抗同样适用于负载。在下面的第 14 章中，将通过一系列具有电阻特性、电感特性或者电容特性的电路对天线建模。换句话说，负载可以有复阻抗性质。为了利用一幅图来形象地表达负载与源的连接，我们需要一个能够直观表达阻抗的电阻（实部）和电抗（虚部）的工具。史密斯圆图就是解决复信源和复阻抗的阻抗匹配问题的一个完美的图解工具。

史密斯圆图介绍

可以利用式（12-32）计算阻抗，但是使用史密斯圆图（Smith chart）则更加通用和方便。史密斯圆图是进行传输线阻抗匹配的一个基本工具。这一形式的阻抗图最早是由 P. H. Smith 在 1938 年提出来的。尽管计算机已经普及，但它依然广泛适用于传输线、天线和波导的计算。

图 12-28 是一个史密斯圆图。图中包含两组线。第一组代表着恒定的电阻，是图中心水平线的右端点相互正切的一组同心圆。沿着任意一个圆的电阻的值是恒定的，其阻值标注在图形中心的水平线上方。

第二组是表示恒定的电抗的弧线。这些弧线同样在图中心水平线的右端点互相正切。电抗的值标注在圆周上，上半部分为正，下半部分为负。

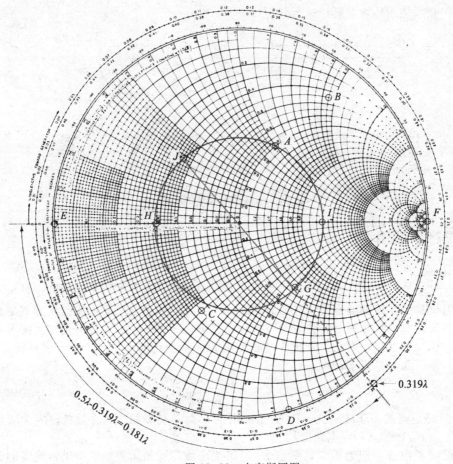

图 12-28　史密斯圆图

目前，许多 CAD 程序已经可以准确的计算电路在高频率段的性能。因此，仍然使用笔和纸画的斯密斯图就有点不可思议了。这是因为：用史密斯圆图法时，可以很直观和生动地看到设计的每一个步骤的效果，这正是我们所希望的。12.10 节将展示利用形象的史密斯图进行网络分析的例子。

史密斯图的使用

用直角坐标系（例如 $Z = R \pm jX$；见 8.5 节）表示的阻抗时通常需要归一化（normalized）。这样就可以利用一个简单的史密斯圆图表示一系列变化的阻抗或者导纳。归一化过程是通过阻抗除以传输线的特性阻抗 Z_0 来实现的。例如一个 $100 + j50\Omega$ 的阻抗用 50Ω 的特性阻抗来标准化，则归一化值为 $100/50 + j50/50 = 2 + j1$。归一化后的阻抗用小写字母表示：

$$z = \frac{Z}{Z_0} \tag{12-33}$$

式中，z 为归一化后的阻抗值。

在许多涉及阻抗匹配问题的情况下，用阻抗的倒数更容易处理。在电子基本原理中，R 的倒数是电导 G，这是一种表示材料中电荷通过能力的参数。同样，阻抗 Z 的倒数为导纳 Y，电抗 X 的倒数为电纳 B。就像阻抗可以用电阻和电抗表示一样，导纳同样可以用电导和电纳表示。史密斯圆图不仅适用于阻抗，同样也适应于它们的倒数。处理导纳的时候：

$$y = \frac{Y}{Y_0} \tag{12-34}$$

这里的 y 是归一化的导纳，Y_0 是传输线的特性导纳。在史密斯圆图上，将标准的阻抗图旋转半圈(相差 180°)就可以得到导纳的位置。

图 12-28 中的 A 点，z=1+j1 或者表示 y=1+j1。它是单位阻抗圆周与单位电抗圆交点。点 B 表示 0.5+j1.9，点 C 表示 0.45-j0.55。如何在史密斯圆图描点是必须掌握的。

图 12-28 中，D 点(史密斯圆图底部的)是 0-j1.3。除了史密斯圆图圆心的水平线末端的点，D 点等所有在史密斯圆图圆周上的点都是代表纯电抗。在最左边的点 E 代表着短路阻抗($z=0+j0$)；相反右边的点 F 代表着开路电路阻抗($z=\infty$)。

史密斯圆图最大的用处就是进行阻抗匹配。下面以图 12-28 中的点 G 和点 J 为例说明史密斯圆图的实际应用。假设特性阻抗为 50Ω 的传输线有 $Z_L=65-j55Ω$ 的负载。负载归一化后，有

$$z_L = \frac{Z_L}{Z_0} = \frac{65}{50} - j\frac{55}{50} = 1.3 - j1.1$$

点 G 就可以表示 $z_L=1.3-j1.1$。通过 G 点以史密斯图的圆心为圆心画一个圆，则沿着传输线的所有位置阻抗都表示在这个圆周上。前面讲过阻抗沿着传输线是不断变化，并以每半个波长为一个周期重复。这个圆周上的一个完整的循环就与沿着传输线半个波长的周期相对应。顺时针的旋转说明向电源端移动，逆时针的旋转意味着向负载端移动。史密斯圆图最外圆周上的刻度表明移动距离与波长的倍数关系。例如，从表示负载的 G 点向源端移动到 H 点，这一点的阻抗是纯电阻，值为 z=0.4。由图 12-28 中能够看到，刚才的移动距离为 $0.5\lambda-0.319\lambda=0.181\lambda$。换句话说，在离负载为 0.181λ 的点，传输线的阻抗是纯电阻，并且其归一化阻抗值为 z=0.4。实际阻值的大小为 $Z=z\times Z_0=0.4\times50Ω=20Ω$。

图 12-28 中，从 H 点沿着圆周移动 $\lambda/4$ 或者 $\lambda/2$，可以得到纯电阻的另一个点 I。在传输线上的 I 点，阻抗 z=2.6。这一值同时也是传输线上的电压驻波比。在史密斯图上以阻抗点到圆心的距离为半径作圆，与水平轴右半部分相交，这一点的坐标即表示电压驻波比。因此，用负载阻抗画的圆被称为电压驻波比圆。

史密斯圆图同样支持阻抗到导纳的简单转换以及相反的转换。导纳值与其相对应的电阻的阻值相反，且与圆心距离相同。例如一个阻抗值为 1.3-j1.1 的阻抗(G 点)，导纳 y 在 J 点，大小为 0.45+j0.38，其值可以直接作图得到。因为 y=1/z，也可以用数学公式计算：

$$\frac{1}{1.3 - j1.1} = 0.45 + j0.38$$

但可以发现用史密斯圆图的方法更加简单。如果使用数学方法完成 z 到 y 与 y 到 z 的转换，首先需要直角坐标系到极坐标的转换，然后取逆，最后再转换到直角坐标系。

下面通过实际的例子来解释史密斯圆图的其他应用。

例 12-8 已知 $Z_0=100Ω$，$Z_L=200-j150Ω$。求出长度为 4.3λ 传输线的输入阻抗和 VSWR。

解：首先将阻抗归一化，有

$$z_L = \frac{Z_L}{Z_0} = \frac{(200 - j150)Ω}{100Ω} = 2 - j1.5$$

将此点在图 12-29 的史密斯圆图上画出来，就可以知道其 VSWR 值。电压驻波圆与水平线相交处为 3.3，因此 VSWR 的值为 3.3。现在开始计算传输线的输入阻抗，从此点向电源端移动(顺时针旋转)4.3λ。因为一周在史密斯圆图上代表二分之一波长，也就意味着它为 8 周加上 0.3λ。因此，只需要从负载处顺时针移动 0.3λ，就可以求出输入阻抗。通过 z_L 的半径延伸线与外面的波长刻度相交在 0.292λ。从此点到 0.5λ 处距离为 0.208λ，因此还需要继续移动 0.092λ(0.3λ-0.208λ)，这一点就表示距离 4.3λ(或者 0.3λ，0.8λ，1.3λ，1.8λ 等长度的传输线)，在传输线源端得输入阻抗。可以从图上读出来传输线的归一化输入阻抗：

$$z_{in} = 0.4 + j0.57$$

以 Ω 为单位的结果为：$Z_{in} = z_{in} \times Z_0 = (0.4 + j0.57) \times 100Ω = 40Ω + j57Ω$

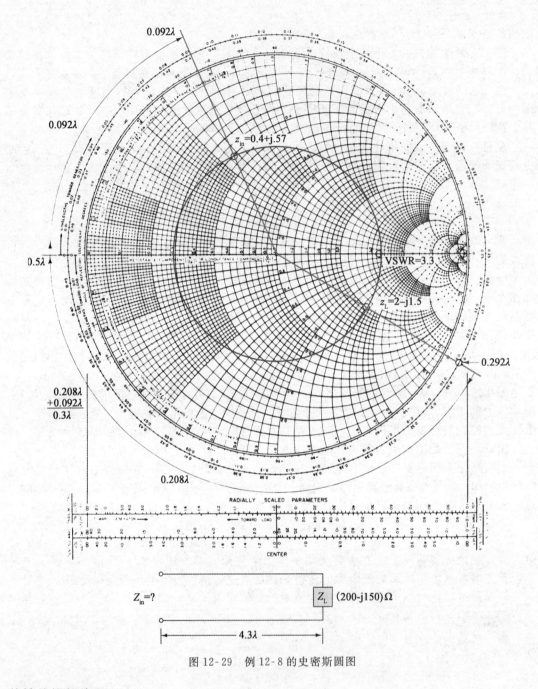

图 12-29　例 12-8 的史密斯圆图

传输线损耗修正

例 12-8 是假设没有损耗的理想情况。一旦传输线的损耗不能被忽略，那么随着向负载传播的过程，入射波会不断地衰减；同样反射波在返回源端的过程中也在衰减。这导致 VSWR 沿着传输线不断降低。史密斯圆图上的实际驻波比应该是一条螺线。修正这种情况的方法是利用史密斯圆图底部左边传输损耗的刻度。史密斯圆图底部的其他刻度还可以用来解电压驻波比(可以像之前一样直接从图中得出)、电压、功率反射系数，以及以分贝为单位的损耗。

用史密斯圆图进行阻抗匹配

经常需要完成负载与传输线匹配的计算，目的是保持 VSWR 尽可能小。下面的例子阐明了这种方法。

例 12-9 负载为 $75\Omega + j50\Omega$，传输线特性阻抗为 50Ω 的匹配。如果使用 $\lambda/4$ 匹配器进行匹配，求合适的位置和 $\lambda/4$ 匹配器的特性阻抗。

解：

（1）对负载归一化：

$$z_{\mathrm{L}} = \frac{Z_{\mathrm{L}}}{Z_0} = \frac{75\Omega + j50\Omega}{50\Omega} = 1.5 + j1$$

（2）在史密斯圆图上标出 z_{L} 并且画出 VSWR 圆。见图 12-30。

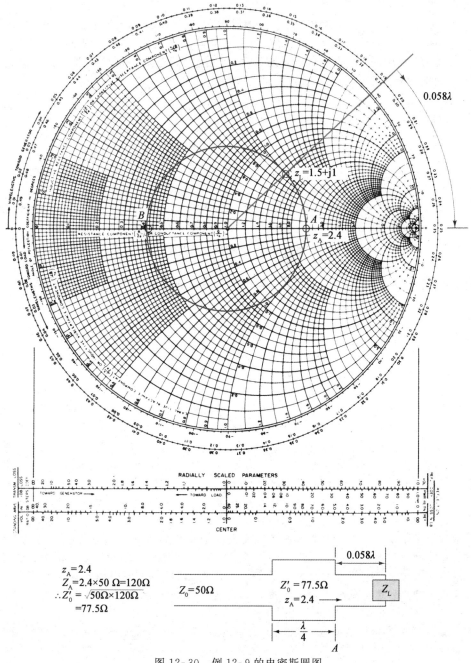

图 12-30　例 12-9 的史密斯圆图

(3) 从 z_{L} 向电源端移动，直到纯电阻时停止。这是因为前文已经说过：$\lambda/4$ 匹配只有在纯电阻和传输线匹配时才有效。

(4) 在图 12-30 中的 A 点和 B 点可以作为插入匹配线段的地方。因为 A 离负载比较近，所以我们不妨选择 A 点。此点距离负载为 0.058λ。如图 12-30 所示，在 0.058λ 传输线之后插入 $\lambda/4$ 匹配器。

(5) A 点归一化的阻抗是纯电阻，大小为 $z=2.4$。它同样是未匹配时传输线的电压驻波比。实际的电阻为 $2.4 \times 50\Omega = 120\Omega$。因此，匹配线段的特性阻抗应为

$$Z_0' = \sqrt{Z_0 R_{\text{L}}} = \sqrt{50\Omega \times 120\Omega} = 77.5\Omega$$

短截线调谐器

短截线在匹配问题中的应用非常广泛。单支节调谐器(Single-stub tuner)如图 12-31(a)所示。图中，负载到短截线的距离以及截线的长度是可以调节的。在图 12-31(b)中的**双支节调谐器**(double-stub tuner)的支节线长度是固定的，但其位置是可以调节的。下面的例子是利用单一的短截线匹配的详细步骤。

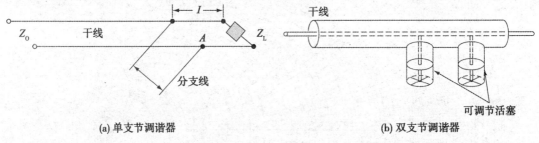

(a) 单支节调谐器　　　　　　　　　　**(b) 双支节调谐器**

图 12-31　短截线调谐器

例 12-10 阻抗为 $(50-\text{j}100)\Omega$ 的天线与特性阻抗为 75Ω 的传输线相连。为使天线与传输线匹配，求单一的短路支节线长度和所放的位置。

解：

(1)
$$z_{\text{L}} = \frac{Z_{\text{L}}}{Z_0} = \frac{(50-\text{j}100)\Omega}{75\Omega} = 0.67 - \text{j}1.33$$

(2) 如图 12-29，找出 z_{L} 在史密斯圆图上的位置并且画出 VSWR 圆。

这里对后面的步骤进行简略的解释。将电抗相等、极性相反的电抗元件串联一起可以抵消或者说去除多余的电抗，这正是单支节或双支节调谐器的基本思想。或者说，一个 LC 串联回路同时具有感性或者容性电抗，比如电抗都为 100Ω 的 LC 回路，由于其电抗具有 $180°$ 的相位差，因此其最终网络阻抗为 0。短截线正是利用这一原理，利用短截线的电抗在系统中将多余的电抗抵消。然而，在实践中，由于需要对元件进行截断或者破损，所以通常很难将所需电抗串联进系统。并且，特别是在微波频率，所需电抗值很小，所以往往实际的电感和电容不能产生所需的电抗值，因此串联的方法不实用。另一个直观的方法是使用并联元件的电纳来完成匹配，因为这样不需改动已经完成的安装。短截线可以方便的作为并联元件，使用其电纳抵消多余电抗。在后面的部分可以看到，传输线可以作为纯电感或者纯电容使用，其值与其长度和使用频率有关。由于电纳是阻抗的倒数，并联的传输线就可以和串联电抗一样，利用合适的电压抵消多余的电抗。借助史密斯圆图，我们需要得到传输线的两个参数才能解决问题：产生所需电纳的传输线长度，以及为了抵消阻抗失配产生的反射所需的并联位置。

为得到这两个参数，需要将串联阻抗或者电抗转换为等效的并联电路导纳或者电纳。利用史密斯圆图可以很直观的完成这样的操作，电纳和电抗只有 $180°$ 的相位差。因为这个原因，包括短路线的阻抗等所有的参数都不许转换为其导纳形式。下面是后续的步骤。

（3）通过 VSWR 圆，把 z_L 转变为 y_L，y_L 的位置与 z_L 的位置正好相反，可以读出 $y_L =$ 0.27＋j0.59。

（4）从 y_L 移动到导纳为 $1 \pm jX$ 的任意一点，例如图 12-32 上的 A 点。读出 A 点的 $y_A =$ 1＋j7.5。也可以看出 A 点距离负载 0.093λ。于是支节线应该放置在距离负载为 0.093λ 的位置。该步骤的目的是确定阻抗失配的纯电抗部分。也就是下一步将要被支节线"调节"去除的数量。

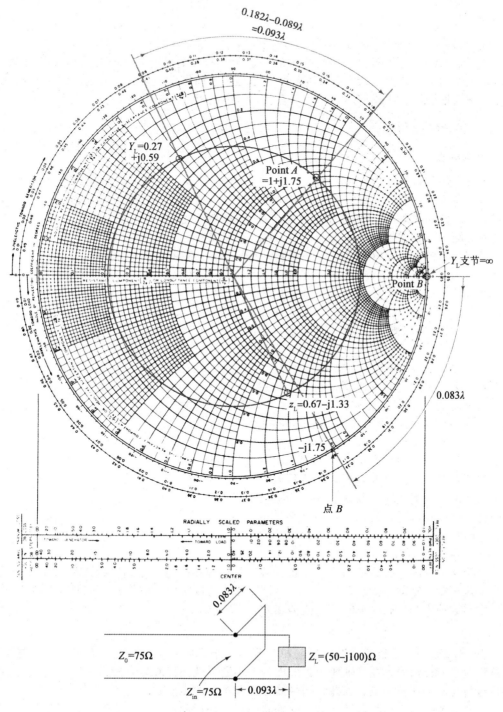

图 12-32　例 12-10 的史密斯圆图

(5) 现在需要使用支节线导纳抵消 A 点的 +j1.75 部分。如果支节线导纳是 $y_s = -j1.75$，虚部部分就可以被抵消。并联时，导纳直接相加。于是并联在 A 点短截线导纳与支节线的导纳之和为 1+j7.5−j7.5=1。

(6) 短路短截线的负载导纳是无穷大的。也就是史密斯圆图上的 B 点。从 B 点，向电源端移动直到导纳为 −j7.5。此时，就得到所需的短截线的长度，其数值为 0.083λ。

(7) 这样，短截线位置的导纳为 1，完成了匹配。也就是：

$$z = \frac{1}{y} = \frac{1}{1} = 1$$

或者 Z=1×75Ω=75Ω。

前面短截线匹配的例子中，最关键的是从负载移动直到标准形式的导纳其实部为 1。这时，不论虚部是多少，总可以找到与之大小相等极性相反的短截线实现匹配。也许刚开始使用史密斯圆图会比较复杂，但只要多练习就能在短时间掌握。

12.9 传输线应用

分立电路仿真

可以利用传输线模拟电感、电容、LC 谐振电路等分立电路。特别是在微波频段，电感和电容非常小，所以电路中无法使用物理元器件。然而，在所需频率范围内，可以利用不到 $\lambda/4$ 的传输线缆（或者用印制电路的传输线）来制造这些元件。图 12-33 列出了终端短路或者开路、波长大于、等于或者小于 $\lambda/4$ 的传输线的等效电路。

终端短路的 $\lambda/4$ 传输线可以等效于 LC 并联回路，在共振频率就表现为开路。小于 $\lambda/4$ 的终端短路传输线可以等效为一个电感，大于 $\lambda/4$ 的终端短路传输线可以等效为一个电容。这些等效可以很方便地在史密斯圆图上验证，首先找到原图左边中心 z_L 为 0 的短路点。顺时针向源端移动不足 $\lambda/4$ 波长，则停留在上半部分，说明阻抗值为 $a+j$，代表着电感。移动为 $\lambda/4$ 时，在图的右中心点，代表着无穷大阻抗的谐振回路。超过这个点时，则可提供 −j 阻抗的电容。

开路的传输线段也能够完成同样的工作，但极少使用。这时因为开路的传输线会辐射一部分功率，不会发生全反射，这将导致模拟的电路元器件具有内阻，会降低其品质因数。但是终端短路传输线却不会产生这些损耗，所以具有更好的品质因数。短路的 $\lambda/4$ 传输线的 Q_s 可达 10000，而常用高质量电感和电容的 Q_s 最高能达到 1000 左右。

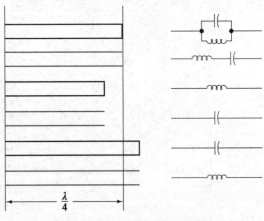

图 12-33　传输线的等效电路

由于这个原因，在 500MHz 以上的频段，用传输线代替电感和电容是常规方法。这是因为在这个频率范围，传输线足够短，这种方法才比较实用。电视机的高频头的振荡器中可以看到这种方式，高频头的工作范围在 500～800MHz。

巴伦

在 12.2 节中，平行双线通常传输相对于地大小相同、相位相差 180° 的信号。这样的线被称为平衡传输线。在同轴缆中，外面的一层通常就连接着地，所以内外两个导体传输的信号与地的关系不一致。因此，同轴线称为非平衡的传输线。

有时需要把非平衡状态转化为平衡的状态，例如用同轴线给一个双极天线这样的平衡负载馈电。此时，它们不能直接连接在一起，这样就会使接地的保护层也成为天线的一部分。

这种情况需要用一个非平衡到平衡的转换器，这个转换器通常称为巴伦。巴伦可以是 12-2 节描述过、如图 12-34(a) 的变压器形式，也可以是图 12-34(b) 的特殊传输线结构。标准的变压器在高频时损耗太大，因此使用范围受限。图 12-34(b) 的结构的变换器则没有上述缺点。同轴线内部的导体在离末端二分之一波长处有个抽头。抽头和内部导体的末端提供大小相等但是有 180° 相位差的信号，都不接地。这样，它们就可以为平衡的传输线提供需要的信号。这些巴伦也可以反着用，它们同样能完成平衡状态到非平衡状态的转换。

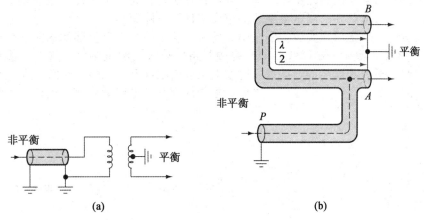

图 12-34　阻抗平衡器

传输线滤波器

四分之一波长传输线可以用来作为偶次谐波的滤波器或者抑制器。其他类型的滤波器能用来滤除奇次谐波。事实上，滤波器也可以用来抑制调制载波的一个边带。

假设发射机工作在 5MHz 的频率上，发射机在 10MHz 和 20MHz 上会形成干扰。我们可以用四分之一波长的终端短路传输线段来消除这些杂散。对于基波，短路的 $\lambda/4$ 传输线在另一端具有很高的阻抗。而在基波频率的二倍频率处，传输线为 $\lambda/2$ 波长，而在四倍频率处则为全波长。半波长或者全波长的终端短路传输线在另一端的阻抗为零。因此，来自发射端天线的偶次谐波辐射就能几乎完全被图 12-35 中的电路消除。

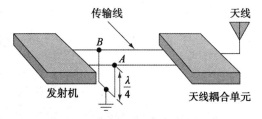

图 12-35　四分之一波长滤波器

对于 5MHz 的频率，谐振的滤波器传输线 AB 的长度的四分之一波长，具有无穷大的电阻。在二倍频率 10MHz 处，传输线 AB 是半个波长，并且提供 0 电阻，从而将这个频率短路到地。四分之一波长传输线滤波器可以并联在匹配传输线的任意位置，其效果都相同。

开槽电缆

在 VHF 频率，开槽电缆/裂隙电缆 (slotted line) 是一个最简单且最有用的测量仪器。从字面理解，开槽线就是将一段同轴线的外导体切一个槽。将检波探针嵌在槽中，所得到信号的幅度与嵌入处的同轴缆上的电压成正比。探头经过校准后，我们能够得到驻波的波形与距离的关系。根据这些数据，就可以计算以下参数：

(1) VSWR；

（2）发射端频率；

（3）未知的负载阻抗。

时域反射计

时域反射计是将短时冲击脉冲送入传输线的系统。在示波器的监测下，脉冲的反射信号能提供关于传输线的信息。如果没有反射，也就意味着传输线无限长，当然更有可能的情况是传输线与负载完美匹配并且没有间断点。

通信传输线的一个最常见的问题是终端间的电缆故障。这些问题可能是化学侵蚀或者机械破坏导致的。此时，可以用时域反射计来查找故障所在的位置。测量仪器可在 10mi 的电缆上将故障精确定位到几英尺范围之内，其方法是首先测量脉冲在电缆里返回到发射源的时间，然后根据已知的测试电缆传播速度来计算故障距离。

时域反射计也经常用在实验室测试中。此时，使用一个上升沿陡峭的阶梯信号。测试连接如图 12-36(a) 所示。图 12-36(b) 是终端开路传输线的测试场景。假设传输线是无损的，反射波和发射波是同相的，导致入射波电压波的幅度升为二倍。时间 T 是发射的时间和反射的时间，因此，该时间除以 2 之后，才能计算开路电路的距离。因此，最终距离是传播速率乘以 $T/2$。

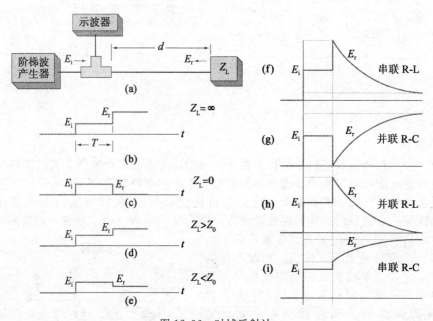

图 12-36　时域反射计

终端短路传输线的测试如图 12-36(c) 所示。这种情况下，反射波与入射波相位不同步，导致抵消。图 12-36(d) 是 Z_L 大于 Z_0 的情况，而 12-36(e) 图是 Z_L 小于 Z_0 的情况。可以通过示波器的幅度计算 Z_L 及反射系数。

$$\Gamma = \frac{E_r}{E_i}$$

并且

$$\Gamma = \frac{Z_L - Z_0}{Z_L + Z_0}$$

最终电压 E_F 为：

$$E_F = E_i + E_r = E_i(1 + \Gamma) = E_i\left(1 + \frac{Z_L - Z_0}{Z_L + Z_0}\right)$$

12.10　阻抗匹配和网络分析

本章的传输线理论强调了阻抗匹配在通信系统中的重要作用。我们知道只有源端阻抗和负载匹配时，才能实现最大功率传输，一旦出现任何程度的阻抗失配都将引起信号反射，这些非期望的反射信号在高功率系统中非常容易导致设备受损。史密斯圆图是分析传输线的复特性阻抗的性质，以及解决阻抗失配问题的重要图解工具。本章涉及的内容不仅仅适用于传输线，也可以用于其他设备或者场合。尤其是在微波频率段，这些频率的波长非常短，连接器、元件引线或电路板布线的物理长度有可能超过一个波长，或者是波长不可忽略的一个分数。此时，设备本身就具有传输线的性质。因此，必须在系统设计中考虑到这些因素。单个的元件或子系统（例如微波频率的放大器模块）可能表现出复阻抗，并且其值往往随频率变化而变化。最后，设计电脑等高速系统的设计者除了要关注其他因素，还必须关注信号完整性问题。这些信号完整性问题包括主板上集成电路之间以及在电脑与外设之间的传输线的互联行为。电脑和一些数字系统的总线运行速度经常为几百兆赫，这些系统和工作在微波频率的设备具有很多共同点。鉴于以上原因，经常必须分析与测量元件、电路和系统的复阻抗特性。这时，网络分析就尤为重要。

网络分析仪就是用来分析被测试设备（DUT）的线性阻抗的测试仪器。这些 DUT 可以是扩音器或者滤波器等电路，也可以是天线等负载，还可以是晶体管或者二极管等单个元器件。前面已经了解到：当包括负载在内的所有设备都和其他设备阻抗匹配时，系统性能最佳。并且良好的匹配具有高的回波损耗、低的 VSWR，并且反射系数趋于 0。网络分析仪可以让用户通过测量 DUT 的输入和输出端口的特性阻抗相关参数来全面衡量待测设备的特性。实际上，被检测的设备作为黑盒子，一旦测量出相关的参数，不需要知道被检测的设备的内部结构，就可以通过计算预测设备或者电路在其他条件下的响应。

标量网络分析仪只能测量设备阻抗的大小，而精密的矢量网络分析仪能够得到阻抗的大小和相位特性，也就是被检测设备的复阻抗。这两种设备的工作频率范围通常都很宽（网络这一术语源于早期电子工程，指各种形式的电路；它和现代的"网络"有不同的含义，现代的"网络"常指计算机和通信设备互联组成的网）。网络分析仪是一个精密的阻抗比仪表，一般包含一个扫描射频源、具有三个接收通道的射频系统、一个负责信号的自动切换及将应用信号中的发射和反射部分分离的"测试包"、一个专门负责计算复阻抗和一些我们感兴趣的参数的计算机、一个以图表或者史密斯圆图的形式报告计算结果的显示屏。两个接收器本质上都是测量接收器，接收器与被测试的设备的端口相连，它们的输出电压与被测试设备的输入端或者输出端施加的信号或者反射信号的大小有关。第三个接收器是参照，用于向另外两个接收器提供已知的、经过校准的信号。最后，测量接收器最终输出电压与被检测的设备的每个端口测量的电压与参照的电压的比值成比例，通过这些电压比就可以计算阻抗、回波损耗和反射系数等其他特性参数。

微波工程师经常用所谓的散射矩阵或者 S 参数来描述被测设备上信号的线性传输和反射特性。对于具有一个输入端口和一个输出端口的网络，可以建立一组——四个参数，其中包括两个代表网络对源端激励反应的独立变量，还有两个代表内部响应的非独立变量。网络的这种行为与手电筒光束通过窗户的行为非常类似，尽管大部分的光通过了玻璃，但还有一小部分入射的光被反射回来，窗户上手电筒光束的图像就是一个明显的证据。通过窗户的光的数量可以用一个传输系数来量化，这个系数定义为传输功率与反射的功率的比值。然而，窗户上较小的反射，则与反射系数 Γ 有关。Γ 是我们非常熟悉的，在传输线系统中，Γ 为入射电压与反射电压的比值。被测量设备的电子线路的激励响应特性，可以类比于在手电筒光束下的窗户。根据激励响应特性，我们可以计算出施加信号的传输和反射系数，从而可以得到 VSWR 和回波损耗等重要参数。

尽管存在导纳、电导还有电阻等一系列的参数，且这些参数具有很密切的关系，但是，只有 S 参数最为实用。举一个例子，有时候需要将被测试的设备的输入和输出端口开路或者短路。但这些操作实现起来却很困难，射频频率引起的电感和电容造成真正开路或者短路难于实现，并且有可能导致不需要的振荡，造成测量失效。而 S 参数的测量需要在所有端口具有阻抗的条件下完成。这样，在实际测试中，由于被检测的设备用传输线连接至 50Ω 信号源和电阻负载上，就能避免振荡，从而得到准确的测量结果。同时，入射行波和反射行波在无损传输线上的幅度不变，所以 S 参数测量时，只要传输线的损耗很低或者传输线的影响可以标准化或在计算中消除，被检测的设备就可以放在远离测量传感器一段距离的位置进行测量。

这些由传输波和反射波引出的参数，可以被排列为散射矩阵，用于描述端口的入射电压和反射电压。就类似于当一桌台球被母球击中，台球向各个方向运动，散射矩阵是待检测设备的信号行为的模型：网络端口的入射信号通过网络散射和传播到输出端口或者被其他端口反射。在 S 参数符号中，入射和反射信号用带下标的字母表示，第一个下标表示输出端口，第二个下标表示输入端口。因此，包含端口 1 和 2 的两个端口网络，可以用 S_{11} 或者 S_{22} 表示反射系数（信号的入射端为 1 或者 2，且分别又反射到入射的端口）。类似的，传输系数根据入射和输出端口用 S_{12} 或者 S_{21} 表示。简而言之，对于被检测的设备的物理尺寸与信号的波长相比过大，或者需要使用不现实的短路和开路的进行测量的情况，S 参数使得这些难于测量的情况具有实际的可测试性。

阻抗分析不仅仅局限于微波系统。甚至非电子的被检测设备都有可能显示出电子系统的复阻抗特性。举一个例子，在生物医学中，当已知的病毒放入带病毒的采样血液中会产生化学反应，不同的病毒显示出独特的阻抗特性，因此，通过分析不同频率下采样血液的阻抗影响，我们可以分辨出不同的病毒。同样，脂肪仪可以分析人体的肌肉和脂肪的比例，就根据被测设备——人的复阻抗特性与人体的脂肪的比重的关系来完成分析工作。在工业应用中，光谱学应用网络分析法来确定铝和钢等金属的化学腐蚀情况，防止这些损失毁坏飞机，轮船和汽车的结构。在食品行业中，网络分析用于分析奶酪等相关食物的水构成，从而确定食品的质量。

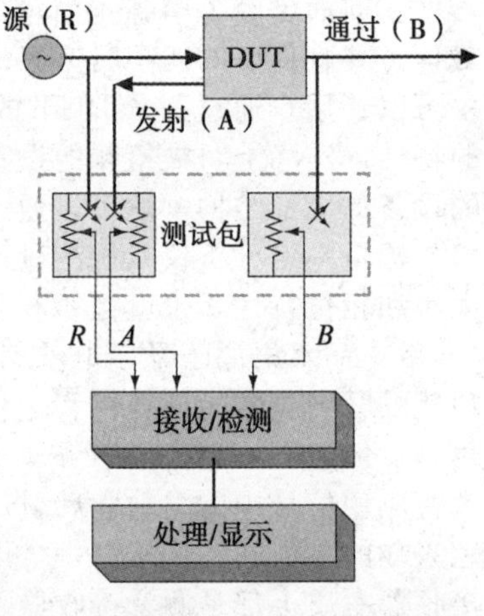

图 12-37　矢量网络分析仪简要框图

矢量网络分析仪和 S 参数

正如前一节所述，矢量网络分析包含一个含有三个接收器的模块以及利用定向耦合器将应用信号中的发射和反射部分分离的"测试包"。矢量网络分析仪的基本结构如图 12-37 所示。除了具有信号分离功能的"测试包"，网络分析仪包含一个有三个接收器的模块，用于接收 R（作为参照）、A（作为反射波接收器）和 B（作为传输波接收器），此外还有处理器和显示系统。

"测试包"也许能得到正确的 S 参数，这种情况下可以通过自动测试，产生双端口网络的四种可能的 S 参数；也可以仅仅得到简化的"T/R"参数，此时就需要手动干预才能所有传输和反射参数的测量。对于任何一种"测试包"，分析仪都在图 12-38 所展示的阻抗比测量的原理下工作。A 通道测量的反射波，B 通道测试的传输波，都根据参照接收机 R 转化为电压比。通过 A 通道和 B 通道得到的波

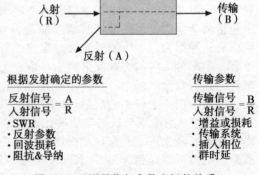

图 12-38　测量值与参数之间的关系

的大小和相位信息就可以计算出被检测设备的反射特性和传输特性。例如在图 12-38 中，通过反射信号与参照信号的比值，或者传输信号与参照信号的比值，就可以计算得到反射系数和回波损耗。

图 12-39 说明入射信号与反射信号的比与 S 参数的等价关系。图中的重点是：当未使用端口和一个与被检测设备特性阻抗相等的负载相连接时，通过测量入射波、反射波以及传输波的大小和相位，前向 S 参数是如何计算的。端口以系统的阻抗为负载是 S 参数测量相对于其他测量参数方案的一大优势。Z（电阻或者阻抗），Y（电导或者导纳），或者 H（电导和导纳的复合组成），都需要被检测设备终端的端口短路或者开路。但在短路或者开路的情况下，测量被检测设备的输入和输出端口的电压或电流是非常困难的，这是因为低频时的开路，往往在高频的时候成为反馈电路。这种情况可能导致被检测设备自激，并且很有可能损坏被检测设备。

根据图 12-39，S_{11} 参数是被检测设备的复反射系数或者复阻抗，S_{21} 参数是前向复传输系数。通过 S 参数测试设置的自动切换，源端可以被切换到被检测设备的输出端口，输入端口可以与标准的负载相连接，这样就可以测量到两个相反方向的 S 参数。S_{22} 参数是被检测设备的输出端口的复反射系数（输出阻抗），而 S_{12} 是反向的复传输系数。S 参数的个数等于设备的端口数的平方。下标的约定规则是：S 参数下标的第一个数代表功率输出端口，第二个数代表功率的输入端口。当元器件参数或其他电路参数改变时，我们可以通过矢量网络分析仪得到其阻抗与频率的关系图。

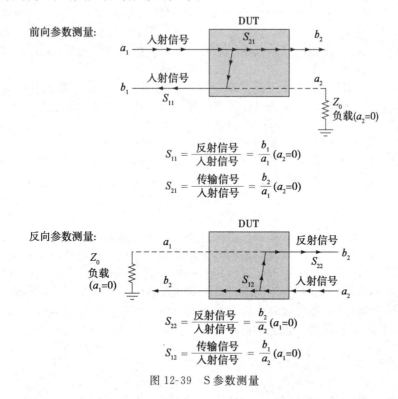

图 12-39　S 参数测量

总结

电压和电流沿着传输线的传播受传输线特性，以及源和负载的阻抗特性影响。传输线的阻抗特性是由其物理结构所决定的。传输线具有电感、电容还有电阻的特性。当施加电压时，这些特性使得传输线上有流动的电流。无限长的传输线，或者有限长度但与一个和自己特性阻抗相等的负载相连接的传输线，都是非共振的。此时，源端的所有功率将会被负载吸收。因为传输线分布电容充电或者放电需要时间，因此其传播速度比光速慢。这个速度就是我们知道的速度因子或者传播速度。这个速度也同样主要由传输线的物理特性所确定。

终端短路或者开路的传输线，或者一个没有与特性阻抗相连接的传输线就是我们所知道的谐振传输线。加在传输线上的电压和电流在传输线上传播，当遇到阻抗不连续时，就会向源端反射。入射波和反射波电压的叠加就会产生驻波，驻波顾名思义就是静止不动的。失配度越高，驻波就会越大。电压驻波比是驻波的最大电压与驻波的最小电压的比值，这是一种容易测量并且能够很好反映失配程度的指标。另一种衡量反射的方式就是通过反射系数，反射系数有可能是个复数，是反射波电压与入射波电压的比值；还有回波损耗，它是反射波的功率与入射波的功率的比值。

谐振传输线上，电压和电流的相位是不同步的，且这一相位沿着传输线不断改变的。这表明阻抗沿着传输线是不断变化的。电压和电流的最大值和最小值、阻抗和电压的驻波比都以半个波长为周期重复。每四分之一波长，电压和电流的相位发生一次翻转。根据这一相位相反的特性，一个终端开路传输线在四分之波长处可以视为一个短路电路，利用这一特性可以设计四分之一波长滤波器和其他设备。

传输线行为和阻抗匹配特性可以在史密斯圆图这一个专门的绘图分析工具上完成建模。史密斯圆图包括电阻圆图和电感圆图，可以形象地表示复阻抗特性。因为传输线特性每半个波长是一个周期，史密斯圆图上一个完整的一圈就是表示在传输线上移动半个波长。一旦以复阻抗形式表示的阻抗在图上被标出来了，传输线的一些特性也就随之确定了。以史密斯圆图的中心作为圆心并且过在圆图上找到的阻抗的那个点画一个圆，这个圆就表示传输线的电压驻波比，并且显示了沿着一半波长的传输线段的每个点的阻抗。反射系数的相位差和电压的大小还有功率的回波损耗也就确定了。

史密斯圆图一个最有用的性质就是用于解决阻抗匹配的问题。阻抗匹配有多种途径。其中一种是用四分之一波长传输线段作为阻抗转换器。另一种是用单支节或者双支节的短截线。后者在需要匹配的阻抗具有电抗特性需要消除时非常有用。短截线通过并联足够的电纳来消除我们不需要的电抗，从而实现阻抗匹配。

通过网络分析，不需要知道被测试设备的内部相关结构就可以得到它全面的复阻抗特性。网络分析仪是一个测试设备，它能够测量出阻抗的大小，有的设备还能够也可以测量各个端口在一定频率范围内的相位。通过这种方法，可以得到设备的阻抗特征模型，熟知的反射系数、回波损耗特性等参数可以完整描述出设备或者子系统的性质。网络分析测量使用散射矩阵或者 S 参数，这些参数可以通过传输波与入射波的比值或者反射波与入射波的比值得到。采用该比值方法使得反射和传输测量可以独立于绝对功率，并且与源功率随频率的变化无关。S 参数还有一个优点：所有的测量是在端口与标准负载连接时完成的。这种特性能够保证被测试设备的稳定运行。而其他参数测量，则需要在端口短路或者开路时完成。后者情况特别是在微波频率段是很难实现的。很有可能导致运行出错或者设备损坏。而 S 参数则具有稳定性和重复性的优势。

习题与思考题

12.2 节

1. 简述传输线的定义。一个简单的线连接就可以作为传输线，但为什么需要用一整章研究它？

2. 简述传输线通常有的分类，并说明每一种传输线的优点和缺点。

3. 选择固体绝缘电缆和空心的加压电缆时需要注意哪些地方？

4. 为什么有时候会将惰性气体注入同轴射频传输

线电缆中？

5. 双绞线电缆常用于哪些场合？

6. CAT6/5e 的含义。

7. 简述双绞线电缆近端串扰和相对衰减的定义。

8. 列出具有增强数据能力的双绞线电缆的三个附加测试要求。

9. 解释平衡传输线和非平衡传输线的区别

10. 平衡传输线上的非期望的信号在转换为不平衡

的传输线时可以消除，请解释为什么。

11. 一个平衡的传输线携有一个功率为 5-mW 的非期望信号。在使用中心抽头转换器转换为非平衡的信号后，此时信号的功率被抑制为 $0.011\mu W$。请计算 CMRR(56.6dB)。

12.3 节

12. 画出传输线的等效电路，并解释每个部分的物理意义。

13. 请说明传输线的特性阻抗 Z_0 的物理意义。

14. 某传输线的电感为 4nH/m，电容为 1.5pF/m，请计算 Z_0。(51.6Ω)

15. 电缆阻抗 50Ω，具有 55nH/m 的电感，计算其电容。(22pF/m)

16. 详细的说明如何使用阻抗电桥来计算一小段传输线的 Z_0。

17. 射频传输线两导体的间距加倍，对传输线的特性阻抗 Z_0 会有什么影响？

18. 射频传输线两导体的增粗，假设导体的中心间距没有改变，此时对特性阻抗有什么影响？

19. 平行双线的传输线的特性阻抗由哪些因素决定？

20. 计算下列的传输线的 Z_0。
    (a)平行线，空气介质，$D/d=3$。(215Ω)
    (b)同轴线，空气介质，$D/d=1.5$。(24.3Ω)
    (c)同轴线，聚乙烯介质，$D/d=2.5$。(36.2Ω)

21. 列出并解释传输线损耗的类型。

22. 用一根长传输线来传送 10kW 的功率到天线；在发射机端电流是 5A，在负载端电流为 4.8A。假设传输线终端完美匹配，并且传输损耗在耦合系统中可以忽略，那么在传输线上的损耗是多少？(850W)

23. 给出特性阻抗的定义。

12.4 节

24. 推导传输线传输时间的公式(式 12-19)。

25. 空间中射频波传输的速率是多少？

26. 用 RG-8A/U 的电缆作为延时线。计算延时 5ns 所需要的电缆的长度。(3.39ft)

27. 说明传输线的传播速度的意义。

28. 当 LC 为 $7.5\times10^{-12}s^2$，计算 20km 传输线的传播速度。($7.3\times10^9 m/s$)

29. 如果信号的频率为 500GHz，题 28 中的信号的波长为多少？(0.0146)

30. 如果 20ft 的传输线的传播速度为 600ft/s，信号到达传输线的末端需要多长时间？(33.3ms)

12.5 节

31. 给出匹配的传输线的定义，说明什么是行波，行波是如何传播的。

32. 天线由平行双线馈电，传输线上输入端的电流是 3A。传输线特性阻抗是 500Ω。请问传输线上馈送多少功率？(4.5kW)

33. 利用图 12-15，对交流信号在匹配传输线的充电过程进行分析。

12.6 节

34. 解释谐振传输线的特性。当能量到达传输线的末端会发生什么？反射是我们想要的结果吗？

35. 一个 20V 电池提供的直流电压，$R_s=75\Omega$，在 $t=0$ 时刻，加到 75Ω 传输线上。功率传输到负载需要 $10\mu s$，传输线负载端开路。请描述传输线输入端和负载的电流和电压。

36. 在题 35 中，求解传输线负载端短路时的情况。

37. 请解释传输线的驻波、驻波比、传输线特性阻抗？怎样才能使驻波最小？

38. 利用图 12-19，解释谐振传输线上驻波的形成原因？

39. 如果射频波的一个完整周期的时间为 0.000001s，其波长为多少？(300m)

40. 如果两个 950kHz 的天线塔距离为 120°电角度，塔的间距是多少？(345ft)

12.7 节

41. 用反射电压和入射电压表示反射系数 Γ，用负载和传输线的特性阻抗表示反射系数 Γ。

42. 分别按下面要求的形式表示驻波比。
    (a)电压的最大值和最小值；
    (b)电流的最大值和最小值；
    (c)反射系数；
    (d)传输线的负载阻抗和 Z_0。

43. 说明失配的传输线的缺点。

44. 为什么传输线终端要连接一个与传输线特性阻抗大小相等的负载？

45. 传输线与一个与其特性阻抗相等的电阻连接，在四分之一波长传输线的负载端的电流与另一端电流的比值是多少？

46. 单边带发射机工作在 2.27MHz，具有 200W 的输出并且通过 75ft 的 RG-8AU 的电缆与一个天线相连，($R_{in}=150\Omega$)。计算：
    (a)反射系数。
    (b)用波长的形式表示电缆的长度
    (c)驻波比
    (d)天线吸收的总功率

47. 用四分之一波长匹配线匹配 600Ω 传输线和 70Ω 天线，请计算匹配线的特性阻抗。

12.8 节

48. 计算长度为 675 电角度的传输线的阻抗。$Z_0=75\Omega$，$Z_L=50\Omega+j75\Omega$。用史密斯圆图和式(12-30)分别求解，比较结果。

49. 转化 62.5Ω$-j90\Omega$ 的电阻为电导，分别用数学方法和史密斯图。比较结果。

50. 求出 $z_L=200\Omega+j300\Omega$，且长度为 5.35 个波长的 100Ω 传输线的输入阻抗。

51. 为什么传输线的阻抗是发射机输出和天线的匹

配的一个重要因素。

52. 什么是支节调谐器？

53. 连接在 150Ω 的传输线上的天线负载为 $225\Omega-j300\Omega$。计算匹配所需的短截线的长度和位置。

54. 题 53 条件改为传输线阻抗为 50Ω，天线阻抗为 $25\Omega+j75\Omega$，结果又为多少？

12.9 节

55. 用电阻为 50Ω 的终端短路传输线来模拟在 1GHz 频率下 2nH 的电感，求传输线的长度。

56. 用电阻为 50Ω 的终端短路传输线来模拟在 500MHz 频率下 50pF 的电容，求传输线的长度。

57. 分别解释两种类型的巴伦并说明它们的功能。

58. 发射机的什么谐波可以被抑制？

59. 描述三种能够降低发射机的谐波辐射的方法。

60. 将发射机末级功率放大器的功率送至平行双线，画原理图说明如何抑制其二次和三次谐波。

61. 简述开槽电缆的结构和它的几种用途。

62. 简述时域反射计的原理和一些应用。

63. 一个脉冲发送到不正常的传输线。传输线的传播速度为 $2.1\times10^8\,\text{m/s}$，一个倒相的反射脉冲在 0.731ms 返回。请问传输线的问题是什么，问题存在的位置距离发射机有多远？

64. 快速上升的 10V 电压加在特性阻抗为 50Ω 的传输线上，传输线与一个 80Ω 的阻抗连接。计算 Γ，E_F，E_r。（0，231，12.3V，2.3V）

65. 利用图 12-12，对一个直流电压如何在传输线上传播进行一步一步的解释说明。

66. 一根终端开路传输线为 1.75 个波长。画出电压和电流的入射波和反射波，以及合成波在信号源为负峰值的时刻的波形。同时画出短路电路传输线的波形，并进行比较。

67. 我们需要一段没有传输线效应的传输线，你的设计结果是十六分之一波长。请问，你如何证明这个设计。

68. 用 $\lambda/4$ 传输线来匹配负载为 $25\Omega+j75\Omega$ 与特性阻抗为 50Ω 的传输线。计算匹配线段的合适位置和其特性阻抗的大小。当负载 $Z_L=110\Omega-j50\Omega$，同样计算结果。请用两种不同的解答方法。

第 13 章

波 的 传 播

13.1　电与电磁波的转换

在我们的印象中，收音机通常是"无线"的。和传统电报或者有线电话不一样，收音机不用从广播发射源引一条连接线就能够接收和播放广播节目。广播发射机的输出直接发射到周围空间，接收机——收音机就可以接收节目了。我们知道："空气不能导电，是一个电绝缘体"。因此，馈送到发射天线的电能是转换成另一种形式的能量被发送出去的。在本章中，我们将研究这种转化后能量的作用及其传播。

发射天线将输入的电能转换为电磁能，所以可以把天线看作一个能量转换器（transducer）——将一种形式的能量转换为另一种形式的能量。从能量转换的角度看，天线和灯泡的作用很类似，灯泡也能将电能转换成电磁能——光。光和无线电波都是电磁波，它们唯一区别就是频率不同。光的频率大约是 5×10^{14} Hz，而无线电波的频率通常在 $1.5 \times 10^{4} \sim 3 \times 10^{11}$ Hz。我们看不到无线电波，人眼只能够看到（也可以说感知）频率范围很窄的电磁波。这其实是一个优点，否则我们的视线会不停地受到地球上大量无线电波的干扰。

接收天线截获发射的电磁波，并将其转换成电能。光伏电池也是类似的能量转换器，它将波（光波）转化为电能。在研究波的传播前，我们先介绍一些电磁波的基本知识，这对我们了解天线和无线通信非常重要。

13.2　电磁波

电和电磁波是密不可分的。电磁场是有内在联系、相互依存的电场和磁场的统一体。任何载流导体必在其周围产生磁场，并且电路中具有电势差（也称电压差）的任何两个点都将产生电场，因此每一个电路中都存在电场和电磁场。电场和电磁场都含有能量，但是由于场的坍塌，电路中场的能量通常都会返回电路之中。如果场的能量没有完全返回，则电路必存在辐射或者释放出部分电磁波。此时，这些意外辐射出来的能量会对周边其他电子设备形成干扰。来自无线电发射机的干扰一般称为射频干扰（radio-frequency interference，RFI），来自其他干扰源的干扰一般称为电磁干扰（electromagnetic interference，EMI），当然也可以简单地将这两种干扰都称为噪声。与之相反，无线电发射机却恰恰要求天线能有效地辐射或者释放电磁波能量。所以，天线的设计需要防止电磁波能量坍塌回电路。

在第一章中，我们引入了电磁波的概念："电磁波是包括相互依存电场和磁场的一种能量"。苏格兰物理学家麦克斯韦（James Clerk-Maxwell）在 18 世纪 60 年代就对电磁波的存在进行了预测，并做出可见光是一种电磁能量的假设，这都是物理学公认的最引以为荣的成就之一。麦克斯韦的成就不出自他本人的发现，而是源自对前人关于电磁现象基本规律的总结。首先，发现了电与磁之间关系的是丹麦物理学家奥斯特（Hans Christian Oersted）；法国科学家安培（Andre Ampere）证实了载流导体周围存在磁场；而英国物理学家法拉第（Michael Faraday）的实验说明线圈中的交变电流导致临近的线圈的感应电流。麦克斯韦引入数学分析方法总结了前人的发现，建立了由 20 个等式组成的方程组来表述电与磁的数学关系。在麦克斯韦去世后，英国学者赫维赛德（Oliver Heaviside）和德国学者赫兹（Heinrich Hertz）继续麦克斯韦电磁学的研究。十年后，赫兹的试验成功证实了频率低于可见光的电磁场存在辐射——我们现在说的无线电波。二十年后，赫维赛德和赫兹将麦克斯韦的 20 个方程简化为一组微分形式的方程组，这就是我们现在熟知的麦克斯韦方程组。麦克斯韦方程组由四个方程组成：电场的高斯定律、高斯磁定律、法拉第感应定律和麦克斯韦-安培定律。

麦克斯韦方程组：

- 高斯定律：$\nabla \cdot \mathbf{E} = \dfrac{q}{\varepsilon_0}$，描述电场（$\mathbf{E}$）是怎样由电荷（$\rho$）生成。

- 高斯磁定律：$\nabla \cdot \mathbf{B} = 0$，表明磁单极子实际上并不存在，比如没有单独的磁南极或者磁北极。

- 法拉第感应定律：$\nabla \times \mathbf{E} = -\dfrac{\partial \mathbf{B}}{\partial t}$，描述交变磁场（$\mathbf{B}$）怎样感应出电场（$\mathbf{E}$）。

- 麦克斯韦-安培定律：$\nabla \times \mathbf{B} = \mu_0 \mathbf{J} + \mu_0 \varepsilon_0 \dfrac{\partial \mathbf{E}}{\partial t}$，描述电流（$\mathbf{J}$）或者交变电场（$\mathbf{E}$）如何生成磁场。

上文是麦克斯韦方程组详细的数学表达式。要详细了解方程组，需要偏微分方程的知识。这里简要介绍一些相关知识，便于今后阐述电磁辐射的基本概念。

高斯定律描述了电场和电荷之间的关系；并且用公式表述了电学基础中正负电荷之间的关系，说明电场开始于正电荷，终止于负电荷。高斯磁定律表明磁单极子不存在；尽管类似于电荷的"磁荷"确实存在于磁极中，但是这些"磁荷"都是闭合磁流中不可分割的一部分，并不存在自由的孤立"磁荷"。

麦克斯韦方程组中后两个场方程式构成了电磁场理论的基础。法拉第感应定律表明时变（交变）磁场产生时变电场。利用旋转磁性材料产生交变磁场，就可以在环绕的导体中制造一个电场。这一在麦克斯韦时代已被发现的理论正是发电机的基本原理。但接下来的发现，就源自麦克斯韦深刻的洞察力和想象力。麦克斯韦假设法拉第定律的逆过程也存在：一个交变的电场也能够产生交变磁场。尽管缺乏实验工具去验证，但麦克斯韦基于变化的电场和磁场是对偶的这一假设，提出了大胆的超越时代的预言：电场和磁场交互作用正是无线电波形成和传播的基础。简单地说，交变电场产生交变磁场，交变磁场产生交变电场，这样不断循环形成一个自我维持的场，并以光速从源向远处传播。

图 13-1 是电磁波的传播示意图，包括 $1\dfrac{1}{2}$ 波长的电场（E）和磁场（H）。图中场的方向和场的传播方向成直角，并且电场和磁场的方向也互相垂直。图 13-1 中所示振动方向与波传播方向垂直的波称为横波（transverse），也称为凹凸波。电磁波中电场 E 的方向被定义为电波的极化（polarization）。在图 13-1 中，电场的方向是垂直方向（y 轴方向），因此这个电磁波被称为垂直极化波。天线的方向决定了极化方向，垂直天线产生垂直极化的电磁波。

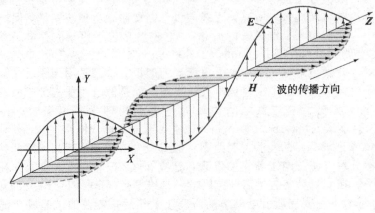

图 13-1 电磁波

波前（Wavefront）

在自由空间，电磁波从点源向四面八方均匀传播，就会产生一个球形波前。这样的源被称为全向点源（isotropic point source）。波前（wavefront）是电磁波从源点向四面八方辐射时，所有同相位点组成的面。图 13-2 是点源的两个波前的示意图。电磁波以光速传播，在某时刻能量到达的图中波前 1 所指示的区域。此时的波前 1 处的功率密度 ρ（单位：W/m^2）与原始发射功率 P_t 的比值与从源到波前的距离 r（单位：m）的平方成反比，即

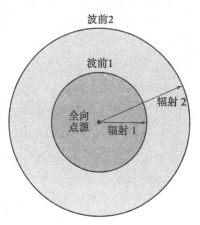

图 13-2　天线的波前

$$\rho = \frac{P_t}{4\pi r^2} \qquad (13\text{-}1)$$

如果图 13-2 所示波前 2 到全向点源的距离是波前 1 到全向点源距离的 2 倍，则它的功率密度（单位为 W/m^2）正好是波前 1 的功率密度的 1/4。波前的面是曲面，但当波前与源的距离较远时，每一段波前近似于平面，此时这些波前可以看作平面波前。13.3 节就是基于这一近似可以更简单的利用光特性对电磁波进行分析。

自由空间的特性阻抗

距离点源距离为 r（单位：m）的电场的强度 E（单位：V/m）可以用麦克斯韦方程之一表示为：

$$E = \frac{\sqrt{30P_t}}{r} \qquad (13\text{-}2)$$

其中 P_t 是发射功率（单位：W）。

功率密度 ρ 和场强 E 的关系和电路中功率和电压的关系类似，可表示为

$$\rho = \frac{E^2}{\eta} \qquad (13\text{-}3)$$

其中 η 是传播介质的特性阻抗（也称特征阻抗）。对于自由空间，将式（13-1）和式（13-2）代入式（13-3）可得

$$\eta = \frac{E^2}{\rho} = \frac{30P_t}{r^2} \div \frac{P_t}{4\pi r^2} = 120\pi = 377(\Omega) \qquad (13\text{-}4)$$

可见，和传输线具有特性阻抗类似，自由空间有其本征阻抗。

电磁波传播介质的特性阻抗都可表示为

$$\eta = \sqrt{\frac{\mu}{\varepsilon}} \qquad (13\text{-}5)$$

其中，μ 是介质的磁导率；ε 是介质的电容率（也称介电常数）。

对于自由空间，$\mu = 1.26 \times 10^{-6} H/m$，$\varepsilon = 8.85 \times 10^{-12} F/m$，代入式（13-5）可得

$$\eta = \sqrt{\frac{\mu}{\varepsilon}} = \sqrt{\frac{1.26 \times 10^{-6} H/m}{8.85 \times 10^{-12} F/m}} = 377\Omega$$

这与式（13-4）的结果是一致的。

13.3　非自由空间中的波

现在，我们已经讨论了真空或者自由空间中电磁波的传播，下面我们介绍环境对波传播的影响。

反射（Reflection）

就像光被镜面反射一样，无线电波也会被金属表面、地面等任何阻碍物反射。如图 13-3

所示，发生反射时，入射的角度等于反射的角度，但极化方向不同。同时，入射波和反射波相位相差 180°。

如果阻碍物为理想导体且电场垂直于反射物，则会发生全反射，此时反射系数(the coefficient of reflection)ρ 等于 1。反射系数 ρ 被定义为反射波的场强和入射波的场强之比。实际上，非理想导体总要吸收能量，并且一部分能量会通过导体向外传播出去，因此反射系数一般小于 1。

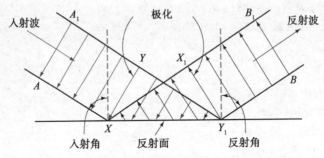

图 13-3　波前反射

如果入射波的电场方向与反射体表面不垂直，情况则有很大的不同。在极端的情况下，如果入射波电场与反射体(导电的)表面平行，电场就会被短路，导体表面会产生电流，因而电磁波会受到很大的衰减。如果入射波电场与反射体(导电的)表面是部分平行，电场则会部分短路。

如果反射体表面是一个曲面，比如一个抛物面天线，此时电磁波就会像光波一样被聚焦。在第 14 章讨论微波频段时，也可以利用光的折射反射等定律分析电磁波的行为。

折射(Refraction)

折射是无线电波传播与光传播类似的另一种现象。当波在两种不同密度的介质中传播时就会发生折射。折射的一个典型例子就是浸入水中"折断"的筷子，"折断"看起来发生在水的表面，也就是密度变化的点。显然，筷子并不会因为水的压力而折断，这一现象是由于光线从相对密度较高的水传播进入相对密度较低的空气从而产生的。

图 13-4 是电磁波的折射和反射的例子。由于一部分入射波能量在折射发生后进入水中，因此反射系数显然小于 1。

入射角 θ_1，折射角 θ_2 之间的关系遵循下面的斯涅尔定律(Snell's Law)

$$n_1\sin\theta_1 = n_2\sin\theta_2 \tag{13-6}$$

这里，n_1 是入射(反射)介质的折射率(也称折射指数)，n_2 是折射介质的折射率。常见的介质中，真空的折射率为 1，大气的折射率近似等于 1，玻璃的折射率大约为 1.5，而水的折射率是 1.33。

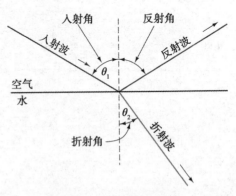

图 13-4　波的反射与折射

衍射

衍射(diffraction，也称绕射)是波在直线传播时遇到障碍物发生传播路径弯曲的现象。这一现象符合荷兰天文学家克里斯蒂安·惠更斯提出的惠更斯原理。惠更斯原理指出波前上的每一点都是一个次级球面波前的子波源。这一概念可以很好地解释为何我们能在高山和高大建筑物后接收无线电信号。图 13-5 中，无线电信号在遇到高山的山顶和山边时产生了衍射。直射的波前遇到障碍物后即变成了一个新的点源向被阻挡的空间辐射，使阴影区(shadow zone)非常有限。因此除了被称为阴影区的小部分区域，高山的背后几乎所有的区域都能接收到无线电波信号。电磁波的频率越低，衍射越强，阴影区也越小。

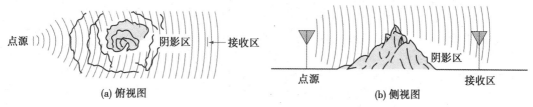

图 13-5 衍射

13.4 地面波和空间波传播

无线电波从发射天线到接收天线的传播主要有四种基本模式：地面波（地波）、空间波、天波和卫星通信。在后面的讨论中，无线电波在各种模式下的传播性能主要取决于其频率。

地面波传播

地面波（ground wave）指沿地球表面传播的无线电波，也称为地表面波（surface wave）。由于地球表面会对水平极化的电场形成短路，所以地面波是垂直极化（电场）。地形变化对地面波的影响很大。地面波传播的衰减取决于地球表面的阻抗，而地面的阻抗则是导电率和频率的函数。如果地球表面具有更好的导电性，则其对电波的吸收更小，对电磁波的衰减也更小。所以，地面波在水面（特别是海水）上的传播要比在干燥（导电性差）沙漠上的传播更好。

地面波的衰减会随着频率的升高而急剧增大。鉴于此，频率高于 2MHz 时地面波不能有效传播。地面波是很可靠的通信链路，不像天波一样会受时间与季节的影响。

地面波传播是海洋中潜艇唯一可行的通信方式。潜艇使用超低频（extremely low-frequency，ELF）传播通信，其频率为 30～300Hz。常用的频率是 100Hz，此时传播衰减约为 0.3dB/m。传播衰减随着频率增加而增加，在 1GHz 时，可达 1000dB/m。海水对 ELF 信号的衰减很小，这样潜入水中的潜艇不需浮出水面就可以通信，因此可以大大减少被探测的危险，这就是潜艇通信使用这一频段的原因。

空间波传播

如图 13-6 所示，空间波包括直射波和地面反射波两种形式。千万不要将这两种传播方式和前面讨论的地面波传播混淆在一起。直射波是无线通信中最常用的一种传播方式，电波直接从发射天线传播到接收天线。这种情况下，电波无须沿地表面传播，地球表面不会引起衰减。

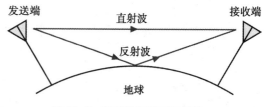

图 13-6 直射波和地面反射波

直射波有一个严重的局限，传输距离受视距（LOS，line-of-sight）所限。因此，天线的高度和地球曲率是限制直射波传播距离的重要因素。由于衍射的存在，所以直射波的实际电波地平线（radio horizon）大约是地理视距的 $\frac{4}{3}$ 倍，可以用式（13-7）进行估算：

$$d \approx \sqrt{2h_t} + \sqrt{2h_r} \qquad (13-7)$$

其中：d 为传播距离，也就是收发天线之间的距离，单位为 mile；h_t 为发射天线的高度，单位为 ft；h_r 接收天线的高度，单位为 ft。

如图 13-7 所示，由于衍射的存在，视距是一个曲线。如果发射天线高 305m，而接收天线高 6m，传输距离大约为 80km。传统 FM 和 TV 都是利用空间波直射传播，因此其发射塔的覆盖范围和上面的估算基本吻合。

多径接收是第 10 章无线网络和移动通信系统中提到的内容，图 13-6 中的反射波就是多径接收的典型例子。如果接收到两个信号成分的相位不同，就会出现某种程度的衰减。由于反射信号传播的路径更远，因此这两个或者多个信号成分到达接收机的时间不同，也就具有相位差。根据式(13-1)，信号强度和传输距离的平方成反比，所以反射信号比直射波信号的强度

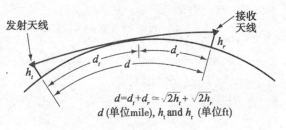

$$d = d_t + d_r \approx \sqrt{2h_t} + \sqrt{2h_r}$$
d (单位mile), h_t and h_r (单位ft)

图 13-7 空间波直射传播

小。当一个直射波和地面波或者任何多路径存在时也会产生多径效应。移动通信中，多径是一个需要特别关注的问题。移动通信常用 800MHz 和 1.9GHz 频段，这两个频段波长较短，同时用户的移动速度相对较快，所以存在很多反射信号，这些反射信号有的有益，有的有害，所有的多径信号叠加在一起形成了瑞利衰减。

13.5 天波传播

天波传播(sky-wave propagation)是远距离通信的最常用方式。天波是发射天线以和地面较大仰角向天空辐射的部分电磁波。如图 13-8 所示，天波到达电离层后被折射回地面，又被地面反射回电离层，可以经过多次反复最终到达接收端。电离层的折射和地面的反射可统称为反射(skipping)。借助天波这一特点，短波广播可以覆盖很广阔的范围。借助于电离层与地面之间的多次反射，不需要卫星等其他设备就可以进行超远距离的跨洲通信。此外，业余无线电爱好者也正是依靠短波频段的反射可以用很小的功率完成成百上千公里之外的通信。

图 13-8 中，电磁波自 A 点的天线发射后，在 B 点经电离层反射，然后在 C 点被地面反射，又经 D 点的电离层反射后到达 E 点的接收天线。这一节中将讨论折射的必备条件和天波的临界性质。

为理解折射过程，首先介绍大气的组成和影响折射的因素。从电磁波辐射的角度说，大气层分为 3 层：对流层、平流层和电离层。对流层的下界与地面相接，高度大约 10km；比对流层高一层的是平流层，其上限海拔大约 37km；平流层之上到大约 400km 的高度的范围被称为电离层；在电离

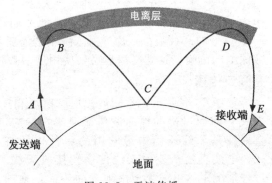

图 13-8 天波传播

层之上就是自由空间了。一般认为平流层的温度较为稳定，一般不发生变化，因此也称为同温层(isothermal region)。所以，平流层不会发生温度颠倒，也不会发生明显的折射。

从名字就可以看出，电离层主要由电离的粒子组成。其最顶部的密度非常低，密度随高度的降低而逐渐增加。电离层的顶层区域受太阳的紫外线辐射，使得空气电离成为自由电子、正离子和负离子。尽管电离层顶层的空气分子密度非常低，但由于辐射能量很高，因此几乎完全电离。穿透大气越深，电离程度越低。因此，电离层顶层电离化程度最高，而底层电离化程度较低。

电离层分层(Ionospheric Layers)

电离层按离地面高度由低到高可依次划分为 3 层：D 层、E 层和 F 层。F 层可以进

一步划分为较低的 F_1 层和较高的 F_2 层。各分层的存在及其高度不固定，随着太阳与地面的相对位置的变化而不断地变化。太阳对电离层的辐射正午时最强，晚上最弱。太阳辐射消失后，电离的粒子会重新结合。因此，电离分层的数目和位置在昼夜间不断变化。由于太阳相对位置每时每刻都不同，因此很难预测电离层的确切特性，但其基本规律如下：

1. D 层的范围大约在 $40 \sim 90$km。因为离太阳最远，处于电离层的最下层，所以 D 层的电离程度比较低。频率较低的信号在 D 层被折射，而频率较高的信号可以穿透 D 层，但是强度会被衰减。在日落后，D 层由于电离消失也会消失。

2. E 层大约在离地面 $90 \sim 145$km。由于肯乃利和海维赛首先证实 E 层的存在，所以这一层也被称为 Kennelly-Heaviside 层。日落后，E 层的离子很快重组致使此层在午夜就几乎消失。E 层可以折射比 D 层更高频率的信号，其最高频率大约为 20MHz。

3. F 层离地面大约 $145 \sim 400$km。在白天，F 层分为 F_1 和 F_2 两层。在一天中，这两层的电离度非常高并且变化很大。中午，这部分大气距离太阳最近，所以电离程度最高。F 层大气最稀薄、离子重组较慢，所以不会消失。F 层可以对 HF 频段的远距离通信所需的 30MHz 以下的信号产生折射。

电离层的分布如图 13-9 所示。在晚上，D 层和 E 层消失后，被这两层折射的信号会被更高层折射，因此通信距离更远。电离层各层的电子浓度、高度和厚度受太阳活动影响存在很大差异。由于太阳黑子活动的影响，F_2 的特性会发生剧烈变化。如第 1 章所介绍，太阳黑子的活动以 11 年为一周期。天波传输距离和太阳黑子活动的关系非常紧密。在太阳黑子活动峰年，太阳对电离层辐射较强，F 层更密集且离地面更远，天波传输距离更远。反之，在太阳黑子活动谷年，F 层的高度较低，天波传输距离较近。

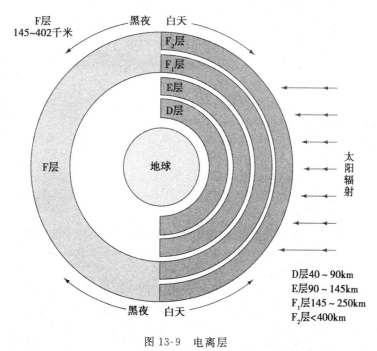

图 13-9 电离层

电离层对天波的影响

电离层反射无线电波的能力和离子密度、无线电波频率和发射角度有关。电离程度越高，反射能力越强。夏天的电离程度比冬天高，白天比夜间高。如前面所述，电离程度最高通常出现在太阳黑子活动峰年。

临界频率

对于垂直无线电波，当发射频率逐渐升高到某个频率则电离分层就不能有效地反射无线电波，这些无线电波就会到达下一分层。如果频率非常高，无线电波将穿过电离层到达外太空。在给定电离层条件下，能够反射回来的最高无线电频率就称为临界频率（critical frequency）。

临界角

如图 13-10 所示，频率较低的信号更容易被反射，频率较高的信号更难被反射。对于特定频率的无线电波来说，辐射角度是其能否依靠反射返回地面的关键因素。当高于特定频率后，垂直无线电波将不被折射回地面而是到达外太空。然而，如果传播角度更低也就是与地面的夹角更小，一部分频率低于临界频率的无线电信号会被反射回地面。对特定频率的无线电波，能够被电离层反射的最大角度称为临界角（critical angle）。临界角被定义为波前路径与地面垂直方向的夹

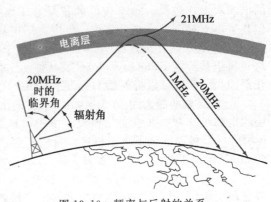

图 13-10　频率与反射的关系

角。图 13-10 所示的临界角是 20MHz 频率电磁波的临界角。在这个角度发射的信号如果频率高于 20MHz（图中示意了 21MHz 电磁波的路径）将不能被反射，而是穿透电离层到达外太空。

最大可用频率

根据电离层特性，两地间通常存在一个最佳的通信频率。如图 13-11 所示，发射天线到电离层反射点间的距离取决于传播角度，而传播角度受限于通信频率。能被反射的最高频率称为最大可用频率（MUF，maximum usable frequency）。最佳工作频率（optimum working frequency）则是能最稳定通信的频率，也是通信的最佳频率。利用 F_2 层进行通信时，其最佳工作频率通常大约是最大可用频率的 85%。而利用 E 层进行通信时，其最佳工作频率通常接近于最大可用频率。由于电离层对信号的衰减和频率成反比，因此最大可用频率的信号强度最强。

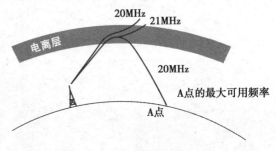

图 13-11　频率与临界角的关系

由于临界频率在不断变化，常常使用发射地的每小时列线图和频率表来预测最大可用频率。这些长期预测图表是通过搜集全世界各地无线电发射台的同频段无线通信的实验数据并删除其中的臆测数据汇总而成的。

美国政府有两个常规实验信标台。一个是位于科罗拉多州柯林斯堡的 WWV 电台，在每个整点后第 18 分钟使用 2.5，5，10，15 和 20MHz 的频率发送信标；另一个是位于夏威夷凯卡哈的 WWVH 短波电台，在每个整点后第 45min 利用 5，10，15MHz 发送信标。这些信标台发送的内容是表征太阳通量的 A 和 K，利用 A 指数和 K 指数可以预测最高可用频率以及其他传播特性。K 指数表示地磁活动的程度，范围为 0～8。K 指数大于 4 通常表示存在影响无线电通信的地磁风暴。K 指数每隔 3h 测量一次，表示地磁的相对趋势。A 指数是开放的，不存在最大值，但极少高于 100。A 指数为 10 或者更小说明地磁很平静、传播很好。A 指数每天 18 点更新一次，是基于 K 指数计算出来。太阳通量是太阳黑子活动的表征，和 A 指数一样，较小的值说明传播条件较好。

静区

如图 13-12 所示，在地面波覆盖的最远距离和天波的最近距离之间有一段区域是无线电无法到达的"盲区"，这一区域称为静区（quiet zone）或者盲区（skip zone）。图中可以看出，由于给定频率的无线电波存在临界角，因此造成了静区的存在。静区从地波能到达的最远距离开始，一直延伸到天波的最近距离。天波的最近距离是从发射机通过天波传播所能达到的最近距离，它就是临界角传播所能到达的位置。

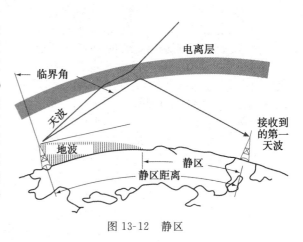

图 13-12　静区

衰减

衰减(fading)指接收信号时接收信号强度的变化现象。如图 13-13(a)所示，当地面波和天波同时被接收时就有可能发生衰减。由于接收到的天波和地面波的相位不同，所以会相互抑制。因为水面能够有效延长地面波的传播距离，所以这种衰减通常出现在跨越多个水域的长距离通信中。如图 13-13(b)所示，当天波传播存在时，天波可能通过两个不同路径进行传播，比如一部分能量在 E 层反射，另一部分能量在 F 层反射。于是，不同的传播在接收机处存在相位的不同，也会造成衰减。当这两部分信号幅度相同，相位差 180°时，接收到的信号会被完全抵消掉。但通常情况下两个信号幅度存在差异，所以能够接收到有用信号。

电离层对不同频率信号的影响不同，所以接收到的信号可能产生相位失真。第二章已经指出，单边带(SSB)对相位失真最不敏感；FM 对相位失真非常敏感。所以 FM 很少用在 30MHz 以下(存在天波传播)。带宽越宽，对相位失真越敏感。

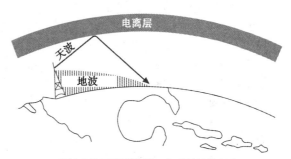

(a) 天波和地面波到达同一点时引起的衰减

通信频率的可用性和衰减类型密切相关，有些类型的衰减下无法进行传输。日出和日落时电离层的变化情况会影响特定频率的通信。较高频率的信号可以通过电离层通信，而较低频率的信号则会被吸收。

电离层暴经常造成无线通信的不稳定。此时，部分频率不可用，但另一些频率通信效果更好。电离层暴的形成有时只需要几分钟，但有时需要若干小时。最长的电离层暴可能持续数日之久。

(b) 通过不同传播路径到达同一点的天波引起的衰减

图 13-13　衰减

对流层散射

对流层散射可以看作一种特殊的天波传播。与天波传播利用电离层反射不同，对流层散射需要借助对流层进行传播。对流层离地面仅仅有 6.5mile 高。利用 350MHz～10GHz 的频率可以实现远至 644km 的可靠通信。

图 13-14 是散射通信的一个示意图，两个定向天线将波束指向对流层，大部分的发射能量直接到达外太空，但是小部分发射能量可以通过散射这一复杂的过程向所需方向传播。如图 13-14 所示，也有一部分能量散射到不需要的方向。常用的最佳散射频率大约是 0.9GHz, 2GHz 和 5GHz，但此时接收信号的强度也仅有发送信号的百万分之一，因此散射通信通常需要大功率发射机和高灵敏度接收机。同时，散射过程会带来两种形式的衰减：首先是散射路径存在多径效应产生的衰减，这种衰减通常发生在 1 分钟以内；其次是大气层的变化会带来比多径衰减稍慢一些的信号强度的变化。

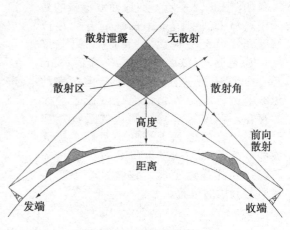

图 13-14　对流层散射

为了对抗严重的衰减，可以采用分集接收(diversity reception)的方式进行接收。分集是指将多个发射或接收信号在接收机进行叠加，或者实时选择其中最好的接收信号进行接收的方法。通常包括下面几种分集方式。

空间分集：使用多副间距在 50 个波长以上的接收天线接收多个信号，随时选择其中最好的作为接收信号。

频率分集：在发信端将一个信号利用间隔较大的两个频率同时发射，这样即使采用同一根收发天线，多个不同频率的信号经过衰减后也互相独立。

角度分集：在发信端将一个信号利用两个间隔较大的发射角同时发射，这样电波在电离层通过不同的散射区域进行散射，通过几个不同的路径到达接收端。

极化分集：利用垂直极化和水平极化的电磁波具有独立的衰减特点进行分集。

尽管对流层散射通信存在需要大功率、需要分集接收的缺点，同时近年来还受到卫星通信的挑战，但对流层散射通信自 1955 年首次被应用后一直发挥了重要的作用。军事和商业用户经常利用对流层通信为沙漠、山地、海岛间提供可靠的远距离语音和数据链路。

13.6　卫星通信

卫星通信中使用的信道是本书的最后一类传播信道。卫星在地球静止轨道(geostationary orbit，也称为地球同步轨道)运动，也就是说卫星保持在离赤道大约 35888km 高的固定位置，这使得卫星通信成为可能。只有在这个高度，在地球、太阳和月亮的引力以及卫星围着地球公转的离心力的共同作用下卫星才能够保持相对静止。其实，卫星当然是在运动，并且需要周期性地利用自身能量调整姿态才能保持在合理位置。但是相对于地球，可以认为卫星是静止不动的。

卫星通信系统包括下面三个部分：上行链路(uplink，发射机)、在轨卫星、下行链路(downlink，接收机)。

上行链路和下行链路都是地面站，这些地面站可以发射和接收数据、视频以及语音信号，或者是一个单独的接收机。地面站包括激励器、大功率行波管放大器(TWTA)(也称为大功率功放 HPA)，指向同轨卫星的抛物线反射器天线与接收器。

卫星的有效载荷包括天线、转发器以及保持同步轨道位置的姿态控制器。转发器(transponder)具有接收、变频和发射信号的功能。姿态控制器(attitude control)能够矫正姿态使卫星保持在所需轨道上。一般 2～6 周进行一次姿态矫正。同步卫星轨道处于赤道上方(纬度为零)的固定位置(经度是固定值)。卫星星下点(subsatellite point)就是卫星位置与地心连线在地面的交点,该交点的经度即卫星的经度。目前,卫星最小间隔是经度 2°。

下面我们以 1987 年发射的 Boeing601 为例介绍同步轨道卫星。Boeing601 提供的业务包括卫星直播、甚小口径(VAST)网络以及卫星移动通信。Boeing601 基础版可以提供 48 个转发器和 4800W 的发射功率。而 1995 年发射的 Boeing601 高功率版则可以提供 60 个转发器和 10 000W 的功率。图 13-15 是卫星的详细示意图。

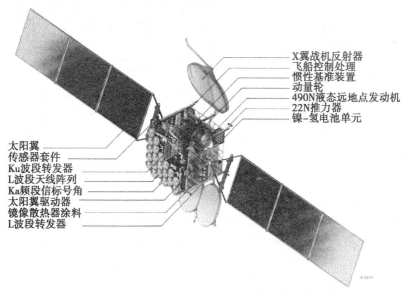

图 13-15   Boeing601 卫星详细示意图

与地面微波通信和低轨卫星通信相比,同步卫星进行通信有很多优点。同步卫星相对于地面的位置是固定的,所以不需要昂贵的跟踪或者循迹系统。除非极其恶劣的天气或者太阳风暴,信号随时可用。覆盖图(footprint)是卫星的辐射图案的地理表示,可以反映卫星传输信号在地面上的地理覆盖情况。图 13-16 是一个卫星覆盖图的例子。覆盖图通过以 dBW(dB watts)为单位的等高线表示接收信号功率密度,在计算链路预算时(见 13.7 节),利用辐射图案就可以得到理想的信号强度。

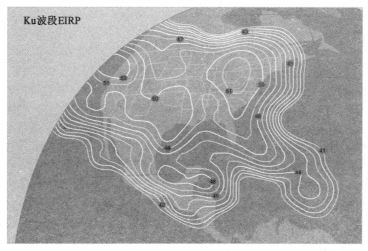

图 13-16   卫星覆盖图

同步轨道卫星通信的一个缺点是传输时延大，这是因为往返卫星的距离约为 71 777km。往返距离远导致传输损耗大，因此需要更高功率的发射机。另一个缺点是让卫星保持在同步轨道上需要的代价较大。

卫星通信最常使用的是 C 频段和 Ku 频段。表 13-1 列出了卫星通信中用于数据、语音、新闻娱乐、军事、广播等应用的常用频率，表中没有包括美国所有的卫星频率，仅仅包含常用的频段。

表 13-1　卫星通信频率

带　　宽	上行频率/GHz	下行频率/GHz
L	1～2	可变
S	1.7～3	可变
C	5.9～6.4	3.7～4.2
X	7.9～8.4	7.25～7.75
Ku	14～14.5	11.7～12.2
Ka	27～30	17～20
	30～31	20～21

卫星轨道

如图 13-17 所示，卫星轨道是椭圆形。每一根轨道都有一个近地点（perigee，轨道上离地球最近的点）和一个远地点（apogee，轨道上离地球最远的点）。

同步卫星使用赤道轨道，其他轨道包括极地轨道（极轨）和倾斜轨道。这些轨道如图 13-18 所示。

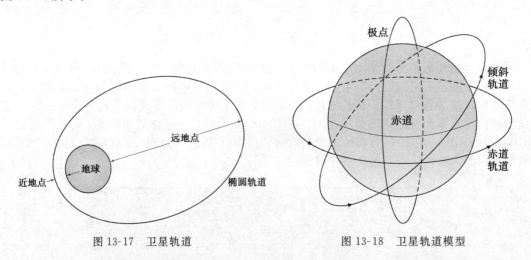

图 13-17　卫星轨道　　　　　　　　　　图 13-18　卫星轨道模型

在接收天线仰角小于 5°情况下，使用 3 颗间距 120°的同轨卫星就可以覆盖除了高于北纬 76°和南纬 76°的极地以外的整个地球。由于地球的自转和卫星在南北极之间的反复运行，使用极地轨道的卫星可以覆盖百分之百的地球表面。极地轨道卫星可以每天经过地球上的任一点两次。倾斜轨道用于覆盖靠近北极和南极的高纬度地区，但是用倾斜轨道必须对卫星进行跟踪。一个典型的倾斜轨道卫星是俄罗斯的 Molniya，它使用 63°的倾斜轨道，其周期是 12h。它的远地点在北半球上方区域，此时卫星最容易被捕获。地面站每天可见卫星的时间是 4.5～10.5h。

同步轨道卫星数量很多，国际法限制同步卫星的间距以避免相互干扰。因此，北美、欧洲、日本等发达国家上空的轨位非常珍贵。此时的另一种选择是使用近地轨道（LEO）卫星。在近地轨道卫星（400～1600km）的高度，信号时延减为 5～10ms；同时发射所需费用

也大大缩减。近地轨道卫星对于地面不是静止的，他们以大约 90～100min 的时间为周期
环绕地球运转，对于地面上固定区域，这些卫星在每一周期里只有 5～20min 是可用的。
如果需要实时通信，则需要多颗近地轨道卫星。同时，由于这些卫星每隔几分钟就出现和
消失在地平线，所以需要设计相应的切换方法才能保持用户有效连接。即使是用户保持相
对静止，也需要整个网络具有复杂的处理能力。

美国摩托罗拉公司的铱星系统就是用 LEO
卫星提供全球移动语音和数据通信服务。铱星
电话使用频分/时分（FDMA/TDMA）技术，可
以提供 2.4kbps 的数据速率。铱星系统采用 66
颗卫星，这些卫星运行在离地面 781 公里高的绕
极地轨道（倾斜角为 86.4°）上。图 13-19 是铱星
的卫星星座示意图。卫星的轨道周期为 100′28″。
通过合理安排卫星轨道，铱星系统能够无缝隙
覆盖全球。任何时候，地面站可以通过至少 4 颗
卫星的互连连接至铱星系统的地球关口站。铱星
系统使用 L 频段（1616～1626.5MHz）提供电话和
短信业务。卫星之间使用 Ka 频段（23.18～
23.38GHz）。上下行链路都使用 Ka 段和地面站通
信，其中上行链路使用 29.1～29.3GHz，下行链
路使用 19.4～19.6GHz。

图 13-19　铱星系统星座示意图

方位角和仰角计算

为了和指定卫星通信，必须计算地面站天线的方位角和仰角，也就是视角。方位角是
地面站天线的水平角度，仰角是地面站天线指向天空的角度。必须知道地面站的经度、纬
度以及卫星的经度，才能计算地面站天线的方位角和仰角（look angle）。地面站的经纬度
可以通过美国地质调查局地图或通过 GPS 接收机得到。获得地理位置后，就可以计算地
面站的方位角。

可以通过式（13-8）和式（13-9）计算方位角和仰角：

$$\tan(E) = \frac{\cos(G)\cos(L) - 0.1512}{\sqrt{1 - \cos^2(G)\cos^2(L)}} \tag{13-8}$$

其中：E 表示仰角（°），S 表示卫星的经度（°），N 表示地面站经度（°），$G = S - N$（°），L
表示地面站纬度（°）。

然后可以按式（13-9）得到方位角

$$A = 180 + \arctan\left[\frac{\tan(G)}{\sin(L)}\right] \tag{13-9}$$

其中：A 表示方位角（°），S 表示卫星的经度（°），N 表示地面站经度（°），$G = S - N$（°），L
表示地面站纬度（°）。

例 13-1 说明如何使用式（13-8）和式（13-9）计算方位角和仰角。

例 13-1 已知卫星处于西经 83°。地面站位于西经 90°，北纬 35°。请计算所需的方位
角和仰角。

利用式（13-9），方位角为：

$$A = 180 + \arctan\left[\frac{\tan(-7)}{\sin(35)}\right]$$

$$A = 180 + \arctan\left[\frac{-0.128}{0.5736}\right]$$

$$A = 168°$$

利用式(13-8)可得仰角：

$$\tan(E) = \frac{\cos(-7)\cos(35) - 0.1512}{\sqrt{1 - \cos^2(-7)\cos^2(35)}}$$

$$= \frac{0.661846}{0.582199} = 1.1368$$

$$E = \arctan(1.1368) = 48.663°$$

全球定位系统

全球定位系统(GPS)是卫星技术的另一个典型应用，它可以提供非常精确的地理位置信息。GPS 起源于美国政府及其执法机关，但其低廉成本的手持接收机使得个人使用成为可能。当你旅行或者远足时，可以随时了解你精确的位置。GPS 卫星发送位置数据，GPS 接收机处理和计算接收每颗卫星数据所需的时间，然后根据 4 颗不同卫星的接收时间计算出具体的经度和纬度。

GPS 在离地球 17 542km 的高度建立了 28 颗卫星组成的星座。GPS 卫星环绕一圈需要 12h。GPS 卫星发射两个数据，一个是在 1575.42MHz 上传输的民用 CA 码，另一个是在 1227.6～1572.42MHz 上传输的军用 P 码。GPS 接收机测量卫星数据从卫星到接收机的传输时间，通过传输时间修订位置信息。需要至少 3 颗卫星的数据才能得到经纬度表示的位置，而包括经纬度和海拔的 3 维地理信息则需要至少 4 颗卫星的数据。

民用 GPS 接收机的精度大约是 2m。但利用已知位置的地面接收机提供 GPS 卫星民用数据的校正数据就可以提高精度。也就是通过差分 GPS(differential GPS)提高精度，此时精度可以提高到 1cm 左右。

复用技术

一个卫星通常需要同时和多个用户保持不间断的通信。卫星的覆盖区如图 13-20 所示。有些卫星使用指向性很强的定向天线，这样覆盖区可能包括 2 个相对独立的区域。例如：一个卫星需要同时为夏威夷和美国大陆西海岸提供服务，此时则不需要在广袤的太平洋中浪费珍贵的下行链路信号能量。

图 13-20 中，卫星和 5 个地面站的通信是同时进行的。A 站和 B 站通过路径 1 通信，C 站利用路径 2 向 D 与 E 发射数据。初始发射信号中的控制信号用于启动相应的接收机。

卫星厂商用两种复用技术实现发射机复用。较早的卫星通信系统使用频分多址技术(Frequency-division multiple access，FDMA)。FDMA 系统中，卫星采用覆盖所有频率信道的宽带接收机和宽带发射机，其中的每个频率信道就类似于 FM 收音机的频道。一个地面站先发送信号表明目的站，然后接收控制信号得到所需的发射频率。当发射结束时，信道被释放进入空闲池。利用这种方式，卫星能够被多个地面站同时使用。

大部分新的 STATCOM 系统使用时分多址(time-division multiple access，TDMA)技术为多个地面站同时提供服务。在 TDMA 中，所有站点使用相同频率，但在互不重叠

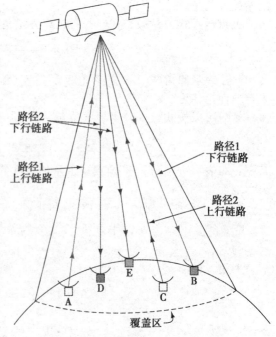

图 13-20　卫星覆盖区及复用通信

的时间片上发送一个或多个突发数据。如图 13-21 所示，3 个地面站都在发射，但实际上并不同时工作。突发数据被卫星中继器接收放大并转发给对应接收机的下行链路波束。可以想象，整个系统的控制部分是非常精密的。

和 FDMA 相比，TDMA 具有如下优点：

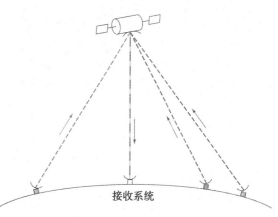

- 单个载波：当处理频带较窄时，卫星中的行波管功放具有较好的互调特性并且能提供更高的功率。
- 灵敏度高：对于 FDMA 系统，地面站必须发射和接收多个频率，所以在其上下变频链路须具备选择多个频率的能力。但 TDMA 系统中，通过时间而不是频率完成复用，因此上下变频链路成本更低且易于实现。

接收系统

图 13-21 TDMA 图解

- 更适合于数字通信：由于 TDMA 中实现了存储、速率变换、时间域处理，所以更适合于数字通信。由于可以根据需要调整突发数据持续时间，因此 TDMA 同样更利于按需分配资源。

地面站与卫星的往返距离

在卫星通信系统中，需要利用卫星和地面站之间的距离来计算信号在星地间的往返所需的时延。每个地面站到卫星都有不同的距离。在卫星通信系统中，利用一个卫星信道为多地提供服务（多址）是很普遍的。可以利用诸如 TDMA 之类的多址技术。在 TDMA 系统中，来自地面站的信号必须在固定的时间间隔到达卫星。如果每个地面站到卫星的距离相同，则很容易保证信号到达卫星的时间。但实际上，地面站可能在经度和纬度上相差很大，相距成千上万公里。因此，地面站与卫星的距离及信号的传播时延相差很大。下面介绍如何计算地面站到卫星的距离。

表 13-2 列出了计算卫星到地面站距离所需的数据，表中包括以公里和英里为单位的数据。

表 13-2 星地距离计算

项 目	距离/km	距离/mile
赤道平均半径	6 378.155	3 963.2116
卫星到星下点距离	35 786.045	22 236.4727
同步轨道到地心的距离	42 164.200	26 199.6843

计算地面站与卫星之间的距离需要地面站的经度和纬度。可以利用 http://web. nmsu. edu/~jbeasley/Satellite/的 JavaScript 程序计算地面站与卫星的距离和往返时延。JavaScript 程序是按照式(13-10)计算数据的。

$$d = \sqrt{D^2 + R^2 - 2DR\cos\alpha\cos\beta} \tag{13-10}$$

其中：d 为地球与卫星之间的距离（米）；D 为 42.1642×10^6 m（同步轨道到地心的距离）；R 为 6.378×10^6 m（地球半径）；α 为地面站纬度；β 为地面站经度。

例 13-2 是利用式(13-10)计算的例子。

例 13-2 计算位于西经 $106°16'37''$、北纬 $32°44'36''$ 的地面站到西经 $99°$ 同步卫星的上行链路的距离。

利用式(13-10)计算需要将地面站的经度和纬度由度分秒转换为以度为单位。

纬度：北纬 $32°44'36''$ 转换为：$32 + \dfrac{44}{60} + \dfrac{36}{3600} = 32.743\,33°$

经度：西经 $106°16'37''$ 转换为：$106 + \dfrac{16}{60} + \dfrac{37}{3600} = 106.276\,944\,8°$。

下面，利用式(13-10)计算卫星和地面站的距离，即

$$d = \sqrt{D^2 + R^2 - 2DR\cos\alpha\cos\beta}$$

其中：d 为地球与卫星之间的距离(m)；$D = 42.1642 \times 10^6$ m(同步轨道到地心的距离)；$R = 6.378 \times 10^6$ m(地球半径)；$\alpha = 32.743\,33°$；$\beta = 99°W - 106.276\,94 = -7.276\,94$。

所以：

$$d = \sqrt{(42.1642 \times 10^6)^2 + (6.378 \times 10^6)^2 - 2 \times 42.1642 \times 10^6 \times 6.378 \times 10^6 \cos(32.743\,33)\cos(-7.276\,94)}$$

$$d = 37\,010 \times 10^6 \text{ m}$$

例 13-2 中信号从地面站到卫星所需的传播时延可以通过距离除以光速 c $(2.997\,925 \times 10^5$ km/s$)$ 来计算。即

$$时延 = \frac{d}{c} = \frac{d}{2.997\,925 \times 10^5} \text{km/s} \approx \frac{d}{3 \times 10^5} \text{km/s} \qquad (13-11)$$

$$往返时延 = \frac{2d}{c}$$

利用式(13-11)，信号到卫星所需时延和往返时延分别为

$$时延 = \frac{d}{c} = \frac{37\,010.269 \text{km}}{2.997\,925 \times 10^5 \text{km/s}} = 0.123\text{s}$$

$$往返时延 = \frac{2d}{c} = 2 \times 0.123 = 0.2469\text{s}$$

需要注意的是还有第三种复用方式，码分多址(CDMA)同样可以利用单载频通信。在码分多址中，每个地面站使用不同的二进制序列调制载波。控制计算机利用"相关器"分离与"分配"不同的信号至相应的下行站。(参见第 10 章对 CDMA 的介绍)

甚小口径天线数据终端(VSAT)和移动卫星(MSAT)系统

另外两个重要的卫星通信系统是：(1)甚小口径数据终端/甚小天线地面站；(2)超小型终端移动卫星通信系统(北美移动业务卫星通信系统)。市场需求和技术进步开拓了新的市场。MSAT 终端称为"轮子上的 VSAT"，具有很多和 VSAT 相似的特点。MSAT 系统的一套终端包含体积较大的通用车载硬件来保持卫星与车辆间的持续通信。所以 VSAT 主要为固定的用户服务，MSAT 则为移动车辆提供服务。

传统的 VSAT 系统允许使用很多价格低廉的终端构成一个庞大的集中系统。例如：沃尔玛在每个分店都安装一套 VSAT 终端，并且将这些终端与阿肯萨斯州的中央处理计算机相连。这样的构架使得沃尔玛可以快速交换顾客和库存情况等数据。因此，沃尔玛可以快速为每家分店供应顾客所需的商品并进行结算。VSAT 的天线直径通常在 $0.5 \sim 1.2$ m 的范围内，发射功率通常为 $2-3$ W。

也可以基于 VSAT 系统为家庭提供互联网服务。狂蓝(WildBlue)公司能提供上行传输速率为 256kb/s，下行 1.5Mb/s 的高速互联网接入服务。WildBlue 使用 Ka 频段，利用西经 $111.1°$ 的 Telesat 公司的 Anik F2 卫星通信。卫星的上行链路频率为 $29.5 \sim 30.0$GHz，下行频率为 $19.7 \sim 20.2$GHz。WildBlue 采用 0.65m 高 0.74m 宽的椭圆形反射天线。

图 13-22 给出了克莱斯勒公司的 VSAT 网络的示意图。利用这一 VSAT 网络，克莱斯勒公司的总部能够与其在北美的六千多个销售网点进行互联。它能利用展厅的计算机帮助工程师进行维修，或者帮助销售人员下订单并确认车辆的送达日期。也能够帮助车辆销售商保持合理的库存和维修备件。卫星通信系统利用 TDMA 技术可以让多个站点共享链路，只需要很小的发射功率就能够为多个用户提供连续的信息传输服务。

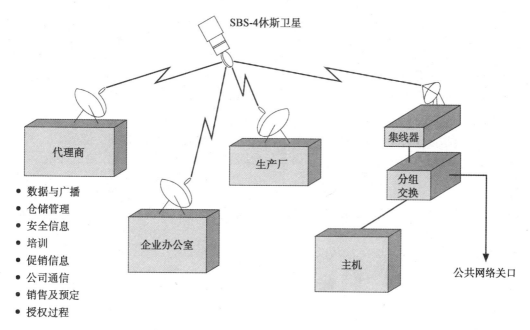

图 13-22　VSAT 网络

卫星广播

联邦通信委员会(FCC)1992 年为数字音频广播服务(DARS)分配了 S 频段(2.3GHz)的射频频率。在美国,有 XM 和 Sirius 两个原先为竞争对手,现在已经合并为一个公司提供这种服务。XM 成立于 2001 年,Sirius 成立于 2002 年。卫星收音机的业务由同步轨道卫星或者倾斜轨道卫星一起提供,这两种轨道都可以参考图 13-18。

XM 卫星广播服务使用两颗同步轨道卫星。这些卫星位于离地球大约 35 888km 高度的固定位置,所以近地点和远地点的距离相差很小。Sirius 卫星广播服务使用 3 颗倾斜轨道卫星。每颗卫星每天中至少有 16h 位于美国大陆上方。由于轨道经过合理安排,所以可以保证至少有一颗卫星位于美国上方。Sirius 卫星的远地点在北美洲上方,此时卫星与地球的距离是 46 993km,而近地点距离则为 23 979km。

收听卫星广播需要一副天线和处理接收信号的定制套件。在专用套件外,接收 Sirius 卫星广播还常常需要分集接收机和天线。接收机分集技术能同时分别接收两个卫星的两个信号,然后选择其中较好的一个信号,这个过程被称为空间分集。Sirius 卫星在 12.5GHz 频段上同时发射 3 个不同频率的信号以便用户选取其中最好的一个。Sirius 系统同时将音频延时 4s 实现时间分集。通过存储卫星的数字信号流实现延时,其优点是能够防止短暂的信号丢失对音频信号造成的中断。

13.7　品质因数和卫星链路预算分析

大部分的卫星设备提供商,如卫星电视服务提供商,都会根据用户的地理位置和所订购业务提供必需的设备。如果没有准备好的这些设备,建立卫星地面站时必须考虑两个重要的指标:

(1) 品质因数(G/T)

(2) 卫星链路预算(C/N)

这一节介绍如何计算品质因数(figure of merit)和卫星链路预算(satellite link budget)。注意:根据本书的计算方法开发的在线计算工具的网址是:http://web.nmsu.edu/~jbeasley/Satellite。

卫星通信系统的种类和性能差异很大。有的系统可能具有庞大的反射天线，但前端的放大器性能较差。有的系统可能天线尺寸较小，但是前端放大器性能较好。哪一个更好呢？卫星链路预算则是比较不同地面站接收机的一种有效方法。卫星链路预算将卫星地面站的每一环节的技术指标都囊括在其中，并且允许终端用户对完整系统的某些性能进行估计。并使用最终得到的品质因数来比较地面站的性能。

品质因数

品质因数是衡量各个地面站性能的重要测量指标。在轨卫星也可以用品质因素来衡量其性能，这一指标由卫星服务提供商掌握。品质因数越高表明地面站的性能越优越。品质因数的定义为

$$G/T = G - 10\lg(T_s) \tag{13-12}$$

其中，G/T 为品质因数（dB）；G 为天线增益；T_s 为接收系统总的等效噪声温度系数（Teq）。

接收系统总等效噪声温度系数和三个关键部件的指标有关，选择地面站时必须仔细检查这三个部件。这三个部件包括：

- 天线；
- 低噪声放大器（LNA）、低噪声下变频器/高频头（LNB）、低噪声变频器（LNC）；
- 接收机及无源器件。

卫星天线的等效噪声温度通常由制造商提供。常见的卫星天线的等效噪声温度大约是30K（开尔文）或更低。地面站的第一级放大器通常是一个 LNA 或者 LNB 或者 LNC，它对总的等效噪声温度系数起决定性作用，其噪声温度指标非常重要。LNA、LNB 和 LNC 的价格与其噪声温度指标密切相关。通常，噪声温度越低，其价格越昂贵。

下面以为卫星接收机选取最为关键的第一级放大所需低噪声放大器为例。接收机接收的电平强度通常很小（μV 数量级），所以需要对这一信号进行放大。因此，第一级放大器必须具有极低噪声（噪声指数低）和很高增益。决定接收系统总等效噪声温度系数的第三个因素是无源器件，但是如例 13-3 所示，无源器件的影响一般很小。

通常可以用等效噪声温度 T_e 来精确描述低噪声放大器的性能。T_{eq} 和噪声系数 NF 及噪声因子 F 的关系如式（13-13）和式（13-14）所示。

$$T_{eq} = T_0(F - 1) \tag{13-13}$$

其中，

$$T_0 = 290K（室内温度）$$

$$NF(dB) = 10\lg F = 10\lg\left(\frac{T_{eq}}{T_0} + 1\right) \tag{13-14}$$

其中，

$$F = \frac{T_{eq}}{T_0} + 1$$

例 13-3 根据以下卫星地面站的参数计算其品质因数。并将此地面站与另一个品质因数 G/T 为 22.5dB 的地面站进行比较。

天线增益：45dBi

天线噪声温度：25K

LNB 噪声温度：70K

噪声温度（接收机及无源器件）：2K

首先计算接收系统总等效噪声温度：

$$T_s = (25 + 70 + 2)K = 97K$$

利用式（13-12）计算品质因数（G/T）

$$G/T = G - 10\lg(T_s)$$
$$= 45 - 10\lg(97)$$
$$= 45 - 10 \times 1.97$$
$$G/T = 25.13\text{dB}$$

两地面站比较：此地面站品质因数为 25.13dB，优于另一个品质因数为(22.5dB)的地面站。

卫星链路预算

卫星链路预算计算是地面站进行详细规划时必须进行的重要环节。链路预算用来评估卫星链路信号的等效 C/N，并用来确保卫星链路可以满足所需的 C/N 指标。卫星接收机通常有最小 C/N 规范或者最小输入电平强度的要求。必须满足这些指标的要求才能保证接收机的误比特率或信噪比指标。卫星链路总预算由上行链路预算和下行链路预算来确定。

自由空间路径损耗(free-space path loss)是估计卫星链路的一个重要参数。该参数是射频信号由卫星到地面站或地面站到卫星传播时的衰减。由地面站到卫星的衰减是上行链路损耗，由卫星到地面站的是下行链路损耗。自由空间路径损耗是链路预算中损耗值(dB)最大的，其值的范围根据频率和地理位置的不同在 $180 \sim 220$dB 之间变化。传输距离越远，衰减越大。同样需要注意的是自由空间路径损耗是传输频率波长的函数。也就是说波长越小(频率越高)，路径损耗越大。自由空间路径损耗可以用式(13-15)进行计算。

$$L_P(\text{dB}) = 20\lg\left(\frac{4\pi d}{\lambda}\right) \tag{13-15}$$

其中：L_P 为自由空间路径损耗(dB)，d 为距离(m)，λ 为波长(m)

例 13-4 如果地面站到卫星的上行链路距离为 $41.130\ 383 \times 10^6$m，上行频率为 14.25GHz，请计算其自由空间路径损耗。

利用式(13-15)计算自由空间路径损耗。

波长为：

$$\lambda = \frac{c}{f} = \frac{2.997\ 925 \times 10^8\text{m/s}}{14.25 \times 10^9\text{Hz}} = 0.021\ 038\ 1\text{m}$$

自由空间路径损耗为：

$$L_P(\text{dB}) = 20\lg\left(\frac{4\pi d}{\lambda}\right) = 20\lg\left(\frac{4\pi 41.130\ 383 \times 10^6}{0.021\ 038\ 1}\right) = 207.807\text{dB}$$

可以利用 http://web.nmsu.edu./~jbeasley/Statellite/ 的 JavaScript 脚本计算自由空间路径损耗。

在计算链路预算时，必须考虑包括地面站和卫星链路所有环节的增益和衰减。上行和下行链路预算分别是各自链路的增益和衰减之和。卫星上行链路预算必须考虑表 13-3 的因素：

表 13-3　卫星上行链路预算因素[①]

上行链路	
增益	衰减
上行链路功率(EIRP)	由地面站至卫星的自由空间路径损耗
卫星 G/T	大气损耗和地面站波束定位误差
玻耳兹曼常数调整[②]	带宽

（续）

下行链路	
增益	衰减
下行链路卫星覆盖功率	由卫星至地面站的自由空间路径损耗
地面站 G/T	大气损耗和地面站波束定位误差
玻耳兹曼常数调整	带宽

① 工程上所用的卫星链路预算计算还考虑更多的参数，但本文的例子可以较好地估计卫星和地面站所需的 C/N。
② 值为 −228.6dBW/(K·Hz) = 10lg(1.38×10⁻²³)

式（13-16）和式（13-17）是 JavaScript 程序中计算上行链路 C/N 和下行链路 C/N 的公式。

上行链路预算：

$$C/N = 10\lg A_t P_r - 20\lg\left(\frac{4\pi d}{\lambda}\right) + 10\lg\frac{G}{T_e} - 10\lg L_a - 10\lg K$$
$$- 10\lg BW + 228.6\text{dBW/(K·Hz)} \tag{13-16}$$

其中：A_t 为地面站发射天线增益；P_r 为地面站发射功率（W）；d 为地面站至卫星的距离；λ 为发射信号的波长；G/T_e 为卫星的品质因数；L_a 为大气损耗；BW 为带宽。

下行链路预算：

$$C/N = 10\lg A_t P_r - 20\lg\left(\frac{4\pi d}{\lambda}\right) - 10\lg\frac{G}{T_e} - 10\lg L_a + 228.6\text{dBW/(K·Hz)}$$
$$\tag{13-17}$$

其中：A_t 为卫星发射天线增益；P_r 为卫星发射功率（W）；d 为卫星至地面站的距离；λ 为发射信号的波长；G/T_e 为地面站的品质因数；L_a 为大气损耗。

前面提到过，卫星接收机必须达到所需 C/N 或者接收端最小信号电平的要求才能保证系统的正常工作。链路预算就是用来计算上行和下行链路是否能够满足最低要求的指标。当不能满足所需 C/N 时，就必须提高设备的某些指标。在上行链路中，可以使用更大的天线或者加大发射功率。在下行链路中，可以使用更大的天线或者更好的 LNA，LNB 或者 LNC。示例 13-5 是利用 JavaScript 脚本计算卫星链路预算的一个例子。

例 13-5 使用在线程序计算卫星链路预算，并指出卫星链路预算的 C/N 是否可用。

其中：地面站位于北纬 32°18′，西经 106°46′，卫星位于西经 99°。调制方式为 8PSK，数据速率 10Mbps，所需带宽为 3.33MHz−(65.22dB)。卫星所需 C/N 为 6dB，地面站所需 C/N 为 12dB。其余信息如下：

地面站：
上行链路频率	14.274GHz
天线尺寸	4.5m
天线效率	0.6%
地面站 G/T	30.6dB/K
发射功率	3W

卫星：
下行频率	11.974GHz
卫星 EIRP	40.1dBW
卫星 G/T	0.9dB/K

上行链路-计算结果：
EIRP	+59.11dBW
路径损耗	−205.89dB

卫星 G/T	$+0.9\mathrm{dB/K}$
带宽	$-65.22\mathrm{dB}$
玻耳兹曼常数	$+228.6\mathrm{dBW/(K \cdot Hz)}$
上行链路 C/N	$16.59\mathrm{dB}$

下行链路-计算结果：

EIRP	$+40.1\mathrm{dBW}$
路径损耗	$-204.37\mathrm{dB}$
地面站 G/T	$+30.6\mathrm{dB/K}$
带宽	$-65.22\mathrm{dB}$
玻耳兹曼常数	$+228.6\mathrm{dBW/(K \cdot Hz)}$
下行链路 C/N	$27.7\mathrm{dB}$

计算结果表明上行和下行链路的 C/N 都能很好满足规范要求。且上下行链路对于额外的大气损耗和设备需求都留有很大的裕量。

总结

和光一样，无线电波是电磁辐射的一种形式。麦克斯韦预测了电磁波，而赫兹证实了无线电频率范围内电磁波的存在。所有形式的电磁波都可以在自然空间传播，此时电磁波由与传播方向垂直且相互垂直的电场和磁场构成。无线电波是变化电场和磁场相互作用的结果，并且具有自稳特性。和光一样，无线电波也具有反射、折射及衍射特性。

由发射机到接收机，无线电波可能具有一条或多条传播路径。在 2MHz 以下，无线电波以地面波传播为主。地面波传播沿地球表面传播，基本不受山脉或其他阻碍物影响。在 $2\sim30\mathrm{MHz}$（频段 HF），无线电波以天波传播为主，通过反射可以传播成百上千甚至成千上万公里。反射是电离层反射的结果。电离层是一个带电粒子组成的层，其离地面的高度根据季节和时间而变化。HF 频率通信的另一个重要问题是需要关注临界频率和临界角。临界频率是当垂直发射时能返回地球的最高频率。而临界角是特定频率无线电波能返回地球和传播的最大发射角。相关概念还有最高可用频率和最佳工作频率，最高可用频率指特定收发两地之间利用电离层通信的最高频率，最佳工作频率指能适用于大部分传播路径的频率。

另外一种重要的无线电波传播方式体现在卫星通信系统中。一部分卫星采用地球同步轨道以保持和地球的相对位置恒定不变，另外一些采用近地轨道。卫星通信使用多种复用技术来提高系统容量。由于时分多址和码分多址技术和频分多址技术相比更适合于数字通信，所以数字卫星通信系统越来越多的依赖于这两种多址技术。适用于固定站的 VSAT 和适用于移动安装的 MSAT 同样得到了越来越广泛的应用。最后，一个卫星系统是否成功取决于是否能保持足够的载波和噪声比，而载波和噪声比又取决于品质因数和链路预算计算。

习题与思考题

13.1 节

1. 解释下天线为什么可以看作为一种换能器？
2. 列举出光和无线电波的相同之处和不同之处。

13.2 节

3. 电磁波由哪两个部分组成？它们是如何产生的？解释说明靠近导体的电磁波的能量可能发生的两种现象。
4. 什么是电磁波的水平极化和垂直极化？
5. 由发射天线发射出来几种场？他们之间有什么关系？
6. 请写出波前的定义。

7. 卫星距离地球 35400 公里，其发射功率为 10W。计算其在地面产生的功率密度，以 $\mathrm{W/m^2}$ 的形式表示。（$6.35\times10^{-16}\mathrm{W/m^2}$）

8. 发射机与地球距离为 35400km，其功率为 20W。计算在地面接收信号的功率。假设接收天线的有效覆盖面积为 4144km²。（$2.03\times10^{-12}\mathrm{W}$）

9. 发射源距离 20km，其功率为 1kW。计算接收端的电场强度，用 V/m 的形式表示，假设距离发射源距离增加 30km，场强会下降多少分贝？（8.66mV/m，7.96dB）

10. 用两种不同的方法计算自用空间的阻抗特性。

11. 随着天线的距离的变化，一个标准广播电台的场强会发生什么变化？

12. 磁导率的定义。

13. 详细的解释下电磁波的反射过程。

14. 用斯涅耳定律，充分的解释下下电磁波的折射过程。

15. 什么是电磁波的衍射？解释阴影区的重要意义并且说明阴影区是如何形成的。

16. 写出反射系数的表达式。($\rho = \varepsilon_r / \varepsilon_i$)

17. 折射的定义。

18. 阴影区的定义。

19. 列举出无线电波从发射天线到接收天线的三种基本传播模式。

20. 详细描述地面波传播。

21. 为什么地面波传播在潮湿的地面比沙漠地面传输得更好？

22. 工作频率和地面波覆盖的范围之间有什么关系？

23. 什么是无线电通信中的最低有效频率？

24. 充分的解释下空间波传播。说明直接波和反射波之间的区别。

25. 列举出天波传播中所经历的过程。

26. 详细论述电离层，包括它的组成、分层、变化以及它对无线电波的作用。

27. 太阳黑子和北极光对无线电通信有哪些影响？

28. 定义和描述临界频率、临界角以及最大可用频率。并解释下它们对于天波通信的重要性。

29. 什么是最佳工作频率，它与最大可用频率之间的关系？

30. 什么样频率的无线电波不受电离层的影响，具有类似于光的直线传播的特性。

31. 稳定的长距离通信，应使用哪种频率的无线电波？

32. 在无线电传输过程中，辐射角度，电离层密度，以及发射频率对静区的宽度的影响。

33. 为什么天波与地面波可能会有 180°的相位差？

34. 什么是对流层的散射过程？什么情况下它会被用到。

35. 分集天线接收系统的目的是什么？

36. 列举并解释三种分集式天线方案。

37. 什么是静区？

38. 衰减的定义。

39. 当信号的频率高于临界频率会发生什么现象？

40. 什么是卫星通信？列举出卫星通信逐渐流行的主要原因。

41. 分析下 GEO 和 LEO 卫星系统的不同之处。并描述下每个系统的优点和缺点。

42. 描述一个典型的 VAST，它与移动卫星系统为何不同。

43. 解释下在 SATCOM 系统中的复用方法，列举出 TDMA 的方式比 FDMA 的方式有哪些优点。

44. 根据图 13-16 的 Telstar5 的覆盖图，确定你所在位置的 EIRP。

45. 地面站位于西经 98°北纬 35.1°。计算指向位于西经 92°的卫星的地面站天线的方位角和仰角。

46. GPS 卫星传输哪两种信号，其功能和频率如何？

47. 卫星位于西经 69°，地面站位于北纬 29°西经 110°36′20″，计算卫星和地面站的距离以及往返于卫星和地面站的信号的往返时延。

48. 远地点和近地点的定义。

49. 铱星系统的高度和轨道周期是多少？它由多少颗卫星组成，使用什么轨道模式？

50. 计算一个 100°的 LNA 噪声放大器的噪声系数(dB)。

51. 确定卫星地面站的品质因数。所需参数的如下：
    天线增益　－48dBi
    反射噪声温度－28K
    LNA 噪声温度－55K
    噪声温度－3K

52. 卫星位于西经 89°；地面站位于北纬 29°，西经 110°36′20″；下行链路的频率为 11.974GHz。计算此链路的自由空间路径损耗。

53. 卫星站位于北纬 35°10′西经 99°15′，卫星位于西经 91°。数据传输速率 6Mb/s，采用 8PSK 调制方式，需要 2MHz(65dB)的带宽。卫星需要的 C/N 为 8dB，地面站所需要的 C/N 为 15dB。请进行链路预算计算，并评价计算出的 C/N 是否可以接受。其余参数如下

    地面站：

上行链路频率	14.135GHz
天线尺寸	5.0m
天线效率	0.65
地面站 G/T	31.2dB/K
发射功率	62dBW(4.5W)

    卫星：

下行频率	11.752GHz
卫星 EIRP	38.2dBW
卫星 G/T	0.9dB/K

54. 如何确定干扰是射频干扰还是电磁干扰？

55. 发射天线 500ft 高，接收天线 20ft 高，请计算其电波地平线的距离。
    如果电波地平线需要增加 10%，计算接收天线所需要增加的高度。(61km，9.5m)

56. 如何计算确定静区和静区距离。

57. 用哪些方法可以预测天波的衰减？

第14章

天　线

14.1　基本天线理论

　　本章将介绍天线的基础知识和一些常用的天线类型。在第 13 章中，我们已经建立了天线是一个换能器这个概念，所谓换能器是指这种设备可将一种形式的能量转换成为另外一种形式的能量。发射天线是一个导体或是导体系统，它将电能量的导波转换为可在自由空间传播的电磁波。同样，接收天线将电磁波变换为可变电压或是电流形式的电信号，它也是由单个导体或是导体阵列组成的。电磁波由相互正交的电场和磁场组成，另外电场和磁场的方向都和波的传播方向正交。电磁能量从一个各向同性的点源向所有方向均匀传播，但这种点源仅能在理论上构造，物理上并没有实现。本章将点源辐射体的思想扩展到实际的天线。

　　我们将简要介绍导线和反射面系统，这种系统可以将电磁能量集中在期望的方向上，但在其最基本的构成形式上，天线不过是一个由单个导体构成的无源器件。电磁能量的产生是加速和减速导体内运动电荷的结果。一个输入到导体的正弦电压和电流使驻留在导体内的电荷移动。加速电荷产生电势差，结果产生电场。电势差的存在足够产生电流，该电流又引起一个和产生的电场正交的变化磁场。这个变化的磁场随之在一段距离外产生另外一个电场，在从产生电磁场的导体辐射出去的同时，这个产生连续的电场和磁场的过程将持续下去。因此由变化的电场和磁场而产生的波将从源点通过空间传播到其终点。

　　电能量转换成电磁能量的这个过程使得天线看起来是连接在传输线末端的负载。就像电阻器在将电能转换为热能时也是起着负载的作用，天线在将电能转换为电磁能时也是起着负载的作用。进一步，和电阻类似，天线具有一个串联的感性或容性电抗的电抗特征。在谐振频率上，天线表现为纯电阻性负载，但在高于或低于谐振频率的频率上，天线会表现出电抗特性。任何电阻性或是电抗性的不匹配都将在传输线上以反射的形式表现出来。不完全匹配并不意味着天线无法工作，确切来说，不完全匹配仅仅是代表功率转移小于最大值。这也表示天线可以工作在某一频率范围内，也可以说天线有一个有效带宽。由于波在发射机和接收机间传播时损耗很大，因此为了保证在接收机处有足够的信号强度，被发送的功率必须足够大或者发射和接收天线效率足够高。

　　接收天线以某一效率将能量从空间转移到其终端中，如果将该天线用于发射机，那么它也将以相同的效率将能量转移到空间中，人们把发射和接收操作中的这种特性称为互易性。天线互易性是因为天线的特征在本质上是一样的，不管天线是用于发射还是接收电磁能。由于互易性，我们一般是从发射的角度考虑天线，当该天线被用于接收电磁能时，同样的分析理论也一样适用。

　　只有发射和接收天线的极化相同，天线才能有效工作。极化可以按照电磁场的方向进行定义，这和天线的物理配置一致，因此一个垂直方向的天线将发射被垂直极化的波；如果一个垂直的 E 场通过水平方向的接收天线，理论上收到的信号是 0。

　　通常用电场强度来描述天线收到的信号强度。如果接收到的信号在一个 2m 长的天线上的感应信号为 $10\mu V$，那么场强是 $10\mu V/2m$ 或者是 $5\mu V/m$。在第 13 章曾经讲过，接收到的场强和发射机到接收天线的距离成反比[式(13-2)]。

14.2　半波偶极子天线

任意天线，只要其电长度和输入频率的 1/2 波长相等，就可以被称为半波偶极子天线。半波偶极子天线主要工作在 2MHz 以上频率，很难发现半波偶极子天线在 2MHz 以下频率的应用，因为在这么低的频率上，天线的物理尺寸非常长。假设某半波偶极子天线用于接收 60Hz 信号。

$$\lambda = C/f = 186\ 000\text{mile/s}/60\text{Hz} = 3100\text{mile}$$

因此用于 60Hz 的半波天线长度是 3100mile/2，或者是 1550mile。

半波偶极子天线的发展

图 14-1 是第 12 章介绍的开路、双线传输线，这种结构在高频时存在过量辐射。良好的传输线应该没有损耗，而且人们不希望传输线存在辐射。但是展开导体并让它们由平行变成夹角180°，这种双线传输线就成为一个可以工作的天线。鉴于此，分析一个开放式、四分之一波长的传输线对于理解基本天线理论非常有帮助。

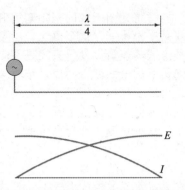

图 14-1　四分之一波长传输线段（开放式）

不管线上的信号波长是多少，传输线开口端的电压最大但电流为零，这和短接线上的电压和电流的这种关系刚好相反。不管是开路还是短路，线路上都会产生驻波。由于施加在线上的电压符合正弦规律，所以线上会不断地充放电。电流会在线上连续流动，由于开路线上端点处的电流最小，四分之一波长的返回（朝着源方向），电流一定是最大值。在发送端处的阻抗低，开放电路的阻抗高。在开放端，E 高同时 I 非常低。这使得阻抗 Z 变得很高，因为阻抗等于 E/I。在发送端情形刚好相反。图 14-1 给出了四分之一波段上的驻波电压和电流。

人们希望天线能够达到最大辐射，在这种情况下，所有输送到天线的能量都能转换成电磁波并辐射出去。由于每段线上导体的环绕电磁场方向和另一导体的磁力线垂直，所以双线传输线不可能达到最大辐射。在这种情况下，由于四分之一波传输线因相互间磁力的抵消所以不是让人满意的天线；但通过稍微的物理改造可以把传输线的这段变成一个相对有效的天线，具体的改造方法是将每段线向外弯曲 90°，这样就变成了一个半波或 $\lambda/2$ 偶极子天线，如图 14-2 所示。

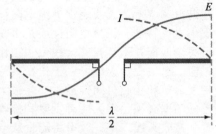

图 14-2　基本半波偶极子天线

图 14-2 中的天线由两段四分之一波组成。从一段的端点到另外一段端点的电子距离是一个半波长。如果天线上施加电压，那么电流在馈电点处最大而在终端点处最小。两个终端点间的电压最大，而馈电点间的电压最小。

半波偶极子天线阻抗

如上述方式构造出的半波天线的阻抗值可以是指定值。阻抗是任一点电压和流经的电流之间的比值。通常来说端点处的阻抗最高，而在馈电点处阻抗最小，此结果是阻抗值从馈电处的最小值变化到开放末端处的最大值。如图 14-3 给出的是半波天线的阻抗曲线。值得一提的是，沿线长度上不同的点其阻抗值是

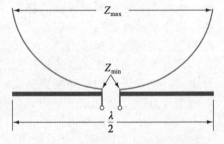

图 14-3　半波天线阻抗曲线图

不同的。对于半波天线来说，阻抗值可从开放端处的大约 2500Ω 变到源端的 73Ω。

辐射和感应场

　　从赫兹天线的中间馈电的结果是输入阻抗为纯电阻，阻值等于 73Ω。前面曾经提到，一个开路 λ/4 传输线，输入阻抗是 0Ω，因此它不能吸收功率。将开路 λ/4 传输线展开成半波偶极子天线后，其输入阻抗表现为有限的电阻值，此时半波偶极子天线可以吸收功率，但问题是如何吸收？答案是其获取能量后以电磁波的形式辐射到空间中。

　　电场从天线分离并发射到空中的过程如图 14-4 所示，注意图中并没有绘出磁场。图 14-4(a) 中电场力线是由于天线导体中的正电荷从最大正电势的点向最大负电势的点移动而产生。箭头的方向表示极性，由于它们极性相同，所以相互间存在斥力，图中外边的线被拉长并远离里边的线就是表示这种斥力的存在。图 14-4(b) 表示电场力线随着电压的下降形成一个环形，最初和电荷分离，后来又合到一起。请注意箭头仍是朝着同一个方向，这表示极性不变而且电场力线相互排斥。因此，电场力线的中间仍然存在一个向外的力。

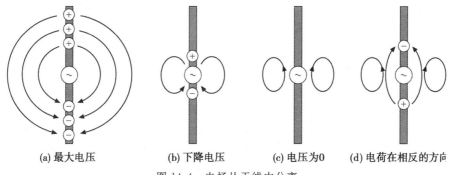

(a) 最大电压　　　　(b) 下降电压　　　　(c) 电压为0　　　　(d) 电荷在相反的方向

图 14-4　电场从天线中分离

　　图 14-4(a) 和 (b) 所示的是输入电压变化的第一半周电场力示意图。在半周结束时，输入电压变为零，一些力线塌缩进偶极子，但是其他线构成了完整的环，如图 14-4(c)。请注意环上箭头的方向；它们都朝上。在接下来的半个周期，输入电压变大，但是极性反向。力线增强，它们再次从正电荷向负电荷延伸。然而，在第二个半周，环着天线所产生的这些电荷线也有极性，极性利用向上的箭头来指示。由于这些新产生电荷线和天线旁边的闭环电荷线极性相同，因此它们的幅度将随着输入能量的增加而增大；增强的电荷线压迫闭环线，从而迫使它们进入空间而产生辐射场。人们把这个辐射产生的场命名为辐射场。同样，天线还有一个和辐射场相关的感应场。场能的一部分会紧缩进天线中，从而场被现在紧绕在天线的区域中。感应场的影响在距离天线超过 1/2 波长时可以忽略。

　　描述天线场的其他指标还有近场和远场。在距离满足下面的条件时是远场区

(a)
$$R_{ff} = 1.6\lambda : \frac{D}{\lambda} < 0.32 \qquad (14\text{-}1a)$$

(b)
$$R_{ff} = 5D : 0.32 < \frac{D}{\lambda} < 2.5 \qquad (14\text{-}1b)$$

(c)
$$R_{ff} = \frac{2D^2}{\lambda} : \geqslant 2.5\lambda \qquad (14\text{-}1c)$$

其中 R_{ff} = 远场与天线的距离 (m)。

$$D = 天线尺寸(m)$$
$$\lambda = 传输信号的波长(米 / 周期)$$

距离小于 R 时是近场区。远场区的感应场效应可以忽略。

例 14-1　如果一个 λ/2 偶极子被用于 150MHz 通信系统，试确定从该偶极子到远场区

边界的距离。

解：

一个工作于 150MHz 的 λ/2 偶极子的波长(λ)大约是

$$\lambda = \frac{3 \times 10^8}{150 \times 10^6} = 2 \frac{\text{m}}{\text{周期}}$$

因此 λ/2＝1m，这也是天线的尺寸(D)，有

$$\frac{D}{\lambda} = \frac{1}{2} = 0.5$$

因此，根据式(14-1b)

$$R_{ff} = 5D = 5(1) = 5\text{m}$$

所以，远场区的边界是距离天线超过1m的任何位置。在该例中，远场距离等于这个 λ/2 偶极子的尺寸(D)。

例 14-2 一个抛物形反射面的尺寸 $D=4.5$m，如果将该反射面用于 Ku 波段传输一个 12GHz 的信号，试计算从该反射面到远场区边界的距离。

解：

12GHz 信号的波长大约是

$$\lambda = \frac{3 \times 10^8}{12 \times 10^9} = 0.025 \frac{\text{m}}{\text{周期}}$$

$$D = 4.5\text{m}$$

$$\frac{D}{\lambda} = \frac{4.5}{0.025} = 180$$

因此，根据式(14-1c)，有

$$R > \frac{2 \times 4.5^2}{0.025} = 1620\text{m}$$

因此，这个抛物形反射面的远场区边界和天线的距离要大于1620m。对于高增益天线（如抛物形反射面）来说，远场区边界通常大于低增益天线（如偶极子天线）。

谐振

正如前面所讲，一个电半波长长度的偶极子表现出纯电阻阻抗特性。尽管阻抗幅度有所变化，但沿着天线方向的任意一点仍表现为电阻性。如图 14-3 所示，如果天线中心馈电，阻抗则是最小值。如果在某一工作频率上，天线表现为纯电阻性阻抗，则称天线处于谐振态；另外在天线的长度是电半波长或半波长的整数倍时，天线仍然处于谐振态。如果在某些频率处天线不再是半波长度，那么其阻抗将是复数，即同时具有电阻和电抗特性。如果天线和馈线阻抗不匹配，不管它们的电阻不同还是因为存在电抗分量，那么由此引起的反射都会在传输线上形成驻波，而且反射分量将后向（即向源方向）传播。对于设计工作于特定频率的天线来说，例如用于广播的发射天线，人们要花费大量的精力以获得理想的电阻匹配，这样电压驻波比(VSWR)接近 1∶1。当然，工作于某一个频率范围内的发射或接收天线也只是在某个频率上谐振，这也意味着在整个工作频段内显然会有一定程度的不匹配（因此，存在驻波和 VSWR 大于 1∶1）。天线在非谐振频率上仍然能够有效地工作，所以一些不匹配不见得是什么问题。这也是经常让人困惑的一点：只要有电流流过，天线就会工作，它也有辐射能力；然而仅在源、馈线和天线阻抗完全相等时才能获得最大的功率传输。

让我们从另外一个角度来看一下这个问题，可以说天线具有一个工作带宽，或是 VSWR 在频率范围内的值具有可以接受的较小值。但是多小才足够小呢？这很大程度上是一个设计上的选择。VSWR 为 1.5∶1 和 2∶1 时将导致 4% 和 10% 的入射功率被反射。2∶1 的 VSWR 在接收应用中是完全可以接受的，因为功率等级很低。然而，一个 50kW 的 AM 广播站，如果传输线上的 VSWR 是 1.5∶1，那么 2kW 将会反射回发射机末级放大器的输出级。很显然在后面这个例

子中，必须要精心设计天线来和发射机及馈线阻抗匹配，从而使 VSWR 尽可能的接近 1 : 1。

辐射方向图

图 14-5(a)绘出的是 λ/2 偶极子天线辐射方向图。一个辐射方向图可以用来指示环绕天线的辐射场强度。从图 14-5(a)给出的方向图可以看出，λ/2 偶极子的最大场强刚好发生在和天线垂直时，而事实上"末端"发射零能量。所以如果想和其他人通信，在他或她在 A 方向或 180°相反方向时效果最好；对方一定不要处于天线末端位置。我们在第 13 章中曾经提到一个各向同性的波，它的辐射方向图是球形，或在二维空间中显示［图 14-5(b)］为圆形或全方向的。由于半波偶极子天线将能量汇聚在一个特定的方向，所以它也被看作是定向天线，但为此付出的代价是在其他方向上能量相对较低。

另外一个重要的概念是天线的波束宽度。所谓波束宽度是辐射方向图上 1/2 功率点之间的夹角。λ/2 偶极子的波束宽度如图 14-5(a)示。图 14-6 是垂直极化 λ/2 偶极子三维辐射方向图的剖面图，可以看到该方向图像一个甜甜圈。如果天线安装时距离大地太近，大地反射波会影响到方向图。

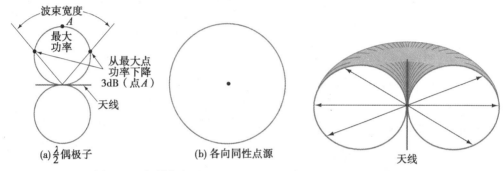

图 14-5　辐射方向图　　　　　　　　　　图 14-6　半波偶极子三维辐射方向图

天线增益

与理论上的各向同性发射天线相比，半波偶极子天线有增益。天线增益与放大器增益是不一样的，因为 50W 功率馈给天线并不会得到大于 50W 的辐射场能。实际上以牺牲其他方向为代价，天线通过将辐射能量集中在特定方向而得到了增益。这与把反射镜放置于光源后面的原理是一样的：由于反射出的光能量和灯泡发出的光能量叠加，灯泡和反射镜前面的光看起来要亮一些。然而，后面的反射镜并没有释放能量。总能量并没有增加；仅仅是以牺牲其他方向为代价而使能量在某些方向集中。

天线增益基于同样的思想。天线是无源设备，所以天线的增益不是像放大器那样利用功率源施加多余能量得到，相反，天线增益是相对于某一参考天线的表示，参考天线通常是理论上方向图为球形的点源辐射器。因此，相对于这个各向同性点源辐射体来说偶极子天线有增益，因为偶极子能量是以图 14-6 中甜甜圈形状的方向图辐射而不是均匀地向所有方向辐射。天线增益通常按照最大辐射方向来表示。相对于一个各向同性辐射源来说，半波偶极子天线具有一个 2.15dB 的增益（在天线垂直方向上）。然而，实际中很难制造出理想的各向同性辐射源，所以有时人们把 λ/2 偶极子天线作为标准参考天线，这样其他天线在谈到增益时都是相对于 λ/2 偶极子天线而言。

如果天线的增益是相对于各向同性辐射体而言，那么增益单位用字母 i 加分贝来表示，或者写成 dBi。换句话说，半波偶极子天线的增益可以表示为 2.15dBi。如果天线增益是相对于偶极子而言，单位则是 dBd。这种表示在关于天线的著作中比 dBi 出现的频率要高。如果天线增益用 dBi 表示是 2.15，那么在用 dBd 表示时这个值要变小，比如增益为 3dBd 的天线增益是 5.15dBi(3dB＋2.15dB)。

有效辐射功率

有效辐射功率(ERP)定义为天线增益和输入功率的乘积。例如，如果一个天线的增益是 7，馈给功率是 1kW，那么 ERP 是 7kW。在系统工程设计应用中，人们用 ERP 来估计覆盖范围并考虑所有系统损耗和增益。有效辐射功率也适用于 FM 和 TV 广播站的输出功率。举例来说，一个注册为 100kW 的 FM 广播站很可能是使用高增益天线来达到这个功率值，高增益天线可以有效地将传输功率集中在水平方向，从而沿着和地球表面平行的方向传播到接收方。同时还能将向上(朝着空中)传播和向下(朝着天线塔的正下方)传播的额外能量重新汇聚到接收方。

如果所有的功率电平都已经表示成分贝形式，那么可以很容易得到 ERP。接下来的问题只是简单加减运算。在下面的例子中，我们会给大家展示这一点。

例 14-3 一个 50W 的发射机连接到一个设计增益为 9dBd 的天线上，系统传输线和滤波器/接头总损耗为 3dB。计算 ERP。

解：

将所有的功率电平转换为分贝形式，这样就可以把问题简化为加和减。将发射机输出功率转换为 dBm，我们可以得到

$$dBm = 10 \lg \left(\frac{50}{1 \times 10^{-3}} \right)$$

$$= +47 dBm$$

因此，ERP 是 47dBM+9dBd-3dB=53dBm。由于 53dBm 表示一个发射机输出功率具有 6dB 增加量，ERP 是 4 倍的发射机输出功率(每增加 3dB，功率翻倍，所以 6dB 可以看作是增加两个 3dB 或翻两倍)或是 200W。

通过 dBd 符号可以得知，上面这个例子所采用的天线增益是相对于偶极子天线，这在 VHF 和 UHF 波段的系统设计中是常见的做法。然而天线增益通常是相对一个各向同性辐射体，尤其在微波应用中，这是因为其中包含的短波长更接近一个点源天线的行为。在用 dBi 表示天线增益的有效功率计算中出现了一个新术语：有效各向同性辐射功率(EIRP)。因为没有考虑偶极子参考引入的增益，EIRP 经常会比 ERP 高 2.15dB。换句话说，如果例 14-3 中采用 9dBd 增益的天线，拥有的增益将会是 11.15dBi。在某种意义上说来，更高的数字在一定程度上是不切实际的，因为人们只能做出一个偶极子天线，很难做出一个各向同性辐射体。

接收功率

经自由空间传播后由天线接收到的功率大小可用下面的算式得出

$$P_r = \frac{P_t G_t G_r \lambda^2}{16\pi^2 d^2} \tag{14-2}$$

其中，P_r——接收到的功率(W)；P_t——发射功率(W)；G_t——相对于各向同性辐射体的发射天线增益(比值，不是 dB)；G_r——相对于各向同性辐射体的接收天线增益(比值，不是 dB)；λ——波长(m)；d——天线间的距离(m)。

例 14-4 两个相距 50km 的 $\lambda/2$ 偶极子天线。为了能够最佳接收，使它们"相互对准"。在 144MHz，发射机馈给其天线的功率是 10W。计算接收到的功率。

解：

这两个偶极子的增益是 2.15dB。变换为增益比为 $\lg^{-1} 2.15dB = 1.64$。

$$P_r = \frac{P_t G_t G_r \lambda^2}{16\pi^2 d^2} = \frac{10W \times 1.64 \times 1.64 \times \left(\frac{3 \times 10^8 m/s}{144 \times 10^6} \right)^2}{16\pi^2 \times (50 \times 10^3 m)^2} = 2.96 \times 10^{-10} W$$

例 14-4 中接收到信号能为匹配 73Ω 的接收机系统提供 147μV 的电压[$(P = V^2/R)$，$V = \sqrt{(2.96 \times 10^{-10} W \times 73\Omega)} = 147\mu V$]，这是一个相对强的信号，因为接收机通常提供

一个不到 1uV 信号的可用输出。

极化图

更为完整得描述天线辐射特性如增益和带宽需要用到极化辐射图。实际上需要两个图才能完整地描述三维空间中的传播。极化图是以极坐标表示的圆图，目的是尽可能在二维曲线中表达出三维辐射的信息。天线生产商按照它们的规范发布极化图。图 14-7 给出的是能够绘制全 360°视角辐射方向图的空白极化图。

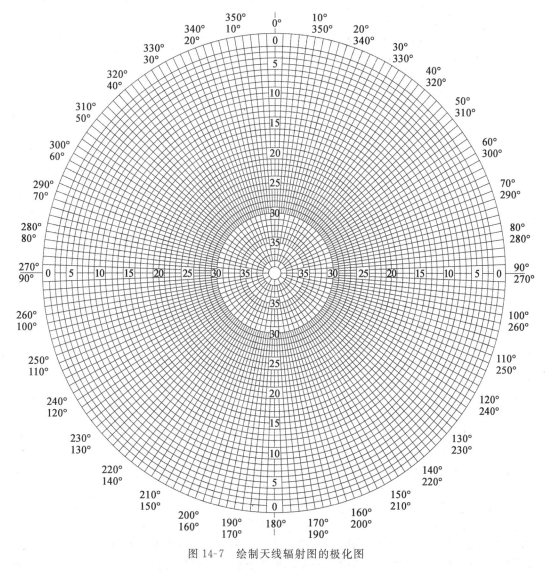

图 14-7 绘制天线辐射图的极化图

辐射的强度用曲线与图中心的距离表示，它和最大辐射的比值表示分贝降低量；换句话说，标注"0dB"的外半径代表天线的最大辐射量，其辐射方向是最大天线增益方向，最外侧圆内的圆代表从最大值以 1dB 的幅度依次减小。很多制造商的惯例是将最大辐射增益方向定为 0°，在本图中，0°是朝北的方向，但是 0°点也许会朝着其他不同的方向。半波偶极子天线的辐射方向图象一个甜甜圈，图 14-8(a)重新绘制了它的横截面，其最大辐射方向轴是东西方向，垂直定向的天线也是这样安排。图 14-8(a)的视图是正视图，它是将甜甜圈垂直切成两半后站在剖开的一半前看到的样子(将辐射形成的甜甜圈想象成穿透纸的内外)。图 14-8(b)给出的是方位角视图，这种视图是从甜甜圈的上面向下观察的结果，类似于将一个甜甜圈横着切片。方位角视图表明半波偶极子的辐射方向图是全方向的，或是在所有方向上相等。如果偶极子是垂直的，图 14-8(b)中的视图代表的辐射图是在全 360°中和地球表面平行并一直向地平线方向延伸。我们很快就会看到，其他天线配置的辐射方向图要么是图 14-8(a)所示的正视图，要么是 14-8(b)所示的方位角图，或二者皆有。

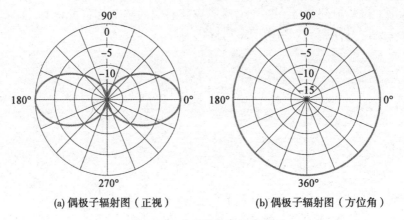

(a) 偶极子辐射图（正视）　　　　　　(b) 偶极子辐射图（方位角）

图 14-8　半波偶极子极化图

最后，由于没有给出参考，所以极化图提供的信息并不足以确定天线的绝对增益(dB)。换句话说，在相对于各向同性辐射体或偶极子辐射时，不要混淆了图中的"0dB"。有些制造商可能会在绘制方向图时在圆内部某处标注 0dB 点以及一个指明正确参考的符号。按照这种方法绘制的方向图沿着半径朝外时标有正分贝值，它表示的是相对于参考值的增益；当朝中心方向时，用的是代表损耗的负分贝数。两种方式各有优点，但在比较不同制造商的天线参数时，要注意图的判读一定要基于声明的这些信息。

14.3　辐射电阻

由于功率辐射进入空中，所以天线存在输入阻抗，人们称输入阻抗的一部分为辐射电阻 R_r。不过要注意，R_r 不是构成天线的导体的电阻，它仅仅是和天线功率辐射相关的有效电阻，因此可以根据天线功率辐射和天线电流间的这种关系，在数学上将辐射电阻定义为辐射总功率和天线电流有效值平方的比值，即

$$R_r = \frac{P}{I^2} \tag{14-3}$$

其中，R_r——辐射电阻(Ω)；I——馈点(A)处天线电流的有效值(rms)；P——天线的总辐射功率。

在这里值得一提的是天线吸收的能量并没有完全辐射出去。在大功率发射机中，功率会在实际天线导体中散失，天线附近的非理想电介质也会造成功率损耗，功率还使得天线感应场内的金属物中产生感应涡流，大功率发射机中还存在电弧效应，人们也把这些电弧效应称为电晕放电。如果将这些损耗的原因看做存在一个电阻 R_d 造成的，那么 R_d 和 R_r 的和就可以看成是天线的总电阻 R_T，那么天线的效率可以表示成

$$\eta = \frac{P_{发射}}{P_{输入}} = \frac{R_r}{R_r + R_d} = \frac{R_r}{R_T} \tag{14-4}$$

天线长度的影响

正如图 14-9 所示的那样，辐射电阻随着天线长度的变化而变化。对一个半波天线来讲，在最大电流处(天线中心)测得的辐射电阻大约是 73Ω。对于四分之一波天线，在最大电流处测得的辐射电阻大约是 36.6Ω，这些值都是自由空间值，即在天线完全隔离从而其辐射方向图不受大地或其他反射影响的情况下测得的值。

大地的影响

对于实际的天线安装来说，天线距离地面的高度会影响辐射电阻。由于天线会接收大地的反射波进而改变天线上流动的电流大小，从而会使辐射电阻发生变化；反射波可能会使天线电流变大，也可能会使电流变小，这是由反射波的相位决定的。依次到达天线的反射波的相位是天线高度和方位的函数。

在某些天线高度上，反射波感应引起的天线电流相位可能和发射机电流相位相同，这样总的天线电流会增加。在其他的天线高度，两种电流相位可能相差 $180°$，这时总天线电流将比没有大地反射波存在时的总天线电流小。

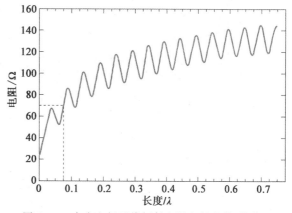

图 14-9　自由空间天线辐射电阻和长度关系图

对于给定的输入功率，如果天线电流增加，结果就好像辐射电阻变小；如果天线的高度使得总天线电流降低，看起来则像辐射电阻变大。距离地面不同高度时，半波天线辐射电阻的实际变化情况如图 14-10 所示。水平天线的辐射电阻稳步增长，在高度约为八分之三波长时达到最大值 90Ω。电阻值接着会以平均值 73Ω 为中心上下波动，而 73Ω 是自由空间值。如果天线高度增加，电阻值变化的幅度则会下降。

垂直天线的辐射电阻变化量要远小于水平天线辐射电阻变化量。当天线中心距离地面四分之一波长时，辐射电阻(图 14-10 中用虚线表示)最大为 100Ω。最大值稳步下降，直到在距离地面半个波长时达到最小值 70Ω。接着电阻值会以一个平均值为中心上下波动几个欧姆，这个平均值要略微高于水平半波天线的自由空间电阻值。

电气长度和物理长度

如果利用非常细的金属线制作天线

并且天线在空中是隔离的，那么它的电气长度会和它的物理长度紧密对应。而实际上天线不可能和周围的物体完全隔离。例如，天线需要介电常数大于 1 的绝缘子支撑。大气的介电常数常被指定为 1。因此沿导体的波速通常略小于其在自由空间中的速度同时天线的物理长度小于(大约 5％)大气中的对应波长。物理长度大约是计算后电气长度的 95％。

例 14-5 制造一个 $\lambda/2$ 偶极子用于接收 100MHz 广播。计算偶极子的最佳长度。

解：

在 100MHz 处，有

$$\lambda = \frac{c}{f} = \frac{3 \times 10^8 \,\text{m/s}}{100 \times 10^6 \,\text{Hz}} = 3\text{m}$$

因此，其电波长是 $\lambda/2$，或 1.5m。考虑 95％ 的校正因子，天线实际的最佳长度是

$$0.95 \times 1.5\text{m} = 1.43\text{m}$$

上例子的结果也可以使用下面的公式得到

$$L = \frac{468}{f(\text{MHz})} \qquad (14\text{-}5)$$

其中 L 是偶极子长度，单位 ft。对于例 14-5，利用该公式，可以得到 $L=468/100\text{ft}=4.68\text{ft}$，这刚好和 1.43m 相等。

长度不理想的影响

95% 的校正因子是一个近似值。如果想得到理想结果，可以使用试错法来找到准确的长度以得到最佳的天线性能。如果天线长度不是最优值，天线的输入阻抗就会表现为容性电路或是感性电路，这主要决定于天线是比特定的波长短还是长。如果半波偶极子天线稍微比半波长长，那么就是感性电路；如果天线比半波长稍短，那么在源看来就表现为容性电路。多余长度的天线调整可以直接将天线截短到正确的长度或是串联一个电容来改变感性电抗。

14.4　天线馈线

天线的类型在某种程度上是根据传输线连接到天线的位置点来确定。如果将传输线连接到天线一端，我们就会得到一个底端馈电天线；如果是连接到天线的中间，则被称为中心馈电。如果传输线在高电压点处连接到天线，这种天线则被称为电压馈电天线。与之对应，如果连接在高电流点则我们得到的是电流馈电天线。天线的所有这些类型都如图 14-11。

人们很少将信号源和天线直接连接，通常是利用传输线（通常称为天线馈线）将能量从信号发生器（发射机）转移到天线。这些传输线可以是谐振的、非谐振的或者是两者的结合。

谐振馈线

由于谐振线效率很低，而且在某些特殊工作频率上对长度要求很苛刻，所以谐振馈线作为天线馈电方法的应用不是很广泛。然而在某些高频率应用中，谐振馈线有时候却很方便。

图 14-12 中给出的是采用谐振馈线的电流馈电天线，图中传输线被连接到了天线的中间。该天线在中心处阻抗较低，和电压馈电传输线一样，天线上面存在驻波。将这个天线改造成精确的半波长，从而使它在发送端阻抗最低。可以利用一个串联谐振电路得到用于激发传输线的高电流。调整输入处的电容可以补偿传输线和天线长度上的轻微改变。

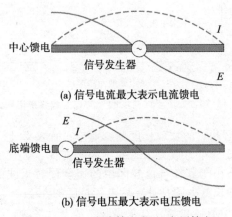

图 14-11　(a)电流馈电和(b)电压馈电

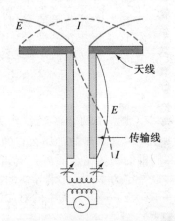

图 14-12　采用谐振线进行电流馈电

尽管上面所讲的这个天线反馈系统的例子较为简单，但其中涉及的原理却适用于任意长度的天线和传输线，当然它们必须谐振。连接到天线的传输线可以是双线式或同轴线。在频率高的应用中，因为同轴线拥有更低的辐射损耗所以同轴线是更好的选择。

把一根谐振传输线连接到天线的好处之一是不再需要阻抗匹配。除此外，在输入端使用合适的谐振电路可以补偿传输线或是天线的不规则性，缺点是电流的高驻波将使传输线上的功率损耗增加、电压的高驻波会增加电弧放电的几率、对长度要求苛刻，还有就是传输线上会由于存在驻波而产生辐射场。

非谐振馈线

非谐振馈线是应用更为广泛的技术。明线、屏蔽线对、同轴线和双绞线都可以用作非谐振线。只要在天线末端连接合适的特征阻抗，这种类型线上的驻波就可以忽略。由于非谐振线的工作特性和长度无关，因此非谐振线相比谐振线具有巨大的优势。

图 14-13 给出了使用非谐振线激励半波天线的几种例子。在图 14-13(a)中，如果到天线中心的输入是 73Ω，同时假设同轴线的特征阻抗也是 73Ω，馈给这种天线的一般方法是直接连接到天线的中心位置。当传输线和发生器匹配时，这种连接方法在线上不会产生驻波。通常是利用一个简单非调谐的次级变压器完成到发生器的耦合。

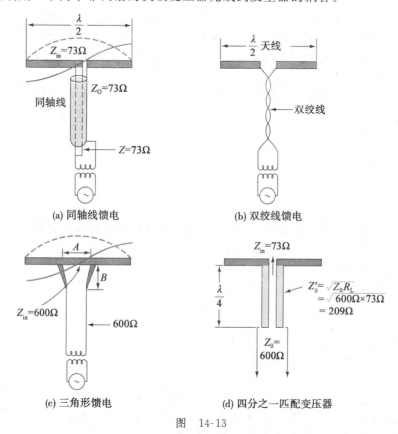

(a) 同轴线馈电 (b) 双绞线馈电

(c) 三角形馈电 (d) 四分之一匹配变压器

图 14-13

将能量传输到天线的另一个方法是使用双绞线馈送，如图 14-13(b)所示。在频率低时，双绞线用作非调谐线。频率很高时人们不使用双绞线，这是因为频率很高时绝缘处存在过大损耗。这种传输线的特征阻抗大约是 70Ω。

三角形匹配

如果传输线和天线的阻抗不匹配，那么就必须采用特殊的阻抗匹配技术如 12 章讨论的 Smith 图表法。如图 14-13(c)是三角形匹配的例子，它采用附加阻抗匹配设备。外露的、双线传输线在本质上不会具有低到可以与 $Z_{in}=73\Omega$ 的中心馈电偶极子相匹配的特征阻抗(Z_0)。为了达到需要的阻抗匹配，可以使用三角截面(如图 14-13(c)所示)。它通过将传输线分开展宽然后再接到天线而做到匹配。在给出的例子中，传输线的特征阻抗是 600Ω，天线中心阻抗是 73Ω。传输线末端分开并展宽后，其特征阻抗将会变大。前面我们曾经提及天线阻抗从中心到末端处会逐渐增大，那么从天线的中心到任一端点的范围上，总会有一点的天线阻抗等于三角截面输出端的阻抗，三角截面就是接在天线中心两侧的这个距离上。

三角区变成了天线的一部分，由此带来辐射损耗（缺点之一）。另外一个不足是经常需要利用尝试法确定 A 和 B 区的尺寸以便获得更好的性能。三角输出端点的距离（其宽度）和三角区的长度是可变的，因此三角截面的调整很困难。

四分之一波匹配

还有另外一种阻抗匹配装置是四分之一波变压器，或匹配变压器，如图 14-13(d) 所示。人们利用该装置完成天线低阻抗到传输线较高阻抗的匹配。在第 12 章中我们曾经讲过，四分之一波匹配区仅在传输线和纯电阻性负载中才有效。

为了确定四分之一波长区的特征阻抗（Z_0'），可以使用第 12 章中提到的式(12-31)计算。

$$Z_0' = \sqrt{Z_0 R_L}$$

其中，Z_0'——匹配传输线的特征阻抗；Z_0——馈线的阻抗；R_L——辐射振子的阻性阻抗。

在图 14-13(d) 给出的例子中，Z_0' 的值略高于 209Ω。利用该匹配装置，驻波仅出现在 $\lambda/4$ 区，而不会出现在 600Ω 传输线上。在 12 章中曾经提到过的另外一种可选技术是使用短截线匹配技术。

工作于窄带，这种匹配技术是有用的，而三角截面是应用于在更宽的频带。

14.5　单极天线

单极天线（有时被称为垂直天线）主要用于频率低于 $2MHz$ 的场合。垂直天线和半波偶极子天线的区别是垂直型要求一个到地的导电传导路径，而偶极子则不需要。单极天线通常是一个四分之一波或是四分之一波长的任意奇数倍的接地天线。

地反射效应

如图 14-14 是一个用作发射振子的单极天线。发射机被连接在天线和大地之间。天线的实际长度是四分之一波长。然而由于这种天线连接到了大地上，大地是作为天线的另一个四分之一波长而存在，从而构成了一个电半波长天线。天线可以这样架设的原因是考虑到地球是一个良导体。实际上，地球会存在反射；如果半波长天线是由两个四分之一波长天线组成的话，单极子天线中地面的反射和另一个四分之一波天线辐射量相等。来自地面的反射看起来就像来自地下的一个 $\lambda/4$ 天线。人们常称为镜像天线，如图 14-14 所示。单极子天线实际物理尺寸为四分之一波长，但利用它可以得到半波天线。半波天线的所有电压、电流和阻抗关系特性也同样适用于这种天线。唯一的例外是输入阻抗，在底部大约是 36.6Ω。单极接地式天线中的有效电流在底部时最大而在顶端处最小，而电压在底部最小而在顶部最大。

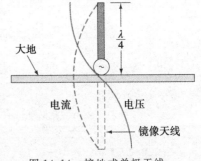

图 14-14　接地式单极天线

当单极天线树立处的土壤导电性很低时，来自地面的反射波可能会被大大衰减，人们不希望看到这种情况。为了克服这种不利情况，可以将天线的位置选在高导电性土壤的地方，比如潮湿地区。如果站点的移动不太现实，可以通过埋入地网的预防措施来提高大地的反射特性。

对极体（平衡器）（Counterpoise）

在土壤阻值过高或是埋地地网太大时，人们不把天线直接接入大地，而是用一种称为对极体的设备代替常用的直接大地连接。在把单极子天线安装到高大建筑的顶部时，就需要使用对极体。对极体由很多根展开的线组成，这些展开的线距离地面很近但和大地是绝缘。对极体的尺寸至少要等于，最好是大于天线的尺寸。

对极体和大地的表面组成了一个大电容。这个电容使得天线电流被以充放电流的形式收集起来。正常情况下被连接到大地的那个天线末端通过对极体提供的这个大电容和大地连接起来。如果对极体和大地间没有被良好绝缘，结果将和漏电电容器很相似，由此引起的损耗会比不使用对极体要大得多。

尽管对极体的形状和尺寸不是很重要，但它在所用的方向上伸展长度应该相等。当天线垂直安装时，对极体可以有任意的几何形状，就像图 14-15 中给出的这些形状。必须要注意构造对极体时不能在工作频率谐振。良好接地的单极子天线或是采用对极体的单极子天线工作方式和相同极化的半波天线是一样的。

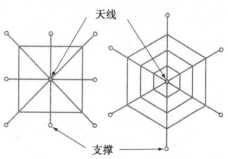

图 14-15　对极体（顶视图）

辐射方向图

图 14-16(a) 是单极子天线的辐射方向图。在地面处，它是全方向的，但在天线的顶端变为零。因此，大部分能量是以地波的形式辐射出去，但是也可以观测到有天波存在。将垂直高度增加到 $\lambda/2$，可以看到地波的强度在增加，如图 14-16(b) 所示。如果天线长度略小于 $5/8\lambda$ 可以得到最大地波强度。长度继续增加，仍然会产生强度增加的高倾角辐射，同时水平辐射会降低。在高度为 1λ 时，没有地波。

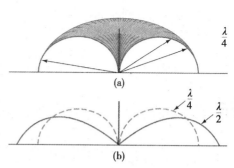

图 14-16　单极子天线辐射方向图

加感天线

在很多低频率应用中，使用一个全四分之一波长的天线有些不切实际。尤其是在移动收发机的应用中。小于四分之一波长的单极子天线具有高容性输入阻抗，这样天线就变成一个低效率辐射器。原因是高阻抗负载无法接收来自发射机的能量。能量会被反射并在发射机馈线上形成高驻波。$\lambda/8$ 垂直天线就是这样的一个例子，该天线在底部处的阻抗约为 $8\Omega - j500\Omega$。

为了避免这种情况，天线的有效高度应该是 $\lambda/4$，可以通过几种不同的技术来做到这一点。图 14-17 中使用了一个串联电感，人们也称它为加感线圈。加感线圈用来调谐以抵消天线表现出的容性。天线和线圈的组合由此可以表现为谐振（阻性）以吸收发射机全部的功率。电感是可调的，这样可以在整个发射机频率范围内优化工作特性。注意图 14-17 中给出的电流驻波。在加感线圈处幅度最大，因此不会附加到辐射功率上。这在线圈上会引起多达 I^2R 的损耗而不辐射出去。然而，当加感线圈被正确调谐时，发射机传输线馈给加感线圈/天线的能量不再受到驻波的困扰。

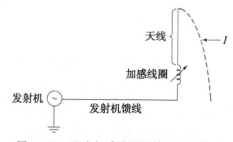

图 14-17　配有加感线圈的单极子天线

更有效的解决方法是采用顶部加感，如图 14-18(a) 所示。高电流驻波现在出现在天线的底部，所以能做到最大可能的辐射。顶部的金属辐条轮给大地增加了一个分流电容。这个附加的电容减弱了天线的容性阻抗，因为 C 和 X_c 是相反的。因此当顶部负载合适时，天线有可能做到近似谐振。这种方式不能和加感线圈一样被做成可调的，但是它却是更为有效的辐射体。图 14-18(b) 中的倒 L 天线具有顶部

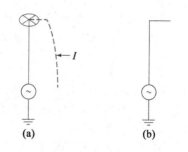

图 14-18　顶部加感式单极子天线

加载天线相同的功能，但在物理构建上不太方便。

14.6 天线阵列

使用无源元件的半波偶极子天线

天线阵列的意思是其中包含超过一个的振子或是组件。如果一个或是多个振子在电气上没有连接，那么它称为无源阵列。如果所有的振子都被连接，该阵列称为有源阵列。最基本的天线阵如图 14-19(a) 所示。它由一个简单的半波偶极子和一个在偶极子后面距离四分之一波长的无源（没有电气连接）半波振子组成。

偶极子的电磁波辐射方向图仍然是双向辐射方向图。虽然朝无源振子传播的能量在接近无源振子时会感应出电流电压，但是却有 180°的相移。这些电流和电压会让无源振子也产生双向辐射。然而，由于无源振子中存在 180°相移，来自有源振子向无源振子传播的能量会和无源振子辐射出的同方向的传播能量相抵消。朝着有源振子方向传播的无源振子辐射出的能量因为同相的原因而使在这个方向上传播的能量加倍。图 14-19(b) 利用方向图的形式表现出这种叠加和抵消效应。无源振子也称为反射器，因为它将有源振子辐射的能量"有效"反射回来。值得一提的是，人们根据这个简单的阵列制造出指向性更强的天线，因此相对于标准半波偶极子天线来说是有增益的。

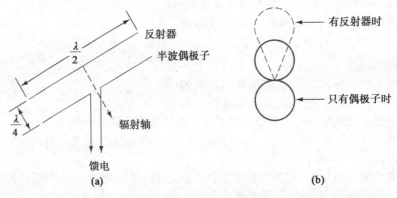

图 14-19 无源振子阵列

现在让我们思考一下这个问题：为什么从反射器返回到有源振子的能量会和有源振子辐射出的同方向传播的能量同相并能叠加增强？从有源振子辐射出来的能量在传播四分之一波长的距离后到达反射器，这个距离相当于电相位偏移 90°。另外一个 180°的相位偏移是反射器内感生出电压和电流的结果。反射器的辐射能量在重新传播并到达有源振子时，会再经过一次 90°的相位偏移。因此总的相位偏移为 360°(90°＋180°＋90°)，所以反射器的到达有源振子的能量和有源振子辐射的能量同相。

八木天线

八木天线由一个有源振子和两个或更多个无源振子组成，它以日本科学家 Shinatro Uda 和 Hidetsugu Yagi 两个人的名字命名，他们两个人对天线的发展做出了贡献。在图 14-20(a) 所给出的天线类型有两个无源振子：一个反射器和一个导向器。导向器也是一个无源振子，它作用是"指引"电磁能量的传播方向，因为导向器刚好在传播能量的方向上。辐射方向图如 14-20(b) 所示。请注意辐射能量的两个旁瓣。它和少量的后向传播一样，一般是有害的。人们将前向和后向的增益差定义为前后比(F/B 比)。例如图 14-20(b) 中的辐射方向图，前向增益为 12dB，后向增益为 -3dB(实际上是损耗，因为增益为负)。所以其 F/B 比是[12dB$-$(-3dB)]，或 15dB。

相对于半波偶极子天线来说，这个八木天线可以提供大约 10dB 的功率增益。这在某

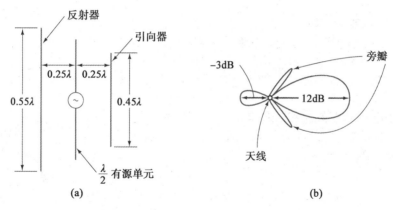

图 14-20 八木天线

种程度上要比图 14-19 中给出的简单阵列约 3dB 的增益要好得多。实际上，八木天线通常由一个反射器和两个或更多个导向器组成，这样会有更好地功率特性。它们经常用作 HF 发射天线和单 VHF 或 UHF 电视频道的接收天线。

分析八木天线的辐射方向图相当困难，而且很难分析图 14-19 中的辐射方向图那样很容易就能得到答案。通常无源振子的长度和间距更多的是实验结果而不是通过理论计算得出。

有源直排阵

有源阵列是一种多振子天线，天线中所有的振子都是通过一根传输线激励。如图 14-21(a) 是一个四振子直排阵。直排阵是半波振子的任意组合，阵中所有的振子端到端排放从而组成一条直线。所有的振子被激励，从而它们产生的场在与阵列垂直的方向是同相（加性）。这可以通过在振子间馈点的两边连接 $\lambda/2$ 的传输线（一根 $\lambda/4$ 双绞线）做到。之所以要把线缠在一起，是为了抵消各自产生的场而减小损耗。

如图 14-21(b) 是直排阵天线的辐射方向图。从末端发出的能量被间距 $\lambda/2$ 的振子所抵消（抑制），但是在与天线垂直的方向上能量却得到增强。结果使得辐射方向图相对于图 14-21(b) 中虚线所示的标准半波偶极子天线辐射图有增益存在。它的增益是以能量在天线垂直的方向上传播为代价的。两种天线的全三维辐射方向图可以通过将给出的辐射方向图绕天线轴旋转得到。结果就是半波偶极子天线辐射方向图是甜甜圈，而直排阵的辐射方向图是扁平一些的甜甜圈。这种天线阵是方向性更强的天线（更窄的波束宽度）。通过在直线阵上增加更多的振子可以继续增强其方向性和提高增益。这种类型的直排天线被广泛应用在双向无线电通信的中继器中。

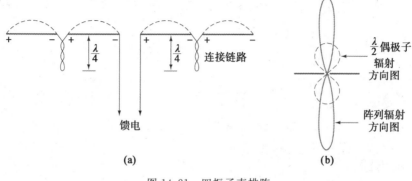

图 14-21 四振子直排阵

垂射天线阵(broadside array)

如果将一组半波振子一个接一个垂直安装，如图 14-22 所示，那么就会得到一个垂射天线阵。相对于直排阵列，这种阵列无论在垂直面还是水平面都有更好的方向性。按照图 14-22 所示的排列，组与组间的间距是一个半波长。互相连接的线中的信号反转会使每组偶极子中的每一振子电压和电流同相。最终的网络辐射方向图在水平面中是一个定向的辐射图(和直排阵一样)，而且在垂直面中也是一个定向辐射图(和直排阵相反)。

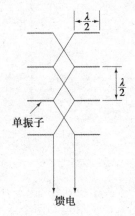

图 14-22　八振子垂射天线

相控阵列

你可能已经注意到有些标准 AM 广播站使用排列成一行的间距均匀的三个或是更多的垂直天线。单个垂直天线的辐射方向图在水平面上是全向的，但人们不希望这样，这是由于全向可能会干扰临近信道的广播站或是听众集中在一个小的区域内。例如，New York City 广播站发送一半的能量给大西洋毫无意义。通过正确控制每个发射塔的相位和功率大小，几乎可以得到任意需要的辐射方向图。因此，可能会被发射到大西洋而浪费的能量就可以重新定向到最大人口密的地区。

因为要控制每个振子的相位(和功率)而产生多种可能的辐射方向图，所以人们称这种排列方式为相控阵列。一个广播站可以方便地在日升和日落时调整其方向图，因此在晚上增加天波覆盖范围可能会干扰远处工作频率与其较近的广播站。如果想理解一个相控阵天线阵列的无数可能的辐射方向图，可参考图 14-23。图中给出了间距和输入电压相位可调的两个 $\lambda/4$ 天线可以得到的辐射方向图。简单地将每个天线的瞬时场强做向量相加即可得到辐射方向图。

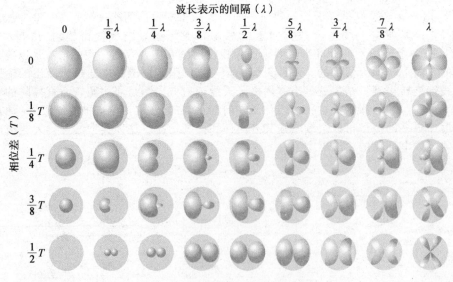

图 14-23　相控阵列天线辐射方向图

14.7　专用天线

对数周期天线

对数周期天线是阵列天线的一种特例，它最早于 1957 年开发出来，由于在多年以来这种天线的使用让人非常满意，所以又衍生出很多变种并形成了完整的一类天线。对数周期天线在极宽的频率范围内都可以提供良好的增益，因此对数天线适用于多波段收发机的工作而且可以作为覆盖全部 VHF 和 UHF 波段的 TV 接收单元使用。对数周期天线可以称为宽频带宽度或宽波段天线。请不要混淆频带宽度和波束宽度。

天线频带宽度的定义是相对其设计频率而言，常称其为中心频率。如果一个 100MHz（中心频率）的对数周期天线的发射或接收功率在 50MHz 和 200MHz 下降 3dB，那么天线频带宽度是 200MHz～50MHz 或者 150MHz。这要在天线指向性最强的方向上测量得到。

图 14-24(a)是对数周期天线的最基本组成。这种天线也称为对数周期偶极子阵列，原因是天线的重要特征相对于频率对数表现出周期性。天线阻抗、对给定馈线的驻波比和辐射方向图强度皆如此。例如，图 14-24(b)中的天线输入阻抗按照频率的对数函数来看近似是一个常数(但是周期的)。

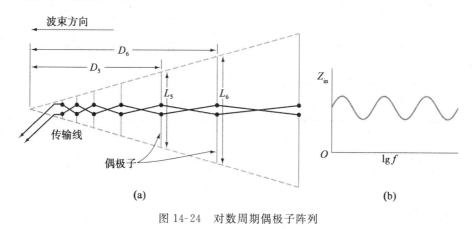

图 14-24 对数周期偶极子阵列

图 14-24(a)中的对数周期阵列由几个不同长度且间隔不同的几组偶极子天线组成。偶极子长度和间隔关系为

$$\frac{D_1}{D_2} = \frac{D_2}{D_3} = \frac{D_3}{D_4} = \frac{D_4}{D_5} = \cdots = \tau = \frac{L_1}{L_2} = \frac{L_2}{L_3} = \frac{L_3}{L_4} = \frac{L_4}{L_5}\cdots \qquad (14\text{-}6)$$

其中 τ 为设计比，其典型值是 0.7。判断天线在某一频率范围上有用的判断依据是在这些频率上最长的偶极子和最短偶极子的间隔是半波长。

小环形天线

环形天线是一段折回的线，环绕线的尺寸通常远小于 0.1λ。当满足这个条件时，环线上的电流可以认为是同相。这会产生一个磁场，而且磁场方向和环垂直。结果辐射方向图表现为良好的双向性，见图 14-25，这表明环形天线在极宽的频率范围内都可以有效工作——在这些频率上其直径大约是 $\lambda/16$ 或更小。天线通常是环形的，但是任何形状都有效。

由于环形天线的零值区域尖锐、尺寸小，以及宽频带特征，环形天线主要在测向(DF)应用中使用。目标是确定一些特定辐射的方向。通常来说，由于天线的双向辐射图的原因，需要在两个不同的位置来进行方向识别。如果两个位置相隔很远，那么可以利用三角几何算出辐射源的距离和方向。由于信号衰减到零比增加到最大点要快，DF 应用使用的是零值区。具有方向性的其他一些天线也可以在 DF 中使用，但

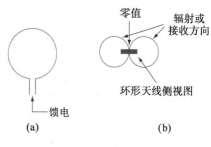

图 14-25 环形天线

环形天线的小尺寸优点比更大的定向天线更有优势。

铁氧体环形天线

人们所熟悉的铁氧体环形天线可在很多广播 AM 接收机中看到，它是上面刚讨论过的基本环形天线的扩展。在一个强磁环（通常是铁磁体）上绕很多环可以有效增加环的有效直径。考虑到环形天线物理尺寸如此之小，相对于广播 AM 波段的四分之一波长天线动辄几百英尺而言，人们可以用环形天线构建效率更高的接收天线。环形天线的定向特征可以被下面的事实所验证：便携式 AM 接收机经常利用零值来接收一个广播站。在测出零值后，可以确定广播站所在的方向。

折叠偶极子天线

前面曾经提到标准半波偶极子天线的输入阻抗为 73Ω，也讲过偶极子天线在其长度不等于 $\lambda/2$ 的频率使用时效率会变得非常低（也就是说偶极子是窄带天线）。图 14-26 中的折叠偶极子天线具有与标准半波偶极子天线相同的辐射方向图，但是输入阻抗是 288Ω（大约是 $4\times73\Omega$）并具有相对较宽的功率频段。

如图 14-26(b) 所示，通过使用一个并联谐振电路，标准半波偶极子天线可以具有和折叠偶极子相同的带宽特征。谐振电路在天线为 $\lambda/2$ 长的频率处谐振，此时电路不起作用，它表现为和天线的 73Ω 并联的一个很高的电阻。然而当频率下降时，天线变成容性而谐振电路则变成感性。并联网络在相对宽的频率范围内整体表现为阻性输入阻抗。

折叠偶极子天线在广播 FM 和 VHF TV 应用中是一种非常有用的接收天线。天线的输入阻抗和这些接收机的通用 300Ω 输入阻抗终端有完美的匹配。它可以和标准 300Ω 平行线传输线装配在一起，价格非

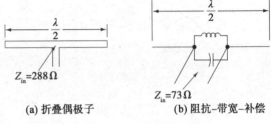

(a) 折叠偶极子　　(b) 阻抗–带宽–补偿

图 14-26　偶极子

常低廉，人们一般称此组合为双引线，在中频处长度减小为 $\lambda/2$ 并将两个导体的两端分别短接在一起。在八木天线中，折叠偶极子固定作为有源振子使用。这有助于保持一个合理的高输入阻抗，因为每个增加的反射器都会降低天线的输入阻抗。另外，折叠偶极子也让八木天线有更宽的工作带宽。

当要求使用的折叠偶极子的阻抗超过 288Ω 时，所用天线要使用更大直径的导线。此时，可能的阻抗能够高达 600Ω。

缝隙天线

RF 能量耦合到一个大面积金属板的缝隙中也会产生辐射能量，方向图类似于安装到一个反射面的偶极子天线的方向图。缝隙的典型长度是一个半波长。对工作在 UHF 和微波频率的这种天线，可以用波导或是同轴线馈电直接连接到尺寸小的矩形缝隙两边。这种天线通常用在现代飞行器中，而且是以阵列单元的方式组合，见图 14-27(a)。32 振子（缝隙）阵列中，一半的缝隙填充电介质（为了满足飞机表面光滑的需求），而另一半开口是为了让移相电路来驱动缝隙。图 14-27(b) 是后视图，用来展示天线阵列使用的同轴馈线接头。

每个缝隙都有自己的驱动，它们由相移网络分别进行控制。合理的控制可以得到方向性很强的辐射方向图，从而能在不移动天线的情况下就可以扫描很宽的角度。缝隙阵列为人们提供了一种方便的移动雷达扫描系统，而且没有机械上的复杂度。这种相位阵列天线的典型应用是内置到飞机的机翼中，为了消除空气阻力还需要配置一个电介质窗口。

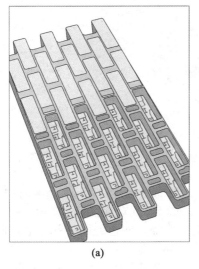
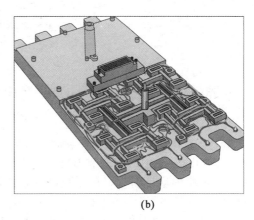

(a)   (b)

图 14-27 缝隙天线阵列

14.8 微波天线

目前为止讨论的天线与那些微波频率(＞1GHz)的天线大相径庭。微波天线的使用光理论而不是标准天线理论。这些天线追求强方向性，因此相比于参考半波偶极子天线来说，微波天线可以提供高增益。原因主要是以下几个方面：

(1) 由于采用短波长，要求的物理尺寸非常小，以至于采用一些在更低频率上不实用的"奇特"设计。

(2) 全方向辐射方向图需求较小，因为在这些频率上不会有广播。微波通信一般是点对点。遥测应用是个例外。

(3) 由于在微波频段增加的设备噪声，接收机需要最大可能的输入信号。高定向天线(所以有高增益)则提供了这种可能。

(4) 微波发射机发射功率受到限制，除了成本的原因外还因为没有能在微波频段产生大功率的器件。高定向天线系统弥补了低发射功率的缺陷。

表 14-1 是微波的波段划分。40GHz 以上的频率波被称为毫米波，因为它们的波长用毫米来量度。

表 14-1 微波频率名称

波 段	频率/GHz
L	1～2
S	2～4
C	4～8
X	8～12
Ku	12～18
K	18～27
Ka	27～40

喇叭形天线

波导器件的开放一端可以用作电磁能量的发射器。喇叭形天线的三种基本形式如图 14-28 所示。它们都为波导提供一个逐渐增大的口，从而在得到最大辐射同时使反射回波导的能量最小。

一个开路波导在理论上可以反射 100% 的入射能，然而在实际上，开路波导"发射"相当多的能量，而短路波导则可以做到理论上 100% 的反射。通过逐渐增加张开幅度，几乎可以做到全辐射。喇叭形天线的张角开口在波导和自由空间中间起着阻抗变换器的作用。对合适的变换率，每边的线性尺寸必须至少是一个半波长。

图 14-28(a)中的圆形喇叭能让圆波导有效辐射能量。开口张角 θ 和长度对于喇叭形天线的增益大小至关重要。通常来说，直径 d 越大，增益越大。

对于图 14-28(b)中的角锥形喇叭，辐射方向图和孔径的面积大小有关。喇叭长度的作

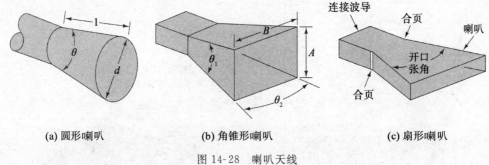

| (a) 圆形喇叭 | (b) 角锥形喇叭 | (c) 扇形喇叭 |

图 14-28   喇叭天线

用和圆形喇叭的作用类似。变宽横向方向图可以通过增加 θ_2 做到，而增加垂直方向图可能要增大 θ_1。图 14-28(b)中，当比值 $B/A=1.35$ 时，可以得到对称辐射方向图。

图 14-28(c)中的扇形喇叭，在 0°张角顶部和底部有盖。侧边的围挡有时是合页（如图示）的，这样便于调整张角。张角在 40°～60°中间时，存在最大辐射。

相于半波偶极子，刚刚讨论的喇叭形天线能够提供 20dB 的最大增益，虽然与随后介绍的微波天线相比获得的增益不多，但喇叭形天线的低成本和简单的特点让它们在要求不高的应用中很受欢迎。

抛物面反射天线

抛物面天线是卫星和地面通信系统中最常见的微波频段天线之一，这种天线由于几何形状是抛物面而得名。抛物面反射天线应用广泛的主要原因是它的高增益和方向性。人人皆知，抛物面具有将光波或声波汇聚在一点的能力。一些常见的应用包括牙医使用的灯、手电筒和汽车的前车灯。抛物面同样也有汇聚比光的频率低的电磁波的能力，前提是抛物面口径至少是十个波长。这些阻碍了它们在低频段的应用，但已在微波频段上应用。

抛物线有一个焦点，任何传播方向和准线垂直的波（见图 14-29）在遇到反射面都会向焦点反射。反过来也是，即离开焦点的波在遇到反射面时，出射方向将和准线垂直。在反射器直径(D)和深度(h)已知的情况下，可以计算出抛物面形反射器的焦点位置。可以利用式(14-7)确定焦距（也就是为了获得最好性能，天线振子必须放置的位置与反射器中心之间的距离）。例 14-6 是一个计算焦距的例子。

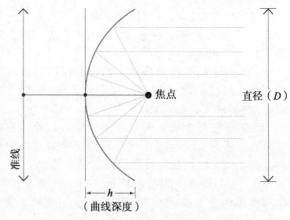

图 14-29   抛物面发射器的焦点位置

例 14-6 已知抛物面反射器直径 3m，曲线深度为 0.3m，试计算其焦距。

解：

$$焦距(f) = D/(16h) = 3/16 \times 0.3 = 0.625\text{m} \tag{14-7}$$

焦距距离抛物面反射器中心是 0.625m

人们通常称抛物面天线为微波碟面，对它进行馈电可以有很多种方法。图 14-30(a)是利用位于抛物面焦点处的偶极子－反射器的简单组合对微波天线馈电图。图 14-30(b)则是用喇叭口进行馈电。卫星天线的一般形式是主焦点馈电。在这个系统中，天线和放大器被放置在反射器的焦点位置。连接在抛物面上的支架用于为天线和放大器提供支撑。图 14-30(d)是卡塞格伦式馈电，在高准确度要求的卫星通信应用中，这种方式可以用来减少馈电长度。卡塞格伦式馈电使用一个双曲面形第二反射器，第二反射器的焦点和抛物面反射器的焦点重合。双曲面反射器阻挡的反射射线数量很少，一般可以忽略。另外一种天线类型是偏置馈电，如图 14-30(e)所示。偏置馈电天线经常用在家用卫星接收中，由于接收信号不会受到大量布线的影响并支持硬件，这种天线还是很让人满意。

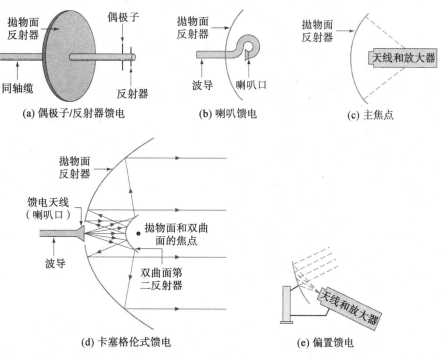

(a) 偶极子/反射器馈电 (b) 喇叭馈电 (c) 主焦点

(d) 卡塞格伦式馈电 (e) 偏置馈电

图 14-30 微波碟形天线

抛物面反射器天线的近似增益可以利用式(14-8)计算。式(14-9)按照 dBi 来计算增益，这里的 dBi 是相对于各向同性辐射体的 dB。式(14-9)表明天线增益 A_p 随着无线电波长(λ)的减小而变大。实际上，天线增益的提高和天线直径(D)的平方成比例，即

$$A_p = k\,\frac{(\pi D)^2}{\lambda^2} \tag{14-8}$$

$$A_p(\text{dBi}) = 10\lg k\,\frac{(\pi D)^2}{\lambda^2} \tag{14-9}$$

其中，A_p——相对于各向同性辐射体的功率增益；D——天线直径(m)；λ——载波频率在自由空间的波长；k——反射效率(典型值为 0.4 到 0.7)。

从抛物面反射器辐射的信号和离开天线的信号一样展宽并通过空间传播出去。这里的展宽很像手电筒的光束展宽；即光传得越远，光束越宽。抛物面碟状天线的 3dB 带宽(功率为一半的点)可以通过式(14-10)近似得出。该式表明频率变大(波长减小)，波束宽度变窄。通过两个公式可以得出，波束宽度变窄，要增加抛物面反射器的直径。例 14-7 示范了如何计算功率增益以及抛物面天线系统的波束宽度。

$$波束宽度[度] = \frac{21 \times 10^9}{fD} \approx \frac{70\lambda}{D} \tag{14-10}$$

其中，f——频率(Hz)；D——天线直径(m)；λ——自由空间载波波长。

例 14-7 计算口径为 3m 的微波碟状天线的功率增益(dBi)以及波束宽度，天线使用频率为 10GHz。反射器效率(k)=0.6。

$$A_p(\text{dBi}) = 10\lg k\,\frac{(\pi D)^2}{\lambda^2}$$

$$\lambda = \frac{c}{f} = \frac{2.997\,925 \times 10^8}{10 \times 10^9}\,\text{m/s} = 0.0299 \approx 0.03\,\text{m}$$

$$A_p\,(\text{dBi}) = 10\lg 0.6\,\frac{[\pi \times 3]^2}{0.03^2} = 49.94\,\text{dBi}$$

$$\text{波束宽度} = \frac{70\lambda}{D}$$

$$\text{波束宽度} = \frac{70 \times 0.03}{3} = 0.7°$$

例 14-7 表明这种天线的极高增益能力。这个天线在 10GHz 处增益为 49.94dBi，这大约等于 100 000 的增益。然而，仅在接收机位于碟面 0.7°波束宽度内时，功率才有效。图 14-31 是这种天线的极化辐射方向图。图 14-31 所示是抛物面天线的典型情况，在 0°参考处的增益为 47.8dB。请注意主瓣两边各有三个旁瓣。你也可以从天线的物理结构上推出，在 90°和 270°处没有辐射能量。

抛物面反射器还有一个参数，即有效孔径。有效孔径让我们能够测量给定直径和效率的抛物面反射器所能提供的有效功率捕获面积，即

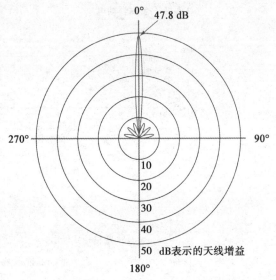

图 14-31　例 14-6 中抛物面天线的极化辐射方向图

$$A_e = k\pi\left(\frac{D}{2}\right)^2 \qquad (14\text{-}11)$$

其中，k——反射效率（制造商提供）；D——反射器直径（m）。

例 14-8 示范如何使用式 (14-11)。

例 14-8 计算抛物面反射器的孔径有效面积值 (A_e)，反射器直径 (D) 为 4.5m，效率因子 (k) 为 62%。将计算结果和理想捕获面积比较

$$A_e = k\pi\left(\frac{D}{2}\right)^2$$

$$A_e = 0.62\pi \times \left(\frac{4.5}{2}\right)^2 = 9.86\,\text{m}^2$$

4.5m 抛物面天线的理想捕获面积是 $\pi \times \left(\dfrac{4.5}{2}\right)^2 = 15.9\,\text{m}^2$。

4.5m 抛物面反射器的有效捕获面积远小于理想值。捕获面积缩小的原因是波受到阻挡（电缆或机械硬件）以及所造的抛物面天线的形状不理想。

微波碟状天线广泛应用于卫星通信的原因是它们的高增益；它们也用于卫星跟踪和射电天文望远镜。它们有时也用在点对点视距无线电链路中。这些天线的碟面上经常会有个"罩子"。这是一种低损耗电介质，人们称它为整流罩。整流罩的作用可能是为了维持内部压力或者更简单的，是为了环境保护。和天线用户一样，鸟也不希望把鸟巢建在碟面内部。

透镜天线

我们都有利用普通放大镜将太阳光汇聚到一点的体会。利用微波能量也可以达到相同的效果，但由于波长更长，所以透镜会很大很笨重才能有效完成这个任务；可以考虑采用分区原理，这样轻巧的透镜就可以完成相同的任务，如图 14-32 所示。

如果天线从其焦点发射能量，如图 14-32 所示，其球面波前会被转换成平面波（因此

有高方向性)。透镜的断面在中心较厚而朝两边则越来越薄从而让球面波滞后的部分能够
在波前的中心处追上较快的部分。透镜
的其他断面作用也是一样,但它们的作
用是让波前的所有部分相位一致,当然
没有必要在所有的路径上都一致。一个
360°的相位差(或倍数)能够正确定相。
因此,平面波前由两个、三个或更多个
球面波前组成。

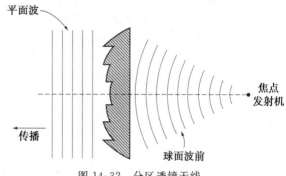

图 14-32　分区透镜天线

很显然,由于每一步都和波长有关
所以确定其厚度至关重要。因此这不是
一个宽带天线,它仅是一个简单的放大
镜天线。然而在体积和成本上的节约让
人们有足够的理由使用这种分区透镜天线。请一定要记住,这种天线不一定非得是玻璃
的,因为微波可以穿过任何的电介质,但相对于自由空间来说速度会降低。

微带天线

微带天线是一个在电介质基板上的简单的方形或圆形的导体"小岛",电介质基板背面
则是导电接地板。图 14-33 中是一个方形的微带天线。方形的边长为半波长,天线的带宽
小于其谐振频率的 10%。圆形微带天线的直径约为 0.6 波长,大约有一半的带宽或小于其
谐振频率的 5%。

注意图 14-33 中的天线馈电点。对同轴缆和天线进行精确的阻抗匹配是通过准确的定
位过程而做到的。如果是利用图 14-33 中的微带即图中的蓝色进行馈电的话,也是根据同
样的原理完成。一定要记住,天线可以用一种或是其他方法(同轴或微带)但不能同时使用
两种方式进行馈电。辐射方向图是圆形并横向(垂直)远离接地板。

用印制电路板(PCB)作电介质并采用标准微制造技术来制作微带天线极其便宜。实际
上,很容易就能在单个 PCB 上做出很多微带天线,这样不用花费多少代价就能得到相位
阵列天线。正如在前面所讲的,相位阵列天线由很多天线组成,而其中每个天线信号的功
率和相位能够控制。这样就能够做到对发射(或接收)信号进行电"操控"。

14.9　微波系统链路预算和路径损耗计算

在第 13 章结束时,我们讨论了基于卫星的通信链路的路径损耗和链路预算分析。这
里我们提供一个类似的分析,这个分析可用于地面的(也就是陆基的,和卫星相对应)基于
微波的"点对点"系统,当然它可能在一定程度上有些简单。这个例子将会把前面章节中提
到的很多概念串起来,并为我们解释在设计无线电中必须面临和解决的问题。尽管这一讨
论从解释是否详尽来看有点简单,但这个例
子在这里仅仅是为了说明一些需要解决的疑
问以及必须要做的一些假设。它也阐明了通
信工作的系统方法。最终要回答的问题相当
简单:我的系统工作是否满足我的应用所要
求的可靠性?

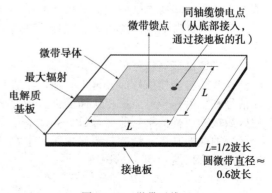

很多地面通信系统,尤其是那些工作在
微波频率的系统,包括点对点链路,其中参
考路径直接位于发射机和接收机间,两个都
安装在固定的地方。这种系统可以和广播站
即其他"点对多点"配置如蜂窝电话系统对
比,在这些系统中目标覆盖了发射机周围很

图 14-33　微带天线

大的一片区域。通常是为了特定的用途而安装点对点链路，如连接一个蜂窝电话基站和运营商的中心局交换设备在一些或是在主设备和附属的、远程的计算机主机间进行数据传送，在这里人们主要关心的是维持通信路径的高可靠性。

尤其陆地微波系统，发射机的工作功率较低，从 0.5W 左右（+27dBm）最多几个瓦特，可能是 5W 或 10W（+37 到 40 dBm）。在很大程度上发射和接收天线的超高增益弥补了这些小功率，这是通过将发射能量聚焦在极窄的波束宽度内而做到的，波束宽度大约为 1°到 3°，而 VHF 和 UHF 天线的带宽则为 30°～60°。这些系统也可以工作于 FCC 授权的其他频段上，或越来越多的是这些系统可以利用第 8 章介绍的直接序列扩频技术工作在 2.4G 和 5.8GHz 的无授权工业、科学和医疗波段（ISM）。很显然，后面这种方法的优势是不需要 FCC 电台执照许可。这种因素很重要。频率拥挤，尤其在人口密集地区，意味着经常无法为新的频率使用进行授权。在这种情况下，新的用户面临着跟原有用户谈判并花费高昂的代价从原用户手中购买使用权的局面。ISM 波段的不利因素是由于人们大量使用这一频段，那么其他工作在同一频率上的扩频系统的背景噪声会限制系统的工作距离。然而，即使发射机功率低至+17～+23dBm（50～200mW），未授权 ISM 的使用最高功率受限于波段，只要视距内没有遮挡，系统在 10～20mile 或更远的距离上也可能可靠工作。

在未授权频带上，数据速率很高——有些高达 DS3 标准的无线电收发机可以向几个制造商购买。因此，这些无线电可以用来连接远程蜂窝基站和中心交换机，或者用来在大学或公司的几个场所间提供一个高带宽、无线以太广域网。这种类型的安装往往意味着高可靠性需求，链路设计的关键问题是确定可能的故障点以减小长时间停机的可能性。通过在无线电路径上正确的工程设计，这种类型的应用可以达到至少为 99.9999% 的通信可靠性，这相当于故障时间每年小于 5min，15s。人们所称的这种"五个九"可靠性标准有时也被称为"电信级"，因为它是固定电话网络设计的总体目标。

为完成预期可靠性技术指标的一个重要参数是接收机的阈值灵敏度，是指在可接受误比特率（BER）的前提下接收机天线输入端的最小信号幅度。我们在第 8 章中提到，BER 表示在 1s 内收到的错误位数，其形式是一个有负指数的数字。对于话音级通信来说，10^{-6} 的 BER 可能是能够允许的，而其他的应用可能会要求更低的 BER。BER 为 10^{-6} 时，典型接收机的阈值灵敏度量级为 -80dBm；阈值和 BER 有关——比如，DS3 级要比 T1 数据率要求更可靠的信号幅度。由于接收机内置有前向纠错功能，因此它能够纠正接近阈值时引起的错误；纠错功能在小于阈值时失去作用，收到的数据很快变成无用数据——经常在 2dB 左右。这种"陡崖效应"是采用纠错算法的所有类型的数字系统中的典型现象。

由于微波通信是视距通信，必须进行路径分析以确保在发射机和接收机间没有障碍物。障碍物的形式多种多样，如建筑、山脉、植物、海拔的变化或者地球的曲率等。早期的路径分析至少要利用发射机和接收机间的地形图来确定固定间隔的海拔。通常需要雇佣测量员实地考察建议的位置并在海拔/距离地图上绘出可能的障碍物。如果发射机和接收机天线的确切经纬度已知的话，现在的很多在线资源和数字化地形图将极大地简化这一过程。还要应该考虑地球的曲率。无线电地平线决定了最大距离，可以利用式（13-7）近似算出。

除了要保证通信路径上没有障碍外，还必须要保证附近不能有物体以免产生衍射效应。这些效应会使信号部分再生，而由于直线路径和衍射路径间存在路径差，接收到的直传信号和衍射信号可能反相从而会部分或完全相互抵消。重要的衍射相关效应可能会发生的区域被人们称为第一菲涅耳（Fresnel）区。图 14-34 示意出了路径中存在明显散射的足球形区域的菲涅耳区。经验是要确保第一菲涅耳区的 60% 的距离上没有障碍。可以根据下面的公式来算出这个 60% 的距离，即

$$R = 10.4 \sqrt{\frac{d_1 d_2}{f(d_1 + d_2)}}$$

其中，R——要求远离障碍物的距离(m)；f——频率(GHz)；d_1——和距离障碍较近的天线间的距离(km)；d_2——和距离障碍较远的天线间的距离(km)。

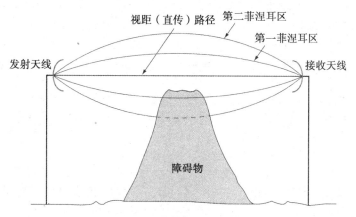

图 14-34　菲涅耳区图解

一旦完成路径分析，而且确定没有任何让人不满的障碍物或是影响性能的菲涅耳区，我们就可以确定由信号传播而引起的自由空间损耗。在第 13 章中曾经提到，电磁能量从点源辐射体以球面形式向外辐射；因此，点源处(或是一个实际的天线)的总功率密度向越来越大的区域传播。因此，任一给定波前(也就是正在扩大的球的一部分)都占据总能量中的非常小的一部分。换句话说，波前的功率密度按照反平方关系下降，这种反平方关系可参考式(13-1)。这种反平方关系有助于解释发射机和接收机间为什么信号强度会有如此大的衰减，(通常是 120dB 或更多)并能够说明为什么数万瓦特的发射机功率在远处的接收机上只能产生毫瓦或微瓦的接收电压。

许多信号衰减是由自由空间中传播造成的。这种衰减计算式为

$$\mathrm{Loss(dB)} = 32.44 + 20\lg d + 20\lg f$$

其中，d 表示距离，其单位为千米，f 表示频率，单位是 MHz(因此，5.8GHz 在使用上面的公式时应该换算成 5800MHz)。

利用发射天线和接收天线的增益可以部分补偿自由空间的损耗。然而必须要考虑传输线、接头、滤波器和分路器引起的损耗。在前面一节我们曾经提到，微波天线通常是拥有高增益和窄波束宽度的抛物面碟状天线。对于工作在 5.8GHz 的 2ft 和 8ft 直径的抛物面，其典型增益是 30dBi 和 38dBi。尽管更大直径的天线会有更高的增益，但在实际的安装中，提高增益还需要平衡其他的一些因素：更高的成本、增加的重量，更高的风荷载因子，当然还有一些"无形的"考虑因素，如美观和获得安装更大且更显眼的天线许可或是小区规划的难易度，一般来说较小的天线和更容易伪装的天线更容易让人接受(不要低估"邻居接受因子")。

所有的无线电必须设计成抗衰减的，即众多因素引起的信号强度减弱：天线、多径衰减、临时出现的障碍物(如停靠在发射或接收天线附近的汽车)，折射/衍射效应等。天气，尤其是降雨，是微波链路最大的限制因素，在高频率处天气的影响变得更明显。衰减余量是接收到的信号幅度(RSL，常用 dBm 表示)和接收机额定最小接收幅度或阈值间的差。例如，如果一个接收机的接收门限是 −80dBm，设计链路用于平均为 −40dBm 的 RSL，那么衰减余量是 40dB。40dB 的衰减余量很常用，尤其在潮湿或多雾地区，或部分通信路径位于水上。绝对最小衰减余量大约是 15dB；这么低的余量仅适用于非常干旱的天气或是无需考虑高可靠性的情况。

系统损耗是要考虑的另外一个因素，其中最重要的是传输线、滤波网络和接头损耗。在微波频率，传输线损耗非常的明显，尤其是设备长时间工作时。例如，在 5.8GHz，

100ft 长的高质量、半英寸同轴缆的损耗在 3～6dB 之间，当发射机在通信仓中而天线在高塔的顶部，需要几百英尺长的同轴缆。不要忘了，这种长度的电缆在两边都需要。由于这个原因，可能要使用波导（将在接下来一章中讨论）来减小电缆损耗，尽管波导很贵而且安装的难度明显要难于电缆。

现在我们已经确定出最主要的特征，接下来是设计我们的系统。一定要记住我们面临的问题是系统如何工作。回答这个问题要求我们知道接收信号幅度（RSL）和衰减余量。

为了更好的说明，我们先假设几个系统参数。另外，为了讲述更清楚，在讨论时有些参数没有考虑，如地介电常数及建筑或植物效应。进一步的分析必须要把这些忽略的因素考虑进去，但是根本方法和思路是一样的。如果预计的 RSL 远大于阈值灵敏度并有足够的衰减余量，那么系统就可以按照期望的可靠性参数工作。

我们的系统工作在 5.8GHz ISM 波段。发射机输出功率是 +23dBm，非授权工作的最大允许功率，4ft 碟形天线，每个天线的额定增益为 +33dBi，每边都使用。进一步假设系统使用同轴缆传输线，传输线配合接头使用，每边安装的滤波网络损耗是 4dB（这是一个损耗的保守估计值，很有可能会更大）。更进一步，链路两边相距 10km（6.3mile）。

计算如图 14-35 所示。在一边，考虑到系统损耗，将发射机 +23dBm 的输出功率衰减 4dB 后变成 +19dBm。在天线处，+19dBm 的输入信号因为天线增益的原因而变大，从而有 19dBm+33dBi=52dBm，略微小于 200W 的一个 EIRP。输出功率将会因为路径损耗而衰减：

$$Loss(dB) = 32.44 + 20lg10 + 20lg5800$$
$$= (32.44 + 20 + 75.27)dB = 127.71dB$$

因为这个结果表示损耗，必须要先从计算出的 EIRP 中减去后才可以确定接收天线处的信号强度。因此，+52dBm−127.71dB=−75.71dBm。这个最后的结果就是到达接收天线的信号强度。假设接收天线具有和发射天线相同的增益特性，可以得到 RSL 为 −75.71dBm+33dBi−4dB=−46.7 dBm。考虑到接收机阈值灵敏度为 −80dBm，衰减余量为 −46.7−(−80)=33.3dB。

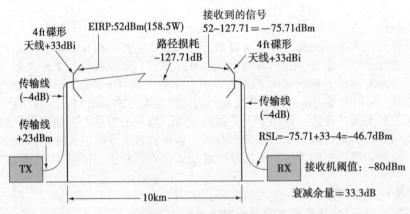

图 14-35 路径损耗计算示例

这个衰减余量能满足要求吗？最后，我们需要判断一下。如果要求在潮湿环境中或是部分路径在水上时能够具有高的可靠性，可能要求 40dB 或更大的衰减余量。然而，如在上面的例子中看到的，必须要做出一些调整，不管是增加天线尺寸或者可能要通过使用波导或是挨着天线安装发射机"头"（包含 RF 组件，包括末级放大器）来降低传输线损耗，而不把发射机放置于通信仓中。一种通常不可用的选择是增加发射机功率输出，因为输出功率最初是根据标准允许的最大许可假设的。

最后，现在在给定的地理区域和设定的参数下，设计师可以利用几种计算机模型来进行分析。最常用的一个是 Longley-Rice 方法，它是由国家标准和技术局（NIST）的两个科学家 Anita Longley 和 Phil Rice 在 1968 年提出。Longley-Rice 模型考虑了因素如地形条件、植物、地区"城市化"度（用来量化建筑引起的多径效应），还考虑了其他因素如使用的频段。另外，还有更专业的模型。广播公司和蜂窝系统的工作人员利用 Longley-rice 模型预测现有和拟设计系统的覆盖范围。

总结

天线是一个换能器，它将能量从电形式转换成电磁形式或相反。最简单的天线——半波偶极子——的操作可以看作第 12 章中提到的四分之一波开路传输线的扩展。当四分之一波长点向两边展开 180° 后，在平行导体传输线内的能量将向自由空间中辐射。因此，电磁辐射产生了，这种辐射是以波的形式从天线向自由空间传播。

一个导体的半波长部分在其工作频率上会谐振并表现为纯阻性负载。在大于或小于谐振频率的频率上，导体则是阻抗特性，从而导致阻抗不匹配以及电压驻波比（VSWR）大于 1：1。造成电流反射回天线的条件如临近金属或其他导电物品，也会产生不匹配并改变天线的辐射电阻。辐射电阻可用源电压和天线之比或者是辐射功率除以馈电点有效值电流的平方表示。进一步来说，辐射电阻是转换为电磁形式并辐射到空间的功率的表达形式。

天线本质上是无源设备，但实际上通过将能量集中在需要的方向，实际中的天线相比各向同性辐射体（一个理论上的点源天线）表现出增益。偶极子相对各向同性辐射体有 2.15dB 的增益，其他类型的天线相对偶极子有增益。有很多种方法可以获得这种增益，但所有这些都是将辐射能量集中在某些方向并以牺牲其他方向的辐射为代价。

垂直天线一般是四分之一波长的长度，并配有一个合适的地网从而形成另一个四分之一波长虚导体，这样才能得到一个谐振的、半波长天线。天线可以使用加感线圈或阻性单元如匹配网络，来调谐去除电抗效应。

天线阵列包含多个振子，它可以分成两类。无源阵列包含一个有源振子和一个或多个无源振子。八木天线是无源阵列的一个例子，它有一个反射振子和几个引向振子在辐射正向产生一定的增益，很多情况下超过 10dB，有源阵列为所有的振子提供能量。例如直排阵和垂射阵，还有用于 AM 广播的垂直极化发射塔阵列。

同样还有很多专用天线。其中有对数周期天线，其特点是有很宽的带宽并在很宽的频率范围内有良好的增益。其他天线还有环形天线，由于环形天线的尖锐、双向辐射方向图使得这种天线在测向中很有价值；铁氧体环和折叠偶极子天线都用在无线电广播接收机中。

由于波长非常短，在微波频率使用的天线构成了独有的一类。最简单的形式是喇叭形天线，这种天线由于简单的外形，能够提供近似 20dB 的增益并用于要求不高的场合。应用最广的微波天线是碟形天线，它的工作原理是抛物面反射器可以将能量汇聚在偶极子接收振子上。通过把能量汇聚成一个很窄的波束宽度，碟形天线能够提供很高的信号增益。微带天线可以很容易地在 PCB 上制造出来，它是便携式、大众市场产品的理想天线。制造微带天线阵列可以允许经济的能量控制以适合不同的用途。

微波点对点系统的链路预算分析综合了目前提到的很多概念并给出了一个用于通信的真正的系统方案。设计人员必须考虑到可靠性、频谱可用性、允许功率大小以及天线尺寸等其他因素。点对点系统通过使用很高增益的碟形天线来弥补相对低的功率。大部分功率损耗，总计 120dB 或更多，发生在发射机到接收机的路径中。系统设计师必须要考虑到第一菲涅耳区内的障碍物并提供足够的衰减余量以保证在天气和其他环境因素变化的情况下系统仍能提供可靠的连接。

习题与思考题

14.1 节

* 1. 假设要发射垂直极化波，发射天线应该如何设计？接收天线应该如何设计才能获得接收来自发射天线的地波的最佳性能？

* 2. 假设 25mV/m 的场强在某特定天线上激励电压 2.7V，它的有效高度是多少？（108m）

* 3. 500kHz 发射机的功率从 150W 增加到 300W，在距离发射机某个给定的距离上场强的百分比变动是多少？

* 4. 如果 500kHz 恒定功率的发射机在距离发射机 100mile 的地方产生 $100\mu V/M$ 的场强，理论上在距离发射机 200mile 处的场强是多少？（50%）

* 5. 如果 500kHz 发射机上的天线电流被衰减了 50%，那么在接收点场强的变化百分比是多少（50%）

* 6. 给出场强的定义。解释如何对它进行测量。

* 7. 请给出广播天线极化的定义。

8. 解释天线互易律是如何产生的。

14.2 节

9. 解释半波偶极子天线从四分之一波长、开路传输线的变化过程。

* 10. 画图说明电流如何沿着半波偶极子天线变化。

* 11. 解释在一个波长天线、半波长(偶极子)天线和一个四分之一波长接地天线中的电压和电流的关系。

12. 某自由空间中的半波长天线(偶极子)上某点上电压和电流幅度对该点处的阻抗有什么影响？

* 13. 天线发射的两个场中的任一个能否在接收天线中产生电磁场(EMF)？如果可以，如何产生？

14. 画出半波偶极子天线的三维辐射方向图，并解释它是如何产生的。

15. 给出天线波束宽度的定义。

* 16. 假设电视广播站的发射机输出是 1000W，天线传输线损耗是 50W，天线功率增益是 3，有效辐射功率是多少？

17. 225MHz 的 5W 信号驱动一个 $\lambda/2$ 偶极子。调整距离 100km 远的接收偶极子使其增益减半。计算收到功率和输入到 73Ω 接收机的电压。（7.57pW，$23.5\mu V$）

18. 某天线增益为 4.7dBi，将它与一个增益 2.6dBd 的天线比较，谁的增益较大？

19. 试解释为什么单极子天线用在 2MHz 以下。

20. 解释半波偶极子的意义。计算 100MHz $2/3\lambda$ 天线的长度。

21. 如果用 $\lambda/2$ 偶极子传输 90.7MHz 的 FM 广播波段信号，计算偶极子天线到远场区边界的距离。（R=1.653m）

22. 计算 D=10m 抛物面反射器到远场区边界的距离。天线传输的信号频率是 4.1GHz。（R=2733.3m）

23. 给出近场和远场的定义。

14.3 节

24. 给出辐射电阻的定义并解释它的重要性。

* 25. 接在垂直天线底部的电流表具有确定的读数。如果这个读数增加 2.77 倍，输出功率增加了多少？（7.67 倍）

26. 如何利用天线电阻和天线电流确定 AM 发射机的工作功率？

27. 假如天线的长度连续增加，天线的辐射电阻将会有什么变化？

28. 大地对天线有什么影响？

29. 某天线的辐射电阻为 73Ω，有效损耗电阻为 5Ω，计算该天线的效率。哪些因素是损耗电阻的一部分？（93.6%）

30. 解释下面和天线相关的术语(发射或接收)
   (a)物理长度
   (b)电气长度
   (c)极化
   (d)分集接收
   (e)电晕放电

31. 半波长偶极子天线的电气长度和物理长度间的关系是什么？

* 32. 任意天线，谐振频率由什么因素决定？

* 33. 如果一个垂直天线的高度是 405ft，工作在 1250kHz，用波长表示物理高度后是多少？（0.54λ）

* 34. 如果工作频率是 1100kHz，为什么垂直辐射体的高度必须是半波长高？

14.4 节

35. 天线馈线是什么？解释谐振天线馈线的用途，包括优点和缺点。

36. 非谐振天线馈线是什么？解释其优点和缺点。

37. 解释三角匹配的工作原理。什么情况下它才是一个方便的匹配系统？

* 38. 画出一个耦合到垂直天线系统的推挽、中频射频放大器级的简单方案图。

* 39. 利用框图来说明双线射频传输线应该如何连接才能给半波偶极子天线馈电。

* 40. 计算用于将 300Ω 天线连接到 75Ω 线的四分之一波长段的特征电阻。

41. 解释如何完成三角匹配。

14.5 节

* 42. 在垂直面中，哪种类型的天线具有最小的指向特性？

* 43. 如果单极天线底部的电阻和电流已知，用什么公式来计算天线中的功率？

* 44. 半波偶极子天线和单极天线的区别是什么？

* 45. 画出四分之一波长单极天线的水平和垂直辐射方向草图并讨论。这是否也适用于相同类型的接收天线？

46. 什么是镜像天线？解释它和单极天线的关系。

* 47. 1m 长的四分之一波长接地天线装在汽车的金属车顶上，地线层应如何构建？如果把天线安装在汽车后保险杠附近又该如何构建？

* 48. 和标准广播天线有关的地辐射网的重要性是什么？如果地辐射网中大量金属骨架断开或是被严重腐蚀，可能产生什么后果？

* 49. 电感器和天线串联对谐振频率有什么影响？

* 50. 电容器和天线串联对谐振频率有什么影响？

* 51. 如果想在比单极天线谐振频率更低的频率上工作，应采取哪些可能的措施？

* 52. 缩短 $\lambda/2$ 偶极子天线的物理长度会对谐振频率有什么影响？

* 53. 为什么有些标准广播站使用电容天线？

* 54. 试解释为什么加感线圈有时和天线有关。如果那样的话，线圈丢失是否意味着容性的天线阻抗？

14.6 节

* 55. 解释如何增强图 14-19 中的单元天线阵列的指向能力。

56. 给出下面术语的定义：
(a)有源阵子
(b)无源阵子
(c)反射器
(d)定向器

57. 计算 500W 驱动的八木天线（见图 14-20）的 ERP。（2500W）

58. 计算天线参数如下时的 F/B 比
(a)前向增益 7dB，后向增益 −3dB
(b)前向增益 18dB，后向增益 5dB

59. 简要画出八木天线结构。

60. 描述直排天线阵的物理结构。如果给这种天线增加更多的阵子会有什么影响？

61. 描述宽边天线阵的物理结构。与直排天线阵相比，它的主要优点是什么？

* 62. 两个相距 $\lambda/2$ 的垂直天线，电流相等且同相，最大辐射的方向是什么？

* 63. AM 广播站的定向天线阵列是如何衰减某些方向的增益以及如何增加其他方向的增益？

* 64. 哪些因素会造成 AM 站的定向辐射方向图的变化？

65. 给出相位阵列的定义。

66. 解释无源阵列的发展。

14.7 节

67. 描述对数周期天线的主要特点。哪个特点让它被广泛应用？解释对数天线的最长振子和最短振子的作用。

* 68. 描述下列几种天线的定向特性：
(a)水平半波偶极子天线
(b)垂直半波偶极子天线
(c)垂直环形天线
(d)水平环形天线
(e)单极天线

* 69. 环形天线的定向接收方向图是什么？

70. 什么是铁氧体环天线？解释其应用和优点。

71. 标准折叠偶极子的辐射电阻是什么？相比标准偶极子它有什么优点？为什么它经常取代半波偶极子天线用作八木天线的有源阵子？

72. 描述缝隙天线的工作原理并介绍它在飞行器中有源阵列方式的应用。

73. 某天线在 108MHz 中心频率处具有 14dB 的最大前向增益。它的后向增益是 −8dB。波束宽度 36°，带宽从 55MHz 扩展到 185MHz。计算：
(a)距离最大前向增益 18°处的增益。（11dB）
(b)带宽。（130MHz）
(c)F/B 比。（22dB）
(d)185MHz 时的最大增益。（11dB）

14.8 节

75. 微波天线具有极高的方向性并能提供高增益。讨论原因。

76. 喇叭天线是什么？给出三种基本类型的草图，并解释它们的重要特征。

* 77. 描述抛物面反射器如何形成雷达波束。

78. 利用草图，解释三种不同的为抛物形天线馈电的方法。

79. 工作在 4.3GHz 的 10W 发射机驱动一个直径 160ft 的天线。计算它的有效辐射功率（ERP）和波束宽度。（29.3MW，0.10°）

80. 抛物面天线在 18GHz 的波束宽度为 0.5°。计算 dB 单位的增益。（50.7dB）

81. 什么是整流罩？为什么它经常与抛物面天线配合使用？

83. 图 14-32 中的天线谐振频率是 1.3GHz。计算该微带天线的带宽。（约 130MHz）。

84. 4.0GHz 信号的波束宽度是 1.1°。计算其以 dB 为单位的功率增益。（43.8dB）

85. 5m 抛物面反射器，曲线深度 1.23m，计算其焦点长度。

86. 计算工作在 14GHz 的 10m 天线的近似增益。
答案用单位 dB 表示。

87. 计算工作在(a)14GHz 和(b)4GHz 的 10m 抛

物形天线的近似增益。比较两个结果。

88. 寻找 3m 抛物面天线的有效孔径，要求反射
效率为 0.6。

附加题

* 89. 船载无线电电话发射机工作在 2738kHz。在
距离发射机较远的一点，测得 2738kHz 信号
的场是 147mV/m。在同一点测得的第二谐
波场是 405μV/m。该谐波辐射比 2738kHz
基波向下衰减了多少？(51.2dB)

* 90. 计算有效辐射功率需要收集哪些数据，如何
计算？

91. 设计覆盖 54MHz 到 216MHz 的全 VHF TV
波段的对数周期天线。所用设计因子 τ 为

0.7，并提供标出尺寸的缩略草图。

92. 用来 DF 的环形天线，在环从一个纬度线逆
时针(CCW)旋转 35°时探测到空信号。当天
线沿着同一纬度线向西移动 3mile 时，天线
逆时针(CCW)旋转 45°后从同一个信号源探
测到空信号。现在需要确认与这两个点有关
的信号源的准确位置。请提供方法(可以使
用草图)。

第15章

波导和雷达

15.1 传输系统比较

对于给定的应用，在选择能量传输方式时要考虑下面几个因素：(1)初期成本和长期维护费用；(2)使用的频段和信息承载能力；(3)隔离度或保密性；(4)可靠性和噪声特性；(5)功率大小和效率。当然，任何的一种能量传输方式不可能满足人们的全部要求。因此选择最适合的能量传输方式的问题就变成了使用哪种技术的问题。

传输线、天线和光纤在高频段传输中更为人而熟知，但波导也扮演着重要的角色。下面的例子将说明每种传输方法都有适合的应用场合。由于我们将会在第16章详细讨论光纤传输，所以在这个例子中不会与光纤传输进行比较。

假设在相距30mile的两个点间传输1GHz的信号。为了方便比较，设每种传输模式中接收到的能量都是$1nW(10^{-9}W)$，那么对于每种传输方式的典型应用，所需的发射功率大约是

(1) 传输线：$10^{1500}nW$（损耗15 000dB）；

(2) 波导：$10^{150}nW$（损耗1500dB）；

(3) 天线：100mW（损耗80dB）。

很显然，不使用任何电导体（天线）的能量传输效率远远的超过波导和传输线的效率。

如果上例中的传输路径长度按照100∶1因子缩短到1500ft 的距离并重新进行比较，结果为

(1) 传输线：1MW（损耗150dB）；

(2) 波导：30nW（损耗15dB）；

(3) 天线：10uW（损耗40dB）。

毫无疑问，无论是传输线还是天线在能量转移上的效率都低于波导。

在接收到功率为1nW 的情况下，三种能量传输方式的所需输入能量大小与距离关系比较曲线如图15-1所示。频率是1GHz，结果用分贝表示，0dB 参考位置为要求的1nW的接收机功率。天线的曲线中的虚线部分稍稍超过了30mile，表明超过视距后衰减很严重，其典型值是30mile。

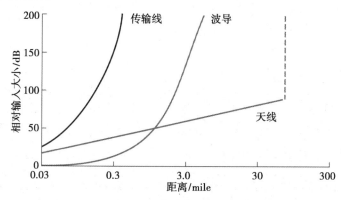

图 15-1　固定接收功率下所需输入功率与距离的关系曲线

当传输信号为零频时，选择传输线是比较实际的。但波导、天线和光纤本质上都有一个实际的最低频率限制。对于天线，这个下限大约是 100kHz，波导大约是 300MHz。在光频率波段或者说频率超过 10^{14} Hz 时，利用光纤进行传输。理论上可以制造出工作在任意低频率上的天线和波导，但所需的物理尺寸将会非常庞大。然而月亮上没有空气且引力小，所以在月亮上架设高为 10mile、长为 100mile 的天线还是可行的，此时其工作频率可以低到每秒几百个周期。设计到这么大的尺寸，这让我们不得不注意到不管是波导还是天线的尺寸，它们一般是波长的一半。因此，用于 300MHz 信号的波导大约和道路排水涵洞的尺寸一致，天线长大约是 1.5ft。下面我们开始讨论波导。

15.2 波导的类型

将不同电导率和介电常数的媒质分开的任一平面对于电磁波都有导向效应。举例来说，一个电介质杆比如聚苯乙烯，可以承载高频率波，它在某种程度上类似于传导一束光的玻璃纤维，我们将会在 15.10 节和第 16 章中进一步探讨这种现象。当然最好的导向面位于良好介质和良导体中间。

从广义上讲，所有类型的传输线，包括同轴缆和平行线，都是波导。但事实上，波导已经变成特指一个用来在其内部传导电磁波的中空金属管的术语。在第二次世界大战中，波导首次被广泛应用在雷达设备中，其工作波长在 10～3cm 之间。在业内它们常被称为管道。

波导几乎可以是任何形状，最常用的形状是矩形，但有时人们也用圆形甚至更奇特的形状。我们主要讨论工作在 TE_{10} 模式的矩形波导。很快我们就能遇到更多的术语。

和同轴线缆一样，波导需要良好地屏蔽——因此没有辐射损耗。与工作在相同频率且尺寸相同的同轴线缆相比，中空管的损耗小但功率容量却大多。同轴线缆的绝大部分铜损耗是内部的细导线引起；而波导内部没有导线就不存在这种损耗，因此增加了功率容量，同时也简化了结构并使得线路更耐用。

波导工作模式

对波导工作原理的严格数学证明超出了我们的讨论范围，但从普通的双线传输线开始解释波导的实际工作原理还是可能的。在第 12 章中曾经提到，一个四分之一波长短路短截线（shorted stub）在其输入端看起来类似于开路电路。因为这个原因，这种短路短截线经常被用作传输线的绝缘支架。如果在传输线的上方和下方安放无穷多的这种支架，如图 15-2 所示，那么你可以把它想象成一个矩形波导。如果这种短截线长度小于四分之一波长，工作特性将会被严重削弱，对于矩形波导来说也是这样。图 15-3 中的波导尺寸 a 在工作频率波段必须至少是二分之一波长；尺寸 b 一般来说大约是 a 的一半。

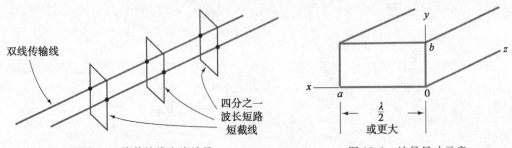

图 15-2　将传输线变为波导　　　　　　　　图 15-3　波导尺寸示意

利用波导传播的波是电磁波，因此有电（E 场）和磁（H 场）分量。换句话说，能量以无线电信号的形式沿着波导传播，其工作模式由两种场的组合方式决定。如果在传播方向上没有 E 场，这种模式称为 TE，横电模。横向表示"成直角"。TM，横磁模，是指波导的工作模式，此时在传播方向上没有磁场分量。TE 或 TM 标示下有两个数字下标，它们的含义如下：对于 TE 模式，第一个数字下标是沿 a（最长）方向的半波长 E-场模式的数量，第二个数字下标是沿 b 方向的半波长 E-场模式数量。对于 TM 模式，两个数字下标则表示沿 a 和 b 方向的半波长 H 场的数量。请参考图 15-4 中对这一过程的图解。

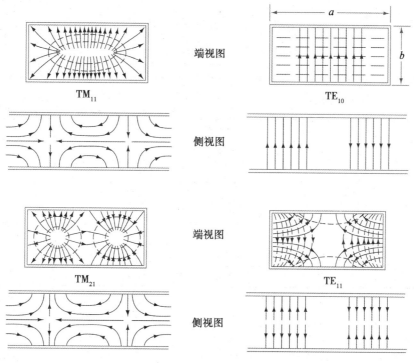

图 15-4　矩形波导中的工作模式示例

图 15-4 中的实线表示电场，磁场则用虚线表示。注意 TE_{10} 末端视图。沿着 a 方向，电场在末端处最小而在中间处最大。这和沿 a 方向的一个半波长的 E 场是一致的，但在 b 方向则没有此分量，因此，这种模式称为 TE_{10} 工作模式。在 TM_{21} 模式中，可以注意到 a 方向的 H 场（虚线）从 0 变到最大、又变成 0、变成最大又变成 0。那就是两个半波长。沿着 b 方向，产生了一个半波长的 H 场，从而标为 TM_{21}。在侧视图中，为了简便没有画出 H 场（虚线）。在这些侧视图中，TE 模式在传播方向上（右到左或是左到右）没有 E 场，而 TM 模式中在传播方向上没有 E 场（实线）存在。

工作的主模式

之所以把 TE_{10} 模式称为主模式，是因为它在工作过程中是最"自然"的一个。波导经常被看成是高通滤波器，因为只有非常高的频率即那些高于波导截止频率的频率能够传播。在所有可能的传播模式中包括 TM 和 TE，TE_{10} 模式具有最低的截止频率。人们对 TE_{10} 有特殊兴趣的原因是在其截止频率（f_c，给定波导能够传播的最低频率）和下一个更高阶模式的截止频率间存在一个频段，TE_{10} 也是在此频段内唯一可能传输的模式。因此，如果在这个频段内激励波导，不管波导以何种方式激励，能量传播只能以主模式进行。在实际的任何传输系统中，控制传输模式非常重要，因此相对于矩形波导的其他的可能模式来说，TE_{10} 模式具有明显的优势。然而更为重要的是，对于给定工作频率，TE_{10} 可以让我们使用物理尺寸更小的波导。

RG-62/U 波导的尺寸是 0.9×0.4 英寸，这是用在 X-波段频率范围内的标准尺寸，人们常称它为 X-波段波导。这种波导尺寸的建议频率范围是 8.2 到 12.4GHz。由于限定了使用频段，人们因此制订了波导的标准尺寸，每种都有指定的频率范围。表 15-1 是不同波导频段的频率范围和大小。

表 15-1   波导波段/大小

波 段	频率范围/GHz	类 型	波导的大小	
			英寸/in	厘米/cm
L	1.12~1.7	WR650	6.5×3.25	16.5×8.26
S	1.7~2.6	WR430	4.3×2.15	10.9×8.6
S	2.6~3.95	WR284	2.84×1.34	7.21×3.40
G	3.95~5.85	WR187	1.87×0.87	4.75×2.21
C	4.9~7.05	WR159	1.59×0.795	4.04×2.02
J	5.85~8.2	WR137	1.37×0.62	3.48×1.57
H	7.05~10.0	WR112	1.12×0.497	2.84×1.26
X	8.2~12.4	WR90	0.9×0.4	2.29×1.02
M	10.0~15.0	WR75	0.75×0.375	1.91×0.95
P	12.4~18.0	WR62	0.62×0.31	1.57×0.79
N	15.0~22.0	WR51	0.51×0.255	1.30×0.65
K	18.0~26.5	WR42	0.42×0.17	1.07×0.43
R	26.5~40.0	WR28	0.28×0.14	0.71×0.36

注意：WR＝波导矩形

计算截止波长的公式是

$$\lambda_{co} = 2a \tag{15-1}$$

对于 TE_{10} 模式，a 表示波导的长。因此，对于 RG-52/U 波导，λ_{co} 是 2(0.9)或 1.8ft，或者 4.56cm。因此

$$f_{co} = \frac{c}{\lambda_{co}} = \frac{3 \times 10^{10} \, \text{cm/s}}{4.56 \text{m}} = 6.56 \text{GHz} \tag{15-2}$$

传播的最低频率(不考虑衰减)是 6.56GHz，但建议的范围是 8.2~12.4GHz。下一高阶模式是 TE_{20}，其截止频率是 13.1GHz。因此在一般意义上说来，在频率 6.56~13.1GHz 范围内，只有 TE_{10} 模式可在 X 波段波导内传播。

15.3   波导传播的物理图解

对于波导中传输的波，它必须要在整个波导中满足麦克斯韦方程。对这个方程的数学分析已经超出了本书的范围，但方程的一个边界条件可以简单的描述为：波导的边界处不存在电场的切向分量，原因是导体会使 E 场短路。对波导内的场进行精确的分析需要复杂的数学推导，但如果只是理解波导的传播特性，那么可以用简单的物理图形来表示其中所包含的传播机制。典型 TE_{10} 波导的场可以认为是由一个普通平面电磁波在波导的两边往返传播的而产生，如图 15-5 所示。

平面波的电场和磁场分量具有相同的时相位但振动方向相互垂直并与传播方向垂直。波以光速传播，在遇到波导的导电壁后被反射，但相位反相、反射角等于入射角。矩形波导中传播波前的示意图如图 15-6 所示。

当 θ 角(见图 15-5)使得正向和负向波峰可在同一方向连续出现并在波导内不重叠时，可以看到，不同波及其反射波的叠加形成了 TE_{10} 模式的场分布，它们沿着波导前进并表示能量在传播。为了满足传播必需的边界条件，波各组成部分在碰到矩形波导边界时角度应满足下面的条件

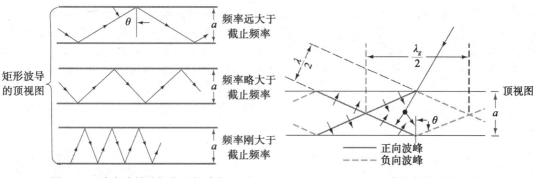

图 15-5　波在波导壁间往返的路径　　图 15-6　波导中的波前反射

$$\cos\theta = \frac{\lambda}{2a} \qquad (15\text{-}3)$$

其中，a 是波导的宽度；λ 是以光速为参考的波的波长。

由于波导中实际的场可以认为由波的各种分量构成，而且波的各个分量在沿着波导传播时和波导的轴的夹角也相等，但速率略小于光速。能量传播的速度可以用群速度(V_g)来定义，在图 15-6 所示的情况中，群速度和光速的关系如下

$$\frac{V_g}{C} = \sin\theta = \sqrt{1 - \left(\frac{\lambda}{2a}\right)^2} \qquad (15\text{-}4)$$

波导波长(λ_g)比自由空间波长(λ)大。仔细观察图 15-6 中的 $\lambda_g/2$ 和 $\lambda/2$ 能让我们更形象的理解这一情况。因此

$$\frac{\text{波导中的波长}}{\text{自由空间中的波长}} = \frac{\lambda_g}{\lambda} = \frac{1}{\sin\theta} \qquad (15\text{-}5)$$

因此有

$$\frac{c}{V_g} = \frac{\lambda_g}{\lambda} = \frac{1}{\sqrt{1 - (\lambda/2a)^2}} \qquad (15\text{-}6)$$

如果用史密斯圆图来解释此问题，λ_g 应该表示位移而不是自由空间波长 λ。波似乎要穿透波导边壁的速度被称为相速度，V_p。相速度的值要大于光速。它仅仅只是个"表面"速度；然而，波正是以此速度在边界处产生了相位变化。相速度 V_p 和群速度 V_g 的关系是

$$\sqrt{V_p V_g} = \text{光速} \qquad (15\text{-}7)$$

随着波长的增加，各波成分与波导的轴夹角更接近直角，如 15-5 中底部的图所示。这会使得群速度降低，但相速度仍然高于光速，直到波分量中的一个 $\theta = 0°$。此时，波各分量将在波导内以直角不停反射往返，不再沿着波导向前传播。在此情况下，群速度为 0 而相速度无限大，能量的传播终止，此时的频率就是我们前面定义的频率，即截止频率，f_{co}。TE_{10} 工作模式的截止频率根据式(15-1)的关系给出。请注意，波导和高通滤波器的作用一样，波导的尺寸决定了截止频率。为了能够传播能量，波导的尺寸必须和一个半波长相当，这也限制了波导在 300MHz 以上频率的使用。

当频率远高于截止频率时，在波导中可能会出现更高阶的模式。因此，如果频率足够高，反射往返的波将以 TE_{20} 模式进行能量传播。TE_{20} 有一个分布场，与相邻的两个极化相反的主 TE_{10} 模式场相等。这种波导传播的概念表征涉及在波导两壁间连续反射的波，适用于所有类型的波以及矩形波导外的其他波导。但相比于 TE_{10} 模式来说，用这种方式分析其他模式的工作原理较为复杂。

15.4　其他类型的波导

圆波导

目前为止应用最广泛的是用于矩形波导的 TE_{10} 模式。其他模式或其他类型的波导应

用极其有限。然而由于雷达中需要有一个像图 15-7 的那种连续旋转部件，所以圆波导可以应用在雷达中。在圆波导中的模式可以是回转对称的，这意味一个雷达天线可以在物理上转动但却没有电气干扰。虽然圆波导相比矩形波导在实际中更容易制造，但对于设定的工作频率，圆波导的横截面面积必须要大于矩形波导的两倍，所以圆波导比矩形波导贵而且要占用更大的空间，因此典型的雷达系统包含一个主要矩形波导和一个圆形旋转接头。矩形波导和圆波导的转换是通过如图 15-8 中的圆－矩形转换锥完成。为了减小反射，这种从圆到方的转换要柔和。

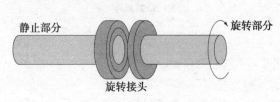

图 15-7　圆波导旋转接头

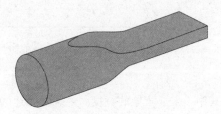

图 15-8　圆-矩形转换锥

　　圆波导的一个限制与它能够传播的频率范围有关。从表 15-1 我们可以看到，矩形波导的可用带宽是能够传播的频率波段的 50%。例如，在 L 波段频率，频率范围是 1.12～1.7GHz，或 0.58GHz，这个值略小于波导频率范围的中心频率(1.41GHz)的一半。

$$中心频率 = 1.12\mathrm{GHz} + \frac{(1.7-1.12)\mathrm{GHz}}{2} = 1.41\mathrm{GHz}$$

　　在这个例子中，0.58GHz 是中心频率的 41%

$$\frac{0.58\mathrm{GHz}}{1.41\mathrm{GHz}} \times 100\% = 41\%$$

　　对圆波导模式的研究表明带宽大约是中心频率的 15%，远远小于矩形波导的带宽。

脊波导

　　图 15-9 是两种类型的脊波导。和标准矩形波导相比，尽管脊波导的制造成本高，但它有自己独特的优势。对于给定的外部尺寸，脊波导能够在更低的频率上工作，这意味着人们可能制造出更小的全外部尺寸的波导。在一些空间有限的应用中，脊波导的这个特性非常具有优势，如航天探测器或类似的应用。由于脊波导衰减更大而且成本也更高，因此限制了它的特殊用途。这意味着脊波导具有更宽的带宽，该带宽值是中心频率的百分之几。

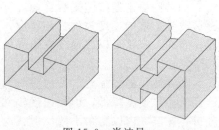

图 15-9　脊波导

可弯曲波导

　　有时候人们需要一段能够弯曲的波导，如图 15-10 所示。在实验室或要求连续弯曲的应用中弯曲波导很常见。可弯曲波导由缠绕呈带状的黄铜或铜组成，它外面覆盖了一层软电介质如橡胶以维持气密或水密性并能防止灰尘污染，而且在大功率应用如雷达中有助于形成从一边到另外一边的弧度。波导经常用氮进行加压处理。当发生泄漏时，冲出的气体可以阻止异物进入。

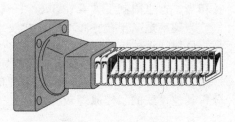

图 15-10　可弯曲波导

15.5 波导的其他考虑因素

波导衰减

波导能够传播大量的功率。例如，典型 X 波段(0.9×0.1in)的波导在工作于 1.5 倍的 f_{co} 且空气介电强度为 $3 \times 10^6 \, \text{V/m}$ 时能够处理的功率为 1MW。就像在前面所提到的，波导在频率低于截止频率时对功率衰减很大。当频率高于截止频率时，波导能够传播波，但由于在导电边界和波导填充的电介质中的损耗，这些波导中传播的波会有轻微的衰减。对于空气填充或是中空的波导，电介质损耗通常可以忽略，但如果填充的是其他电介质，这些损耗通常比导体的损耗要大得多。随着频率的增加，损耗降低到一个较宽的低值区，然后会随着频率的升高而缓慢增加。

导体的损耗是由 12 章中介绍的集肤效应决定的。（高频率时，电流会集中在导体的表面流动。）在波导壁内流动的电流会集中于内表面。

弯曲和扭转

经常需要改变传播的方向或是波在波导中的极化方向。

1. H 弯曲[见图 15-11(a)]：用来改变传播的方向。因 H 线被弯曲到传输方向上而得名，而 E 线仍保持和主模式垂直。

2. E 弯曲[见图 15-11(b)]：这种结构也用来改变波的传播方向。只要弯曲是足够舒缓的，两种弯曲都不会引起较大的传输不连续，所以根据机械特性来决定选择 E 还是 H。

3. 扭转[见图 15-11(c)]：弯曲部分用来改变波的极化面。

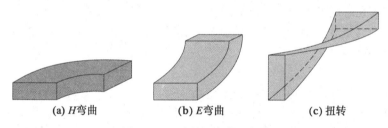

(a) H弯曲   **(b)** E弯曲   **(c)** 扭转

图 15-11 波导的弯曲和扭转

对刚刚讨论的这三种方式进行合理组合，你可以得到任何需要的角度。

T 形

(1) 并联 T 头[图 15-12(a)]：之所以命名为并联 T 头是因为侧臂对 TE 模式中 E 场的分路，这和传输线中的电压有些类似。如果在 A 臂和 B 臂有两个同相输入，传播到 C 臂的波也同相从而表现为加性。另一方面，从 C 臂输入会在 A 和 B 处得到两个相等的、同相的输出。当然，A 和 B 的输出只有 C 处输入功率的一半。

(2) 串联 T 头[图 15-12(b)]如果在 D 处有 E 场输入，可以想象出臂 A 和臂 B 处的输出相等但相位相差 $180°$。再强调一遍，两个输出相等但是相位相差 $180°$。就像用于传输线的单短截线调谐器，串联 T 头经常用来进行阻抗匹配。在这种情况下，臂 D 中会放置一个活动滑塞从而可在任何位置短路。

(3) 混合 T 头[图 15-12(c)]：这是上述两种 T 头的组合，同时表现出各自的特性。正如对前面串联 T 头和并联 T 头的分析，如果两个相等的同相信号馈进臂 A 和 B，在臂 D 处会抵消但同时在臂 C 处会增强。因此，所有的能量将传送到 C 而没有能量到达 D 处。同样的，如果能量被馈进到臂 C，将会被臂 A 和臂 B 均匀平分而不会传输到 D。混合 T 头有很多有趣的应用。

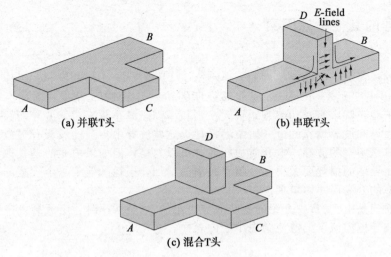

(a) 并联T头 　　　(b) 串联T头

(c) 混合T头

图 15-12　串联、并联和混合 T 头

　　一个混合 T 头的典型应用如图 15-13 所示。混合 T 头被用作发射/接收(TR)开关，开关使得单个天线就可以同时用来发射和接收。发射机的输出被馈到臂 C，然后再分配到臂 A 和臂 B 输出，几乎没有能量被送到臂 D 处的敏感的接收机。当天线在 B 处接收到一个信号时，与臂 A 和臂 C 一样，能量也被送到了臂 D。小的接收功率不会影响到大功率的发射机输出。臂 A 处需要匹配负载来防止反射。本章的课后第 60 题是混合 T 头的另外一个应用。

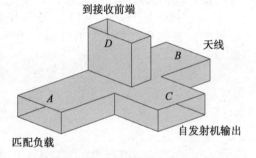

图 15-13　混合 T 头用作 TR 开关

调谐器

　　将金属杆插进波导较宽的那个壁上，金属杆在那点可以提供一个集总阻抗。其作用类似于在传输线增加一个短路短截线。当金属杆延伸不超过四分之一波长时，它好像容性的，而在超过四分之一波长后，则它是感性。四分之一波长插入产生了串联效应，其锐利度(Q)和杆的直径成反比。

　　杆的主要用途是为导槽匹配一个负载以减小电压驻波比(VSWR)。图 15-14 所示是最常用的配置。

　　(1) 滑动螺钉调谐器[图 15-14(a)]：滑动螺钉调谐器由一个螺钉或一部分垂直插入导槽的金属物组成，两者的纵向和深度都可调。插进导槽部分的作用是沿着导槽产生一个并联阻抗——因此，它类似于传输线上的一个单短截线调谐器

　　(2) 双插心式调谐器[图 15-14(b)]：这种类型的调谐器包含两个插进金属部件，称为插心。在调整电阻的匹配时双自由度的好处是既可以通过插心的纵向位置也可以通过插心的间距来进行。因此这在一定程度上类似于传输线双插心调谐器但又有所不同，因为是插心的位置而不是有效并联阻抗可变。

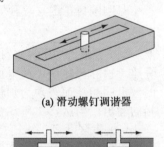

(a) 滑动螺钉调谐器

(b) 双插心式调谐器

图 15-14　调谐器

15.6　终端和衰减

　　由于波导是一个单导体，很难像同轴线缆那样定义它的特征阻抗(Z_0)。然而可以认为波导的特征阻抗近似等于同方向传输能量的电场强度和磁场强度的比值，这个比值和没有驻波的同轴线缆中的电压/电流比相等。对于一个空气介质工作于主模式的波导来说，它

的特征阻抗可以用下式给出

$$Z_0 = \frac{\mathscr{L}}{\sqrt{1-(\lambda/2a)^2}} \tag{15-8}$$

其中，$\mathscr{L}$ 是自由空间的特征阻抗，为 $120\pi(377\Omega)$。由于 $\lambda = c/f$，所以能量的频率会影响到波导的特征阻抗。因此，波导的阻抗是变化的而且更确切的命名应该是特征波阻抗而不是特征阻抗。

不像同轴缆，波导上没有地方来连接固定电阻以终止其特征(波)阻抗，但是采用特殊的布置可以达到这个目的。一种是在波导末端填充石墨砂，如图 15-15(a) 所示。一旦场进入砂，电流将在里面流动。这样电流将产生热并会消耗能量。以热的形式耗散的能量不会反射回波导中。另外一种方式[图 15-15(b)]是采用高阻值电阻棒，电阻棒置于 E 场中心。E 场(电压)会使电流在棒中流动。电阻棒的高阻值引起的能量损耗为 I^2R。

还有一种方法是采用楔形电阻材料来终止波导[见图 15-15(c)]。楔形平面和磁力线垂直，当 H 线切割楔形时，将在其中产生感生电压；感生电压引起的电流在高阻材料中的流动将产生 I^2R 的

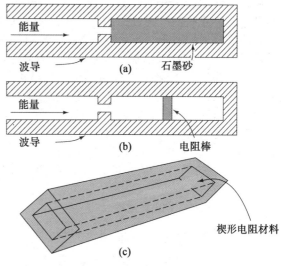

图 15-15　最小反射终端

损耗，这部分损耗也是热的形式散出，从而使得很小一部分能量到达封闭端并被反射。

前面介绍的几种终止方法被设计用来匹配波导的阻抗以确保反射最小。另一方面，现在有很多人们希望全部能量都能从波导末端反射。最好的解决方法是在波导的末端简单地附上或是焊接上一个金属板。

可变衰减器

可变衰减器在微波频段应用很广。它们被用来(1)隔离源和负载反射以防止频率改变；(2)调节信号幅度，作为微波桥电路的一个臂；以及(3)测量信号幅度，这需要用到校准衰减器。

有两种不同类型的可变衰减器。

(1) 刀式衰减器 [见图 15-16(a)]：通过在波导的顶部缝隙中插入一个用电阻材料制成的薄片而形成。插入深度可调节，利用合适的电阻卡片形状，衰减量可以做到近似与插入深度线性变化。注意锥形边，这减少了有害的反射。

(2) 片式衰减器 [见图 15-16(b)]：这种类型的衰减器，阻值卡片或是叶片从一边移动，如图所示。你将会注意到，损耗(因此而衰减)在叶片接近 E 场最小处的波导壁时最小，叶片移动到中间时损耗最大。

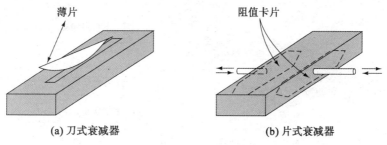

(a) 刀式衰减器　　　　　　　　(b) 片式衰减器

图 15-16　衰减器

15.7　定向耦合器

双孔定向耦合器由两个波导构成，这两个波导有一个公共面，这个公共面上开有两个孔。它的作用类似用于传输线的定向耦合器。公共部分在物理上可以是左右相邻，也可以是上下相邻。这种设备的方向性可以通过查看标有 A、B、C 和 D 的波通路来查看。

波 A 和 B 沿着相同长度的路径然后在第二波导内相位合并。如果孔间距是 $\lambda_g/4$，波 C 和 D（它们强度相等）是 $\lambda_g/2$ 或相位相差 $180°$ 从而会相互抵消。因此，如果主波导内的场是由入射波和反射波叠加的话，由左向右运动的波中的一部分会通过第二波导耦合出去，同等数量的波会在叶片中耗散掉。通过两个孔而耦合进入的相同大小的波会由于 $\lambda_g/2$ 的路径差而产生 $180°$ 相差，结果使得从右向左运动的波在第二波导的输出端被抵消。因为孔距必须是 $\lambda_g/4$ 或者是奇数倍，所以这种类型的耦合器对频率很敏感。在正确的位置添加更多的孔会同时提高工作频率范围和方向性。这就是所称的多孔耦合器。

从上面的分析可以看到，由于定向耦合器的存在，原主波导中仅往一个方向传播的能量会被传递到相邻的（否则是独立的）第二波导。第二波导中向左传播的能量会被图 15-17 中的叶片吸收；叶片是匹配负载，用来防止反射。

P_out 和 P_in 的比值就是耦合率

$$\text{耦合率}(\text{dB}) = 10\lg\frac{P_\text{in}}{P_\text{out}} \quad (15\text{-}9)$$

图 15-17　双孔定向耦合器

从上面分析得知，定向耦合器可以区分在相反方向传播的波。它可以用来响应入射或是反射波。将微波功率表连接到第二波导的输出端，可以测量输出的功率。耦合率一般小于 1%，所以功率表会忽略主波导内工作的负载效应。将定向耦合器在物理上反向，可以得到反方向的功率流并测出反射大小和驻波比（SWR）。

15.8　波导能量耦合和谐振腔

我们用 E 和 H 场阐述了波导的工作原理，但如何在波导内构建这些场？换句话说，我们如何把能量从波导取出或是如何把能量输入进波导？从根本上说来，有三种将能量耦合进波导或从波导耦合出的方式：探头、环和缝隙。探头或容性耦合如图 15-18 所示。它的行为类似于一个四分之一波单极子天线。当探头被无线电频率（RF）信号激励后，会形成一个电场[见图 15-18（a）]。探头应该放置在 a 边的中间位置，并且距离短接终端是四分

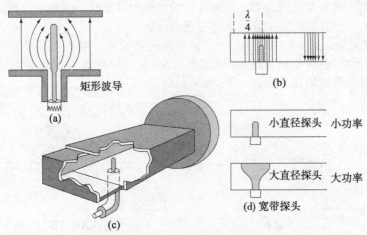

图 15-18　探头或容性耦合

之一波长或四分之一波长奇数倍的位置，如图 15-18(b)所示。该点处 E 场最大，因此也是探头和场耦合最大的点。通常探头使用一个短的同轴缆馈结，外部的导体则被连接到波导壁上，探头被插进波导内但和波导隔开，如图 15-18(c)所示。可以通过调节探头长度来控制耦合度，或从 E 场中心移开或是屏蔽探头。

在脉冲调制雷达系统中，载波频率的两侧存在很宽的边带。如果探头对非载波频率的频率不敏感，需要使用一个宽带探头。图 15-18(d)是小功率和大功率情况下使用这种探头的示意图。

图 15-19 是环或感性耦合示意图。环被放置在波导中 H 场最大的一点上。如图 15-19(a)所示，外部导体连接到波导上，内部导体构成了波导内的环。环内流动的电流形成了一个在波导内的磁场，见图 15-19(b)。如图 15-19(c)所示，环可以被放在几个位置上。转动环可以调节环的耦合度。

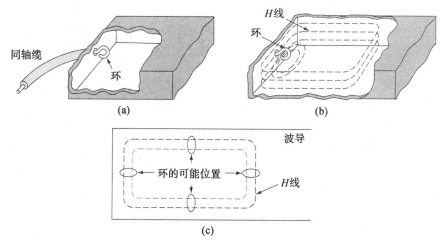

图 15-19　环或感性耦合

第三种方式是缝隙或槽耦合，如图 15-20 所示。缝 A 在 E 场最大区域，是电场耦合的一种方式。缝 B 在 H 场最大区域，是磁场耦合的一种方式。缝隙 C 在 E 和 H 场最大区，是电磁耦合的一种方式。

谐振腔

由集总电感和电容元件组成的电路可以在从小于 1Hz 到几千兆赫任何频率谐振。然而在甚高频段，电感器和电容器的实际尺寸会变得非常小，同时电路中的损耗将变得很大；在甚高频段，可能需要不同结构的谐振器件。在第 12 章中曾经提到，在 UHF 频段，一般用平行线结构或同轴传输线来代替集总常数谐振电路。在微波段是使用谐振腔；谐振腔是金属壁腔室，它安装有接收并提取电磁能量的元件。这些元件的 Q 值远大于传统的 LC 谐振电路的 Q 值。

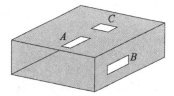

图 15-20　缝隙或槽耦合

尽管工作在不同频率范围以及应用场合不同的谐振腔具有不同的物理外观，但所有谐振腔的基本工作原理是相同的。谐振腔壁是高电导率物质，内中包裹良电介质，通常是空气。图 15-21 是矩形盒状谐振腔的例子，它可以看作两端用导电板封闭的一段矩形波导。由于末端导电板对 z 方向传播的波短路，谐振腔类似于两端短

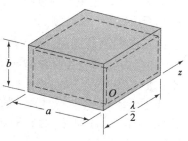

图 15-21　矩形波导谐振器

路的一段传输线。在某个频率上，当两边的挡板距离是半波长或是半波长的整数倍时会发生谐振。

除了第三个下标用来表示沿谐振腔轴向（和横向场垂直）传输的半波模式的数值外，谐振腔模式采用和波导相同的数字系统标明。矩形谐振腔是众多用在高频的谐振腔之一。通过选择合理的谐振腔外形，可以获得用于特殊用途的很多优势如紧凑性、易调谐、简单的模式频谱和高 Q 值。能量耦合进出谐振腔的方法与标准波导一样，如图 15-19。

谐振腔调谐

通过调节三个参数可以调整谐振腔的谐振频率：谐振腔体积、谐振腔电感或谐振腔电容。尽管调节谐振腔的机械方法可能不同，但它们都是利用了下面的电子原理。

图 15-22 是利用体积来调谐圆柱形谐振腔的示例。改变距离 d 会得到一个新的谐振频率；增加 d 会降低谐振频率，而减小 d 则使得谐振频率变大。盘的移动量可以用频率刻度，人们通常用微米尺度来指示盘的位置同时使用一个刻度表来标明频率。

调节谐振腔的第二种方法是在 H 场的最大点处插入一个普通有色金属螺柱（比如黄铜），这样会降低谐振腔的磁导率同时降低其有效感应系数，结果是使得谐振频率变大。螺柱插入谐振腔越深，谐振频率越高；也可以用一个叶片代替螺柱，将叶片调整到近似和 H 场垂直时，谐振频率会变大。

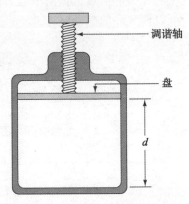

调谐轴

盘

d

图 15-22　体积调谐谐振腔

15.9　雷达

随着第二次世界大战中雷达的发明，波导开始第一次进入实用。用波导承载这些系统中的大功率和高频率要比用传输线有效。英文单词雷达由 radio detection and ranging 几个词的首字母组成，它表示用无线电波来发现并定位目标如飞行器、轮船和陆地。通过确定目标距雷达设备的距离和方向来对一个目标进行定位。定位目标的过程一般要求测量三个坐标：距离、方位角（水平方向）和仰角。

一个雷达系统本质上由一个发射机和接收机组成。在发射的信号碰到某一物体（目标）后，一部分能量会由于反射而返回；窄波束发射/接收天线收集到返回的能量（也称回声信号）一部分后送到接收机；接收机检出并放大回声信号，然后用来进行目标位置定位。

军用雷达具有从空中、海洋、陆地和太空平台监视和跟踪空中、海洋、陆地和太空目标的功能。军用雷达还能用来进行导航，包括飞行器地形规避和地形跟踪。很多为军事用途开发的雷达技术和应用现在在民用设备中也可以看到，如天气观测、地理搜索技术和空中交通管制等。海中的所有大型船只都配备有防止碰撞和导航的雷达。有些频率在雨中可以工作；有些能更好分辨出密集的空中目标；还有一些适用于远距离操控。一般来说，雷达天线越大，系统的分辨率越高。在太空中，雷达用来空间交汇、对接和着陆，也用于地球环境遥感和行星探索。

雷达波形和距离测定

图 15-23 是代表性的雷达脉冲（波形）。每秒钟脉冲的个数叫脉冲重复频率（PRF）或脉冲重复率（PRR）。从一个脉冲开始到下一个脉冲开始的这段时间叫脉冲重复时间（PRT）。PRT 是 PRF（PRT＝1/PRF）的倒数。脉冲持续时间（发射机发射能量的时间）是脉冲宽度（PW）。脉冲间的时间间隔是静止时间或接收机时间。脉冲宽度加上静止时间等于 PRT（PW＋静止时间＝PRT）。用于精确定位的雷达必须要有一个高定向性天线，而只有微波天线（参考第 14 章）才能提供希望的方向性，因此图 15-23 中的 RF 能量通常是在 GHz（微波）频段。

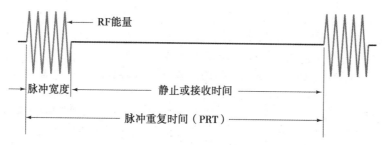

图 15-23 雷达脉冲

到目标的距离由脉冲到达目标后又返回的时间差决定。电磁波能量的速度是 186 000 法定英里/秒或 162 000 海里/秒。(海里是雷达中距离的公认单位,1 海里＝6076ft)但在很多情况下为了方便,测量的准确性并不是优先考虑的因素,因此人们普遍采用一个被称为雷达英里的单位。一个雷达英里等于 2000yd(1yd＝0.914m),或 6000ft。雷达英里和海里的细微区别在距离探测时引入大约 1% 的误差。

在计算距离时,必须要考虑信号的双向传输。电磁波能量传播 1 雷达英里大约需要 6.18μs。因此能量脉冲到达目标并返回所需要的时间是 12.36μs/雷达英里,以英里为单位的目标距离可以根据公式算出

$$距离 = \frac{\Delta t}{12.36} \tag{15-10}$$

其中,Δt 是信号从发射到接收的时间,单位是 μs。但对于更短的距离和更高的准确度,应该用米来量度距离。

$$距离(m) = \frac{c\Delta t}{2} \tag{15-11}$$

其中 c 是光速,Δt 单位是 s。

雷达系统参数

一旦雷达发射电磁能量脉冲,那么在发射下一个脉冲前,必须有足够长的时间让回声返回并被检测。因此,目标预期的最大距离决定了雷达的 PRT。如果 PRT 太短(PRF 太高),有些目标返回的信号可能在下个脉冲发射后才能到达,这在距离测定时会发生混淆。下一个脉冲发射后才到达的回声称为第二返回回声(也称二次回声或多一次回声)。这种回声会让实际目标看起来要比真实的距离更短,如果不能识别这是一个二次回声的话会对产生误判。超过二次回声判读的范围的距离称为最大单值距离。最大单值距离可以通过下面的公式算出

$$最大单值距离 = \frac{PRT}{12.2} \tag{15-12}$$

其中距离单位是 mile,PRT 单位是 μs。图 15-24 是二次回声的原理示意图。

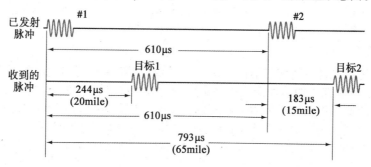

图 15-24 二次回声

图 15-24 中信号的 PRT 是 160μs，引起的最大单值距离是 50mile。1 号目标在 20mile 的距离上。其回声信号需要 244μs 才能返回。2 号目标实际为 65mile 远，其回声返回所需时间为 793μs。然而，这是下一个脉冲发射后 183μs 的时间；因此，2 号目标看起来像是 15mile 远的一个小目标。因此，最大单值距离是最大可用距离，从现在开始我们简单的称它为最大距离。（这里假定雷达有足够的功率和灵敏度来达到这个距离）

如果一个目标距发射机很近以至于回声在发射机关闭前就返回到接收机，发射的脉冲将会掩盖住这个收到的回声信号。另外，几乎所有的雷达都是用电子设备在发射脉冲持续期间限制接收机工作的。然而，在附近有一个大目标时会频繁检测到双量程回声。当反射波束强度很大，以至于能够第二次往返时，就会产生双量程回声，如图 15-25 所示。双量程回声比主回声要弱，看起来有原距离的两倍。

单位为 m 的最小距离可以用下面的公式计算

$$最小距离 = 150PW \quad (15\text{-}13)$$

其中距离单位米，脉冲宽度（PW）单位 μs。典型的脉冲宽度从短程雷达的几分之一微秒到大功率远程雷达的数微秒不等。

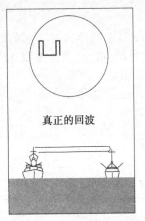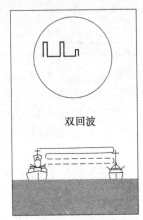

真正的回波　　双回波

图 15-25　双量程回声

雷达发射机产生的 RF 能量的形式是极短脉冲，脉冲之间存在相对长的静止时间间隔。发射机的有用功率包含在辐射脉冲中，人们称之为系统峰值功率。因为雷达发射机静止的时间相对于脉冲时间很长，一个周期内的平均功率相对脉冲时间内的峰值功率要低很多。

雷达的占空比是

$$占空比 = \frac{脉冲宽度}{脉冲重复时间} \quad (15\text{-}14)$$

例如，假如一个雷达的脉冲宽度是 2μs，脉冲重复时间 2ms，那么其占空比是

$$\frac{2 \times 10^{-6}}{2 \times 10^{-3}} \quad 或 \quad 0.001$$

类似的，平均功率和峰值功率的比值可以用占空比表示。假设系统的峰值功率是 200kW，PW 为 2μs，PRT 是 2ms，输入到天线的峰值功率持续时间 2μs，接下来的 1998us 发射机输出都是 0。由于平均功率等于峰值功率乘以占空比，所以平均功率等于 $(2 \times 10^5) \times (1 \times 10^{-3})$，即 200W。

如果在设备的最大探测距离内需要产生强的回声，那么大的峰值功率很有必要；相反，低的平均功率可以让发射机的输出电路组件做得更小、更紧凑；因此小的占空比也有优势。短脉冲宽度在"看到"（解析）间距小的目标方面同样也有优势。

雷达的基本框图

图 15-26 是基本雷达系统的框图。调制器模块内的时钟（也叫触发脉冲发生器或同步器）控制 PRF。调制器内的脉冲形成电路由时钟触发并产生矩形和短时的高电压脉冲。实际上，这些脉冲被用作发射机的供电电压以及关闭或打开发射机。调制器决定了系统的脉冲宽度。发射机产生高频、大功率 RF 载波并决定载波频率。天线转换开关是一个电子开关，它可以让发射和接收共用一个天线，还可以阻止敏感的接收机接收强的发射信号。接收机部分是一个传统的超外差接收机。较早的雷达中没有 RF 放大器，因为第二次世界大战时代 RF 放大器存在噪声问题。

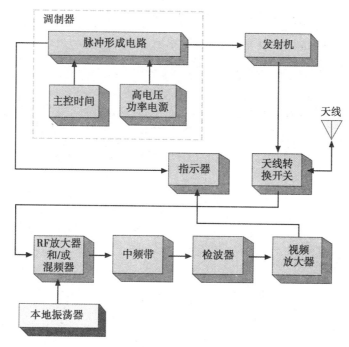

图 15-26　雷达系统框图

多普勒效应

如果信号源和反射信号的目标间存在相对移动，那么反射信号的频率会发生频移，这种现象称为多普勒效应，这有些类似于火车在朝着观察者移动或远离时汽笛声的频移。多普勒雷达或 CW 雷达一直在工作状态。它不像脉冲雷达那样有时关闭或是有时打开，因此人们也称它为连续波雷达。CW 雷达只能"看见"运动的目标，因为只有运动的目标才会有多普勒频移。CW 雷达使用两根分别用于发射和接收的天线。

发射机和目标间的相对速度决定了频率偏移量，它可以根据下式进行估计

$$f_d = \frac{2v\cos\theta}{\lambda} \qquad (15-15)$$

其中，f_d——已发射信号和接收到信号间的频率变化；v——雷达和目标间的相对速度；λ——发射波的波长；θ——目标方向和雷达系统间的角度。

如果你曾经在雷达测速路段收到过超速罚款收条，你现在应该会更好地理解为什么会被罚。

15.10　微集成电路波导

现在通信领域大量使用 $1\sim300\mathrm{GHz}$ 的微波频率段；在微波频率段，由于波长极小，所以即使是最短的电路连接也要慎重对待。

用于微波频率的薄膜混合和单晶集成电路叫微波集成电路（MICs）。很显然，在批量产的小型电路中采用短的大量同轴传输线或波导连接是不切实际的。这时候，人们更多的是使用带状线或微带连接，如图 15-27。它们都用在批量生产电路中，其传播特性可以简单认为是介于波导和传输线之间。

带状线由两个接地层（导体）和一个更小的导电带组成，接地层夹着这个更小的导电带，它们中间用电介质（印制电路板）进行隔离。图 15-27 给出了两种类型的微带，这两种微带由一个或两个导电带组成，导电带和单接地层间也是通过电介质隔离。单导电带类似于非平衡传输线。双导电带则像平衡传输线。由于带状线的辐射损耗更低，所以可

在一定程度上提供更佳的性能，但更简单进而更经济的微带是目前流行的构造波导的技术。

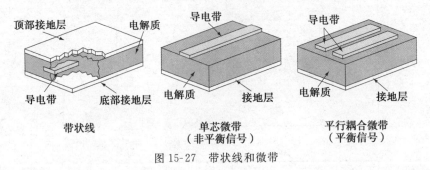

图 15-27　带状线和微带

无论何种情况，损耗都大于波导或是同轴传输线，但微型化和成本的节省带来的好处远远大于损耗带来的坏处，尤其是在连接路径很短时。

和波导以及传输线一样，带状线和微带的阻抗特性由物理尺寸和电介质类型决定。最常用的电介质是矾土，相对介电常数是 9.6。当然，正确匹配以减少驻波也是重要的考虑因素。

图 15-28 是三种线的端视图，图中同时列出了计算 Z_0 的公式。在公式中，ln 是自然对数，ε 是板的介电常数。

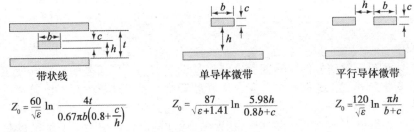

图 15-28　阻抗特性

微带电路等效

和前面讨论的传输线和波导一样，微带也可用来模拟电路单元。图 15-29 是一些单芯微带的模拟图。图 15-29(c) 中的串联电容表示导体间真正断开。这个概念还可以被推广到两个微带间的耦合，方法是把两个导体贴近放置。耦合量的控制可以通过调节平行部分的长度和间距做到，如图 15-29(f)。图 15-29(e) 模拟的是一个接地串联 LC 电路。几乎所有类型的 LC 电路都能由此构造出来。

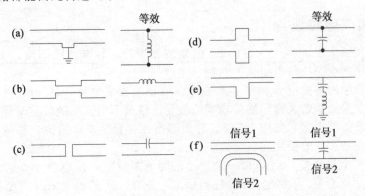

图 15-29　微带电路等效

介质波导

另外一个连接小型毫米波电路的选择是介质波导，它的工作原理是两个不同的电介质具有电磁波导的特性。

不要混淆介质波导和介质填充的波导，图 15-30 中是这两种波导。常规的金属波导有时候会填充电介质，因为对于能够传播的给定频率，填充电介质可以减少波导尺寸。

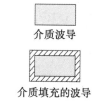

介质波导

介质填充的波导

图 15-30 介质波导和介质填充的波导

很显然，介质波导在集成电路中很容易批量生产并有优于微带的优点。在高于 20～30GHz 的频率段，很多系统应用中微带的损耗将远超过介质波导。例如，微带在 60GHz 的典型衰减是 0.15dB/cm，而介质波导仅有 0.06dB/cm。在 60GHz，标准矩形波导大约衰减 0.02dB/cm，在不考虑成本因素的系统中才会使用它。

对于介质波导，矾土是常用的电介质材料。然而不容置疑的是，人们将来还会使用半导体如硅和砷化镓(GaAs)作为电介质。半导体设备最终被直接装配进介质波导这个事实就可以证明这个观点。

15.11 故障诊断

本节结束后，你应该能够检修波导系统。波导问题和普通传输线问题很相似。测试设备可能看起来不一样，但做的工作是一样的。

这里要提醒一句：波导通常用来传播大量的微波能量；微波可以让人皮肤灼热并能损毁视力，因此如果波导或者是天线仍然连接在发射机或雷达上时千万不要施工，除非你确定系统关闭或者不会被其他的人打开。

一些常见问题

(1) 连接两个波导的接头或法兰是最可能的问题源。为了提高额定功率以及排除水分，波导有时被密封加压。安装不当的接头会让水分进入波导并引起气体泄漏。水会增加 VSWR 而且水会损害大部分的波导管。

有两种类型的法兰：扼流法兰和封头法兰。扼流法兰在连接面上有一个刻槽，用来防止微波能量散失；还有一个刻槽放置垫圈。封头法兰则较为光滑。两种法兰必须整洁、平整。螺栓尺寸要正确，因为螺栓能帮助两个波导对齐并紧密连接在一起。

(2) 装配不合适的接头会产生电弧并会在波导上烧出孔洞。如果一些部件如天线无法工作，在大功率下波导内就会有电弧产生。你可能会注意到位于波导中间的宽壁上的圆弧，这就是佐证。

(3) 一定要检查并更换磨损的部件。雷达天线一般有一个或多个旋转接头。旋转接头有轴承，有时会有滑动触点。旋转接头有时会失效，当然这种情况仅出现在发射机有足够的时间加热它们的时候。等到工程师打开波导并安装好测试设备，接头已经降温而且测试结果是正常。最好使用一个在线定向耦合器，这样在发射机工作的同时可以观察发射功率的增加。

旋转接头也可以在测试台上进行测试，方法是将接头连接到一个虚拟负载上，然后转动接头并测量 VSWR。目前还是没有运行测试的替代办法。

可弯曲波导容易受到裂纹和腐蚀的影响。通常来说，2ft 长的一段刚性波导管的损耗很低，以至于很难对它的损耗进行测量。将一个虚拟负载连接到波导上，一边弯曲波导一边测量 VSWR 一般可以测出可弯曲波导的损坏部分。

测试设备

图 15-31 是进行 VSWR 测试时测试设备的连接方法图。首先将功率表连接到前向(入

射)功率耦合器并记录读数。然后再将功率表连接到反射耦合器并记录读数。

反射功率应该非常小，VSWR 应该接近 1。VSWR 利用下式算出

$$\mathrm{VSWR} = \frac{1 + \sqrt{\dfrac{P_r}{P_i}}}{1 - \sqrt{\dfrac{P_r}{P_i}}} \quad (15\text{-}16)$$

其中，P_i——入射功率，P_r——反射功率

把反射耦合器反转并把待测部件放置在耦合器中间，这样就可以利用同一个测试设备来测量损耗，如图 15-32。没有两个完全一致的耦合器，因此必须先把耦合器连接到一起后确定差异。利用这种方法应该可以测量 0.2dB 内的损耗。

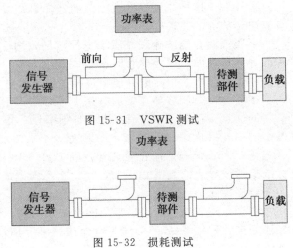

图 15-31　VSWR 测试

图 15-32　损耗测试

总结

波导是中空的管道，在微波频段人们用它将电磁能量从发射机输送到天线。波导表现出极低的损耗，而且可以承受非常大的功率。波导的工作模式和双线传输线完全不同。在双线式传输线或自由空间中，模式是横向电磁模（TEM），这表示在传播时电场和磁场分量都是主要的。与此相反，波导传播要么是横电模式（TE），要么是横磁模式（TM），工作模式中的能量传递要么以电分量为主，要么以磁场分量为主，而不是两者都很重要。

波导尺寸很关键，因为它决定了截止频率，所谓截止频率是波导能够耦合能量而不存在过度损耗的最低频率。对矩形这种最常用的波导形状，较长边必须至少是半波长才能够满足电场在波导壁处为零的边界条件。波导实际上充当着高通滤波器的作用，只有大于截止频率的频率才能够通过。波导有多种工作模式。工作模式由 TE 或 TM 的两位数的下标来表示，其中第一个下标表示沿较长边（表示点的个数，在该点电场或磁场能量最高）方向的半波长模式个数，第二个下标表示沿较短边的半波长模式个数。最简单的，通常也是最有效的模式，是 TE$_{10}$ 模式。对于给定的波导，更高阶的模式允许波导在更高的频率上工作，但却以牺牲效率为代价。波导和其他微波器件例如谐振腔的能量输入或输出可用探头来实现。

相对于同轴传输线来说，得到波导的特征阻抗不是那么容易，但是还是有可能计算得到。另外，由于涉及微波频率以及大部分类型的传输线结构很严谨，要使用不同类型的接头、转接头以及负载。其中有扭转接头、T 形接头和调谐器。谐振腔参数可调，同时在能量路径上引入间断点产生阻抗扰动，人们利用这点来进行阻抗匹配。

波导最初使用同时仍然是最广泛的一个应用是在雷达系统中。目标可以被探测到，它们的位置和距离可以利用发射机发射的大功率脉冲来确定。利用发射脉冲和返回或回声脉冲间的时间间隔来计算距离。雷达有两种主要的类型：脉冲式和多普勒式。可以利用雷达特征如脉冲重复频率、频率和时间等确定分辨率、距离和脉冲雷达系统的准确度。多普勒雷达是连续波形式的雷达，可用来确定移动物体的速度。

小规模的波导和传输线的分类为带状线和微带。带状线是双导体形式的传输线，可以想象成扁平同轴缆，而微带是在绝缘基板上的一个单一导体，如印制电路板材料，在基板的另外一边是接地面。两种形式都非常适合在印制电路板上批量生产和小型化。此外，精心设计导体，如相互间的距离以及它们的尺寸都可以提供需要的阻抗，这样就可以造出阻抗匹配单元。

习题与思考题

15.1 节

1. 讨论使用天线、波导和传输线作为通信链路的媒介时的优缺点。

15.2 节

2. 给出波导广义上的定义。术语波导通常表示什么？

3. 解释在波导和传输线中传播的基本区别。

4. 解释为什么不同的模式组成被称为横电或横磁。

5. 波导的操作模式是什么？解释 TE 和 TM 模式的下标符号。

6. 矩形波导中的主模式是什么？它的哪些特性让它是主模式？画出承载这种模式的矩形波导口的电场草图。

7. 解释截止波长的重要性。

8. 某矩形波导边长分别是 1cm 和 2cm。计算它的截止频率，f_{co}。（7.5GHz）

9. 能量是如何沿着波导传播的？解释是什么决定了能量和波导壁的夹角？

10. 对于 TE_{10}，$a=\lambda/2$。TE_{20} 的 a 是什么？（假设是矩形波导）

15.3 节

11. 为什么波导中的能量传播速度明显比自由空间中的小？计算 10GHz 信号所用的 X 波段波导中的传播速度（V_g）。计算这种条件下的波导波长（λ_g）和相速度（V_p）。（2.26×10^8 m/s，3.98cm，3.98×10^8 m/s）

12. 为什么自由空间波长（λ）和波导波长（λ_g）不同？相比史密斯圆图计算，解释这种差别的重要性。

13. 为什么矩形横截面波导通常比圆横截面波导优先使用？

15.4 节

14. 为什么圆波导用得比矩形波导少？解释圆形旋转接头的用处。

15. 介绍脊形波导的优缺点。

16. 介绍可弯曲波导的物理构造并列出它的一些应用。

17. 介绍可弯曲波导相比矩形波导的一些优点。

15.5 节

18. 列举波导衰减的原因。它们相比同尺寸的同轴缆具有更高的功率处理能力，为什么？

19. 简要描述波导的构造和用途。为了让波导正常工作应该在波导的安装和维护时采取哪些预防措施？

20. 为什么波导构造的弯曲和扭曲段能够慢慢改变能量的传播方向？

21. 描述分路和串联 T 头的特征。在混合 T 用作 TR 开关时，解释它的工作原理。

22. 讨论按照功能和用途分类的几种类型的波导调谐器。

15.6 节

23. 利用题 59 所给的数据，验证 405Ω 的特征波阻抗。

24. 计算工作在 8GHz、10GHz 和 12GHz 的 X 波段波导的特征波阻抗。

25. 解释端接一个波导来使反射最大或最小化的几种方法。

26. 描述刀型和叶片衰减器的作用。

15.7 节

27. 详细描述定向耦合器的工作原理。在描述中要包括草图。定向耦合器的一些应用是什么？给出定向耦合器的耦合率的定义。

28. 计算主波导中有 70mW 并向第二波导输出 0.35mW 的定向耦合器的耦合率。（23dB）

15.8 节

29. 解释电容耦合能量到波导的原理。

30. 解释电感耦合能量到波导的原理。

31. 什么是缝隙耦合？描述改变缝隙位置的效应。

32. 讨论下面和波导相关的知识
    a)频率和尺寸间的关系
    b)操作模式
    c)能量耦合进波导
    d)操作的一般原则

33. 什么是谐振腔？它在哪些方面和 LC 谐振电路相似？它们为什么不同？

34. 解释谐振腔的工作原理。

35. 什么是波导？

36. 描述谐振腔用作波导频率计的一种方法。

37. 解释调谐谐振腔的三种方法。

15.9 节

38. 简要解释雷达系统的工作原理。

39. 在雷达安装中，为什么人们优先选择波导而不是同轴线缆用于微波传输？

40. 关于雷达系统，解释下面的术语：
    a)目标
    b)回声
    c)脉冲重复率
    d)脉冲重复时间
    e)脉冲宽度
    f)静止时间
    g)探测距离

41. 当 Δt 为 167μs 时，计算以英里和米为单位的探测距离。（13.5mile，25.050m）

42. 如果雷达脉冲从雷达天线到目标再返回天线需要 123μs，并显示在脉冲指示器（PPI）范围内，那么距离目标为多少海里？（10nmile）

43. 什么是双程回迹？

44. 为什么雷达系统有最小探测距离？计算脉冲宽度是 $0.5\mu s$ 的系统的最小探测距离？

45. 详细讨论雷达系统的占空比的不同含义。

46. 假设脉冲宽度是 $1\mu s$，脉冲重复率是 900，平均功率是 18W，雷达脉冲的峰值功率是多少？占空比是多少？（20kW，0.09%）

47. 对于图 15-26 中的雷达框图，解释每个部分的作用。

48. 工作频率为 1.024GHz 的某警用雷达速度探测仪和你的车在一条线上。从你的车反射的能量在频率上偏移 275Hz。计算你的速度，单位是英里每小时。你是否将受到惩罚？（90mph，yes!）

49. 什么是多普勒效应？除了可用于警用速度探测仪它还有其他哪些应用？

50. 为什么多普勒雷达经常也被叫做 CW 雷达？

15. 10 节

51. 使用草图，解释带状线、单导体微带和平行耦合微带的物理结构。讨论它们的优缺点，并将它们与传输线和波导比较。

52. 什么是电解质波导？与矩形波导相比讨论它的优点和缺点。

53. 电路板的介电常数是 2.1、$b = 0.1$in、$c = 0.006$in、$h = 0.08$in，计算用这个电路板构造的 Z_0。导体和顶部和底部接地层的距离相等。（50Ω）

54. 画出模拟接地电感同时带有串联电容的单导体微带线草图。

15. 11 节

55. 描述检修波导的正确步骤

56. 解释如何防止电弧

57. 解释波导中的问题最容易在哪里出现，并描述防止这些问题的处理方法

58. 描述如何测试波导

附加题

59. 一矩形波导尺寸长宽分别是 4.5cm 和 3cm，波导中一个 9G 的信号工作在主模式。特征（波）阻抗为 405MΩ。提供一个关于这个系统的报告，内容包含有 λ_g，λ，V_g 和 V_p；负载 350Ω+j100Ω 的喇叭天线引起的 SWR；以及距离天线负载 4cm 波导处的阻抗。报告中要包含史密斯圆图分析。

60. 如果要求任一本地振荡器都不会从接收天线辐射泄漏，混合 T 能否给微波接收机第一级（混频器—没有 RF 级）馈送天线信号和本地振荡器信号？绘制示意草图

61. 分析多目标和最大距离的关系。假设雷达系统 PRT 等于 $400\mu s$，利用计算出的最大无混淆距离进行示意分析。

62. 在波导系统中，必须要用定向耦合器来测量 VSWR 以及确定某设备引入的损耗。描述你的测试方法并解释它们间的区别。

第16章

光　纤

16.1　概述

光纤系统的飞速发展和制造技术的进步使光纤在长途通信领域得到了广泛的应用。光纤已经广泛用作军用和商用数据链路,它完全代替了铜线的位置。远距离通信传输链路如微波、卫星传输绝大部分已经被光纤替代,尤其是跨洋通信。

如图 16-1 所示,一个光纤通信系统非常简单,它主要包含下面的几个部分。

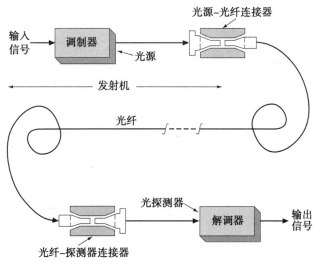

图 16-1　光纤通信系统

(1) 光纤传输线,用于传输信号(信号形式是经模拟信号或是数字脉冲调制后的光波),长度为几英尺、几百米或是上千米不等。一根光缆可能包含三到四根头发丝粗细的光纤或是上百根这种类型的光纤。

(2) 发出非可见红外线的光源,通常是发光二极管(LED)或是固体激光器。光源发出的光能够被调制,从而能够承载模拟信号或是数字信息。

(3) 光敏探测器,在接收端将光信号转换为电信号。应用最多的是 p-i-n 或是雪崩光电二极管。

和波导或是铜导线相比,光通信链路具有极大的优势,其优势主要有:

(1) 极高的系统带宽:通过改变光的幅度,信息被承载到光信号上。由于最好的 LED 的响应时间为 5ns,因此它们可以提供的最大带宽约为 100MHz。如果使用激光光源,在单根玻璃光纤上的带宽可以达到 10Gb/s,几个激光光源可以同时在一根光纤上使用。多路复用后的信息量可以达到惊人的几十 Gb/s。

(2) 不易被静电干扰:外部电噪声和闪光不会影响到光纤传输线内的能量。当然这仅是对光传输线而言,不包括金属缆组件和连接的电子设备。

(3) 消除串扰:在一根玻璃光纤中传输的光既不会干扰邻近光纤中传输的光,也不会被干扰。前面讲过,串扰的原因是相邻铜导线间的电磁耦合(参考第 12 章)。

（4）相对其他传输系统来说信号衰减更小：根据所用波长的不同，光纤传输线的典型损耗量仅为每 100ft 0.1～0.008dB。与之对比，RG-6 和 RG-59 75Ω 的同轴电缆在 1GHz 处每 100ft 的损耗大约是 11.5dB。1/2″同轴电缆每 100ft 的损耗为 4.2dB。

（5）重量轻且体积小：美国海军用光纤替换 A-7 飞机中传统的导线在中央计算机与其远端传感器和外围电子设备间传输数据。在该案例中，光纤总长 224 英尺，仅重 1.52 磅，而 1900 英尺长的铜线质量达 30b(1b=0.4541kg)。

（6）成本低：光纤价格持续下降。很多使用光纤的系统成本也在下降，而且这个趋势在加快。

（7）安全：很多铜导线系统面临短路的潜在威胁，所以对短路要求进行预防性设计，而光纤的绝缘特性消除了这种威胁。

（8）抗腐蚀：玻璃基本上是惰性的，所以在特定环境中不存在被腐蚀这个问题。

（9）保密性：由于光纤对电磁耦合和辐射免疫，所以它可以用在一些对安全要求高的环境中。当然光纤也存在会被截听或是搭线的可能，但这很难实施。

16.2 光的特性

在理解光在玻璃纤维中的传播之前，很有必要重温光反射和折射的一些基本概念。自由空间中的光速为 $3×10^8 \text{ m/s}$，在其他介质中，这个速度会有所下降。在通过光密介质时，光速降低将引起光的折射，结果会造成光线弯曲，如图 16-2(a)所示。光速降低和随之而来的折射跟波长有关，如图 16-2(b)所示。正如图 16-2 所示，当可见光穿过棱镜时，两个空气/玻璃界面处都会产生折射，从而将光分解成不同的频率(颜色)。

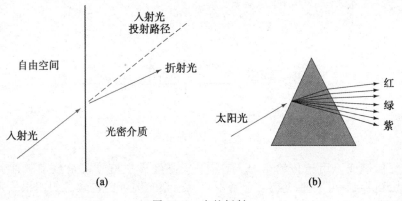

图 16-2 光的折射

折射引起的弯折度由两种介质的折射率决定。折射率 n 是光在自由空间传输速度和给定介质中传输速度的比值。虽然不同频率的光的折射率略有不同，但对多数应用来说一个数值已经足够准确。自由空间(真空)的折射率是 1，空气的是 1.0003，水的是 1.33；在光纤中使用的不同玻璃，折射率介于 1.42～1.50。

斯涅耳定律[见第 13 章式(13-6)]指出，当光在不同的介质中传输时，界面处发生折射。如图 13-4 所示。

$$n_1 \sin\theta_1 = n_2 \sin\theta_2$$

图 16-3 展示的是当入射光以某一角度

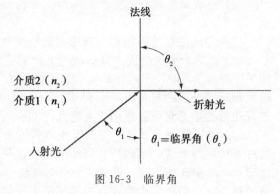

图 16-3 临界角

入射时，折射光沿着介质分界方向传输即 $\theta_2 = 90°$。当 $\theta_2 = 90°$，角度 θ_1，称为临界角(θ_c)，此时入射光线不再穿过分界面。正如图 13-4 中所示，当 θ_1 等于或是大于 θ_c 时，所有入射光都会反射且入射角等于反射角。

可见光频率范围大约从红色的 $4.4 \times 10^{14}\,Hz$ 一直到紫色的 $7 \times 10^{14}\,Hz$。

例 16-1 计算红光和紫光的波长

解：

红光波长

$$\lambda = \frac{c}{f} = \frac{3 \times 10^8\,m/s}{4.4 \times 10^{14}\,Hz} = 6.8 \times 10^{-7}\,m = 0.68\mu m = 680nm$$

紫光波长

$$\lambda = \frac{3 \times 10^8\,m/s}{7 \times 10^{14}\,Hz} = 0.43\mu m = 430nm$$

在光纤行业中，频谱一般用 nm 而不是用频率(Hz)来表示；原因是波长更易于使用，尤其是在计算频谱宽度时。比如 $3 \times 10^{14}\,Hz$ 或 $300THz$ 相当于 $1\mu m$ 或 $1000nm$。图 16-4 给出了这些关系。但在讨论密集波分复用(DWDM)时，这个命名规则中存在一个例外：DWDM 系统工作在 1550nm 波段，在同一根光纤中同时传播几个光信道或是波长。DWDM 系统中，各种标记符号尤其是划分信道时都采用 THz 表示其频谱。波分复用(WDM)系统将在 16.9 节中讨论。

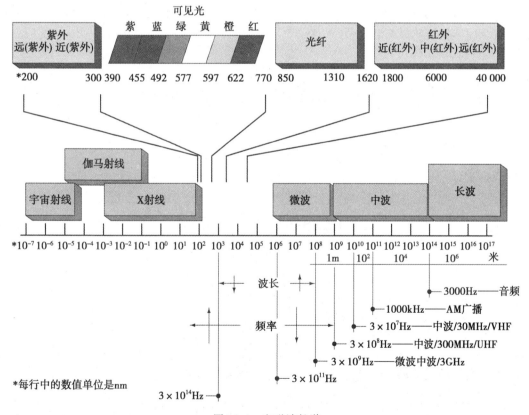

图 16-4 电磁波长谱

图 16-4 给出了电磁波长谱。排在可见光谱下的电磁光波称为红外光波。可见光的波长从大约 390nm 到 770nm，红外光从 680nm 延伸到微波波长。比可见光频率高的电磁谱包括紫外(UV)线和 X 射线。红外区到紫外区间的频率称为光谱。

现在光纤系统常用的波长是750～850nm，1310nm，1530～1560nm。工业界将全部的谱段分类成 O-，E-，C-，L-和 U 波段，见表 16-1。固定的光纤用波长规格可以简单得指定为固定波长如 850nm，1310nm 或是 1550nm。

表 16-1 光波段

波　段	波长范围/nm	波　段	波长范围/nm
O	1260～1360	C	1530～1565
E	1360～1460	L	1565～1625
S	1460～1530	U	1625～1675

光纤传输线结构

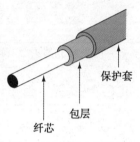

图 16-5 单根光纤结构

光纤的典型结构如图 16-5 所示。光在纤芯中传播，纤芯的主要化学成分是高纯度玻璃：二氧化硅，同时掺杂有少量的锗、硼和磷。塑料光纤由于衰减大，所以仅在工业领域中使用而且长度很短（塑料光纤的更多细节请参考 16.3 节）。

紧裹着纤芯的是包层。包层通常是玻璃，当然玻璃光纤也可以采用塑料包层但很少使用。不管怎样，纤芯和包层应具有不同的折射率。包层折射率必须低这样才能保证光在纤芯中传播。包层外面的塑料涂层用来为光纤提供保护。

如图 16-6(a)所示，由于全内反射(total internal reflection，TIR)，光在纤芯/包层界面处会不断"跳跃"从而使得光沿着光纤传播。

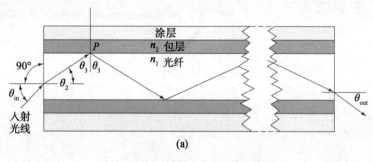

(a)

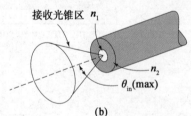

(b)

图 16-6 (a)数值孔径变化 (b)接收光锥

考虑图 16-6(a)中点 P，临界角用 θ_3 表示，根据斯涅耳定律

$$\theta_c = \theta_3(\min) = \arcsin \frac{n_2}{n_1}$$

由于 θ_2 和 θ_3 互余，

$$\theta_2(\max) = \arcsin \frac{(n_1^2 - n_2^2)^{\frac{1}{2}}}{n_1}$$

在入射端面处利用斯涅耳定律，因为 $\theta_{空气} \approx 1$，从而得到

$$\sin\theta_{in}(\max) = n_1 \sin\theta_2(\max)$$

将上述两式合并，得到

$$\sin\theta_{in}(\max) = \sqrt{n_1^2 - n_2^2} \qquad (16\text{-}1)$$

因此，$\theta_{in}(\max)$是允许光以全内反射方式沿纤芯轴向传播的入射最大角度。如果入射角度过大，光在纤芯/包层交界处会发生折射而损失掉。人们称 $\sin\theta_{in}(\max)$为数值孔径（NA：Numerical Aperture）。数值孔径决定了光能够在光纤中顺利传输的接收光锥的角度的一半，可以参考图 16-6(b)。上述分析可能会让你认为超过 $\theta_{in}(\max)$会导致光传输突然结束，实际中不是这样。光纤生产商通常规定某一角度为数值孔径，当光以该角度入射时，输出光相对峰值的能量衰减不大于 10dB。NA 是生产商提供的一个光纤的基本指标，它表征光纤接收光的能力，同时也表明有多少光可以偏离光轴仍能正常传输。

例 16-2 一根光纤的纤芯和包层折射率分别是 1.535 和 1.490。计算 NA 和 $\theta_{in}(\max)$

解：

$$NA = \sin\theta_{in}(\max) = \sqrt{n_1^2 - n_2^2}$$
$$= \sqrt{(1.535)^2 - (1.49)^2} = 0.369$$
$$\theta_{in}(\max) = \sin^{-1}0.369 = 21.7°$$

16.3 光纤简介

目前正在应用的有三种类型的光纤，它们各自都有非常显著的特征。第一种通信级光纤（20 世纪 70 年代早期）的纤芯直径和承载的光的波长相当，它们只能以一种导波模式传输光。由于将光耦合进这么细的光纤非常困难，所以直接导致了 $50\sim100\mu m$ 直径的纤芯的出现。因为这种光纤可以支持多种导波模式，所以人们称它为多模光纤。第一个商用光纤系统采用多模光纤，传输的光波长是 $800\sim900nm$。随后多模光纤的一个变种即渐变光纤被发明出来，这使得光纤拥有更大的带宽承载能力。

随着技术的进一步成熟，人们发现了在损耗更低的前提下能够提供更高带宽的单模光纤。单模光纤应用在很多长途通信领域中，它的工作光波长是 1300nm 和 1500nm。新的光纤类型的出现并不意味着旧光纤型号的落伍，因为应用需求决定了所用光纤的类型。下面是光纤选型的主要标准：

（1）信号损耗，相对于距离来说

（2）光易于耦合和互联

（3）带宽

多模阶跃光纤

图 16-7 给出了三种不同的传播模式（即多模）。最低阶模沿着光纤纤轴传播；中阶模在端面处被两次反射；最高阶模被多次反射，在光纤中走的路径最长。由于纤芯-包层边界处的折射率突然发生变化，人们称这种类型的光纤为阶跃光纤。由于路径长度不同，进入光纤的不同模式的光到达探测器的时间也不同。这会导致脉冲展宽或色散特性，如图 16-7 所示。人们把这种效应命名为脉冲色散，脉冲色散会限制最大传输距离和实际的数据（光脉冲）传输速率。还要注意的是，输出脉冲在宽度增加的同时幅度在降低。光纤越长，这种效应越明显。因此，制造商用单位长度的带宽来将光纤分级，如400MHz/km。1km 长的这种类型的光纤能够顺利传输的数据速率是 400MHz，2km 是 200MHz，以此类推。实际上，当前网络标准将多模光纤的长度限制为 2km。可以在合适的位置放置再生器以延长传送距离。由于多模阶跃光纤存在大量的脉冲色散而且带宽容量低，所以长途通信中很少使用。

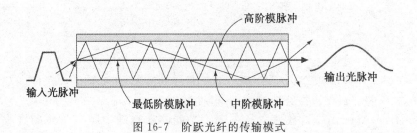

图 16-7　阶跃光纤的传输模式

多模渐变光纤

为了克服脉冲色散的问题，人们又发明了渐变折射率光纤。在光纤生产过程中，人们让光纤的折射率按照抛物线规律改变，如图 16-9(c)所示。在这种光纤中，低次模沿中心方向传输(图 16-8)，高次模沿着远离光纤轴心的低折射率部分传输，同时传播速度相对于纤芯会有所增加；所以，尽管不同的模式沿着不同的路径传播而且距离不同，但几乎会同时穿过整条光纤到达终点，各模式间时间差远小于阶跃光纤。因此这类光纤可以解决带宽变宽的问题及(或)在脉冲色散影响到脉冲识别并引起码元错误前提供更长的传输距离。

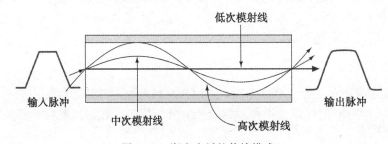

图 16-8　渐变光纤的传输模式

在电信行业，渐变光纤的两种通用纤芯尺寸是：$50\mu m$ 和 $62.5\mu m$。包层都是 $125\mu m$。大尺寸的纤芯直径和高的 NA 简化了输入光缆的铺设，从而可以使用相对便宜的接头。光纤可以用纤芯和包层直径来描述，例如刚提到的光纤可以称为 50/125 和 62/125 光纤。

用于数据网的 62.5um 光纤基本上已经标准化。850nm 波长的典型带宽可达 180MHz/km，1300nm 的是 600MHz/km。由于 G 比特和 10G 比特网络和系统的出现，50um 光纤也逐渐被标准化。更小的纤芯允许更大的带宽：850nm 为 600MHz/km，1300nm 高达 1000MHz/km。

单模光纤

减少脉冲色散效应的一种方法是将纤芯制作的非常细(直径在几个微米数量级)，由于这种光纤只能传输一个低阶模，因此可用于要求更高数据率、更远传输距离的系统中。这种光纤通常和大功率、高方向性的调制光源如激光一起使用。人们称这种光纤为单模光纤。单模光纤的典型纤芯直径只有 $7\sim10\mu m$。

这种类型的光纤也叫阶跃光纤。阶跃的意思是指从纤芯到包层折射率的突变，如图 16-9所示。根据定义，单模光纤只能承载一个导波模式。对于比截止波长(λ_c)长的波长，单模光纤只能传输一种模式。一个典型截止波长是 1260nm。如果波长比截止波长短，这种光纤则能够支持两个或是多个模式，它事实上已经变成了多模传输。

单模光纤广泛应用于长途通信领域，它们能够支持的传输速率超过 1Gp/s，中继器间隔大于 80km。随着新技术的不断涌现，单模光纤的带宽和中继距离还在不断提高。

在谈到单模光纤纤芯尺寸时，通常会用到模场直径这个概念。模场直径是传输的光功率的实际分布直径。在一个典型的单模光纤中(模场直径为 $1\mu m$ 左右或者比纤芯直径大)实际值由被传输的波长决定。在光纤规格表中，多模光纤用纤芯直径而单模光纤则用模场

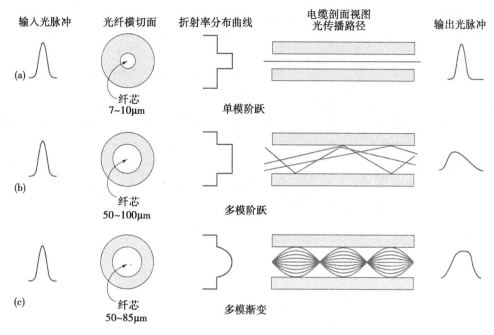

图 16-9　光纤类型

直径来描述。

图 16-9 总结了讨论的三种类型的光纤，包括典型纤芯/包层关系、折射率分布曲线和脉冲色散效应。

光纤种类

无论是多模还是单模，这些不同类型的光纤都由电信工业协会依据表 16-2 和表 16-3 进行分类。

表 16-2　多模分类(依据折射率分布曲线和构成元素)

分　类	折　射　率	纤　芯	包　层
Ia	渐变	玻璃	玻璃
Ib	准渐变	玻璃	玻璃
Ic	阶跃	玻璃	玻璃
IIa	阶跃	玻璃	保留塑料包层以方便连接
IIb	阶跃	玻璃	移除塑料包层以方便连接
III	阶跃/渐变	塑料	塑料

表 16-3　单模分类

分　类	色 散 特 性	零色散波长
Iva	无移位	1310nm
IVb	移位	1550nm
IVc	平坦	在 1310nm～1550nm 区间有低值
IVd	接近零	临近但是在 1530～1560nm 区间外

国际电工委员会根据光纤性能也把多模光纤进行了分类。这些分类为 OM-1，OM-2，OM-3，在使用时要综合考虑数字收发机类型、波长、数据协议和传输距离。OM-1 是标准类型，OM-2 性能更优而 OM-3 是用于 10G 网的增强高性能型光纤。单模光纤根据色散

特性和零色散波长分类，所谓零色散波长是指在该波长处材料色散和波导色散互相抵消。表 16-4 比较了单模和多模光纤。

表 16-4　单模和多模光纤比较

特　征	单　模	多　模
纤芯尺寸	较小($7.5\sim10\mu m$)	较大($50\sim100\mu m$)
数值孔径	较小($0.1\sim0.12$)	较大($0.2\sim0.3$)
折射率分布曲线	阶跃	渐变
损耗(dB/km)(波长的函数)	较小($0.25\sim0.5$dB/km)	较大($0.5\sim4.0$dB/km)
信息承载能力(距离的函数)	很大	小到中
使用情况	长途，CATV 和 CCTV	短距离 LAN
容量/距离 特性	用 b/s	带宽(MHz/km)
使用条件	超过 2km	小于 2km

塑料光纤

塑料光纤主要用于短程通信领域如传感器、机器人、显示器、汽车行业，在一定程度上也会用做 100m 下的数据链路。与铜导线相比，塑料光纤与玻璃光纤一样具有相同的优势，但有两个主要的例外：高损耗和低带宽。

特征

- 材料——高分子材料如聚丙烯酸甲酯
- 纤芯尺寸——最高为 $1000\mu m$；
- 数值孔径——$0.3\sim0.8$；
- 带宽——100m 距离最多是 3Gb/s，实际上几百米距离，带宽是几百兆比特；
- 衰减——650nm 波长处优化后为 $120\sim180$dB/km。
- 塑料光纤不像玻璃那么苛刻，人们可以轻松地对它进行接头连接或是对接。这使得塑料光纤的安装成本不是很贵。

16.4　光纤的衰减和色散

在光纤传输中，衰减和色散是限制距离的两个关键参数。

衰减

衰减是指光纤引起的能量损耗。在光沿着光纤传输线传播时，损耗会不断累积。损耗用 dB/km(分贝每公里)来表示。信号衰减或损耗是散射、吸收、宏弯和微弯这四种因素综合作用的结果。

散射：对于长途通信系统中使用的三个波段，散射是主要的损耗因素。散射引起的损耗占总损耗的 85%，并且它是损耗曲线和损耗值以及工业数据表构建的基础，损耗曲线和损耗值示例如图 16-10 所示。散射也称瑞利散射是由于折射率指数分布不均引起的。瑞利散射随着波长的增加而降低，如图 16-10 所示。

吸收：光和玻璃中的原子相互作用的产生损耗第二种原因。吸收也包括光能量到热量的转换。一种吸收是由于光纤制作过程中引入的 OH 根离子造成，这些离子引起水衰减或是图 16-10 中的 OH 峰，在一些旧技术制造的光纤中，这些离子还会引起其他的衰减。最近光纤制造技术一个明显的进步是在制造过程中可以消除这些氢氧根离子，尤其在 1380nm 区域。通过消除吸收峰，光纤可以有效地在 $1260\sim1675$nm 连续区域使用，从而有效地增大了新光纤的带宽容量。

宏弯：当光纤过度弯曲时，光模式会溢出到包层从而引起损耗。弯曲引起的损耗随波长增加而增加。尽管宏弯引起的损耗很小，但在小的光纤接头盒中的光纤弯曲半径应该尽

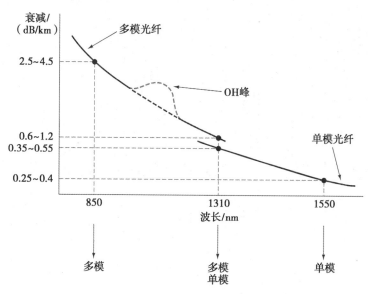

图 16-10 光纤典型衰减曲线

可能的大些。

微弯：还有一种损耗是由于作用在光纤上的机械应力造成的，通常表现为光缆上压力过大引起的形变。例如，包或是夹得太紧就会引起损耗。这种损耗只有几分之一个分贝。

色散

色散或是脉冲展宽是光纤传输系统中限制距离的另外一个关键因素，它是光脉冲在沿着光纤传输线传输时随时间变宽的一种现象。色散会引起脉冲展宽。如果脉冲展宽的幅度足够，将会扩展到临近脉冲时隙从而导致误码。脉冲色散系数可用脉冲展宽（单位：ps）除以频谱宽度（单位 nm）与光纤长度（单位：km）的乘积来得到；总色散可以用光纤长度（L）乘以脉冲色散系数得到。从光纤制造商处得到的光纤性能表上有给定波长的色散估计值。表 16-5 总结了光纤传输常用波长的色散系数。色散对光脉冲的影响在图 16-11 中给出。

表 16-5 Iva 类光纤常用光波长的色散度

波长/nm	色散度(ps/(nm·km))
850	80~100
1310	±2.5~3.5
1550	+17

计算总色散的公式为

$$脉冲色散 = ps/(nm \cdot km) \times \Delta\lambda \tag{16-2}$$

从表 16-5 可以得到脉冲色散值

$$\Delta\lambda = 光源谱线宽度$$
$$总脉冲色散 = 脉冲色散 \times 长度(km) \tag{16-3}$$

例 16-3 已知 850nm LED 频谱宽度是 22nm，光纤长度为 2km，假设色散系数是 95ps/(nm.km)，计算脉冲展宽的大小。

解：

已知色散系数 l=95ps/(nm·km)，利用式(16-2)，L=2km，$\Delta\lambda$=22nm

$$脉冲色散 = ps/(nm \cdot km) \times \Delta\lambda = (95)(22) = 2090ps/km$$
$$总脉冲色散 = 脉冲色散 \times 长度(L)$$
$$= 2090 \times 2 = 4.18ns/km$$

有三种类型的色散：模式色散、色度色散和偏振模色散。

- 模式色散：由于光在光纤中沿着不同路径传输而引起脉冲展宽

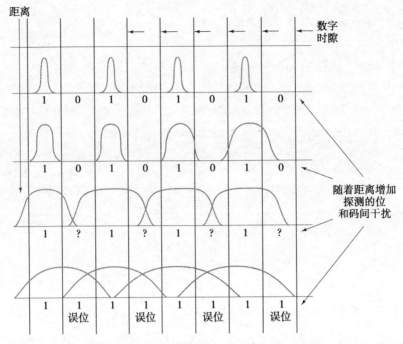

图 16-11　光纤中的脉冲展宽或色散

- **色度色散**：光脉冲中不同频谱的光传输速度不同而引起的脉冲展宽
- **偏振模色散**：X 和 Y 方向的偏振分量传输速度不同从而导致的脉冲展宽

　　模式色散主要发生在多模光纤中。从光源出发，不同模式的光会沿着光纤中的不同路径传输。有些光沿直线传输，但大部分光传输的路径长度是不相等的，结果是光到达探测器的时间不同从而引起脉冲展宽。图 16-11 给出了这种色散情况。使用渐变折射率光纤可以极大地降低模式色散从而将带宽增加到大约 1GHz/km。另外，单模光纤不存在模式色散，因为它只允许一种模式的光传输。

　　色度色散也是一种重要的色散。不管是单模光纤还是多模光纤都存在色度色散。一般来说，从激光器和 LED 发出的光包含多种波长。不同的波长的光在光纤中传输的速度不同，结果导致到达探测器的时间不同，从而引起脉冲展宽，如图 16-11 和图 16-12 所示。

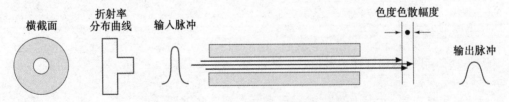

图 16-12　谱分量传输：单模、阶跃

　　从折射率分布曲线来看，有一个波长处的色散为零。那个色散最小的点在 1310nm 附近，因此称 1310nm 为零色散波长。可以通过改变折射率分布将零色散移至 1550nm 区域，这类光纤也称为色散移位光纤；因为 1550nm 波段的损耗比 1310nm 的低，所以这非常有意义。降低损耗在实际工程中具有很大的优势，尤其在长途传输中，因为在同一个波段中，最小的损耗和最小的色散等同于最大的中继器和再生器间的距离。

　　为进一步理解色度色散，图 16-12 给出了阶跃光纤的示意，图中不同的光谱分量正沿着纤芯传播，但由于传播速度不同，它们到达接收机探测器的时间也不同，从而导致接收的光脉冲比发送的光脉冲宽。同样，这种展宽用皮秒每公里长度和纳米带宽的乘积表示，如式(16-3)。

　　偏振模色散是在单模系统中存在的一种类型的色散，在长途、高速数字和高带宽模拟视频系统中尤其要特别关注这种色散。在单模光纤中，一个传输模可以被分解成两个偏振分量：水平和垂直或是 X 轴和 Y 轴。两个分量的折射率可以不同，这会影响到它们的相对速度。如图 16-13 所示。

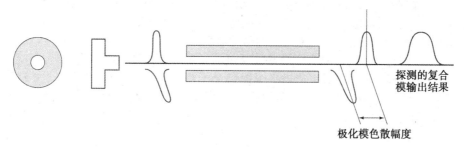

探测的复合
模输出结果

极化模色散幅度

图 16-13　单模光纤中的偏振模色散

色散补偿

　　现在大量使用的光纤都是 IVa 类光纤，它安装于 20 世纪 80 年代或是 90 年代早期。IVa 类光纤在 1310nm 波段经过优化，即零色散点在 1310nm 波段。随着近几年网络的不断发展并考虑到 1550nm 的损耗比 1310nm 低，人们希望使用 1550 纳米波段以提高老的光缆的带宽容量。IVa 类光纤一个主要的问题是在该波长处的总脉冲色散系数大约是 +17ps/nm·km，这严重制约了它的传输长度。

　　为了克服这个问题，人们研究出了一种光纤，这种光纤在 1550nm 波段的色散大约是 −17ps/nm·km。人们称这种光纤为色散补偿光纤，它起着类似均衡器的作用：通过提供负色散抵消正色散，抵消的结果是色散在 1550nm 处接近于零。这种光纤包含一个小的线圈，线圈放置在设备机架上光接收机输入前面。线圈肯定会引入一些插入损耗(3~10dB)，所以可能会需要增加一个光线路放大器。

　　市面上还有光纤光栅，通过在一段短的光纤传输线上进行不规则的蚀刻，从而改变光纤光栅的折射率，进而提高了原来传输慢的波长分量的传播速度，结果使色散低或光脉冲更窄，从而减少了码间干扰。

16.5　光组件

　　在光纤通信系统中，主要使用的光源有两种：激光二极管(DL)和高辐射的 LED。为了得到更佳的系统，应该考虑每种光源的特性，因为 DL 和 LED 的系统特性是不同的：

　　(1) 功率电平；

　　(2) 温度敏感度；

　　(3) 响应时间；

　　(4) 寿命；

　　(5) 破坏特性。

　　激光二极管是中宽带和宽带系统的理想光源。它具有快速的响应时间(典型值不到 1ns)，在纤芯半径小和数值孔径小的情况下能够耦合更高的有用光功率(通常为几个 mW)至光纤中。最近在 DL 制造技术上的进展可以让 DL 在室温下的预计寿命为 105~106h，这种 DL 通常用作单模光纤的光源，因为 LED 输入耦合效率很低。

　　一些系统工作在较低的比特率下，它需要适度的光纤耦合光功率(50~250μW)，这些应用就要求高辐射的 LED。LED 价格低廉，其驱动电路相对于 DL 来说复杂度低，不要求热或光稳定。除此以外，LED 拥有更长的工作寿命(106−107h)，而且 LED 的损坏相对于 DL 来说是可预判的。

LED 和 DL 都是多层结构，通常是在 GaAs 上装配 AlGaAs。它们的工作原理都类似于电二极管，但发光特性却有很大的不同。DL 是一个光振荡器，因此它具有振荡器的很多典型特征：存在振荡门限（阈值），发射带宽窄，门限和频率与温度相关，调制非线性及范围不稳定。

DL 的光输出波长展开度或是光谱比 LED 的要窄：大约是 1nm 而 LED 大约是 40nm。在高比特速率传输系统中，窄的光谱很有优势，因为它降低了光纤色散效应对脉冲展宽的影响，这样的好处是长传输距离上的脉冲劣化有所减小。

LED 发光是电子和空穴复合的结果。从电的角度看，LED 是一个 pn 结。在正向偏压时，少数载流子被注入到结区中；这些少数载流子将再次和多数载流子复合并释放能量，释放的能量约等于材料能隙。对一些材料（如 GaAs）来说，这个过程会有光辐射出来，但不是所有的材料都这样，比如硅。LED 有一个不辐射光的衬底－通常是晶格缺陷，杂质等等。这些衬底会慢慢变化，这是造成光输出寿命有限或输出逐渐恶化的原因。

图 16-14 给出了光纤系统中使用的一个典型半导体激光器的结构。这个半导体激光器利用了重掺杂的 p 型和 n 型材料间的结区特性。当施加的正向反偏电压很大时，结区紧邻的区域会产生大量的自由空穴和电子。当一个空穴和电子对相撞并复合时会产生一个光子。如图 16-14 中，光和介电特性不同的材料间紧紧夹着 pn 结。

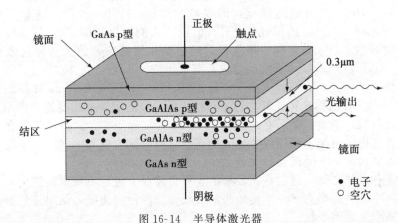

图 16-14　半导体激光器

包裹在结区外面的物质通常是镓铝砷，相比镓砷来说，镓铝砷的折射率更低。这种差异将空穴和电子"限制"在结区从而提高了光输出。当电流达到一定的程度后，结区两边的少数载流子都会增加，进而光子密度变得很高以至于光子开始和已经活跃的少数载流子发生碰撞，这会使得电离能级略有增加，并让载流子变得不稳定，载流子也因此会和相反类型的载流子再次复合，而且这些相反类型的载流子要比没有碰撞发生时的能级略高。如果发生了再次复合，那么将有两个相同能量的光子被释放出来。

在上面所提到的"受到激励"的载流子（实际上，激光是受激辐射光放大的缩写）可能会达到一个密度等级以至于每个释放的光子会引发更多的相同能量光子，这会引起雪崩效应：当电流超过初始发射阈值电流时，发射效率呈指数增加。在结区两边放置反射镜会加剧雪崩效应。这些镜子平行放置，所以光子在出射前会多次反射。有光射出的那个镜面是部分反射。

在达到阈值电流之前，激光二极管功能类似于 LED。在阈值点，输出的光变为相干的（纯光谱或是只有一种频率），输出功率会随着偏置电流的增加迅速增强，如图 16-15 所示。

这种激光器典型光谱纯度产生的谱线宽约为 1nm，而 LED 光源的谱线宽约是 40nm，我们曾经提到这对降低脉冲色散非常重要。激光器采用的材料决定了输出光的波长。780～900nm 的"短波长"激光采用镓砷(GaAs)和铝镓砷(AlGaAs)。1300～1600nm(红外)的"长波长"设备采用的是磷化铟镓砷(InGaAsP)和磷化铟。

有一种新的激光器采用了激光谐振腔内光反馈技术,它也因此被人们称为分布式反馈(DFB)激光器的新设备;内反馈技术增强了输出光的稳定性而且使得谱宽更窄、更稳定。DFB 激光器的光谱宽度在 0.01～0.1nm,这让密集波分复用(DWDM)系统拥有更多的信道。

另一项最新的进展是全新类型的半导体激光器,即垂直腔镜面发射激光器(VCSEL)。相对

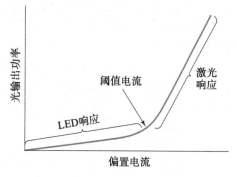

图 16-15　激光二极管输出光和偏置电流关系

LED 来说,这种激光器支持更快的信号速率,包括千兆比特网。VCSEL 没有传统激光所存在的工作问题和稳定性问题,但却具有激光器性能同时还有 LED 的易操作性。VCSELs 主波长位于 750～850nm 区间,人们正在进行 1310nm 波段的开发工作。稳定性接近 10^7 h 的激光器也在计划当中。表 16-6 对激光和 LED 光发射机做了比较。

表 16-6　激光和 LED 光发射机比较

	激 光	LED
使用环境	高比特率,长途	低比特率,短距离,LAN
调制速率	<40Mb/s 到吉位每秒	<400Mb/s
波长	单模,工作在 1310～1550nm	单模或是多模工作在 850nm/1310nm
上升时间	<1ns	10～100ns
谱宽	<1～4nm	40～100nm
光谱含量	离散线	宽谱/连续
输出功率	0.3 到 1mW(−5～0dBm)	10 到 150μW(−20～−8dBm)
可靠性	低	高
线性	40dB(好)	20dB(一般)
出射角	窄	宽
耦合效率	好	差
温度/湿度	敏感	不敏感
耐用度/寿命	中等(105h)	高(>106h)
电路复杂度	高	低
成本	高	低

光源调制

大多数光纤通信采用数字脉冲(通断)系统。脉冲编码调制通常采用归零码或是曼彻斯特(Manchester)编码(第 9 章)。模拟信号通过改变输出光的幅度进行传输,因此可以看做是振幅调制(AM)系统,它主要用在 CATV 系统中。图 16-16 所示是一个采用 LED 光源的简单 AM 系统。由于激光器或是 LED 发出的光的频率很难被调制信号改变,所以不采用频率调制。然而有一种类型的激光器叫可调谐激光器,它们的基波可以被搬移几个纳米,但不是从调制的角度出发。这些可调谐激光器的主要应用场合

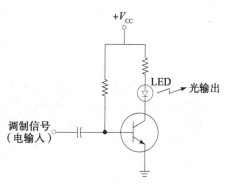

图 16-16　LED 调制器

是使用 DWDM 的网络应用环境。业务路由通过波长进行选择，因此必须要分配或是重新分配波长或发射机以适应动态路由或组网、所需带宽，无缝恢复（可服务性），光包交换等等。可调谐激光器和无源或是可调 WDM 滤波器一起使用。

中间组件

如图 16-1 所示，典型光纤通信链路包括光源或发射机和光探测器或接收机，通过光纤传输线、或光导管、或玻璃连接起来。专用网络和应用的发展需要大量的连接设备以连接发射机和接收机。下面简要介绍这些组件以及它们的使用方法。

- 隔离器：隔离器是一个在线无源设备，它只允许光能量沿着一个方向传输。隔离器的典型正向插入损耗不到 0.5dB，反向插入损耗则至少是 40~50dB。隔离器具有偏振无关性而且适用于所有波长。隔离器最常见的应用是阻止光后向反射到激光发射机。分布式反馈激光器对反射尤其敏感，这将会引起输出功率不稳定，相位噪声，线宽改变等问题。

- 衰减器：衰减器用来降低接收的信号幅度（RSI），它们的衰减量可以是可调的也可以是固定的。固定衰减器提供稳定的衰减量，在点对点系统中人们用它将 RSL 衰减至接收机的动态范围。固定衰减器典型值是 3dB，5dB，10dB，15dB 和 20dB。可调衰减器的典型应用是校准、测试或实验室里面使用，但最近人们把可调衰减器应用于调整比较频繁而且可编程的光网络。

- 分路器：分路器用在单工系统中，在该系统中的一路光信号将被分成几份后送到多个接收机中，如点对多点数据或是有线电视分发系统；分路器也可以在双工系统中用来合并或是分成几路输入。分路单元有单模和多模两种。分路器最主要的光参数是插入损耗和回波损耗。由于在设备混合区的差异，不同的管脚损耗值可能略有不同。

- 分光计：分光计用来分开或是等分光信号，以便把光送到不同的输出端。分光计的典型应用也是在单工系统，并有不同的配置。如 1×4，1×8，…，1×64。

- 耦合器：不管是单工系统还是双工系统都能用到耦合器，如 1×2，2×2，1×4，通过合并可以到 144×144。耦合器有有源和无源两种，前者常用在数据网中。耦合器可以是波长相关，也可以是波长无关。

- 波分复用器：波分复用器用来合并或是分成两路或多路光信号，每一路拥有不同的波长。人们有时也称波分复用器为光分束器。它们利用二向色滤光片或衍射光栅，光分量能否通过二向色滤光片由其波长决定，同样的光束能否被衍射光栅沿一定的角度反射也由反射光束的波长决定。另外一个重要的参数是端到端串扰耦合，即 1 端口的波长分量溢出或是被串到 2 号端口。端口是波分复用器的输入或是输出部分。

- 光线路放大器：光线路放大器不是数字再生器而是模拟放大器。光线路放大器可以放在光发射机输出端，也可放置在传输线路上或是靠近光接收机的地方。它们现在被用在高密度长途链路、跨洋链路上，当然在某些程度上也用于有线电视行业。

- 探测器：探测器用来将接收到的光重新转换成电信号，它是光纤系统的重要一环，但由于人们较重视光源和光纤，探测器的重要性反而有点被忽略。不得不提一下，仅仅把光子探测器从一种类型换成另外一种就能将系统的性能提升一个数量级。大多数应用采用 p-i-n 二极管，雪崩光电二极管有时也被用作光子探测器。

pn 结可以被用来产生光，它同样也可以被用来检测光。当一个 pn 结在黑暗条件下施加反向偏压时，流经结区的电流很小，人们称这些流动的电流为暗电流。当有光照在探测器上时，光子能量被吸收的同时产生电子空穴对。如果耗尽区里面或是旁边产生载流子，它们会在电场的作用下移动。带电载流子在外部电路的运动产生电流，这个电流大小和二极管吸收的光照强度有关。

光探测器的重要特性如下：

（1）响应度：衡量光电转换的能力。它的定义是在特定波长条件下，产生的电流强度安培和光照功率瓦特之比。

（2）暗电流：由于二极管内部热运动而产生的反向泄露电流（黑暗条件下）。暗电流和由响应度即入射功率决定的响应电流一起决定了通断型探测器的输出范围。

（3）响应速度：决定了探测器接收最大数据速率的能力。

（4）频谱响应：决定了指定波长的响应度。图 16-17 给出了典型 p-i-n 光电二极管的频率相应和波长间的关系曲线。曲线显示在 900nm（$0.9\mu m$）处的相对响应值是 800nm 处响应峰值的 80%。

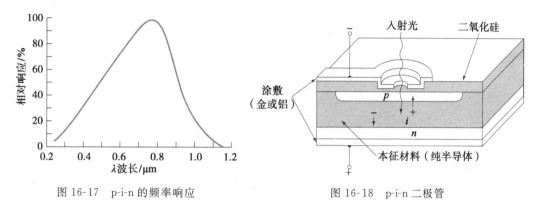

图 16-17　p-i-n 的频率响应　　　　　　　图 16-18　p-i-n 二极管

图 16-18 给出了用作光电探测器的 p-i-n 二极管的结构。正如我们前面所提，光照射在 pn 结上时会产生空穴-电子对，产生的电子空穴对引发电流的能力和电子空穴对在碰撞前分离的速度有关。反向偏置电压在 pn 结处形成耗尽区。反向偏置的 pn 结可以看成是一个电容器，而耗尽区的作用像是电介质。p 和 n 材料就像电容器的极板，把耗尽区产生的电子和空穴拉开。耗尽区变厚会更容易产生电子空穴对从而增强光电探测器的探测能力。图 16-18 中 p-i-n 二极管的本征（i）层所起的就是这个作用。本征层是掺杂程度很小的半导体材料。

图 16-19 是雪崩光电二极管的工作特性。二极管工作的反向电压接近结区的击穿电压。在这种电势作用下，电子将被从原子结构中拉出。仅需很小的附加能量，电子就会从轨道上被移开，从而产生自由电子并导致空穴出现。如图 16-19 所示，一个入射到结区的光子在耗尽层产生一个电子-空穴对。在大电场力作

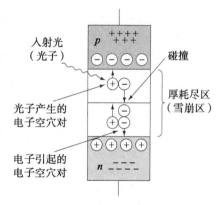

图 16-19　雪崩光电二极管

用下，电子被加速并碰撞其他被束缚的电子，这种碰撞产生同样被加速的额外的电子空穴对，进而会有更多的电子空穴对产生出来，结果产生雪崩倍增（增益）。在雪崩光电二极管中，一个电子可以产生多达 100 个电子。雪崩光电二极管的灵敏度比 p-i-n 光电二极管高 5～7dB。在数据速率不到 4Gb/s 时，雪崩光电二极管相比 p-i-n 一直具备这种优势。在数据速度 4Gb/s 时，最好选择频率效应更佳的 p-i-n 二极管。

还有一点要注意的是光纤系统中光探测器的第二个用途。探测器可以用来检测激光二极管源的输出功率。在接近激光器光输出的地方放置一个探测器，某些电路可以利用探测器产生的光电流使激光在温度或是偏置发生变化时维持光功率输出稳定。另外要将激光器的前向偏置电流维持在比阈值略高的水平上；同时不要让激光的输出达到很高的值，这样才能增强激光器的寿命。最后，未补偿激光器的光功率会频繁变化，因此最好不要与接收机一起配合使用。

光电二极管的输出电流很小，量级为 10nA～$10\mu A$。光纤中存在噪声会使接收机中的

二极管无法为放大器提供有用信号。良好的设计和屏蔽技术可以减小这个问题的影响，但是一个可选的解决方案是将放大器的第一级集成进光电二极管的电路中。人们称这种集成为集成探测器前置放大（IDP），它提供的输出足够直接驱动 TTL 逻辑电路。表 16-7 对 pin 和 APD 探测器进行了比较。

表 16-7　pin 二极管与 APD 的参数

参数[1]	pin 二极管	APD 探测器
带宽	低数据传输速率＜200Mb/s	高数据传输速率＞200Mb/s 到 Gb/s 数量级
波长	850～1310nm	1310～1550nm
灵敏度	低，－35～－40dBm	高，－45dBm
动态范围	低	高
暗电流	高	低，噪声很低
电路复杂度	低	中等
温度敏感性	低	高
成本	低	高
寿命	109h	106h
光电转换增益	1	3～5
工作电压	低	高

①值在一定程度上和电路有关。

16.6　光纤连接

光纤的制造材料是高纯度的玻璃。与光纤相比，窗户玻璃近乎透明。所以在光源和光纤、光纤和光纤、光纤和探测器间连接的过程对系统来说非常重要。如果在连接时没有严格执行标准，玻璃光纤的低损耗能力将会遭受严重的损害。

光纤可以利用永久性的熔接连接在一起，也可以使用接头连在一起。接头允许光纤重复插拔。重要的是，接头对光的损耗必须尽可能小。光纤到光纤、光纤到光源或是探测器的线芯是否对准决定着损耗高低。当接头内的两段光纤对接不理想时会产生损耗。轴偏差通常会引起严重的损耗，每偏差 10%，约损耗 0.5dB。图 16-20 给出了这种情况和其他的损耗源。大部分接头中会存在端面间距，如图 16-20(c)所示，间距的长度之所以会影响到损耗是因为离开光纤后光呈锥形发散传播。接头一般会很好的控制角度不一致的情形（图 16-20(b)）。

图 16-20(d)中的粗糙断面也会产生损耗，这通常是由切割不正确造成的，但可以利用抛光来降低影响。在光纤放置于接头中后，再进行抛光。图 16-20(a)～(d)中给出的连接损耗源多数都会被熟练的缆线切割技术来控制。还有其他四种情况也会造成附加的接头或是熔接损耗。即图 16-20(e)、(f)、(g)和(h)，这些已经超出了缆线切割的控制范围，因为它们与光纤传输线的特征有关。这些损耗在一定程度可以通过旋转光纤来降低，因为旋转能够让

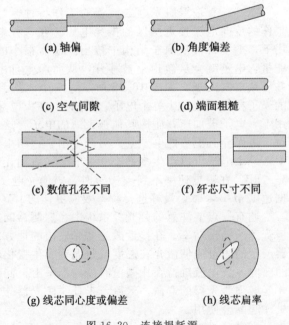

(a) 轴偏　(b) 角度偏差
(c) 空气间隙　(d) 端面粗糙
(e) 数值孔径不同　(f) 纤芯尺寸不同
(g) 线芯同心度或偏差　(h) 线芯扁率

图 16-20　连接损耗源

纤芯处于一个较合理的摆放位置。

有两种光纤连接技术。一种是熔接，这是一种永久性连接方法。两端光纤熔化后连接在一起。两个端面切割后插入接头机。在将光纤端面仔细对接后，在端面使用电弧加热，玻璃熔化从而将两个端面熔接在一起。接头机既有人工的也有自动的，可以根据工人的熟练程度和给定任务中连接的数量决定选择哪种，当然还要考虑预算。典型的损耗一般小于0.1dB，经常在 0.05dB 左右。

另外一种是机械连接。对某些光纤连接来说，机械连接是永久性也是经济性的一种选择。机械连接也是将两根光纤连接在一起，但和熔接不同的是两段光纤间存在间隙，结果是玻璃－空气－玻璃引起折射率的两次改变，这样会增加插入损耗，反射功率也会变大。可以使用折射率匹配凝胶来降低这种影响。凝胶是一种胶状物，它的折射率比空气更接近于玻璃的。因此，折射率的改变不是特别明显。

机械连接在维修、临时应用或是实验室中得到普遍应用。它快速、便宜，操作简单，对于小型任务来说非常适合。实际中要根据应用来选择合理的熔接方法，包括预期带宽（如千兆位）、流量、任务大小和经济情况。

光纤接头连接

市场上有几种可供选择的光纤接头类型。当前常用的有 SC 和 ST。小一些的接头叫小型接头，在市场上也有供应。这种连接器仅有传统 SC 和 ST 的一半大小，主要应用在家庭或是办公室的局域网中。而 LC，MT-RJ 和 VF-45 这种类型的设计也已被电信工业协会所认可。图 16-21(a)、(b)和(c)给出了 SC，ST 和 MT-RJ 的接头实例。表 16-8 列出了光纤接头的常规要求。

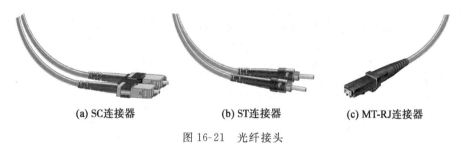

(a) SC连接器　　　　　(b) ST连接器　　　　　(c) MT-RJ连接器

图 16-21　光纤接头

表 16-8　常规光纤连接器要求

简单和快速安装
低插损。正确安装的连接器插损约为 0.25dB
后向损耗高，大于 50dB。在千兆位网、DWDM 系统、高带宽视频等应用中显得越来越重要
可重复使用
经济

在准备将光纤拼接或是用接头连接时，只需要把光纤传输线的涂覆层去掉即可。纤芯和包层是不能分离的。125um 的包层直径可以完全插入到拼接机或接头中，因此大部分设备既可以处理单模光纤也可以处理多模光纤。

有时候需要熔接纤芯尺寸不同的光纤。一条绝对定律是：不允许把单模光纤和多模光纤熔接到一起。同样也不允许把不同尺寸的多模光纤熔接到一起。然而在紧急情况下，在满足下面的限制条件时可以把不同尺寸的多模光纤熔接到一起：

从小尺寸到大尺寸的光纤传输，插入损耗可能会有小幅度增加。然而，如果从大尺寸向小尺寸方向传输，插入损耗将会增加，而且反射功率会变大。

实验室中的测试表明，在局域网环境中可以把 $50\mu m$ 和 $62.5\mu m$ 的多模光纤熔接在一起，工程实践也证明这是在野外紧急维修时可以熔解的纤芯尺寸。

16.7   系统设计和操作注意事项

在设计光纤传输链路时，数字系统主要的性能问题是误比特率（BER），模拟系统的主要性能问题是载噪比（C/N）。不论哪种情况，链路性能都会随着链路长度的增加而下降。正如在 16.4 中所指出的，衰减和色散是光传输中影响距离的两个因素。限制距离是 BER 或 C/N 下降到低于某一特定点的跨距。从工程的角度出发，光纤链路主要有两种不同的应用环境：长途和局域网。

一个长途系统是由电话公司或是长途链路使用的城际或是局域间系统。这些系统具有典型的高信道密度和高比特率，具有高可靠性，包含冗余设备并设计广泛的工程研究。

LAN 一般依附于长途应用之下。它们有较低的信道容量，小冗余，被应用于楼宇间或是校园环境中。一些 LAN 正在变得庞大，包括城际网（MAN）和广域网（WAN），它们同样也靠长途链路连接在一起。

站在设计的角度，这是从每一链路的基础上去研究长途设计中包含的问题。LAN 通常已经预设了长度、比特率容量，性能等。下面是一个长途通信链路的系统设计案例。

这个案例讨论了链路计算的每个组成因素、功率余量或光余量以及各自的特点。要保证最小接收信号功率（RSL）以满足 BER 的要求。例如，如果 BER 是 10^{-9} 的最小 RSL 为 -40dBm，那么这个值就是要求的接收光功率。如果初步计算性能没有达到预期值，那么重新调整各参数，这其实是个平衡问题。

图 16-22 和图 16-23 给出了系统设计参考。

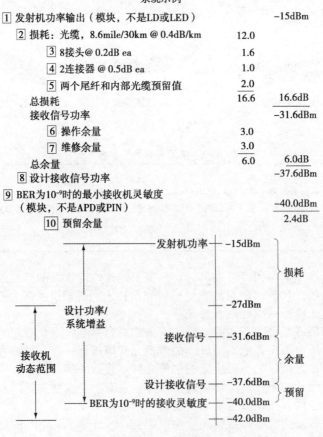

图 16-22   系统设计

（1）发射机输出功率：可以在制造商的规格说明书或是销售表中查到这个数据。注意：数据来自发射模块的输出端口或是机架。即图 16-22 和图 16-23 中的点 1。用户在该点对模块进行测量或是检测。另外，由于尾纤或是激光器或 LED 与实际模块输出间的耦合损耗，该点功率可达 1dB。

（2）光缆损耗：可从光缆制造商的表格里面查到单位为 dB/km 的损耗系数，光缆总的损耗等于光纤损耗系数与光缆长度的乘积。例 16-4 是计算示例。请注意由于光缆的制造原因（塑料型缓冲套筒），光纤的实际长度要比光缆可见长度长 0.5%～3%。光纤被松散地包裹在缓冲套筒中，目的防止牵引光缆时的结构应力影响光纤的性能。

（3）拼接损耗：拼接损耗的大小和拼接方法以及工程师的拼接技术有关。每个拼接损耗从 0.2dB 到 0.5dB 不等。

（4）接头损耗：大小和所用接头的质量以及施工人员的技术水平有关。损耗从 0.25dB 到 0.5dB 不等。

（5）附加损耗：指存在于各种无源器件的损耗如分光器、耦合器、WDM 设备，光接线板等的损耗。

（6）操作余量：避免设备老化、极端温度、电源噪声和不稳定、再生器同步错误等引起的系统性能下降。

（7）维护余量：防止由于链路拼接、跳线和接头磨损以及未对准引起的附加损耗等造成系统性能下降。这也包括光缆维修时铲斗机挖掘产生的损耗。（铲斗机衰减用来表示光缆被铲斗机挖掘而对数据流带来的总损耗。）

（8）设计接收信号功率：数值可通过将(1)～(7)条中的增益和损耗相加得到。这个数值要超过规定的 RSL，见第(9)条。

（9）BER 为 10^{-9} 时的接收机灵敏度：在指定 BER 时，接收机能够正常工作的最小 RSL。如果设计接收信号功率（第(8)条）不符合要求，必须要进行调整。比如，增加发射功率，降低估计接头损耗，选择更优的维护余量等。同样，接收机可能存在一个最大 RSL，系统应该利用衰减器降低这个 RSL 以便它在工作区间内（接收机动态范围）。

（10）预留余量：设计接收机信号功率（第(8)条）和接收机灵敏度［第(9)条］的差值。第(8)条应该比第(9)条大。例如，－37.6dBm 比－40dBm 大。1dB 或是 2dB 最佳。

（11）可选光衰减器：该处用于安装可选的光衰减器，在老化损耗增加时将衰减器移除。

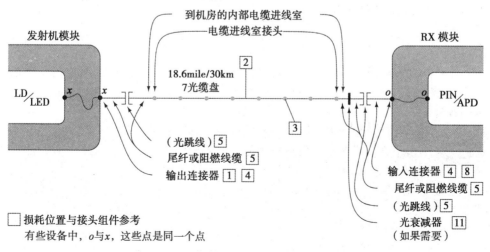

图 16-23　图 16-22 中系统设计问题的图形视图

例 16-4 光缆长为 30km，损耗系数为 0.4dB/km，计算总损耗，单位 dB

解：

$$总损耗 = 30km \times 0.4dB/km = 12dB$$

图 16-23 给出了上述系统设计问题的图形视图。图 16-24 提供了用图形描述系统设计问题的另外一种思路。请注意，光纤覆盖路径上都标注了数值。这给维护团队和设计人员提供了一个清晰的如何实施系统的图。

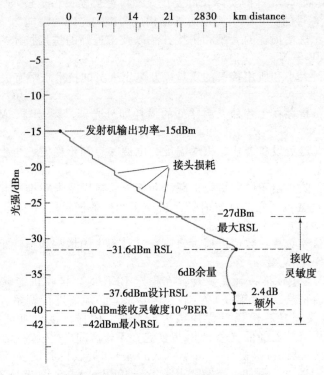

图 16-24　系统设计问题的另外一种表述

系统设计中另外一个考虑的因素是色散，即光纤系统中第二个限制距离的因素。16.4 节已经提到了色散的概念。色散的实际意义是使光纤系统工作在零色散波段（见表 16-3）。在考虑色散时，可用式(16-4)计算光纤长度。

$$L = \frac{440\,000}{BR \times D \times SW} \tag{16-4}$$

其中，L——光纤跨度（km）；BR——线数据传输率；D——光缆色散[ps/(nm·km)]；SW——发射机谱线宽度（nm）；440 000——使用全带宽半极大（FWHM）脉冲时的 3dB 光带宽高斯常数。

例 16-5 示范如何使用式(16-4)。

例 16-5 利用下面两组制造商提供的信息，计算光纤跨度。比较两种跨度的计算结果

线数据传输率＝565Mb/s
光缆色散系数＝3.5 ps/(nm·km)
发射机谱线宽度＝4nm
线比特率＝1130Mb/s
光缆色散系数＝3.5ps/(nm·km)
发射机谱线宽度＝2nm

解：

(a) $L = \dfrac{440\ 000}{565 \times 3.5 \times 4} = 55.6\text{km}$

(b) $L = \dfrac{440\ 000}{1130 \times 3.5 \times 2} = 55.6\text{km}$

通过将发射机谱线宽度从 4nm 减小到 2nm，在不升级光缆容量的前提下，数据传输率可以翻倍。

色散通常是一个单模、长途、高比特率系统要考虑的因素。规划系统的工程师应该向光缆和光电设备制造商及有经验的系统设计人员寻求建议。

16.8　综合布线和施工

本节简要介绍光缆户外或室内安装有关的一些事项。尽管安装技术已经很成熟，但新的产品和工具仍在不断出现来提升安装手段。你可以查阅行业杂志或是浏览互联网站点来跟进这种变化。

室外安装

光纤可以安装在杆子上或是地下的输送管、共用隧道中，当然也可以直埋。不管是何种安装方法，都要注意它们会影响光纤的因素。仅举几例，这些因素可能包括温度、湿度、化学、啮齿类动物、磨损、水、冰、风、机械振动和闪电。对于户外光缆，可能采取的防护措施则有铠装光缆、防水护套、尽量接近拉力强度和弯曲度指定值以及光缆金属组件良好接地。

室内安装

室内安装环境通常可控，但机械振动、热、和可能的火源都可能会对光纤有影响。总的说来，安装的光缆需要有防火护套，而且要求护套燃烧时只能产生少量或最少量的烟和有毒烟雾。在风管、空气处理场所、高架地板处安装时，需要使用阻燃光缆。安装时应参考制造商数据规格表和本地规范以寻找合适的光缆。

光纤安装测试

图 16-25(a)和(b)是从光时域反射仪（OTDR）得到的两组不同的多模光纤测试曲线。这在现场中叫"拍摄"光纤。OTDR 将一束光送到光纤中并测量反射光。OTDR 可让安装人员或维修队来验证每个光纤的质量并获取衡量性能。曲线上的 X 轴表示距离，而 Y 轴表示测得的用 dB 表示的光功率。两个 OTDR 曲线都是测自 850nm 多模光纤。

在图 16-25(a)中，点 A 是"死"区或者是测试中距离 OTDR 太近的点。测量的数值大概从 25dBm 开始，随着距离的增加不断下降。在光沿着光纤传播时，一个事件，或者称之为一个扰动在 B 点发生。这点的图像即是连接质量差的一个例证（涉及反射以及插入损耗）。很大可能这是由机械拼接引起。同类的事件发生在点 C 和 D，它们可能也使用了机械拼接。点 F 和 G 有很大的可能是跳线和光纤尾端的接头插线板，点 H 处曲线锐降表示 H 点位于真正的光纤末端。点 I 是发生在"无终端"尾纤末端处的典型噪声。注意点 G，功率在此点已经下降到 17dBm，它表示光在光缆中传输 1.7km 后的功率损耗约为 8dB。

另外一个多模光纤的 OTDR 测试曲线如图 16-25(b)所示。初步确定点 A 的驼峰是一个"死"区。OTDR 在该区通常无法返回正确的测量值，这对于大多数 OTDR 来说很正常，另外每个 OTDR 的"死区"各不相同。点 B 后可以得到有用的曲线信息，B 处测量值为 20dBm。点 C 表示其他类型的事件，这种事件通常是光纤盘绕，或是光纤存在轻微的弯曲，也可能是被捆绑，或是影响光纤整体性的其他原因。点 D 和 F 实际上是光纤的尾端。点 D，功率是 19dBm，意思是 150m 的传输长度损耗约为 1dB。点 G 是发生在"有端接"光纤尾端的噪声。

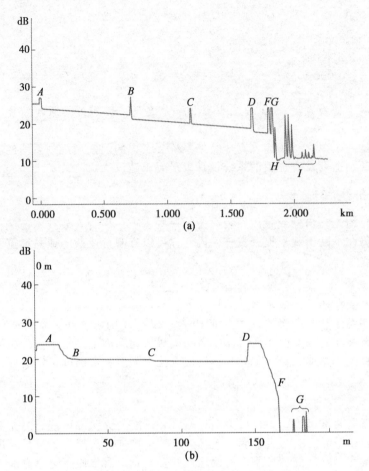

图 16-25　850nm 光纤的 OTDR 测试曲线

16.9　光网络

随着带宽的需求不断增加，光纤通信的应用也开始延伸到光纤网络，这几乎超出了最超前的网络人员的想象力。长途、城际和局域网已经有光解决方案。光缆公司已经在使用高带宽容量的光纤在他们的服务区内提供和互联网数据一样的电视节目。

光纤系统和同轴线缆系统间建设成本上的差距在慢慢减小，在选择何种施工技术搭建新网络时，人们也不再考虑成本问题。随着光纤基础设施成本的下降，考虑到光纤承载更高带宽的能力，人们会选择光纤来传递数据。当然铜缆设施已经存在，它面临的新问题是如何提高铜缆上的数据传输速度。由于光纤体积更小，所以易于在拥挤的管道和套管内安装。光缆很难被搭线窃听而不被发现，所以安全性也得到了增强。

定义光网络

光网络已经变成在家庭、商业和长途载体中进行数据分发的重要部分。很多年来，电信行业就利用光纤来承载长途业务。一些主要的运营商在和光缆公司合并以便随时为家庭提供高带宽服务。光技术的发展重塑我们在未来光网络中使用光纤的方式。

光纤提供了额外的带宽，那么我们仍然坚持使用相同的方法来解决网络问题吗？答案是否定的；我们需要新的规则来定义光网络。Sprint 公司已经定义了一个光网络的新基础［"Changing the rules for developing optical solutions,"Lightwave（October 1999）］。规则中针对光网络的 5 条总结如下：

（1）下一代光网络必须能够承载多协议。例如，光网络应能够承载 IP 互联网流量和异步传输模式(ATM)。

(2) 下一代光网络的架构必须是灵活的。

(3) 网络必须易管理，包括针对信号质量和错误的诊断能力。

(4) 数据传输必须是高速的而且对用户是不可见的。例如，用户不需要关心数据如何被传输或是使用的协议类型。

(5) 在为将来发展提供灵活性的同时，光网络在实施时必须提供现有数据传输方法的兼容接口。

除了这 5 条规则外，更高传输能力的需求和受限于经济能力而不能安装更多光纤的矛盾使色散和偏振模色散变成了一个严重的问题。

大致说来，针对光网络的这些规则是为了保证数据在传输时的可靠性和灵活性。但光网络有一个新的倾向。DWDM 和可调谐激光器改变了光网络的实现方式。现在已经能在一根光纤上传输多个波长。AT&T 实验室的测试已经成功展示可在一根光纤上传输 1022个波长，而传统系统只限于传输大约 32 个波长。

在一个光纤上传输多个波长开启了在同一根光纤但在不同波长上路由或是交换很多不同数据协议的可能性。交叉连接允许数据以某个波长进入并以另外一个波长离开，这个进步开启了其他的可能性。

同步光网络(SONET)是目前远程通信数据的长途光传输标准。SONET 定义标准为了：

- 提高网络可靠性
- 网络管理
- 为数字信号如 DS-1(1.544Mb/s)和 DS-3(44.736Mb/s)的同步复用定义方法
- 定义一组通用操作/设备标准
- 灵活的架构

SONET 制定了不同的光载波(OC)等级和在光纤传输系统中相应的电同步传播信号(STS)。光网络数据传输速率通常以 SONET 分层的方式指定。表 16-9 列出了常见的数据传输速率。

表 16-9　SONET 常见数据传输速率

信　　号	传　输　速　率	容　　量
OC-1(STS-1)	51.840Mb/s	28DS-1s 或 DS-3
OC-3(STS-3)	155.52Mb/s	84DS-1s 或 3DS-3s
OC-12(STS-12)	622.080Mb/s	336DS-1s 或 12DS-3s
OC-48(STS-48)	2.48832Gb/s	1344DS-1s 或 48DS-3s
OC-192(STS-192)	9.95328Gb/s	5376DS-1s 或 192DS-3s
OC-768(STS-768)	39.81312Gb/s	768DS-3s

OC：光载波，DS-1：1.544Mb/s。

STS：同步传输系统，DS-3：44.7 36Mb/s。

家用光纤网架构包括提供光纤到楼群(FTTC)和光纤到户(FTTH)，目前二者都被使用。光的这些发展为靠近家的地方提供了高带宽并通过铜线(双绞线)、利用其高速数字环线(VDSL)提供了高速数据链路。这是为家庭用户提供大带宽的经济有效的方法。FTTH为家庭提供了无限的带宽，但 FTTH 成功的关键是发展家庭使用的低成本光电转换器和可调谐到任意期望信道的激光发射机。

为了说明网络配置，表 16-10 列出了传统的高速以太网/局域网所用光纤的规格。

表 16-10　以太网/局域网光纤规格

数　值	说　明
10BaseF	10Mb/s 光纤以太网——光纤的一般说明
10BaseFB	10Mb/s 光纤以太网——IEEE 10BaseF 规范的一部分。每段可到 2km
10BaseFL	10Mb/s 光纤以太网——每段可到 2km。它代替 FOIRL 规范
10BaseFP	无源光星型网。每段长度可为 500m
100BaseFX	使用两根光纤传输线的 100Mb/s 快速以太网标准
1000BaseLX	使用两根光纤传输线的 Gb 以太网标准

注意：多模光纤为 2km；单模光纤为 10km。

　　光纤不再受到无屏蔽（UTP）双绞铜线 100m 的距离限制，而这可能是因为光纤具有更低的衰减损耗。在星形网中，计算机和集线器（或交换机）是直连的。如果在星形网中使用光纤，必须安装一个媒介转换器。媒介转换器将电信号转换为光信号，反之亦然。两端都需要媒介转换器，如图 16-26 所示。

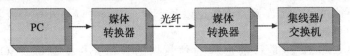

图 16-26　利用光纤连接 PC 到以太网集线器示例

　　光纤在现有以太网局域网中应用的另外一个例子是数据高速传输、点对点、长距离。例如，一个以太网交换机通过光纤连接到本地路由器上，如图 16-27(a)。在这个例子中，以太网交换机所接的输入来自局域网中计算机的 10BaseT(10-Mb/s 双绞线)线。经光纤传输的以太网交换机的输出数据速率是 100Mb/s(100BaseFX)。在增加距离的同时提高数据速率对于光纤来说很容易做到。如图 16-27(b)所示，多个交换机的输出，通过路由器相连，可以以 Gb/s 的数据传输速率通过光纤连接到一个中心路由器上。

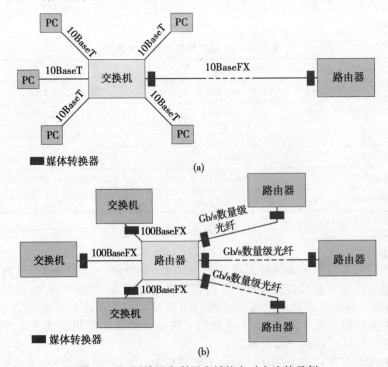

图 16-27　局域网中利用光纤的点对点连接示例

　　光纤为以太网交换机和 PC 合并的流量提供了实实在在增加的带宽[见图 16-27(a)和(b)]。光纤有更大的容量，这允许更高的比特每秒(b/s)传输速率，减小了拥塞问题，并为每个光纤主干提供了巨大的增长潜能。

　　利用光纤的传统高速以太局域网的配置描述如表 16-10。

大气光纤

　　另外一种形式的光网络是利用空气来传播激光能量，这是一种类似于微波无线电的视距技术。大气光纤(也称自由空间光通信或是其他类似说法)利用抛物面镜将激光能量汇聚成窄的光束，这个窄的光束通过空气后瞄准距离较近的接收抛物面镜；这个近距离大概为 3km 或者稍远，这依赖于激光能量和探测器灵敏度，当然还有期望的稳定性/误比特率。在很长时间内维持 99.999% 的稳定性可以达到，但是非常困难。仅仅是雨和雾这些可预见的影响并不会造成大麻烦，但当传播路径上存在高水分密度区域时，信号会有很高的衰减。因此在规划光路时，建议研究良好天气模式。

　　由于移动和振动的影响，光发射设备需要一个稳定的安装平台。大多数光平台都配有可选自动跟踪系统，这样可以不断校准天线并减少比特错误率和通信中断。

　　可用波长范围为 800～1500nm，这些波长各有优缺点。在设计露天光路时，系统规划人员应该注意激光的安全性。

　　大气光纤是在城区、短程地铁和工厂及校园的高大建筑间建网的理想选择，而且大气光纤尤其适合临时提供服务和灾难救援。大气光纤的另外一个优势是不需要 FCC 认证，此外还具有节省构建成本、无需破坏现有建筑，重新铺设管线等优势。这种类型的光网络设备可以处理名目繁多的数据协议，如 FDDI、DS-3、ATM 和吉比特格式。

光纤分布式数据接口

　　光纤分布式数据接口(FDDI)是目前正在广泛使用的标准，它由美国国家标准委员会(ANSI)开发制定。FDDI 使用两个 100Mb/s 令牌投送环网，这两个独立的方向相反的环网连结到网络中一定数量的节点(站点)上。主环连接的只有 A 类站点，这些站点提供高级别的防护，因为它们能够在主环发生错误后转移到第二个环。第二个环可以连接所有的站点并在和主环相反的方向上传输数据。为了提高数据吞吐率，主环上的操作也可以使用第二个环。在发生错误时，可以利用二级旁路交换机内的球面镜旋转切换到第二个环。切换时间约为 5～10μs，损耗约为 1dB，损耗主要是二级旁路交换机引入。

　　如果节点间的平均距离不到 200m，FDDI 环的站点间距可以达到 2km。这样强行限制的目的是减小信号在环上传递的时间。FDDI 允许 1000 个物理连接，使用的光纤线路长度可达 200km；这样可以接入 500 个站点，因为每一个站点表示两个物理连接。FDDI 没有提到光纤的类型，可以根据用户要求的性能来进行选择。通常使用的光纤是 62.5/125 或 100/140 多模光纤。指定光源是 LED，工作波长是 1300nm。

16.10　安全

　　尽管只是简要介绍一下安全问题，但只有解决了安全问题，对光纤的讨论才算圆满。光在光纤中传播，如果存在开路或是损坏，下面两个因素会进一步使光衰减。

　　(1)光束将会从开放式接头中散开或是呈扇形射出。

　　(2)如果损坏的光纤从破坏的线缆中暴露出来，破损处可能会有光发散。另外，可能线缆内的传输线也会有少量衰减，可以沿线增加接头或连接器。

　　然而，两种因素会增加暴露在外的光纤终端的光功率：

　　(1)尾纤上加一个透镜会将更多的光纤聚焦到光缆上。

　　(2)在更新的 DWDM 系统中，几种光信号同时存在于一根光纤中；尽管是分离的，但在波长上非常接近。入射功率将会翻倍。

注意以下两点：

（1）光纤通信的波长属于非可见光波段，所以人们在看时感觉不到疼痛或是意识到光的存在。然而视网膜将会被照射到并受到损伤(参考图 16-4，电磁波谱)。

（2）眼睛损伤程度和光功率、波长、光源或光斑直径以及照射持续时间有关。

对那些工作在光纤设备上的人来讲，要注意如下两点：

（1）永远不要直视已经加电的测试设备的输出接头。这些设备比通信设备本身的功率要大，尤其是 OTDR。

（2）如果有必要查看光纤的端面，一定要关闭发射机，特别是你不确定发射机光源是激光还是 LED 时，因为激光是能量更高的光源。如果你用显微镜检查光纤，光功率将会倍增。

从机械的角度来看，要注意以下几点：

（1）安全、培训和安装手册中详细介绍的良好工作习惯应注意。

（2）注意设备、切刀、化学溶剂和环氧树脂

（3）光纤末端处脆弱、易折断，包括切割后用来熔接或是连接的尖端。这些碎片很难发现而且很容易插入到你的手指里。除非你的手指已经被感染，否则你根本发现不了。要时刻注意这些废料。

（4）在光纤系统上工作时，选择特殊的安全眼镜来保护眼睛。

（5）携带并使用光学安全工具包。

（6）保持整洁有序的工作现场。

不管何种情况，一定要保证参与工作的人员都已经被正确的培训过。

16.11   故障诊断

目前，光纤是很多通信枢纽的基础设施。每天光纤上都在传送数十亿的电话业务。光纤组成了正在使用的很多局域网的主体结构。在本节中，我们介绍光纤的安装和维护。

本节学习结束后，你将具备如下能力：

● 画一条显示所有组成部分的光纤链路
● 解释光功率计的使用
● 描述上升时间的测量
● 检修光纤数据链路

系统测试

一旦系统安装成功，就应该对它进行全面测试以保证和合同约定的相吻合，性能和制造商手册的一致。另外，它们也是为将来提供参考的数据库维护的第一步。并不是所有这些测试都适用于全部光网络。在测试和评估领域，你会发现测试很昂贵；但站在经验的角度，你将发现没有测试会更加昂贵。

通用指南

光缆工厂测试应包括：

● 测量光纤插损，要把这个值和工程系统设计值相比较。优先进行一组光学测试，但可以使用 OTDR 进行这些简单测试
● 收集 OTDR 曲线，注意损耗斜率和回波损耗
● 测试所有计划或是预计的所有波长以备用

全部系统测试应包括

● 误比特率(BER)测试
● 中心波长
● 谱宽测试

- 发射机输出功率(平均,不是峰值)
- 接收机灵敏度(在一定的 BER 上)
- 输入电压容忍度
- 保护和报警
- 系统恢复

注意:有关这些测试的指南和细节可从制造商处得到

光纤系统损耗

如图 16-28 所示的光纤系统包括一个发射器,两个接头,光纤和探测器。只有光信号通过链路的全部功率损耗小于规定的最大允许损耗量时光纤链路才能正常工作。在构成系统的所有组成部分中,功率都会损耗。一个接头可能的功率损耗为 1.5dB,连接器是 0.5dB,光缆本身也会使光信号发生衰减。举例来说,如果光纤系统最大允许损耗是 20dB,全部功率损耗加起来是 17dB,那么系统仍然有 3dB 的工作余量。当然这个工作余量很小,而且没有考虑到发射器和探测器会随着时间老化这个问题。

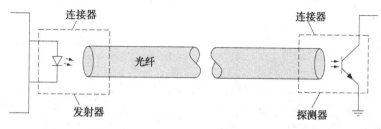

图 16-28　有发射器、探测器、接头和光缆的一条光纤链路

计算所需光功率

在安装一个基于光纤的系统时,应该准备好功率预算。功率预算详细说明了光纤系统能够容许的最大损耗,这有助于确定损耗量是否在预算功率分配范围内。一旦光纤系统安放到位,可用光功率计测试系统中实际的功率损耗。校准光源将确知有多大的光注入进光纤中,光功率计连接到光纤的另外一端,并测得到达光功率计的光功率值。要把周期性检查放在定期检修的计划中,这样能让光纤系统维持在很好的性能状态。当发射器性能变差时,要在它们降低系统性能前进行更换。

接头和光缆问题

有些和光纤链路有关的问题是由于外部物质和光纤接触而造成的(即使是你皮肤上的油也会造成大麻烦)。连接器和接头是潜在的故障点。可以把后向偏置的光电二极管和一个运算放大器作为相对信号强度指示器。在观察信号的同时轻轻地弯曲光缆和接头会有助于精确定位故障区。

发光二极管和二极管激光器性能

这些特殊用途的二极管仍然是二极管,具有熟悉的指数型 I/V 曲线。当前向偏置时,这些二极管没有电流输出除非电压达到 1.4V。有些电阻表不能提供足够的电压让 LED 工作;你可能不得不使用一个电源,一个限流电阻和一个伏特表来测试二极管。

相比普通硅整流二极管来说反向电压等级很低,只有 6V。更高的电压会损坏二极管。

一个简单的测试工具

有些系统工作在可见光波段;大部分系统使用不可见的红外光。相同类型或是发射类似波长的其他二极管可以用作探测器以检测输出。要使用一个电流模式而不是电压的表并将一个好的系统和有问题的系统相比较。

为了增加灵敏度,可用一个运算放大器、一个反馈电阻和一个探测二极管制作成一个简单的电流/电压转换电路，其中探测二极管的作用是泵浦电流到运算放大器的输入端，电流-电压转换电路的作用是将探测器二极管的输出电流转为运算放大器的输出电压。该转换电路如图 16-29 所示。如果信号电平很大，可将一个电阻跨接在探测二极管上。记住反偏电压要足够小，这样才能保证转换的电压低于二极管允许的最大反偏电压。

如果要观察信号调制，可用一个示波器来代替多用表。如果只对发射输出做少量的定量检查则可使用测试卡，电视维修点使用这种类型的测试卡检查红外遥控器的输出。这种测试卡套着一层特殊的化学材料，这种光学材料被可见光和红外光照射后会发出橙色的光。

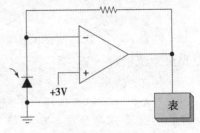

图 16-29　光探测

总结

在第 16 章中，我们介绍了光纤方面的知识。学习了在电子通信中采用光设备的一些现有应用。你应该理解的内容有：

- 光纤通信的优点
- 光波的特性和分析
- 光纤的物理和光学特性，包括多模、渐变和单模光纤
- 光纤中的衰减和色散效应
- 激光二极管的介绍和使用知识以及高辐射光发射二极管(LED)光源
- p-i-n 二极管作为光探测器的应用
- 连接光纤的常用技术
- 光纤系统的一般应用
- 光纤系统中的功率计算
- 光纤在局域网(LAN)中的应用
- LAN 组件介绍，包括波长相关和波长无关耦合器以及光交换机

习题和思考题

16.1 节

1. 列出光纤通信系统的基本单元。解释它与更标准的通信系统相比所有可能的优点。
2. 列出光纤通信链路的五个优点。

16.2 节

3. 给出折射率的定义。解释某一材料的折射率的定义。
4. 一个绿发光二极管(LED)光源工作频率在红色和紫色之间。计算它的频率和波长。(5.7×10^{14} Hz，526nm)
5. 某光缆的折射率如下：纤芯的为 1.52；包层的为 1.31。计算这个光缆的数值孔径。
6. 试计算水下光源发出的光无法进入空气的临界角。(48.7°)
7. 给出红外光和光谱的定义。
8. 目前普遍采用的六个固定波长是什么？
9. 光波段 O、E、S、C、L 和 U 的波长范围是什么？
10. 画出单根光纤的构造图。

16.3 节

11. 给出脉冲色散的定义和它对数据传输的影响。

12. 什么是多模光纤？它的纤芯尺寸的范围是什么？
13. 为什么要发展渐变折射率光纤？渐变折射率光纤的两个典型纤芯尺寸和包层尺寸是多少？
14. 单模光纤的应用是什么？
15. 单模光纤的纤芯/包层尺寸是什么？
16. 给出光纤光缆的模场直径定义。
17. 给出光纤光缆的零色散波长定义。
18. 描述塑料光纤适用的两种应用。

16.4 节

19. 限制光纤传输距离的两个关键参数是什么？
20. 引起衰减的四个因素是什么？
21. 给出光色散的定义。850nm、1310nm、1550nm 波长光纤典型色散值是什么？
22. 当谱线宽度为 18nm 的 850nm-LED 通过 1.5km 滤波器时，脉冲展宽量是多少。脉冲色散系数是 95ps/(nm·km)。(2.565ns/km)
23. 三种类型的色散是什么？
24. 什么是色散补偿光纤？

16.5 节

25. 比较光纤通信系统中的两种光源：二极管激光

器(DL)和 LED。

26. 解释半导体 DL 的激光产生过程。如何改变输出光的波长？

27. 给出密集波分复用的定义。

28. 什么是调谐激光器？它们的主要应用市场是什么？

29. 什么是隔离器？

30. 衰减器的作用是什么？

31. 列出五个用于光纤系统的中间组件。

32. 什么是光探测器？

33. 分布式反馈激光器优点有哪些？

34. 列出垂直腔表面出射激光器(VCSEL)的优点。

16.6 节

35. 列出光纤连接中的 8 种损耗源。

36. 比较熔接和机械连接的优点和缺点。如果要连接多个光纤传输线你会选择哪一种？解释一下选择的理由。

37. 列出三种最常用的光纤末端接头。

38. 列出机械连接或活动连接时的光纤准备过程。

39. 将单模光纤和多模光纤机械连接在一起的通用规范是什么？

16.7 节

40. 在设计光纤传输链路时，主要考虑的性能问题是什么？

41. 给出长途和本地局域网的定义。

42. 给出接收信号功率的定义(RSL)。

43. 给出系统余量的定义。

44. 在使用光时域反射仪(OTDR)测试光纤时，测得 20km 跨度上实际采用的光纤长度是 20.34km。这在实际中可能吗？为什么？

45. 10km 光纤的 dB 单位的光缆损耗是多少。光纤损耗系数是 0.4dB/km。(4dB)

46. 关于光纤传输系统的功率预算，在发射机和接收机间导致功率损耗的四个组件是什么？

16.8 节

47. 给出光纤光缆安装的四条建议。

48. OTDR 是什么？如何使用？

49. 观察图 16-25 中的 OTDR 曲线。解释点 A、B、C、D 和 E 的轨迹形成原因。

16.9 节

50. 光解决方案的哪些变化会在很大程度上影响光网络的设计？

51. 给出光纤到路边和光纤到户的定义。

52. OC-192 是什么？

53. 描述光纤可以在局域网(LAN)中怎么使用来提高数据容量改善潜在的最小拥塞问题。

54. 光纤分布式数据接口是什么？简要解释 FDDI 系统。

55. 一个七站 FDDI 的六个站间相距 150m、17m、270m、235m 和 320m。试确定第 7 个站的最大距离。(208m)

附加题

56. 分析纤芯 2.5um、纤芯和包层的折射率分别为 1.515 和 1.490 的单模光纤的数值孔径和截止波长(NA)。(0.274，1.73um)。

57. 工作在 1550nm 的系统损耗为 0.35dB/km。如果光纤中注入 225uW 的光功率，那么在通过 20km 段后接收到的功率是多少。(44.9 μW)

58. 某光纤系统采用的光缆衰减系数是 3.2dB/km。光缆长度是 1.8km 并有一个 0.8dB 损耗的机械接头。由于需要连接源/接收机，在发射机和接收机间都存在一个 2dB 损耗。系统要求检测器除的接收光功率为 3μW。光源处需要的光功率是多少。(34.1μW)

59. 系统具有下面的损耗和规格，请给出功率预算分析。

损耗如下。

尾纤损耗：6.5dB

两个连接：每个 1.0dB

三个机械接头：每个 0.5dB

20km 长光纤：0.35dB/km

规格如下。

激光功率输出：-2dBm

最小 RSL：-33dBm

最大 RSL：-22dBm

维护余量：3dB

功率余量：1dB

工作余量：3dB

附录 A
FCC 通用无线电话操作员证书要求

在完成整个电子通信的课程后，你可能会准备申请并参加 FCC 通用无线电电话操作员证书(GROL)考试。GROL 是国际认证的工业标准无线电电话操作资格证书，它能够展现拟在电子通信领域的知识和技能。在航空、航海和国际固定通用无线电业务中对 FCC 授权的无线电话发射机进行校准、维护或者内部维修时需要有 GROL。它拥有航海无线电操作员许可(MROP)的所有操作权限。

GROL 要求能够进行如下的操作。

- 任何水上陆地无线电电台或强制安装的峰值包络功率超过 1500W 的船载无线电电话。
- 自愿安装的峰值包络功率超过 1000W 的船载和航空(包括飞行器)电台。

即使你不想在法律要求需要有 GROL 的环境中的设备上工作，在你跳槽时这个证书也会为你提供竞争优势。当通信领域的岗位有很多申请人时，很多雇主会用 GROL 来作为划分能力等级的一种方法。

为了拿到 GROL，你必须具备如下条件。

(1) 是美国的合法居民(或者有就业资格)。

(2) 能够用英语接收并发射有声信息。

(3) 通过环节 1 的笔试(或提供最近的航海无线电操作员许可证明)和环节 3 的笔试。

写作环节 1

该测试涵盖了航海无线电操作员必须熟知的基本无线电法律和操作步骤。本环节的问题涉及法律条文、条约、条规和操作步骤，接着用无线电电台通信所要求的实务。每次考试是在实务题库中的 144 个问题随机的选择 24 个。通过考试的最低要求是 75%(答对 18 个问题)。

写作环节 3

该环节题的类型是校准、维修和维护航空、航海和国际固定公共无线电服务中的 FCC 授权的无线电发射机和接收机所要求的有关电气基础和技术。考试是在实务题库中的 600 个问题中选择 100 道。通过考试的最低要求是 75%(正确回答 75 个问题)。

下面给出了环节 3 中问题的主题分类。圆括号中的第一个数字表示实务库中这个环节的总问题个数，而第二个数字则表示环节 3 考试中的问题的实际编号。可以注意到本书几乎覆盖了所有环节 3 中问题的 50%。

- 原理(48，8)包含在 DC/AC 和半导体一文中。
- 电气通路(60，10)包含在 DC/AC 一文中。
- 组件(60，10)包含在 AC、半导体一文中。
- 电路(24，4)包含在 AC、半导体一文和本书第 4 章中。
- 数字逻辑(48，8)包含在数字逻辑一文中。
- 接收机(60，10)包含在本书 1.5 节、4.3 节和第 6 章中。
- 发射机(36，6)包含在本书第 5 章中。
- 调制(18，3)包含在本书第 2 章和第 3 章中。
- 功率源(18，3)包含在 DC/AC 一文中。
- 天线(30，5)包含在本书第 13 章和第 14 章中。

- 飞行器(36，6)包含在本书第 13 章和飞行器一文中。
- 安装、维护和维修(48，8)包含在 DC/AC 一文中。
- 通信技术(18，3)包含在本书 10.3 节中。
- 航海(30，5)包含在航海一文和本书 5.3 节、6.3 节和 7.6 节中。
- 雷达(30，5)包含在微波一文和本书中 15 章中。
- 卫星(24，4)包含在微波一文中。
- 安全(12，2)包含在电气实验室手册和本书 16.10 节中。

写作环节 8(可供选择)

船载雷达背书是只在 GROL 或第一或第二类无线电报务员认证上的一个可选背书。只有拥有的商用无线电话务员认证支持该背书的人才可能维修、维护或内部校准船载雷达设备。

为了有该背书的资格，你必须具备如下条件。

(1) 持有(或取得资格)一个第一或第二类无线电话务员认证或一个 GROL。

(2) 通过写作环节 8 考试。

环节 8 考试由 300 问题组成的实务库中的 50 个问题组成，它们涵盖了适用于船载雷达的正确安装、服务和维护的专业理论和实践，这些雷达一般用于航海导航。通过该环节的最低要求是 75%(回答正确 38 道题)。

考前事项

1. 准备阶段。

获取目前的学习材料。

请注意是私人机构承担所有的 GROL 考试，这些考试采用了 FCC 建立的问题和测试过程。有些机构的角色是考试管理；最新的费用列表和时间表可以登录网站下面的这个网站：http://wireless.fcc.gov/commoperators/index.htm?job=cole。一个是美国无线电与电信工程师协会(NARTE)。当前的信息可以在 www.narte.org 中找到。同样也可查 iNARTE 考试中心清单上的 Prep Courses。当地的学校或大学也可能会提供。

2. 选择你的考试时间和地点。

如果使用 NARTE GROL 的服务，那么需要在 iNARTE 考试中心列表中找到个人位置或者是利用在线注册表单。

3. 向 iNARTE 登记。

注册 iNARTE 的费用是每个席位 US 65 \$，这包含三个考试环节。考试的时间限制是 4h。例如：对于 65 \$，你能够注册参加环节 1、3 和 8 考试。你最多有 4h 来完成所有的三个考试。你可能会利用在线注册表单，或者将个人注册表和 65 \$ 的考试费用(不能退款)邮寄到 840 Queen Street，New Bern，NC28560 的 iNARTE。

4. iNARTE 将会协调你的考试预约。

考试预约的书面证明将通过邮寄的方式送到你的手中。

5. 计划预约你的 FCC 考试。

考试通常在周末举行。iNARTE 的考试费用不退还。考试在从收到 iNARTE 的授权书开始后的 30 天内完成考试。否则需要重新注册并重新缴费才能够安排考试。安排好的考试在考试前的 7 个工作日内向 iNARTE 申请可以在缴纳额外费用的情况下再安排一次。如果小于 7 日，除非你能证明存在例外情况或其他原因(需经过 iNARTE 批准)，则需要缴纳额外费用。重新安排考试将在 30 日内完成。

6. GROL 证书终生有效。

缩 略 语

A

AAL	ATM adaptation layer(ATM 适配层)
AC	alternating current(交流)
ACA	adaptive channel allocation(自适应信道分配)
ACIL	trade association (formerly the American Council of Independent Laboratories)行业协会(原美国独立实验室理事会)
ACK	acknowledgment(应答)
ACL	advanced CMOS logic(先进的 CMOS 逻辑)
ACM	address complete message(完整的地址信息)
ACR	attenuation-to-crosstalk radio(串扰无线电衰减)
ADC	analog-to-digital(模/数)；analog-to-digital converter(模/数转换器)
ADCCP	advanced digital communications control protocol(高级数字通信控制协议)
ADSL	asymmetric digital subscriber line(非对称数字用户线)
AF	audio frequency(音频)
AFC	automatic frequency control(自动频率控制)
AFSK	audio-frequency shift keying(声音频移键控)
AGC	automatic gain control(自动增益控制)
AGCH	access grant channel(接入授权信道)
AIAA	American Institute of Aeronautics and Astronautics(美国航空航天研究院)
AIGaAs	aluminum gallium arsenide(砷化铝镓)
ALC	automatic level control(自动电平控制)
ALU	arithmetic logic unit(算术逻辑单元)
AM	amplitude modulation(振幅调制)
AMI	alternate-mark inversion(交替符号反转)
AML	automatic-modulation-limiting(自动调制限制)
AMPS	Advanced Mobile Phone Service(高级移动电话服务)
ANL	automatic noise limiter(自动噪声限制器)
ANM	answer message(应答消息)
ANSI	American National Standards Institute(美国国家标准协会)
APC	angle-polished connector(角抛光连接器)
APCO	Association of Public-Safety Communications Officials(公共安全通信协会)
APD	avalanche photodiode(雪崩光敏二极管)
AP-S	Antennas and Propagation Society(天线与传播学会)
ARPA	Advanced Research Projects Agency (now DARPA)[高级研究计划局(现在的 DARPA)]
ARQ	automatic repeat request(自动重传请求)
ARRL	American Radio Relay League(美国无线电中继联盟)
ASCII	American Standard Code for Information Interchange(美国标准信息交换码)
ASIC	application-specific integrated circuit(专用集成电路)
ASK	amplitude-shift keying(振幅键控)
ASSP	application-specific standard product(专用标准产品)
ATC	adaptive transform coding(自适应变换编码)
ATE	automatic test equipment(自动测试设备)
ATG	automatic test generation(自动测试生成)

ATM	asynchronous transfer mode(异步转移模式)
ATSC	Advanced Television Systems Committee(先进电视系统委员会)
ATV	advanced television(现代电视)
AWGN	additive white Gaussian noise(加性高斯白噪声)

B

b	bit(b，位)
B	byte(B，字节)
B8ZS	bipolar 8 zero substitution(双极 8 零替换)
BAW	bulk acoustic wave(体声波)
BBNS	broadband network service(宽带网络服务)
BC	block check character(块校验字符)
BCCH	broadcast control channel(广播控制信道)
BCH	Bose-Chaudhuri-Hocquenghem (BCH) code[博斯–乔赫里–霍克文黑姆(BCH)码]
BCD	binary-coded decimal(二进制编码的十进制数)
B-CDMA	broadband CDMA(宽带 CDMA)
BCI	broadcast interference(广播干扰)
BeCu	beryllium copper(铍铜合金)
BER	bit error rate(误码率)
BERT	bit-error-rate tester(误码率测试仪)
BFO	beat-frequency oscillator(拍频振荡器)
BiCMOS	bipolar-CMOS(双极 CMOS)
BIOS	basic input/output system(基本输入/输出系统)
BIS	buffer information specification(缓冲区信息规范)
B-ISDN	broadband integrated-services digital network (an ATM protocol model)[宽带综合业务数字网(一个 ATM 协议模型)]
BJT	bipolar junction transistor(双极结型晶体管)
BOP	bit-oriented protocol(面向位的协议)
bps	bits per second(位每秒)
BPSK	binary phase-shift keying(二进制相移键控)
BPV	bipolar variation(双极性变化)
BRI	basic-rate interface(基本速率接口)
BS	base station(基站)
BSC	base-station controller(基站控制器)
BSS	Broadcasting Satellite Service(卫星广播业务)
BW	bandwidth(带宽)
BWA	broadband wireless access(宽带无线接入)
BWO	backward-wave oscillator(后向波振荡器)

C

CAD	computer-aided design(计算机辅助设计)
CAE	computer-aided engineering(计算机辅助工程)
CAM	computer-aided manufacturing(计算机辅助制造)
CAT	computer-aided test(计算机辅助测试)
CAT5	category 5(5 类)
CATE6/5e	category 6 and category 5e(6 类和 5e 类)
CATV	community-access (cable) television[社区接入(有线)电视]
CBCH	cell broadcast channel(小区广播信道)
CBIR	committed burst information rate(承诺突发信息速率)
CCA	clear-channel assortment(无干扰信道分类)
CCD	charge-coupled device(电荷耦合器件)
CCITT	Consultative Committee on International Telephone & Telegraph(国际电话电报咨询委员会)
CCK	complementary code keying(互补码键控)

CCW	counterclockwise(逆时针)
CD	carrier detect or compact disc(载波检测或光盘)
CDM	code-division multiplex(码分复用)
CDMA	code-division multiple access(码分多址)
CDMA2000	a 3G wireless development popular in the United States(在美国普及的 3G 无线开发)
CDPD	cellular digital packet data(蜂窝数字分组数据)
C/I	carrier/interference ration[载波/干扰比(载干比)]
CIC	circuit identification code(电路识别码)
CMOS	complementary metal-oxide semiconductor(互补金属氧化物半导体)
CMRR	common mode rejection ratio(共模抑制比)
C/N	carrier-to-noise ratio[载波噪声比(载噪比)]
CODEC	coder/decoder(编码器/解码器)
COFDM	OFDM with channel coding(信道编码 OFDM)
COP	character-oriented protocol(面向字符的协议)
CPE	customer premise equipment(用户端设备)
CPU	central processing unit(中央处理单元)
CRC	cyclic redundancy check(循环冗余校验)
CSMA	carrier sense multiple access(载波侦听多路访问)
CSMA/CA	carrier sense multiple access collision avoidance(载波侦听多路访问冲突避免)
CSMA/CD	CSMA with collision detection(CSMA 与碰撞检测)
CSU/DSU	channel service unit/data service unit(信道服务单元/数据服务单元)
CTCSS	Continuous Tone Coded Squelch System(连续音频编码静噪系统)
CTI	computer telephone integration(计算机电话集成)
CTIA	Cellular Telecommunications Industry Association(蜂窝电信工业协会)
CTS	clear-to-send(清除-发送)
CT2	second-generation cordless telephone(第二代无绳电话)
CVBS	composite video blanking and synchronization(复合视频消隐和同步)
CVD	chemical-vapor deposition(化学气相沉积)
CW	continuous wave or clockwise[连续波(或顺时针)]

D

DAC	digital-to-analog(数/模)；digital-to-analog converter(数/模转换器)
DATPA	Defense Advanced Research Projects Agency(美国国防部高级研究计划署)
DARS	Digital Audio Radio Service(数字音频广播服务)
DAS	data-acquisition system(数据采集系统)
dB	decibel(分贝)
dBc	decibels with respect to carrier(相对于载波的分贝数)
dBi	antenna gain in decibels，with respect to isotropic antenna(天线增益分贝数，相对于全向天线)
DBPSK	differential binary phase-shift keying(差分二进制相移键控)
DBR	distributed Bragg reflector(分布式布拉格反射器)
DBS	direct-broadcast satellite(直接广播卫星)
DC	direct current(直流)
DCCH	digital control channel(数控信道)
DCD	digital carrier detect(数字载波检测)
DCE	data communications equipment(数据通信设备)
DCR	direct current receiver(直流接收机)
DCS	Digital Coded Squelch(数字编码静噪)
DDC	direct digital control(直接数字控制)
DDCMP	digital data communications message protocol(数字数据通信报文协议)
DDS	direct digital synthesizer (or synthesis)(直接数字式频率合成器(或合成)或 digital-data system(数字数据系统)
DECT	Digital European Cordless Telecommunications(欧洲数字无绳电信)

DELTIC	delay-line time compression(延迟线时间压缩)
DES	Data Encryption Standard(数据加密标准)
DF	direction finding(测向)
DFB	distributed feedback(分布式反馈)
DFD	digital frequency discriminator(数字鉴频器)
DI	dielectric isolation(介质隔离)
diam	diameter(直径)
DIL	dual in-line(双列直插式)
DIP	dual in-line package(双列直插式封装)
DL	diode laser(二极管激光器)
DLVA	detector log video amplifier(检测日志视频放大器)
DMA	direct memory access(直接存储器访问)
DMM	digital multimeter(数字万用表)
DMT	data-modulation technique or discrete multitone(数据调制技术或离散多音)
DMUX	demultiplexer(解复用器)
DNL	differential nonlinearity(微分非线性)
DOCR	digital on-channel repeater(数字同信道中继器)
DOD	direct outward dialing(对外直接拨号)
DPC	destination point code(目标点代码)
DPDT	double-pole，double-throw(双刀双掷)
DPSK	differential phase-shift keying(差分相移键控)
DPST	double pole，single throw(双刀单掷)
DQPSK	differential quadrature phase-shift keying(差分正交相移键控)
DRAM	dynamic random-access memory(动态随机存取存储器)
DRO	dielectric resonator oscillator(介质谐振振荡器)
DSL	digital subscriber line(数字用户线路)
DSO	digital storage oscilloscope(数字存储示波器)
DSP	digital signal processing(数字信号处理)
DSR	data set ready(数据集就绪)
DSSS	direct-sequence spread spectrum(直接序列扩频)
DTCXO	digital temperature-compensated crystal oscillator(数字温度补偿晶体振荡器)
DTE	data terminal equipment(数据终端设备)
DTH	digital to home(数字家庭)
DTMF	dual-tone multifrequency(双音多频)
DTR	data terminal ready(数据终端就绪)
DTV	digital television(数字电视)
DUT	device under test(被测设备)
DVB	digital video broadcast(数字视频广播)
DVM	digital voltmeter(数字电压表)
DWDM	dense wavelength-division multiplexer(密集波分多路复用)

E

E_b	energy per bit or bit energy[每位能量(或位能量)]
EBCDIC	Extended Binary Coded Decimal Interchange Code(扩展二进制编码的十进制交换码)
ECC	error-correction coding(纠错编码)
ECL	emitter-coupled logic(射极耦合逻辑)
EDA	electronic design automation(电子设计自动化)
EDC	error detection and correction(误差检测和校正)
EDFA	erbium-doped fiber amplifier(掺铒光纤放大器)
EDR	Enhanced Data Rate(增强型数据速率)
EEPROM	electrically erasable programmable read-only memory(电可擦除可编程只读存储器)
EHF	extremely high frequency(极高频)

EIA　　　　　Electronic Industries Association(电子工业协会)
EIRP　　　　effective isotropic radiated power(有效全向辐射功率)
EISA　　　　extended industry standard architecture(扩展的工业标准结构)
EKG　　　　electrocardiogram(心电图)
ELF　　　　 extremely low frequency(极低频)
EM　　　　　electromagnetic(电磁)
EMC　　　　electromagnetic compatibility(电磁兼容性)
EMF　　　　 electromotive force(电动势)
EMI　　　　 electromagnetic interference(电磁干扰)
ENOB　　　 effective number of bits(有效位数)
ENR　　　　 excess noise ratio(超噪比)
EOM　　　　end-of-message(最终的消息)
EPROM　　　erasable programmable read-only memory(可擦写可编程只读存储器)
ERP　　　　 effective radiated power(有效辐射功率)
ESD　　　　 electrostatic discharge(静电放电)
DSF　　　　 extended superframe(扩展的超帧)
ESI　　　　　equivalent series inductance(等效串联电感)
ESMR　　　 enhanced specialized mobile radio(增强型专用移动无线电)
ESR　　　　 equivalent series resistance(等效串联电阻)
ETACS　　　extended total access communications system(扩展的完全访问通信系统)
ETDMA　　　enhanced time-division multiple access(增强的时分多址)
E-3　　　　　industry standard for ATM(34.736 Mb/s)[ATM 的行业标准(34.736Mb/s)]
ETSI　　　　European Telecommunications Standards Institute(欧洲电信标准协会)
eV　　　　　 electron volts(电子伏)
EVM　　　　error vector magnitude(误差向量幅度)

F

FACCH　　　fast associated control channel(快速相关控制信道)
F/B　　　　　front-to back(前端到后台)
FCC　　　　 Federal Communications Commission(美国联邦通信委员会)
FCCH　　　 frequency control channel(频率控制信道)
FDD　　　　frequency division duplex(频分双工)
FDDI　　　　Fiber-Distributed Data Interface(光纤分布式数据接口)
FDM　　　　frequency division multiplex(频分复用)
FDMA　　　 frequency-division multiple access(频分多址)
FEC　　　　 forward error-correction (or control)[前向纠错(或控制)]
FEM　　　　finite-element modeling(有限元建模)
FER　　　　 frame error rate(误帧率)
FET　　　　 field-effect transistor(场效应晶体管)
FFSK　　　 fast frequency-shift keying(快速频移键控)
FFT　　　　 fast Fourier transform(快速傅里叶变换)
FHMA　　　 frequency-hopping multiple access(跳频多址)
FHSS　　　 frequency-hopping spread spectrum(跳频扩频)
FIFO　　　　first-in, first-out(先入先出)
FIR　　　　　finite-impulse response(有限脉冲响应)
FISU　　　　fill-in signaling unit(填充入信令单元)
FITS　　　　failures in 10^9 hours(1 亿小时内的故障次数)
FLOP　　　　floating-point operations(浮点运算)
FM　　　　　frequency modulation or frequency-modulated(频率调制或频率已调制)
4FSK　　　　four-level frequency-shift keying(四电平频移键控)
FPGA　　　　field-programmable gate array(现场可编程门阵列)
FQPSK　　　filtered quadrature phase-shift keying(滤波正交相移键控)

FSF	frequency scaling factor(频率调节因子)
FSK	frequency-shift keying(频移键控)
FSR	full-scale range(满量程范围)
FTTC	fiber to the curb(光纤到路边)
FTTH	fiber to the home(光纤到户)
FT1	fractional T1(部分 T1)

G

GaAs	gallium arsenide(砷化镓)
GEO	geostationary earth orbit(地球静止轨道)
GFSK	Gaussian frequency-shift keying(高斯频移键控)
GHz	gigahertz(千兆赫)
GMSK	Gaussian minimum-shift keying(高斯最小频移键控)
GPS	Global Positioning System(全球定位系统)
GROL	General Radiotelephone Operator License(通用无线电话运营牌照)
GSGSG	ground-signal ground-signal ground(接地信号接地信号接地)
GSM	Global System for Mobile Communications(全球移动通信系统)
GSSG	ground-signal signal-ground(地面信号的信号地面)
G/T	figure of merit(品质因数)

H

HBT	heterojunction bipolar transistor(异质结双极型晶体管)
HDLC	high-level data link control(高电平数据链路控制)
HDSL	high-bit-rate digital subscriber line(高比特率数字用户线)
HDTV	high-definition television(高清晰度电视)
HEMT	high-electron mobility transistor(高电子迁移率晶体管)
HF	high frequency(高频)
HFC	hybrid fiber coaxial(混合同轴光纤)
HPA	high-power amplifier(大功率放大器)
HSUPA	high-speed download packet access(高速下载分组接入)
HTS	high-temperature superconductor(高温超导体)
Hz	Hertz, originally cycles per second(赫兹，每秒的周期数)

I

IAGC	instantaneous automatic gain control(瞬时自动增益控制)
IAM	initial address message(初始地址消息)
IANA	Internet Assigned Numbers Authority(互联网编号分配机构)
IBOC	in-band on-channel(带内同频)
IBIS	input/output buffer information specification(输入/输出缓冲信息规范)
IC	integrated circuit(集成电路)
ICW	interrupted continuous wave(间断连续波)
IDP	integrated detector preamplifer(综合检测仪前置放大器)
IDSL	ISDN digital subscriber line(ISDN 数字用户线路)
IEEE	Institute of Electrical and Electronics Engineers(电气电子工程师学会)
IESS	Intelsat Earth Station Standard(国际通信卫星地面站标准)
IF	intermediate frequency(中频)
IFFT	inverse FFT(逆 FFT)
IFM	instantaneous frequency measurement(瞬时频率测试)
IHFM	Institute of High Fidelity Manufactures(高保真制造机构)
IIR	infinite impulse response(无限脉冲响应)
IM	intermodulation(互调)
IMD	intermodulation distortion(互调失真)
IMPATT	impact ionization avalanche transit time diode(碰撞电离雪崩渡越时间二极管)
IMTS	improved mobile telephone service(更好的移动电话服务)

IMT-2000	international mobile telecommunications(国际移动通信)
InGaAs	indium gallium arsenide(砷化铟镓)
INL	integral nonlinearity(积分非线性)
InP	indium phosphide(磷化铟)
INTELSAT	International Telecommunications Satellite Organization(国际通信卫星组织)
I/O	input/output(输入/输出)
IOC	integrated optical circuit(集成光路)
IP	Internet protocol(互联网协议)
I/Q	in-phase/quadrature(同相/正交)
IQST	INTELSAT qualified satellite terminal(国际通信卫星组织认证的卫星终端)
IR	infrared(红外线)
IrDA	Infrared Data Association(红外数据协会)
IS	international standards(国际标准)
ISA	industry-standard architecture(行业标准架构)
ISDN	integrated services digital network(综合业务数字网)
IS-54	Interim Standard 54(dual-mode TDMA/AMPS)[标准 54(双模式 TDMA/AMPS)]
ISHM	International Society for Hybrid Microelectronics(混合微电子国际交流协会)
ISI	intersymbol interference(码间干扰)
ISL	intersatellite link(星间链路)
ISM	industrial，scientific，and medical(工业、科学和医疗)
IS-95	Interim Standard 95 (dual-mode CDMA/AMPS)[暂行标准 95(双模式 CDMA/AMPS)]
ISP	Internet service provider(互联网服务提供商)
ISUP	ISDN user part(ISDN 用户部分)
ITFS	instructional television fixed service(教育电视固定服务)
ITS	intelligent transportation system(智能交通系统)
ITU	International Telecommunication Union(国际电信联盟)
ITV	instructional television(教育电视)

J

JDC	Japanese digital cellular(日本数字蜂窝)
JFET	junction field-effect transistor(结型场效应晶体管)

K

kHz	kilohertz(千赫)

L

LAN	local-area network(局域网)
LC	inductive-capacitive or liquid crystal[电感电容(或液晶)]
LCC	leadless ceramic chip carrier(无铅陶瓷芯片载体)
LCD	liquid-crystal display(液晶显示器)
LCCC	leaded ceramic hip carrier(引线式陶瓷芯片载体)
LDMOS	laterally diffused metal oxide silicon(横向扩散金属氧化物硅)
LED	light-emitting diode(发光二极管)
LEO	low Earth orbit satellite(低轨道地球卫星)
LF	low frequency(低频)
LHCP	left-hand circular polarization(左旋圆偏振)
LiIon	lithium ion(锂离子)
LMDS	local multichannel distribution system(本地多路分配系统)
LMR	land mobile radio(陆地移动无线)
LNA	low-noise amplifier(低噪声放大器)
LNB	low-noise block down-converter(低噪声模块下变频器)
LNBF	low-noise block feedhorn(低噪声模块喇叭天线)
LO	local oscillator(本地振荡器)
LOS	line of sight(视距)

LPF	low-pass filter(低通滤波器)
LPTV	low-power television(小功率电视)
LRC	longitudinal redundancy check(纵向冗余校验)
lsb	least-significant bit(最低有效位)
LSI	large-scale integration(大规模集成)
LSSU	link status signaling unit(链路状态信令单元)
LTP	long-term prediction(长期预测)
LVDS	low-voltage differential signaling(低电压差分信令)

M

MAC	media access control(媒体访问控制)
MAP	mobile application part(移动应用部分)
MBE	molecular beam epitaxy(分子束外延)
MCA	multichannel amplifier(多声道放大器)
MCW	modulated continuous wave(已调连续波)
MDAC	multiplying digital-to-analog converter(多路数-模转换器)
MDS	multipoint distribution system(多点分配系统)
MDSL	medium-speed digital subscriber line(中速数字用户线)
MER	modulation error ratio(调制误差率)
MESFET	metal semiconductor field-effect transistor(金属半导体场效应晶体管)
MFLOPS	million floating-point operations per second(每秒百万次浮点运算)
MIC	microwave integrated circuit(微波集成电路)
MIL	military specification(军用规范)
MIMO	multiple-input multiple-output(多输入多输出)
MIPS	million instructions per second(每秒百万条指令)
MMDS	multichannel，multipoint distribution systems(多通道多点分配系统)
MMIC	monolithic microwave integrated circuit(单片微波集成电路)
MOCVD	metal-organic chemical-vapor deposition(金属有机化学气相沉积)
modem	modulator/demodulator(调制/解调器)
MOS	metal-oxide semiconductor(金属氧化物半导体)
MOSFET	metal-oxide semiconductor field-effect transistor(金属氧化物半导体场效应晶体管)
MPSD	masked-programmable system device(掩码可编程系统设备)
MPSK	minimum phase-shift keying(最小相移键控)
MROP	Marine Radio Operators Permit(海洋广播经营许可证)
MSA	metropolitan statistical area(城域网的统计区域)
MSAT	mobile satellite(移动卫星)
msb	most significant bit(最高有效位)
MSK	minimum-shift key(最小频移键)
MSPS	million samples per second(每秒百万次采样)
MSAT	mobile satellite(移动卫星)
MSS	mobile satellite service(移动卫星服务)
MTA	major trading area(主要贸易领域)
MTBF	mean time between failures(平均故障间隔时间)
MTP	message transfer part(消息传递部分)
MTSO	mobile telephone switching office(移动电话交换局)
MTTF	mean time to failure(平均无故障时间)
MUF	maximum usable frequency(最大可用频率)
MVDS	microwave video-distribution system(微波视频分配系统)

N

NA	numerical aperture(数值孔径)
NAB	National Association of Broadcasters(全国广播工作者协会)
NADC	North American Digital Cellular(北美数字蜂窝)

NAK	negative acknowledgment(否定应答)
NAMPS	narrowband Advanced Mobile Phone Service(窄带高级移动电话服务)
NARTE	National Association of Radio and Telecommunications Engineers(国际广播与电信工程师协会)
NASA	National Aeronautics and Space Administration(美国国家航空和航天局)
NBX	network branch exchange(网络交换机)
NCO	numerically controlled oscillator(数字控制振荡器)
NEMA	National Electrical Manufactures Association(美国电气制造商协会)
NEMI	National Electronics Manufacturing Initiative, Inc.(美国电子制造计划公司)
NEXT	near-end crosstalk(近端串扰)
NF	noise figure(噪声系数)
NIC	network interface card(网络接口卡)
NiCd	nickel cadmium(镍镉)
NiMH	nickel metal hydride(镍金属氢化物)
NIST	National Institute of Standards & Technology(formerly NBS)[标准与技术研究院(以前的NBS)]
NLSP	network-link services protocol(网络链路服务协议)
NLOS	nonline-of-sight(非视距)
NMT-900	Nordic Mobile Telephone(北欧移动电话)
NNI	network-node interface(网络节点接口)
NRZ	nonreturn-to-zero code(不归零码)
NRZI	nonreturn-to-zero inverted code(不归零反转码)
NRZ-L	nonreturn-to-zero low(不归零电平码)
NTSC	National Television Systems Committee (US television broadcast standard)[美国国家电视系统委员会(美国电视广播标准)]

O

OC	optical carrier(光载波)
OC-48	2.4-Gb/s optical-carrier industry standard(2.4 Gb/s 的光载波行业标准)
OC-192	Optical Carrier 192(光载波 192)
OCR	optical character recognition(光学字符识别)
OC-3	155-Mb/s optical-carrier industry standard(155Mb/s 的光载波行业标准)
OC-12	622-Mb/s optical-carrier industry standard(622-Mb/s 的光载波行业标准)
OCXO	oven-controlled crystal oscillator(恒温晶体振荡器)
OEM	original-equipment manufacturer(原始设备制造商)
OFDM	orthogonal frequency-division multiplexing(正交频分复用)
OOK	on-off keying (modulation)[通-断键控(调制)]
OMAP	operations, maintenance, and administration part(运营、维护和管理部分)
op-amp	operational amplifier(运算放大器)
OPC	origination point code(始发点代码)
OPDAR	optical radar(光学雷达)
OQPSK	offset quadrature phase-shift keying(偏移正交相移键控)
	or orthogonal quadrature phase-shift keying(或正交四相相移键控)
OSI	open system interconnection(开放系统互联)
OTA	over the air(架空)
OTDR	optical time-domain reflectometer(光时域反射计)

P

PABX	private automatic branch exchange(专用自动交换)
PACS	personal advanced communications systems(个人先进的通信系统)
pACT	personal Air Communications Technology(个人航空通信技术)
PAE	power-added efficiency(功率附加效率)
PAL	phase-alternation-line(相位交替行)
	(a 625-line 50-field color television system)[(625 行 50 场彩色电视系统)]

PAM	pulse-amplitude modulation(脉冲振幅调制)
PAN	personal-area network(个人区域网)
PBX	private branch exchange(专用分支交换机)
PC	personal computer(个人电脑)
PC	convex-polished(凸研磨)
PCB	printed circuit board(印制电路板)
PCH	paging channel(寻呼信道)
PCI	peripheral component interconnect(外围组件互联)
PCIA	Personal Communications Industry Association(个人通信行业协会)
PCM	pulse-code modulation(脉冲编码调制)
PCMCIA	Portable Computer Memory Card International Association(便携式计算机存储卡国际协会)
PCN	personal communications network(个人通信网络)
PCS	personal communications services(个人通信服务)或 plastic-clad silica(fiber)[塑料包覆二氧化硅(纤维)]
PCU	programmer control unit(编程控制单元)
PDA	personal digital assistant(个人数字助理)
PDBM	pulse-delay binary modulation(脉冲延迟二进制调制)
PDC	personal digital cordless(个人数字无绳电话)
PDF	probability density function(概率密度函数)
PDH	piesiochronous digital hierarchy(准同步数字体系)
PDM	pulse-duration modulation(脉宽调制)
PECL	positive emitter-coupled logic(正发射极耦合逻辑)
PEP	peak envelop power(峰值包络功率)
PFM	pulse-frequency modulation(脉冲频率调制)
PGBM	pulse-gated binary modulation(脉冲门控二进制调制)
PHEMT	pseudomorphic high-electron-mobility transistor(伪形态高电子迁移率晶体管)
PHP	Personal HandyPhone(个人手持电话)
PHS	Personal HandyPhone System(个人手持电话系统)
PICD	personal information and communication device(个人信息与通信设备)
PIM	passive intermodulation(无源互调)
PIN	personal identification number or positive-intrinsic-negative(个人识别号)[(或正-本征-负)]
Pixel	picture element(像素)
PLCC	plastic leaded-chip carrier(塑料有引线芯片载体)
PLD	programmed logic device(可编程逻辑器件)
PLL	phase-locked loop(锁相环)
PLM	pulse-length modulation(脉冲宽度调制)
PLMR	public land mobile radio(公共陆地移动无线电)
PLO	phase-locked oscillator(锁相振荡器)
PM	phase modulation(相位调制)
PMR	professional mobile radio(专业移动无线电)
PN	pseudonoise(伪随机)
PolSK	polarization-shift keying(偏振移键控)
POTS	plain old telephone service(普通老式电话服务)
p-p	peak-to-peak(峰峰)
PPB	parts per billion(每十亿分之一)
PPBM	pulse-polarization binary modulation(脉冲极化二进制调制)
PPI	pulse-position-indicator(脉冲位置指示器)
PPM	parts per million(百万分之一)或 periodic permanent magnet 周期永磁场;或 pulse-position modulation(或脉位调制)
PPP	point-to-point protocol(点对点协议)
PQFP	plastic quad-leaded flat pack(四引线塑料扁平封装)

PRBS	pseudorandom-bit sequence(伪随机比特序列)
PRF	pulse repetition frequency(脉冲重复频率)
PRI	pulse repetition interval(脉冲重复间隔)
PRK	phase-reversal keying(相位反转键控)
PRL	preferred roaming list(优选漫游列表)
PRML	partial-response maximum likelihood(部分响应大似然)
PRR	pulse repetition rate(脉冲重复率)
PRT	pulse repetition time(脉冲重复时间)
PSIP	Program and System Information Protocol(程序和系统信息协议)
PSK	phase-shift keying(相移键控)
PSNEXT	power sum NEXT test(功率和近端串扰测试)
PSTN	public switched telephone network(公用交换电话网)
PTFE	polytetrafluoroethylene(聚四氟乙烯)
PTM	pulse-time modulation(脉冲时间调制)
PVC	permanent virtual connection(固定虚拟连接)
PWM	pulse-width modulation(脉冲宽度调制)

Q

Q	quality factor(品质因数)
QAM	quadrature amplitude modulation(正交幅度调制)
QFP	quad flat pack(四方扁平封装)
QoS	quality of service(服务质量)
QPSK	quadrature phase-shift keying(正交相移键控)
QSOP	quarter-sized outline package(四分之一大小外形封装)
QUIL	quad in-line(四列直插)

R

RAC	reflective array compressor(反射阵列压缩机)
RACH	random access channel(随机访问信道)
RADAR	radio detecting and ranging(无线电探测和测距)
RAM	random-access memory(随机存取存储器)
RC	resistance-capacitance(电阻电容)
RD	receive data(接收数据)
REL	release message(发布消息)
RF	radio frequency(射频)
RFC	radio-frequency choke(射频扼流圈)
RFI	radio-frequency interference(射频干扰)
RFID	radio-frequency identification(射频识别)
RHCP	right-hand circular polarization(右旋圆极化)
RI	ring indicator(环形指标)
RIC	remote intelligent communications(远程智能通信)
RIS	random interleaved sampling(随机隔行扫描取样)
RISC	reduced-instruction set computer(精简指令集计算机)
RLC	release complete message(释放完成消息)
rms	root mean square(方均根)
ROM	read-only memory(只读存储器)
RPE-LPC	regular pulse excitation-linear prediction coding(正则脉冲激励线性预测编码)
RS	Reed-Solomon(里德-索罗门)
RSA	rural statistical area(农村统计区)
RS-422，RS-485	balanced-mode serial communications standards that support multidrop applications(支持多点应用的平衡型串行通信标准)
RSL	received signal level(接收信号电平)
RSSI	received signal-strength indicator(接收信号强度指示器)

RTS	request-to-send(请求发送)
RZ	return-to-zero code(归零码)

S

SACCH	slow-associated control channel(慢关联控制信道)
SAT	signal-audio tone(音频信号单音)
SATCOM	satellite communication(卫星通信)
SAW	surface acoustic wave(声表面波)
SCADA	supervisory control and data-acquisition systems(监控和数据采集系统)
SCCP	signaling connection control part(信令连接控制部分)
SCH	synchronization(同步)
SCPI	Standard Commands for Programmable Instruments(标准仪器编程命令)
	或 small-computer programmable instrument(或小型计算机可编程仪器)
SCR	silicon-controlled rectifier(晶闸管)
SCSA	Signal Computing Systems Architecture [industry-standard architecture for deploying computer telephone integration (CTI)][信号计算系统架构[部署计算机电话集成(CTI)业界标准架构]
SCSI	small computer system interface(小型计算机系统接口)
SDCCH	standalone dedicated control channel(独立专用控制信道)
SDH	synchronous digital hierarchy(同步数字层次结构)
SDLC	synchronous data link control(同步数据链路控制)
SDMA	space-division multiple access(空分多址)
SDR	signal-to distortion ratio(信号对失真比率)或 software-defined radio(软件定义无线电)
SDSL	single-line digital subscriber line(单行数字用户线)
SDTV	standard definition television(标准清晰度电视)
SER	segment error rate(分段错误率)
SFDR	spurious-free dynamic range(无杂散动态范围)
SG	signal ground(信号接地)
S/H	sample and hold(采样保持)
SHF	super-high frequency(极高频)
SIM	subscriber identity module(用户识别模块)
SIMOX	separation by implantation of oxygen(通过氧植入分离)
SINAD	signal plus noise and distortion(信号加噪声和失真)
SLA	sealed lead acid(密封铅酸)
SLIC	subscriber-line interface circuit(用户线接口电路)
SMART	system monitoring and remote tuning(系统监控和远程调谐)
SMD	surface-mount device(表面贴装设备)
SMP	surface-mount package(表面贴装封装)
SMPTE	Society of Motion Picture and Television Engineers(电影电视工程师协会)
SMR	specialized land-mobile radio(专门陆地移动无线电)
SMSR	side-mode suppression ratio(边模抑制比)
SMT	surface-mount technology or surface-mount toroidal(表面贴装技术或表面贴装环形)
S/N	signal to noise(信号与噪声)
SNR	signal-to-noise ratio(信噪比)
SOE	stripline opposed emitter (package)[带状相对发射器(包)]
SOI	silicon-on-insulator(硅绝缘体上)
SOIC	small-outline integrated circuit(小外形集成电路)
SONET	Synchronous Optical Network(同步光纤网)
SOS	silicon on sapphire(蓝宝石硅)
SPDT	single pole, double throw(单刀双掷)
SPICE	Simulation Program with Integrated Circuit Emphasis(集成电路仿真程序)
SPST	single pole, single throw(单刀单掷)

SRAM	static random-access memory(静态随机存取存储器)
SS	spread spectrum(扩频)
SS7	Signaling System 7 (a signaling system used to administer the PSTN)[7 号信令系统(用于管理 PSTN 的信令系统)]
SSB	single sideband(单边带)
SS/TDMA	satellite-switched TDMA(卫星交换 TDMA)
SSTV	slow-scan television(慢扫描电视)
STM-1	synchronous transmission module level one(同步传输模块一级)
STS	synchronous transport signal(同步传输信号)
SVC	switched virtual circuit(虚电路交换)
S-video	separate luminance and chrominance(分开亮度和色度)
SWR	standing wave ratio(驻波比)

T

TACS	Total Access Communication System (U. K. analog)[总体接入通信系统(英国模拟)]
T&M	test and measurement(测试和测量)
TBR	Technical Basis for Regulation(技术基础规程) (European TETRA standards)[(欧洲 TETRA 标准)]
TC	temperature coefficient(温度系数)
TCAP	transactions capabilities application part(交易功能应用部分)
TCP/IP	Transmission Control Protocol/Internet Protocol(传输控制协议/网际协议)
TCR	temperature coefficient of resistance(电阻温度系数)
TCVCXO	temperature-compensated voltage-controlled crystal oscillator(温度补偿电压控制晶体振荡器)
TCXO	temperature-compensated crystal oscillator(温度补偿晶体振荡器)
TD	transmit data(数据传输)
TDD	time-division duplex(时分双工)
TDM	time-division multiplex(时分复用)
TDMA	time-division multiple access(时分多址)
TDR	time-domain reflectometer(时域反射)
TD-SCDMA	time-division, synchronized CDMA(时分、同步 CDMA)
TE	transverse electric(横向电)
TEM	transverse electromagnetic(横向电磁)
TETRA	trans-European trunked radio system (for public service applications)[横贯欧洲的集群无线电系统(公共服务应用)]
THD	total harmonic distortion(总谐波失真)
3D	three-dimensional[三维(立体)]
3G	the third generation in wireless connectivity(第三代的无线连接)
TIA	Telecommunications Industry Association(电信行业协会)
TIMS	transmission-impairment measurement set (an interface for PCM)[传输减值测试集(PCM 接口)]
TIR	total internal reflection(全内反射)
TQFP	thin-quad flat pack(超薄四方扁平封装)
TR	transmit/receive(发送/接收)
TRF	tuned radio-frequency(已调谐射频)
TSS	tangential signal sensitivity(切向信号灵敏度)
TSSOP	thin-shrink small-outline package(薄膜小外形封装)
TT&C	telemetry, tracking, and control (or command)[遥测、跟踪和控制(或命令)]
TTC&M	telemetry, tracking, control, and monitoring(遥测、跟踪、控制和监测)
T-3	ATM industry standard—44.736Mb/s(ATM 行业标准 44.736Mb/s)
TTL	transistor-transistor logic(晶体管-晶体管逻辑)
TVRO	television receive only(仅电视接收)

2D	two-dimensional(二维)
TWT	traveling wave tube(行波管)
TWTA	traveling wave tube amplifier(行波管放大器)

U

UART	universal asynchronous receiver-transmitter(通用异步接收机-发射机)
UDLT	universal digital-loop transceiver(通用数字环回收发信机)
UHF	ultra-high frequency(超高频)
UMTS	Universal Mobile Telephone Service(通用移动电话服务)
U-NII	unlicensed national information infrastructure(未经许可的国家信息基础设施)
USB	universal serial bus(通用串行总线)
UTOPIA	Universal Test and Operations Physical-Layer Interface for ATM(通用测试和操作 ATM 物理层接口)
UTP	unshielded twisted-pair(非屏蔽双绞线)

V

VA	volt-ampere(伏·安)
Var	volt-ampere reactive(乏，无功功率的单位)
VBT	variable-bandwidth tuning(可变带宽调谐)
VCC	virtual channel connection(虚拟通道连接)
VCI	virtual channel identifier(虚拟信道标识符)
VCO	voltage-controlled oscillator(压控振荡器)
VCSEL	vertical cavity surface-emitting laser(垂直腔表面发射激光器)
VCXO	voltage-controlled crystal oscillator(压控晶体振荡器)
VDSL	variable-bit-data-rate digital subscriber line(可变位数据传输速率数字用户线)
V/F	voltage-to-frequency(电压-频率)
VGA	video graphics array(视频图形阵列)
VHF	very-high frequency(甚高频)
V/I	voltage/in-current(电压/输入电流)
VLB	vesa local bus(VESA 局部总线)
VLF	very-low frequency(极低频)
VNA	vector network analyzer(向量网络分析仪)
VPC	virtual path connection(虚拟通路连接)
VPI	virtual path identifier(虚拟路径识别符)
VPSK	variable phase-shift keying(可变移相键控)
VSAT	very small aperture terminal(甚小口径终端)
VSB	vestigial sideband (modulation)[残留边带(调制)]
VSWR	voltage-standing-wave ratio(电压驻波比)
VVA	voltage-variable attenuator(电压可变衰减器)

W

WAN	wide-area network(广域网)
WAP	wireless application protocol(无线应用协议)
WCDMA	wideband code division multiple access(宽带码分多址)
WCPE	wireless customer premises equipment(无线客户端设备)
WDM	wavelength-division multiplex(er)[波分复用(ER)]
WiMAX	Worldwide Interoperability for Microwave Access(微波接入全球互通)
WLA	wireless LAN adapter(无线局域网适配器)
WLAN	wireless local-area network(无线局域网)
WLL	wireless local loop(无线本地环路)
WML	wireless markup language(无线标记语言)
WTP	wireless transaction protocol(无线事务协议)
WTLS	wireless transport layer security(无线传输层安全性)

X

X. 25a	packet-switched protocol designed for data transmission over analog lines（模拟线路数据传输的分组交换协议设计）
xDSLa	generic type of digital subscriber line（数字用户线路的一般类型）
xoR	exclusive-OR（异或）

Y

YAG	yttrium-aluminum garnet（钇铝石榴石）
YIG	yttrium-iron garnet（钇铁石榴石）

Z

ZC	ZigBee coordinator（ZigBee 协调器）
ZED	ZigBee end device（ZigBee 终端设备）
ZR	ZigBee router（ZigBee 路由器）

词 汇 表

1/f filter(1/f **滤波器**) 低通滤波器的一种，在非直接 FM(调相)发射机中用来校正消息信号产生的额外频率偏移。也称为预失真或频率校正网络。

12-dB SINAD 窄带 FM 接收机的最小可用灵敏度的行业测量标准，在该接收机中收到的信号比噪声与畸变的总和高 12dB。

absorption(**吸收**) 用在纤维光学中，光能量的损耗在某种程度上是溶于光纤传输线纤芯中的氢氧根离子和光能量相互作用而导致的。

acquisition time(**采集时间**) 保持电路达到其最终值而需要的时间。

active attack(**主动攻击**) 破坏分子发射干扰信号来破坏通信链路。

aliasing distortion(**混叠失真**) 在数字通信系统中，在采集消息信号时如果不满足奈奎斯特准则就会导致这种失真；引起的混叠频率等于输入消息频率和采样频率的频率差。

aliasing(**混叠**) 当输入频率超过采样率的一半时会发生这种错误。

alternate mark inversion(AMI)(**符号交替反转**) 线路编码格式，表示逻辑电平 1 的每一脉冲极性都和前面的脉冲相反。

American Standard Code for Information Interchange (ASCII)(**美国信息交换标准码**) 字符数字码的一个行业标准。

amplitude companding(**幅度压扩**) 在传输前压缩幅度，在检波后放大幅度。

amplitude modulation(AM)(**幅度调制**) 将低频消息信号标记到高频载波上的过程，结果是消息信号在幅度上的连续变化会让高频载波幅度产生相应的变化。

antenna array(**天线阵列**) 用来获得期望方向特性的一组排列的天线或天线阵子。

antenna gain(**天线增益**) 天线在一个确定方向上的辐射功率高于参考天线功率(用 dB 表示)的量度，常见参考天线有各向同性点源或偶极子。

aperture time(**空隙时间**) S/H 电路必须锁存采样电压的时间。

apogee(**远地点**) 卫星轨道距离地球最远的距离。

Armstrong(**阿姆斯特朗**) LC 振荡器的一种，在这种振荡器中换能器耦合器在希望的工作频率上为增益级的输入提供同相反馈。

asymmetric DSL(**异步 DSL**) 一种数字用户线数据通信形式，其上行链路和下行链路数据速率不相等。

asymmetric operation(**异步操作**) 调制解调器的一种连接形式，此时调制解调器和服务提供商间的双向数据传输率不同。

asynchronous system(**异步系统**) 发射机和接收机的时钟自由振荡的速率接近。

asynchronous transfer mode(ATM)(**异步转移模式**) 为语音、数据和视频传输而设计的信元中继网络。

asynchronous(**异步**) 一种工作模式，这种模式意味着发射机和接收机的时钟没有同步，因此必须为数据提供开始和截止信息来临时同步系统。

atmospheric noise(**大气噪声**) 地球大气中自然产生的干扰引起的外部噪声。

attenuation distortion(**衰减失真**) 在电话线中，有些频率处的增益与 1004Hz 的参考音调增益存在差异。

attenuation(**衰减**) 当信号在介质(如铜、光纤或自由空间)中传播时的功率损耗。

attitude controls(**姿态控制**) 用来校正(由地面站维持)卫星轨道。

automatic frequency control(AFC)(**自动频率控制**) FM 接收机中的负反馈控制系统，人们用它来获得本地振荡器的稳定输出。

auxiliary AGC diode(**辅助 AGC 二极管**) 在接收极大信号时用于降低接收机增益。

backhoe fading(**铲斗机衰减**) 由于铲斗机将缆挖起而造成的数据流的总损耗。

backscatter(**反向散射**) 表示无线电波遇到 RFID 标签时会被反射回到源发射机中。

balanced line(**平衡线路**) 同一电流流经两根传输线，但线中电流的相位相差 180°。

balanced mode(**平衡模式**) 一对传输线中的任意一根都不接地。

balanced modulator(**平衡调制器**) 调制器级，用消息调制载波产生双边带信号的同时抑制载波。

baluns(**平衡不平衡转换器**) 用来在平衡和不平衡操作间转换的电路。

bandwidth(**带宽**) 表征可用频率范围的术语。
(a)带宽在滤波器中的定义是一个频率范围，在该频率范围的信号通过滤波器后，信号功率仍然大于某一预定的最小功率等级（通常是一3dB）；(b)已调信号占用的频率范围。

Barkhausen criteria(巴克豪森准则)　对振荡的两个要求：环路增益必须为1，环路相移必须为0°。

base modulation(基极调制)　一种调制系统，消息信号被输入到晶体管的基极。

base station(基站)　产生信号从而使得移动和电话系统间能够通信。

baseband(基带)　信号没有被调制到另一个频率范围，而是以其基波频率进行传输。用传输介质的全部带宽来承载一个信号。

baud(波特)　多个比特符号调制的速率单位。

Baudot code(博多码)　用于字符数字符号编码的一种过时的编码方案。

bit energy(比特能量)　在给定的时间间隔内一个数字比特的功率量值。

broadband(宽带)　来自多个信道的多个信号同时在一种介质中传输的方法；另外，在射频通信中，宽带表示调制产生的频率扩展（和基带相比而言）。

broadband wireless access(BWA)(宽带无线接入)　利用 WiMax 提供"最后一英里"高数据率接入的方法。

carrier sense multiple access with collision avoidance (CSMA/CA)(带碰撞避免的载波侦听多址接入)　局域网采用的接入协议，该协议通过让网络设备等待并在收到完整的包到达的信号后才启动下一个传输以防止包碰撞。

category 6(CAT6)(六类)　非屏蔽双绞线缆的规范，这种线缆在最大 100m 的距离上支持的数据传输率高达 100Mb/s。

channel(信道)　信号传输路径。

character insertion(字符插入)　在数据信号上增加一些比特以便于同步和识别控制字符。

Class A(A 类)　是放大器中线性最佳但效率最低的一种放大形式，使有源器件在施加信号的 360°角范围内都导通。

Class B(B 类)　有源放大器件只在输入周期的 180°内才导通。

Class D(D 类)　放大器的一种设计形式，在这种放大器中有源器件工作状态分为饱和、截止两种。

composite(混合)　在 M 进制系统中的正交调制合并，同相（I）和正交（Q）数据流合并以便进行调制。

conduction angle(导通角)　有源器件在输入周期的一段时间内能够导通；用来区分是哪类放大器。

continuous wave(连续波)　一种传输方式，在这种传输方式中信息用正弦波来传输。

core(纤芯)　光纤传输线用来承载光的部分。

corona discharge(电晕放电)　由于贴近导体表面的空气被电离从而导致天线产生能量的发光性放电现象。

cosmic noise(宇宙噪声)　除太阳外的星体引起的太空噪声。

counter measures(防范措施)　用在数据安全领域，加密以防止窃听。

counterpoise(地网)　如果实际地球的地面不能使用，单极子天线用地网作为反射面；地网是线或筛网构成的扁平结构，放置于距离地面很近的一个位置，半径至少是四分之一个波长。

conversion frequency(变换频率)　平衡调制器中载波的另外一种叫法。

critical angle(临界角)　与垂直线的最大夹角，当特定频率的电磁波以该角度入射时能够传播且仍能够从电离层返回地面。

critical frequency(临界频率)　在给定电离层条件下，垂直发射的电磁波能够返回地球的最大频率。

Crosby systems(克罗斯比系统)　用于直接调频的 FM 系统，系统利用 AFC 控制载波的偏移。

cross-modulation(交叉调制)　混频器非期望输出而引起的失真。

crossover distortion(交叉失真)　当推挽级中的两个有源器件同时截止时所产生的失真。

crosstalk(串扰)　由于电磁场重叠而使临近导体存在的有害的耦合现象。

cyclic prefix(循环前缀)　一个符号的末尾复制到数据流的开始位置，从而增加了数据流的长度并得以移除数据传输中的间隔。

cyclic redundancy check(CRC)(循环冗余校验)　错误检测技术，方法是对每个数据块进行循环二进制除法运算并检查余数。

D4 framing(D4 帧)　T1 电路中使用的原始数据帧。

damped(阻尼)　由于阻性损耗而使重复的信号逐渐减小。

dark current(暗电流)　在 pn 结处于反向偏置时，结中流动的非常小的电流。

data bandwidth compression(数据带宽压缩)　在 QPSK 中，更多的数据被压缩进和 BPSK 相比同等的可用带宽中。

data communications equipment(数据通信设备)　指计算机外设，如调制解调器、打印机、鼠标等。

Data Encryption Standard(DES)(数据加密标准)　一种采用 56 位密钥的加密方法。

data terminal equipment(DTE)(数据终端设备)　指计算机、终端等。

dBd　相对于偶极子天线的天线增益。

dBi　相对于全方向天线的天线增益。

dBm　一种表征功率或电压大小的方法，以 1mW 功率作为参考。

deemphasis(去加重)　在 FM 接收机鉴频器的输出端压低高频分量，恢复原来的信号功率分布，以抵消发射机端的预加重处理。

delay distortion(延迟畸变)　在传输过程中，信号的不同频率分量时延不同。

delay equalizer(延迟均衡器)　一种 LC 滤波器，通过为延迟少的信号频率分量增加延迟，从而使所有的频率分量到达时间近似相等，以达到消除延迟畸变的目的。

delay line(延迟线)　用于将信号延迟一段时间的一定长度的传输线。

delay skew(延迟偏差)　UTP 线路中最高速线对和最低速线对的传输时延差值。

delayed AGC(延迟式 AGC)　当输入信号幅度大于门限值时才降低增益的一类 AGC。

delta match(三角匹配)　一种阻抗匹配装置，它扩展了传输线到天线的电长度。

demodulation(解调)　从携带消息的高频已调信号中提取信息的过程。

demultiplexer(DMUX)(解复用器)　从 TDMA 串行数据中分流出各组数据的设备。

dense wave division multiplexing(DWDM)(密集波分复用)　几种不同波长的光合并到一起在单根光纤的 1550nm 波段传输。

detection(检测)　解调的另外一种叫法。

deviation(频偏)　在 FM 中，被消息信号调制后的载波频率相对于其固有频率的偏移量。

deviation constant(频偏常数)　对于给定的调制输入信号电压，载波频率偏移量的大小。

deviation ratio(DR)(频偏率)　最大可能频率偏移与最大输入频率的比值。

dibit(双比特)　每次发送两比特数据。

dielectric waveguide(介质波导)　仅用某种电介质(没有导体)传导电磁波的波导。

difference equation(差分方程)　利用当前输入信号的数字采样值、若干前次输入值以及可能的前次输出值来产生输出信号。

differential GPS(差分 GPS)　一种同时传输 GPS 卫星时钟校正从而最小化定位错误的技术。

differential phase-shift keying(DPSK)(差分相移键控)　PSK 的一种，其任意逻辑状态(比特值)都与其前面的逻辑状态相关。

diffraction(衍射)　沿直线传输的波绕过障碍物时产生的现象。

digital subscriber line(数字用户线)　一种能够以高比特率传输数字信号的有线电话线。

digitized(数字化)　将模拟波形转换为一系列离散数据的过程。

dipole(偶极子)　一种由两个导电振子组成的天线。

direct conversion(直接变频)　从混频器级而不是从中频混频输出直接恢复信号的一种接收机设计方案。

direct digital synthesis(DDS)(直接数字式合成)　一种频率合成器设计方案，其优点是具有更优的重复性和更低的频率间隔，缺点是最大输出频率受限、相位噪声较大、高复杂度、高成本。

direct FM(直接 FM)　一种频率调制方案，用调制信号直接控制振荡器的振荡频率，使其不失真地反映调制信号的变化规律。

directional(方向性)　以其他方向的低能量为代价，将天线能量集中在一个确定的方向。

director(导向器)　将能量有效地导向到特定方向的无源振子。

direct sequence spread spectrum(DSSS)(直接序列扩频)　用高比特率扩展码来展宽载波的一种宽带调制方式。

discrete multitone(DMT)(离散多音频)　ADSL 采用的数据调制技术的行业标准，它使用多个子信道频率来托载数据。

discriminator(鉴频器)　在 FM 接收机中，鉴频器产生一个随输入频率变化的输出信号，恢复消息信号。

dispersion compensating fiber(色散补偿光纤)　作用类似于均衡器，用于消除色散效应从而使得 1550nm 波段接近于零色散。

dispersion(色散)　光脉冲沿着光纤传输线传播时展宽的现象。

dissipation(耗散)　品质因数的倒数。

distributed feedback laser(DFB)(分布式反馈激光器)　适用于 DWDM 系统的一种更稳定的激光器。

diversity reception(分集接收)　发射或接收几个信号，然后在接收机处将它们合并或在任意指定时刻选择出最优信号。

Doppler effect(多普勒效应)　当源和反射物体相对运动时，反射信号的频率产生偏移的一种现象。

double conversion(两次变频)　超外差接收机的一种设计，其中有两个独立的混频器、本振和中频。

double range echoes(双量程回声)　反射波束再次传输而产生的回声。

double-sideband suppressed carrier(双边带抑制载波)　平衡调制器的输出信号。

double-stub tuner(双短线调谐器)　短线位置固定，但是短路的位置可调节使传输线和负载匹配。

downlink(下行链路)　卫星向地面发射信号。

downward modulation(向下调制)　用小的激励来减小 AM 调制器中的直流输出电流。

driven array(有源阵列)　多振子天线，该天线中的所有振子都通过一个传输线来激励

dummy antenna(假天线)　用来代替天线但不向外辐射信号的阻性负载，用来测试发射机。

duty cycle(占空比)　正脉冲的持续时间与脉冲周期的比值。

dynamic range(DR)(动态范围)　在 PCM 系统中，转换器能够量化或能够再生的最大输入或输出电压与最小电压之比；对于接收机而言，动态范围是指最大允许的接收机输入功率与其灵敏度(最小可用输入功率)的分贝差。

earth station(地面站)　从卫星接收信号(下行链路)或者向卫星发送信号(上行链路)。

E_b/N_o　比特能量与噪声能量之比。

echo signal(回声信号)　被天线接收到并送至接收机的部分返回雷达信号能量。

effective aperture(有效孔径)　应用于抛物面反射器，度量有效信号的捕获面积，与反射器的直径及效率有关。

electrical length(电长度)　用波长表示的线长度，不是物理长度。

electromagnetic interference(EMI)(电磁干扰)　设备中的非预期信号，会导致过度的电磁辐射。

energy per bit, or bit energy(能量每比特，或比特能量)　在规定的时间内，一个比特的功率大小。

envelope detector(包络检波器)　二极管检波器的另外一个叫法。

event(事件)　光沿着光纤段传播时的一种扰动，会引起 OTDR 曲线的变化。

excess noise(过量噪声)　频率低于 1kHz 的噪声，其幅度的变化和频率成反比。

exciter(激励器)　发射机中必不可少的一级，在放大前产生已调信号。

Extended Binary- Coded Decimal Interchange Code(EBCDIC)(扩展二进制编码的十进制交换码)　字母数字符号的一种标准化编码方案。

extended superframe(ESF)(扩展超帧)　用来定义复用后 T1 语音信号的 24 比特序列。

external attack(外部攻击)　来自网络外部某用户的攻击。

external noise(外部噪声)　由传输媒介引起的夹杂在接收的无线电信号中的噪声。

eye pattern(眼图)　利用示波器显示所收到的数字比特的叠加波形，反映了噪声、抖动和线性等信息。

fading(衰减)　在一段时间内，接收机中收到信号强度的可能变化。

far field(远场)　与天线间的距离超过 $2D^2/\lambda$ 的区域，可以忽略感应场的效应。

fast Fourier transform(FFT)(快速傅里叶变换)　将时变信号变换到其频率域表示的一种方法。

feed line(馈线)　将电磁波能量从产生器传输到天线的传输线。

fiber Bragg grating(布拉格光纤光栅)　一种短光纤传输线，它可以改变折射率从而使得码间串扰最小。

fiber to the curb(FTTC)(光纤到路边)　一种光纤网架构，在该架构中，光纤仅铺设到用户家附近，利用铜线数字用户线来提供最终的连接。

fiber to the home(FTTH)(光纤到户)　一种光纤网架构，该架构中的光纤铺设到终端用户的位置。

figure of merit(品质因数)　用来比较不同地面站接收机的一种方式。

FireWire A(IEEE 1394a)(火线 A)　一种高速串行连接，支持高达 400Mb/s 的数据传输速率。

FireWire B(IEEE 1394b)(火线 B)　一种高速串行连接，支持高达 800Mbps 的数据传输速率。

first detector(第一检波器)　超外差接收机的混频器级，它将射频信号和一个本地振荡器信号进行混频从而得到中频信号。

flash ADC(闪电式 ADC)　一种模数转换器，其中每个完整的数字字符都通过采样得到。

Flash OFDM　OFDM 的一种扩频版本。

flat line(扁平线)　没有反射的情况，VSWR 是 1。

flat-top sampling(平顶采样)　采样时间内采样信号电压保持常数，从而生成一个跟踪输入信号变化的阶梯信号。

flow control(流量控制)　用来监视、控制接收端接收数据速率的协议。

flywheel effect(飞轮效应)　LC 电路中电感和电容间能量重复性交换过程。

foldover distortion(折叠失真)　混叠的另外一种叫法。

footprint(脚印图)　卫星向地面传输数据时其天线射束的地面覆盖区。

forward error-correcting(前向纠错)　允许在接收机处进行纠错而不依靠数据重传的纠错技术。

fractional T1(部分 T1)　表示 T1 线路只有部分数据带宽被使用。

frame relay(帧中继)　一种在公共数据网上进行数据传输的包交换网络。

framing(成帧)　将数据块划分成消息字段和控制字段。

free space path loss(自由空间路径损耗)　当射频信号经由自由空间、地球大气层传播到卫星或是反向传输时，度量由于路径损耗引起的射频信号衰减。

frequency deviation(频偏)　相对于其中心频率，载波频率的增加或减少量。

frequency domain(频率域)　将信号功率或幅度表示成频率的函数。

frequency hopping spread spectrum(FHSS)(跳频扩频)　宽带调制的一种形式，载波快速在大量可能的频率上跳变。

frequency multiplexing(频率复用)　将频率上存在微小差异的多个信号进行合并，从而可以在同一介质中传输。

frequency multipliers(倍频器)　一种放大器，其输出信号频率是输入信号频率的整数倍。

frequency reuse(频率重用)　蜂窝网络中，地理上分开的不同小区采用相同的载波频率。

frequency shift keying(频移键控)　数据传输的一种形式，在这种方式中已调信号频率在两个预先设定频率间变换。

frequency-correcting network(频率校正网络)　1/f 滤波器的另外一种叫法。

frequency-division multiplexing(频分复用)　两个或多个信号在同一个媒介上同时传输，每一个信号都有自己独立的频段，也称为频率多路复用。

Friiss's formula(Friiss 定理)　放大器级联时用于计算总噪声的一种方法。

front-to-back ratio(天线前后比)　用 dB 表示的天线前向增益与后向增益的分贝差。

fundamental(基波频率)　波的最小频率；等于周期的倒数；傅里叶序列的第一阶频率。

fusion splicing(熔接)　一种永久连接方法，是把两根光纤熔化接在一起或者焊接在一起。

Gaussian minimum shift keying(GMSK)(高斯最小频移键控)　采用了高斯滤波器的一种频移键控模式，用在全球移动通信系统(GSM)中。

generating polynomial(生成多项式)　定义 CRC 生成电路中的反馈回路。

geosynchronous orbit(对地同步轨道)　同步轨道的另外一种叫法。

glass, fiber, light pipe(玻璃、光纤、光导管)　光纤传输线的常见同义词。

graded-index fiber(渐变折射率光纤)　折射率以抛物线形式慢慢变化；最大折射率位于光纤中心位置。

Gray code(格雷码)　表示十进制 0~9 的数字码。

ground wave(地波)　沿着地球表面传播的无线电波。

GSM　全球移动通信系统。

guard bands(保护波段)　广播 FM 信道之间的 25kHz 波段，作用是使得临近台的干扰最小。

guard times(保护时间)　考虑到数据到达时间差异而加在 TDMA 帧中的时间。

half-wave(半波)　长度为二分之一波长的天线。

Hamming code(汉明码)　前向检错技术，以 R. W. Hamming 命名。

Hamming distance(汉明距离)　已定义状态间的逻辑距离，也称为最小距离和 Dmin。

handoff(切换)　变换信道连接至一个新的小区基站。

handshaking(握手)　中央计算机和远程站之间按序的信息交换过程。

harmonics(谐波)　频率是基波频率整数倍的正弦波。

Hartley's law(哈特雷定律)　能够传输的信息与带宽、传输时间的乘积成正比。

high-level modulation(高阶调制)　AM 发射机中，消息信号在天线前端的最后一个可能位置被叠加载波上。

hot-swappable(热插拔)　用来说明一个外部设备可以在带电情况下随时插入或拔出。

idle channel noise(空闲信道噪声)　由系统噪声引起的小幅度信号。

image antenna(镜像天线)　结合地球导电性，对单极天线进行等效形成的 λ/4 天线。

image frequency(镜频)　指超外差接收机的非预期输入频率，该频率能够产生和有用输入信号相同的中频段。

in-band on-channel(IBOC)(带内同频)　HD 无线电技术最早的名字。

in-band(带内)　同一物理线路上同时传输话音业务和管理系统必须的数据业务。

independent sideband transmission(独立边带传输)　双边带抑制载波传输的另外一种叫法。

index-matching gel(折射率匹配凝胶)　一种胶状物质，它的折射率比空气更接近玻璃。

indirect FM(间接调频)　先对调制信号进行积分，然后用积分后的信号对载频信号进行调相，故调制信号作用于频率确定的载波震荡器后方电路。

induction field(感应场)　环绕天线的辐射场，场最终塌缩进天线。

industrial, scientific, and medical(ISM)(工业、科学研究和医疗频段)　世界各国预留出的特定频段，无需许可证，只需要遵守一定的发射功率(一般低于 1W)，并且不要对其他频段造成干扰即可。

information theory(信息论)　专门研究最优化信息传输的一个信息科学分支领域。

infrared light(红外光)　波长从 680nm 到微波波段的光。

input intercept(输入交接)　三阶交接点的另外一个叫法。

inquiry procedure(查询过程)　某蓝牙设备发现其他蓝牙设备或允许自己被发现的过程。

integrator(积分器)　一种低通滤波器。

intelligence(消息)　能够被调制到高频载波上以供发射机传输的低频信息。

interleaving(交织)　在正确的频率上产生颜色信息，该信息恰好处于黑白信号间的簇中心位置。

intermod(互调失真)

intermodulation distortion(互调失真)　接收机中两个信号的有害混频，其输出频率分量与有用信号频率相等。

internal attack(内部攻击)　网络内部用户发起的攻击。

internal noise(内部噪声)　无线电信号中由接收机引起的噪声。

Internet Assigned Numbers Authority(IANA)(互联网地址编码分配机构)　分配计算机网络 IP 地址的机构。

intersymbol interference(ISI)(码间串扰)　数据比特的重叠导致误比特率增加。

ionosphere(电离层)　地球大气层的一部分，主要由带电粒子形成。

IP telephony(voice-over IP)[IP 电话(IP 语音)]　计算机网络上使用的电话系统。

isolators(隔离器)　在线无源设备，它只允许功率沿一个方向传递。

isothermal region(等温区)　恒温层，因为温度恒定而得名。

isotropic point source(各向同性点源)　空间中的一点，在各个方向上的电磁辐射相等。

iterative(迭代)　由前面的输出结果得到当前输出的一种算法。

Johnson noise(约翰逊噪声)　热噪声的另外一种叫法，J. B. Johnson 首先对它开展研究。

key(密钥)　加密算法中保密的代码，用来对消息进行加密和解密。

latency(迟延)　从发起信息请求到得到响应所需的时间。

lattice modulator(格形调制器)　平衡环形调制器的另一叫法。

leakage(泄漏)　电容器的极板间电能量的损耗。

light pipe, glass, fiber(光导管、玻璃、光纤)　光纤传输线的同义词。

limiter(限幅器)　FM 接收机中的一级，它的作用是消除即将进入鉴频器的信号在幅度上的变化。

limiting knee voltage(限制拐点电压)　静态电压的另外一个叫法。

line control(线控)　决定哪个设备可以在给定时间进行数据传输。

linear device(线性设备)　设备性能参数间呈线性关系，如输入与输出之间的关系、电流与电压

之间的关系等。

linear quantization level(线性量化电平)　均匀量化电平的另外一种叫法。

loaded cable(加感电缆)　每隔 6000、4500 或 3000 英寸就有附加电感的电缆。

loading coil(加感线圈)　用于抵消天线或是传输线的容性特征而串联的电感。

lobe(波瓣)　辐射方向图上少量的射频辐射；人们通常不希望它存在。

local area network(局域网)　在有限区域范围内多用户共享计算机资源的网络。

local loop(本地回路)　中心局和端用户连接的另一叫法。

local oscillator reradiation(本地振荡器再辐射)　本地振荡信号通过接收机天线形成的有害辐射。

long haul(长途干线)　电话公司或者长距离载体使用的城市间或局间系统。

longitudinal redundancy check(纵向冗余校验)　将奇偶校验扩展到两个方向。

look angle(视角)　地面站天线的方位角和仰角。

loopback(环回)　用于数据链路的测试配置；接收机收到数据后将其回发至发射机，发射机把此数据和原始发送数据相比较来评估系统的性能；数据在被发送回发送方时也是一种环回测试。

low Earth orbit(LEO) satellite[低地球轨道(LEO)卫星]　海拔高度在 $250\sim1000$ 英里的地球轨道上的卫星。

low excitation(低扰动)　AM 调制器中的错误偏置或低载波信号功率。

lower sideband(下边带)　调制器中载波和调制信号的频率差产生的频段。

low-level modulation(低阶调制)　在 AM 发射机中，消息叠加到载波上，形成已调信号，已调波形在放大后被送至天线。

low-noise resistor(低噪电阻)　一种存在较小的热噪声的电阻。

macrobending(宏弯曲)　由于光泄漏到包层中而导致的损耗。

M-ary modulation(M 进制调制)　源自于"二进制"，表示 I/Q 空间中可能的符号数量。

matrix network(矩阵网络)　可以进行电信号的加、减、倒数运算。

maximal length(最大长度)　表示 PN 码的长度是 2^n-1。

maximum usable frequency(最大可用频率)　能从电离层返回地面的电波最高频率值。

maximum usable range(最大可用距离)　雷达接收到二次回声之前的最大距离。

m-derived filter(m 推演式滤波器)　在这种滤波器

中，调谐电路为某一特定频率提供近似无限的衰减；m 是滤波器截止频率和频率衰减之比。

mechanical splices(机械式接头) 接头处用空气缺口连接两根光纤，因此需要一个折射率匹配的凝胶来提供良好的连接。

media access control(MAC) address[介质访问控制(MAC)地址] 由网络接口卡生产商分配的一个唯一的 6 字节地址。

metropolitan area network(城域网) 在有限的地理范围内，将两个或者多个局域网连接在一起形成的网络。

microbending(微弯曲) 由光纤上的机械弯曲和挤压引起的损耗。

microbrowser(微型浏览器) 类似于网页浏览器，适用于无线环境。

microstrip(微带线) 微波频率使用的传输线，在接地平面上有一个或两个导电片。

microwave dish(微波碟状天线) 抛物面天线。

millmeter(mm) wave[毫米(mm)波] 频率高于 40GHz 的微波，波长单位经常用毫米表示。

minimum distance(Dmin)[最小距离(Dmin)] 定义的逻辑状态间的最小距离。

minimum ones density(最小比特"1"密度) 人为加入到数据流中的一个脉冲，即使被传输的数据仅由"0"组成。

minimum shift keying(MSK)[最小移频键控(MSK)] 移频键控的一种形式，通过传号频率到空号频率间平滑的相位转换来尽可能得减少占用的带宽。

mixing(混频) 两个或多个频率信号相乘（比如在非线性设备或线性乘法器级进行）从而产生差频与和频。

mobile telephone switching office(MTSO)[移动电话交换局(MTSO)] 手机所需的交换设备所在的地方。

modal dispersion(模式色散) 一种频率的光波以不同的角度入射到光纤中，形成不同的传输模式，各模式到达输出端的时间不同，从而导致输出端信号的畸变。

mode field diameter(模场直径) 实际的传导光功率分布图，一般比纤芯直径大 $1\mu m$ 左右；单模光纤参数表通常会提供模场直径。

modulated amplifier(已调放大器) 产生 AM 信号。

modulation factor(调制系数) 调制指数的另一叫法。

modulation index(调制指数) 衡量载波随消息变化的程度。

modulation(调制) 把低频信号加到高频载波信号上。

monopole antenna(单极子天线) 通常指四分之一波接地天线。

multilevel binary(多级二进制) 用多于两个的电平表示数据。

multimode fibers(多模光纤) 纤芯大概是 $50\sim100\mu m$ 的光纤，支持多种模式；光通过多个路径传输。

multiple-input multiple-output(MIMO)[多输入多输出(MIMO)] 发射端和接收端都配置有多个天线，从而为数据传输提供了大量可能的无线路径。

multiplex operation(复用操作) 在同一媒介上同时传输两路或多路信号。

multipoint circuits(多点电路) 包含三个或更多个设备的系统。

narrowband FM(窄带调频) 用于话音传输的调频信号，比如公共服务通信系统。

natural sampling(自然采样) 采样后的波形或者模拟输入信号保持它们原来的形态。

near field(近场) 与天线距离小于 $2D^2/\lambda$ 的区域。

near-end crosstalk(NEXT)(近端串音) 在 UTP 电缆链路中一对线与另一对线之间的因信号耦合效应产生的串音，NEXT(dB)值越大越理想。

network interface card(NIC)(网络接口卡) 为计算机提供到网络的接口的电子硬件设备。

(n, k) cyclic code[(n, k)循环码] 用于区分循环码，n 表示传输码字的长度，k 表示消息长度。

neutralizing capacitor(中和电容器) 抵消反馈信号从而抑制自激的一种电容。

noise(噪声) 无用的干扰信号，增加了有用信息的识别难度。

noise figure(噪声系数) 表征一个设备嘈杂程度的量，单位是 dB。

noise floor(本底噪声) 频谱分析仪显示屏上的基线，表示被测试系统的输入或输出噪声。

noise ratio(噪声比) 以比值的形式来描述一个设备嘈杂程度的量，没有单位。

nonlinear(非线性) 参数之间的关系不能用直线来表示。

nonlinear device(非线性设备) 输出信号与输入信号之间呈现非线性关系的设备。

nonline-of-sight(NLOS)(非视距) 由于遮挡物或地面曲率存在而无法直接看到路径上的一个远处目标。

nonresonant line(非谐振线) 一条无限长的线或终端连接一个与特性阻抗相等的电阻的线。

nonuniform coding(非均匀编码) 非线性编码的又一名称。

normalizing(归一化) 用于史密斯圆图，可用阻抗除以特征阻抗得到。

null modem(零调制解调器) 交叉发送和接收路径的一种线缆。

null(零向) 空间中信号电平最小方向。

numerical aperture(数值孔径) 小于 1 的一个数，

表示光能够进入光纤并传输的角度范围。

Nyquist rate(奈奎斯特速率) 采样频率必须至少是消息信号最高频率的两倍，否则会存在失真从而使得接收机处无法正确恢复。

O-, E-, S-, C-, L-, and U-bands(O-, E-, C-, L-, 和 U-波段) 建议使用的新光波段。

OC-1 光载波第一级，它工作在 51.84Mb/s。

octave(倍频程) 一个频率范围，其中最高频率是最低频率的两倍。

offset feed(偏置馈源) 微波天线的一种类型，天线和放大器被放置于反射器焦点的旁边。

offset QPSK(OQPSK)(偏置式 QPSK) QPSK 调制方式的变种，对 Q 支路信号抽样判决时间比 I 支路延迟了二分之一符号，以此克服了 QPSK 的 180°相位跳变。

omnidirectional(全向) 球形辐射图。

100BaseT 以 100Mb/s 的速率在双绞线缆上传输基带数据。

open systems interconnection(开放系统互连) 不同类型的网络间互联的参考模型。

optical carrier(OC)(光载波) 规定 SONET 光纤通信分层中的数据率。

optical spectrum(光谱) 红外以上的光频率。

optical time-domain II refl ectometer(OTDR)(光时域反射仪) 一种仪器，它首先发送沿着光纤传输的一个光脉冲然后测量反射光。可用于测试光纤性能。

optimum working frequency(最佳工作频率) 这种频率保证了利用天波传输的通信路径的一致性。

orthogonal frequency division multiplexing (OFDM)(正交频分复用) 数字通信中采用的一种技术，可以把数据加载到在同一通信信道的多个载波上进行传输。

orthogonal(正交) 如果两路信号在同一媒介中传输却没有干扰，那么这两个信号正交。

oscillator(振荡器) 能够将电能量从直流转换为交流的电路。

out-of-band(带外) 专门为信令传输设计的不同时间增量，不用于话音传输。

overmodulation(过调制) 调制信号的某些峰值超过所考虑的系统或设备的最大允许值。

packet switching(包交换) 数据包先经过交换中心处理，然后被发送至最优的网络继续传输。

packets(包) 一段数据。

paging procedure(寻呼过程) 在两个蓝牙设备间建立并同步一个连接。

parasitic array(无源天线阵列) 天线阵列中的一个或者多个振子不是电气性连接的。

parasitic oscillations(无源振荡) 放大器中有害的高频自激振荡。

parity(奇偶校验) 错误检测的常用方法，在每个码的二进制表示序列中增加一个多余比特，使得这个序列中"1"的个数刚好为奇数或者偶数。

Part 15 FCC 规则中的一节，和电子设备最大可允许的电磁辐射有关。

passive attack(被动攻击) 窃听者监听同时提取有用信息。

patch antenna(微带天线) 在一个方形或者圆形的导体基板上，一面附上绝缘体，另一面是导体水平极化天线。

payload(静载荷) 传输数据的另一叫法。

peak envelope power(峰值包络功率) 评估一个 SSB 发射机输出功率的方法。

peak power(峰值功率) 发射机发射脉冲中的有用功率。

peak-to-valley ratio(峰谷比) 波动幅度的另一叫法。

percentage modulation(调制百分比) AM 系统中用于衡量载波随调制信号变化程度的量。

perigee(近地点) 卫星轨道离地球的最近距离。

personal-area network(PAN)(个人区域网络) 紧邻用户的无线设备网络，比如允许蓝牙通信的计算机外部设备。

phase modulation(PM)(相位调制) 将消息信号叠加到高频载波上，从而使得载波相位角偏离参考值，偏移的大小和消息信号的幅度成正比。

phase noise(相位噪声) 频率合成器的输出相位有波动，从而产生了无用频率。

phase shift keying(相移键控) 数据传输的一种方法，数据使得载波的相位按照预先定义的量发生偏移。

phased array(相控阵) 一组天线，对施加到每个天线上的信号的相位和功率进行控制从而得到不同类型的辐射图样。

phasing capacitor(定相电容器) 通过提供 180°的相差而抵消其他电容效应。

piconet(微微网) 一种最多支持 8 个蓝牙设备的 Ad Hoc 网络。

piezoelectric effect(压电效应) 某些电介质在一定方向上受到外力作用而变形时，其内部会产生极化现象；相反，当在电介质的极化方向上施加电场，电介质也会发生变形。

pilot carrier(导频) 参考载波信号。

pi-over-four differential QPSK(π/4 DQPSK)(π/4 差分 QPSK) 差分 QPSK 的一种，I 支路与 Q 支路的符号之间存在 π/4 的角度偏移，从而使得相位突变最小化。

PN sequence length(PN 序列长度) PN 序列生成

电路在重复输出数据序列前所需的时钟数。

point of presence(汇接点) 用户数据开始对载波进行调制的点。

polar pattern(极化图) 表示天线辐射方向的圆形图。

polarization dispersion(偏振色散) 由于偏振分量 X 和 Y 的传播速度不同而使得脉冲被展宽。

polarization(极化) 电磁波的电场方向。

pole(极点) 滤波器中 RC 或 LC 节的个数。

power-sum NEXT testing(PSNEXT)(功率和 NEXT 测试) 衡量电缆中所有线对的总串音,以确保线缆中的全部四对线在同时进行数据传输时的干扰最小。

predistorter(预失真) 1/f 滤波器的另一叫法。

preemphasis(预加重) FM 发射机中一个处理步骤,对音频中高频部分的放大量大于低频部分,从而减小噪声的影响。

preselector(预选器) 超外差接收机中位于混频器前面的调谐电路。

prime focus feed(主焦馈电) 喇叭形馈电式卫星天线的一种类型,天线和放大器被放置在反射器的焦点位置。

product detector(乘积检波器) 在振荡器、混频器和低通滤波器级中均采用,从 AM 或 SSB 信号中提取信号。

protocol(协议) 让共享信道的设备能够有序通信的一套规则。

pseudonoise(PN) code(伪噪声码) 带有看起来像噪声的伪随机输出数据流的数据码。

pseudorandom(伪随机) 数据序列看起来随机但事实上是重复的。

public data network(PDN)(公共数据网) 本地电话局或通信载体。

public switched telephone network(PSTN)(公共交换电话网) 用于公共用拨号电话服务的有线电话网络。

pulse dispersion(脉冲弥散) 由于光经多个路径传输而使得收到的脉冲变宽。

pulse modulation(脉冲调制) 利用脉冲的特性(幅度、宽度、位置)来携带模拟信号。

pulse repetition frequency(PRF)(脉冲重复频率) 每秒传输的雷达脉冲(波形)的数量,也称为脉冲重复率(PRR)。

pulse repetition time(PRT)[脉冲重复时间(PRT)] 一个脉冲开始时刻到下一个脉冲开始时刻之间的时间间隔。

pulse-amplitude modulation(脉冲幅度调制) 脉冲载波的幅度与基带信号幅度成正比。

pulse-duration modulation(脉冲持续时间调制) 脉宽调制的另一叫法。

pulse-length modulation(脉冲长度调制) 脉宽调制

的另一叫法。

pulse-position modulation(脉冲位置调制) 脉冲载波的位置偏移量与基带信号幅度成正比。

pulse-time modulation(脉冲时间调制) 改变脉冲定时(不是幅度)的调制方案。

pulse-width modulation(脉宽调制) 脉冲载波的宽度与基带信号幅度成正比。

pump chain(泵浦链) 用来提高工作频率到指定能级的电路。

pyramidal horn(角锥喇叭) 对馈电的矩形波导在宽边和窄边均按一定张角张开而形成的天线。

quadrature amplitude modulation(QAM)(正交幅度调制) 在有限带宽信道上得到高数据传输率的方法,特点是两路数据信号的相位相差 90°。

quadrature phase-shift keying(QPSK)(正交相移键控) 相移键控的一种,它用四个矢量来表示二进制数据,从而降低了数据传输信道的带宽要求。

quadrature(正交) 信号夹角为 90°。

quality of service(服务质量) 预期的服务质量。

quality(品质) 电感或是电容器中存储能量与损耗能量之比。

quantile interval(分位数间隔) 分位数的另一说法。

quantile(分位数) 一个量化等级步长。

quantization level(量化等级) 分位数的另一叫法。

quantization(量化) PCM 系统中将采样后的信号分段成不同的电平的处理过程,每个电平对应不同的二级制数值。

quantizing error(量化错误) 由量化引起的错误。

quantizing noise(量化噪声) 量化错误的另一叫法。

quarter-wavelength matching transformer(四分之一波长匹配转换器) 一段具有特定线路阻抗的四分之一波长传输线,用它最佳匹配传输线和负载电阻。

quiet zone(静区) 地波完全被损耗的点和收到第一个天波点之间的区域。

quieting voltage(静默电压) 能够使限幅器工作的 FM 接收机输入信号的最小值。

radar mile(雷达英里) 测量单位,等于 2000 码(6000 英尺)。

radar(雷达) 使用无线电波来探测目标并定位目标与雷达设备的距离和方向。

radiation field(辐射场) 环绕天线但并不塌缩回天线的辐射。

radiation pattern(辐射方向图) 在距发射天线一定距离处,辐射场的相对场强随方向变化的图形。

radiation resistance(辐射阻抗) 天线输入阻抗的一部分,导致功率被辐射到空中。

radio frequency identification(RFID)(射频识别) 一

种使用无线电波来识别物体的无线、非接触系统。

radio horizon(电波地平线)　地球表面的曲率使空间波传输所呈现的水平线，超出视距延伸 3/4 的距离。

radio-frequency interference(RFI)(射频干扰)　无线电发射机发出的有害辐射。

radome(天线罩)　低损耗绝缘材料制成微波天线遮盖物。

raised-cosine(升余弦)　描述一种滤波器的函数，这种滤波器的脉冲响应振动速率和码速率相等，从而使得码间串扰最小。

ranging(测距)　电缆调制解调器使用该技术确定数据传输到电缆头端所需要的时间。

Rayleigh fading(瑞利衰落)　城市环境中，移动单元接收到的信号强度的快速变化。

received signal level(RSL)(接收信号电平)　接收机端的输入信号电平。

reciprocity(互易定律)　天线将大气中的电磁能量转化到自身接收机的效率和该天线将电磁能量从发射机传输到大气中的效率相等。

recursive or iterative(递归或迭代)　用之前的输出值来得到当前输出结果的算法。

reflector(反射器)　从驱动单元有效地反射能量的附加单元。

refractive index(折射率)　自由空间中光速和给定介质中的光速之比。

regeneration(再生)　将被噪声破坏的信号恢复成最初的状态。

rejection notch(陷波)　被滤波器衰减的一个窄频率范围。

relative harmonic distortion(相对谐波畸变)　表示相对信号最大的谐波分量的指定基频分量，单位 dB。

resonance(谐振)　电路中感性阻抗和容性阻抗的平衡条件。

resonant line(谐振线)　末端连接一个与其特征阻抗不等的阻抗的传输线。

rest time(静止时间)　脉冲间的时间。

return loss(回波损耗)　进入电缆传输的信号功率与遭到返回或反射的信号功率比值。

ring modulator(环形调制器)　平衡环形调制器的另一叫法。

ring(负极电线)　双线电话服务中的非接地线。

ripple amplitude(脉动幅度)　锐截止带通滤波器 6dB 带宽内的幅度变化。

RJ-45　4 对线的终端，通常用于 CAT6/5e 电缆的终结。

RS-232　串行数据传输的电压、定时和连接头引脚分配的标准。

RS-422，RS-485　支持多支路应用的平衡模式串行通信标准。

satellite link budget(卫星链路预算)　用来验证收到的 C/N 和信号电平是否满足卫星接收机。

SC，ST　目前市场上最常见的全尺寸光纤连接器。

scattering(散射)　由于折射率起伏而引起，85% 的衰减损耗是由散射引起的。

second return echo(第二回声)　下一个脉冲传输后到达的回声。

sectoral horn(扇形喇叭)　喇叭天线的一种类型，在 0°展开角处顶端和底端都有壁。

selectivity(选择度)　接收机能够区分有用信号和其他信号的程度。

sensitivity(灵敏度)　接收机能够输出确定的音频信号所需的最小输入射频信号。

sequence control(序列控制)　确保消息块以正确的顺序接收，不会丢失或者被重复发送。

shadow zone(阴影区)　由于绕射的存在，在障碍物后面形成的一个难以收到无线电波的区域。

Shannon-Hartley theorem(香农-哈特莱定理)　信道容量的表达式，是带宽和信噪比的函数。

shape factor(形状因子)　高 Q 带通滤波器的 60dB 和 6dB 带宽之比。

shot noise(散弹噪声)　半导体 pn 结的载流子引起的噪声。

sideband splatter(边带干扰)　由失真导致的过调制 AM 信号超过了波道的宽度。

signaling systems(信令系统)　电话网络上管理呼叫的系统。

signal-to-noise ratio(信噪比)　有用信号功率和噪声功率的比值。

single-mode(单模)　光纤的一种类型，传播的主模式工作在单一波长(低阶模式)；用于高数据率、长距离系统。

single-stub tuner(单短线调谐器)　短线和负载的距离以及其短路位置都可以调节，进而能够让线和负载匹配。

skin effect(集肤效应)　高频电流大部分在贴近可导电材料表面的地方流动。

skip zone(跳跃区)　静区的另外一个叫法。

skipping(跳跃)　天波信号在电离层和地球表面间交替折射和反射。

sky-wave propagation(天波传播)　从发射天线辐射出的无线电波朝着电离层的方向传播。

slotted aloha(时隙 Aloha)　类似于以太网协议的一种网络通信协议。

slotted line(开槽线)　外部导体上存在纵向开槽的同轴线，用于测量驻波图。

small-form factor(小型接头)　尺寸只有 ST 和 SC 接头的一半大小的一组接头统称。

Smith chart(史密斯圆图)　P. H. Smith 发明的阻抗

图，对分析传输线非常有帮助。

software-defined radio(SDR)(**软件定义无线电**) 一种通信接收机，在这种接收机里传统接收机的很多功能是在软件中用信号处理的算法进行实现。

solar noise(**太阳噪声**) 由太阳引起的太空噪声。

space noise(**太空噪声**) 在地球大气层以外产生的噪声。

specialized mobile radio(SMR)(**专用移动无线电**) 窄带 FM、专门用于公共安全通信或商用领域的双向无线电服务，同时不能用于娱乐或向公众广播。

spectral regrowth(**频谱再生**) 由于放大器中幅度偏移产生的非线性而生成宽带调制边带，要求偏移要经过 I/Q 空间的原点。

spectrum analyzer(**频谱分析仪**) 通过显示幅度/频率关系图来测量信号谐波分量的仪器。

spread spectrum(**扩频**) 由一套保密的码字决定的随机图样控制载波周期性地在不同的临近频率上切换；接收机必须对序列进行解码，这样才能够跟随发射机的频率跳变到指定带宽内的不同数值。

spread(**扩展**) 射频信号以类似噪声的方式在某个频率范围内随机扩展。

spur(**毛刺**) 信号中的有害频率成分。

squelch(**静噪**) 在没有有用信号存在时抑制背景噪声的电路；常见于调频接收机。

SS7 七号信令系统，它是管理和实施电话呼叫的一套协议和标准，也支持电话交换设备互联以便相互间进行通信。

ST 一类光纤连接器的名字。

standing wave ratio(**驻波比**) 以分贝形式表示的电压驻波比：SWR=20lgVSWR。

standing wave(**驻波**) 由于阻抗不匹配而导致波形看起来停留在某一位置，且仅在振幅上发生变化。

start bit, stop bit(**起始位、停止位**) 放在每一个传输字节的前面和后面。

statistical concentration(**统计集中**) 位于交换中心的处理器，对分组进行投递从而可以最有效地使用网络。

step-index(**阶跃型**) 指光纤中从纤芯到包层的折射率突变。

stray capacitance(**杂散电容**) 在电路或设备的两点间存在的有害电容。

stripline(**带状线**) 用在微波频段的传输线，它由两块基板夹着一块导电片构成。

sub-satellite point(**星下点**) 卫星运动在地球表面的投影，其轨迹是将一段时间内卫星在地面投影的连线。

subsidiary communication authorization(SCA)(**辅助通信授权**) 传输复用信息的额外信道，这些信息由 FCC(美国联邦通信委员会)授权，立体声 FM 无线电台用它来为选定用户提供服务。

successive approximation(**逐次逼近法**) 一种逐位产生而不是一次全部产生数字(相比于 flash 型 ADC)的模数转换器。

surface wave(**表面波**) 地波的另一种叫法。

surge impedance(**特性阻抗**) 特征阻抗的另一种叫法。

switch(**交换机**) MTSO、MSC(移动交换中心)和交换机都指同一种设备。

switched virtual circuits(SVC)(**交换式虚电路**) 网络中的一种分组传播方式，每次呼叫都包含电路建立和拆除。

symbol(**符号**) 在数字通信中，为调制载波而预先准备的一组两个或多个比特。

symbol substitution(**符号置换**) 将奇偶校验出错的字符显示成一个没有用过的符号。

synchronous detector(**同步检波器**) 一种失真小、响应快速并具有放大特性的 AM 信号检波方法。

synchronous optical network(SONET)(**同步光纤网络**) 长途通信数据传输的标准。

synchronous system(**同步系统**) 发射机与接收机具有相同的时钟频率。

synchronous transport signal(STS)(**同步传送信号**) 用来在光纤中传输数据，等价于 OC-X(X 代表数字)规范。

synchronous(**同步**) 发射机与接收机在严格相等的频率下工作的系统，因为接收机从接收到的数据流中提取时钟信号。

syndrome(**并发位**) 其他所有数据都被移入循环冗余校验电路后留下的值。

systematic code(**系统码**) 将传输的信息和块校验字符分成相同传输码内不同的部分。

T3 44.736Mb/s 的数字数据速率。

tank circuit(**振荡回路**) 并联 LC 回路。

thermal noise(**热噪声**) 由导体中自由电子与振动离子间的相互作用而引起的内部噪声。

third-order intercept point(**三阶交调截取点**) 在射频或微波多载波通信系统中，衡量线性度或失真的重要指标。

threshold voltage(**门限电压**) 静态电压的另一种说法。

threshold(**门限**) FM 中，输出信噪比随接收信号信噪比急剧下降的一点。

time domain reflectometry(**时域反射法**) 沿传输线发射短的电脉冲并通过示波器上显示的反射结果来确定传输线特性的技术。

time slot(**时隙**) 为每一组数据分配的固定位置

（与数据帧起始时间相关）。

time-division multiple-access(TDMA)(时分多址) 在同一个数据信道上传输多个用户数据的一种技术。

time-division multiplexing(TDM)(时分复用) 两个或多个消息信号按续采样后以连续重复的方式调制载波。

tip(正极电线) 双线电话服务中的接地线。

topology(拓扑结构) 网络架构。

total harmonic distortion(总谐波失真) 考虑所有重要谐波的一种失真度量。

transceiver(收发机) 共用一个封装和某些电路的发射机和接收机。

transducer(换能器) 将能量从一种形式转换为另一种形式的器件。

transit-time noise(渡越时间噪声) 当载波通过半导体结的渡越时间接近于信号周期时半导体中产生的噪声，部分载波会扩散回到源或者半导体发射的发射极。

transmission line(传输线) 携带信号功率的系统部件间的导电性连接件。

transparency(透明) 通过字符插入过程来识别控制字符。

transponder(转发机) 执行接收、频率转换和重发已接收无线电信号的电子系统。

transverse(横波) 波的振动方向与传播方向正交。

traveling wave(行波) 沿传输线向前传播的电压波和电流波。

trunk(干线) 中心局与中心局之间的连接线路。

tunable laser(可调谐激光器) 在一定范围内可以连续改变激光输出波长的激光器，是 DWDM 系统中流量路由的理想选择。

tuned radio frequency(TRF)(调谐射频) 是最基本的接收机设计，包含射频放大级、检波器和音频放大级。

twin lead(双引线) 标准 300Ω 平行双线传输线。

twin-sideband suppressed carrier(双边带抑制载波) 传输包含不同消息的两个独立边带，同时将载波抑制到期望值。

Type A connector(A 型接头) USB 与计算机的上行连接。

Type B connector(B 型接头) USB 与外设的下行连接。

unbalanced line(非平衡传输线) 同轴线的中心导体携带电信号，同轴线的外层导体接地。

U-NII 未被许可的国家信息基础设施。

universal serial bus(USB)(通用串行总线) 一种支持热插拔的高速串行通信接口。

up-conversion(上变频) 收到的射频信号与 LO 信号混频后得到一个比原射频信号频率高的 IF 信号。

uplink(上行链路) 向卫星发送信号。

upper sideband(上边带) 调制器产生的频率波段，由载频和消息信号频率相加得到。

V.44(V.34) 最大数据速率为 34kb/s 的全模拟调制解调器连接标准。

V.92(V.90) 最大数据速率为 56kb/s 的模数混合调制解调器连接标准。

vane(叶片) 在波导中用作可变衰减器的阻性材料薄片。

varactor diode(变抗器) 内部电容和反相偏压具有函数关系的二极管。

variable bandwidth tuning(VBT)(可变带宽调谐) 一种具有可变选择度，可以接收可变带宽信号的技术。

varicap diode(变容二极管) 变抗器的另一叫法。

velocity constant(速度常数) 实际速率与自由空间中速率之比。

velocity factor(速度因子) 速度常数的另一叫法。

velocity of propagation(传播速率) 电或光信号传播的速率。

vertical cavity surface emitting lasers(VCSELs)(垂直腔面发射激光器) 兼具 LED 光源的简易性和激光器良好性能的光源。

virtual channel connection(VCC)(虚信道连接) 将 ATM 信元从一个用户传送至另一个用户。

virtual circuit identifier(VCI)(虚拟电路标识符) 标识两个 ATM 站间连接的 16 位的字。

virtual path connection(VPC)(虚拟路径连接) 用来连接终端用户。

virtual path identifier(VPI)(虚拟路径标识符) 用于识别在 ATM 网中为转发信元而建立的电路的 8 位的字。

voltage standing wave ratio(电压驻波比) 传输线上最大与最小电压值之比。

VVC diodes(VVC 二极管) 变抗器或变容二极管的别称。

wavefront(波前) 由波中所有等相位点构成的平面。

waveguide(波导) 由内部可传电磁波的中空金属管道所构成的微波传输线。

wavelength(波长) 波在一个周期内传输的距离。

white noise(白噪声) 热噪声的别称，因为白噪声的频率成分在频谱上均匀分布。

wide area network(广域网) 在一个大的地理范围内，由两个或多个城域网连接而成。

wideband FM(宽带调频) 为传输高保真度信息

（如音乐、高速数据和立体声等）而建立的调频
发射机/接收机系统。

wireless local area networks(WLANs)(无线局域网)
以无线连接方式组成的局域网。

wireless markup language(WML)(无线标记语言)
无线环境的超文本语言。

X.25　为了在模拟线路上发送数据而制定的分组

交换协议。

xDSL　各种 DSL 技术的统称。

zero-dispersion wavelength(零色散波长)　该波长
处的材料色散和波导色散相互抵消。

zero-IF receiver(零中频接收机)　直接变频接收机
的另一叫法。

zoning(分区)　利用介质把球面波转换为平面波的
过程。

推荐阅读

基于运算放大器的模拟集成电路设计（英文版·第4版）

作者：Sergio Franco ISBN：978-7-111-48933-7 出版时间：2015年1月 定价：99.00元

本书着重理论和实际应用相结合，重点阐述模拟电路设计的原理和技术直观分析方法；主要包括运算放大器的基本原理和应用、涉及运算放大器的静态和动态限制、噪声及稳定性问题等诸多实际问题，以及面向各种应用的电路设计方法三大核心内容，强调物理思想，帮助读者建立电路设计关键的洞察力，可作为电子信息、通信、控制、仪器仪表等相关专业本科高年级及研究生有关课程的教材或主要参考书，对电子工程师也是一本实用的参考书。

模拟电路设计：分立与集成（英文版）

作者：Sergio Franco ISBN：978-7-111-48932-0 出版时间：2015年1月 定价：119.00元

本书是针对电子工程专业且致力于将模拟电子学作为自身事业的学生和集成电路设计工程师而准备的，前三章介绍二极管、双极型晶体管和MOS场效应管，注重较为传统的分立电路设计方法，有助于学校通过物理洞察力来掌握电路基础技术；后续章节介绍模拟集成电路子模块、典型模拟集成电路、频率和时间响应、反馈、稳定性和噪声等集成电路内部工作原理（以优化其应用）。本书涵盖的分立与集成电路设计内容，有助于培养读者的芯片设计能力和电路板设计能力。

模拟CMOS集成电路设计（英文版）

作者：Behzad Razavi ISBN：978-7-111-43027-8 出版时间：2013年8月 定价：79.00元

本书介绍模拟CMOS集成电路的分析与设计。从直观和严密的角度阐述了各种模拟电路的基本原理和概念，同时还阐述了在SOC中模拟电路设计遇到的新问题及电路技术的新发展。本书由浅入深，理论与实际结合，提供了大量现代工业中的设计实例。全书共18章。前10章介绍各种基本模块和运放及其频率响应和噪声。第11章至第13章介绍带隙基准、开关电容电路以及电路的非线性和失配的影响，第14、15章介绍振荡器和锁相环。第16章至18章介绍MOS器件的高阶效应及其模型、CMOS制造工艺和混合信号电路的版图与封装。本书可供与集成电路领域有关的各电类专业的高年级本科生和研究生使用，也可供从事这一领域的工程技术人员自学和参考。